国家科学技术学术著作出版基金资助出版

激光诱导击穿光谱
——理论、方法及应用

Laser-Induced Breakdown Spectroscopy
——Theory, Methods and Applications

王哲 丁洪斌 郭连波 王茜蒨 孙兰香 张雷 姚顺春 著

内容简介

激光诱导击穿光谱(LIBS)具有快速、多元素同时实时分析、便于原位在线和远程测量等独特优势，被称为化学分析的"未来超级巨星"，在煤炭、电力、冶金、核能、环境、食品安全、外太空探测等领域都展现出巨大的应用潜力，对现代能源、绿色环保、先进制造、物联网等国家重大发展战略具有关键技术支撑作用，也是未来人工智能和大数据时代的重要技术组成。本书是以LIBS定量化为核心的首部专著，内容涵盖LIBS基础理论、仪器结构、等离子体诊断、光谱数据分析、场景应用等方面，并综述了最新的研究成果。主要内容包括：① LIBS基本原理及与定量化紧密相关的基础理论，在此基础上着重探讨等离子体演化、关键实验参数、光学系统设计等对定量化性能的影响；② LIBS不确定性和误差的产生机理和抑制措施；③ LIBS定量技术方面的最新进展，包括机器学习、人工智能等先进算法以及这些算法如何与LIBS物理机理结合来提高定量化性能；④ 针对不同的应用场景，介绍了应用背景、样品特性、仪器优化设计、采制样系统、定量算法设计等在实际中需注意的问题，以及最新的工业应用与系统设计经验。本书可作为光谱分析相关科研人员和专业技术人员的参考书籍，也适用于光学工程、分析化学、光谱学等专业教学参考。

图书在版编目（CIP）数据

激光诱导击穿光谱：理论、方法及应用 / 王哲等著. --北京：高等教育出版社，2025.8. -- ISBN 978-7-04-064003-8

Ⅰ. O657.38

中国国家版本馆 CIP 数据核字第 20253DH966 号

Jiguang Youdao Jichuan Guangpu: Lilun、Fangfa ji Yingyong

策划编辑	任辛欣	责任编辑	任辛欣	封面设计	张雨微	版式设计	杜微言
责任绘图	杨伟露	责任校对	刘丽娴	责任印制	高 峰		

出版发行	高等教育出版社	咨询电话	400-810-0598
社　　址	北京市西城区德外大街4号	网　　址	http://www.hep.edu.cn
邮政编码	100120		http://www.hep.com.cn
印　　刷	固安县铭成印刷有限公司	网上订购	http://www.hepmall.com.cn
开　　本	787mm×1092mm 1/16		http://www.hepmall.com
印　　张	39		http://www.hepmall.cn
字　　数	630千字	版　　次	2025年8月第1版
插　　页	6	印　　次	2025年9月第2次印刷
购书热线	010-58581118	定　　价	169.00 元

本书如有缺页、倒页、脱页等质量问题，请到所购图书销售部门联系调换
版权所有　侵权必究
物料号　64003-00

序

测量技术是信息技术的基础，是大数据时代获取数据的眼睛和耳朵。激光诱导击穿光谱 (LIBS) 具有实时测量、无需样品制备、多元素同时分析、远程测量等独特优势，是一种极具发展潜力的现代测量技术，在煤炭、水泥、冶金、环保、外太空探测等领域展现出了广阔的应用前景，可为智能绿色制造、现代能源、生态环保等提供关键技术支撑。然而，受测量重复性精度差和基体效应严重两大关键瓶颈影响，实现 LIBS 精确定量困难重重，这严重阻碍了该技术的发展与大规模应用。提高 LIBS 的定量化性能已成为本领域的最大研究难点和热点，然而，目前国内外尚无以 LIBS 精确定量理论和方法为核心的著作，因此有必要及时总结先进研究成果，为 LIBS 领域的科学研究与产业发展提供理论方法与技术支持。

我很早就已经注意到该技术的独特性能及其实时在线成分测量能力对我国流程工业节能减排和产品质量提升的重要意义。在 2016 年初，王哲教授向我详细介绍中国 LIBS 研究领域的工作的时候，我感到非常欣喜。因此，就在同一年，我就向中国光学工程学会推荐，成立了第一届中国光学工程学会激光诱导击穿光谱专业委员会 (简称专委会)，并亲眼见证了中国 LIBS 领域及专委会的成长：我国 LIBS 学者在近十年间，经历了从跟跑、并跑到部分领跑的跨越，特别是在 LIBS 精确定量理论、技术方法及应用等方面取得了显著的进步，对 LIBS 实现大规模应用做出了显著的贡献；中国 LIBS 学者也已成为国际 LIBS 领域发展最快、活跃度最高的研究群体，并开辟了多光谱联用技术，在 2023 年，专委会扩展成为中国光学工程学会光谱技术及应用专业委员会。

《激光诱导击穿光谱——理论、方法及应用》是以 LIBS 定量化为核心的首部著作，也是我国众多 LIBS 学者的研究结晶。该书内容特色鲜明、结构合理、翔实全面，涵盖了 LIBS 基础理论、实验系统、光谱数据定量分析方法、代表性应用等各个方面，且各部分内容都围绕精确定量问题展开，具有重要的学术价值与实用意义。通过系统梳理 LIBS 定量化研究现状，本书有望凝聚学术界、产业界共识，促进 LIBS 定量化技术发展，推动 LIBS 技术的大规模应用，同时也有助于培养相关科研和技术人才。

LIBS 精确定量是该领域面临的最大困境，我国 LIBS 学者在这方面的坚持和取得的进展难能可贵，也为今后继续取得进步提供了坚实的基础。希望本书的出版能对推进 LIBS 技术的发展和应用起到积极作用。

是为序。

金国藩

清华大学

2024 年 6 月

前言

激光诱导击穿光谱 (LIBS) 技术具有多元素同时实时分析、对样品微损甚至无损、便于实现原位和远程测量等独特优势,在原位、在线实时检测方面独具优势,被称为化学分析的"未来超级巨星"。LIBS 技术在煤炭、电力、冶金、核能、环境、考古、食品安全、外太空探测等多个领域都展现出了巨大的应用潜力,对实现"碳达峰、碳中和"国家目标及智能制造国家重大发展战略具有支撑作用,是未来人工智能和大数据时代不可或缺的技术组成。但由于受测量不确定性较高和基体效应严重这两大关键瓶颈的制约所导致的定量化性能较差,LIBS 技术自 1962 年诞生以来一直未能实现大规模商业化应用,这不仅阻碍了 LIBS 技术本身的发展,而且也延缓了 LIBS 技术支撑国家重大需求、服务国民经济主战场的进程。

自 21 世纪初以来,越来越多的中国学者投身 LIBS 研究,中国 LIBS 学术界实现了飞速发展:自 2011 年第一届中国 LIBS 学术会议 (CSLIBS2011) 在青岛成功举办,迄今已举办 8 届;2014 年,清华大学代表亚洲首次承办 LIBS 国际会议 (LIBS2014);2015 年,首届亚洲 LIBS 会议在武汉成功举办,迄今已举办 5 届;2016 年,在金国藩院士和中国光学工程学会的支持下,成立了中国光学工程学会激光诱导击穿光谱专业委员会,为我国 LIBS 技术发展和应用推广提供了一个合作交流平台;2021 年,联合日本、韩国等亚洲国家建立了亚洲 LIBS 学会,进一步推动了亚洲 LIBS 技术的发展及国际交流。目前,以中国为主的亚洲 LIBS 学术组织已成为国际 LIBS 研究的三大主力之一,且中国已成为 LIBS 研究和应用领域最为活跃的国家。

在与国内外同行交流的过程中,大家深刻感受到提高 LIBS 定量化性能对 LIBS 发展的重要性,同时也意识到目前国内外尚缺乏一本围绕 LIBS 定量化的专门著作。特别是近 10 年来 LIBS 定量化技术取得了长足的发展,因此有必要及时总结 LIBS 理论和定量化及应用方面的最新研究成果，从而提升我国 LIBS 研究者的理论水平、研发能力及工业实际应用的能力，也为今后的青年学者培养提供教学参考。

本书是以 LIBS 定量化为核心的首部著作：与国内外 LIBS 方面已有的书籍相比，本书的各部分内容都围绕 LIBS 定量化这一核心问题展开，力争把提高定量化性能作为主线贯穿于 LIBS 基础理论、设备设计、数据分析、实际应用等 LIBS 研发的全过程，并综述了最新的定量化相关研究成果，探讨了 LIBS 技术的未来发展方向；特别地，对 LIBS 定量化性能的两大关键瓶颈问题 (测量不确定性较高和基体效应严重) 的产生机制和控制方法进行了较为深入的讨论，并基于此讨论，初步形成了 LIBS 定量化的理论框架。

本书的另外一大特色是把等离子体时空演化的概念深入 LIBS 信号变化规律的理解中，避免目前大多数研究者仅通过光谱变化来研究关键参数影响规律这一传统研究方法带来的局限。相较于其他光谱技术，LIBS 的最大特征就是其信号源是一个随时间不断演化且空间不均匀的等离子体；再加上光谱信号采集系统只能观察到某一等离子体局部区域发射的信号，因此不能反映等离子体全局信息，很多实验结果好似盲人摸象，甚至存在互相矛盾的现象。这些都在很大程度上阻碍了对 LIBS 机理的深入理解及定量化技术的发展。本书从等离子体本身的时空演化出发理解光谱信号变化机理，力图从更系统、全面的角度厘清 LIBS 信号的影响规律，从而为读者提供更为清晰的定量化技术发展方向及更为普适的定量化技术方法。

本书主要分为两个部分，第一部分是与精确定量化相关的理论、技术和方法，第二部分是 LIBS 各个领域应用进展。本书撰写方面力求文字简洁、通俗易懂，并结合丰富的实际数据、图表等进行阐述。在基础理论方面，适当精简已有的基础理论介绍；在应用方面，针对不同应用场景详细讨论了定量化特殊应用方法。

希望本书的出版，能够促进 LIBS 定量化技术的发展，并凝聚学术界、产业界共识，推动 LIBS 技术的大规模应用，同时有助于培养相关科研和技术人才。本书可作为光谱分析相关科研人员和专业技术人员的参考书籍，也适用于光学工程、分析化学、光谱学等专业教学参考。

本书由清华大学王哲教授策划，中国光学工程学会激光诱导击穿光谱专业委员会组织，丁洪斌、郭连波、王茜蒨、孙兰香、张雷、姚顺春等多位教授和研究员共同撰写并统稿，总结和阐述了国内同行多年来在 LIBS 定量化技术及应用方面的研究成果，也吸收了国外 LIBS 学术界和工业界的最新研究成果。本书是国内 LIBS 同行集体努力的结晶，包括大连理工大学丁洪斌教授、中国海洋大学郑荣儿教授、华中科技大学郭连波教授、西北师范大学董晨钟教授、中国科学院沈阳自动化研究所孙兰香研究员、山西大学张雷教授、华南理工大学姚顺春教授、北京理工大学王茜蒨教授、国家农业智能装备工程技术研究中心董大明研究员、西安交通大学王珍珍副教授、中国科学院安徽光学精密机械研究所付洪波副研究员、南昌航空大学郝中骐副教授、华南师范大学李嘉铭副教授等团队，以及清华大学王哲教授团队侯宗余博士、顾炜伦博士、宋玉洲博士等，大家都贡献了章节内容。在本书的撰写过程中，各位作者都付出了巨大的心血，并从总体思路、框架结构到具体细节概念等进行了多次深入的交流沟通，旨在为我国 LIBS 领域提供一本高质量的教材和科研参考书，在此表示衷心的感谢。

  本书的撰写过程还得到了金国藩院士、倪维斗院士等专家的亲切指导和大力帮助，在此一并表示感谢。

  由于作者水平所限，加之 LIBS 技术复杂、研究发展迅速，书中难免存在不足甚至错误之处，恳请广大读者谅解并批评指正。

作者

2024 年 6 月

目录

第1章 导论 ··· 1
  1.1 LIBS 基本原理和特点 ·· 1
  1.2 LIBS 发展历程 ·· 2
  1.3 LIBS 发展面临的核心问题 ·· 4
    1.3.1 技术原因 ··· 5
    1.3.2 非技术原因 ··· 7
  1.4 本书的撰写目的、内容和特色 ·· 10
  参考文献 ·· 12

第2章 激光诱导击穿光谱的基础理论 ··· 17
  2.1 激光诱导等离子体的特征 ·· 17
  2.2 激光诱导等离子体的产生机理 ·· 18
  2.3 激光与等离子体的相互作用 ·· 22
  2.4 激光诱导等离子体的光谱特性及演化 ·································· 24
  2.5 环境因素对激光诱导等离子体的影响 ·································· 28
  2.6 LIBS 的定性及定量分析 ··· 31
    2.6.1 定性分析 ·· 31
    2.6.2 定量分析 ·· 32
    2.6.3 光谱分析的评价参数 ·· 33
    2.6.4 LIBS 分析误差的来源 ··· 36
  2.7 激光诱导等离子体的参数诊断 ·· 38
    2.7.1 电子数密度 ·· 38
    2.7.2 等离子体激发温度 ·· 40
    2.7.3 电离率 ·· 43

I

2.8 本章小结 ······44
参考文献 ······45

第 3 章 激光诱导击穿光谱实验系统及硬件 ······49
3.1 LIBS 实验系统的硬件组成 ······49
3.2 LIBS 实验系统的类型 ······50
3.3 硬件参数对 LIBS 测量的影响 ······52
    3.3.1 激光器 ······52
    3.3.2 光谱仪和探测器 ······58
    3.3.3 激光聚焦系统 ······60
    3.3.4 等离子体光采集系统 ······62
3.4 本章小结 ······65
参考文献 ······66

第 4 章 精确定量关键瓶颈及解决思路 ······71
4.1 信号不确定性及基体效应对定量性能的影响 ······72
    4.1.1 信号不确定性及基体效应耦合作用机制 ······72
    4.1.2 信号不确定性及其影响补充说明 ······75
4.2 信号不确定性的产生机理 ······80
4.3 提高 LIBS 定量化性能的关键思路 ······85
4.4 本章小结 ······86
参考文献 ······87

第 5 章 环境气体的影响 ······91
5.1 环境气体压强的影响 ······92
5.2 环境气体温度的影响 ······100
5.3 环境气体分子量的影响 ······102
5.4 环境气体电离能的影响 ······105
5.5 本章小结 ······107
参考文献 ······108

第 6 章 自吸收效应 ······111
6.1 引言 ······111
6.2 自吸收的研究现状 ······113

6.3 LIBS 自吸收机理研究 ······ 116
  6.3.1 谱线属性与自吸收关系 ······ 116
  6.3.2 等离子体特征属性与自吸收关系 ······ 117
  6.3.3 自吸收量化评估 ······ 118
6.4 自吸收表征及演化 ······ 118
  6.4.1 自吸收系数法 ······ 118
  6.4.2 光学深度系数法 ······ 121
6.5 自吸收量化表征等离子体参数 ······ 125
  6.5.1 理论分析 ······ 125
  6.5.2 实验验证 ······ 127
  6.5.3 适用性及误差分析 ······ 131
6.6 自吸收效应的消除 ······ 133
6.7 本章小结 ······ 146
参考文献 ······ 147

第 7 章 等离子体调制方法 ······ 153

7.1 空间约束等离子体调制 ······ 154
  7.1.1 原理 ······ 154
  7.1.2 实验装置类型及主要方法 ······ 156
  7.1.3 空间约束对于光谱稳定性的影响 ······ 158
  7.1.4 空间约束对等离子体时空分布演变的影响规律 ······ 159
7.2 磁约束等离子体调制 ······ 162
  7.2.1 原理 ······ 162
  7.2.2 实验装置类型及主要方法 ······ 164
  7.2.3 磁–空约束等离子体调制对等离子体时空演变的影响 ······ 166
7.3 双脉冲等离子体调制 ······ 167
  7.3.1 原理 ······ 167
  7.3.2 主要装置类型及方法 ······ 167
  7.3.3 双脉冲等离子体调制机理 ······ 169
7.4 火花放电等离子体调制 ······ 170
  7.4.1 简介 ······ 170

7.4.2 主要类型及装置 ·············172
 7.5 微波辅助等离子体调制 ·············173
   7.5.1 原理 ·············173
   7.5.2 实验装置 ·············175
 7.6 其他 LIBS 等离子体调制技术 ·············177
   7.6.1 纳米粒子辅助等离子体调制 ·············177
   7.6.2 表面增强辅助等离子体调制 ·············179
   7.6.3 气氛保护等离子体调制 ·············181
   7.6.4 光束整形等离子体调制 ·············184
 7.7 本章小结 ·············184
 参考文献 ·············190

第 8 章 光谱数据分析方法 ·············199
 8.1 评价指标 ·············200
   8.1.1 定性分析评价指标 ·············200
   8.1.2 定量分析评价指标 ·············201
 8.2 光谱预处理方法 ·············202
   8.2.1 数据选择 ·············202
   8.2.2 变量选择 ·············204
   8.2.3 基线修正 ·············208
   8.2.4 降噪 ·············210
   8.2.5 归一化方法 ·············214
   8.2.6 光谱标准化 ·············216
 8.3 定性分析模型 ·············217
   8.3.1 主成分分析 ·············218
   8.3.2 K 均值 ·············220
   8.3.3 偏最小二乘判别分析 ·············221
   8.3.4 线性判别分析 ·············222
   8.3.5 支持向量机 ·············223
   8.3.6 K 最近邻 ·············224
   8.3.7 人工神经网络 ·············225

  8.3.8 典型半监督学习方法 ·············· 227
 8.4 定量分析模型 ························ 228
  8.4.1 免定标模型 ······················ 228
  8.4.2 定标模型 ························ 229
 8.5 本章小结 ···························· 243
 参考文献 ································ 244

第9章 煤质分析应用 ···················· 255
 9.1 LIBS 煤质分析概述 ·················· 255
  9.1.1 引言 ····························· 255
  9.1.2 煤质检测技术 ···················· 256
  9.1.3 LIBS 应用于煤质分析的难点 ······ 257
  9.1.4 解决思路和方案 ·················· 258
 9.2 LIBS 在煤质分析中的应用 ············ 259
  9.2.1 发热量分析 ······················ 259
  9.2.2 工业分析 ························ 262
  9.2.3 元素分析 ························ 270
  9.2.4 LIBS 煤质分析仪 ················ 278
 9.3 本章小结 ···························· 283
 参考文献 ································ 284

第10章 冶金与选矿应用 ················ 291
 10.1 引言 ······························· 291
 10.2 固体金属合金离线分析 ·············· 296
  10.2.1 钢 ······························ 296
  10.2.2 铝合金 ························· 298
  10.2.3 其他合金 ······················· 300
 10.3 熔融金属合金在线分析 ·············· 301
  10.3.1 系统结构 ······················· 301
  10.3.2 钢水成分在线分析 ·············· 302
  10.3.3 铝水成分在线分析 ·············· 305
 10.4 偏析与夹杂的显微分布分析 ········· 307

- 10.4.1 分析原理 ··· 307
- 10.4.2 系统结构 ··· 308
- 10.4.3 应用案例 ··· 310

10.5 废旧金属分类分选 ··· 313
- 10.5.1 概述 ··· 313
- 10.5.2 系统结构 ··· 314
- 10.5.3 分类方法 ··· 316
- 10.5.4 应用案例 ··· 318

10.6 矿浆品位在线分析 ··· 320
- 10.6.1 概述 ··· 320
- 10.6.2 系统结构 ··· 322
- 10.6.3 应用案例 ··· 323

10.7 本章小结 ··· 324

参考文献 ··· 325

第 11 章 水泥生料检测应用 ··· 333

11.1 引言 ··· 333

11.2 传统水泥生料检测方法 ··· 334

11.3 LIBS 水泥检测优势及应用 ··· 337
- 11.3.1 LIBS 检测优势 ··· 337
- 11.3.2 LIBS 检测水泥应用范围 ··· 338
- 11.3.3 LIBS 水泥检测挑战及解决措施 ··· 339

11.4 检测方法技术 ··· 340
- 11.4.1 元素分析 ··· 340
- 11.4.2 检测精度优化 ··· 343
- 11.4.3 数据优化 ··· 344
- 11.4.4 在线检测装备研发 ··· 346

11.5 本章小结 ··· 347

参考文献 ··· 348

第 12 章 海洋应用 ··· 351

12.1 引言 ··· 351

12.2	LIBS 分析的难点和问题	352
12.3	解决思路和方案	353
12.4	探测系统的设计	353
12.5	本章小结	357

参考文献 ⋯ 358

第13章 化生爆危险品检测应用 ⋯ 363

- 13.1 引言 ⋯ 363
- 13.2 现有化生爆危险品检测技术 ⋯ 364
- 13.3 化生爆危险品 LIBS 检测的优势及面临挑战 ⋯ 366
  - 13.3.1 化生爆危险品 LIBS 检测优势 ⋯ 366
  - 13.3.2 LIBS 检测危险品面临的挑战和解决措施 ⋯ 367
- 13.4 检测方法技术和应用效果 ⋯ 375
  - 13.4.1 爆炸物检测 ⋯ 375
  - 13.4.2 化学危险品检测 ⋯ 386
  - 13.4.3 生物危险品检测 ⋯ 388
- 13.5 本章小结 ⋯ 394

参考文献 ⋯ 394

第14章 生物医学应用 ⋯ 401

- 14.1 引言 ⋯ 401
- 14.2 现有生物医学检测技术分析 ⋯ 402
- 14.3 生物医学 LIBS 检测的优势及面临的挑战 ⋯ 404
- 14.4 检测方法技术和应用效果 ⋯ 407
  - 14.4.1 疾病诊断 ⋯ 407
  - 14.4.2 元素分布成像 ⋯ 418
  - 14.4.3 元素测定 ⋯ 421
  - 14.4.4 术中指导与在线反馈 ⋯ 429
- 14.5 本章小结 ⋯ 441

参考文献 ⋯ 441

第15章 文化遗产应用 ⋯ 449

- 15.1 引言 ⋯ 449

15.2 文化遗产的特点及常用分析方法·····450
15.3 LIBS 在文化遗产分析中的可行性·····453
15.4 文化遗产分析中的 LIBS 实验装置·····454
15.5 LIBS 在文化遗产中的定性和定量分析·····455
15.6 LIBS 在文化遗产中的应用·····456
 15.6.1 颜料分析·····456
 15.6.2 陶瓷、大理石、玻璃和地质相关文化遗产的分析·····468
 15.6.3 金属类文物的分析·····470
 15.6.4 生物遗骸的分析·····472
 15.6.5 文物清洗·····473
15.7 本章小结·····474
参考文献·····474

第 16 章 农业应用·····483

16.1 引言·····483
16.2 其他分析技术在农业生产应用中的现状·····483
16.3 LIBS 技术在农业生产应用中的难点·····484
16.4 LIBS 技术在农业生产中的实际应用·····484
 16.4.1 环境类·····484
 16.4.2 生命类·····497
16.5 本章小结·····505
参考文献·····506

第 17 章 其他应用·····517

17.1 地质材料·····517
 17.1.1 地球大气环境下的地质材料分析·····517
 17.1.2 地外环境下的地质材料分析·····518
17.2 气溶胶·····520
17.3 聚合物·····521
17.4 同位素·····521
17.5 化妆品·····522
17.6 无机非金属材料·····522

17.7 本章小结 ··· 522
参考文献 ·· 523

第 18 章 光谱联用技术 ·· 537

18.1 引言 ··· 537
18.2 LIBS 与拉曼光谱技术联用 ··································· 538
18.2.1 拉曼光谱技术简介 ····································· 538
18.2.2 LIBS 与拉曼光谱技术联用 ····························· 539
18.2.3 典型实验台架 ··· 540
18.2.4 LIBS 与拉曼光谱技术联用的应用及展望 ················· 541
18.3 LIBS 与激光诱导荧光光谱技术联用 ··························· 546
18.3.1 LIBS–LIF 技术简介 ··································· 546
18.3.2 典型实验台架 ··· 547
18.3.3 LIBS–LIF 技术关键测量参数优化 ······················ 548
18.3.4 LIBS–LIF 技术的应用及展望 ·························· 550
18.4 LIBS 与红外光谱技术联用 ··································· 553
18.4.1 红外光谱技术简介 ····································· 553
18.4.2 红外分析仪 ··· 555
18.4.3 LIBS 与红外光谱联用的应用及展望 ···················· 556
18.5 LIBS 与高光谱技术联用 ····································· 562
18.5.1 高光谱技术简介 ······································· 562
18.5.2 高光谱成像实验系统 ··································· 563
18.5.3 LIBS 与高光谱技术联用的应用及展望 ·················· 564
18.6 LIBS 与火花诱导击穿光谱技术联用 ··························· 569
18.6.1 火花诱导击穿光谱技术简介 ····························· 569
18.6.2 LIBS 与电火花诱导击穿光谱技术联用 ·················· 570
18.6.3 典型实验台架 ··· 571
18.6.4 LIBS 与电火花诱导击穿光谱技术联用的应用及展望 ······ 572
18.7 LIBS 与分子同位素光谱技术联用 ····························· 577
18.7.1 LIBS 检测同位素困境 ································· 577
18.7.2 LIBS 与分子同位素光谱技术联用 ······················ 578

18.7.3　典型实验台架 ·· 578
　　　18.7.4　LAMIS 技术的应用及展望 ·· 579
　18.8　本章小结 ·· 587
　参考文献 ·· 587
第 19 章　结论与展望 ·· 597
索引 ·· 601

第 1 章 导　　论[①]

1.1　LIBS 基本原理和特点

激光诱导击穿光谱 (laser-induced breakdown spectroscopy, LIBS) 是一种原子发射光谱技术，其基本原理为：当高能量脉冲激光聚焦到待测样品表面，在能量密度大于样品击穿阈值时，微量样品质量被加热、烧蚀、激发电离成等离子体，等离子体中处于激发态的粒子向较低能态跃迁并发射出特定波长的光子，利用光谱仪记录下不同波长的光子数量 (即激光诱导击穿光谱) 便可以实现对样品的定性定量分析[1]。

LIBS 硬件系统主要由激光器、光谱仪、探测器、时序信号发生器、光收集器、光纤、光路系统及计算机等组成，如图 1.1 所示。

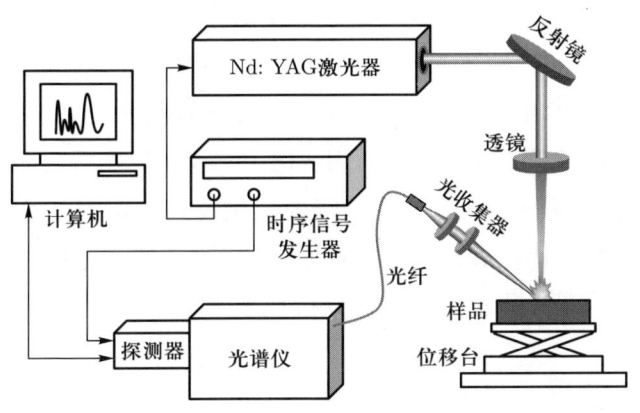

图 1.1　典型 LIBS 实验系统示意图

由于 LIBS 具有以下几个优势[2]，因此被认为是最具潜力的元素分析技术。

---

① 本章由清华大学王哲教授撰写。

(1) 全元素分析：利用目前已有的商用光谱仪，LIBS 可以覆盖的波长范围为 200~2000 nm，这几乎包括了所有元素的特征谱线，理论上可以检测几乎所有的元素种类。此外，基于样品特性与烧蚀等离子体特性之间的相关性，LIBS 还可以用于预测某些样品特性，比如煤炭样品发热量、挥发分、灰分等非元素浓度参数。

(2) 实时分析：LIBS 技术的单个光谱数据采集最短仅需几十微秒，通常通过多次重复采集以提高检测结果的精确性和可重复性，之后通过数据分析模块完成定量分析计算。绝大多数情况下，LIBS 技术分析所需时间仅为几秒。

(3) 无需样品制备：LIBS 技术理论上无需对样品进行淹没、溶解，也无需复杂的进样流程，可直接对样品进行分析，而且可分析固体、气体、液体等各种不同形态的样品，应用领域广泛。

(4) 远程测量：通过光路设计可实现远距离聚焦和信号采集，最远可达数百米。

(5) 无损分析：LIBS 烧蚀样品量在 100 ng 级别，烧蚀尺寸一般在百微米级别，几乎达到无损分析程度。

(6) 表面/三维分析：由于 LIBS 技术检测区域很小，可以通过移动样品等方式对样品表面进行烧蚀、扫描分析，从而得到样品的表面/三维元素分布情况。

(7) 无辐射危险：相比于瞬发 γ 射线中子活化分析 (prompt gamma ray neutron activation analysis, PGNAA) 技术和 X 射线荧光 (X-ray fluorescence, XRF) 光谱技术，LIBS 技术在使用过程中不会产生射线辐射所带来的安全性问题。

该技术在大型流程工业 (煤炭利用、化工、水泥生产等)、环保、生物医药以及外太空和深海探测等领域具有广阔的应用前景。正因如此，LIBS 技术自诞生以来，凭借其独特优点，尤其是在原位、在线测量方面的巨大潜力，成为研究热点，被认为是"最为多功能的分析技术[1]""未来化学分析巨星[2]"。

1.2 LIBS 发展历程

自 1860 年原子发射光谱技术出现以来[3]，火焰、电弧、微波等不同激发原理的原子发射光谱技术得到了广泛研究。LIBS 技术是一种利用激光器作为激发源产生等离子体的原子发射光谱技术，1960 年首台红宝石激光器的发明[4]和 1963 年 Q 开关 (Q-switch) 激光器的发展[5]为这一领域注入了强大活力。一般认为，1962 年 Brech 与 Cross[6] 在固体表面上首次发现激光诱导等离子体标志着 LIBS 技术的诞生。紧接着，1963 年 Debras-Guédon 与 Liodec[7] 首次使用激光诱导等离子体进行了光谱分析。此后，LIBS 虽然具备各种天然优势，但由于设备昂贵及测量精度差等原因，长期以来一直停留在实验室研究及定性分析阶段，其发展远落后于其他原子发射光谱。2000 年，第一届国际 LIBS 会议的举行，标志着 LIBS 领域进入了快速发展时期；之后，LIBS 定量化方面的研究如雨后春笋般涌现。

在 LIBS 发展过程中，激光器、光谱仪及检测器等硬件设备的进步、基础理论认知的提升、关键定量方法的发展、重要的应用示范，以及相应的 LIBS 学术界的发展等都给 LIBS 技术带来积极的推动作用。表 1.1 和表 1.2 分别列举了 LIBS 领域的重大技术进展及 LIBS 学术界发展的重大事件。

表 1.1 LIBS 重大技术进展

年份	重大技术进展
1960	发明首个红宝石激光器 [4]
1961	首次研究了掺稀土元素光纤激光器 [8]
1962	首次在固体表面上发现了激光诱导等离子体 [6]
	首次报道掺镱光纤激光器 [9]
1963	首次开展激光诱导等离子体光谱分析 [7]
	首次报道空气的激光诱导等离子体 [10]
	首次使用激光实现微区光谱分析 [11]
1964	开展时间分辨激光等离子体光谱研究 [12]
	提出局域热平衡 (local thermal equilibrium, LTE) 概念 [13]
1969	最早使用双脉冲 LIBS(double pulse, DP-LIBS) 方法 [14]
1970	使用 Q-switch 激光进行光谱研究 [15]
1992	出现了用于表面污染监测的便携式 LIBS 设备
1992	为太空探索应用发展了远程 LIBS 分析技术 [16]
1993	使用双脉冲 LIBS 分析水下固体 [17]
1995	首次使用光纤激光器获取 LIBS 信号 [18]
1996	研制出首套便携式 LIBS 仪器 [19]
	增强型电荷耦合器件 (intensified charge coupled deviced, ICCD) 被应用于 LIBS 研究 [20]
1998	结合 ICCD 的中阶梯光栅光谱仪被应用于 LIBS 技术研究中 [21]
1999	发展了免定标 LIBS 算法 [22]
	提出生长曲线 (curve of growth, COG) 校正自吸收 [23]

续表

年份	重大技术进展
2000	出现了用于煤质分析的商业化设备[24] LIBS 被纳入 NASA 火星探测任务[25]
2001	首次出现飞秒 LIBS[26]
2002	爆炸物与生化危险品的 LIBS 分析受到更多关注[27]
2004	远程飞秒成丝 LIBS[28]
2011	搭载 LIBS 设备的"好奇号"火星探测器发射[29]
2019	LIBS 被纳入中国"天问一号"火星探测计划[30] 首次阐述测量不确定性产生机理[31]
2021	提出精确定量理论框架[32]

表 1.2 LIBS 学术界发展重大事件

年份	重大事件
2000	首届 LIBS 国际会议 (意大利比萨)[33]
2001	首届欧洲及地中海 LIBS 会议 (埃及开罗)[34]
2007	首届美洲 LIBS 会议 (美国新奥尔良)[35]
2011	首届中国 LIBS 会议 (青岛)[36]
2014	国际 LIBS 会议首次在亚洲举行 (北京)[37]
2015	首届亚洲 LIBS 会议召开 (武汉)[38]
2016	中国光学工程学会 LIBS 专业委员会成立 (北京)
2017	首届 LIBS 峰会召开,设立 LIBS 领域最高奖 (北京)[39]
2021	亚洲 LIBS 学会 (ACLIBS) 成立[40]

1.3　LIBS 发展面临的核心问题

从诞生之日起,如何克服定量性能不足(即测量不确定性较高和基体效应严重)一直是 LIBS 领域的研究重心,该缺点被称为 LIBS 技术的"阿喀琉斯之踵"。然而,迄今为止,学术界尚未形成统一、完整的精确定量理论体系,用于指导克服测量不确定性较高和基体效应严重这两大关键瓶颈问题,实现精确定量。在实际应用中,LIBS 测量的精密度和准确度,特别是长期重复性精度,大多还不能完全满足实际需求。可以说,如何实现 LIBS 精确定量已经成为一个世纪难题。

从技术本身来说，LIBS 陷入难以精确定量困境的本质原因为：其信号源为时间不稳定、空间不均匀的激光诱导等离子体，因此很难获得一个具有相对稳定的等离子体特性的时空窗口来收集高重复性、低基体效应的原始光谱信号用于精确定量[32]。而从非技术因素来讲，竞争技术与研究生态现状也对 LIBS 发展产生了严重影响。下面就这两个方面进行阐述。

1.3.1 技术原因

(1) 信号源是时空激烈变化的激光诱导等离子体，测量时空窗口的等离子体特性差异大，导致了信号不确定性和基体效应的产生。

相比于电感耦合等离子体发射光谱 (inductively coupled plasma–optical emission spectrometry, ICP–OES)、X 射线荧光光谱、拉曼光谱 (Raman spectroscopy) 等具有稳定信号源的光谱技术，LIBS 的信号源是一个空间不均匀且随时间急剧变化的激光诱导等离子体，导致在信号测量时间窗口内所观察到的等离子体特性波动很大，这是 LIBS 信号不确定性和基体效应较高、定量化性能较差的本质原因。

对于 ICP-OES、XRF、Raman 等光谱技术来说，其信号发射源的状态可以被控制在比较稳定的状态，因此可以通过对信号进行较长时间的积分来获取较为稳定的信号。而对于 LIBS，一般在空气环境中测量，由于脉冲激光诱导等离子体在环境气体中急剧膨胀，与气体碰撞掺混，并把部分环境气体加热、激发成为等离子体的一部分，导致等离子体温度、电子数密度及元素分布在空间上表现出强烈的不均匀性；同时由于等离子体的产生和演化伴随着激烈的物质和能量交换，导致激光诱导等离子体会在很短的时间内经历温度的骤升 (ns 级) 和骤降 (μs~ms 级)，也就是说，空间不均匀的等离子体特性随时间变化剧烈。等离子体的这种时空演化特性导致很难获取固定等离子体状态下的光谱信号，也就是说，信号获取时空窗口内的等离子体温度、电子数密度及元素成分变化较大，导致所获得的信号不确定性较高。此外，对 LIBS 来说，收光系统往往具有空间敏感性，即只能收集到某一部分的等离子体发射的光谱，其他区域的等离子体辐射由于收光效率太低而对信号贡献不大[41]。这一收光效率空间敏感特性和等离子体的空间不均匀性叠加在一起，进一步加剧了测量的不确定性。同时，对含有某一相同含量元素的不同样品，由于激光-样品-等离子体-环境气体之间的相互作用关系不同，也会导致信号获取时空窗口内的等离子体状态差异很大，从而导致该元素特征光谱强度的很大不同，以致 LIBS 测量基体效应较大。

微损乃至近无损分析是 LIBS 技术的一大优点，然而，从某种意义上来讲，LIBS 测量过程中的样品烧蚀量太小，这是导致 LIBS 信号不确定性较高的另一个重要原因：正是因为烧蚀量极小，导致形成的等离子体体积较小、易受环境气体掺混的影响，从而等离子体的时空变化也会相对更加激烈；此外，在等离子体时空演化过程中，由于烧蚀量小，很难保留一个基本由待测样品物质产生的等离子核心区域（即不受或者少受样品等离子体-环境气体掺混影响的区域）作为信号发射源。也就是说，LIBS 测量过程样品烧蚀量太小也是造成 LIBS 测量重复性低、基体效应严重的重要原因之一。

(2) 对等离子体时空演化的深入理解难度很大。

理解 LIBS 系统参数及环境因素对 LIBS 信号的影响机理是改善原始信号质量与实现精确定量的基础。由于等离子体演化过程激烈复杂，且迄今为止尚无法对等离子体的时空演化过程及辐射特性时空变化形成深入、完整的测量和理解，从而难以形成有效的改进机制，这是 LIBS 定量化性能相对较差的第二个关键原因。

在 LIBS 测量中，激光与样品、激光与等离子体、等离子体与样品、等离子体与环境气体之间存在着激烈的相互作用，LIBS 系统参数及环境因素的微小变动都会对等离子体特性（等离子体温度、电子数密度、总粒子数密度等）的时空演化产生很大的影响，从而对 LIBS 光谱产生很大的影响。在 LIBS 领域，量子力学、流体力学、电动力学、热力学等各力学效应深度融合交叉作用，因而难以通过理论计算厘清等离子体时空演化过程机理。比如，现有描述激光-样品-等离子体及光谱发射的机理模型往往只能简化为等离子体在真空中膨胀[42,43]，而忽略了流体力学效应的影响（即复杂的等离子体-环境气体相互作用），因此对等离子体特性参数的时间、空间分布计算存在很大缺陷。总而言之，通过理论计算无法支撑深入理解 LIBS 信号影响机理，也无法为提高 LIBS 信号可重复性及降低基体效应提供有效指导。

此外，由于缺乏足够的等离子体诊断手段，目前的研究往往只是通过测量光谱信号来研究系统参数及环境因素的影响规律。而由于收光系统的空间敏感性与等离子体的时空变化特性,很多研究都是盲人摸象,只见局部而不见全局。有时由于收光系统参数(收光点位置、透镜组参数等)、激光参数、收光延时(delay time)及采样门宽(gate time)的细微区别,实验结果甚至存在互相矛盾的现象。比如,研究环境压力的影响时,同样是将环境压力由低压增加至常压,Wu 等发现钨原子、离子线与连续辐射信号强度的相对标准偏差(relative standard deviation, RSD)未表现出明显规律[44],Yi 等发现钠原子线的 RSD 在接近大气压时明显恶化[45],Haider 等发现 Mg 离子线的 RSD 近乎单调递减,如图 1.2 所示[46]。又如,在施加磁约束时,Wu 等发现等离子体温度上升[47],Li 等却发现等离子体温度下降[48]。出于以上原因,很难根据已有的众多实验结果总结整理出系统完整的物理现象及影响规律,也很难为 LIBS 精确定量提供完整的理论基础。激光诱导等离子体时空演化复杂性,加上收光系统空间敏感性,客观上造成了 LIBS 研究结果的差异或矛盾,混淆了学者对 LIBS 的认识,有时甚至产生误导作用,提高了建立系统理解的难度。

1.3.2 非技术原因

(1) 竞争对手技术已经占据成熟市场,对 LIBS 研究的投入有限。

LIBS 技术诞生虽早,但由于精确定量长期无法实现突破,致使未能实现大规模的商业化应用。而其直接竞争对手,比如 XRF 及火花直读光谱,已经占据了大部分元素分析市场。因此,在常规应用领域中,LIBS 要想取得突破性发展,必须在成本及定量化性能两个方面都体现优势,这势必对 LIBS 技术提出更高的要求。目前留给 LIBS 发展的大规模空白市场只有难度最大的在线/原位工业应用。

另一方面,正是由于 LIBS 一直未能拥有成熟的市场,使得该领域研究很难获得持续的大规模投入,这无疑对 LIBS 技术,特别是其定量化的发展造成了很大的负面影响。

(2) LIBS 领域研究者尚未形成研究共识。

LIBS 的定量化机理认识困境也和从事 LIBS 研究的学者的知识背景有关。目前,从事 LIBS 的学者基本来自三类领域,即物理(等离子体物理和光学)、化学(分析化学)和各应用领域。不同背景的研究人员往往有不同的知识基础、研究思路及科研兴趣。具有物理背景的学者关心等离子体状态特征及辐射规律,

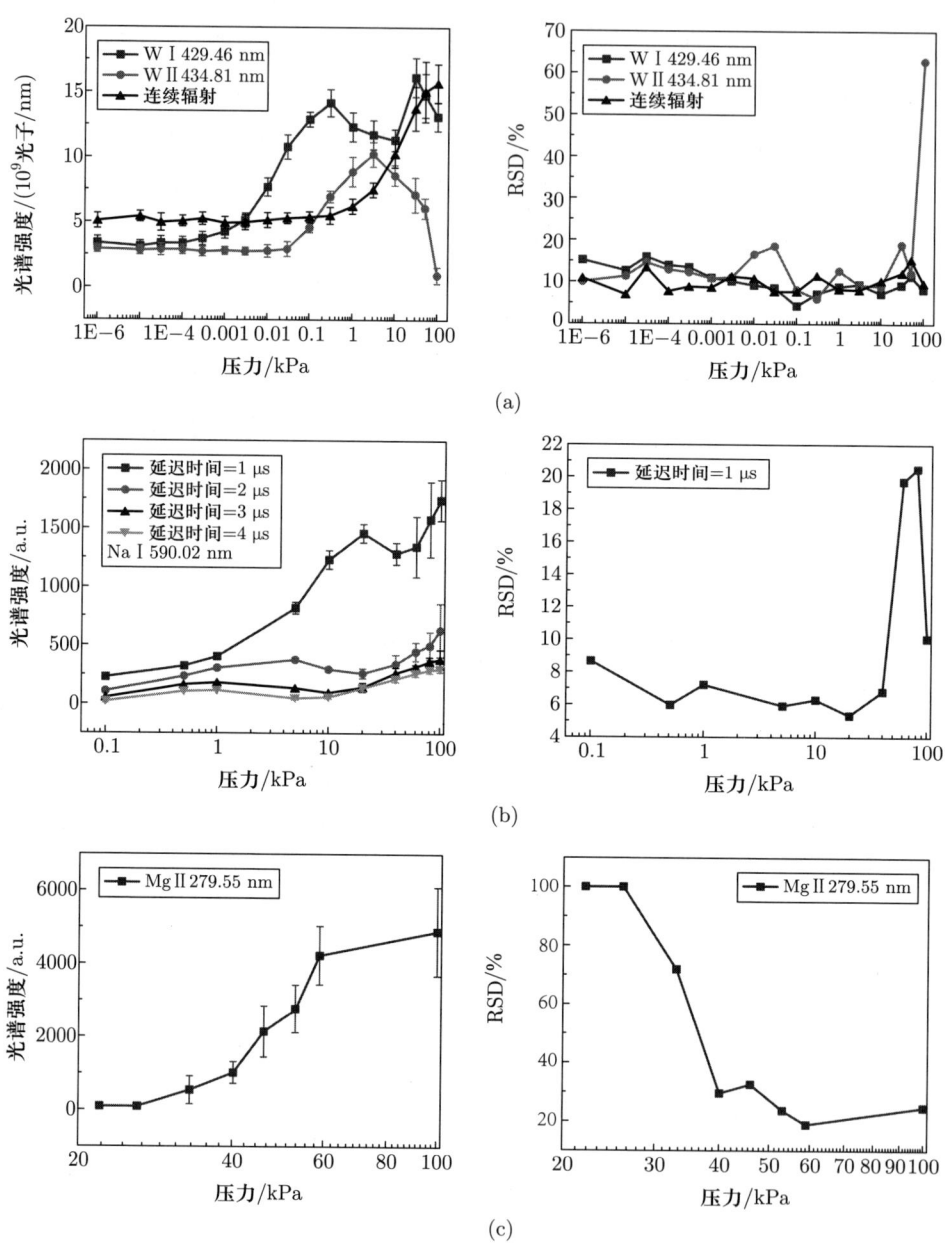

图 1.2 不同课题组的 LIBS 信号强度及其相对标准偏差随压力变化实验结果比较图：(a) Wu 等, 2021[44]；(b) Yi 等, 2019[45]；(c) Haider 等, 2015[46]

但是由于等离子体时空演化过程过于复杂，到目前为止尚未能厘清各种机理机制，也未能提出彻底解决光谱信号不确定性和基体效应较高这两大关键瓶颈的有效方法，目前的研究重点不是集中在激光–样品的相互作用上，就是集中在等离子体辐射规律上，对等离子体时空演化的研究相对不足；具有化学背景的学者则是通过各种化学计量法进行以准确度为目标的定量化研究，缺少对物理规律的深度理解及应用；而具有应用背景的学者从各自需求出发，往往以接受定量化性能限制条件为前提开展研究，只能根据应用条件提出针对性的改进方法，很难提升对机理机制的理解及对精确定量提出普遍有效的方法技术。此外，由于 LIBS 精确定量困难重重，到目前为止尚无成功的大规模工业应用，这对研究者造成了心理暗示，即也许不存在 LIBS 精确定量的可能性。因此，研究者往往只求权宜之计，以期解决特定应用问题，而对建立基础理论、全面解决问题缺乏追求力度和决心。在这个知识爆炸的时代，多种观点并存，难以形成相对集中的研究思路和技术路线，这也影响了 LIBS 精确定量理论与技术方法的发展。

综上所述，LIBS 技术虽然有独特优势，但也面临着技术与非技术因素造成的诸多障碍，实现 LIBS 精确定量化与大规模应用仍有很长一段路要走。

光谱技术是新一代的化学分析技术，LIBS 技术作为其中的重要代表，是人类认识和理解世界的一扇后门。作者坚信必定存在方法来创造合适的时空窗口以获得高质量的 LIBS 原始信号，并配合结合物理规律与机器学习方法的定量化模型实现长期精确测量，真正推动 LIBS 在工业现场发挥巨大作用。为实现这一目的，作者认为有必要从技术路线上把等离子体时空演化过程作为研究重点，在研究方法上，尽量多采用目前可得的等离子体特性诊断手段来获得对等离子体演化的整体系统认识，即从等离子体演化的角度深入理解光谱信号在不同条件下的变化规律，以作为定量化的基础。具体而言，可同时采集等离子体图像、时空分辨光谱、时空积分光谱等信号，对等离子体演化进行详细分析，从而得出完整系统的参数影响规律，避免仅采用某一时空窗口的光谱信号而导致盲人摸象的现象。

如图 1.3 所示，作者建议围绕等离子体时空演化，从激光–样品、激光–等离子体、等离子体–样品、等离子体–环境气体相互作用着手，通过采集等离子体图像、时空分辨光谱、时空积分光谱等信号，综合分析等离子体特性(等离子体温度、电子数密度、总粒子数密度等) 随时间的演化, 厘清样品性质、环境因素、LIBS 系统参数对等离子体演化及 LIBS 信号的影响规律, 寻求提升信号重复性、降低基体效应的方法手段。此外, 结合数值模拟手段, 特别是结合计算流体力学 (computational fluid dynamics, CFD) 模型、量子力学和统计物理的数值模型, 深入研究等离子体-环境气体相互作用对等离子体特性的影响, 为实验结果提供更深层次的理解。从此前的研究来看, LIBS 领域更加重视激光-样品、激光-等离子体相互作用, 而对等离子体-环境气体相互作用的关注相对较少。但对 LIBS 技术而言, 等离子体在激光作用下产生、膨胀, 一般在微秒级后才进行光谱测量, 而此前等离子体已经与环境气体发生剧烈掺混, 对 LIBS 信号有着巨大的影响。可以说, 等离子体与环境气体的相互作用对等离子体特性及光谱信号的影响更加重要, 也更加需要关注。

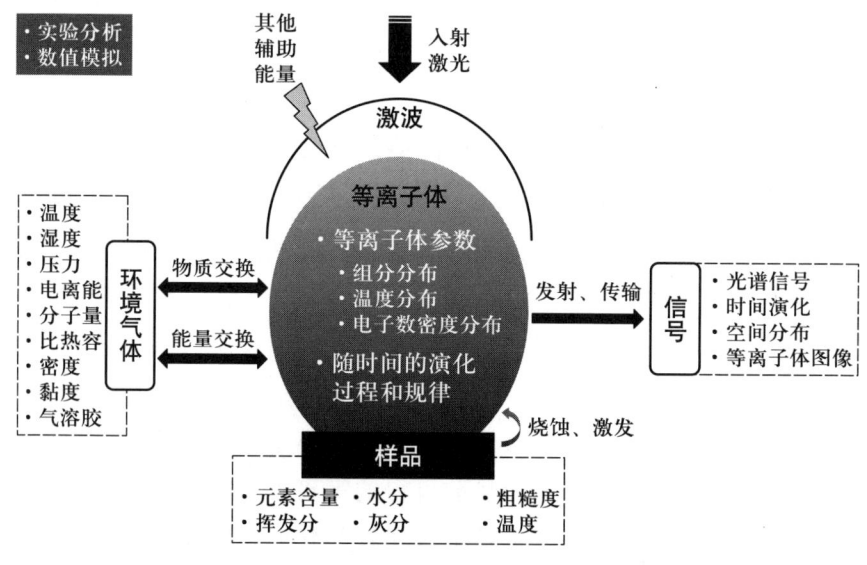

图 1.3　推荐研究方法示意图

1.4　本书的撰写目的、内容和特色

本书紧紧围绕实现 LIBS 精确定量这一中心, 尽可能从等离子体演化的角度来解释和阐述系统参数、环境因素、样品特性对光谱信号及定量化性能的影响, 以独特的视角为读者呈现本领域的最新进展。特别地, 本书针对 LIBS 信

号源为时空变化等离子体这一本质特征，提出了以提升测量重复性精度为主，降低基体效应为辅的技术路线，并详细阐述了测量不确定性产生机理，提出等离子体调制不确定度降低方法，以及以此技术路线角度介绍了定量分析方法，构建了一个 LIBS 精确定量初步理论框架，如图 1.4 所示。

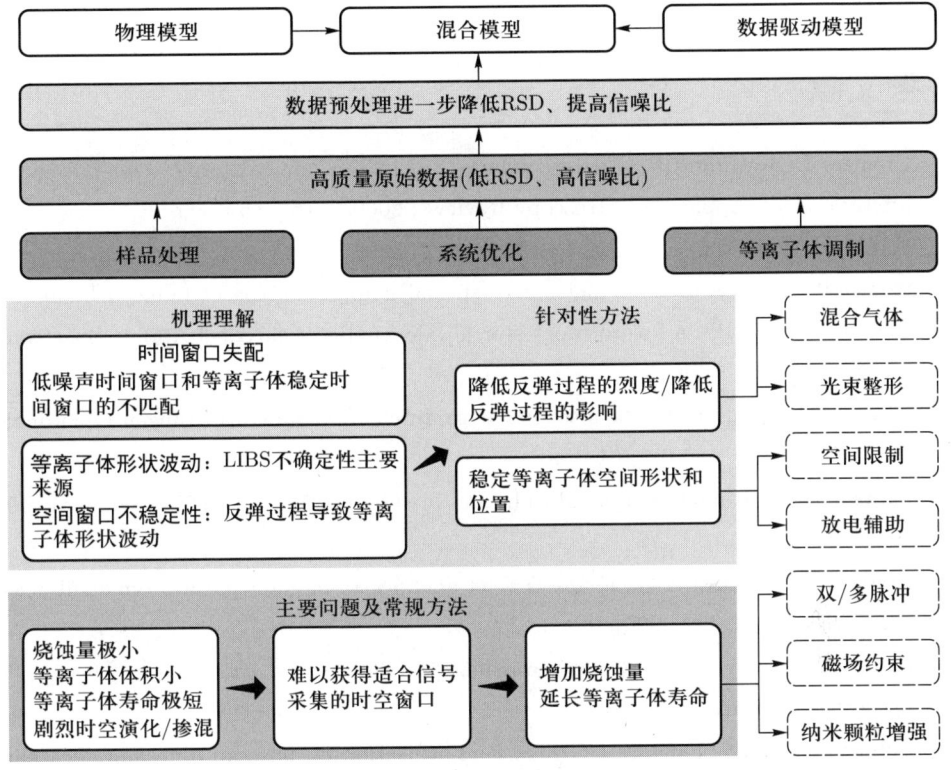

图 1.4　LIBS 精确定量理论框架

本书主要分为两个部分，第一部分围绕理论框架，介绍了与 LIBS 精确定量化相关的理论、技术和方法，第二部分则介绍了 LIBS 技术在各个领域应用进展和现状。主要内容包括：

(1) 第 2 章与第 3 章介绍了 LIBS 基本原理和系统组成；

(2) 第 4 章介绍了 LIBS 不确定性和误差产生机理方面的最新研究成果；

(3) 第 5~7 章介绍了与定量化性能紧密相关的 LIBS 基础理论。在此基础上，着重探讨等离子体演化、关键实验参数、光学系统设计等对 LIBS 定量化性能的影响；

(4) 第 8 章介绍了 LIBS 定量技术方法最新进展，包括机器学习、人工智能等先进算法以及这些算法如何与 LIBS 物理机理结合来提高定量化性能；

(5) 第 9~18 章针对不同的应用场景，介绍了应用背景及要求、样品特性、仪器优化设计、采制样系统、定量算法设计等实际应用中需注意的问题，以及最新的工业应用与系统设计经验。

参考文献

[1] Cremers D A, Chinni R C. Laser-induced breakdown spectroscopy—capabilities and limitations [J]. Applied Spectroscopy Reviews, 2009, 44(6): 457–506.

[2] Winefordner J D, Gornushkin I B, Correll T, et al. Comparing several atomic spectrometric methods to the super stars: special emphasis on laser induced breakdown spectrometry, LIBS, a future super star [J]. Journal of Analytical Atomic Spectrometry, 2004, 19(9): 1061–1083.

[3] Kirchhoff G, Bunsen R. Chemische analyse durch spectralbeobachtungen [J]. Annalen der Physik, 1860, 186(6): 161–189.

[4] Maiman T H. Stimulated optical radiation in ruby [J]. Nature, 1960, 187(4736): 493–494.

[5] Bradley D J, Desilva A W, Evans D E, et al. Spectra of giant pulses from a ruby laser [J]. Nature, 1963, 199(4900): 1281–1282.

[6] Brech F, Cross L. Optical microemission stimulated by a ruby master [J]. Applied Spectroscopy, 1962, 16(2): 59.

[7] Debras-guédon J, Liodec N J C A S. De l'utilisation du faisceau d'un amplificateur a ondes lumineuses par émission induite de rayonnement (laser à rubis), comme source énergétique pour l'excitation des spectres d'émission des éléments [J]. Comptes Rendus de l'Académie des Sciences, 1963, 257: 3336–3339.

[8] Snitzer E. Proposed fiber cavities for optical masers [J]. Journal of Applied Physics, 1961, 32(1): 36–39.

[9] Etzel H W, Gandy H W, Ginther R J. Stimulated emission of infrared radiation from ytterbium activated silicate glass [J]. Applied Optics, 1962, 1(4): 534–536.

[10] Maker P D, Terhune R W, Savage C M. Optical third harmonic generation [C]// Proceedings of the 3rd International Conference on Quantum Electronics, Paris, F. New York: Columbia University Press, 1964.

[11] Moenke-blackenburg L, Huie C W. Laser microanalysis, on-line process analyzers, and

electrophoresis [J]. Analytical Chemistry, 1989, 61(24): 1376A–1379A.

[12] Archbold E, Harper D W, Hughes T P. Time-resolved spectroscopy of laser-generated microplasmas [J]. British Journal of Applied Physics, 1964, 15(11): 1321.

[13] Griem H R. Plasma Spectroscopy [M]. New York: McGraw-Hill, 1964.

[14] Piepmeier E H, Malmstadt H V. Q-switched laser energy absorption in the plume of an aluminum alloy [J]. Analytical Chemistry, 1969, 41(6): 700–707.

[15] Scott R H, Strasheim A. Laser induced plasmas for analytical spectroscopy [J]. Spectrochimica Acta Part B: Atomic Spectroscopy, 1970, 25(7): 311–332.

[16] Blacic J D, Pettit D R, Cremers D A, et al. Laser-induced breakdown spectroscopy for remote elemental analysis of planetary surfaces [C]// Proceedings of the International Symposium on Spectral Sensing Research, 1992.

[17] Nyga R, Neu W. Double-pulse technique for optical emission spectroscopy of ablation plasmas of samples in liquids [J]. Optics Letters, 1993, 18(9): 747–749.

[18] Cremers D A, Barefield J E, Koskelo A C. Remote elemental analysis by laser-induced breakdown spectroscopy using a fiber-optic cable [J]. Applied Spectroscopy, 1995, 49(6): 857–860.

[19] Yamamoto K Y, Cremers D A, Ferris M J, et al. Detection of metals in the environment using a portable laser-induced breakdown spectroscopy instrument [J]. Applied Spectroscopy, 1996, 50(2): 222–233.

[20] Vadillo J M, Milan M, Laserna J J. Space and time-resolved laser-induced breakdown spectroscopy using charge-coupled device detection [J]. Fresenius' Journal of Analytical Chemistry, 1996, 355: 10–15.

[21] Bauer H E, Leis F, Niemax K. Laser induced breakdown spectrometry with an echelle spectrometer and intensified charge coupled device detection [J]. Spectrochimica Acta Part B: Atomic Spectroscopy, 1998, 53(13): 1815–1825.

[22] Ciucci A, Corsi M, Palleschi V, et al. New procedure for quantitative elemental analysis by laser-induced plasma spectroscopy [J]. Applied Spectroscopy, 1999, 53(8): 960–964.

[23] Gornushkin I B, Anzano J M, King L A, et al. Curve of growth methodology applied to laser-induced plasma emission spectroscopy [J]. Spectrochimica Acta Part B: Atomic Spectroscopy, 1999, 54(3-4): 491–503.

[24] Wallis F J, Chadwick B L, Morrison R J S. Analysis of lignite using laser-induced breakdown spectroscopy [J]. Applied Spectroscopy, 2000, 54(8): 1231–1235.

[25] Knight A K, Scherbarth N L, Cremers D A, et al. Characterization of laser-induced breakdown spectroscopy (LIBS) for application to space exploration [J]. Applied Spectroscopy, 2000, 54(3): 331–340.

[26] Eland K L, Stratis D N, Gold D M, et al. Energy dependence of emission intensity and temperature in a LIBS plasma using femtosecond excitation [J]. Applied Spectroscopy, 2001, 55(3): 286–291.

[27] Samuels A C, Delucia F C, Mcnesby K L, et al. Laser-induced breakdown spectroscopy of bacterial spores, molds, pollens, and protein: initial studies of discrimination potential [J]. Applied Optics, 2003, 42(30): 6205–6209.

[28] Stelmaszczyk K, Rohwetter P, Mejean G, et al. Long-distance remote laser-induced breakdown spectroscopy using filamentation in air [J]. Applied Physics Letters, 2004, 85(18): 3977–3979.

[29] Wiens R C, Maurice S, Barraclough B, et al. The ChemCam instrument suite on the mars science laboratory (MSL) rover: body unit and combined system tests [J]. Space Science Reviews, 2012, 170(1-4): 167–227.

[30] 蔡婷妮, 李春来, 任鑫, 等. 火星车载激光诱导击穿光谱仪 (MarsCoDe) 在轨定标样品选取研究 [J]. 光谱学与光谱分析, 2019, 39(5): 1623–1629.

[31] Fu Y-T, Gu W-L, Hou Z-Y, et al. Mechanism of signal uncertainty generation for laser-induced breakdown spectroscopy [J]. Frontiers of Physics, 2021, 16(2): 22502.

[32] Wang Z, Afgan M S, Gu W, et al. Recent advances in laser-induced breakdown spectroscopy quantification: from fundamental understanding to data processing [J]. Trac-Trends in Analytical Chemistry, 2021, 143: 116385.

[33] Corsi M, Palleschi V, Tognoni E. Special Issue—LIBS2000—1st International Conference on Laser Induced Plasma Spectroscopy and Applications-Preface [J]. Spectrochimica Acta Part B: Atomic Spectroscopy, 2001, 56(6): 565–566.

[34] Radziemski L J. From LASER to LIBS, the path of technology development [J]. Spectrochimica Acta Part B—Atomic Spectroscopy, 2002, 57(7): 1109–1113.

[35] Singh J P, Martin M Z, Miziolek A W. North american symposium on laser-induced breakdown spectroscopy: introduction to the feature issue [J]. Applied Optics, 2010, 49(13): LIBS1-LIBS2.

[36] Yu J, Zheng R. Laser-induced plasma and laser-induced breakdown spectroscopy (LIBS) in China: the challenge and the opportunity [J]. Frontiers of Physics, 2012, 7(6): 647–648.

[37] Wang Z, Dong F, Zhou W. A rising force for the world-wide development of laser-induced breakdown spectroscopy [J]. Plasma Science & Technology, 2015, 17(8): 617–620.

[38] Guo L-B, Li X-Y, Xiong W, et al. Recent technological progress in Asia from the first Asian symposium on laser-induced breakdown spectroscopy [J]. Frontiers of Physics,

2016, 11(6): 115208.

[39] Fu Y, Hou Z, Deguchi Y, et al. From big to strong: growth of the Asian laser-induced breakdown spectroscopy community [J]. Plasma Science & Technology, 2019, 21(3): 030101.

[40] Gu W, Zhang L, Dong M, et al. A new stage of the Asian laser-induced breakdown spectroscopy community [J]. Plasma Science & Technology, 2022, 24(8): 080101.

[41] Li T, Sheta S, Hou Z, et al. Impacts of a collection system on laser-induced breakdown spectroscopy signal detection [J]. Applied Optics, 2018, 57(21): 6120–6127.

[42] Wu B, Shin Y C. Modeling of nanosecond laser ablation with vapor plasma formation [J]. Journal of Applied Physics, 2006, 99(8): 084310.

[43] Shabanov S V, Gornushkin I B. Two-dimensional axisymmetric models of laser induced plasmas relevant to laser induced breakdown spectroscopy [J]. Spectrochimica Acta Part B: Atomic Spectroscopy, 2014, 100: 147–172.

[44] Wu D, Sun L, Liu J, et al. Parameter optimization of the spectral emission of laser-induced tungsten plasma for tokamak wall diagnosis at different pressures [J]. Journal of Analytical Atomic Spectrometry, 2021, 36(6): 1159–1169.

[45] Yi R, Yang X, Lin F, et al. Improving the spectral qualities of major elements in soil by controlling the ambient pressure in time-resolved laser-induced breakdown spectroscopy [J]. Applied Optics, 2019, 58(32): 8824–8828.

[46] Haider Z, Bin Munajat Y, Kamarulzaman R, et al. Comparison of single pulse and double simultaneous pulse laser induced breakdown spectroscopy [J]. Analytical Letters, 2015, 48(2): 308–317.

[47] Wu D, Liu P, Sun L, et al. Influence of a static magnetic field on laser induced tungsten plasma in air [J]. Plasma Science & Technology, 2016, 18(4): 364–369.

[48] Li C, Gao X, Li Q, et al. Spectral enhancement of laser-induced breakdown spectroscopy in external magnetic field [J]. Plasma Science & Technology, 2015, 17(11): 919–922.

第 2 章 激光诱导击穿光谱的基础理论[①]

激光诱导击穿光谱 (LIBS) 是一种利用激光光束为激发源产生等离子体的发射光谱技术。LIBS 定量分析过程中激光与样品、激光与等离子体、等离子体与环境气体之间相互作用等物理过程易受多种不确定性的影响,造成了较高的等离子体辐射光谱信号的波动,从而难以获得准确的等离子体特性的时空演化规律,成为 LIBS 定量化分析性能较差的另一个关键原因。本章将围绕激光诱导等离子体产生及演化涉及的重要物理过程进行讨论。

2.1 激光诱导等离子体的特征

LIBS 分析过程中,采用高能脉冲激光聚焦辐照样品,样品表面吸收光子能量发生熔化、蒸发并击穿形成由自由电子、原子、离子、分子和纳米粒子组成的激光诱导等离子体。广义上,把等离子体定义为由大量处在非束缚态的带电粒子 (电子、正负离子) 和中性粒子 (原子、分子) 组成的具有宏观集体行为且总体上呈电中性的物质积聚状态。等离子体是与固态、液态、气态相同层次的物质存在形式,也被人们称为物质的第四态[1,2]。固态、液态、气态都是由中性的分子或原子组成,而等离子体主要由自由电子、离子以及中性粒子组成,在宏观尺度的时间和空间范围里存在着数量大体不变的大量电子和各种离子,宏观上保持电中性并呈现集体行为。

等离子体的主要特性包括:① 准电中性,任何破坏电中性的扰动都会导致等离子体区域内强电场的出现,从而恢复其电中性;② 强导电性,由于自由电子的存在,等离子体展现出与普通气体完全不同的性质,等离子体是一种

[①] 本章由大连理工大学丁洪斌教授和海然副教授共同撰写。

导电体，在室温下等离子体的电导率可能超过金属；③ 可与磁场发生相互作用，磁场可以对带电粒子的运动产生影响，实现对等离子体演化行为的控制；④ 集体相互作用，是指大量带电粒子在自己产生的电场中运动的行为，即等离子体内的各种波动行为。组成等离子体的带电粒子一般参与两种运动：一种是无规则的热运动；另一种是以波的形式的集体运动。等离子体中的波动可以看作其内部粒子的一种集体运动形式，其与电磁力和热压力有关。当等离子体中局部区域的电子偏离电荷平衡位置时，该区域正电荷过剩，在静电作用下外部电子会迅速涌进来，造成该区域负电荷过剩，外部出现正电荷区，继而引发电子向外运动，如此往复，会形成一种静电波。波在等离子体介质中也可以产生、传播、反射和吸收。

与传统的稳态放电等离子体相比，激光诱导等离子体是一种随时间急剧变化且空间不均匀的等离子体。在 LIBS 实验测量中，激光与样品、激光与等离子体、等离子体与环境气体之间存在着激烈、复杂的相互作用过程，LIBS 系统参数及环境因素的微小扰动都可能会引起等离子体特性（等离子体温度、电子数密度、总粒子数密度等）的时空分布及演化产生较大的变化，容易造成在光谱信号测量时间窗口内具有较明显的波动，对 LIBS 定量分析性能产生干扰。

2.2 激光诱导等离子体的产生机理

原理上连续激光器和脉冲激光器都可以用作激发源，并通过烧蚀样品产生激光诱导等离子体来开展 LIBS 分析。目前，固体激光器因可靠性强、便于操作、日常维护简单、成本较低而被广泛应用。对于 LIBS 分析中最常用纳秒脉冲固体激光器而言，纳秒激光脉冲与材料相互作用产生的等离子体过程主要包括样品加热、等离子体点燃和等离子体膨胀冷却过程，如图 2.1 所示。

纳秒激光脉冲辐照到金属材料表面时，部分被反射，部分被吸收，由于激光（作为一种电磁波）在金属中传输呈指数衰减，传播距离为"趋肤深度"。因此，激光与金属靶材直接相互作用的空间尺度为"趋肤深度"。式 (2.1) 给出了趋肤深度的表达式。

$$\delta = \sqrt{\frac{2\rho}{\omega\mu}} \tag{2.1}$$

式中，

$$\mu = \mu_0 \cdot \mu_r \tag{2.2}$$

$$\omega = \frac{2\pi c}{\lambda} \tag{2.3}$$

式中，δ 为趋肤深度；ρ 为导体的电阻率；ω 为角频率；μ 为导体的绝对磁导率；μ_0 为真空磁导率；μ_r 为导体的相对磁导率；c 为真空光速；λ 为激光波长。

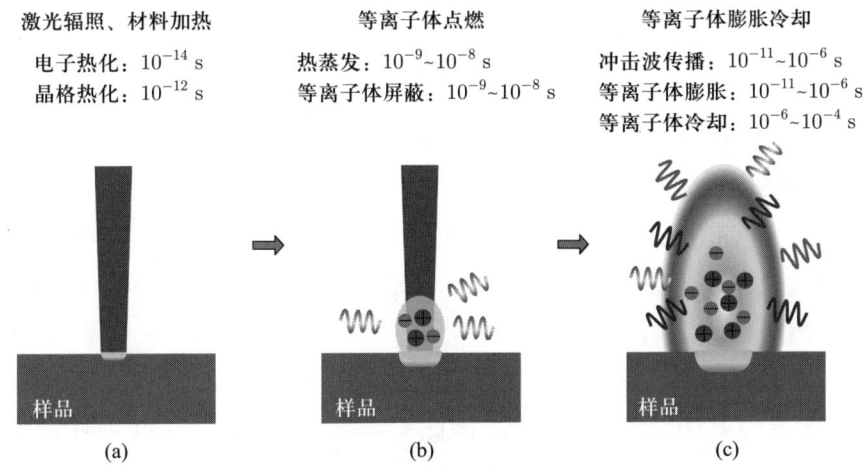

图 2.1 激光脉冲烧蚀固体样品物理过程：(a) 样品加热；(b) 等离子体点燃；(c) 等离子体膨胀冷却

金属表面"趋肤深度"内的靠近"费米能级"的电子，也就是导带中在激光场中快速响应激光场的自由电子，通过逆轫致辐射机制吸收激光能量而被加速，相互碰撞而迅速热化，典型的电子热化时间尺度为亚皮秒 (10^{-13}s)[3-5]。随后热电子通过电子–声子耦合将自身能量传递给原子，晶格从而被加热，晶格热化时间尺度为皮秒 (10^{-12} s)[6,7]。材料吸收的激光能量将会以热能形式进行传导。热传导会将能量传递到比趋肤深度更深的区域，扩散深度即热扩散深度 L_d，可用式 (2.4) 来表示：

$$L_d = \sqrt{D \Delta t} \tag{2.4}$$

式中，

$$D = \frac{k}{\rho C_p} \tag{2.5}$$

其中，D 为热扩散系数，单位为 $m^2 \cdot s^{-1}$；k 为热导率，单位为 $W \cdot m^{-1} \cdot K^{-1}$；$\Delta t$ 为激光脉冲宽度 (简称脉宽)，单位为 s；ρ 为密度，单位为 $kg \cdot m^{-3}$；C_p 为比热容，单位为 $J \cdot kg^{-1} \cdot K^{-1}$。

当入射激光能量足够大时，电子传递给晶格的能量会使晶格结构破坏，导致材料状态发生改变。随着温度的升高，材料会出现熔化、气化等现象，通常称这一过程为激光烧蚀 (laser ablation) 过程。发生烧蚀的最小激光功率密度 $I_{\min}$ (称为材料烧蚀阈值，单位为 W/cm^2) 可用式 (2.6) 进行估算[8]：

$$I_{\min} = \frac{\rho L_v k^{1/2}}{\Delta t^{1/2}} \tag{2.6}$$

式中，ρ 为材料密度；L_v 为蒸发潜热；k 为热导率；Δt 为激光脉宽。

当纳秒激光束辐照固体材料时，表面材料迅速升温发生相变，熔融、气化，形成气化层，气化层由于自身压强较高会向外扩散，在气化层扩散的过程中，材料会继续吸收激光能量，当温度达到一定程度时，部分原子将会被电离，形成初始等离子体。

对于非金属材料而言，当纳秒激光脉冲与其相互作用时，由于导带上没有自由电子，价带电子无法自由移动，因此非金属材料不能像金属一样直接通过自由电子吸收激光能量获得能量，但是由于材料缺陷、杂质元素的存在，非金属材料周期性势场会遭到破坏，在缺陷或杂质周围引起局部性的量子态，以对应价带和导带之间的缺陷能级和杂质能级，因此，价带电子可以通过吸收光子能量跃迁到缺陷能级或杂质能级，再吸收另一个光子能量到达更高能级，直至到达导带成为自由电子。而自由电子可以通过吸收激光能量获得高动能，与原子碰撞过程产生更多自由电子。

当激光脉冲功率密度足够大时，激光与非金属材料的相互作用过程也可以直接通过多光子电离机制产生自由电子。多光子电离过程是指材料中原子同时吸收多个光子，由于这些光子的总能量超过了原子的电离势，因而产生光电效应而发生的电离现象。当非金属导带拥有一定数量的电子之后，其激光烧蚀过程就与前面所述金属材料的烧蚀过程类似，即晶格被加热，材料迅速熔化、蒸发，形成激光诱导等离子体。

此外，飞秒激光由于脉宽极短，即使单脉冲能量仅为微焦量级，也很容易通过聚焦的方式获得超过 10^{15} W/cm^2 的功率密度，足以使大部分原子发生光电离[9]。它的"冷"烧蚀特点将 LIBS 的空间分辨率大幅提高，吸引了众多科研工作者的目光。与传统纳秒激光脉冲相比，飞秒激光脉冲对材料的烧蚀过程具有极小的热作用区域和更低的烧蚀阈值[10,11]。对于飞秒脉冲激光烧蚀而言，激光脉冲宽度远小于电子-声子弛豫时间 (电子把能量传递给晶格的时间，约为 1 ps)，是一种非平衡烧蚀物理过程。飞秒激光脉冲与物质相互作用时，激光脉冲时间远小于等离子体产生所需时间，因此激光与等离子体间并无相互作用。在超强脉冲激光与材料作用时，足够高的激光能量可以使得电子首先从固体材料中逃逸出来，残留的正电荷离子产生强烈的库仑排斥作用，通过库仑爆炸的方式形成等离子体。

图 2.2 展示了飞秒脉冲、皮秒脉冲和纳秒脉冲辐照后金属材料表面烧蚀坑的形貌，结果显示飞秒激光烧蚀坑边沿齐整，热作用区域极小[12]。同时，由于不同脉冲宽度的激光烧蚀物理过程的区别，会导致击穿 (或烧蚀) 阈值显著不同。图 2.3 展示了飞秒脉冲、皮秒脉冲和纳秒脉冲激光烧蚀金属钽时单脉冲烧蚀深度随激光能量密度 [图 2.3(a)] 或激光功率密度 [图 2.3(b)] 的变化关系[13]。若以辐照激光能量密度来度量，飞秒激光脉冲烧蚀阈值 (0.17 J·cm^{-2}) 显著低于纳秒激光脉冲 (1.10 J·cm^{-2})。实验数据显示在烧蚀阈值附近时，纳秒激光脉冲对材料烧蚀深度显著大于飞秒激光和皮秒激光。

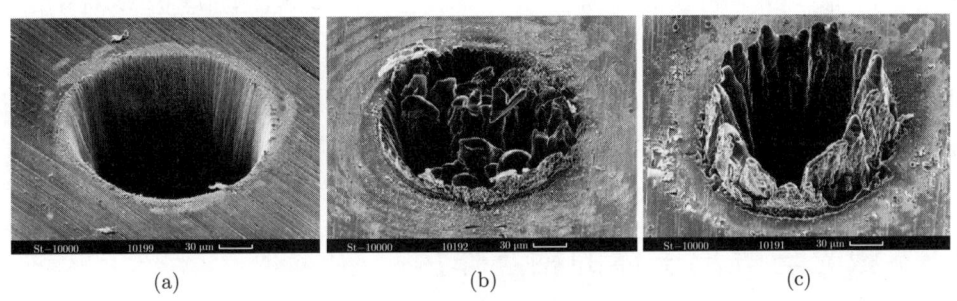

图 2.2 飞秒激光脉冲 (脉宽 200 fs, 单脉冲能量 120 μJ, 能量密度 0.5 J·cm^{-2})(a)、皮秒激光脉冲 (脉宽 80 ps, 单脉冲能量 900 μJ, 能量密度 3.7 J·cm^{-2}) (b) 和纳秒激光脉冲 (脉宽 3.3 ns, 单脉冲能量 1 mJ, 能量密度 4.2 J·cm^{-2})(c) 在金属薄片上烧蚀坑形貌电镜图像[12]

飞秒激光脉冲与非金属材料相互作用的过程中，材料可以通过多光子电离产生种子自由电子，随后发生碰撞电离和雪崩电离，使得辐照区趋于金属化[9]。通常认为近红外飞秒激光辐照宽带介质材料产生自由载流子的机制为多光子电离和雪崩电离[14]。导带中的"种子"自由电子通过逆韧致辐射过程吸收激光能量，直至动能大于势能，通过碰撞电离产生两个较低动能的自由电子，在激光脉冲持续辐照材料的条件下，该过程重复发生将产生雪崩电离。种子电子主要来源于物质不纯态的热激发或齐纳隧穿过程，也可以源于多光子电离所产生的自由电子[9]。在一般条件下，对于 fs–LIBS 实验过程，激光功率密度足够高，多光子电离速率远大于雪崩电离速率，因此多光子电离过程更占优势。对于 ns–LIBS 实验过程，自由电子的产生多为雪崩电离的贡献。

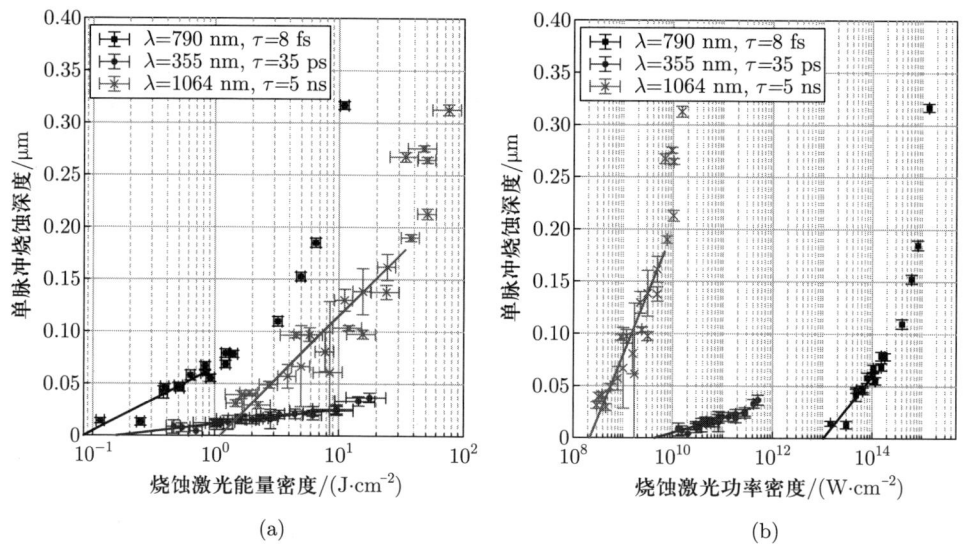

图 2.3　飞秒、皮秒、纳秒脉冲激光对金属钽的单脉冲烧蚀深度随入射激光能量密度 (a) 和入射激光功率密度 (b) 的变化关系[13]

2.3　激光与等离子体的相互作用

在 LIBS 分析过程中，当所使用的激光器脉冲宽度大于等离子体形成时间时，就会存在激光与等离子体相互作用的过程。激光在非磁化等离子体中传播会通过不同的机制将电磁场能量转化为等离子体内的粒子动能和等离子体波的静电能。等离子体可以通过经典的正常吸收和反常吸收等多种机制吸收激光使自身的温度、电离度进一步升高。

正常吸收即逆韧致辐射吸收，是指激光电场中的电子被激励发生高频振荡，并且具有一定概率与粒子(主要是离子)相碰撞而产生的一种辐射过程,该过程把能量交给较重的粒子(离子、原子)。逆轫致辐射吸收系数 α_{IB} 有以下表达式[15]:

$$\alpha_{\text{IB}} = Q n_e n_a + \frac{4}{3}\sqrt{\frac{2\pi}{3k_B T_e m_e^3}} \frac{Z^2 e^6 \lambda^3}{hc^4} \left[1 - \exp\left(\frac{hc}{\lambda k_B T_e}\right)\right] n_i n_e \quad (2.7)$$

式中,Q 为电子和原子碰撞时光子的吸收系数;n_i、n_a、n_e 分别为离子、原子和电子数密度;λ 为激光波长;c 为光速;m_e、e 分别为电子静止质量和电子电荷;Z 为电荷态数;h 为普朗克常量;k_B 为玻尔兹曼常数;T_e 为电子温度。式(2.7) 中第一项是电子和原子作用项,第二项是电子和离子作用项。由式(2.7) 可知,逆轫致辐射吸收系数取决于粒子数密度,包括电子数密度、离子密度和中性粒子密度。激光能量的吸收导致电子的动能增加,即电子温度的升高,这又将会产生进一步的电离,随之增加电子数密度,并且烧蚀过程也会产生更多的粒子,因此,吸收系数以及电离升高使得电子数密度进一步增加并最终接近临界电子数密度 n_e,直到产生的等离子体形成稠密薄层阻碍激光到达样品表面。这种高密度的激光诱导等离子体生成所需时间大约只有纳秒级,入射的激光脉冲的后沿会与等离子体发生相互作用而无法到达材料表面,该过程称为等离子体屏蔽效应。随着等离子体电子数密度 n_e 的增大,等离子体频率 ω_p 逐渐增大,当 ω_p 大于激光频率 ω 时,等离子体屏蔽现象就会产生。等离子体频率 ω_p 与电子数密度 n_e 的关系可表述为

$$\omega_p = \sqrt{\frac{4\pi n_e e^2}{m_e}} \quad (2.8)$$

式中,e 和 m_e 均为常数,所以 ω_p 只与 n_e 的平方根成正比。

反常吸收是指激光能量通过多种非碰撞机制转化为等离子体波的能量,再通过朗道阻尼(Landau damping)或其他耗散机制把波能转化为等离子体无规则运动的能量。反常吸收包括共振吸收、多种非线性参量不稳定性及反常碰撞吸收等。

2.4 激光诱导等离子体的光谱特性及演化

激光烧蚀产生的等离子体中,存在原子、离子、分子和电子等多种粒子,且各种粒子在不同的物理机制下都会向外辐射光信号,从光谱特征上看可将这些光信号粗略地分为连续光谱和分立光谱。LIBS 对待测样品成分的分析正是依托于等离子体中各物种所辐射的分立特征谱线,较强的连续光谱 (背景) 不利于待测物中难测元素 (浓度低或谱线对应的跃迁概率低) 的识别与定量化分析。理解等离子体演化及光谱辐射特性,提高采集光谱信号的信背比和信噪比,将有助于提高采集光谱的质量。

如图 2.4 所示,电子从自由态到自由态以及从自由态到束缚态之间的跃迁,发射的光谱均为连续光谱;电子束缚态到束缚态之间的跃迁,发射光谱为分立光谱,可以用于物种种类的识别。连续谱线以及分立谱线的发射过程用方程式表示如下。

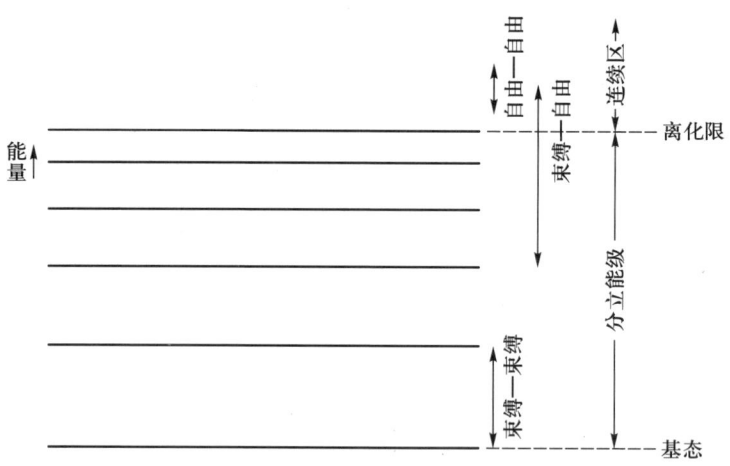

图 2.4 等离子体中电子跃迁示意图

(1) 连续谱辐射。

① 自由态 → 自由态跃迁,即轫致辐射:

$$h\nu^{\text{ff}} = \frac{1}{2}mv_1^2 - \frac{1}{2}mv_2^2 \tag{2.9}$$

式中,v_1、v_2 是初始和末了时刻电子的速度;ν^{ff} 是轫致辐射的频率。在激光烧蚀及其随后等离子体的形成期间,电子具有很高的温度,当运动中的电子与离子、原子发生剧烈的库仑碰撞减速，并以光子的形式辐射能量时，这种辐射称为轫致辐射，所产生的光谱是连续光谱。在这个过程中，电子仍是自由的。电子与离子、原子轫致辐射系数可以分别简单地表示为[16,17]

$$\varepsilon_{\text{ei}} = \frac{1}{(4\pi\varepsilon_0)^3} \frac{16\pi e^6}{3c^3 (6\pi m_e k_B)^{1/2}} \frac{n_e}{T^{1/2}} \sum_Z Z^2 n_i^Z G_Z \exp\left(-\frac{h\nu}{k_B T}\right) \quad (2.10)$$

$$\varepsilon_{\text{ea}} = \frac{1}{(4\pi\varepsilon_0)^3} \frac{32e^2}{3c^3} \left(\frac{k_B}{2\pi m_e}\right)^{3/2} n_e n_i T^{3/2} G \quad (2.11)$$

式中，ε_{ei} 和 ε_{ea} 分别为电子-离子、电子-原子的轫致辐射系数；ε_0 为真空介电常数；n_i^Z 表示电荷数为 Z 的原子数密度；G 表示自由态到自由态跃迁的 Gaunt 因子；G_Z 表示自由态到束缚态跃迁的 Gaunt 因子，用于修正经典物理学计算的结果。

② 自由态 → 束缚态跃迁，即复合辐射。

$$h\nu^{\text{fb}} = \frac{1}{2}mv^2 + \xi - E \quad (2.12)$$

式中，v 为自由电子的速度；ν^{fb} 为复合辐射的频率；E 为束缚量子态能量；ξ 为原子电离能。当自由电子被离子俘获后，与离子复合成中性粒子，过剩的能量以光子的形式向外辐射，这种辐射称为复合辐射，产生的光谱也是连续光谱，复合辐射系数表达式可以表示为[16,17]

$$\begin{aligned}\varepsilon_{\text{r}} = &\frac{1}{(4\pi\varepsilon_0)^3} \frac{16\pi e^6}{3c^3 (6\pi m_e k_B)^{1/2}} \frac{n_e}{T^{1/2}} \cdot \\ &\sum_Z Z^2 n^Z \xi_Z \left[1 - \exp\left(-\frac{h\nu}{k_B T}\right)\right]\end{aligned} \quad (2.13)$$

式中，$h\nu$ 是光子能量；n^Z 表示电荷数为 Z 的粒子数密度，当 $Z = 0$ 时，为中性原子；ξ_Z 表示复合辐射类似于 Gaunt 因子，称为 Biberman 因子。

(2) 分立谱辐射。

束缚态-束缚态跃迁。激光诱导等离子体中由于光致激发、热致激发、电致激发等原因使得原子 (或离子) 获得能量后外层电子从低能态 E_1 跃迁到较高能态 E_2 变为激发态，所获能量 ($\Delta E = E_2 - E_1$) 称为激发能或激发电位。处于高能级上的激发态原子并不稳定，在大约 10^{-8} s 时间内，处于高能级上的原子就会向低能级跃迁，同时向外界发射特定波长 λ 的光子，在等离子体光谱中产生一条特征谱线

$$\lambda = \frac{c}{\nu} = \frac{hc}{E_2 - E_1} \tag{2.14}$$

式中，c 为光速度；ν 为光子频率；h 为普朗克常量。当该激发态原子 (离子) 中电子可以通过某些中间能级间接跃迁回原来的能级时，电子在这些能级间跃迁过程中会产生一系列不同波长的光信号，在等离子体光谱中形成一系列线状谱线，对应波长分别为

$$\lambda_1 = \frac{hc}{E_2 - E_1'}, \lambda_2 = \frac{hc}{E_2 - E_2'}, \lambda_3 = \frac{hc}{E_2 - E_3'}, \cdots, \lambda_n = \frac{hc}{E_2 - E_n'} \tag{2.15}$$

式中，E_1'、E_2'、E_3'、$\cdots$、E_n' 代表中间能态 [18]。

假设等离子体处于热平衡或局域热平衡状态，等离子体中各物种的能级分布服从 Boltzmann 分布。处于能级 i 的原子数密度 n_i^s 可由式 (2.16) 给出，

$$n_i^\mathrm{s} = \frac{g_i}{U^\mathrm{s}(T)} n^\mathrm{s} \exp\left(-\frac{E_i}{k_\mathrm{B} T}\right) \tag{2.16}$$

式中，n^s 是等离子体中所研究元素 s 的总原子数密度；g_i 是能级 i 的简并度；E_i 是 i 能级的能量；$U^\mathrm{s}(T)$ 是温度 T 条件下对应配分函数，其表达式为

$$U^\mathrm{s}(T) = \sum_i g_i \mathrm{e}^{-\frac{E_i}{k_\mathrm{B} T}} \tag{2.17}$$

将等离子体视为点光源，从能级 k 向 i 跃迁的光谱强度 I_{ki} 可以写成如下形式：

$$\begin{aligned} I_{ki} &= \frac{h\nu_{ki} n_k A_{ki}}{\Omega} = \frac{hc n_k A_{ki}}{4\pi \lambda_{ki}} \\ &= \frac{hc A_{ki}}{4\pi \lambda_{ki}} \frac{n^\mathrm{s} g_k}{U^\mathrm{s}(T)} \exp\left(-\frac{E_k}{k_\mathrm{B} T}\right) \end{aligned} \tag{2.18}$$

式中，A_{ki} 是该光谱线的自发辐射跃迁概率 $\left(A_{ki} = \dfrac{\mathrm{d} n_{ki}}{n_k \mathrm{d} t}\right)$，也称爱因斯坦系数，定义为单位时间内发生跃迁时向低能态跃迁粒子数 n_{ki} 与高能态粒子数 n_k 的比值。

作为一种瞬态热等离子体源,激光诱导等离子体时空演化特性不仅与入射激光密切相关,还与周围环境压强、气氛组成密切相关。在大气压环境下,激光诱导等离子体形成早期以超音速的速度向外膨胀,压缩周围环境气体形成冲击波。环境气体与等离子体间的相互作用过程会减缓等离子体的向外膨胀过程,对等离子体起到一定的约束作用。纳秒激光脉冲结束后等离子体发射光谱时间演化趋势如图 2.5 所示,在等离子体形成初期,等离子体光谱信号主要以连续的轫致辐射和复合辐射光谱为主。随着等离子体呈椭球形或半球形向外膨胀和扩散,等离子体温度、密度逐渐降低,等离子体的辐射光谱会发生明显变化,由连续谱过渡为线状分立谱线。等离子体温度降低到一定程度之后大量原子(离子)结合成分子,特征分子光谱开始出现。

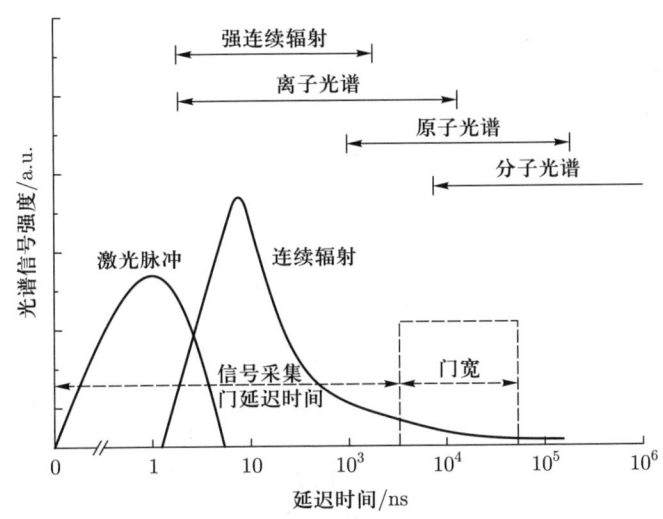

图 2.5 激光等离子体产生演化过程中各种辐射光谱随时间分布

图 2.6 给出了不同光谱仪门延迟时间条件下采集到的纳秒激光烧蚀铜靶等离子体发射光谱数据。可以看出,延迟时间为 0 ns、50 ns 和 100 ns 时的 LIBS 光谱数据中只有连续辐射,原子(离子)谱线可能由于相对较弱而被连续背景辐射所淹没。从 200 ns 开始光谱数据中可以观察到处于激发态的铜原子的发射谱线 (510.55 nm、515.32 nm 和 521.82 nm)。从延迟时间 200 ns 所采集到的 LIBS 数据中可以看出,等离子体膨胀早期其原子谱线线型较宽,容易造成不利于 LIBS 分析的谱线重叠干扰。

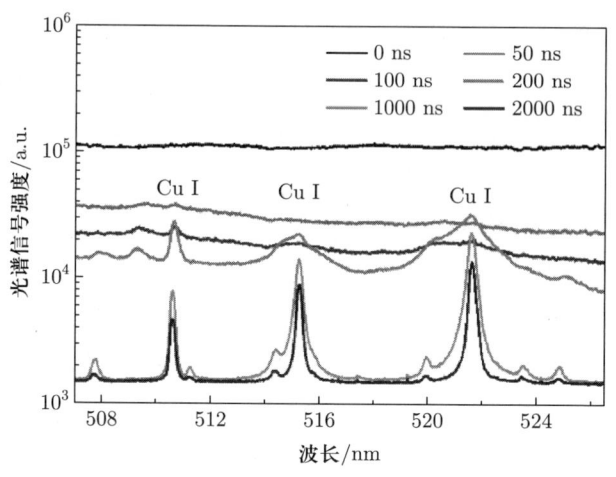

图 2.6 大气压环境下不同门延迟时间所采集到的铜等离子体发射光谱数据 (ICCD 门宽为 50 ns)

2.5 环境因素对激光诱导等离子体的影响

LIBS 分析过程中，等离子体所处环境气压、气氛的变化会对激光诱导等离子体演化产生显著的影响。图 2.7 给出了纳秒、飞秒激光脉冲烧蚀金属铜所产生的等离子体在不同气压环境下的时空演化对比图像。一般情况下脉冲激光烧蚀固体样品过程中，纳秒时间尺度下就会产生高温、高密度的激光诱导等离子体。大气环境下，随着等离子体向外膨胀，等离子体会压缩周围空气形成冲击波，冲击波也会反作用于等离子体，这种等离子体与环境气氛的强作用过程也会减缓等离子体的向外膨胀过程。可以看出随着环境气压的降低，等离子体受到环境气体的约束作用逐渐减弱，等离子体尺寸逐渐变大，且内部结构发生显著变化[19,20]。当气压低于 10^{-5} Torr①时，等离子体膨胀过程近似于自由膨胀状态。

LIBS 分析过程中信噪比 (signal-to-noise ratio, SNR) 和信背比 (signal-to-background ratio, SBR) 对于微量、痕量元素成分的探测分析十分关键。LIBS 实验过程中，等离子体最佳采集时空窗口的选取要综合考虑特征谱线强度、信噪比和信背比等参量。以较为常见的纳秒激光烧蚀为例 (如图 2.8)，等离子体特征谱线强度、等离子体温度、密度、信背比、信噪比等关键参数都随着环境气压显著

---

① 压强单位，1 Torr = 133.322 Pa。

变化，呈现先升高再降低的趋势。适当降低环境气压，有利于改善 LIBS 测量的信背比和信噪比。这种等离子体中原子 (或离子) 发射谱线强度随环境气压的变化规律主要由两种物理机制所决定[21]。一种物理机制是，随着环境气压的降低，样品烧蚀量会加大，有利于原子 (或离子) 发射谱线强度增大。该过程可以理解为低气压环境下，激光诱导等离子体向外膨胀速度加大，导致等离子体密度迅速降低，低密度的等离子体对纳秒激光脉冲后沿的屏蔽作用减弱，更多激光能量到达固体材料表面，激光烧蚀量增大[22]，因此等离子体中粒子总量增大促进了原子 (或离子) 发射谱线的增强。另一种物理机制是，随着气压的降低，环境气体对等离子体的约束作用减弱，随着等离子体密度的降低，其通过逆轫致辐射吸收纳秒激光脉冲后沿能量的能力减弱，等离子体温度有所降低，处于激发态粒子的比率会降低，导致对应的原子 (离子) 发射光谱减弱机制。两种竞争机制的共同作用使得在某个气压范围原子 (离子) 发射强度呈现极大值。

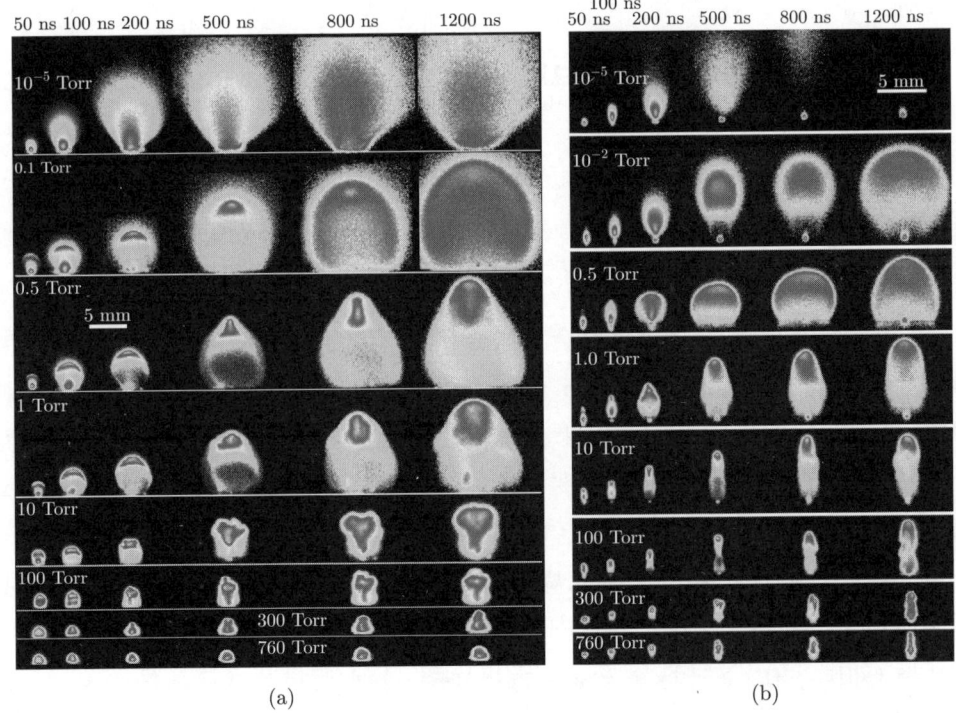

图 2.7　不同气压环境下，纳秒激光脉冲 (5×10^9 W·cm^{-2}，1064 nm)(a) 和飞秒激光脉冲 (3.5×10^{14} W·cm^{-2}，800 nm)(b) 烧蚀纯铜样品所产生的等离子体时空演化对比图像 (参见书后彩图)

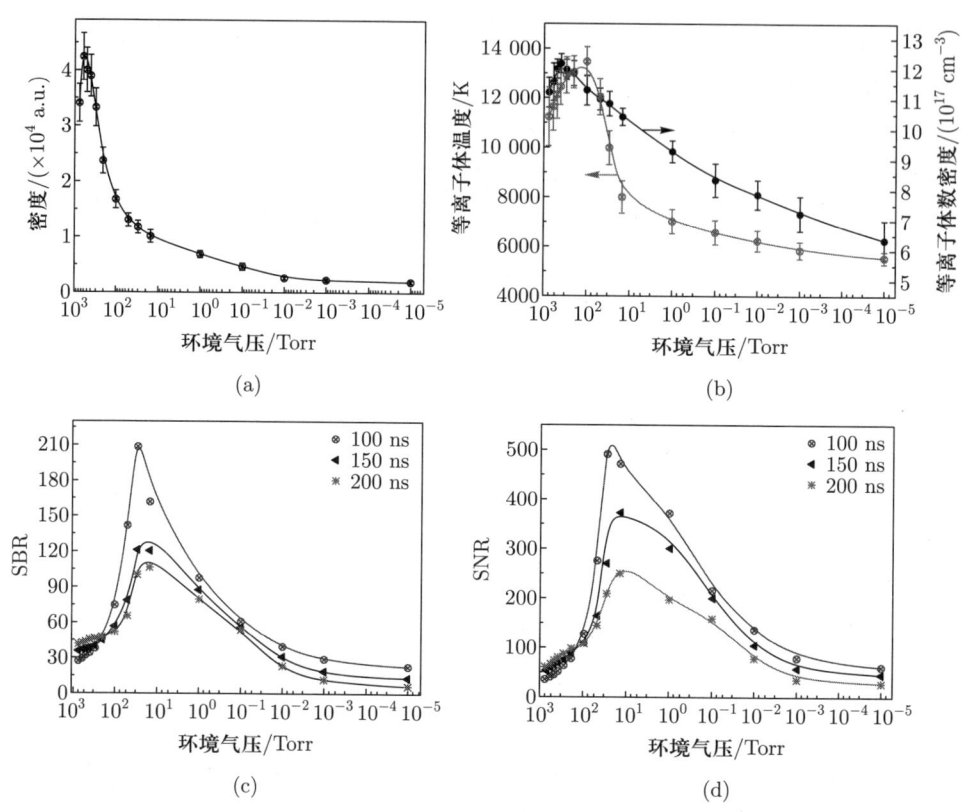

图 2.8 纳秒激光烧蚀铜等离子体中原子发射谱线 Cu I 510.55 nm 的强度 (a)，等离子体温度、密度 (b)，信背比 (c) 和信噪比 (d) 随环境气压的变化情况

同时，环境气氛组分变化也会对激光诱导等离子体的演化和光谱特性产生影响。在环境气压 2.0×10^{-4} ~5 mbar①范围内对比研究氩气、氦气和氮气对 LIBS 光谱特性的影响的实验结果显示，相同气压环境下，氩气氛围中的等离子体特征光谱强度、等离子体温度和密度，显著高于氮气；氮气中光谱强度、等离子体温度和密度又显著高于氦气中测得的参数[23]。通过对比研究开放大气环境和氩气气流保护环境下激光烧蚀钨铜合金的等离子体光谱特性研究发现，不同能量密度条件下，氩气气氛中的谱线、等离子体温度和密度都显著高于大气环境 (如图 2.9)。这种现象主要源于热导率、分子质量和气体活性的差异。氩气相比于空气，其热导率更低，不利于等离子体传递热量，氩气的相对分子质量更大，对等离子体膨胀的约束更强，以及氩气这种惰性气体也抑制了等离子

---

① 压强单位，1 mbar = 100 Pa。

体活性物种的猝灭。此外，氩气的亚稳态寿命相对较长，作为一种储能媒介有利于等离子体内部物种的激发、电离，可以有效维持等离子体的高温高密度状态[24]。

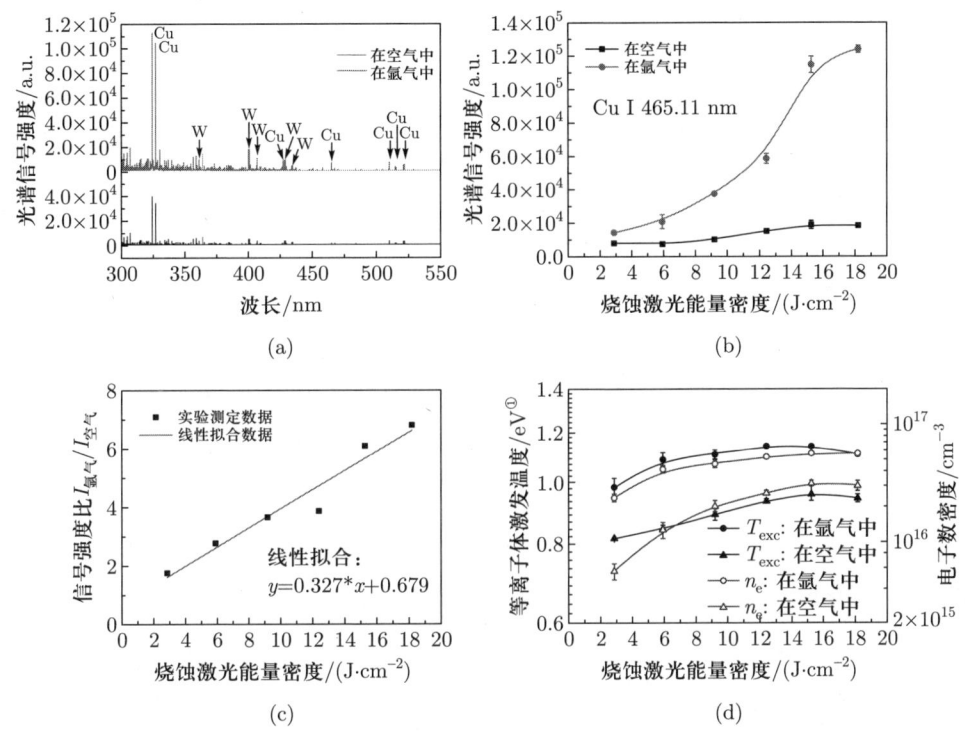

图 2.9 空气和氩气环境下激光烧蚀钨铜合金的等离子体光谱特性：(a)LIBS 光谱对比；(b) 不同激光能量密度下铜原子谱线强度变化规律；(c) 氩气环境测得谱线强度相对于空气环境下谱线强度的增强倍数；(d) 等离子体温度及密度的对比

2.6 LIBS 的定性及定量分析

2.6.1 定性分析

激光诱导击穿光谱的定性分析是依据激光诱导等离子体中元素的特征谱线，来判断分析样品中该元素是否存在。定性分析可以明确给出检测物质中的元素种类，也可以将材料分类的判别归属于定性分析 (如合金的牌号识别分析

---

① 1 eV=11 600 K。

等)。每种元素辐射的特征谱线有多有少,多的可达到上千条。定性分析过程中,往往并不需要将所有谱线全部检出,一般只要找出几条灵敏线就可以确认所对应元素的存在。如果 LIBS 采集的光谱分析波段仅有某种元素的一条谱线时,并不能确定该元素的存在,还要排除这条谱线是否为其他元素谱线的干扰线。

元素的灵敏线多指强度较大的谱线,通常具有较低的激发能和较大的跃迁概率,多为一些共振线。通常激发能最低的共振线为理论上最容易探测到的灵敏线,可从相关文献或数据库中查找。

2.6.2 定量分析

定量分析就是根据样品中被测元素的 LIBS 光谱强度来准确确定该元素的含量。实现精确定量化分析是 LIBS 技术应用的核心,也是现阶段研究的关键技术瓶颈。目前 LIBS 定量分析主要依据以下 3 种模型进行计算。

(1) 单变量定标模型。

与大部分化学分析方法类似,LIBS 定量分析最为传统的定标方法是通过建立定标曲线 (calibration curve) 来实现,将特征光谱强度转化为元素含量值。理想条件下,假设激光烧蚀等离子体的质量、体积、温度、电子数密度和仪器状态都保持不变,则观测到的特征谱线强度与该物种的总粒子数成正比。满足化学计量烧蚀,并且等离子体均匀,则观测到的特征谱线强度与样品中待测元素含量成正比。根据多个定标样品的待测元素含量和特征谱线强度数据,可以拟合得到待测元素含量和特征谱线强度之间的函数关系,即建立定标方程。由于传统单变量定标方法忽略了等离子体温度、电子数密度等参数对特征谱线强度的影响,也没有考虑等离子体自吸收、等离子体内元素互干扰及基体效应等因素,因此实际应用中传统定标方法的定量分析易受服役工况干扰,精度较差。

(2) 免定标分析模型。

针对传统定标方法的局限性,1999 年 Ciucci 等[25]提出了一种免定标 LIBS (calibration free LIBS, CF-LIBS) 的定量方法,即无须准备待测元素浓度已知的定标样品。CF-LIBS 模型的基本假设包括激光烧蚀过程满足化学计量烧蚀,等离子体处于局域热平衡的条件,等离子体内各元素 (物种) 间分布均匀,且无自吸收效应发生。CF-LIBS 模型根据假设在局域热平衡的条件下,各种不同元素的原子和离子的能级分布都符合玻尔兹曼分布的原理,通过不同元素的谱线相对强度比计算出不同元素的浓度比,再通过浓度归一化计算过程,即所有元素的含量之和为 100%,求出各个元素的含量。实际操作过程中,所选用的仪器还要考虑样品中每种元素都至少观测到一条特征谱线、准确计算等离子体的温度、光谱经过感光元件的敏感性修正等因素。因此 CF-LIBS 理论上的前提条件过于苛刻,存在很大的局限性。

(3) 多变量统计学模型。

多变量统计学方法包括多元线性回归、主成分分析、偏最小二乘回归、人工神经网络等。这些方法在不了解物理机制的情况下,也可以从数学统计学的角度通过大数据拟合和验证建立定标模型,由于这些方法用到了大量的特征谱线数据,因此在定标准确性方面比单变量模型有明显优势。这些统计学方法是基于纯粹的数学统计方法建模的,并未考虑模型背后的物理机制,尽管基于大量光谱数据建立的模型往往能够得到很高的定标优度,但对未知样品的预测能力却不够理想。

总的来说,近年来 LIBS 技术在定量分析领域已经取得了一些进步,但定量分析精度仍有待进一步提高:免定标方法对于等离子体具有很高的要求,在实际应用中误差较大,需要对谱线进行额外的修正;主流的统计学方法没有充分利用谱线间的关系的物理规律,具有进一步提高稳定性和精度的潜力。

2.6.3 光谱分析的评价参数

光谱分析的灵敏度、检测限、精密度、准确度、RSD、RMSEP 等是常用的评估 LIBS 分析方法的重要参数,具有不同的含义,这里仅就与 LIBS 分析相关的部分进行简要介绍。

(1) 灵敏度。

根据国际纯粹与应用化学联合会 (IUPAC) 的规定,分析方法的灵敏度 (sensitivity) S 定义为

$$S = \frac{\mathrm{d}X}{\mathrm{d}c} \tag{2.19}$$

式中,$\mathrm{d}X$ 是测量光谱信号的变化值;$\mathrm{d}c$ 是浓度变化值。灵敏度就是单位浓度变化所引起特征光谱信号的变化,相当于定标曲线的斜率。

(2) 检测限。

在 LIBS 光谱分析中,检测限 (limit of detection) 是指能可靠地检出样品中某种元素的最小量或最低浓度,前者称为绝对检测限,后者称为相对检测限。根据 IUPAC 的规定,检测限是指在测量误差满足正态分布的条件下,能用该分析方法以适当置信度检出被测组分最小量或最小浓度。

设被测组分在检测限水平,测得其分析信号平均值为 $\overline{X_L}$。在相同条件下,对空白样品进行足够多次测定,测得其信号平均值为 $\overline{X_b}$,标准偏差为 s_b。根据检测限的定义,当

$$\overline{X_L} - \overline{X_b} \geqslant k s_b \tag{2.20}$$

才可以在约定置信系数 k 水平检出信号,通常取 $k=3$,置信概率为 0.997。因此,采用 LIBS 判定被测组分的存在,其最小检出量 q_L 和最小检出浓度 c_L 可由最小检测信号值与空白样品信号导出。

$$q_L = \frac{\overline{X_L} - \overline{X_b}}{b_m} = k \frac{s_b}{b_m} \tag{2.21}$$

$$c_L = \frac{\overline{X_L} - \overline{X_b}}{b_m} = k \frac{s_b}{b_m} \tag{2.22}$$

式中,b_m 为定标曲线在低浓度区的斜率,表示被测组分的量或浓度改变一个单位时 LIBS 信号的变化量。当 q_L 或 c_L 很小时,b_m 为常数。

(3) 精密度。

精密度是指在相同条件下对被测量样品进行多次反复测量,所得测量值之间的一致(符合)程度。LIBS 分析过程中,在规定条件下多次重复测量同一样品时,各测量值之间彼此相一致的程度是表征测定过程中因随机误差导致测量值离散性大小的参数。精密度所反映的是测得信号或定量分析结果的随机误差,若测量的精密度高,则测量数据比较集中,表明随机误差较小,但系统误差的大小并不明确。精密度常用标准偏差 (standard deviation, SD) 或相对标准偏差 (relative standard deviation, RSD) 来表示。标准偏差按贝塞尔公式计算:

$$SD = \sqrt{\frac{\sum_{i=1}^{n}(x_i - \bar{x})^2}{n-1}} \tag{2.23}$$

式中，x_i 是单次测量值；$\bar{x}$ 是 n 次测量的算数平均值。SD 是一种度量数据分布分散程度的标准，用以衡量数据值偏离算术平均值的程度。标准偏差越小，这些值偏离平均值就越少，随机误差分布范围越窄。

相对标准偏差 (RSD) 是由标准偏差除以相应的平均值乘以 100%，即

$$\text{RSD} = \frac{s}{\bar{x}} = \frac{\sqrt{\dfrac{\sum_{i=1}^{n}(x_i-\bar{x})^2}{n-1}}}{\bar{x}} \times 100\% \tag{2.24}$$

(4) 准确度。

准确度是指被测量样品的测量值与其"真值 μ"的接近程度。从测量误差的角度来说，准确度所反映的是测量值的系统误差。若测量的准确度高，则测量数据的平均值偏离真值较小，表明系统误差较小，但数据分散的情况即随机误差的大小并不明确。准确度以误差 ε 或相对误差 (relative error，RE) 表示。误差或相对误差越小，准确度越高，说明测量值越接近真值 (实验中真值一般由标样或其他可信赖测试方法获取)。

$$\varepsilon = \bar{x} - \mu \tag{2.25}$$

$$\text{RE} = \frac{\varepsilon}{\mu} \times 100\% \tag{2.26}$$

(5) 精确度。

精确度 (简称精度)，是指被测量样品多次测量所得的测量值之间的一致程度以及与其"真值"的接近程度，即精密度和准确度的综合概念。从测量误差的角度来说，精确度是测量值的随机误差和系统误差的综合反映。

(6) 重复性。

重复性 (repeatability) 是由同一个实验操作者在同一实验室用同一台设备，在短时间内对同一个样品进行多次重复测量时，测量结果的符合程度。在重复性条件下所得测试结果的标准差，称为重复性标准差，是在重复性条件下测试结果分散性的度量。

(7) 再现性。

再现性 (reproducibility) 是在不同实验室由不同操作者用同一方法对同一个样品多次重复测量时，测量结果的符合程度。在再现性条件下所得测试结果的标准差称为再现性标准差，是在再现性条件下测试结果分散性的度量。

2.6.4 LIBS 分析误差的来源

准确的定量分析结果，要依靠稳定、可靠的光谱数据采集。LIBS 定量分析模型都会提出必要的前提条件，但实验条件相对于理想条件的偏离会降低定量分析精度。误差的最主要来源包括以下几方面。

(1) 等离子体不均匀性：在空间尺度上看，激光诱导等离子体其内部的碰撞、电离、复合等各种物理过程十分复杂，且等离子体在向外膨胀的同时会与环境气体之间产生相互作用，温度、密度、光谱辐射强度并不均匀。在时间尺度上看，等离子体从产生到膨胀到冷却消失也是十分短暂的，这种随时间演化的微等离子体内部不同时刻、不同空间位置辐射的特征光谱强度不尽相同。

(2) 等离子体不稳定性：LIBS 实验中光谱采集系统往往只能收集到等离子体的核心部分辐射的光谱信号，其他部分由于收光效率太低而被忽略。所采集的 LIBS 信号对等离子体时空分布以及高效收光区域位置非常敏感。实验参数的波动会引起等离子体形状、尺寸、温度、电子数密度和总粒子数密度等方面的变化，严重影响 LIBS 特征谱线强度的稳定性，给 LIBS 定量分析带来严重挑战。

(3) 基体效应：需要排除 LIBS 检测是否受基体效应的影响，样品间不同的物理性质(硬度、密度、孔隙率、反射率、热传导、表面均匀性、基体温度、空气气氛下样品表面氧化或氮化等)和化学成分(元素组成、含量)会对待分析元素的谱线强度产生影响。LIBS 实验参数不合适的情况下，基体效应会被放大，往往不同样品中某一特定元素的含量即使相近，基体效应的干扰也会导致该元素的光谱信号强度出现巨大差异。

(4) 自吸收效应：当原子、离子或分子处于相关跃迁能级时，它很容易吸收与其能级相对应的光量子跃迁至更高能级。激光诱导等离子体作为一个点状体光源，其内部向外辐射的光会在传播路径外沿被处于低能级的同类原子或离子吸收，从而会产生自吸收效应。该效应不仅会降低谱线的强度、增加谱线的线宽，还会严重影响谱线强度与粒子浓度的关系，使定标结果趋向饱和，从而影响最终的定量分析精度和检测限。谱线的自吸收现象使得谱线强度与原子(或离子)在等离子体中的浓度关系发生变化，定标曲线斜率变小。

(5) 光学薄假定：光学薄等离子体是指自吸收效应很小，可以合理忽略的理想状态，即无自吸收现象的等离子体状态。相反，光学厚等离子体是指光谱测量时，其自吸收效应较为明显。

(6) 自蚀现象：自蚀现象是谱线自吸收现象的一种极端情况下的表现形式，在等离子体内外存在较大温度梯度的情况下，谱线中心的自吸收可能比边缘的吸收更强烈，谱线中心波长处的强度被严重蚀去出现凹陷，外观上该谱线"分叉"成双线的状态。

(7) 自吸收系数：可以反映激光诱导等离子体的自吸收程度，被广泛应用于谱线强度和宽度的校正。它可以通过实际测量的发射谱线峰值强度与预期的无自吸收谱线峰值强度的比值来表示。理论上当假设均匀等离子体在光谱采集期间处于局域热平衡状态，发射谱线的自吸收系数 SA 可以表示为[26]

$$\text{SA} = \frac{I(\lambda_0)}{I_0(\lambda_0)} = \frac{1-\mathrm{e}^{-k(\lambda_0)l}}{k(\lambda_0)l} \tag{2.27}$$

式中，$I(\lambda_0)$ 是两个原子或离子上下能级跃迁辐射谱线强度的最大值；$I_0(\lambda_0)$ 是无自吸收时谱线强度的预期值；$k(\lambda_0)$ 是吸收系数 (单位是 cm^{-1})；l 是等离子体吸收路径长度 (单位是 cm)；$k(\lambda_0)l$ 为光学深度。为了修正自吸收效应，Gornushkin 等提出了一种生长曲线 (curve of growth, COG) 方法[27]。根据经典辐射理论的推导，谱线的积分强度可以写作：

$$I = F\frac{8\pi hc}{\lambda^3}\frac{n_1}{n_0}\frac{g_1}{g_0}\int\left[1-\mathrm{e}^{-k(\nu)l}\right]\mathrm{d}\nu \tag{2.28}$$

式中，F 是一个取决于实验系统的常量参数；n_1、n_0、g_1、g_0 分别是上能级和下能级的原子数密度和简并度；$k(\nu)$ 是与频率相关的吸收系数。在均匀等离子体中，定义总吸收 A_t 为

$$A_\text{t} = 2\pi\frac{\Delta\lambda_\text{D}}{\sqrt{\ln 2}}\int\left[1-\mathrm{e}^{-k(\nu)l}\right]\mathrm{d}\nu \tag{2.29}$$

由此可见，发射谱线强度 I 与 A_t 成正比。在对等离子体内部吸收的研究中，$A_\text{t}/(2b)$ 与 n_0fl/b (其中，f 是跃迁振子强度，$b = \pi\Delta\lambda_\text{D}/\sqrt{\ln 2}$) 的对数图通常称为理论 COG。该曲线有两个分析区域，线性区的斜率为 1，强自吸收区的斜率为 1/2。由以上理论模型可知，通过比较实验上的定标曲线和理论 COG，可以得到谱线定标曲线呈线性的元素含量范围，根据参数的比较就可以知道谱线的吸收系数，从而校正谱线强度。

2.7 激光诱导等离子体的参数诊断

激光诱导等离子体演化过程中,等离子体的电子数密度、激发温度和电离率等重要参数的波动会引起实测光谱数据特征谱线强度的抖动,从而引入 LIBS 分析误差。这些等离子体参数可以通过 LIBS 数据分析直接获得,这种"非接触式"诊断方法,不会对等离子体产生干扰,对于理解激光诱导等离子体十分重要。这种等离子体状态参数的监测数据,可以作为光谱标准化分析的评判标准,也可以基于这些参数建立必要的修正模型,融入 LIBS 定量计算中来进一步降低定量分析不确定性。下面我们就重点介绍电子数密度、等离子体激发温度、电离率的光谱计算方法。

2.7.1 电子数密度

激光烧蚀等离子体电子数密度一般利用谱线 Stark 展宽来计算。激光诱导等离子体所发射的谱线并非理想的线状谱线,通常在其中心频率附近都有一定的展宽。造成谱线展宽分布的机制有多种,在激光诱导等离子体辐射光谱中的谱线展宽主要有自然展宽、Stark 展宽、多普勒展宽和仪器展宽 4 种。

(1) 自然展宽。

由量子力学不确定性原理可知,原子中电子所在原子能级和能级寿命之间有如下关系:

$$\Delta E \cdot \Delta t \geqslant \frac{h}{4\pi} \tag{2.30}$$

原子处在某一个激发态能级上的时间不会是无限长的,会有一定的寿命,因此原子所处的能级会有一定展宽。因此在跃迁过程中,原子从上能级到下能级的能量差也有一定的展宽,体现在发射光谱即为谱线的展宽。这种谱线展宽效应是原子固有的,称为自然展宽。一般情况下,谱线自然线宽约为 10^{-5} nm。

(2) Stark 展宽。

等离子体中存在一定数量的电子、离子,这些带电粒子所产生的电场会影响发光粒子的状态,粒子的能级在电场中发生移动或分裂,使发射光谱线的中心移动,同时光谱线的展宽会增加。由 Stark 效应引起的展宽及频移可分别由式 (2.31) 和式 (2.32) 表示[16]:

$$\Delta\lambda_{\text{Stark}} = 2\left[1 + 1.75A\left(1 - 0.75r\right)\right]\left(n_{\text{e}}/10^{16}\right)w \tag{2.31}$$

$$d_{\text{Stark}} = [1 \pm 2.00 A (1 - 0.75 r)] (n_e/10^{16}) d \tag{2.32}$$

式中，$\Delta\lambda_{\text{Stark}}$ 是实验测得的展宽；A 是表征粒子贡献的系数；r 是离子间平均距离与 Debye 半径的比值；w 是电子数密度引起的展宽参数；n_e 是电子数密度；d_{Stark} 是实验测得的谱线频移；d 是电子的线移参数。这种由带电粒子产生的电场所引入的谱线展宽变化称作 Stark 展宽。在 Stark 展宽中，电子电场对发光粒子的贡献远大于离子电场对发光粒子的贡献，故只考虑电子的贡献即可，可以令 $A = 0$。这样，式 (2.31) 写为

$$\Delta\lambda_{\text{Stark}} = 2 (n_e/10^{16}) w \tag{2.33}$$

已知谱线的展宽，利用式 (2.33) 就能求出电子数密度。通常称这一求电子数密度的方法为 Stark 展宽法。电子数密度引起的展宽参数 w 可以在文献、网站和数据库中查到。查阅展宽参数时应当注意的是，是半峰半宽 (half-width at half maximum, HWHM) 下对应的参数还是半峰全宽 (full-width at half maximum, FWHM) 下对应的参数，也应当注意电子数密度是 10^{17}cm^{-3} 还是 10^{16}cm^{-3} 下得到的展宽参数，若为 10^{17}cm^{-3}，那么式 (2.33) 中的 10^{16} 也应该相应修改为 10^{17}。

(3) 多普勒展宽。

多普勒展宽是指等离子体内各种发光粒子处在热运动状态，具有一定的速度分布，每个发光粒子相对于观测仪器都有相对运动，由于多普勒效应，辐射的光子频率会发生红移或者蓝移现象。等离子体温度越高，粒子运动速度越大，多普勒展宽越严重。多普勒展宽可以表示为

$$\Delta\lambda_D (T) = 2\lambda_0 \sqrt{\frac{k_B T \ln 2}{mc^2}} \tag{2.34}$$

式中，T 是等离子体温度；λ_0 是原子谱线中心波长；m 是原子质量；k_B 为玻尔兹曼常数；c 是光速。一般而言，多普勒展宽在 $10^{-2} \sim 10^{-4}$ nm 范围。

(4) 仪器展宽。

在收集 LIBS 过程中，光谱信号经过光谱仪的狭缝、光栅衍射色散后，被电荷耦合检测器 (charge coupled detector, CCD) 或增强型电荷耦合器件 (intensified charge coupled device, ICCD) 等测光探测器元件所记录。这一过程会使得入射光在光谱仪探测器对应于波长方向的分布形成一定的展宽。这种展宽

称作仪器展宽，通常通过标准低压汞灯发射光谱的测量来估算。在 LIBS 实验中，由于 Stark 展宽远大于其他几种展宽机制造成的展宽，通常只考虑 Stark 展宽。在等离子体光谱测量中，获得的谱线展宽主要是 Stark 展宽和仪器展宽共同作用的结果。一般情况下仪器展宽为高斯 (Gauss) 线型，Stark 展宽为洛伦兹 (Lorentz) 线型，二者共同作用，LIBS 光谱线将表现为沃伊特 (Voigt) 函数线型。

若谱线为沃伊特 (Voigt) 函数线型，Stark 展宽 $\Delta\lambda_{\text{Stark}}$ 可以通过测得光谱线宽 $\Delta\lambda_{\text{m}}$(Voigt 函数) 和仪器展宽 $\Delta\lambda_{\text{i}}$ 高斯线型之间去卷积过程求得。Orgin 数据处理软件配有去卷积函数，可以加以使用，计算方便。此外也有文献利用拟合得到的光谱线宽减去仪器展宽，来近似求解 Stark 展宽 $\Delta\lambda_{\text{Stark}}$，如

$$\Delta\lambda_{\text{Stark}} \approx \Delta\lambda_{\text{m}} - \Delta\lambda_{\text{i}} \tag{2.35}$$

2.7.2 等离子体激发温度

等离子体是由大量电子、离子、中性原子和分子所组成，宏观呈现电中性并呈现集体效应的聚集体。激光诱导等离子体在特定的时间范围内通常被认为处于局域热平衡 (local thermal equilibrium, LTE) 的状态，即组成等离子体中的各种粒子间通过不断的碰撞、交换能量，各种粒子温度趋向于同一个温度，此时等离子体通过光子辐射所释放的能量相对于等离子体总能量可以忽略不计。处于 LTE 状态下的等离子体，电子速度分布满足麦克斯韦 (Maxwell) 分布；原子 (离子) 在不同能态上的相对分布符合玻尔兹曼 (Boltzmann) 定律；原子、分子的电离遵循萨哈 (Saha) 方程。LTE 状态下，激发温度 T_{exc} 等于电子温度 T_{e} 或离子温度 T_{ion}，是表征原子外层电子在各能级上的分布状态的重要参数，可作为描述激光诱导等离子体特性的主要物理参数之一。

(1) 玻尔兹曼斜率法。

玻尔兹曼斜率法是最为常用的激发温度 (T_{exc}) 测量方法。处于 LTE 状态下的光学薄等离子体中，元素 s 的第 i 能级的粒子数密度 n_i^s 根据玻尔兹曼分布可以表示为式 (2.16)。当电子从高能级 E_k 向低能级 E_i 跃迁时，对应波长为 λ_{ki} 的辐射谱线积分强度 I_{ki} 可表示为式 (2.18)。对式 (2.18) 取自然对数，整理得到

$$\ln \frac{I_{ki}\lambda_{ki}}{A_{ki}g_k} = -\frac{E_k}{k_{\rm B}T} + C \tag{2.36}$$

式中，$\ln \frac{I_{ki}\lambda_{ki}}{A_{ki}g_k}$ 和 E_k 呈线性关系，$C = \ln \frac{n^s hc}{U^s(T)}$ 为常数。E_k、A_{ki}、g_k 可从文献或光谱数据库中查询得到。通过积分 LIBS 数据中同一元素一系列不同能级跃迁所产生的原子谱线，计算得到对应的 $\ln \frac{I_{ki}\lambda_{ki}}{A_{ki}g_k}$ 值作为纵坐标，以它们的上能级能量值 E_k 为横坐标，通过线性回归可以直接计算出激发温度 T，同时该种方法并不需要知道 n^s 和 $U^s(T)$ 的具体值。此外，我们还应该注意谱线选择时应尽量避免选取下能级为基态的发射谱线，该种谱线更容易发生自吸收现象，在以玻尔兹曼斜率法计算等离子体激发温度的过程中会引入较大误差，产生干扰。

同样以纯铜样品产生的等离子体为例，表 2.1 列出了计算电子温度所用 5 条铜原子线的物理参数。图 2.10 给出了门延迟时间为 1000 ns、门宽 50 ns 时玻尔兹曼斜率法测量等离子体激发温度的拟合直线，通过斜率值 $-\frac{1}{k_{\rm B}T} = -0.915\,6$，可以得到激发温度为 1.092 eV，即 12 670 K。

表 2.1 激发温度计算中原子谱线光谱参数

波长/nm	下能级 E_i/eV	上能级 E_k/eV	统计权重 g_k	跃迁概率 ($A_{ki}/10^8{\rm s}^{-1}$)
450.937	5.244 851	7.993 553	2	0.275
453.079	3.816 692	6.552 41	2	0.084
510.554	1.388 947 6	3.816 692	4	0.02
515.324	3.785 897 6	6.191 175 1	4	0.6
521.820	3.816 692 0	6.191 175 1	6	0.75

尽管 McWhirter 判据[28]是等离子体处于局域热平衡状态的一项必要不充分条件，但实际应用时，常用来近似推断激光诱导等离子体是否处于局域热平衡状态。McWhirter 判据可表示为

$$n_{\rm e} > 1.6 \times 10^{12} T^{1/2} (\Delta E_{ki})^3 \tag{2.37}$$

式中，$n_{\rm e}$ 为电子数密度 (单位为 cm^{-3})；T 为等离子体温度 (单位为 K)；ΔE_{ki} 为在计算等离子体温度中选用谱线的最大的上下能级差 (单位为 eV)。

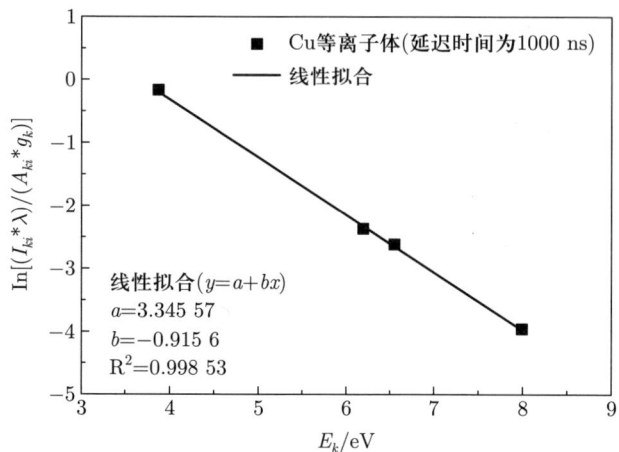

图 2.10　玻尔兹曼斜率法计算 1000 ns 时刻等离子体激发温度

(2) 萨哈-玻尔兹曼 (Saha–Boltzmann) 法。

该方法同时使用原子谱线和离子谱线，原子能级和激发离子能级以及激发能级之间的能量相差较大，有利于进一步提高温度的计算精度。

已知谱线强度计算公式 (2.18)，相应离子谱线的计算公式如下：

$$\ln\frac{I_{ki}^{\mathrm{II}}\eta_{ki}\lambda_{ki}}{g_k A_{ki}} = -\frac{E_k}{k_{\mathrm{B}}T} + \ln\frac{hcn^{\mathrm{II}}}{4\pi U^{\mathrm{II}}(T)} \tag{2.38}$$

式中，I_{ki}^{II} 为某条离子谱线强度；n^{II} 为一价离子数密度。原子和一价离子态数目的比值满足萨哈方程即式 (2.39)。

$$\frac{n^{\mathrm{II}}}{n} = 2\frac{U^{\mathrm{II}}(2\pi m_e k_{\mathrm{B}} T)^{3/2}}{U n_e h^3}\exp\left(-\frac{E_{\mathrm{IP}} - \Delta E}{k_{\mathrm{B}} T}\right) \tag{2.39}$$

$$\Delta E = 3Z\frac{e^2}{4\pi\varepsilon_0}\left(\frac{4\pi n_e}{3}\right)^{1/3} \tag{2.40}$$

式中，E_{IP} 代表低电离能级的电离能；ΔE 代表由于德拜屏蔽导致电离势的修正值[29]，数量级为 0.1 eV；ε_0 是真空介电常数。将式 (2.39) 代入式 (2.38) 最终能够得到

$$\ln\frac{I_{ki}^{\mathrm{II}}\eta_{ki}\lambda_{ki}}{g_k A_{ki}} - \ln\frac{2(2\pi m_e k_{\mathrm{B}} T)^{3/2}}{n_e h^3} = -\frac{E_k + E_{\mathrm{IP}} - \Delta E}{k_{\mathrm{B}} T} + \ln\frac{hcn}{4\pi U} \tag{2.41}$$

联合式 (2.38) 与式 (2.41)，给出一个初始温度，然后拟合得到一个温度，后代入式 (2.41)，再重新拟合，进行迭代收敛，最终求出电子温度。这样利用能级能量相差较大的离子谱线求出的温度，准确性更高，这一方法称作 Saha–Boltzmann 方法。

2.7.3 电离率

如果实验体系达到了局域热平衡的条件，那么电子速度分布、不同能级上粒子数分布以及离子态分布都只依赖于温度这一个变量。

(1) 粒子的 Maxwell 速率分布和 Maxwell 能量分布如下：

$$f_v = \left(\frac{2m}{\pi kT}\right)^{3/2} v^2 \exp\left(-\frac{mv^2}{2k_B T}\right) \tag{2.42}$$

$$f_E = 2\left[\frac{E}{\pi (kT)^3}\right]^{1/2} \exp\left(-\frac{E}{k_B T}\right) \tag{2.43}$$

式中，f_v 是速度分布函数；f_E 是能量分布函数；m 是电子质量；v 是粒子平均速率，E 是对应的动能。

(2) 无论是局域内的原子还是分子，其能级分布均满足 Boltzmann 分布：

$$n = \frac{dN}{dxdydz} = n_0 \left(\frac{m}{2\pi k_B T}\right)^{3/2} \exp\left(-\frac{E}{k_B T}\right) dv_x dv_y dv_z \tag{2.44}$$

式中，n_0 为处于基态的粒子数密度。不同能级粒子数的比值规律为

$$\frac{n_j}{n_0} = \left(\frac{g_j}{U_Z}\right) \exp\left(-\frac{E_j}{k_B T}\right) \tag{2.45}$$

$$\frac{n_i}{n_j} = \left(\frac{g_i}{g_j}\right) \exp\left(-\frac{E_i - E_j}{k_B T}\right) \tag{2.46}$$

式中，i，j 分别指两个能级；n_0 是总的粒子数密度；n_i、n_j 分别是能级 E_i、E_j 上的粒子数密度；$g_{i,j} = (2J_{i,j} + 1)$ 为朗德因子，其中，J 为总角动量量子数；U_Z 为电荷数为 Z 的粒子的配分函数。式 (2.45) 为能级 j 的粒子数相对于基态的比率，式 (2.46) 为能级 j 的粒子数相对能级 i 的粒子数的比率。

(3) 不同电荷数的带电离子数比率满足 Saha 电离平衡方程[30]：

$$\frac{n^Z n_e}{n^{Z-1}} = \frac{2U_Z}{U_{Z-1}} \left(\frac{2\pi m_e k_B T}{h^2}\right)^{3/2} \exp\left(-\frac{E_{IP} - \Delta E}{k_B T}\right) \tag{2.47}$$

式中，n^Z 是带电荷数为 Z 的离子数密度；n^{Z-1} 是电荷数为 $Z-1$ 的带电离子数密度；n_e 是电子数密度；m_e 是电子质量；E_{IP} 是从离子(或原子)态 $Z-1$ 到离子态(或原子)Z 的电离能，U_Z 为对应电荷数为 Z 的离子的配分函数，ΔE 为因等离子体德拜屏蔽造成的电离势影响因子，表达式为式(2.40)，数量级为 0.1 eV。基于 Saha 电离平衡方程(2.47)，可以计算得到等离子体的电离率。

等离子体根据其温度可分为高温等离子体和低温等离子体。一般认为，等离子体温度达到 10^7 K 量级及以上时，气体中所有分子和原子完全电离，称为高温等离子体。气体温度低于 10^7 K 时，气体部分电离，称为热等离子体或低温等离子体[18]。当等离子体中粒子(原子和分子)密度较大时，电子自由程较短，电子和重粒子之间频繁碰撞，各种粒子(电子、离子、原子和分子)的热运动动能趋于相近，这种等离子体称为热等离子体($T_g = T_e$)。如果等离子体中电子温度很高，但重粒子温度很低，整个体系呈低温状态，则称为低温等离子体，也叫非平衡等离子体。LIBS 分析过程中所产生的激光烧蚀等离子体一般情况下属于热等离子体范畴。

2.8 本章小结

本章着重介绍了等离子体的基本概念、激光诱导等离子体的产生机理、等离子体光谱演化及等离子体参数的诊断方法。等离子体是由大量处在非束缚态的带电粒子和中性粒子组成的具有宏观集体行为，且总体上呈电中性的物质积聚状态。LIBS 分析过程中常用纳秒激光脉冲辐照固体材料，当激光辐照区能量密度大于样品烧蚀阈值时，材料辐照区迅速升温发生相变，经熔融、气化、电离形成初始等离子体。同时，等离子体所处环境会对其演化过程产生影响。大气环境下，激光诱导等离子体会压缩周围空气形成冲击波，冲击波也会反作用于等离子体，减缓其向外膨胀。但随着环境气压的降低，环境气体对等离子体的约束作用逐渐减弱，等离子体尺寸逐渐变大，且内部结构发生显著变化。等离子体中存在原子、离子、分子和电子等多种粒子，且各种粒子在不同的物理机制下都会向外辐射光信号，从光谱特征上可分为连续光谱和分立光谱。与其他传统原子发射光谱一样，LIBS 中不同波长的特征谱线表征样品中不同的元素，特征谱线的强度则包含相应元素的浓度信息。通过对 LIBS 的特征光谱进行分析，就可以获得待测样品的元素组成及含量信息。

参考文献

[1] 马腾才, 胡希伟, 陈银华. 等离子体物理原理 (修订版) [M]. 合肥: 中国科学技术大学出版社, 2012.

[2] 王晓刚. 等离子体物理基础 [M]. 北京: 北京大学出版社, 2014.

[3] Kabanov V V, Alexandrov A S. Electron relaxation in metals: theory and exact analytical solutions [J]. Physical Review B, 2008, 78(17): 621–628.

[4] Faure J, Mauchain J, Papalazarou E, et al. Direct observation of electron thermalization and electron-phonon coupling in photoexcited bismuth [J]. Physical Review B, 2013, 88(7): 2639–2648.

[5] Fann W S, Storz R, Tom H W K, et al. Electron thermalization in gold [J]. Physical Review B, 1992, 46(20): 13592–13595.

[6] Rizzi V, Todorov T N, Kohanoff J J, et al. Electron-phonon thermalization in a scalable method for real-time quantum dynamics [J]. Physical Review B, 2016, 93(2): 024306.

[7] Ono S. Thermalization in simple metals: role of electron-phonon and phonon-phonon scattering [J]. Physical Review B, 2018, 97(5): 054310.

[8] Moenke-blankenburg L. Laser Micro Analysis [M]. New York: John Wiley & Sons, 1989.

[9] 魏志义. 超快光学研究前沿 [M]. 上海: 上海交通大学出版社, 2014.

[10] Srinivasan R, Sutcliffe E, Braren B. Ablation and etching of polymethylmethacrylate by very short (160 fs) ultraviolet (308 nm) laser pulses [J]. Applied Physics Letters, 1987, 51(16): 1285–1287.

[11] Küper S, Stuke M. Femtosecond UV excimer laser ablation [J]. Applied Physics B, 1987, 44(4): 199–204.

[12] Chichkov B N, Momma C, Nolte S, et al. Femtosecond, picosecond and nanosecond laser ablation of solids [J]. Applied Physics A, 1996, 63(2): 109–115.

[13] Mittelmann S, Oelmann J, Brezinsek S, et al. Laser-induced ablation of tantalum in a wide range of pulse durations [J]. Applied Physics A: Materials Science & Processing, 2020, 126(9): 672.

[14] Bulgakova N M, Stoian R, Rosenfeld A. Laser-induced modification of transparent crystals and glasses [J]. Quantum Electronics, 2010, 40(11): 966–985.

[15] Singh J P, Thakur S N. Laser-induced breakdown spectroscopy [M]. Amsterdam: Elsevier, 2007.

[16] Griem R H. Principles of plasma spectroscopy [M]. Cambridge: Cambridge University Press, 2005.

[17] Lochte-holtgreven W. Plasma-diagnostics [M]. Amsterdam: North-Holland Publication, 1968.

[18] 辛仁轩. 等离子体发射光谱分析 [M]. 北京: 化学工业出版社, 2005.

[19] Farid N, Harilal S S, Ding H, et al. Emission features and expansion dynamics of nanosecond laser ablation plumes at different ambient pressures [J]. Journal of Applied Physics, 2014, 115(3): 033107.

[20] Farid N, Harilal S S, Ding H, et al. Dynamics of ultrafast laser plasma expansion in the presence of an ambient [J]. Applied Physics Letters, 2013, 103(19): 191112.

[21] Hai R, Farid N, Zhao D, et al. Laser-induced breakdown spectroscopic characterization of impurity deposition on the first wall of a magnetic confined fusion device: experimental advanced superconducting tokamak [J]. Spectrochimica Acta Part B: Atomic Spectroscopy, 2013, 87: 147–152.

[22] Wu D, Sun L, Liu J, et al. Parameter optimization of the spectral emission of laser-induced tungsten plasma for tokamak wall diagnosis at different pressures [J]. Journal of Analytical Atomic Spectrometry, 2021, 36(6): 1159–1169.

[23] Farid N, Wang H, Li C, et al. Effect of background gases at reduced pressures on the laser treated surface morphology, spectral emission and characteristics parameters of laser produced Mo plasmas [J]. Journal of Nuclear Materials, 2013, 438(1-3): 183–189.

[24] Hai R, He Z, Yu X, et al. Comparative study on self-absorption of laser-induced tungsten plasma in air and in argon [J]. Optics Express, 2019, 27(3): 2509–2520.

[25] Ciucci A, Corsi M, Palleschi V, et al. New procedure for quantitative elemental analysis by laser-induced plasma spectroscopy [J]. Applied Spectroscopy, 1999, 53(8): 960–964.

[26] Bredice F, Borges F O, Sobral H, et al. Evaluation of self-absorption of manganese emission lines in Laser Induced Breakdown Spectroscopy measurements [J]. Spectrochimica Acta Part B: Atomic Spectroscopy, 2006, 61(12): 1294–1303.

[27] Gornushkin I B, Anzano J M, King L A, et al. Curve of growth methodology applied to laser-induced plasma emission spectroscopy [J]. Spectrochimica Acta Part B: Atomic Spectroscopy, 1999, 54(3-4): 491–503.

[28] Cristoforetti G, De Giacomo A, Dell'aglio M, et al. Local thermodynamic equilibrium in laser-induced breakdown spectroscopy: beyond the McWhirter criterion [J]. Spectrochimica Acta Part B: Atomic Spectroscopy, 2010, 65(1): 86–95.

[29] Moon H-Y, Smith B W, Omenetto N. Temporal behavior of line-to-continuum ratios and ion fractions as a means of assessing thermodynamic equilibrium in laser-induced breakdown spectroscopy [J]. Chemical Physics, 2012, 398: 221–227.

[30] Hahn D W, Omenetto N. Laser-induced breakdown spectroscopy (LIBS), Part II: review of instrumental and methodological approaches to material analysis and applications to different fields [J]. Applied Spectroscopy, 2012, 66(4): 347–419.

第 3 章 激光诱导击穿光谱实验系统及硬件[①]

3.1 LIBS 实验系统的硬件组成

LIBS 实验系统硬件主要由激光器、光谱仪、探测器、时序信号发生器、光收集器、光纤、光路系统及计算机等组成。

典型的单脉冲 LIBS 实验系统如图 1.1 所示,其中,激光器为等离子体的激发源,要求聚焦后照射在样品表面的激光脉冲功率密度达到 $10^8 \sim 10^{14}$ W/cm²[1],被照射区域物质能够瞬间烧蚀、气化、激发,形成高温和高电子数密度的等离子体;光收集器实现对等离子体发射光信号的收集,并将收集的等离子体光耦合进光纤,经由光纤传输至光谱仪;光谱仪通过色散元件将多色的等离子体辐射光在空间上分解为包含特征元素及含量信息的谱线(原子或离子谱)或谱带(分子谱);探测器用于对光谱信息进行光电转换,常用的探测器为电荷耦合器件(charge-coupled device,CCD)或增强型电荷耦合器件(intensified charge-coupled device,ICCD),有时也使用低成本的光电倍增管(photomultiplier,PMT);为防止激光脉冲对样品表面同一位置反复烧蚀产生深坑,可将样品置于电动位移平台上,使每个激光脉冲可以激发样品表面一个新的位置,同时对样品表面不同位置光谱的累积也可以有效降低样品表面不均匀性的影响,但对样品表面的平整度要求较高;激光器、光谱仪及探测器的工作时序由时序信号发生器提供;计算机用于实现光谱数据的存储、观测和计算等处理。

---

① 本章由南昌航空大学郝中骐副教授与华中科技大学郭连波教授联合撰写。

3.2 LIBS 实验系统的类型

为获得更好的分析性能或适应不同的应用需求，研究者们不断改进 LIBS 硬件结构，逐渐发展出多种类型的 LIBS 实验系统。通常，依据系统使用激光光束的数量，可分为单脉冲和双脉冲 LIBS 系统[2]。

(1) 单脉冲 LIBS 系统。

单脉冲 LIBS(single pulse–LIBS，SP-LIBS) 系统只用一束激光脉冲作为等离子体激发源，如图 3.1 所示，SP-LIBS 结构简单，系统可靠性强，设备成本低，是最常用的激发方式。然而单脉冲激发烧蚀物质的量少、等离子体寿命短、发射光谱强度弱，因此 SP-LIBS 分析灵敏度较低。然而，也正由于 SP-LIBS 仅使用一束激光作用于样品，对等离子体发光特性的影响因素主要是激光脉冲能量、光路、采集和分光系统等的特性。因此，单脉冲 LIBS 实验中可调控的实验参数较少，定量分析模型相对简单，应用较广泛。然而，由于单脉冲激发等离子体自由膨胀、衰减快、寿命短，光谱强度随等离子体在时间和空间上迅速变化，采集光谱时必须严格控制采集位置和采集时间窗口，否则将导致光谱强度不稳定，元素定量检测结果的精准度降低。

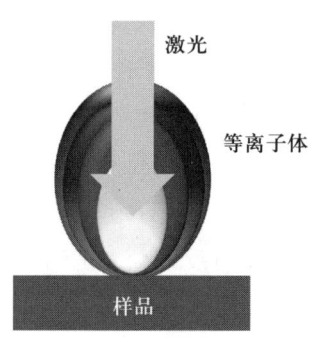

图 3.1 单脉冲 LIBS 系统原理示意图

(2) 双脉冲 LIBS 系统。

双脉冲 LIBS(double pulse–LIBS，DP-LIBS) 系统采用两束激光作为等离子体激发源，两束激光的方向可以是正交或同轴方式，其主要作用是第二束激光给等离子体注入了新能量，增加对物质的烧蚀量，增大等离子体，使得等离子体具有更高的温度和粒子数密度[2]，从而增强等离子体发射谱线的强度，提高谱线信背比和降低背景的相对标准偏差,降低元素的检测限[3]。但由于 DP-LIBS 使用两束激光,对等离子体发光特性的影响因素除激光脉冲各自的脉冲周期、能量、波长等特性外,还有两束激光脉冲作用的时间间隔[4]和几何构型,因此,采用 DP-LIBS 方式可能引入更多影响检测不确定性的系统因素,导致测量谱线强度的稳定性降低[3]。然而,由于双脉冲可以减缓等离子体温度和电子数密度的衰减速度,因此通过参数优化选择合适的脉冲间隔、采集延时及脉宽可获得更加稳定的光谱信号,从而可提高定量分析准确度。Cui 等提出一种用 60 μs 长脉冲激光和 5.4 ns 短脉冲激光相结合的 DP-LIBS 技术用于对钢铁中的 Mn 定量分析[5],结果表明,与单脉冲 LIBS 相比,采用长短脉冲 DP-LIBS 技术和 Mn I 404.876 nm 对 Mn 元素定量分析,可将定量分析的平均相对标准偏差 (relative standard deviation, RSD) 从 29.3% 降低至 10.5%,预测平均相对误差 (REP) 也从 94.9% 降低至 4.9%,这归因于长短脉冲 DP-LIBS 可显著改善等离子体温度在采集时延上的稳定性[6]。

依据两束激光的几何构型,DP-LIBS 又可分为正交再加热型 [图 3.2(a)]、正交预烧蚀型 [图 3.2(b)] 和同轴型 [图 3.2(c)]。

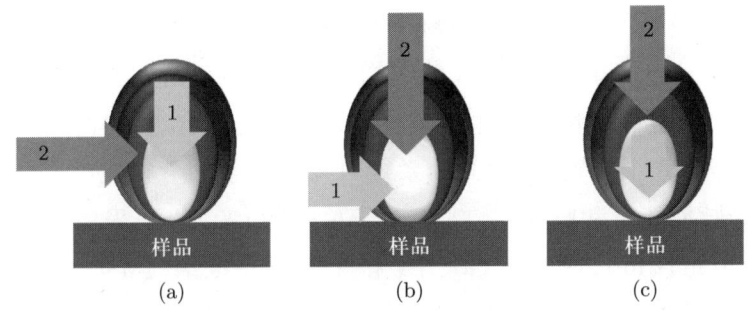

图 3.2 双脉冲 LIBS 原理示意图: (a) 正交再加热 DP-LIBS; (b) 正交预烧蚀 DP-LIBS; (c) 同轴 DP-LIBS

正交再加热 DP-LIBS 先用激光 1 烧蚀物质激发等离子体,经过一定延时后再用激光 2 对已激发的等离子体进行再加热,可进一步激发等离子体中的粒子,提高等离子体温度,使谱线强度增强,从而提高待测元素的分析灵敏度[2,3]。Uebbling 等研究表明,在脉冲间延时较大时,采用长短脉冲 DP-LIBS 可有效降低基体效应对定量分析的影响[7],这是由于在第一束激光 (短脉冲)

烧蚀样品之后较大延时下 (40 μs)，等离子体演化到比较平稳的阶段时，冷却的粒子已完成了原子化，第二束激光 (长脉冲) 再对这些原子、团簇和纳米颗粒进一步加热使之布局到激发量子态，由于这些重组的原子、团簇和纳米颗粒已脱离了原样品 (玻璃和钢铁) 的基体，统一处于气溶胶状态，因此能够减少基体效应且提高 LIBS 信号强度。

正交预烧蚀型是先用与样品表面平行的激光 1 脉冲将待测样品上方空气击穿，高温高粒子数密度的等离子体作用于样品表面，对样品表面形成预烧蚀作用，经过一定的延时之后，用激光 2 从垂直方向会聚在预烧蚀区域，对样品表面进行再激发。在这种激发方式中，激光 1 产生的自由电子及在样品表面形成的低压区可提高激光 2 与样品的耦合效率，增加激光对物质的烧蚀量，提高光谱强度，在一定程度上改善元素的分析灵敏度。Stratis 等采用正交预烧蚀 DP-LIBS 对玻璃中 Ti、Al 和 Fe 元素进行分析[8]，与单独使用激光 2(100 mJ) 相比，采用预烧蚀激光 1(210 mJ) 和激发激光 2(100 mJ) 的 DP-LIBS 可实现这些元素特征谱线 11~20 倍的增强。

同轴 DP-LIBS 使用两束激光沿垂直方向依次作用在样品表面，激光 1 激发样品产生等离子体，延迟一段时间之后，激光 2 透过等离子体照射在样品上，在加热前一束激光产生的等离子体的同时，对样品表面进行进一步烧蚀激发。相对于正交方式，同轴 DP-LIBS 的结构更加紧凑和稳定，对样品表面高度的敏感度更低，因此在实际应用中更具优势，特别是适合于远程双脉冲 LIBS 探测。Bhatt 等研究了同轴 DP-LIBS 系统对稀土元素的分析能力[9]，主要影响因素是激光脉冲能量和脉冲间隔，相对于单脉冲 (20 mJ)，采用同轴 DP-LIBS (15 mJ 和 20 mJ) 可实现 Eu、Gd、Pr 和 Y 元素特征谱线 4~13 倍的增强，检测限有 2~10 倍的改善。

3.3 硬件参数对 LIBS 测量的影响

3.3.1 激光器

激光器是 LIBS 实验系统中的等离子体激发源，LIBS 设备对激光器的类型、波长、脉冲宽度、脉冲能量及激光模式均没有严格的限制，但要对样品激发产生等离子体，LIBS 系统要求激光器能产生高能量脉冲激光，因此各种技术原理的高能量脉冲激光器都能够应用于 LIBS 系统，例如 Nd:YAG 激光器、掺镱光纤激光器、钛蓝宝石固态激光器、ArF 准分子激光器、N_2 激光器、CO_2 调 Q 激光器等[1]。

激光与物质相互作用主要依赖于脉冲激光器的物理参数 (波长、重复频率、脉冲宽度、脉冲能量、光束质量等)，这些参数会直接影响激光与物质相互作用，不仅对激光烧蚀物质的量和烧蚀坑的形貌有直接影响，而且所激发的等离子体在发射光谱强度、寿命、信噪比、稳定性等方面也存在差异，这些都将影响 LIBS 定量分析结果的精确度，因此激光器的选型必须依据所要完成的任务来确定，激光器的性能参数也需要进行优化选择。

目前，LIBS 技术中应用最多的是性价比比较高的 Xe 灯泵浦 Nd:YAG 固体激光器，其利用调 Q 技术可以获得高能量窄脉宽的基频 1064 nm 激光脉冲，并可通过倍频获得更短波长 (532 nm、355 nm 和 266 nm)，基频激光脉冲能量最高可达 3 J，频率在 1~30 Hz 可调。然而，Nd:YAG 激光器输出激光脉冲能量受工作晶体温度的影响大，在使用前需要预热，并在使用中需要严格控制温度，一般输出脉冲能量波动小于 5%，对定量分析结果的精确度和重复性产生很大影响。另外，由于 Nd:YAG 激光器发热量大，需要水冷却，因而体积较大，不利于设备集成和小型化。二极管泵浦固体激光器 (diode pumped sdid state laser, DPSSL) 具有体积小、风制冷、使用寿命长等特点，在 LIBS 实验系统中的应用越来越多[10]，特别是在便携式和手持式 LIBS 系统中，DPSSL 被广泛使用[11]。Hoehse 等对比研究了使用 DPSSL(1.6 kHz) 和灯泵浦 Nd:YAG 激光器 (10 Hz) 的 LIBS 系统[12]，结果表明，尽管 DPSSL 每个激光脉冲烧蚀量小，等离子体较弱，但高重频使得其在每秒可产生几千个等离子体，总的烧蚀量和总发射信号强度明显高于使用灯泵浦 Nd:YAG 激光器，可获得更低的检测限。另外，由于 DPSSL 输出激光脉冲的能量稳定性好 (~2%)、光束质量高、高斯单模输出，产生等离子体的连续辐射持续时间比常规灯泵浦 Nd:YAG 激光器的更短 (仅几十纳秒)，DPSSL 较低的激光脉冲能量基本不造成烧蚀物质的飞溅，而且其高重频特性使得在累积采集 LIBS 的过程中对几千个等离子体发射光进行了匀化，因此采用 DPSS 激光器激发 LIBS 信号有更好的信噪比和更好的光谱稳定性。光纤激光器由于具有光束质量高、价格低、能量稳定性好、使用寿命长、光纤传输能量等优势，也成为 LIBS 系统的新型光源，Gravel 等采用一个 20 W 光纤激光器 (1064 nm) 对铝合金中的 Cr、Cu、Fe、Mg、Mn、Si 和铜合金中 Ag、Ni、Fe 等元素进行了定量分析 [13]，这些元素的检测限可低至 ppm①量级，在一些情况下，采用光纤激光器的分析结果可达到与 Nd:YAG 激光器相当的水平 [14]。

如图 3.3 所示，在激光器的特性参数中，对 LIBS 系统测量影响较大的主要有激光波长、脉冲宽度、脉冲能量、激光模式及重复频率等。下面将对这些影响参数分别进行说明。

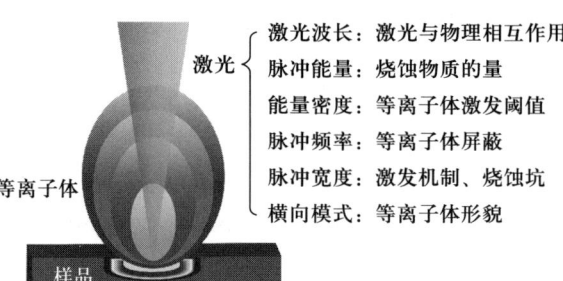

图 3.3 激光器性能对等离子体的影响

(1) 激光波长。

激光波长与等离子体的激发机制密切相关，国内外学者对此也进行了大量的研究。例如：Shaikh 等研究了分别采用波长为 1064 nm、532 nm 和 355 nm 的激光激发铅等离子体的特性，研究发现，等离子体的电子温度和电子数密度随激发激光波长的增大而减小，激发铅元素特征谱线的强度随激发波长的增大而降低 (如图 3.4)[15]；Barnett 等对比了波长为 266 nm 和 532 nm 的激光对玻璃样品的分析性能 [16]，研究表明，在其他实验条件一致的情况下，波长为 266 nm 的激光对玻璃有较大的烧蚀量，定量分析精确度较高，但波长为 532 nm 的激光激发等离子体的光谱强度更大，这是因为波长为 532 nm 的激光激发等离子体的粒子数密度更高；李颖等对比研究了分别采用波长为 1064 nm 和 532 nm 的激光激发水溶液中金属元素的特性 [17]，采用波长为 1064 nm 的激光激发等离子体的寿命是 532 nm 的两倍，但波长为 532 nm 的激光在水下有较远的探测距离。这些研究结果表明，激光波长 λ 越短，频率 ν 越高，单光子能量越大 ($E=h\nu$，其中 $h=6.626\times 10^{-34}$ J·s 为普朗克常量)，光学渗透深

---

① ppm 即百万分之一，1 ppm=10^{-6}。全书同。

度越浅，物质点火所需的能量密度阈值也越低，因而在相同能量密度下波长越短的激光脉冲对物质的烧蚀量越大。紫外激光诱导粒子键断裂和电离主要归因于多光子吸收，而红外激光诱导主要归因于碰撞电离，自由电子通过逆轫致辐射吸收激光的能量，并通过与样品及环境气体的原子、离子、电子的碰撞使更多的原子发生电离[18]。

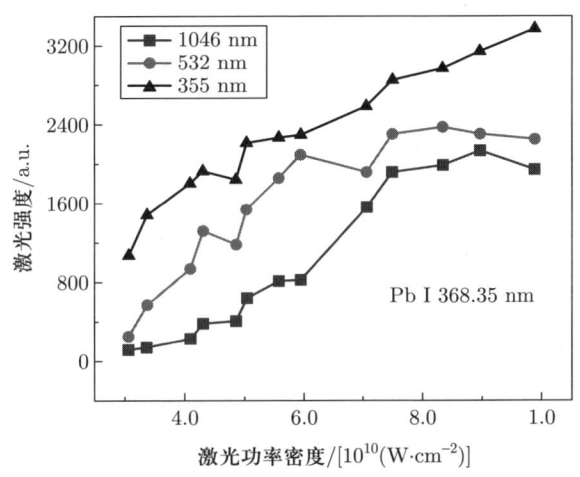

图 3.4 不同入射激光波长下 Pb I 368.35 nm 强度随激光能量的变化[15]

(2) 脉冲宽度。

激光脉冲宽度指激光功率维持在一定值时所持续的时间，它对激光等离子体的形成过程和光谱质量也有重要影响[16,17,19-24]。激光器中常用的激光有纳秒激光、皮秒激光与飞秒激光，纳秒激光与物质的相互作用主要是热烧蚀气化激发，在能量较低时，飞秒激光与物质的相互作用机制主要是库仑爆炸，与热烧蚀不同，库仑爆炸是"冷"的——在热量还未传导远时，少量的物质已爆炸为被电离的原子微粒等离子体。此外，激光脉冲宽度还会影响环境气体电离层对激光能量的吸收，如图 3.5 所示，在长脉冲作用下，样品上方气体被击穿形成的电离层，对脉冲激光后沿造成吸收，产生强烈的屏蔽效应，导致对样品的烧蚀量减少[25]，由于屏蔽效应造成到达样品表面的激光能量波动，导致激光对物质烧蚀的量变化，因而光谱稳定性变差；而在短脉冲作用下，激光与物质的相互作用时间短，环境气体对激光的吸收少，难以形成电离层，因而屏蔽效应较弱，但对样品的烧蚀量增大。由此可见，选取合适的脉冲宽度对测试很重要。

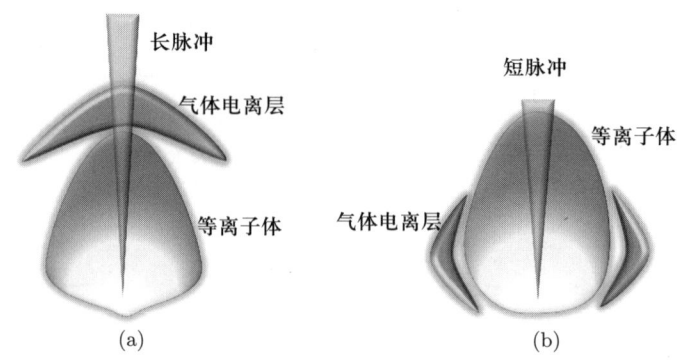

图 3.5 不同激光脉冲宽度下等离子体形貌对比：(a) 长脉冲；(b) 短脉冲

(3) 脉冲能量。

激光脉冲能量密度决定了物质的烧蚀量、等离子体的形成和演化、发射光谱的强度和寿命等[26,27]。LIBS 系统所采用的激光脉冲能量多在几微焦至几百毫焦，等离子体产生所需激光能量密度一般要达到 10 J·cm^{-2} 量级。不同材料的击穿阈值不同，气体和液体的激穿阈值一般比固体的激穿阈值要高，当激光脉冲能量密度低于材料激穿阈值时，不能激发产生等离子体；当激光脉冲能量密度高于材料激穿阈值时，等离子体激发光谱强度随激光脉冲能量密度的增大而增大；但在激光脉冲能量密度增大到一定程度时，光谱强度增大的幅度逐渐减小，最终达到饱和。这是由于当激光能量密度过高时，严重的等离子体屏蔽效应以及空气击穿阻挡了部分激光脉冲能量到达样品表面。图 3.6 所示为采用单脉冲 LIBS 系统检测钢铁样品中 Al 和 Cu 元素谱线强度随激光脉冲能量的变化[28]，元素谱线的强度随激光脉冲能量的增大逐渐增大，到 120 mJ 以后继续增加激光脉冲能量，谱线强度趋于饱和。赵栋烨等研究了皮秒和飞秒激光烧蚀率与激光能量密度的变化关系、烧蚀形貌特性等，结果表明，烧蚀量与激光脉冲能量的关系取决于烧蚀相区，包括光学烧蚀区、类热烧蚀区、相爆炸区等，在不同烧蚀相区，激光烧蚀率与激光能量密度的关系不同。例如，在皮秒激光的光学烧蚀区，激光脉冲能量穿透深度近似等于激光的光学穿透深度，烧蚀率与激光能量密度呈指数关系；在类热烧蚀区和类相爆炸区，激光烧蚀率与激光能量密度呈线性关系[29]。

激光脉冲能量波动直接影响激光对物质的烧蚀量、激光–物质相互作用过程以及等离子体的发光性能，因此，激光脉冲能量波动是造成 LIBS 不确定性的主要因素之一。在实验过程中，为降低激光脉冲能量波动的影响，常采用多次测量数据的平均值的方法，也可采用等离子体参比信号(内标线和背景强度等)对谱线强度进行归一化处理的方法，以及对等离子体空间约束等方法。

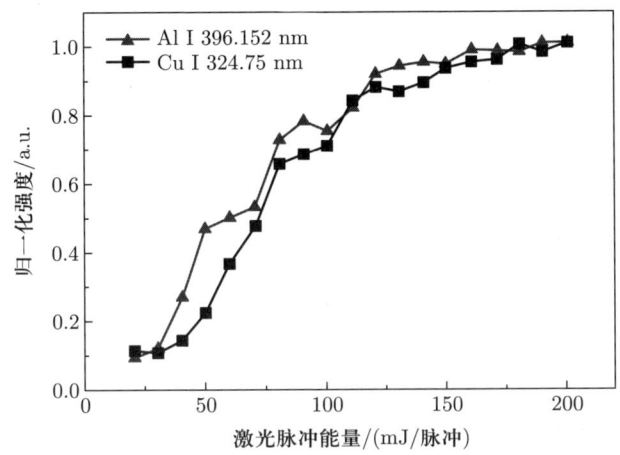

图 3.6 钢铁样品中不同元素 LIBS 谱线强度随激光脉冲能量的变化[28]

(4) 激光模式。

激光模式主要影响激光与物质相互作用过程及产生等离子体的特性。单模(近似高斯)光束具有更好的聚焦能力和能量稳定性，有利于实现微区分析，提高分析结果的稳定性；多模光束具有更高的能量，可烧蚀更多激发样品，提高分析灵敏度。Chaleard 等研究发现仅使用准分子激光器多模激光束的中心部分可提高分析信号的稳定性[30]。关于激光横向模式对 LIBS 的影响也有大量研究，Cabalín 等在 LIBS 系统中使用环形激光，研究了烧蚀坑形貌及等离子体形貌随时间的演化，结果表明环形激光诱导的等离子体具有较高的等离子体温度和电子数密度[31]。Guillong 等将多模光束轮廓转换为平顶光束，用于 ICP-MS 的样品烧蚀进样，实现了更稳定的烧蚀量和更好的样品雾化效果[32]。Yip 等将不锈钢丝网放在聚焦透镜前以形成不均匀光束形状，在相同的烧蚀量下，高斯光束激发的等离子体具有更大的光谱强度和更高的信噪比(为不均匀光束的 3 倍)[33]。Lednev 等测试了单模激光和多模激光，发现单模激光比多模激光的能量密度可重复性高 4 倍，在合金钢样品上进行单点测量，发现使用多模激光测得的 Fe 和 Cr 离子线强度的相对标准偏差比使用单模激光时高 5%~10%[34]。

Hou 等研究采用平顶光束检测铝镁合金，可使等离子体形态更加稳定，并降低等离子体屏蔽，Mg I 285.21 nm 谱线相对标准偏差从 33% 降低至 18%，可有效提高 LIBS 信号的可重复性[35]。

(5) 重复频率。

激光重复频率对等离子体的形成及光谱特性也有影响。LIBS 系统仪器普遍使用的电光调 Q 灯泵浦 Nd:YAG 激光器，重复频率一般在 1~20 Hz。高重复频率可以提高工作效率，但等离子体的光谱强度和稳定性易受到前一个脉冲产生的气溶胶和溅射物的影响。

3.3.2 光谱仪和探测器

激光诱导等离子体发射的光辐射经由收光系统收集后被送入光谱仪，光谱仪包括入射狭缝、分光系统和光电探测器 3 个主要部分，如图 3.7 所示。入射狭缝用来调整通光量，分光系统将复色光在空间上按照不同的波长分离开来，光电探测器将各波长成分的强度信息转换为电信号。

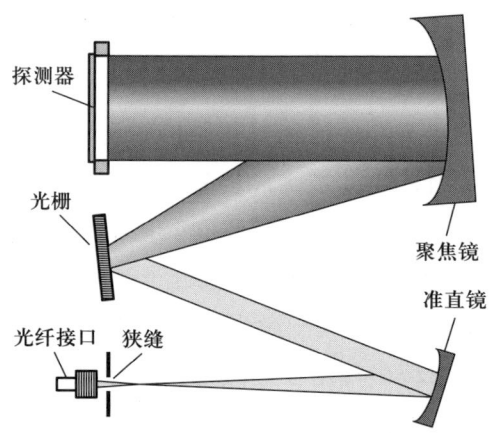

图 3.7 Czerny–Turner 平面光栅光谱仪结构示意图

LIBS 系统装置常用的光谱仪有 Czerny–Turner 平面光栅光谱仪 (以下简称 C–T 光谱仪) 和 Echelle 中阶梯光栅光谱仪 (以下简称 Echelle 光谱仪)，其主要差别在于光栅常数 (相邻刻线间的距离) 不同，平面光栅光谱仪的光栅常数在毫米量级，而中阶梯光栅光谱仪的光栅常数为微米量级。在光路构型上，C–T 光谱仪的狭缝、光栅、光谱焦面处于同一水平面上，狭缝与焦面对称分布于光栅两侧，这种结构像差小、分辨率低、覆盖波长范围小、结构不紧凑。C–T

光谱仪仅能在有限波长范围内获得高分辨率光谱,这使得可通过对探测范围内的谱线强度进行多次累积的方法来提高待测元素的灵敏度,但有限的波长范围限制了多元素同时检测的能力。要想测量多种元素,通常需要对同一个样品进行重复测量,这种方法不仅费时,而且要求待测物质有很好的均匀性及实验系统有很好的稳定性,以保证等离子体有很好的重现性。为提高 C–T 光谱仪的工作效率,人们使用多光栅或多通道 C–T 光谱仪[3,13],但在切换光栅的过程中可能会造成光谱的不稳定,多通道光谱仪也存在光栅效率不匹配和通道之间光谱接续的问题。因此,C–T 光谱仪适合于对特定元素的高灵敏度检测,如在激光诱导荧光辅助激光诱导击穿光谱 (LIBS-LIF) 技术这种单元素检测技术中被广泛使用[36]。如要进行多元素同时测量,最好使用 Echelle 光栅光谱仪,这种光谱仪获得的光谱与平面光栅光谱仪不同,它是由多级光谱组成的二维光谱,不同波长的分析谱线分布在不同光谱级上。Echelle 光谱仪具有结构紧凑、采集波长范围大 (200~1000 nm)、光谱分辨率高 (可达 pm 量级)、不易饱和、谱线信噪比高的特点。由于 Echelle 光谱仪光谱覆盖范围大,不仅有利于多元素同时测量,而且适合于多变量定量分析模型和分类识别模型的建立[37,38]。表 3.1 所示为 C–T 光谱仪和 Echelle 光谱仪的特点及应用领域。

表 3.1　C–T 光谱仪和 Echelle 光谱仪特点及应用领域

光谱仪种类	特点	应用领域
C–T 光谱仪	像差小、分辨率低、结构不紧凑、价格低、采用多光栅或多通道组合增加覆盖波长范围	单元素高灵敏度测量、LIBS-LIF、单变量分析模型
Echelle 光谱仪	分辨率高、覆盖波长范围大、结构紧凑、价格高	多元素同时测量、多变量定量分析模型、分类识别模型

光谱仪的工作波长范围、分辨率、波长定位准确度和光谱带宽等方面的性能会对 LIBS 检测造成影响。工作波长范围是指光栅可分辨的光谱波长范围,关系到可分析元素的种类。LIBS 系统常用光谱仪的光谱范围在 200~1000 nm,波长小于 190 nm 的谱线受空气吸收限制,如一些非金属元素 (如 C、P、S 等) 的强线处于近真空紫外 (110~200 nm) 区域,在大气环境下较难检测,而真空紫外 (小于 110 nm) 的谱线则需要在真空条件下进行检测。

分辨率是指分开两条临近谱线能力的度量,根据罗兰判据分辨率可表示为

$$R = \lambda/\Delta\lambda_{\min} \tag{3.1}$$

式中,$\Delta\lambda_{\min}$ 为在波长 λ 附近可分辨的最小波长差。高分辨率光栅 (0.003~0.01 nm) 可将空间上接近的谱线分开而避免光谱干扰,提高定量分析结果的精确度。闪耀波长指光栅最大衍射效率点,应尽量选择闪耀波长在测量波长附近的光栅,如需要测量可见光范围的波长,可选择闪耀波长在 500 nm 的光栅。在 LIBS 光谱检测中,采用高分辨率光谱仪可降低谱线干扰的影响,提高定量分析精确度和重复性,特别是在对元素同位素检测时,对光谱仪分辨率要求高。

探测器的作用是将分光后的光谱信息转换为电信号并输出信号,普遍使用的探测器为电荷耦合器件 (CCD) 和增强型电荷耦合器件 (ICCD) 以及光电倍增管 (photomultiplier, PMT)。由于 PMT 只能探测一个波长的谱线,且 PMT 的增益不能保持常数,高压到达倍增电极的时间要几个微秒,不利于等离子体采集时延的选择,所以从 20 世纪 80 年代以后 PMT 逐渐淡出 LIBS 系统领域。目前使用最多的探测器是 CCD 和 ICCD[39],可以实现成像 (即光电转换和电荷生成)、电荷收集、电荷转移及电荷探测功能,而且具有多光谱同时探测能力,可获得从紫外到近红外波段的光谱。与 CCD 相比,ICCD 具有快速动态测量、采集门宽控制和光强增益功能。由于样品中不同含量元素的特征谱线强度差异大,要求探测器的动态范围在 6~7 个数量级都可以提供较优的信噪比;为改善光谱的采集效率,要求探测器在近红外和紫外区域都有较高的量子效率;为提高光谱信噪比及防止光谱干扰,要求数据采集和读出时间较短,同时也有利于提高分析效率。图 3.8 为某 ICCD 量子效率和灵敏度随波长的变换曲线[40],由于探测器对不同波长的响应度不同,因此应依据所探测元素的特征谱线波长选择合适的探测器型号。在利用不同波段 LIBS 谱线强度分析时,也应考虑探测器对波长的相应度的差异,特别是利用 CF-LIBS 技术进行定量分析时,必须先利用光谱仪的效率曲线对元素的特征谱线强度进行校准[41]。

3.3.3 激光聚焦系统

激光束的聚焦能力除与光束质量有关外,主要受聚焦透镜的影响,对于理想高斯光束,经透镜聚焦后光束束腰半径为

$$w_0 = \frac{2f\lambda}{\pi D} \tag{3.2}$$

式中，f 是透镜焦距；λ 是激光波长；D 为透镜的通光直径。可见聚焦激光束腰半径与选用透镜的焦距成正比，焦距越小，聚焦后激光束腰半径越小，激光功率密度越大，能够产生体积更小、温度更高的等离子体，但其发射光谱往往伴有强烈的连续背景，因而分析效果较差。LIBS 系统中激光聚焦透镜焦距会影响等离子体的形貌，如图 3.9 所示[42]，当透镜焦距较小时，等离子体体积小，不利于等离子体光的采集，随着透镜焦距的增加，激光束会聚后在焦点附近形成较长的高能量密度区域，脉冲前沿剥蚀物质产生的微粒进入这一区域后被脉冲后沿激发产生等离子体，因此导致等离子体体积增大，且沿激光入射的方向上等离子体容易形成长的"拖尾"，对激光后沿的部分能量形成屏蔽效应，影响样品的烧蚀效率和光谱的稳定性。因此，在进行 LIBS 系统构建时，需选择合适焦距的透镜，通常选取 200~400 mm。由于激光与不同样品作用存在差异，所以最好能随分析样品的不同对聚焦透镜的焦距进行优化。

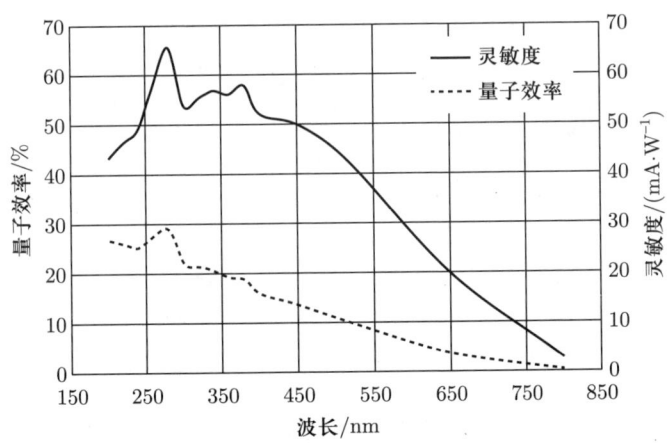

图 3.8 ICCD 量子效率和灵敏度随波长的变换曲线[40]

光束束腰的位置(焦点)到样品表面的距离 ΔS 通常称为离焦量，它对激光与物质的相互作用及光谱特性也有重要影响。当 $\Delta S \geqslant 0$ 时，焦点位于样品上方，这将导致样品上方的空气击穿，阻挡了激光到达样品表面烧蚀样品产生等离子体；因此，通常将激光实际聚焦点置于样品表面下方 2~5 mm 处避免空气击穿的影响。

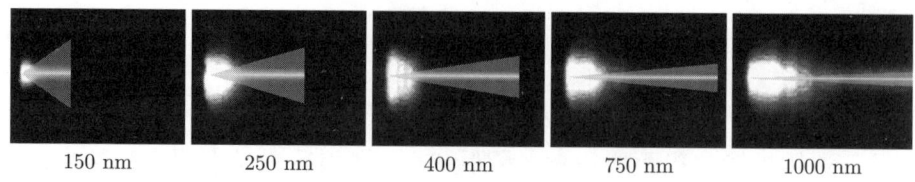

图 3.9 激光聚焦透镜焦距对等离子体形貌的影响[42]

3.3.4 等离子体光采集系统

等离子体光采集系统用于收集等离子体辐射光,并将其耦合进入光纤,按其采集结构可分为同轴采集[38][如图 3.10(a)] 和旁轴采集[43][如图 3.10(b)] 两种方式。

同轴采集是采集光路与激光聚焦光路位于同一光轴,如图 3.10(a),将采集系统置于二向色镜上方,使采集与激光聚焦光路系统处于同轴,这种采集方式的光路系统更加紧凑,对等离子体的高度偏离敏感性低。等离子体位置随时间逐渐向远离样品的方向移动,激光能量波动或样品表面高度变化也会影响等离子体的轴向位置,这种情况下可以选用同轴采集降低采集光谱的波动。但是,同轴采集系统中聚焦透镜和二向色镜对等离子体光有一定的衰减,且由于二向色镜在激光波长附近对等离子体光形成阻滞,会造成部分光谱波段缺失,此外等离子体屏蔽效应对采集光谱产生衰减作用,使得光谱稳定性变差。

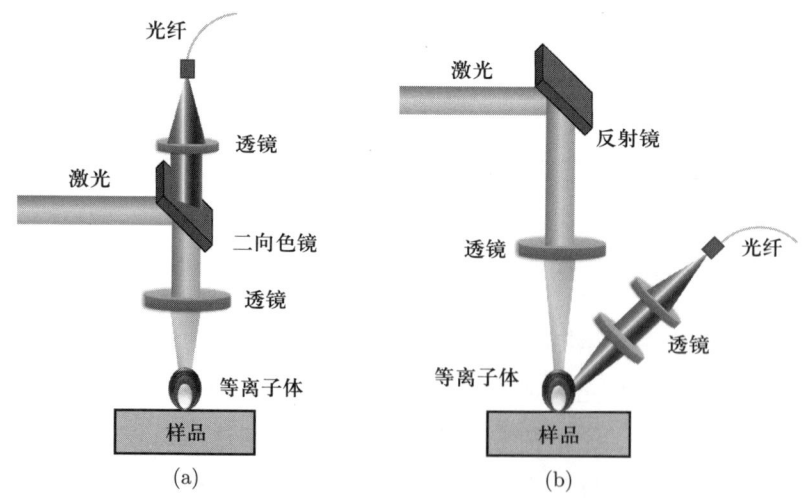

图 3.10 等离子体光采集系统:(a) 同轴采集; (b) 旁轴采集

旁轴采集系统独立于激光聚焦系统，如图 3.10(b)，直接对等离子体光进行收集，收集效率高，无光谱波段缺失，因而被广泛使用。然而，旁轴采集系统对等离子体的位置波动和样品表面高度变化较为敏感，因此需要严格控制样品表面高度和将样品表面打磨平整，否则等离子体空间位置的变化可能被错误地解析为元素浓度的变化，导致元素定量分析精密度和准确度降低。

在等离子体光采集系统中，透镜采集角度及其光学参数对光谱强度和稳定性有直接影响。Shabanov 等研究了透镜采集角度与光谱强度的关系[44]，如图 3.11 所示，在与样品表面垂直方向上 (90°) 采集光谱强度最低，且容易发生谱线自吸收或自蚀现象而导致谱线中心凹陷，而当采集方向与样品表面平行时 (0°)，采集光谱强度最高，光谱强度最大，不容易发生自吸收现象。这是因为等离子体呈椭球形状，同轴采集沿椭球的长轴方向，等离子体光学深度大，而当采用旁轴采集时，等离子体光学深度小，因此自吸收效应较弱。在实际应用中，具体采集方式和采集角度还应具体分析，如果检测目标是提高低含量元素的检测灵敏度，则应选择同轴采集方式，而当要求检测元素定标曲线有较大的线性范围时，则应选择旁轴采集方式。

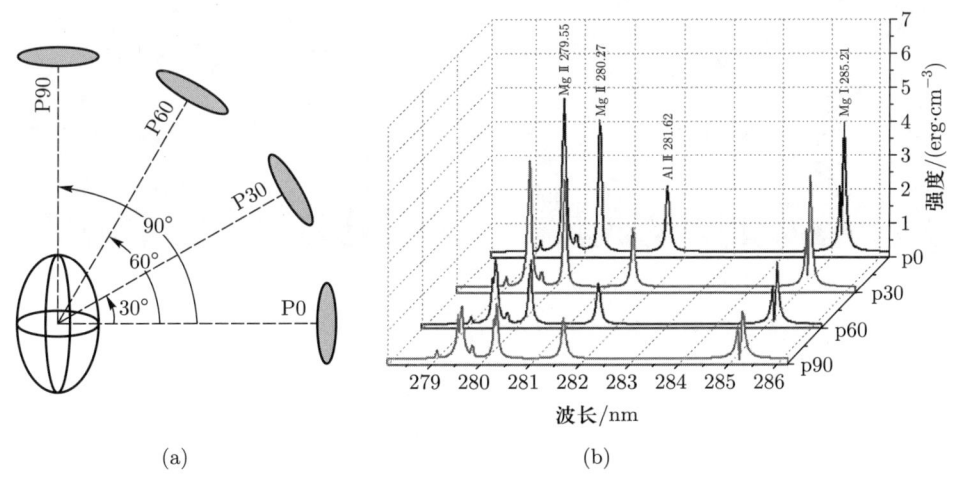

图 3.11 透镜采集角度对等离子体光采集的影响：(a) 光采集角度；(b) 不同采集角度的等离子体光谱[44]

在等离子体中，各种元素在原子化或分子基团的形成过程存在差异，导致其在等离子体中的运动存在不同的模式，在等离子体中的空间分布和时间演化随离子种类的不同而变化,这就导致等离子体发射光随采集位置、角度和时间的变化而不同。Grégoire[45] 和 Motto-ros[46] 等研究了高分子材料中 CN、C_2 和 N_2 分子基团随时间和空间的演化,如图 3.12 所示,分子基团的空间分布与分析样品的分子结构紧密相关,可以利用分子基团的空间分布来区分样品种类。Tian[47] 等研究了 TiO_2 粉末激光诱导等离子体中元素分布的时空演化,证实了进行谱线的归一化校正时,选择在等离子体中空间分布上与待测元素有重叠的元素作为内标元素能更好地校正谱线强度波动,因为在等离子体中空间上重叠区域的元素具有近似相同的高度、温度及激发能。综上可知,在进行光谱采集的时候,不仅要选择合适的采集时间,还要充分考虑待测元素在等离子体中的空间分布及其演化,因此,在进行 LIBS 实验时,有必要对等离子体的采集高度和采集角度进行优化。

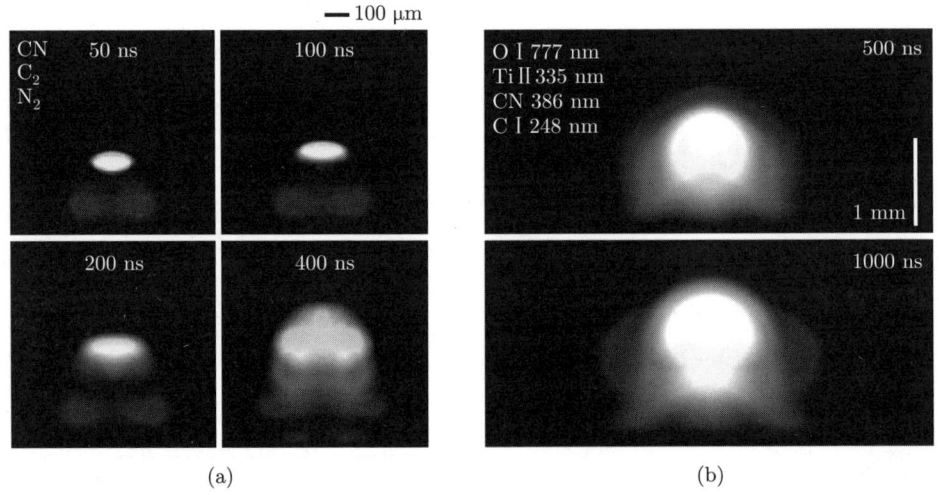

图 3.12 激光诱导等离子体中粒子分布图:(a) 聚乙烯塑料[45];(b) 纤维素[46]

(参见书后彩图)

李天奇等研究了等离子体光采集系统中透镜焦距 f、透镜直径 D 和光纤孔径 d 对光谱强度和稳定性的影响[48],结果表明,等离子体中心能很好地稳定在光轴上,但等离子体到样品表面的距离会发生变化。在旁轴采集 (采集透镜光轴平行于样品表面) 的情况下,采集透镜到等离子体之间的位置变化对光谱强度影响不大,而采集透镜相对等离子体的高度对采集光谱强度及稳定性影响很大。当采集系统具有相同的光圈系数 (F 值,等于镜头焦距 f 和透镜直径

D 之比) 和放大倍数 (k) 时，采集效率相同。光通量与 F 值平方成反比，F 值越小，光通量越大，采集效率越高。当 F 值过小时，采集系统对等离子体沿光轴方向的波动更加敏感，导致光谱稳定性变差；当 F 值过大时，有效采集区域在光轴方向上收缩，而在垂直光轴方向上延伸，这种变化导致对等离子体光的采集盲区增大，因此造成光谱稳定性变差。采集系统放大倍数 k 越大，采集效率越高，但可采集等离子体区域越小，当分析物质在等离子体中分布不均匀或等离子体位置波动较大时，大的 k 值将导致光谱稳定性降低，当 $k > 1$ 时，光谱强度的稳定性急剧恶化。表 3.2 总结了等离子体光采集系统的优化设计方案。

表 3.2 等离子体光采集系统的优化设计方案[48]

优化内容	条件	最优设计方案
采集方向	等离子体在激光入射方向上波动较大 (硬且表面平整样品或气体)	同轴采集
	等离子体在样品表面方向上波动较大 (表面粗糙样品)	旁轴采集 (采集透镜光轴平行于样品表面)
采集透镜焦距和直径	等离子体位置稳定 (固体)	F 值小
	等离子体位置波动大 (气溶胶或气体)	F 值不能太小 (不小于 2)
采集透镜位置	常规尺寸等离子体 (直径 < 5 mm)	透镜到光纤的距离比到等离子体的距离近
	大尺寸等离子体 (直径 > 5 mm)	放大倍数 k 小 (约 1/5)

3.4 本章小结

LIBS 硬件系统主要包括激光器、光谱仪、探测器、时序信号发生器、光收集器、光纤、光路系统和计算机等。激光器的基本功能是为等离子体激发提供充足且稳定的激光能量，激光器的种类、脉冲能量、重复频率、激光波长、脉冲宽度和激光模式等对等离子体的激发、演化和发光特性都有显著影响。对等离子体光的探测包含光收集器、光纤、光谱仪和光电探测器等，光收集器对等离子体的采集的空间位置、时间及角度等对 LIBS 分析性能都有重要影响,光纤的纤芯直径和对光的透射率影响采集光的强度,光谱仪的可探测波长范围限制了可探测元素种类,光谱分辨率决定抗光谱干扰能力,光电探测器对不同波长的响应效率影响光信号的采集强度,时序信号发生器控制激光器和探测器的工作时序,计算机用于对光谱信号进行处理、计算和建模等。激光诱导等离子体是时空快速演化的瞬态光源,这些硬件的参数性能从不同角度对等离子体的激发、时空演化、信号采集或光谱分析产生影响,通常需要进行各种硬件的参数的优化,才能获得 LIBS 最佳的分析性能。

近年来,为提高 LIBS 的分析性能,研究者们提出了一系列新的硬件改进方法。例如,为改善 LIBS 的分析灵敏度和降低检测限,人们提出了双脉冲激发、等离子体空间约束和磁约束、微波辅助加热、电火花辅助加热、火炬辅助加热和辉光放电等系统改进方法,对等离子体进行再加热或延缓等离子体的膨胀和冷却,并对等离子体的时空演化过程进行调制,实现了等离子体光谱的增强、分析灵敏度的提高和不确定度的改善。也有研究者提出采用可调谐激光器构造共振激发 LIBS 系统,可实现对待测元素特征谱线几十至几百倍的光谱增强。当需要进行远程检测时,需要增加远程激光聚焦和远程光谱采集装置,或者采用光纤对激光进行远程传输和对光谱信息进行远程采集;对于特征谱线处于深紫外波段的检测元素 (C、P、S 等),需要在真空或惰性气体环境下进行实验,这时系统需要增加真空腔或气体室。此外,随着半导体激光器、光纤激光器、微型光谱仪等新兴硬件的不断引入,LIBS 系统的发展正朝着紧凑、经济和便携化的方向发展,使其满足实时、原位和在线的检测需求。

参考文献

[1] Singh J P, Thakur S N. Laser-induced breakdown spectroscopy [M]. Elsevier, 2020.

[2] Ahmed R, Baig M A. A comparative study of single and double pulse laser induced breakdown spectroscopy [J]. Journal of Applied Physics, 2009, 106(3): 033307.

[3] Čtvrtníčková T, Cabalín L M, laserna J, et al. Comparison of double-pulse and single-pulse laser-induced breakdown spectroscopy techniques in the analysis of powdered samples of silicate raw materials for the brick-and-tile industry [J]. Spectrochimica Acta Part B: Atomic Spectroscopy, 2008, 63(1): 42–50.

[4] Song J, Li N, Tian Y, et al. Study of interpulse delay effects on orthogonal dual-

pulse laser-induced breakdown spectroscopy in bulk seawater [J]. Journal of Analytical Atomic Spectrometry, 2020, 35(10): 2351–2357.

[5] Cui M, Deguchi Y, Wang Z, et al. Improved analysis of manganese in steel samples using collinear long-short double pulse laser-induced breakdown spectroscopy (LIBS) [J]. Applied Spectroscopy, 2019, 73(2): 152–162.

[6] Cui M, Deguchi Y, Wang Z, et al. Enhancement and stabilization of plasma using collinear long-short double-pulse laser-induced breakdown spectroscopy [J]. Spectrochimica Acta Part B: Atomic Spectroscopy, 2018, 142: 14–22.

[7] Uebbing J, Brust J, Sdorra W, et al. Reheating of a laser-produced plasma by a second pulse laser [J]. Applied Spectroscopy, 1991, 45(9): 1419–1423.

[8] Stratis D N, Eland K L, Angel S M. Enhancement of aluminum, titanium, and iron in glass using pre-ablation spark dual-pulse LIBS [J]. Applied Spectroscopy, 2000, 54(12): 1719–1726.

[9] Bhatt C R, Hartzler D, Jain J C, et al. Evaluation of analytical performance of double pulse laser-induced breakdown spectroscopy for the detection of rare earth elements [J]. Optics & Laser Technology, 2020, 126: 106110.

[10] Lednev V, Dormidonov A, Sdvizhenskii P, et al. Compact diode-pumped Nd: YAG laser for remote analysis of low-alloy steels by laser-induced breakdown spectroscopy [J]. Journal of Analytical Atomic Spectrometry, 2018, 33(2): 294–303.

[11] Rakovský J, Čermák P, Musset O, et al. A review of the development of portable laser induced breakdown spectroscopy and its applications [J]. Spectrochimica Acta Part B: Atomic Spectroscopy, 2014, 101: 269–287.

[12] Hoehse M, Gornushkin I, Merk S, et al. Assessment of suitability of diode pumped solid state lasers for laser induced breakdown and Raman spectroscopy [J]. Journal of Analytical Atomic Spectrometry, 2011, 26(2): 414–424.

[13] Gravel J-F Y, Doucet F R, Bouchard P, et al. Evaluation of a compact high power pulsed fiber laser source for laser-induced breakdown spectroscopy [J]. Journal of Analytical Atomic Spectrometry, 2011, 26(7): 1354–1361.

[14] Zeng Q, Guo L, Li X, et al. Quantitative analyses of Mn, V, and Si elements in steels using a portable laser-induced breakdown spectroscopy system based on a fiber laser [J]. Journal of Analytical Atomic Spectrometry, 2016, 31(3): 767–772.

[15] Shaikh N M, Kalhoro M, Hussain A, et al. Spectroscopic study of a lead plasma produced by the 1064 nm, 532 nm and 355 nm of a Nd: YAG laser [J]. Spectrochimica Acta Part B: Atomic Spectroscopy, 2013, 88: 198–202.

[16] Barnett C, Cahoon E, Almirall J R. Wavelength dependence on the elemental analysis

[17] 李颖, 王振南, 吴江来, 等. 激光波长对水中金属元素激光诱导击穿光谱探测的影响 [J]. 光谱学与光谱分析, 2012, 32(3): 352–258.

[18] Chang J J, Warner B E. Laser-plasma interaction during visible-laser ablation of methods [J]. Applied Physics Letters, 1996, 69(4): 473–475.

[19] Sdorra W, Brust J, Niemax K. Basic investigations for laser microanalysis: IV. The dependence on the laser wavelength in laser ablation [J]. Microchimica Acta, 1992, 108: 1–10.

[20] Le Drogoff B, Margot J, Vidal F, et al. Influence of the laser pulse duration on laser-produced plasma properties [J]. Plasma Sources Science and Technology, 2004, 13(2): 223–230.

[21] Zhidkov A, Sasaki A, Fukumoto I, et al. Pulse duration effect on the distribution of energetic particles produced by intense femtosecond laser pulses irradiating solids [J]. Physics of Plasmas, 2001, 8(8): 3718–3723.

[22] Le Drogoff B, Chaker M, Margot J, et al. Influence of the laser pulse duration on spectrochemical analysis of solids by laser-induced plasma spectroscopy [J]. Applied Spectroscopy, 2004, 58(1): 122–129.

[23] Elnasharty I. Study on the influence of laser pulse duration in the long nanosecond regime on the laser induced plasma spectroscopy [J]. Spectrochimica Acta Part B: Atomic Spectroscopy, 2016, 124: 1–15.

[24] Laville S, Vidal F, Johnston T, et al. Modeling the time evolution of laser-induced plasmas for various pulse durations and fluences [J]. Physics of Plasmas, 2004, 11(5): 2182–2190.

[25] Bai X, Ma Q, Motto-ros V, et al. Convoluted effect of laser fluence and pulse duration on the property of a nanosecond laser-induced plasma into an argon ambient gas at the atmospheric pressure [J]. Journal of Applied Physics, 2013, 113(1): 013304.

[26] Benedetti P A, Cristoforetti G, Legnaioli S, et al. Effect of laser pulse energies in laser induced breakdown spectroscopy in double-pulse configuration [J]. Spectrochimica Acta Part B: Atomic Spectroscopy, 2005, 60(11): 1392–1401.

[27] 陈添兵, 姚明印, 刘木华, 等. 激光能量及延迟时间对土壤中 Cr 等离子体特性的影响 [J]. 应用激光, 2011, 2(6): 478–482.

[28] 郝中骐. 激光探针高精度分析方法及其应用研究 [D]. 武汉: 华中科技大学, 2016.

[29] 赵栋烨. 托卡马克高 Z 壁材料超短脉冲激光诱导击穿光谱及激光烧蚀特性研究 [D]. 大连: 大连理工大学, 2018.

[30] áL Lacour J. Correction of matrix effects in quantitative elemental analysis with laser ablation optical emission spectrometry [J]. Journal of Analytical Atomic Spectrometry, 1997, 12(2): 183–188.

[31] Cabalín L, Laserna J. Atomic emission spectroscopy of laser-induced plasmas generated with an annular-shaped laser beam [J]. Journal of Analytical Atomic Spectrometry, 2004, 19(4): 445–450.

[32] Guillong M, Horn I, Günther D. Capabilities of a homogenized 266 nm Nd: YAG laser ablation system for LA-ICP-MS [J]. Journal of Analytical Atomic Spectrometry, 2002, 17(1): 8–14.

[33] Yip W, Cheung N. Analysis of aluminum alloys by resonance-enhanced laser-induced breakdown spectroscopy: how the beam profile of the ablation laser and the energy of the dye laser affect analytical performance [J]. Spectrochimica Acta Part B: Atomic Spectroscopy, 2009, 64(4): 315–322.

[34] Lednev V, Pershin S M, Bunkin A F. Laser beam profile influence on LIBS analytical capabilities: single vs. multimode beam [J]. Journal of Analytical Atomic Spectrometry, 2010, 25(11): 1745–1757.

[35] Hou Z, Afgan M S, Sheta S, et al. Plasma modulation using beam shaping to improve signal quality for laser induced breakdown spectroscopy [J]. Journal of Analytical Atomic Spectrometry, 2020, 35(8): 1671–1677.

[36] Li Q, Zhang W, Tang Z, et al. Determination of uranium in ores using laser-induced breakdown spectroscopy combined with laser-induced fluorescence [J]. Journal of Analytical Atomic Spectrometry, 2020, 35(3): 626–631.

[37] Zhu X, Xu T, Lin Q, et al. Advanced statistical analysis of laser-induced breakdown spectroscopy data to discriminate sedimentary rocks based on Czerny–Turner and Echelle spectrometers [J]. Spectrochimica Acta Part B: Atomic Spectroscopy, 2014, 93: 8–13.

[38] Fichet P, Menut D, Brennetot R, et al. Analysis by laser-induced breakdown spectroscopy of complex solids, liquids, and powders with an echelle spectrometer [J]. Applied Optics, 2003, 42(30): 6029–6035.

[39] MüLler M, Gornushkin I B, Florek S, et al. Approach to detection in laser-induced breakdown spectroscopy [J]. Analytical Chemistry, 2007, 79(12): 4419–4426.

[40] Kim J, Lim H, Nam J, et al. Readout of the UFFO slewing mirror telescope to detect UV/optical photons from Gamma-ray bursts [J]. Journal of Instrumentation, 2013, 8(07): P07012.

[41] Praher B, Palleschi V, Viskup R, et al. Calibration free laser-induced breakdown spec-

troscopy of oxide materials [J]. Spectrochimica Acta Part B: Atomic Spectroscopy, 2010, 65(8): 671–679.

[42] Bulatov V, Xu L, Schechter I. Spectroscopic imaging of laser-induced plasma [J]. Analytical Chemistry, 1996, 68(17): 2966–2973.

[43] Hao Z, Liu L, Shen M, et al. Long-term repeatability improvement of quantitative LIBS using a two-point standardization method [J]. Journal of Analytical Atomic Spectrometry, 2018, 33(9): 1564–1570.

[44] Shabanov S, Gornushkin I, Winefordner J. Radiation from asymmetric laser-induced plasmas collected by a lens or optical fiber [J]. Applied Optics, 2008, 47(11): 1745–1756.

[45] Grégoire S, Motto-ros V, Ma Q, et al. Correlation between native bonds in a polymeric material and molecular emissions from the laser-induced plasma observed with space and time resolved imaging [J]. Spectrochimica Acta Part B: Atomic Spectroscopy, 2012, 74: 31–37.

[46] Motto-ros V, Ma Q, Grégoire S, et al. Dual-wavelength differential spectroscopic imaging for diagnostics of laser-induced plasma [J]. Spectrochimica Acta Part B: Atomic Spectroscopy, 2012, 74: 11–17.

[47] Tian Y, Cheung H C, Zheng R, et al. Elemental analysis of powders with surface-assisted thin film laser-induced breakdown spectroscopy [J]. Spectrochimica Acta Part B: Atomic Spectroscopy, 2016, 124: 16–24.

[48] Li T, Sheta S, Hou Z, et al. Impacts of a collection system on laser-induced breakdown spectroscopy signal detection [J]. Applied Optics, 2018, 57(21): 6120–6127.

第 4 章　精确定量关键瓶颈及解决思路[①]

LIBS 技术具有原位、在线、全元素分析等优势，被誉为"未来化学分析巨星"[1]及"最为多功能的分析技术"[2]。然而，LIBS 一直未能成为真正的"分析巨星"，其关键原因在于实现 LIBS 的精确定量尚有较大难度，这阻碍了该技术的大规模商业应用。一般认为，实现 LIBS 精确定量化存在两大瓶颈问题，即信号不确定性较大 (重复性较低) 导致的测量精密度较低，及基体效应严重导致测量准确度较低。如何突破这两大关键瓶颈的制约，实现 LIBS 精确定量，已经成为一个世纪难题，困扰着一代又一代 LIBS 科研工作者和用户。

正如爱因斯坦在《物理学的进化》中所说："提出一个问题往往比解决一个问题更为重要"[3]。对 LIBS 来说，提出最为关键的科学问题及选择合适的技术路线正是实现精确定量的关键。根据多年的研究，我们认为实现 LIBS 精确定量化必须从 LIBS 区别于其他光谱技术的本质特征入手[4]：LIBS 的信号源是一个时间变化剧烈、空间不均匀的激光诱导等离子体；且 LIBS 测量过程中激光烧蚀的样品量极少，导致等离子体体积小，这又和 LIBS 信号采集系统的空间敏感性叠加在一起，导致在信号测量的时空窗口内，等离子体特性 (等离子体温度、电子数密度、总粒子数密度等) 存在显著变化，这是信号不确定性和基体效应较大的本质原因。对 LIBS 定量化来说，基于本质特征，厘清信号不确定性和基体效应的产生机理、耦合作用机理及控制机制，正是实现 LIBS 精确定量必须回答的关键问题。

本章将首先分析信号不确定性及基体效应对不同定量模型的耦合作用的影响机理，然后重点围绕信号不确定性的产生机理，讨论信号不确定性的控制机制与关键控制思路。

---

① 本章由清华大学王哲教授和顾炜伦博士研究生撰写。

4.1 信号不确定性及基体效应对定量性能的影响

LIBS 定量化性能不足的主要表现为测量精密度和准确度不足。测量精密度是指同一条件下多次重复测量时各测量值彼此相符合的程度，一般以测量结果的相对标准偏差 (RSD) 衡量精密度。测量准确度是指测量结果与被测量真值间的一致程度，一般以均方根误差 (RMSE)、平均绝对误差 (AAE) 等衡量。

学界普遍认为，LIBS 定量化性能不足的关键瓶颈在于：LIBS 的信号不确定性与基体效应较大。在 LIBS 测量中，不确定性较高和基体效应严重这两大瓶颈问题深度耦合在一起，不仅制约了定量化性能的提高，也使得理解二者的产生机理及其对定量化的影响规律变得异常困难，有必要进行深入的分析[4]。

4.1.1 信号不确定性及基体效应耦合作用机制

基体效应是指样品的物理特性及待测元素以外的元素成分对待测元素光谱信号的影响[5](分别对应物理基体效应和化学基体效应)，可以由含有同一元素浓度的不同样品中该元素 LIBS 光谱信号的差异来表征，除了等离子体参数变化[6]为主要原因外，谱线互干扰[7]、非化学计量烧蚀[8]等也是形成基体效应的重要原因。理想条件下，不同基体的样品经过化学计量烧蚀后在相同的等离子体温度、电子数密度状态下采集 LIBS 信号，光学薄时，元素浓度与其 LIBS 谱线强度间应存在线性关系，非光学薄时，则应符合生长曲线 (COG) 理论[9]。基体效应的出现使元素浓度–谱线强度关系偏离理想情形，从而变得非常复杂、高度非线性，因而难以准确建模，对测量准确度有着重要影响。

在 LIBS 中，信号不确定性通常特指由同一样品不同次测量的 LIBS 光谱信号波动表征，可以是不同单激光脉冲间的信号波动，也可以是不同次测量 (多个激光脉冲 LIBS 信号的均值或者累计值) 之间的信号波动。一般认为，对 LIBS 来说，脉冲间的信号波动应该主要来自 LIBS 系统、样品及环境的不可控的微小波动：对于同一样品的各次脉冲作用，与激光作用的局部样品可能存在差异 (化学差异：如样品不均匀导致的化学成分差异；物理差异：表面粗糙度导致的形貌差异等)，加上收光系统的空间特性及等离子体的时空变化特性，是脉冲间信号波动或者信号不确定性产生的主要原因。需要强调的是，同一成分样品的局部物理性质 (如粗糙度、激光吸收特性等) 差异导致的脉冲间信号差异同样也是基体效应的一部分，也就是说，基体效应也是产生信号不确定性的重要缘由。因此，信号不确定性和基体效应紧密相关，并非相互独立或对立的概念[4]。基体效应与信号不确定性的深度耦合共同影响 LIBS 光谱信号，从而严重地影响 LIBS 的定量分析性能。

大体来说，不确定性影响模型的精密度、基体效应影响模型的准确度；而信号不确定性和基体效应对 LIBS 定量分析性能的具体影响程度与所用的定量化模型密切相关。当前，定量分析模型主要包括传统的物理模型[10,11]以及数据驱动模型[12-14]。其中，物理模型基于物理规律，具有很好的样品适应性，缺点是只利用单条或少数几条特征谱线的强度信息，受基体效应影响严重，模型的误差一般相对较大；数据驱动模型多为基于统计学规律的机器学习模型，其优点是能够充分利用 LIBS 众多的谱线信息，缺点则是缺乏物理基础，当待测样品和定标样品的基体相差较大时，测量精度无法保证。不确定性和基体效应对这两类模型的定量测量性能(包括准确度和精密度)有着不同的影响效果。

物理模型很大程度上依赖于对元素浓度-谱线强度关系的理解。由于不同浓度的样品产生的等离子体特性参数变化导致的基体效应、浓度和强度往往偏离理想理论关系；在 LIBS 较高的信号不确定性下，也很难通过实验正确辨识基体效应的影响，也即无法准确建立元素浓度-谱线强度关系，因此物理模型的准确度往往较差，这也是目前大部分定量化模型都采用数据驱动模型的主要原因。而数据驱动模型则可以通过不同谱线强度信息的加权组合来补偿等离子体参数变化、谱线互干扰等，从而减轻基体效应的影响，模型准确度相对更高[15]，对定标样品尤其如此。但该类模型缺乏物理基础，容易受到过拟合的影响，模型样品适应性往往不如物理模型。此外，在实际应用中，物理模型的测量精密度往往高于数据驱动模型。其原因在于，LIBS 光谱中的谱线强度都具有较高的不确定性，在数据驱动模型中，大量变量的不确定性会累积至测量结果中[16]，测量精密度往往难以保证。如图 4.1 所示，在煤炭样品的碳含量测量中(倒三角代表定标样品，圆圈和十字形代表预测样品，每次测量都用 80 个激光脉冲的光谱数据取平均作为代表光谱，倒三角和圆圈表示的样品在同一天完成测试，而十字形表示的样品则是此后 20 天每天测量 1 次)，传统单变量物理模型的测量准确度远不如数据驱动的偏最小二乘(partial least square, PLS)模型，但是在不同天的精密度上，传统单变量物理模型却相对较好。

如上分析，LIBS 信号不确定性较大，且与复杂基体效应耦合，阻碍了 LIBS

精确定量化的实现，具体影响过程如图 4.2 所示[4]。

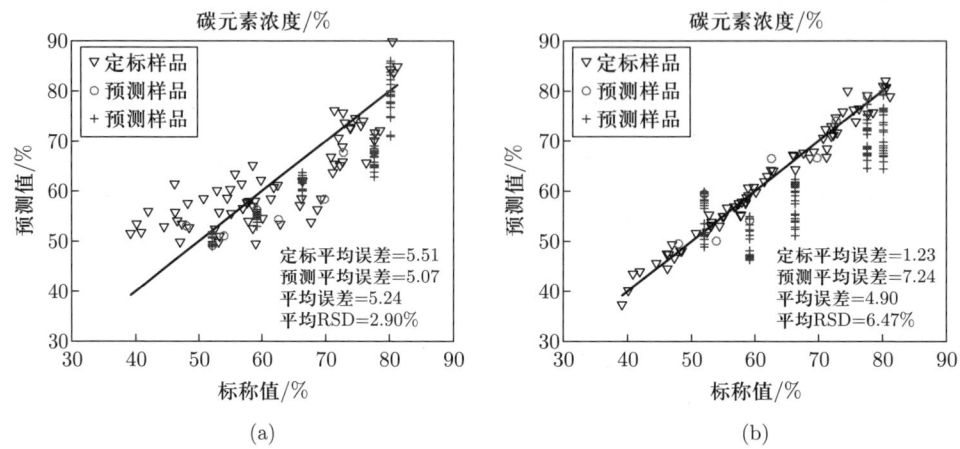

图 4.1　不同定量方法对煤中碳含量的测量结果的影响：(a) 传统单变量模型结果；(b) 偏最小二乘模型结果

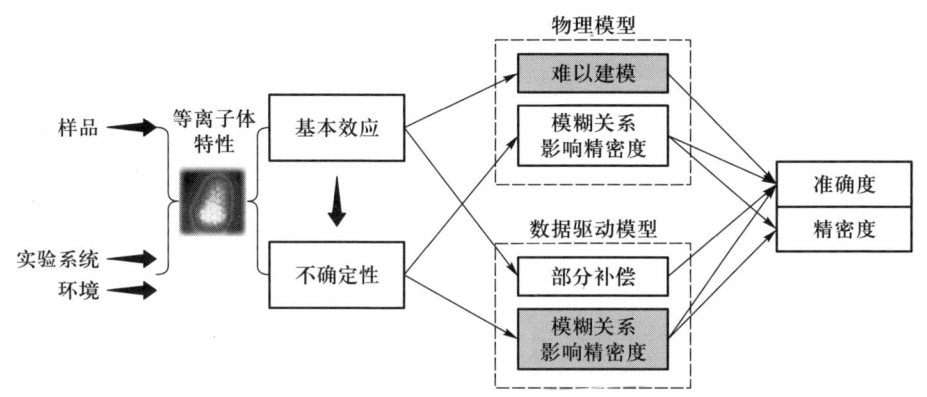

图 4.2　基体效应与信号不确定性对定量分析的影响 (重要性：加阴影 > 未加阴影)

如前所述，信号不确定性和基体效应耦合作用，通过不同的模型对定量结果产生不同的影响。为解决这两个问题，需要通过改变等离子体的时空演化过程，在信号采集的时空窗口内，产生更为稳定的等离子体作为信号源。由于降低信号不确定性和降低基体效应可能采取的手段不一致，在尚未寻获同时实现这两个目标的理想方法之前，必须采用适当策略，解除两者的耦合关系，提高定量化性能。

目前，国内外大部分学者都以降低或者补偿基体效应为主，以降低不确定性为辅,来实现精确定量。而作者认为,对 LIBS 来说,激光诱导等离子体的剧烈时空变化是其本质特征,随之而来的高信号不确定性是首要问题,其次才是基体效应;且解决信号不确定性过高的关键,在于从等离子体时空演化中寻找产生机理及控制机制。建立在低不确定性(高可重复性)基础上的定量化,才会是稳定、可靠的,而在高不确定性下追求定量化,则如沙上建塔,基础不牢,易受过拟合影响,不足以支撑 LIBS 技术在工业现场的实际应用。因此,降低信号不确定性是首要问题,其次才是降低基体效应的影响。归纳如下:① 可重复性是一切测量的基础,没有高度可重复的测量,就没有精确定量化;② 等离子体信号源的剧烈时空变化是 LIBS 测量的本质特征,信号不确定性较大是 LIBS 定量化的关键瓶颈。为更深一步认识到信号不确定性对 LIBS 定量化的影响,下面再做一些深入的补充说明。

4.1.2　信号不确定性及其影响补充说明

信号不确定性可以由同一样品的光谱信号波动表征[17],与测量精密度有着直接关系。同时,较高的信号不确定性会严重干扰对元素浓度-谱线强度关系的辨识,从而影响测量准确度。下例的理论计算展示了信号不确定性对定量模型的影响:假设光谱强度 I 和样品某元素浓度 C 存在理论关系, $I = 10C + 1$,I 的测量存在一定的不确定性(其 RSD 分别为 2%、5%、10%),通过实验测量不同浓度 C(本例为 9 个)下的强度 I 来获取两者之间的线性关系如图 4.3。图 4.3 中的每一条黑线代表一种可能的拟合关系,随着测量信号 I 的 RSD 增加,拟合结果偏离真实关系的可能性和程度也随之增加。RSD 在 5% 以上时,已存在严重偏离真实线性关系(由红线表示)的可能。换而言之,在较高的信号不确定性下,元素浓度与其 LIBS 谱线强度的理论关系会变得难以识别,从而影响精确建模的实现。

根据国际纯粹与应用化学联合会(IUPAC)于 1997 年通过的《分析术语纲要》,定量限描述了一个化学测量过程的定量分析能力,由可产生特定预测值 RSD 的分析值(如元素浓度)表示,其中 RSD 的推荐值为 10%[18];然而,LIBS 光谱的脉冲间 RSD 甚至高于 10%[19,20],单脉冲测量结果基本不可靠,更遑论精确定量。在定量分析中,通常会平均/累加多个脉冲的 LIBS 信号,以将 RSD 降低至可以接受的水平。但是,由于 LIBS 的信号波动包含随机与非随机因素,很多时候，平均/累加多个脉冲仅能部分地减小信号不确定性，增加平均脉冲数 (每一测量值中被平均的激光脉冲数) 并不能有效减小 RSD 到足够小的程度[16,21]。

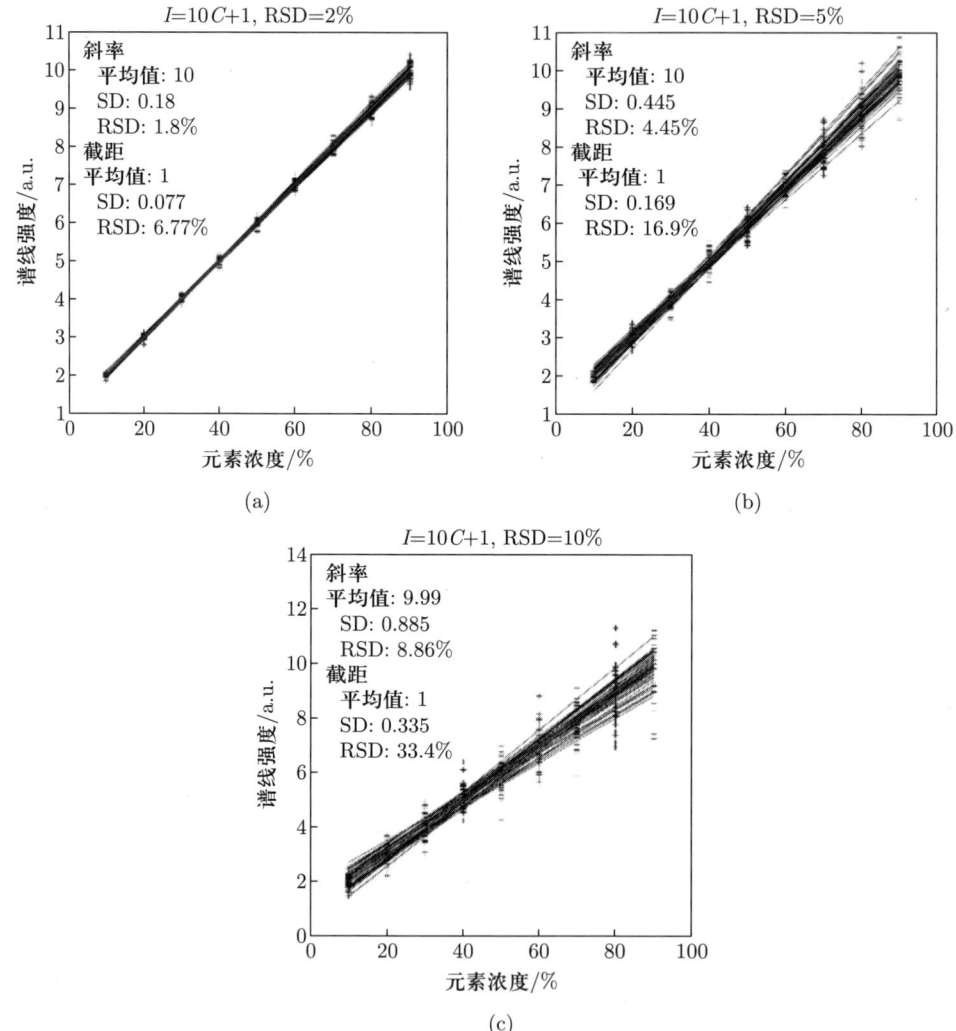

图 4.3 信号不确定性对拟合曲线的影响：(a) RSD=2%；(b) RSD=5%；(c) RSD=10%。(参见书后彩图)

为更加详尽地展示 LIBS 信号不确定性的情况，我们对多种典型样品开展实验，观察不同次数脉冲取平均对信号不确定性 (以 RSD 表征) 的影响。使用的样品包括煤饼、硅片、黄铜、不锈钢、铝合金、钛合金，实验仪器为 TSI 公

司 (美国, 明尼苏达) 生产的 ChemReveal 集成式 LIBS 系统 (Nd:YAG 激光器, 工作波长为 1064 nm, 脉宽约为 5 ns; 七通道光谱仪; CCD 探测器)。实验参数对每种样品分别优化, 以对典型谱线取得较高的信噪比以及最低的平均 RSD 为优化目标, 参数优化结果如表 4.1 所示。实验为期 10 天, 每一天在各样品表面 500 个未经检测的位置采集 500 幅原始光谱, 并在扣除基线后计算典型谱线强度。在对多个脉冲的 LIBS 信号进行平均时, 对原始光谱的谱峰强度取平均。

表 4.1 实 验 参 数

样品	激光能量/mJ	光斑直径/μm	延迟时间/μs
煤饼	100	300	1.0
硅片	30	300	1.0
黄铜	90	300	1.0
不锈钢	145	300	1.5
铝合金	60	300	0.8
钛合金	90	300	1.0

采用不同的平均脉冲数, 对每一天的实验数据计算谱线强度 RSD, 结果如图 4.4 ~ 图 4.9 所示, 其中柱形高度表示 RSD 的天间均值。从图中可以看出, LIBS 信号不确定性在不同样品上有不同表现, 典型谱线的原始 RSD 大多

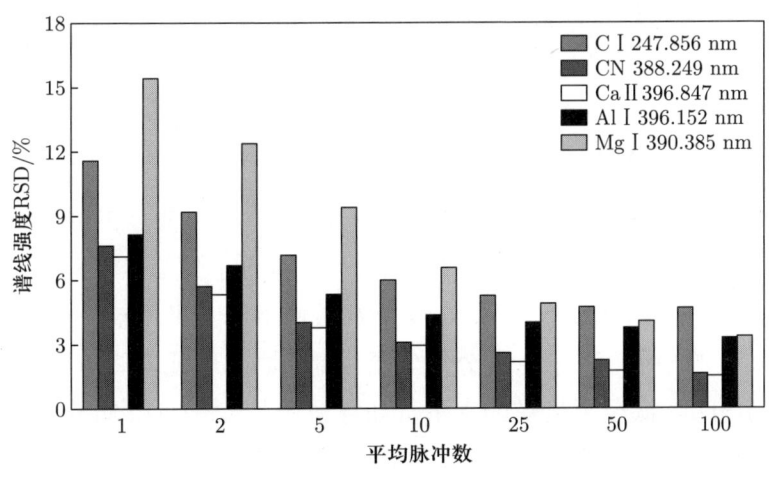

图 4.4 煤饼样品典型 LIBS 信号 RSD

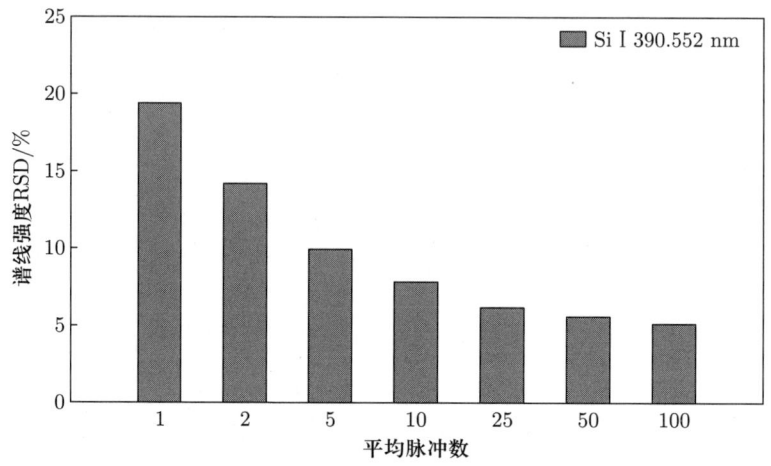

图 4.5 硅片样品典型 LIBS 信号 RSD

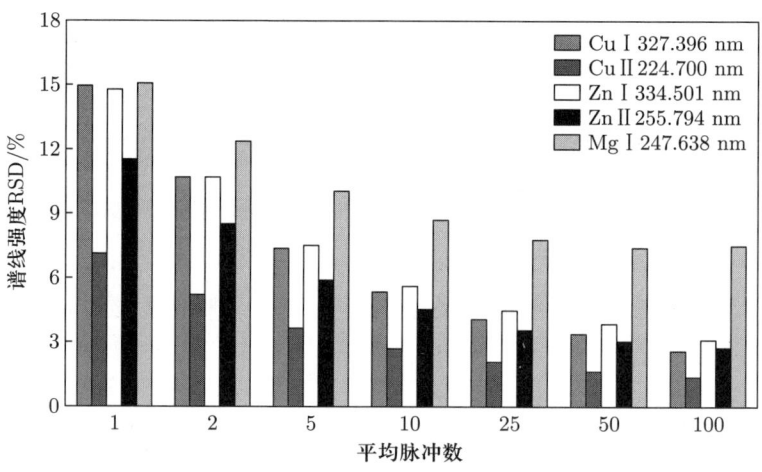

图 4.6 黄铜样品典型 LIBS 信号 RSD

高于 10%。平均脉冲数由 1(原始光谱) 增加至 10 时，信号 RSD 普遍明显降低；平均脉冲数增加至 50 时，煤饼、铝合金、钛合金的信号 RSD 变化趋于平缓，硅片、黄铜、不锈钢的信号 RSD 仍在缓慢下降。采用较高的平均脉冲数时，对于本实验中表面平整、成分均匀的样品，高浓度或高敏感度的谱线大多可将信号 RSD 降低至可接受的水平，如煤饼中的 C I 247.856 nm、硅片中的 Si I 390.552 nm、黄铜中的 Cu II 224.700 nm、不锈钢中的 Fe II 234.354 nm、铝合金中的 Si I 251.611 nm、钛合金中的 Ti II 334.903 nm 等；低浓度或低敏感度的弱线仍有较高的信号不确定性,如黄铜中的 Pb 247.638 nm、不锈钢与铝合金中的 Cr I 425.433 nm、钛合金中的 Al I 394.400 nm 等。

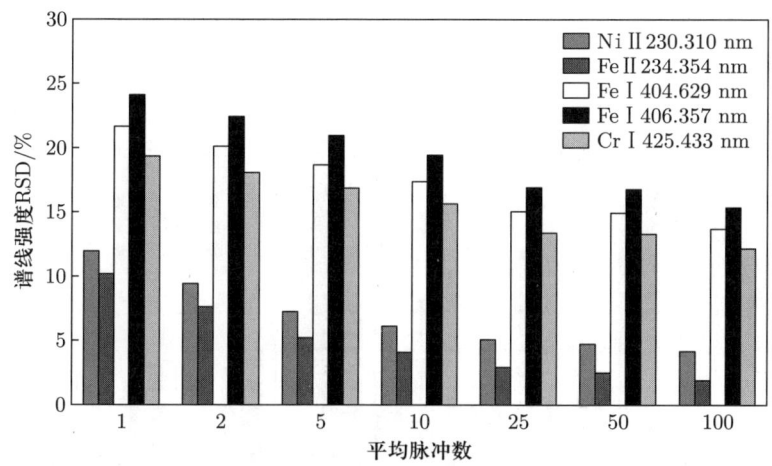

图 4.7　不锈钢样品典型 LIBS 信号 RSD

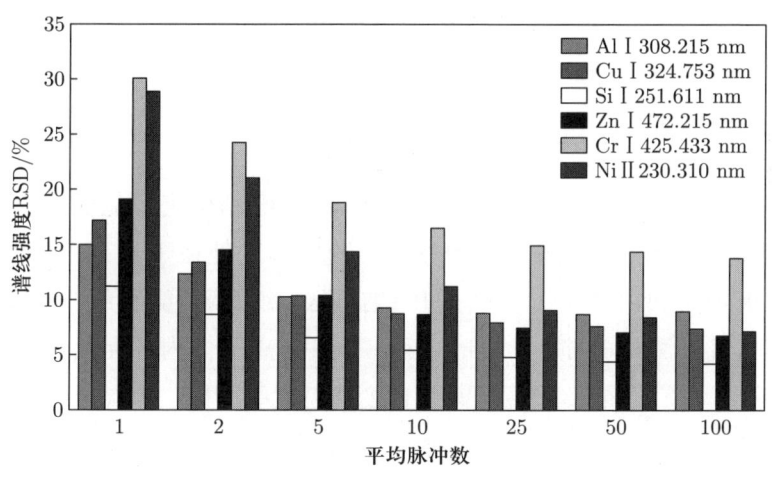

图 4.8　铝合金样品典型 LIBS 信号 RSD

由此可见,平均/累加多个脉冲的 LIBS 信号确实能够有效降低信号的 RSD,但无法完全解决信号不确定性过高的问题。并且 LIBS 的最大优势是在线/原位实时测量,很多次脉冲取平均会降低这一优势。此外,由于光谱强度和等离子体温度、电子数密度之间的非线性关系,多次测量取平均往往会破坏浓度与光谱强度之间的理论关系，使得物理模型的准确度很难通过多变量取平均来持续提高，只能依赖数据驱动模型，这存在样品适应性与精密度不足的天然缺陷。因此，为实现 LIBS 技术的精确定量化，必须对信号不确定性的产生机理与抑制方法开展深入的研究。

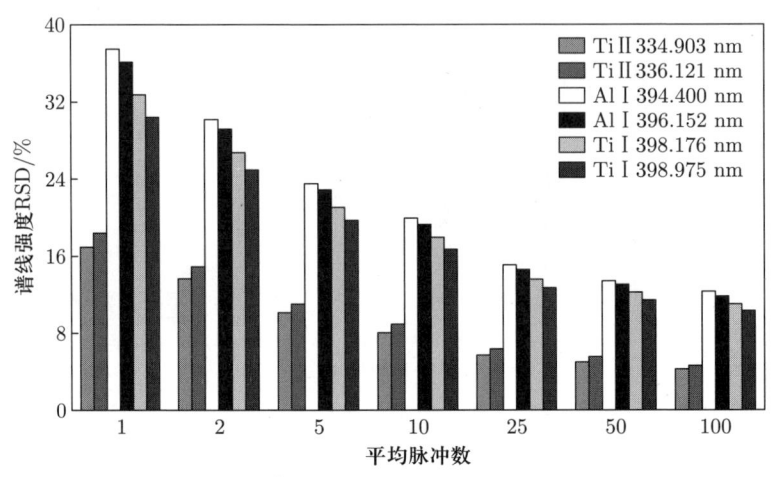

图 4.9 钛合金样品典型 LIBS 信号 RSD

4.2 信号不确定性的产生机理

深入理解信号不确定性产生机理对实现 LIBS 精确定量化的重要意义不言而喻[22-24]，但多年来一直未能有所突破，其困难之处在于[4]：一方面，微量样品物质在极短时间内经历了温度骤升 (纳秒级) 和骤降 (微秒级) 过程，同时伴随着与环境气体激烈碰撞、掺混的过程，导致等离子体内各元素粒子空间分布不均匀，其不均匀分布又随着时间快速变化，这些膨胀、掺混过程对等离子体时空演化及光谱信号的影响非常复杂，涉及流体力学、电动力学、量子力学、热力学的深度耦合，因此很难通过理论计算来获得对等离子体演化过程的准确理解。另一方面，受等离子体诊断技术限制，很难获得足够的等离子体特征信息来厘清这些作用、过程对等离子体演化及 LIBS 信号的影响规律及作用机制。此外，由于收光系统的局部性，很多实验结果如同盲人摸象，这进一步增加了通过观察 LIBS 信号的变化规律来获取机理认识的难度。

本质上，无论是信号不确定性还是基体效应，都来自信号采集时空窗口中等离子体特性(等离子体温度、电子数密度及总粒子数密度等)的改变。也就是说,样品物理、化学性质及LIBS系统、环境的变化,改变了等离子体的时空演化过程,对信号采集时空窗口中的等离子体特性产生了影响,从而影响LIBS信号,造成信号不确定性及基体效应。正因为如此,作者认为,从等离子体时空演化的角度来开展研究,是理解信号不确定性及基体效应的产生机理及控制机制的关键思路[4]。

对于LIBS信号不确定性,Tognoni与Cristoforetti在其综述文章中开展了深入讨论(文中表述为噪声)[25],引述Mermet等的工作将信号RSD分解为源噪声、散粒噪声、探测器噪声与仪器漂移的贡献[26]。其中,源噪声来自激光–物质–等离子体–环境气体相互作用的波动,散粒噪声来自到达探测器的光子数量的波动,探测器噪声来自探测器电路,仪器漂移来自光电器件发热导致的变化。目前,研究者对散粒噪声、探测器噪声、仪器漂移已建立了较为清晰的认识:关于散粒噪声,到达探测器的光子数量n_p可由泊松分布描述,其标准差与$n_p^{1/2}$成正比,贡献的信号RSD与$n_p^{-1/2}$成正比,因此可通过增大信号强度减小散粒噪声的贡献;关于探测器噪声,常用的CCD、ICCD可产生暗电流噪声、读出噪声、光阴极暗噪声等,一般远小于散粒噪声[27];关于仪器漂移,光电器件发热可导致激光能量增加、探测器读数变化等,因此可通过诊断仪器状态、改善预热条件来识别与减小仪器漂移的贡献。

基于LIBS的本质特性,源噪声是导致LIBS信号不确定性较高的主要原因。然而,由于激光诱导等离子体演化过程的复杂性与等离子体诊断技术的缺乏,以及LIBS信号采集系统的空间敏感性导致的认识局部性[28,29],对于源噪声的产生机理研究一直迟迟未能取得突破,这也严重地阻碍了LIBS定量化理论的建立和发展。近期,作者课题组基于长期研究,深入揭示了LIBS信号不确定性产生机理[30],为LIBS定量化理论框架提供了重要拼图,以下进行详细解释。

越来越多的研究结果表明[31-33],等离子体空间形态波动以及待测元素总粒子数密度波动是产生LIBS信号不确定性的重要原因。近来,傅杨挺等更是量化了等离子体温度、电子数密度与总粒子数密度对LIBS信号RSD的贡献[34],验证了由于空间形态波动导致总粒子数密度的波动是LIBS信号不确定性的主要来源。该工作通过采集不同延迟时间下的钛合金光谱和等离子体图像,确定了光谱信号和等离子体形态在不同演化阶段的波动情况，并基于误差传递公式估计了等离子体参数波动与光谱信号波动的关系，如图 4.10 所示。研究发现，在等离子体演化早期 (0.5 μs 之前)，韧致辐射导致的背景噪声在光谱信号中占据主导，因此温度波动对钛离子线强度的 RSD 有最为显著的贡献；而在稍后的 LIBS 信号常规采集区间中 (0.7 μs 之后)，总粒子数密度波动对钛离子线强度 RSD 的贡献最大。通过观察图 4.11 中各延迟时间下 20 次独立激光脉冲的等离子体图像，可发现等离子体形态在早期高度可重复，然而随着延迟时间的增加形态越来越不稳定。鉴于形态波动的变化趋势与总粒子数密度波动对信号 RSD 的贡献一致，可进一步确认，等离子体形态变化可能是总粒子数密度波动的主要原因。此外需指出，温度波动在等离子体演化早期对信号不确定度的影响可能来自高背景噪声引起的温度计算值误差波动。

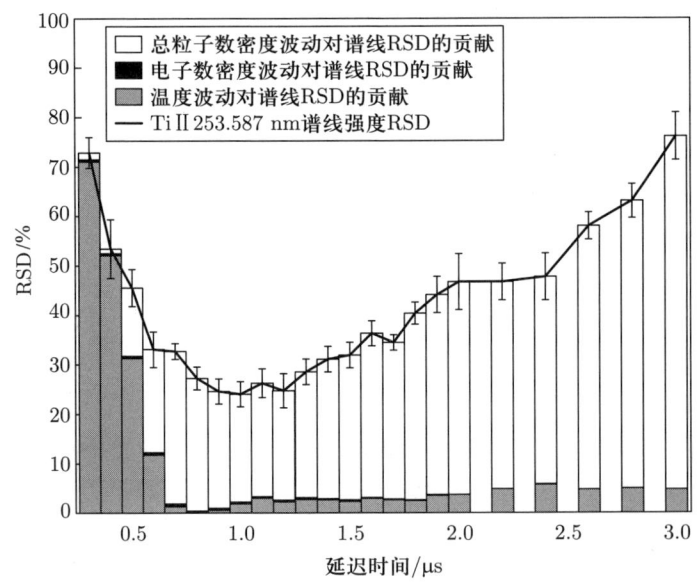

图 4.10 等离子体温度、电子数密度与总粒子数密度对光谱信号不确定性的贡献[34]

基于以上研究，我们将 LIBS 信号不确定性过高的原因总结为"时间窗口不匹配困境"[4]，如图 4.12 所示。早期，等离子体形态稳定 (可重复)，但电子韧致辐射产生了过高的背景噪声；当等离子体冷却，背景噪声减弱时，等离子体形态已变得非常不稳定。这一发现表明，减少 LIBS 信号不确定性有两个主要方向，一是在等离子体形态稳定的早期降低背景噪声，二是在背景噪声水平可接受的后期提升等离子体形态稳定性。

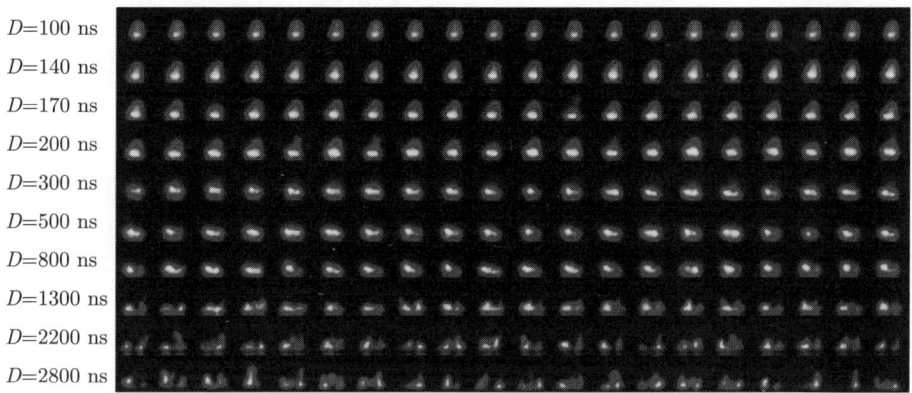

图 4.11 各延迟时间下 20 次独立激光脉冲的等离子体图像[34]

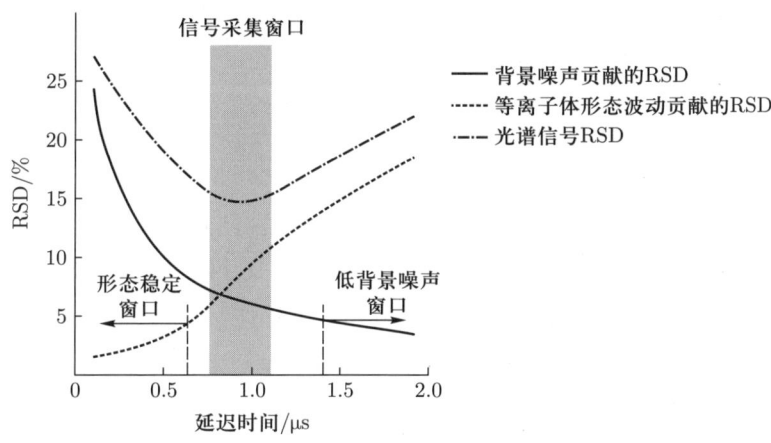

图 4.12 LIBS 测量时间窗口不匹配示意图

傅杨挺等进一步搭建了等离子体演化诊断平台,详细研究了等离子体及光谱信号随时间的演化,揭示了导致等离子体空间形态波动的关键过程[30]。如图 4.13 所示,该实验系统采用了 3 台 sCMOS 摄像机拍摄同一激光诱导等离子体在 3 个不同时间的图像,并采用了配有 ICCD 的中阶梯光栅光谱仪采集时间分辨光谱,其中 Nd:YAG 激光器的工作波长为 1064 nm,脉宽为 4 ns,脉冲能量为 100 mJ。实验结果表明:① 激光诱导等离子体的空间形态经历了一个逐渐失稳的过程,在 100 ns 以前相对稳定,在 270 ns 之后变得越发不稳定;② 不同激

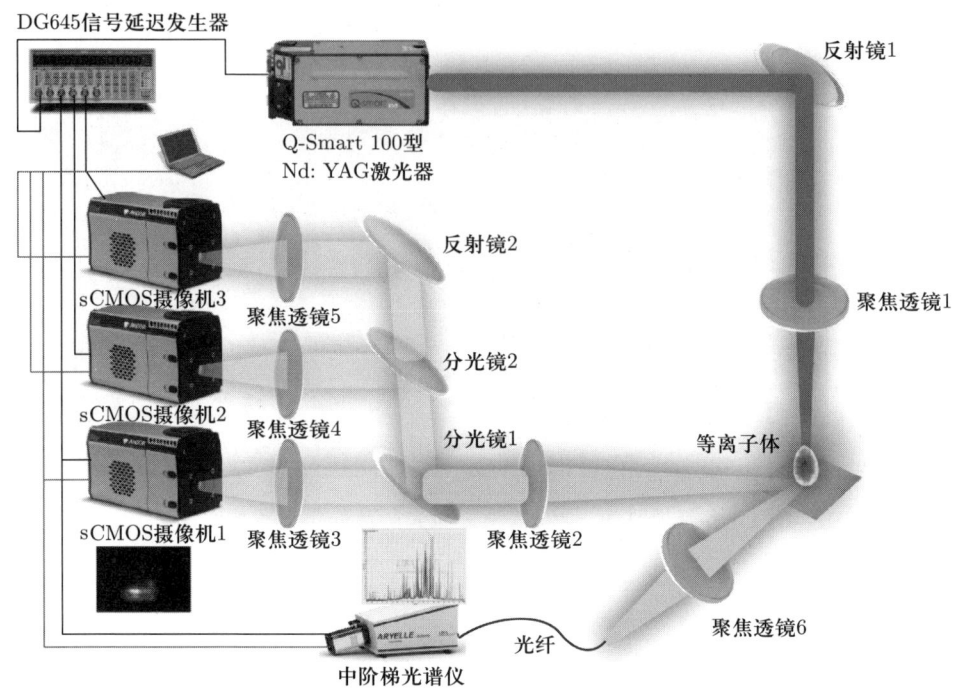

图 4.13 等离子体演化诊断平台示意图

光脉冲产生的等离子体若在早期具有更加相似的空间形态,则在后期也会更加相似,反之亦然;③不同脉冲等离子体的空间形态相似性在140~170 ns间出现明显下降,说明早期的微小形态波动在此期间得到放大。细致考察该时期的形态演化,可发现等离子体前部物质发生反弹(或称反向运动),并在此后与后部物质发生碰撞并横向膨胀。反弹过程的出现可能来自激波脱离导致的反作用力,或是来自等离子体前沿附近指向样品的压力梯度[35,36],限于其较小的时空尺度,目前仍缺少有效调控手段。也就是说,无法控制的剧烈反弹、前后端物质碰撞、横向膨胀是造成等离子体形态波动的关键过程,如图4.14所示。该研究从等离子体空间形态演化的角度给出了 LIBS 信号不确定性的产生机理,可以用于解释 LIBS 技术的一些重要实验规律,如激光能量、环境气体压力对信号 RSD 的影响。例如,当激光能量增大时,烧蚀量增大,有助于减小 RSD;同时,等离子体膨胀及其反弹过程变得更加剧烈,不利于减小 RSD;二者的结合导致信号 RSD 随激光能量的增加先减小后增大,通常存在对应最低 RSD 的最优的激光能量[37,38]。又如,当环境气体压力由真空增加至大气压时,等离子体被环境气体约束，体积减小，有利于提高信号强度，从而减小 RSD；同时，等离子体反弹过程变得更加剧烈，导致 RSD 增大；二者的结合导致信号 RSD 随环境气体压力的增大先减小后增大，一般在千帕左右取得最低的信号 RSD[39]。

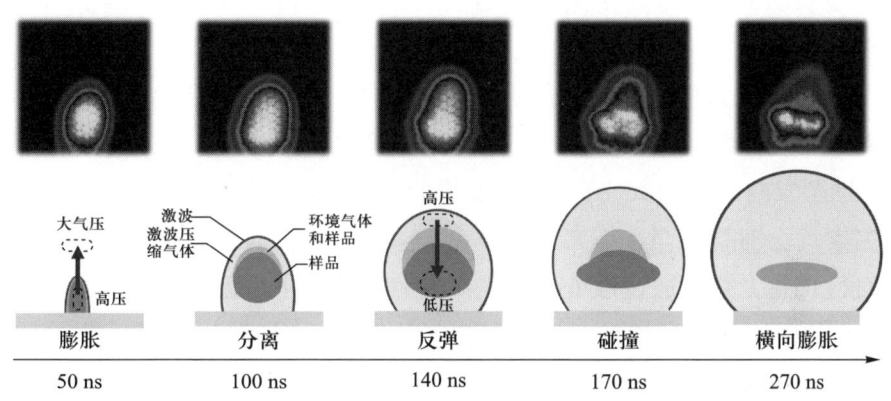

图 4.14 等离子体形态波动关键产生过程示意图 (参见书后彩图)

本节中，我们介绍了信号不确定性的 4 类来源，对其中的源噪声开展深入讨论，从等离子体参数波动及形态演化的角度介绍了 LIBS 信号不确定性产生机理的前沿研究进展，为降低信号不确定性、提高 LIBS 定量分析性能奠定了基础。

4.3 提高 LIBS 定量化性能的关键思路

鉴于信号不确定性的首要地位，本节基于前述机理研究，对降低 LIBS 信号不确定性的关键思路开展讨论，基体效应的相关分析留待后续章节。

考察 LIBS 测量物理过程，可发现信号不确定性过高的根本原因在于：单个激光脉冲烧蚀的样品质量少 (数十纳克至数毫克)[40,41]，激光诱导等离子体体积小、寿命短[42,43]，且在快速膨胀过程中与环境气体剧烈掺混，使得等离子体快速时变、空间不均匀[44,45]。在此条件下，很难为 LIBS 测量找到一个合适的时间和空间窗口，以获得良好的信噪比和高信号重复性 (或低不确定性)。因此，烧蚀更多样品物质、延长等离子体寿命、改善等离子体空间形态稳定性都可能提供更为合适的时空窗口，以采集更加可重复的 LIBS 信号。

在此基础上，前述机理的研究在 LIBS 物理过程与高信号不确定性间搭建了桥梁：等离子体空间形态波动导致的待测元素总粒子数密度波动是 LIBS 信号不确定性的主要来源，而等离子体演化早期前部物质的反向运动则是导致空间形态稳定性恶化的关键过程。因此，减少总粒子数密度波动、减少等离子体空间形态波动、减弱演化早期反向运动过程，都是降低 LIBS 信号不确定性的可行途径。

以上思路可为降低 LIBS 信号不确定性提供方向性的指导。实验方面，激光参数 (脉冲宽度、脉冲能量、重复频率)、聚焦参数 (透镜至样品距离)、收光参数 (收光方向、视野大小)、采集参数 (延迟时间、积分时间、增益门宽) 等实验因素均会对烧蚀量、等离子体寿命、空间形态波动等产生影响，因而可开展针对性优化，并可通过改变环境气体特性 (如成分、温度、压力等)，引入电磁场、空间限制等其他实验手段对等离子体演化加以调制，从而产生空间形态更为稳定的等离子体。数据处理方面，可基于等离子体特征参数，尤其是总粒子数密度波动开展补偿，从而降低信号不确定性。

4.4 本章小结

本章针对 LIBS 技术定量分析性能不足的现状，首先围绕信号不确定性与基体效应系统分析了 LIBS 定量化瓶颈问题，讨论了二者的基本概念、相互联系及其对定量分析性能的复杂影响，并对信号不确定性的重要意义做了补充说明。具体而言，信号不确定性与基体效应深度耦合，一般认为基体效应对物理模型的准确度有更为严重的影响，而信号不确定性对数据驱动模型的影响更大，包括对精密度的直接影响以及对准确度的间接影响。信号不确定性模糊了元素浓度-谱线强度关系，且难以通过多脉冲平均的方法完全解决，需要对其产生机理与抑制方法开展深入研究。

其后，本章详细讨论了 LIBS 信号不确定性问题，介绍了信号不确定性的 4 类来源以及对源噪声理解困难的现状，并从等离子体参数波动及形态演化的角度介绍了 LIBS 前沿研究进展。结论包括：在 LIBS 信号常规采集区间中，总粒子数密度波动对信号不确定性的贡献最高，而等离子体形态的变化可能是总粒子数密度波动的主要来源；在等离子体演化过程中，等离子体形态逐渐失稳，其间存在一关键时期，等离子体前部物质发生反弹并与后部物质发生碰撞，放大了早期的微小形态波动；LIBS 过高的信号不确定性可归因于"时间窗口不匹配困境"，即早期等离子体形态稳定但背景噪声过高，后期背景噪声减弱但等离子体形态失稳。关于抑制方法，基于 LIBS 物理过程与信号不确定性产生机理讨论了研究思路，指出增大烧蚀量、延长等离子体寿命、提高等离子体空间形态稳定性是降低信号不确定性的关键。

参考文献

[1] Winefordner J D, Gornushkin I B, Correll T, et al. Comparing several atomic spectrometric methods to the super stars: special emphasis on laser induced breakdown spectrometry, LIBS, a future super star [J]. Journal of Analytical Atomic Spectrometry, 2004, 19(9): 1061–1083.

[2] Cremers D A, Chinni R C. Laser-induced breakdown spectroscopy-capabilities and limitations [J]. Applied Spectroscopy Reviews, 2009, 44(6): 457–506.

[3] Einstein A, Infeld L. The evolution of physics [M]. New York: Simon and Schuster, 1938.

[4] Wang Z, Afgan M S, Gu W, et al. Recent advances in laser-induced breakdown spectroscopy quantification: from fundamental understanding to data processing [J]. Trac-Trends in Analytical Chemistry, 2021, 143: 116385.

[5] Hahn D W, Omenetto N. Laser-induced breakdown spectroscopy (LIBS), part II: Review of instrumental and methodological approaches to material analysis and applications to different fields [J]. Applied Spectroscopy, 2012, 66(4): 347–419.

[6] Ma S, Tang Y, Ma Y, et al. Determination of trace heavy metal elements in aqueous solution using surface-enhanced laser-induced breakdown spectroscopy [J]. Optics Express, 2019, 27(10): 15091–15099.

[7] Li J, Xu M, Ma Q, et al. Sensitive determination of silicon contents in low-alloy steels using micro laser-induced breakdown spectroscopy assisted with laser-induced fluorescence [J]. Talanta, 2019, 194: 697–702.

[8] Zhang B, He M, Hang W, et al. Minimizing matrix effect by femtosecond laser ablation and ionization in elemental determination [J]. Analytical Chemistry, 2013, 85(9): 4507–4511.

[9] Gornushkin I B, Anzano J M, King L A, et al. Curve of growth methodology applied to laser-induced plasma emission spectroscopy [J]. Spectrochimica Acta Part B: Atomic Spectroscopy, 1999, 54(3-4): 491–503.

[10] Cremers D A, Radziemski L J, Cremers D A, et al. Handbook of laser-induced breakdown spectroscopy introduction [M]. London: John Wiley & Sons, 2013.

[11] Hou Z, Wang Z, Lui S-L, et al. Improving data stability and prediction accuracy in laser-induced breakdown spectroscopy by utilizing a combined atomic and ionic line algorithm [J]. Journal of Analytical Atomic Spectrometry, 2013, 28(1): 107–113.

[12] Porizka P, Klus J, Kepes E, et al. On the utilization of principal component analysis in laser-induced breakdown spectroscopy data analysis, a review [J]. Spectrochimica Acta Part B: Atomic Spectroscopy, 2018, 148: 65–82.

[13] Hernandez-garcia R, Villanueva-tagle M E, Calderon-pinar F, et al. Quantitative analysis of Lead Zirconate Titanate (PZT) ceramics by laser-induced breakdown spectroscopy (LIBS) in combination with multivariate calibration [J]. Microchemical Journal, 2017, 130: 21–26.

[14] Li L N, Liu X F, Yang F, et al. A review of artificial neural network based chemometrics applied in laser-induced breakdown spectroscopy analysis [J]. Spectrochimica Acta Part B: Atomic Spectroscopy, 2021, 180: 106183.

[15] Clegg S M, Sklute E, Dyar M D, et al. Multivariate analysis of remote laser-induced breakdown spectroscopy spectra using partial least squares, principal component analysis, and related techniques [J]. Spectrochimica Acta Part B: Atomic Spectroscopy, 2009, 64(1): 79–88.

[16] Hou Z, Wang Z, Yuan T, et al. A hybrid quantification model and its application for coal analysis using laser induced breakdown spectroscopy [J]. Journal of Analytical Atomic Spectrometry, 2016, 31(3): 722–736.

[17] Morris A S, Langari R. Chapter 3 - Measurement uncertainty [M]//Morris A S, Langari R. Measurement and instrumentation. Boston: Butterworth-Heinemann, 2012: 39–102.

[18] Irving H M N H, Freiser H, West T S. Compendium of analytical nomenclature [M]. Amsterdam: Elsevier, 1978.

[19] Yi R, Li J, Yang X, et al. Spectral interference elimination in soil analysis using laser-induced breakdown spectroscopy assisted by laser-induced fluorescence [J]. Analytical Chemistry, 2017, 89(4): 2334–2337.

[20] Feng J, Wang Z, Li Z, et al. Study to reduce laser-induced breakdown spectroscopy measurement uncertainty using plasma characteristic parameters [J]. Spectrochimica Acta Part B: Atomic Spectroscopy, 2010, 65(7): 549–556.

[21] Castle B C, Talabardon K, Smith B W, et al. Variables influencing the precision of laser-induced breakdown spectroscopy measurements [J]. Applied Spectroscopy, 1998, 52(5): 649–657.

[22] Cabalin L M, Gonzalez A, Ruiz J, et al. Assessment of statistical uncertainty in the quantitative analysis of solid samples in motion using laser-induced breakdown spectroscopy [J]. Spectrochimica Acta Part B: Atomic Spectroscopy, 2010, 65(8): 680–687.

[23] Gu W, Nishi N, Hou Z, et al. Investigation of the signal uncertainty in laser-induced breakdown spectroscopy based on error propagation considering self-absorption [J]. Spectrochimica Acta Part B: Atomic Spectroscopy, 2023, 206: 106732.

[24] Tognoni E, Palleschi V, Corsi M, et al. From sample to signal in laser-induced breakdown spectroscopy: a complex route to quantitative analysis [M]. 2006.

[25] Tognoni E, Cristoforetti G. [INVITED] Signal and noise in Laser Induced Breakdown Spectroscopy: An introductory review [J]. Optics and Laser Technology, 2016, 79: 164–172.

[26] Mermet J M, Mauchien P, Lacour J L. Processing of shot-to-shot raw data to improve precision in laser-induced breakdown spectrometry microprobe [J]. Spectrochimica Acta Part B: Atomic Spectroscopy, 2008, 63(10): 999–1005.

[27] Mueller M, Gornushkin I B, Florek S, et al. Approach to detection in laser-induced breakdown spectroscopy [J]. Analytical Chemistry, 2007, 79(12): 4419–4426.

[28] Shabanov S V, Gornushkin I B. Geometrical effects in data collection and processing for calibration-free laser-induced breakdown spectroscopy [J]. Journal of Quantitative Spectroscopy & Radiative Transfer, 2018, 204: 190–205.

[29] Li T, Sheta S, Hou Z, et al. Impacts of a collection system on laser-induced breakdown spectroscopy signal detection [J]. Applied Optics, 2018, 57(21): 6120–6127.

[30] Fu Y T, Gu W L, Hou Z Y, et al. Mechanism of signal uncertainty generation for laser-induced breakdown spectroscopy [J]. Frontiers of Physics, 2021, 16(2): 22502.

[31] Wang Z, Li L, West L, et al. A spectrum standardization approach for laser-induced breakdown spectroscopy measurements [J]. Spectrochimica Acta Part B: Atomic Spectroscopy, 2012, 68: 58–64.

[32] Li L, Wang Z, Yuan T, et al. A simplified spectrum standardization method for laser-induced breakdown spectroscopy measurements [J]. Journal of Analytical Atomic Spectrometry, 2011, 26(11): 2274–2280.

[33] Hou Z, Wang Z, Liu J, et al. Signal quality improvement using cylindrical confinement for laser induced breakdown spectroscopy [J]. Optics Express, 2013, 21(13): 15974–15979.

[34] Fu Y, Hou Z, Li T, et al. Investigation of intrinsic origins of the signal uncertainty for laser-induced breakdown spectroscopy [J]. Spectrochimica Acta Part B: Atomic Spectroscopy, 2019, 155: 67–78.

[35] Chen K R, Leboeuf J N, Wood R F, et al. Laser-solid interaction and dynamics of laser-ablated materials [J]. Applied Surface Science, 1996, 96-98: 45–49.

[36] Leboeuf J N, Chen K R, Donato J M, et al. Modeling of dynamical processes in laser ablation [J]. Applied Surface Science, 1996, 96–98: 14–23.

[37] Hou Z, Afgan M S, Sheta S, et al. Plasma modulation using beam shaping to improve signal quality for laser induced breakdown spectroscopy [J]. Journal of Analytical Atomic Spectrometry, 2020, 35(8): 1671–1677.

[38] Luo D, Liu Y, Li X, et al. Quantitative analysis of C, Si, Mn, Ni, Cr and Cu in low-alloy steel under ambient conditions via laser-induced breakdown spectroscopy [J]. Plasma Science & Technology, 2018, 20(7): 152–158.

[39] Idris N, Pardede M, Jobiliong E, et al. Enhancement of carbon detection sensitivity in laser induced breakdown spectroscopy with low pressure ambient helium gas [J]. Spectrochimica Acta Part B: Atomic Spectroscopy, 2019, 151: 26–32.

[40] Merten J, Johnson B. Massing a laser-induced plasma with atomic absorption spectroscopy [J]. Spectrochimica Acta Part B: Atomic Spectroscopy, 2018, 149: 124–131.

[41] Song Y, Song W, Li L, et al. Flame-assisted plasma modulation to improve the raw signal quality for laser-induced breakdown spectroscopy [J]. Optics and Lasers in Engineering, 2023, 162: 107433.

[42] Camacho J J, Diaz L, Martinez-ramirez S, et al. Time- and space-resolved spectroscopic characterization of laser-induced swine muscle tissue plasma [J]. Spectrochimica Acta Part B: Atomic Spectroscopy, 2015, 111: 92–101.

[43] Harilal S S, Miloshevsky G V, Diwakar P K, et al. Experimental and computational study of complex shockwave dynamics in laser ablation plumes in argon atmosphere [J]. Physics of Plasmas, 2012, 19(8): 83303.

[44] Zhang S, Sheta S, Hou Z Y, et al. On the improvement of signal repeatability in laser-induced air plasmas [J]. Frontiers of Physics, 2018, 13(2): 135201.

[45] Ma Q L, Motto-ros V, Lei W Q, et al. Temporal and spatial dynamics of laser-induced aluminum plasma in argon background at atmospheric pressure: interplay with the ambient gas [J]. Spectrochimica Acta Part B: Atomic Spectroscopy, 2010, 65(11): 896–907.

第 5 章 环境气体的影响[①]

LIBS 光谱的信号源为脉冲激光诱导的等离子体,而激光诱导等离子体通常在气体环境中膨胀,在此过程中,等离子体和环境气体碰撞,甚至卷吸部分气体到等离子体中,并加热、激发、电离,使之成为等离子体的一部分。等离子体与环境气体的这些作用过程复杂而激烈,伴随着物质和能量交换甚至激波的产生,因此环境气体性质(压强、温度、成分等)的变化会直接影响等离子体的演化过程,从而影响 LIBS 信号。此外,如前所述,导致激光诱导等离子体空间形状波动及 LIBS 信号不确定性产生的关键过程,正是存在于等离子体与环境气体的相互作用过程之中:在激波脱离等离子体时,由于等离子体前端物质受到压力梯度作用(或为激波产生时的反作用力)而反弹并与后端物质碰撞产生急剧的横向膨胀,放大了此前的微小扰动。正是如此,等离子体和环境气体激烈的相互作用导致了信号源等离子体空间不均匀、时间变化激烈,这是 LIBS 与其他光谱技术的本质区别。因此,深入理解环境气体性质对 LIBS 信号的影响规律的认识,以及通过调节环境气体性质、调制等离子体的时空演化过程,达到改善 LIBS 原始信号质量、提高 LIBS 的定量分析能力意义重大。此外,这方面的研究对推动和促进 LIBS 在火星、深海等极端条件下的应用也有很大的作用。

环境气体在激光诱导等离子的时空演化中,主要起到两个作用,一是约束等离子体的膨胀;二是与样品物质等离子体进行传质传热,通过掺混、电离、产生激波等方式改变等离子体的时空演化和物质组成。受气体种类有限的限制,现实中无法配置足够的不同气体用于详细研究某个特性参数对 LIBS 信号的影响规律,加上 LIBS 收光系统的空间敏感性及激光诱导等离子体的时空剧烈变化特性,学界尚未能形成关于环境气体性质对 LIBS 信号影响规律、机理的清

[①] 本章由清华大学王哲教授和宋玉洲博士研究生撰写。

晰认识。根据目前的研究，在众多的环境气体性质中，压强、温度、分子量和电离能 4 个性质被认为是最主要的影响因素。在本章中，我们尽量从对等离子体时空演化影响的角度来综述一下目前环境气体性质（主要是压强、温度、分子量和电离能）对 LIBS 信号影响的研究。

5.1 环境气体压强的影响

环境气压的大小一方面直接决定了环境气体对等离子约束作用的大小，另一方面也会影响等离子体与环境气体的碰撞、掺混及激波产生过程的强弱。具体而言，从真空开始，随着环境气压的增加，等离子体受到环境气体的约束作用逐渐增强，这有利于维持粒子数较为集中的等离子体，对提升信号强度有一定的帮助，同时在低压区，提升信号强度在一定程度上有利于提升信号可重复性。但是，环境气压的增加也意味着等离子体与环境气体的相互作用增强，掺混过程、激波产生过程更加剧烈，对信号可重复性有不利的影响。总体来说，环境气压对信号的影响是这两方面作用的综合结果。

从等离子体形态上，可以直观看到环境气压的作用效果。如图 5.1 所示，Cowpe 等 [1] 研究发现，随着环境气压从标准大气压降低至 0.01 mbar①，环境气体与等离子体的相互作用减弱，等离子体的膨胀距离更远，膨胀体积更大。然而在低压环境下，等离子体膨胀过大会导致收光区域的等离子体相对粒子数密度较小，也会导致信噪比较小，这对信号的可重复性是不利的。

从 LIBS 信号的可重复性上，可以观察到环境气压两方面作用的综合效果。Zhang 等 [2] 研究发现，降低环境气压一方面会减弱等离子体与环境气体之间的碰撞、掺混及激波产生过程的强度，使得等离子的空间形态更加稳定，有利于 LIBS 信号的可重复性；但另一方面，低压环境下等离子体会膨胀过大，导致收光区域的等离子体粒子数密度相对较小，进而导致信噪比较小，不利于 LIBS 信号的可重复性。由于两方面因素叠加，LIBS 信号的 RSD 大体呈现出先减小后增大的趋势。

从等离子体特性参数上，同样可以看到环境气压的影响。如图 5.2 所示，Cowpe 等 [1] 研究发现，当环境气体压强升高时，等离子体温度和电子数密度

---

① 压强单位，1 mbar=100 Pa。

会随之升高。这是因为低压环境下,由于环境气体对等离子体的约束较小,等离子体膨胀迅速、体积较大,辐射散热增强,因此等离子体温度和电子数密度会相对较低。而在压强较高时,等离子体受到较强的环境气体约束变得更为致密,因此等离子体温度和电子数密度更高。然而,在压强升高的过程中,约束

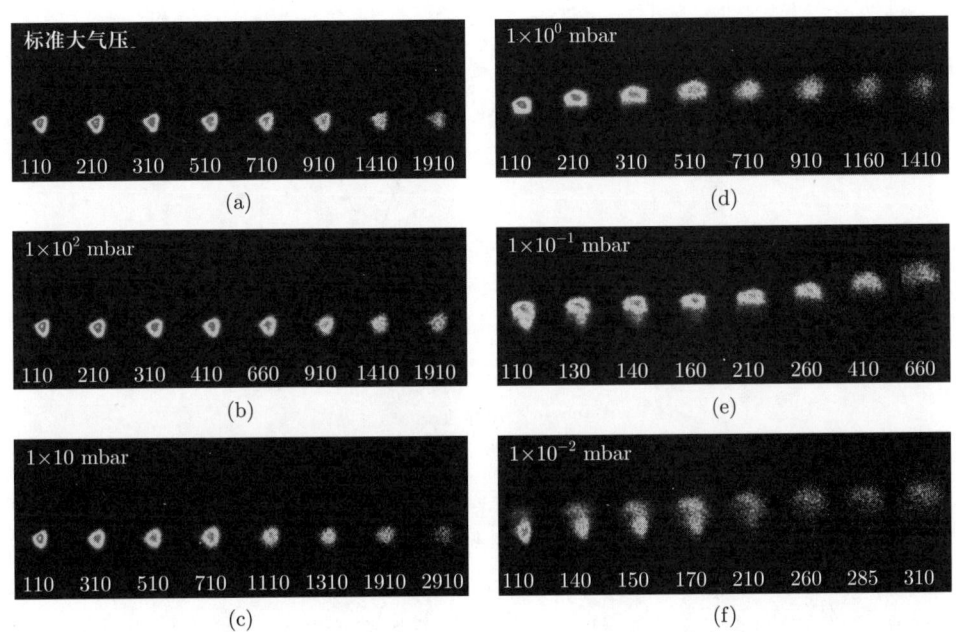

图 5.1 不同气压下 Si 等离子体形态随延迟时间的演化过程[1]

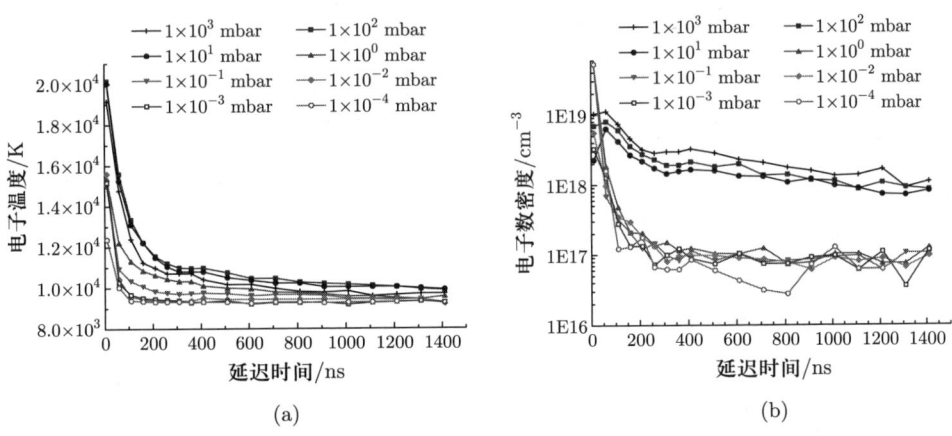

图 5.2 不同气压下 Si 等离子体的等离子体温度 (a) 和电子数密度 (b)[1]

作用增强导致电子数密度升高，会造成等离子体屏蔽效应的加剧，部分激光能量无法穿过等离子体烧蚀样品。如图 5.3 所示，Iida 等 [3] 发现，随着环境压强的升高，单脉冲烧蚀 Al 样品的烧蚀量逐渐降低。

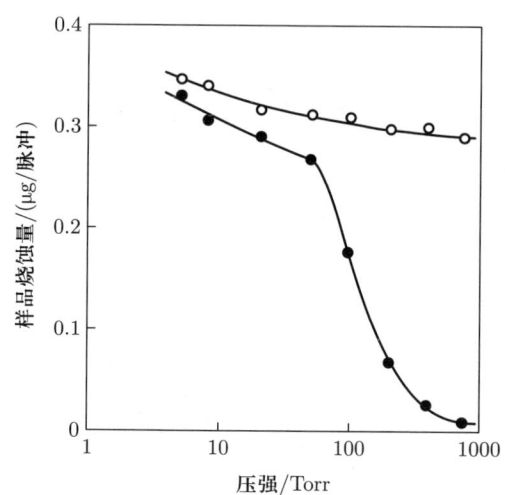

图 5.3 不同环境压强下 Ar(●) 和 He(○) 中的 Al 的烧蚀量 [3]

从 LIBS 信号的强度上，同样也可以看到不同环境气压的影响。

(1) 真空环境。在真空环境下，由于等离子体温度和电子数密度相对较低，LIBS 光谱的信号强度通常较低，但由于电子数密度较低，噪声也会相对较低。Cowpe 等 [4] 对比了在大气压和近似真空环境下 (约 10^{-6} Torr①)Si 样品的 LIBS 光谱，如图 5.4 所示。Si 等离子体是由波长为 532 nm、脉宽为 4~6 ns 的 Nd:YAG 激光器产生的。通过比较结果显示，真空环境下，LIBS 光谱的信号强度不及标准大气环境下的一半，强度降低较大，但其谱线的宽度更小，背景噪声更弱。

(2) 真空环境至标准大气压。在环境气压从真空增加到标准大气压的过程中，约束作用逐渐增强，等离子体温度和电子数密度的升高有利于信号增强，而过强约束作用下的屏蔽效应则会造成信号强度的下降。通常来讲，LIBS 光谱的信号强度随环境气压增加的普遍趋势为先增加后减弱。Bashir 等 [5] 研究了在 5~760 Torr 的环境压强下 Cd 样品 LIBS 光谱的信号强度变化，如图 5.5 所示。研究结果表明，在氩气、空气和氦气环境下，Cd 的光谱强度都随环境压强的增大呈现出先增大后减小的趋势，信号强度最大值出现在 5~20 Torr。Dreyer

---

① 压强单位，1 Torr=133.322 Pa。

等[6]对赤铁矿样品进行 LIBS 测量时发现,随着环境压强由 100 mbar(约 75 Torr) 降低至 10 mbar(约 7.5 Torr),LIBS 信号强度逐渐增强,信号最大值出现在 5~10 Torr 的压强范围内,如图 5.6 所示。而当环境压强低于 5 Torr 时,LIBS 信号强度显著降低。Yalcin 等[7]还研究了使用飞秒激光 (脉宽为 130 fs) 进行 LIBS 测量时的环境气体压强效应。研究结果表明,当压强由 760 Torr 降低至 10^{-3} Torr 的过程中,同样存在信号强度先增加后减小的趋势,最大值出现在 4 Torr 左右。

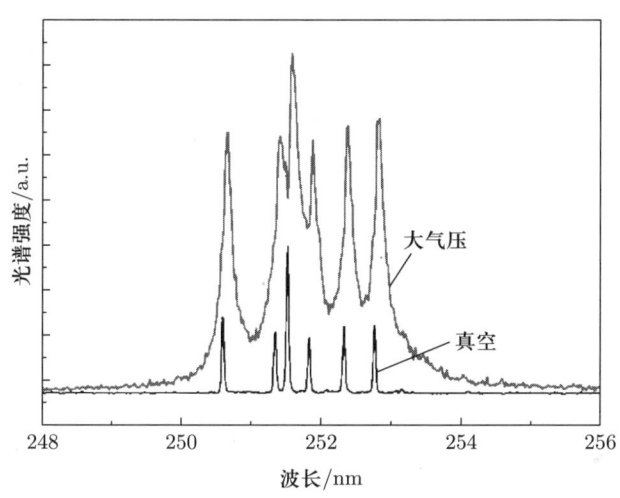

图 5.4　大气压下和真空环境中 Si 样品的 LIBS 对比[4]

(3) 高于标准大气压。在高于标准大气压的高压环境中,LIBS 光谱的信号强度将会继续降低,这很可能是由于气体掺混了等离子体,从而加快了等离子体的传质、传热过程,降低了等离子体的寿命所致。Arp 等[8]分别研究了 0.77 atm、88.4 atm、136 atm①压强下玄武岩 LIBS 光谱的信号强度变化,如图 5.7 所示。结果显示,高压气体环境不仅极大地降低了光谱的信号强度,还使得谱线出现了明显加宽,这意味着电子数密度的大幅提升。类似地,Vors 等[9]在压强逐渐升高的氮气和氦气环境中都发现了光谱信号强度的降低。

---

① 压强单位,1 atm=101.325 kPa。

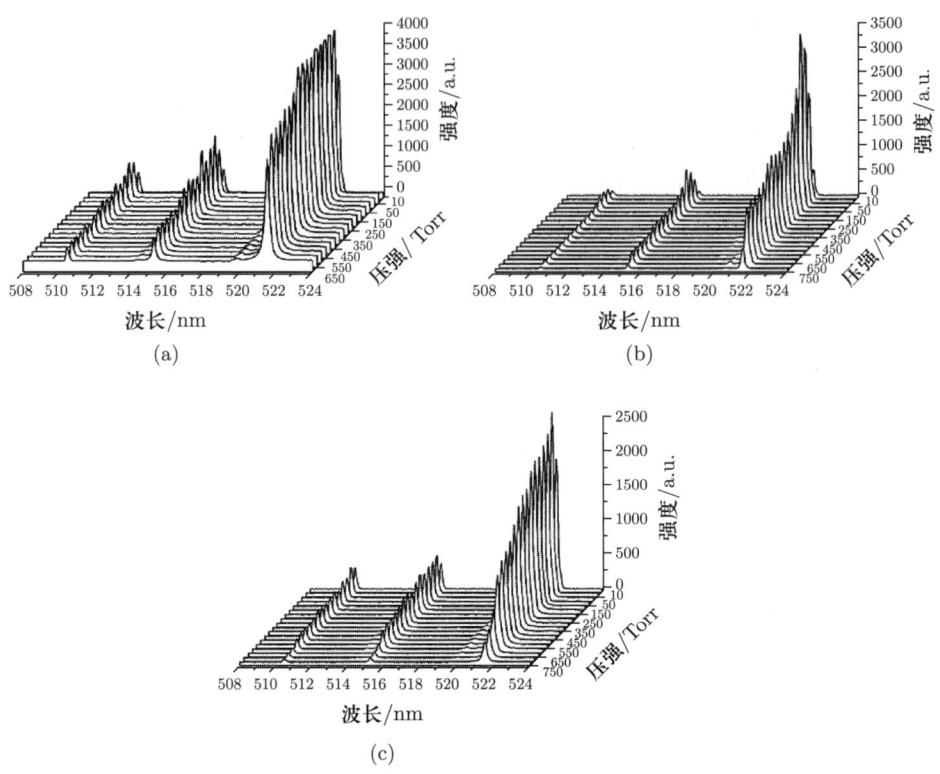

图 5.5 氩气 (a)、空气 (b) 和氦气 (c) 环境中不同压强下 Cd 样品的 LIBS 光谱对比 [5]

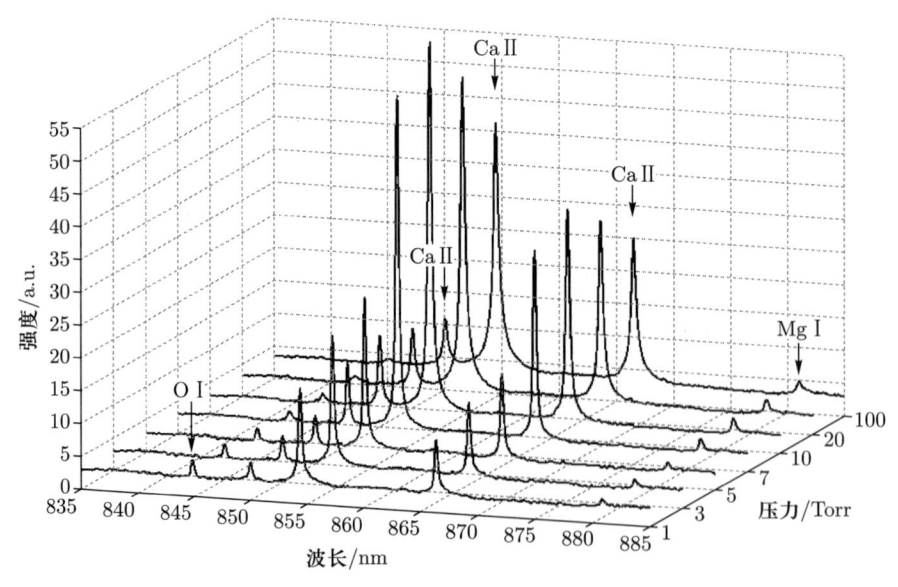

图 5.6 不同压强下赤铁矿的 LIBS 光谱 [6]

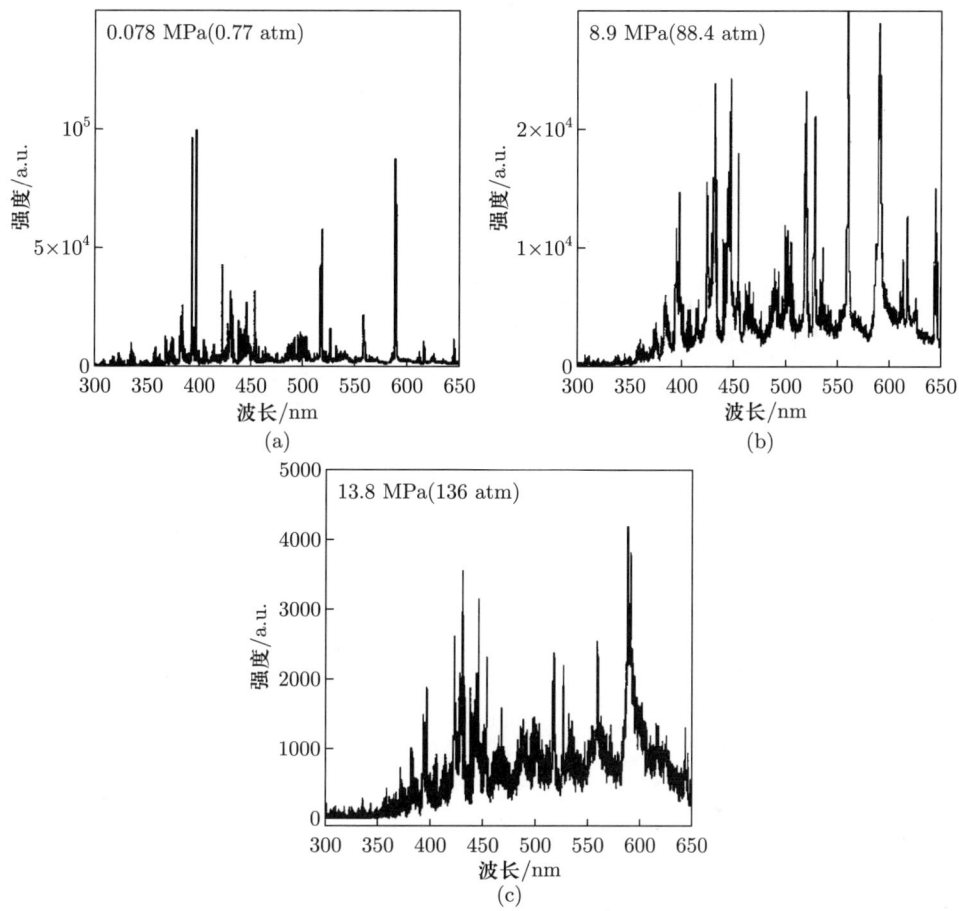

图 5.7 高压环境下玄武岩的 LIBS 光谱 [8]

值得注意的是，LIBS 信号随环境气压的变化规律受到光谱采集的时间及空间窗口的影响，这是由等离子体的时空变化特性以及收光系统的空间敏感性导致的。若只囿于一个固定的光谱采集时空窗口，不同研究工作得出的变化规律只能代表局部，不能覆盖全局，导致研究结果存在差异，如图 5.8 所示。因此，如果要更加全面、细致地研究环境气压对 LIBS 信号的影响，需要从等离子体的时间和空间演化的角度出发，研究不同时间和空间窗口下环境气体压强的影响，这更有助于形成统一且完整的结论。

Zhang 等 [2] 通过 3 个不同的光谱采集时空窗口，复现了 3 种不同的信号强度随环境气体压强变化的趋势，如图 5.9 所示。图 5.9(a) 展示了 3 种不同的光谱采集时空窗口；图 5.9(b)～图 5.9(d) 依次展示了对应光谱采集时空窗口下

Cu 原子线信号强度 (515.24 nm 和 521.72 nm) 随环境气体压强变化的情况，其变化规律分别与文献 [12]、文献 [13] 和文献 [5, 10, 14] 中的结论一致。

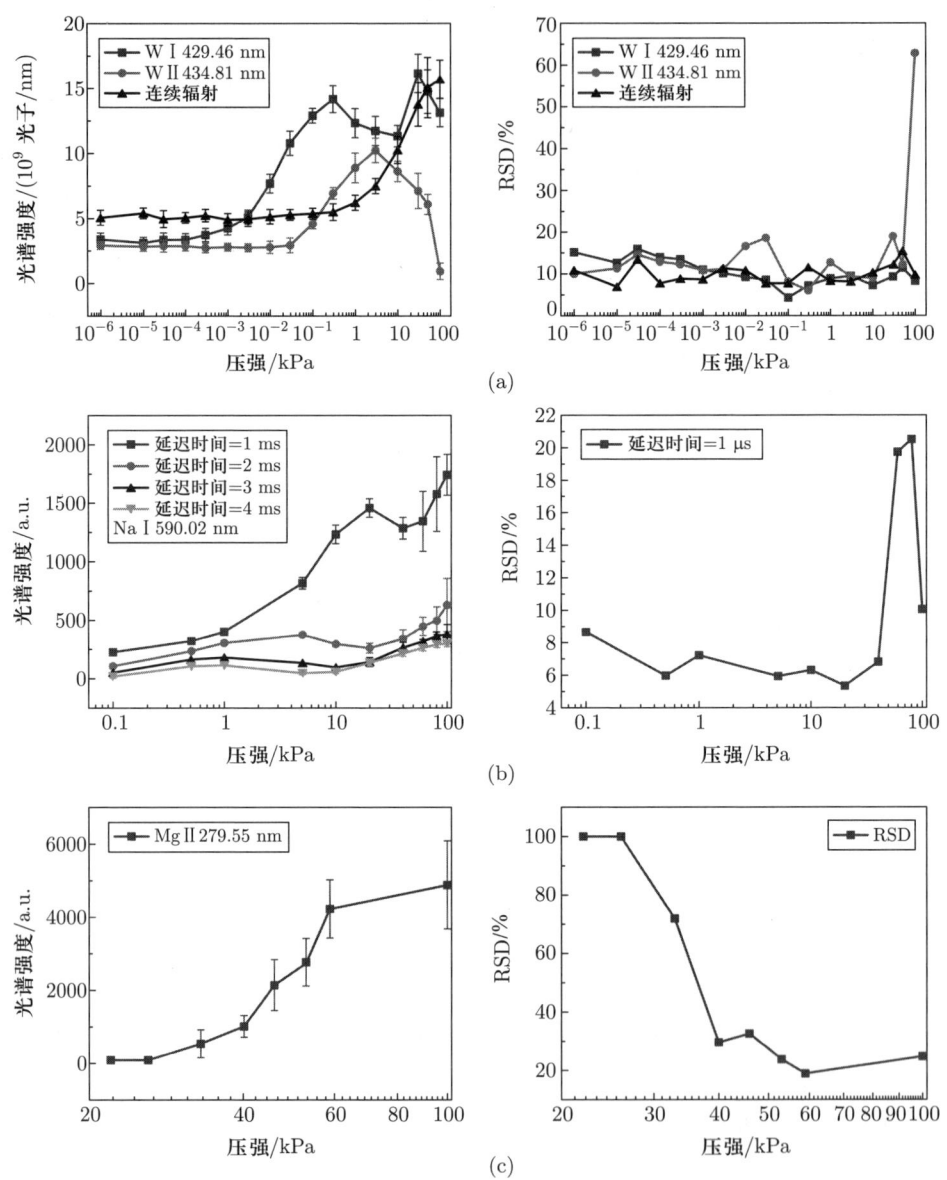

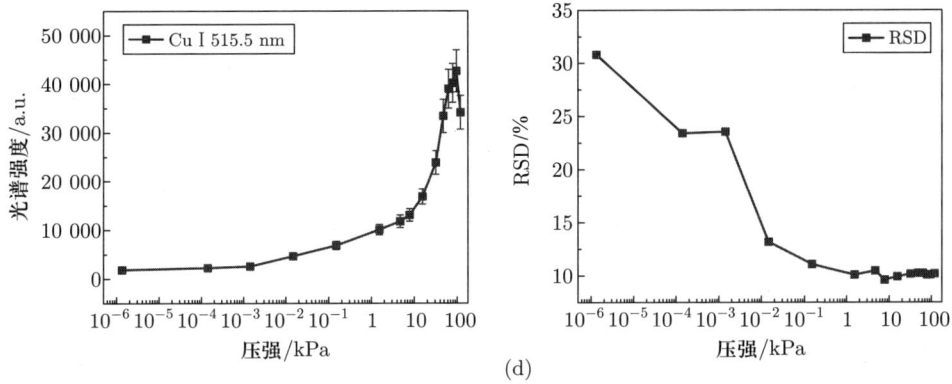

图 5.8 不同研究工作中 LIBS 信号及可重复性随环境气压变化实验结果比较：(a) Wu et al.[10], 2021; (b) Yi et al.[11], 2019; (c) Haider et al.[12], 2015; (d) Farid et al.[13], 2014

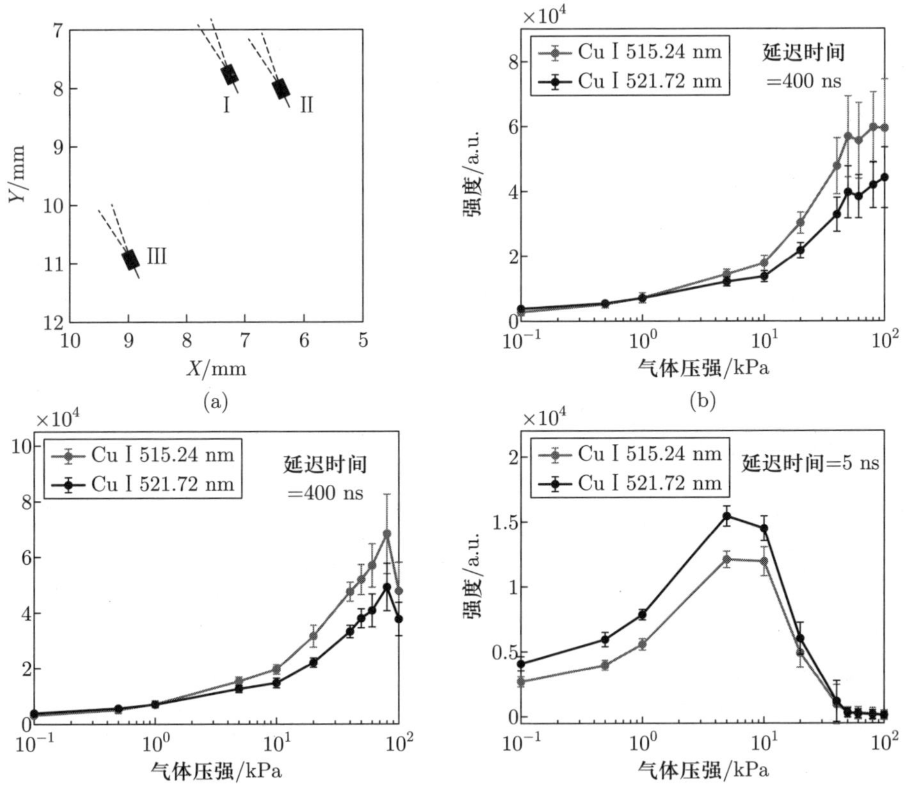

图 5.9 光谱采集时空窗口对信号强度随环境气体压强变化趋势的影响[2]：(a) 3 种不同的光谱采集时空窗口；(b)~(d) 光谱采集时空窗口 I(b)、II(c)、III(d) 下 Cu 原子线信号强度随环境气体压强变化的情况

Zhang 等[2] 指出，由于等离子体在不同压强下膨胀范围差异较大，因此应在各个压强下对光谱采集时空窗口进行优化，并在各自压强的最优时空窗口下对光谱信号进行比较。图 5.10 展示了在最优光谱采集时空窗口下，信号强度和 RSD 随环境气压的变化趋势。可以看到，信号强度随环境压强的增大大体呈现先增大后减小的趋势，在约 60 kPa 下信号最强；而信号 RSD 随环境压强的增大呈现先减小后增大的趋势，信号可重复性在 5 kPa 时最优。

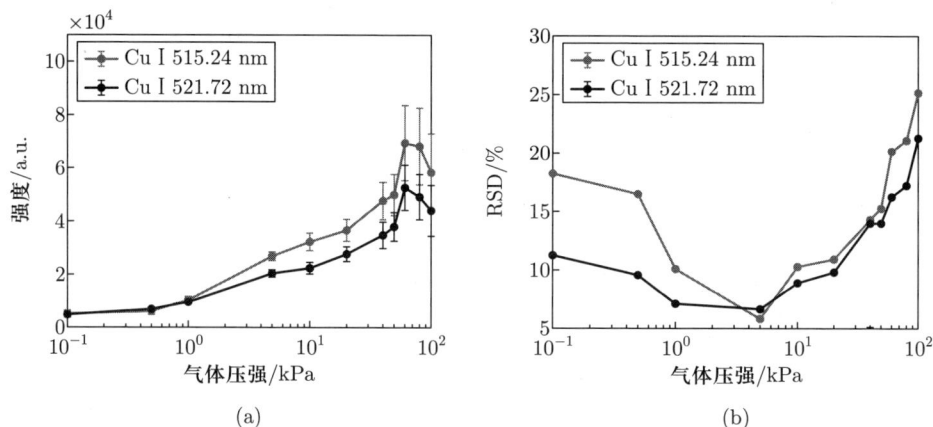

图 5.10 在每个压强对应的最优光谱采集时空窗口下，信号强度 (a) 和 RSD(b) 随环境气压的变化趋势[2]

5.2 环境气体温度的影响

目前，关于环境气体温度对 LIBS 信号影响的相关研究较少，没有得到充分关注。但是从第 4 章所述的不确定性产生机理可以看出，环境气体温度会改变激波产生的特性，从而对等离子体演化产生巨大的作用。如式 (5.1) 所示，因为环境气体温度会影响局域声速，这会影响 LIBS 测量中激波脱离时对等离子体反作用的强度，从而影响等离子体的空间形态和特性参数的时空演化及 LIBS 光谱信号。

$$c = \sqrt{\gamma \frac{RT}{M}} \tag{5.1}$$

式中，c 是声速；γ 是比热比；R 是普适气体常数；T 是环境气体温度；M 是环境气体摩尔质量。

从等离子体形态方面来看，较强的激波意味着较强的前端物质反弹过程，也意味着较大的等离子体空间形态波动。高温环境有利于降低激波强度，从而改善信号可重复性。Song[15] 等发现，如图 5.11 及图 5.12 所示，当激光诱导等离子体在高温火焰环境中产生时，等离子体内部发生的反弹过程减弱。这是因为高温环境的气体分子运动速度更快 (具有更高的当地声速)，从而可以削弱等离子体膨胀时与气体的碰撞强度，因此减弱了激波产生时对前端物质反弹的强度，也就是说，削弱了使得等离子体空间形态波动的关键过程的强度，从而使等离子体空间形态更加稳定。

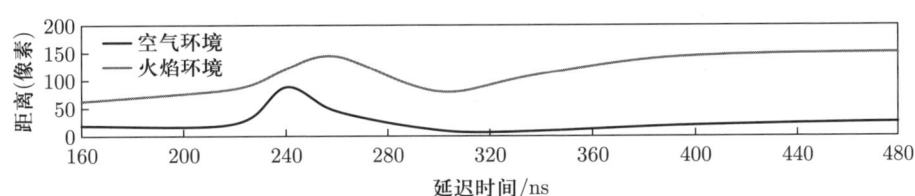

图 5.11 空气和火焰环境中等离子体核心的位置变化[15]

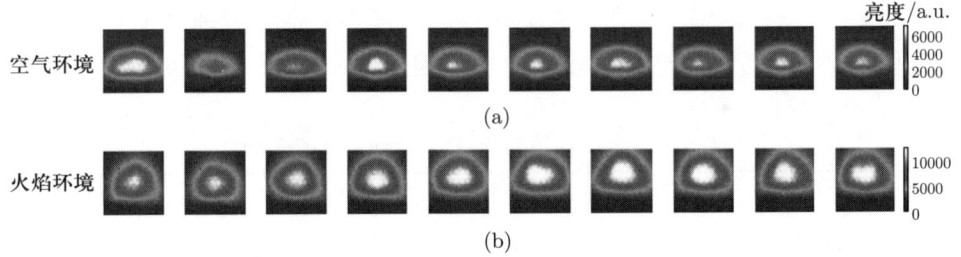

图 5.12 空气 (a) 和火焰 (b) 环境中等离子体的形态波动 (延迟时间为 1000 ns)[15]
(参见书后彩图)

从 LIBS 信号的可重复性上来看，Song[15] 等发现相比于空气环境，火焰环境中黄铜样品铜原子谱线的信号 RSD 可以从 10% 降低至 6% 左右。

从等离子体特征参数方面来看，如图 5.13 所示，Song[15] 等发现火焰环境下等离子体的温度更高，但电子数密度反而降低，这实际上有利于提升 LIBS 信号的分辨率。同时，Song[15] 等发现火焰环境中样品的烧蚀量是空气环境下的 1.7 倍，说明火焰环境中等离子体的总粒子数密度更高，这是因为高温火焰通过热辐射等方式加热样品，样品温度升高，反射率降低，更多激光能量被样品吸收，加剧了样品烧蚀气化。

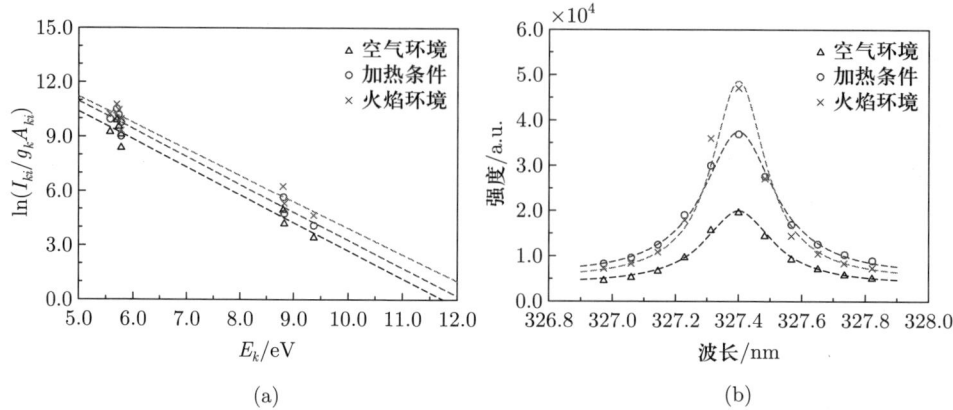

图 5.13 空气环境、加热条件和火焰环境中的玻尔兹曼图 (a) 及 Cu I 327.4 nm 谱线展宽 (b)[15]

从 LIBS 的信号强度方面来看，如表 5.1 所示，现有研究[15-19]表明，对于钢、黄铜等金属样品，如果使等离子体在高温的火焰环境中产生、演化，收集到的光谱可以实现 2~4 倍的信号增强效果。其中 Song[15] 等研究了信号增强的机理，发现在高温环境下，火焰对样品的加热是信号增强的主要因素，等离子体能量耗散的减弱是信号增强的次要因素。

表 5.1 火焰环境对 LIBS 信号强度的影响

火焰燃料	样品	信号增强倍数	作者
乙烯、乙炔	钢	3~4	Liu et al.[16]
丁烷	钢	2~3	Liu et al.[17]
丁烷	黄铜	~2	Ghezelbash et al.[18]
丁烷	钢	~2	Liu et al.[19]
甲烷	黄铜	~2	Song et al.[15]

5.3 环境气体分子量的影响

目前还没有研究可以准确地说明环境气体分子量对 LIBS 信号的影响，因为环境气体分子量、电离能、比热比、热导率、黏度等各种性质是互相耦合，共同作用的，难以对分子量的影响进行单独分析。但从等离子体演化的角度来看，影响演化过程的重要因素是等离子膨胀过程中产生的激波，激波强度取决于声速,而分子量也是影响声速的因素之一,因此分子量可能是影响等离子体形态波动、特性参数以及 LIBS 信号的重要原因。

在等离子体形态波动方面,Bulgakov 等[20] 模拟了超导材料 YBCO 等离子体在 O_2、He、Ne、Ar、Kr 为环境气体中的膨胀,模拟环境压强为 40 Pa。等离子体羽流锋面膨胀距离随时间和环境气体分子量的变化结果如图 5.14 所示,等离子体的最大膨胀位置与环境气体分子量有关,分子越轻,对等离子体的约束作用越小,膨胀距离越远。压强分布的模拟结果如图 5.15 所示,不同环境气体中,激波的强度有所差异。Kr 环境中激波前后压强差最大,激波强度最强,而 He 环境中的激波强度最弱。Bulgakov 等[20] 认为激波强度的不同可以由环境气体分子量的差异解释。根据声速公式,如式 (5.1) 所示,当环境气体的分子量较小时,声速较高,等离子体产生的激波强度减弱,这有利于等离子体形态的稳定,可能提升 LIBS 信号的可重复性。

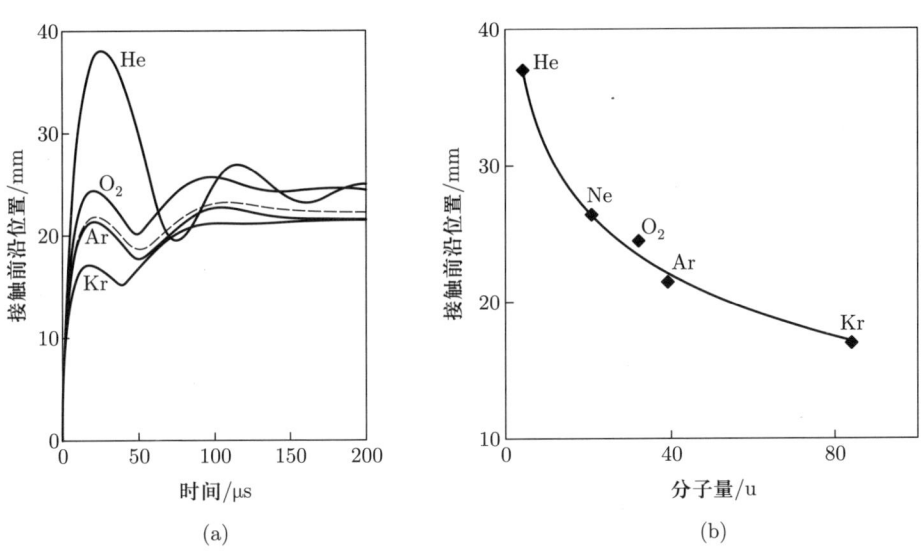

图 5.14 (a)YBCO 等离子体在不同环境气体中的膨胀距离随时间的变化关系;(b) 等离子体羽流锋面最大膨胀位置与环境气体分子量的关系[20]

在等离子体状态参数方面,Iida 等[3] 发现,在 100 Torr 的压强下,He 中等离子体温度在等离子体演化前期高于 Ar,但下降速度快于 Ar 和空气,如图 5.16 所示。Iida 等认为,环境气体对等离子体温度的影响主要是分子量起作用。Ar 和 He 之间分子量相差较大,Ar 环境可以对等离子体起到约束作用,一方面使更多的激光能量被等离子吸收，导致等离子体温度上升；另一方面降低等离子体膨胀速率，进而影响了等离子体温度的衰减率。

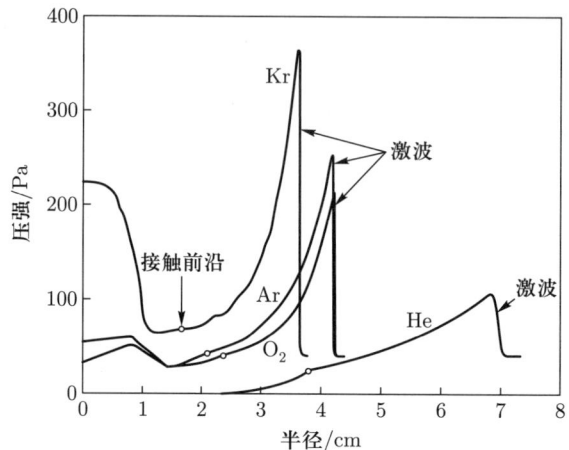

图 5.15 等离子体的径向压强分布模拟结果，等离子体前沿与激波之间为压缩气体层[20]

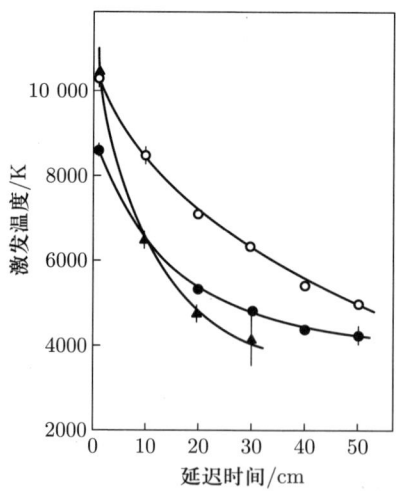

图 5.16 100 Torr 压强下，Ar(○)、空气 (●) 和 He(▲) 环境中等离子体温度的变化情况[3]

5.4 环境气体电离能的影响

同样地，由于环境气体分子量、电离能等性质互相耦合作用，目前还没有研究可以准确地说明环境气体电离能对 LIBS 信号的影响。但电离能的大小直接关系到等离子体电子数密度的大小，也可能会通过等离子体屏蔽影响样品的烧蚀量，进而影响 LIBS 信号；而从等离子体演化的角度来看，环境气体是否容易被电离也关系到等离子体吸收激光的位置，进而对等离子体的膨胀过程产生影响，因此电离能也是较为重要的环境气体性质。

从等离子体形态波动方面来看，Mao[21] 等发现，当激光存在时，Ar 和 He 中等离子体膨胀方式有差异。如图 5.17 所示，环境气体不容易电离时，激光穿过压缩气体层被等离子体吸收，等离子体和压缩气体层一同向外膨胀。而环境气体电离度较低时，激光被压缩气层吸收，存在指向样品的压强梯度。这可能使得等离子体形态更不稳定，进而影响 LIBS 信号的不确定性。除此之外，Wu[22] 等发现样品表面喷射出的瞬态电子也会激发并电离环境气体，环境气体电离能可能会通过影响瞬态电子的能量分布进而对等离子体形态产生影响。

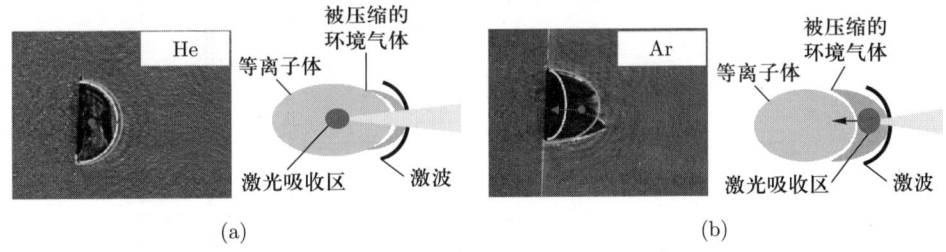

图 5.17 在 He(a) 和 Ar(b) 环境中等离子体膨胀方式存在差异 [21]

从等离子体特征参数方面来看，现有研究认为，环境气体的电离能越低，等离子体的电子数密度就会越高。如图 5.18 所示，Mateo 等 [23] 发现，在标准大气压下，Si I 288.158 nm 谱线在 He 环境中的展宽小于空气和 Ar 环境的，这表明 He 环境中的电子数密度更低。Iida 等 [3] 同样发现，相较于 He 环境，Ar 环境中的 Al I 394.493 nm 和 Al I 396.15 nm 谱线展宽更宽，且存在更强的连续辐射，如图 5.19 所示。这是因为 He、Ar、N 和 O 的电离电位 [23] 分别为 24.58 eV、15.76 eV、15.58 eV、12.06 eV，Ar 和空气相较于 He 更容易被电离，导致电子数密度更高。

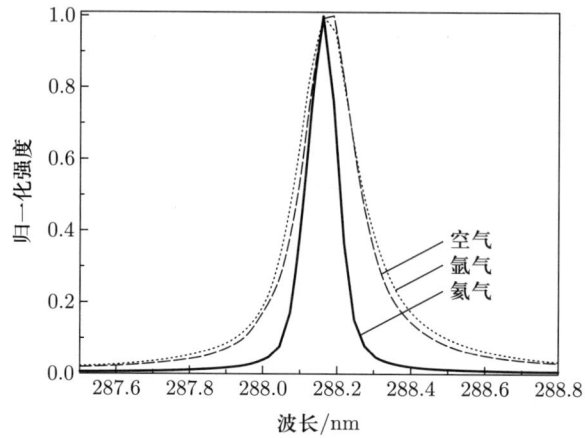

图 5.18 标准大气压下不同种类环境气体中 Si 谱线的展宽对比 [23]

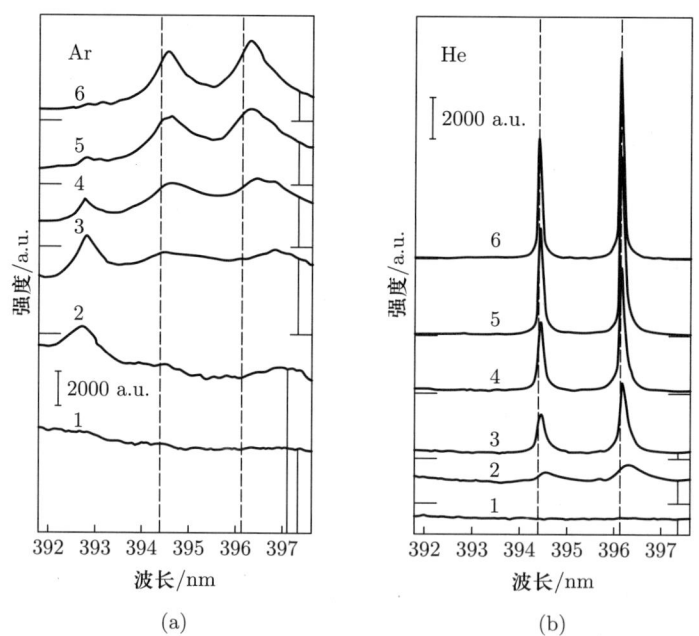

图 5.19 分别采用 Ar(a) 和 He(b) 为环境气体，在激光脉冲后的 −100 ~100 ns (1) 109~300 ns (2) 300~500 ns (3) 500~700 ns (4) 700~900 ns (5) 900~1100 ns (6) 内采集光谱的谱线图

从 LIBS 信号强度方面来看，环境气体电离能越低，电子数密度越高，等离子体越容易产生屏蔽效应，这将使样品烧蚀量越少，从而导致 LIBS 信号强

度的降低。Sdorra 等[24]研究了在压强逐渐增大的情况下，不同种类环境气体中铜样品的烧蚀量。如图 5.20 所示，随着压强的升高，在所有类别的环境气体中都出现了烧蚀量下滑的现象，主要是由于环境气体对等离子体的约束作用增强导致了等离子体屏蔽效应增加，这与 5.1 节中的讨论是相符合的。然而，在图 5.3 和图 5.20 中均可发现，随着压强的升高，Ar 环境下的烧蚀量下降速度更快，显著低于 He 环境。Sdorra 等认为这是由于 Ar 的电离能最低，更容易被电离，因此 Ar 环境中的等离子电子数密度更高，等离子体屏蔽效应更加显著，导致其烧蚀量显著低于 He 等环境中的。Lee 等[25]同时也指出，如果环境气体的电离能较低(例如采用碱金属蒸气或采用焦距很短的聚焦透镜)，可能在激光到达样品表面之前发生气体击穿，则能量将几乎完全被气体形成的等离子体吸收，影响样品烧蚀，样品 LIBS 的强度将大大减弱。

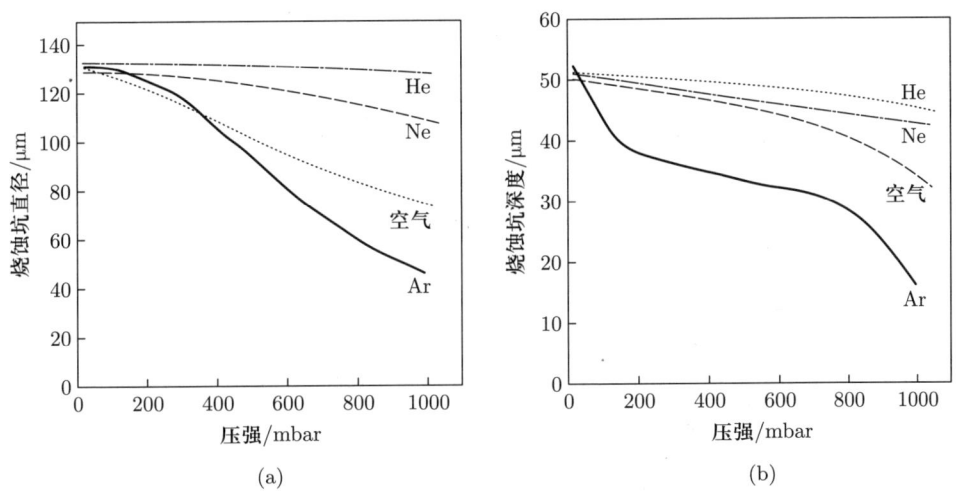

图 5.20 在 Ar、Ne、空气和 He 环境下铜样品烧蚀坑直径 (a) 和烧蚀坑深度 (b)[24]

5.5 本章小结

环境气体性质众多，除压强和温度之外，分子量、电离能等众多性质相互耦合，目前仍无法准确了解环境气体各个性质对 LIBS 信号的影响。但本章从等离子体演化角度出发，选择了对等离子体形态波动和特性参数可能影响最大的几个性质，并进一步探讨了它们对 LIBS 信号的潜在影响。未来，环境气体对

LIBS 技术的影响机理仍需要通过精确的实验设计进行深入研究，应着重分析气体环境对等离子体时空演化的影响，并结合光谱采集时空窗口因素对光谱信号进行分析。对于特定需求，可以考虑配比特定成分的环境气体，以实现 LIBS 技术的性能提升 [26]。

参考文献

[1] Cowpe J S, Pilkington R D, Astin J S, et al. The effect of ambient pressure on laser-induced silicon plasma temperature, density and morphology [J]. Journal of Physics D: Applied Physics, 2009, 42(16): 165202.

[2] Zhang K, Song W, Hou Z, et al. Effect of ambient pressures on laser-induced breakdown spectroscopy signals [J]. Frontiers of Physics, 2024, 19(4): 42203.

[3] Iida Y. Effects of atmosphere on laser vaporization and excitation processes of solid samples [J]. Spectrochimica Acta Part B: Atomic Spectroscopy, 1990, 45(12): 1353–1367.

[4] Cowpe J S, Pilkington R D. Swagelok Ultra-Torr based feed-through design for coupling optical fibre bundles into vacuum systems [J]. Vacuum, 2008, 82(11): 1341–1343.

[5] Bashir S, Farid N, Mahmood K, et al. Influence of ambient gas and its pressure on the laser-induced breakdown spectroscopy and the surface morphology of laser-ablated Cd [J]. Applied Physics A, 2012, 107(1): 203–212.

[6] Dreyer C B, Mungas G S, Thanh P, et al. Study of sub-mJ-excited laser-induced plasma combined with Raman spectroscopy under Mars atmosphere-simulated conditions [J]. Spectrochimica Acta Part B: Atomic Spectroscopy, 2007, 62(12): 1448–1459.

[7] Yalcin S, Tsui Y Y, Fedosejevs R. Pressure dependence of emission intensity in femtosecond laser-induced breakdown spectroscopy [J]. Journal of Analytical Atomic Spectrometry, 2004, 19(10): 1295–1301.

[8] Arp Z A, Cremers D A, Harris R D, et al. Feasibility of generating a useful laser-induced breakdown spectroscopy plasma on rocks at high pressure: preliminary study for a Venus mission [J]. Spectrochimica Acta Part B: Atomic Spectroscopy, 2004, 59(7): 987–999.

[9] Vors E, Gallou C, Salmon L. Laser-induced breakdown spectroscopy of carbon in helium and nitrogen at high pressure [J]. Spectrochimica Acta Part B: Atomic Spectroscopy, 2008, 63(10): 1198–1204.

[10] Wu D, Sun L, Liu J, et al. Parameter optimization of the spectral emission of laser-induced tungsten plasma for tokamak wall diagnosis at different pressures [J]. Journal

of Analytical Atomic Spectrometry, 2021, 36(6): 1159–1169.

[11] Yi R, Yang X, Lin F, et al. Improving the spectral qualities of major elements in soil by controlling the ambient pressure in time-resolved laser-induced breakdown spectroscopy [J]. Applied Optics, 2019, 58(32): 8824–8828.

[12] Haider Z, Munajat Y B, Kamarulzaman R, et al. Comparison of Single Pulse and Double Simultaneous Pulse Laser Induced Breakdown Spectroscopy [J]. Analytical Letters, 2014, 48(2): 308–317.

[13] Farid N, Harilal S S, Ding H, et al. Emission features and expansion dynamics of nanosecond laser ablation plumes at different ambient pressures [J]. Journal of Applied Physics, 2014, 115(3): 033107.

[14] Farid N, Bashir S, Mahmood K. Effect of ambient gas conditions on laser-induced copper plasma and surface morphology [J]. Physica Scripta, 2012, 85(1): 015702.

[15] Song Y, Song W, Li L, et al. Flame-assisted plasma modulation to improve the raw signal quality for laser-induced breakdown spectroscopy [J]. Optics and Lasers in Engineering, 2023, 162: 107433.

[16] Liu L, Huang X, Li S, et al. Laser-induced breakdown spectroscopy enhanced by a micro torch [J]. Optics Express, 2015, 23(11): 15047.

[17] Liu L, Huang X, Li S, et al. Optical emission enhancement in laser-induced breakdown spectroscopy using micro-torches [C]// SPIE LASE, San Francisco, California, USA, 2016.

[18] Ghezelbash M, Mousavi S J, Majd A E, et al. The mutual effect of metal sample and turboflame in LIBS signal enhancement [J]. Optics and Spectroscopy, 2016, 121(2): 174–180.

[19] Liu L, Li S, He X N, et al. Flame-enhanced laser-induced breakdown spectroscopy [J]. Optics Express, 2014, 22(7): 7686–7693.

[20] Bulgakov A V, Bulgakova N M. Gas-dynamic effects of the interaction between a pulsed laser-ablation plume and the ambient gas: Analogy with an underexpanded jet [J]. Journal of Physics D: Applied Physics, 1998, 31(6): 693–703.

[21] Mao X, Wen S-B, Russo R E. Time resolved laser-induced plasma dynamics [J]. Applied Surface Science, 2007, 253(15): 6316–6321.

[22] Wu D, Sun L, Liu J, et al. Dynamics of prompt electrons, ions, and neutrals of nanosecond laser ablation of tungsten investigated using optical emission [J]. Physics of Plasmas, 2019, 26(1): 013303.

[23] Mateo M P, Pinon V, Anglos D, et al. Effect of ambient conditions on ultraviolet femtosecond pulse laser induced breakdown spectra [J]. Spectrochimica Acta Part B:

Atomic Spectroscopy, 2012, 74-75: 18–23.

[24] Sdorra W, Niemax K. Basic investigations for laser microanalysis: III. Application of different buffer gases for laser-produced sample plumes [J]. Mikrochimica Acta, 1992, 107(3-6): 319–327.

[25] Lee Y-I, Thiem T L, Kim G-H, et al. Interaction of an excimer-laser beam with metals. Part III: The effect of a controlled atmosphere in laser-ablated plasma emission [J]. Applied Spectroscopy, 1992, 46(11): 1597–1604.

[26] Yu J, Hou Z, Ma Y, et al. Improvement of laser induced breakdown spectroscopy signal using gas mixture [J]. Spectrochimica Acta Part B: Atomic Spectroscopy, 2020, 174: 105992.

第 6 章 自吸收效应[①]

6.1 引言

LIBS 作为一种分析技术,在定性分析性能上是十分完美和独特的,但在定量分析性能上,仍不能令人满意。目前限制 LIBS 应用的瓶颈及原因有很多,自吸收效应的影响就是其中之一。在 LIBS 定量分析中,元素组成、相对丰度信息和等离子体参数的测定都取决于光学薄的谱线。但是在等离子体中存在自吸收效应,当其内部粒子自发辐射产生的光在向外传播时,会被传输路径中处于低能级的同类原子、离子或分子重新吸收,使得检测的谱线强度降低,半峰全宽增加。在等离子体内外存在较大温度梯度的情况下,谱线中心的吸收可能比边缘的吸收更强烈,甚至出现凹陷,这种自吸收的极端情况称为自蚀现象。图 6.1[1] 原理性地表明了等离子体中谱线的自吸收及自蚀过程。自吸收效应导致 LIBS 谱线强度与元素浓度的关系偏离理想线性情形,给精确定量造成困难,限制了 LIBS 技术的进一步发展。

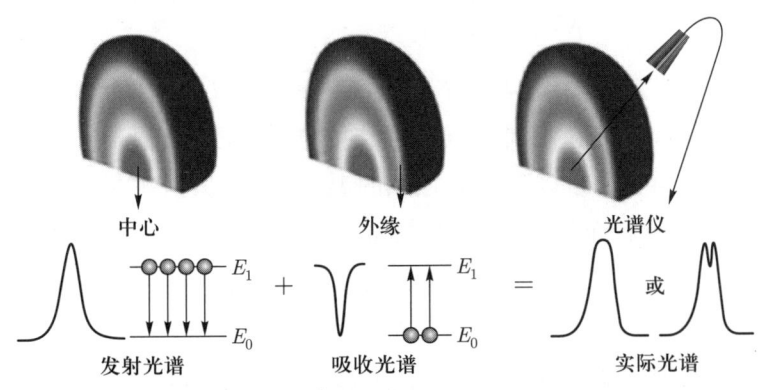

图 6.1 等离子体中谱线的自吸收及自蚀过程

---

① 本章由山西大学张雷教授撰写。

为了更好地理解自吸收效应的基本物理机理,校正其不利影响,提高 LIBS 的定量分析性能,目前已有大量工作和文献对自吸收效应进行了实验观察和理论研究。

早在 20 世纪 30 年代,研究学者们就已经在各种实验中观察到了发射光谱中的自吸收现象。Kimura 等 [2] 首次观察到 H_α 和 H_β 线的自吸收及自蚀现象。之后 Wood[3] 反复观察到由中等亮度光谱管发射的 H_α 线的自蚀现象,并指出谱线自蚀的出现是由于存在较冷发光气体或较低功率的激发层位于分光镜和辐射源之间,即存在不同于发射层的吸收层。Sibaiya 等 [4] 也在实验中观测到自吸收谱线,并且该谱线影响了对于铜、钼、金、银等元素的谱线超精细结构的研究,他们在经典色散理论的基础上对这一现象作了初步解释。

自从 20 世纪 60 年代 LIBS 技术诞生之后,激光诱导等离子体中也观察到了自吸收现象,它对谱线形状、等离子体特征(如电子温度、粒子数密度等)、LIBS 校准模型等都有不利的影响。

首先,自吸收效应会影响谱线的形状,导致它扭曲变形、强度降低,甚至出现自蚀。Konjević[5] 研究表明,自吸收会对谱线产生扭曲的效果,特别是使谱线加宽。如果自吸收主要来源于等离子体中较低电子数密度的较冷边界层,则谱线中心还容易出现自蚀。但通常情况下,自吸收(特别是在均匀等离子体内)仅会轻微地扭曲谱线的形状。因此,即使存在自吸收,想要从观察到的谱线形状来判断自吸收程度是非常困难的。Sherbini 等 [6] 测量了 Zn I 636.2 nm 线的 Stark 展宽参数,并在理论上分析了受到一定程度自吸收的谱线,其强度应该有所降低。

此外,自吸收效应会影响评估等离子体特征参数的计算准确性。Leis 等 [7] 测量了钢样品等离子体在不同气压下的时间分辨发射光谱及电子温度的时间演化,结果表明不同基质组成会造成强烈的温度变化,并且测量的电子温度由于铁原子线存在自吸收而被评估过高。Surmick 等 [8] 测量了铝等离子体时间和空间分辨的电子数密度,发现由存在自吸收的铝原子线和无自吸收的氮离子线的 Stark 宽度和位移计算得到的电子数密度并不一致。

自吸收效应还会对 LIBS 校准方法和模型产生不利影响。Grant 等 [9] 对铁矿石中元素进行 LIBS 定量分析时,发现由于铝共振线存在自吸收,使得铝的定标曲线在高含量时趋于平缓,并建议不要将共振线用于主量元素的定量分析,因为更容易受到自吸收的影响。Wang 等 [10] 指出，由于自吸收效应引起强度与元素含量之间的非线性关系，使得偏最小二乘 (partial least square, PLS) 法无法准确地分析元素含量，需要额外引入主导因子模型，并建议对非线性自吸收效应进行建模，以提高主因子模型的精度和减小预测误差。Zaytsev 等 [11] 采用基于主成分回归 (principle component regression, PCR) 的多元校正方法测定了高合金钢样品中的 Ni、Cr、Mn、Si 等元素，实验结果表明，含有自吸收线的校正模型是不稳定的。他们进一步评估了自吸收效应对多元校正性能的影响，认为自吸收效应会显著降低定标线的线性回归系数、灵敏度和测量重复性。

综上所述，为了校正自吸收效应在元素定量分析中的不利影响，提高 LIBS 的定量分析性能，我们需要实验观察和理论研究自吸收效应，从而更好地理解自吸收效应的基本物理机理，并寻求消除自吸收效应的方法。

6.2 自吸收的研究现状

在光谱学早期的研究中，学者们通常对谱线强度更感兴趣，他们通过选择适当的实验条件来消除自吸收效应，而不详细研究自吸收的理论。直到 20 世纪中叶，人们才逐渐认识到研究自吸收物理机理的重要性，开始进行了大量详细的研究，无论在理论上还是在实验上都取得了一些重要进展。

在 LIBS 出现之前，Cowan 等 [12] 已经对自吸收机理进行了全面的研究，从辐射源的辐射传输和吸收角度出发，提出了描述光谱辐射强度自吸收的模型，如式 (6.1)，并有效评估了其对电弧和火花辐射谱线强度和线型的影响。

$$I(\nu) = I_0 P_a(\nu) \times \exp\left[-p\frac{P_a(\nu)}{P_a(\nu_0)}\right] \tag{6.1}$$

式中，ν 是辐射频率；$P_a(\nu)$ 是谱线的线型；$I_0 P_a(\nu)$ 是谱线无吸收时的强度分布；p 是表示吸收程度的系数。图 6.2 显示了不同吸收系数 p 所对应的线型，当 $p>1$ 时，谱线中心的凹陷表示谱线自蚀；当 $p=1$ 时，中心谱线强度减小到峰值的 e^{-1} 倍。

在 LIBS 问世后的几十年里，有关 LIBS 中自吸收的理论也有大量的研究报道。Hermann 等 [13] 在低压氮气环境中，对钛靶进行了紫外准分子激光烧蚀的时空分辨等离子体诊断，分析了等离子体早期 ($t<200$ ns) 金属蒸气离子的

发射谱线，并与在局域热平衡态下计算的谱线进行了比较，由此构造出一个考虑自吸收的非均匀等离子体模型，该模型把等离子体区分成两个具有不同电子数密度和温度的均匀区域。Su[14]等由基本辐射传输方程和常规流体动力学方程，建立了一个简化的辐射流体力学模型，再结合稳态碰撞辐射模型，研究了等离子体的动态演化过程和光谱发射特性，成功地模拟了高价锡离子光谱的自吸收特性。

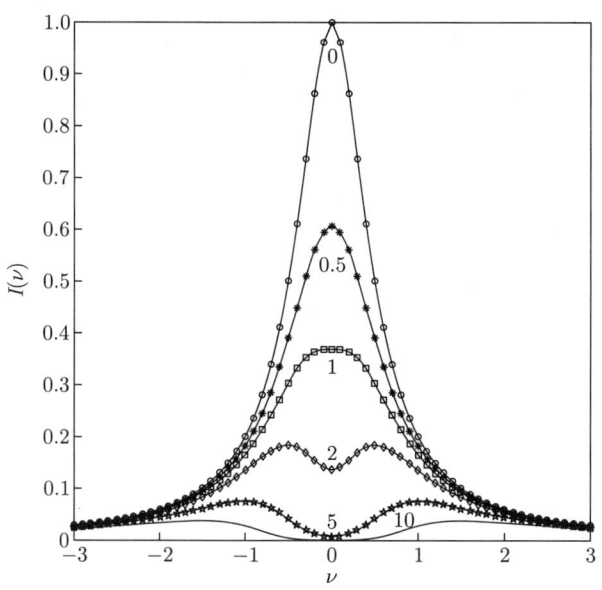

图 6.2 不同吸收系数 p 所对应的不同自吸收程度下的谱线线型

除了理论上的研究，为了更好地了解激光诱导等离子体中自吸收的变化，学者们也进行了一些等离子体时空分布和演化的实验研究。Aguilera 等[15]研究了等离子体演化过程中谱线自吸收程度随时间的变化，测量了在光学薄极限和自吸收情况下谱线强度随时间的变化，对比并解释了中性原子及一价离子谱线之间的行为差异。他们建议用生长曲线(curve of growth, COG)的高光学深度和低光学深度的两条渐近线相交处所对应的测量元素含量(交叉含量)来表征自吸收。图 6.3 显示了原子和离子谱线自吸收特性的交叉含量的典型时间演化曲线，可以看出，虽然中性原子线的强度在等离子体演化的后期有所降低，但自吸收程度却显著增加；相反，离子线的强度衰减很快，但其自吸收随时间的变化相对较小。

第 6 章 自吸收效应

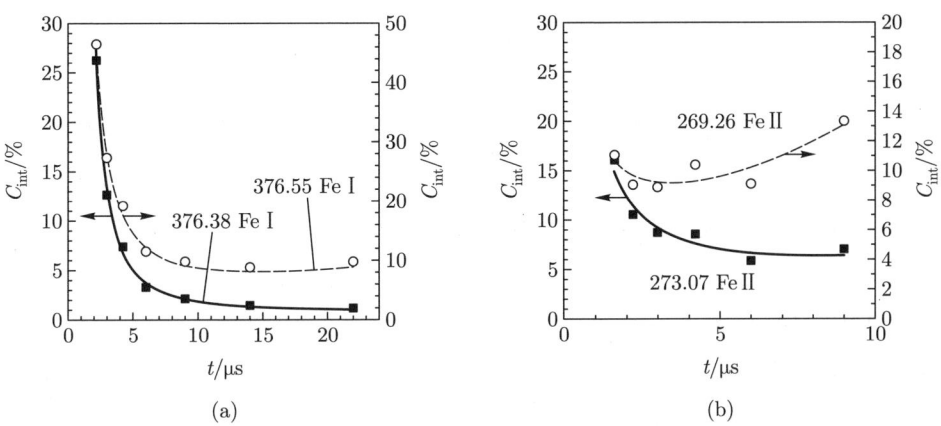

图 6.3 用于表征原子 (a) 和离子 (b) 发射谱线自吸收特性的交叉含量随时间变化的曲线

Yi 等[16] 利用空间分辨 LIBS 绘制了土壤等离子体中谱线强度和自吸收系数的二维分布 (图 6.4)，并研究了自吸收效应的影响因素。实验结果表明，选择合适的等离子体辐射收集区域，或采用高能量的激光和较短的采集延迟时间，

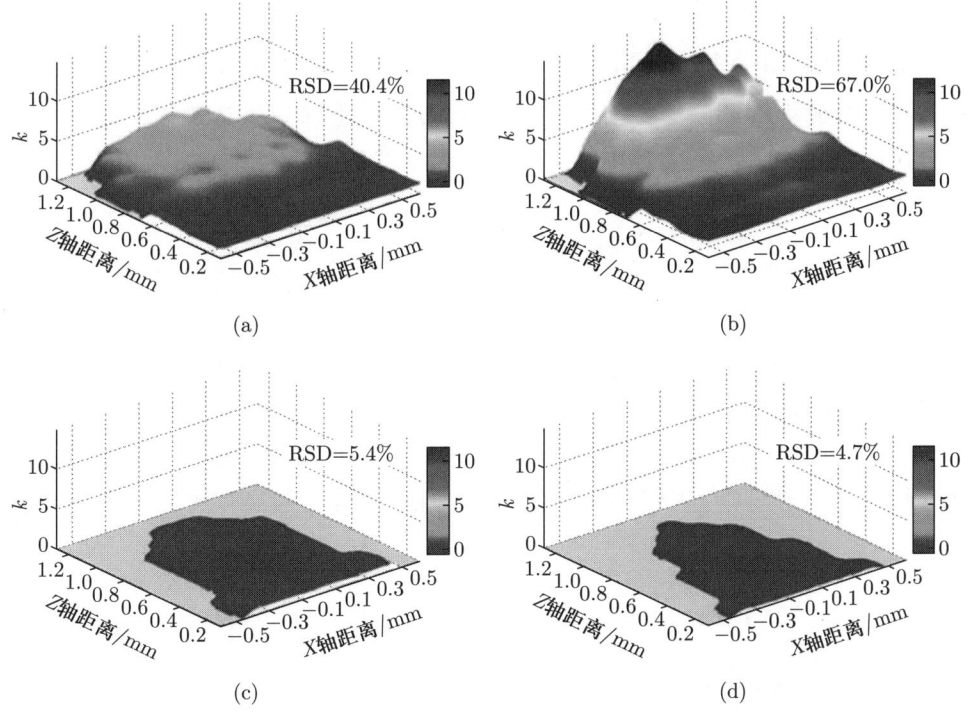

图 6.4 土壤等离子体中 Na I 589.7 nm(a)、K I 769.9 nm(b)、Pb I 405.8 nm(c)、Cu I 327.4 nm(d) 谱线的自吸收系数分布。(参见书后彩图)

可以在很大程度上减少自吸收效应的影响。

对于影响自吸收的环境因素的识别与评估,有利于更好地了解其物理机理以及自吸收与环境的相互作用机制。Gudimenko 等[17] 通过改变一系列实验参数 (激光功率、环境气压、气体流速等) 研究了在活性离子刻蚀等离子体反应器中,自吸收对 Ar 原子谱线的影响,结果表明不同环境及实验因素对自吸收影响的程度有所差异,其中气流对自吸收程度变动的贡献最大。Tang 等[18] 研究了自吸收程度与谱线参数及等离子体特征参数之间的关系,根据振子强度和跃迁概率关系以及结合 Boltzmann 方程的计算推导,表明自吸收程度与元素含量、相应谱线的跃迁概率、上能级简并度、跃迁波长呈正相关关系,与谱线的跃迁下能级呈负相关关系。

6.3 LIBS 自吸收机理研究

6.3.1 谱线属性与自吸收关系

在使用 LIBS 进行定量分析时,选择不同的谱线会有不同的结果,因为不同的谱线对应不同的自吸收程度。对于均匀并处于局域热平衡 (local thermal equilibrium, LTE) 状态的等离子体,其发射谱线的自吸收系数 SA 可以表示如下[19,20]:

$$\mathrm{SA} = \frac{I(\lambda_0)}{I_0(\lambda_0)} = \frac{(1-e^{-\tau})}{\tau} = \frac{(1-e^{-K/\Delta\lambda_0})}{K/\Delta\lambda_0} \tag{6.2}$$

式中,$I(\lambda_0)$ 是实际的谱线峰值强度;$I_0(\lambda_0)$ 是光学薄条件下无自吸收谱线峰值强度;$\Delta\lambda_0$ 是光学薄等离子体发射谱线的预期半宽;τ 是光学深度 (量纲一)。由式 (6.2) 可知,SA 随 K 参数的增加而减小,即 K 越大,发射谱线自吸收效应越严重。当谱线展宽中高斯展宽的分量相比于洛伦兹展宽可以忽略不计时,有:

$$\tau \approx K/\Delta\lambda_0 = 2\frac{e^2}{m_e c^2 \cdot \Delta\lambda_0} n_i f \lambda_0^2 l \tag{6.3}$$

通过结合 Boltzmann 分布律:

$$\frac{n_i}{N} = \frac{g_i}{Z(T)} \exp(-E_i/k_B T) \tag{6.4}$$

及反映振子强度与跃迁概率关系的 Ladenburg 公式：

$$f = \frac{m_{\mathrm{e}}c}{8\pi^2 e^2} \frac{g_k}{g_i} \lambda_0^2 A_{ki} \tag{6.5}$$

K 参数可以表示为

$$K = \frac{1}{4\pi^2 c} \frac{A_{ki} g_k}{Z(T)} \mathrm{e}^{-\frac{E_i}{k_{\mathrm{B}} T}} \lambda_0^4 N l \tag{6.6}$$

由式 (6.6) 可以看出，K 参数与 A_{ki}、g_k、E_i、T、λ_0、N、l 等相关，其中，A_{ki} 为跃迁概率，表示单位时间中，从能级 k 跃迁到能级 i 的概率；g_k 为能级 k 的能级简并度，表示能级 k 中具有相同能量的不同态的数目；E_i 为能级 i 的能量；T 是等离子体的温度；λ_0 是中心波长；N 是该能级的粒子数；l 为等离子体中有自吸收的吸收路径长度。结合自吸收系数与 K 的关系可知，自吸收程度与谱线的跃迁概率、上能级简并度、中心波长，等离子体的粒子数密度及吸收路径长度呈正相关，而与谱线的跃迁下能级呈负相关。另外值得注意的是，自吸收程度和电子温度之间的关系随谱线跃迁下能级能量水平的变化而变化，这点将在 6.3.2 节进行详细介绍。

由上述分析可知，激光诱导等离子体谱线属性与自吸收程度密切相关，谱线跃迁概率越大、上能级简并度越大、中心波长越长、跃迁下能级越小，则对应的自吸收程度越大。

6.3.2 等离子体特征属性与自吸收关系

由式 (6.6) 分析可知，等离子体特征属性与自吸收程度密切相关，等离子体中原子或离子数密度越大、吸收路径长度越长，所对应的自吸收也越严重。另外，等离子体的温度对自吸收程度的影响也十分重要，将式 (6.6) 中的配分函数展开，可以得到

$$\begin{aligned} K &= \frac{Nl}{4\pi^2 c} A_{ki} g_k \lambda_0^4 \frac{\mathrm{e}^{-\frac{E_i}{k_{\mathrm{B}} T}}}{g_1 \mathrm{e}^{-\frac{E_1}{k_{\mathrm{B}} T}} + g_2 \mathrm{e}^{-\frac{E_2}{k_{\mathrm{B}} T}} + \cdots + g_j \mathrm{e}^{-\frac{E_j}{k_{\mathrm{B}} T}} + \cdots} \\ &= \frac{Nl}{4\pi^2 c} A_{ki} g_k \lambda_0^4 \frac{1}{g_1 \mathrm{e}^{\frac{E_i - E_1}{k_{\mathrm{B}} T}} + g_2 \mathrm{e}^{\frac{E_i - E_2}{k_{\mathrm{B}} T}} + \cdots + g_j \mathrm{e}^{\frac{E_i - E_j}{k_{\mathrm{B}} T}} + \cdots} \end{aligned} \tag{6.7}$$

由式 (6.7) 可知，当 $E_i - E_j$ 都大于 0 时 (受激吸收过程)，即当 E_i 很大时，T 越大，自吸收效应越严重；当 $E_i - E_j$ 都小于 0 时 (受激辐射过程)，即

当 E_i 很小时，T 越大，自吸收效应越微弱。也就是说，自吸收程度和电子温度之间的关系随谱线的跃迁下能级能量的变化而变化。当谱线的跃迁下能级很低或者是基态时，自吸收程度与电子温度呈负相关；反之，当谱线的跃迁下能级是一个相对很高的能级时，自吸收程度与电子温度呈正相关。

6.3.3　自吸收量化评估

通过 6.3.1 及 6.3.2 节的分析可知，除了使用自吸收系数法等典型表征自吸收的方法外，还可以通过评估等离子体及所选谱线的特征参数 K 来表征量化自吸收程度。

在式 (6.6) 中，谱线参数可以由 NIST(national institute of standards and technology) 数据库[21]查到准确值，电子温度可以由 Boltzmann 或 Saha-Boltzmann 平面图获得，而对于辐射物质粒子数密度及吸收路径长度可以由双波长差分成像技术[22,23]获得。

双波长差分成像技术使用一对光轴垂直于激光入射方向的透镜收集来自等离子体的发射光并将其导入像增强型电荷耦合器 (intensified charge coupled device, ICCD) 中，在两个透镜之间插入以某条发射谱线为中心的窄带滤波片，用以采集对应这条发射谱线的等离子体图像。然后，使用中心波长偏移且位于发射谱线旁边背景处的第二个滤光片对连续辐射背景的等离子体成像。这两个图像之间的差分对应于所研究的辐射物质相应发射谱线的等离子体发射图像。之后对原始发射图像进行 Abel 反演处理[24]，反演后的图像对应于所研究的辐射物质相应发射谱线的发射率图像。假设等离子体处于 LTE 态，则发射率可以代表辐射粒子在等离子体内的数密度。

在得到不同元素辐射粒子的数密度 N 和吸收路径长度 l 后，就可以求得 K，进而得以表征等离子体自吸收程度。

6.4　自吸收表征及演化

6.4.1　自吸收系数法

在明白了自吸收与谱线属性及等离子体特征属性等参数之间的关系，并且有量化评估自吸收程度的方法后，为了获得一般等离子体发射谱线自吸收效应随时间演化的规律，对含铝压片和含铜压片等离子体中的自吸收效应演化进行了研究。

通过采用自吸收系数法表征自吸收程度，对铝等离子体中自吸收效应的演化进行了研究。实验装置如图 6.5 所示，采用波长为 532 nm、重复频率为 20 Hz、脉冲宽度为 7 ns、脉冲能量为 50 mJ 的 Nd：YAG 激光器 (Spectra Physics, INDI–HG–20S) 作为等离子体烧蚀光源。激光束先由反射镜反射，通过半波片后被偏振分光棱镜 PBS 分成两束，其反射激光束的能量通过绝对校准的能量计 (Newport, 2936–R) 进行检测，用以监控激光器输出能量漂移；透射激光束通过 200 mm 焦距的石英透镜聚焦于样品表面以下 1 mm 处，且样品表面聚焦光斑直径约 700 μm。在垂直于激光入射的方向，光纤采集等离子体荧光后送入光栅光谱仪 (Princeton Instruments, SP–2750) 中分光，再由 ICCD(Princeton Instruments, PI–MAX4–1024i) 探测。其中，样品固定于可升降的旋转台，以确保每发脉冲作用于新的样品表面。另一台 ICCD(Andor, iStar DH334T) 被用作摄像机，通过双波长差分成像技术记录等离子体的发射率图像。

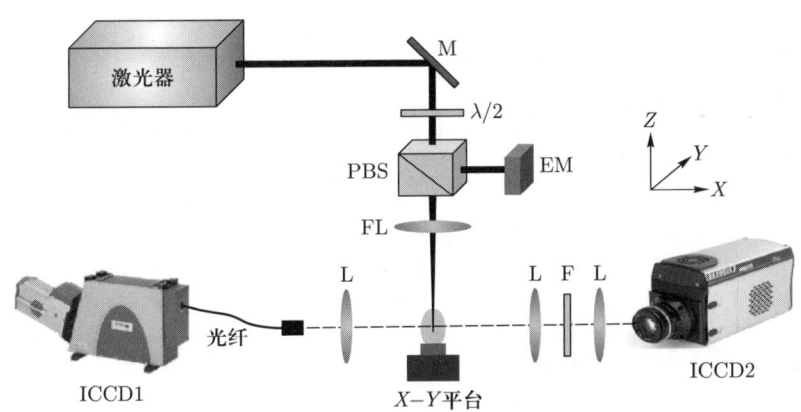

M—反射镜；PBS—偏振分光棱镜；FL—聚焦透镜；
L—透镜；EM—能量计；F—滤光片

图 6.5 LIBS 实验分析装置图

本实验中，使用由纯溴化钾和氧化铝粉末压制成的铝含量为 13% 的压片作为样品，光谱采集的积分时间为 400 ns，延迟时间为 200~2000 ns，等间隔为 200 ns，光谱仪光栅刻度为 150 g/mm，入射狭缝为 50 μm，波长分辨率约为 0.1 nm。为了使等离子体辐射光谱有足够的可重复性，并补偿样品点的不均匀性，在相同的实验条件下，平均了 60 个扣除连续背景的等离子体光谱作为分析光谱。其含铝压片样品典型的 LIBS 光谱如图 6.6 所示。

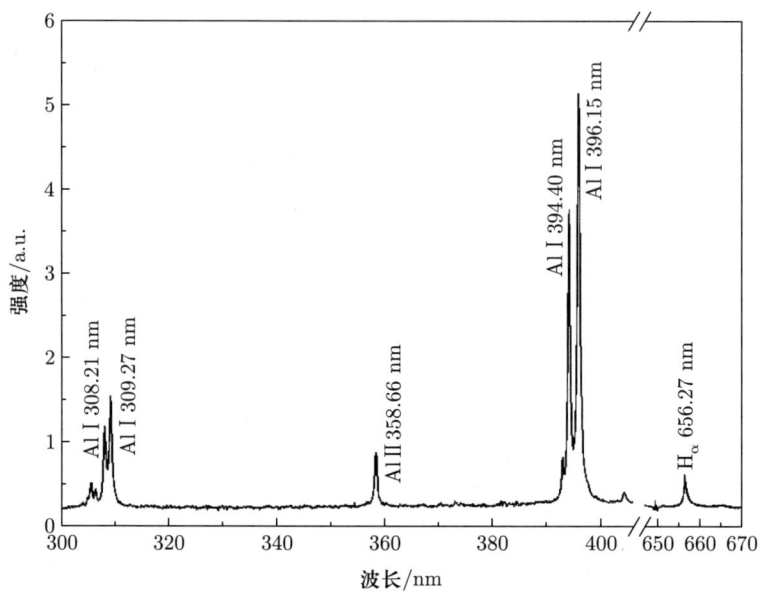

图 6.6 含铝压片样品典型 LIBS 发射光谱图

假设均匀等离子体在光谱采集期间处于 LTE 态，则发射谱线的自吸收系数 SA 可以表示为 [19,20]

$$\mathrm{SA} = \frac{I(\lambda_0)}{I_0(\lambda_0)} = \frac{1 - \mathrm{e}^{-k(\lambda_0)l}}{k(\lambda_0)l} \tag{6.8}$$

对于 Stark 展宽系数已知的谱线，自吸收系数 SA 可以表示为 [25]

$$\mathrm{SA} = \left(\frac{\Delta\lambda}{\Delta\lambda_0}\right)^{1/\alpha} = \left(\frac{\Delta\lambda}{2w_\mathrm{S}}\frac{1}{n_\mathrm{e}}\right)^{1/\alpha} \tag{6.9}$$

式中，α 为吸收系数，值为 -0.54；$\Delta\lambda$ 是测量谱线的半峰全宽；w_S 是 Stark 展宽参数 [26]；n_e 是光学薄等离子体的电子数密度，可由式 (6.10) 求得

$$n_\mathrm{e} = N_\mathrm{e}(\mathrm{H}_\alpha) = 8.02 \times 10^{12} \left(\frac{\Delta\lambda_\mathrm{H}}{\alpha_{1/2}}\right)^{3/2} \tag{6.10}$$

式中，$\Delta\lambda_\mathrm{H}$ 是 H_α 线的半峰全宽 (full width at half maximum, FWHM)，$\alpha_{1/2}$

是以埃为单位的 H_α 线 Stark 线型的半峰全宽，Balmer 线系的精确 $\alpha_{1/2}$ 值可在文献 [27] 中找到。

由式 (6.9) 计算的铝原子谱线 Al I 396.15 nm 的 SA 随时间的演化展示于图 6.7。其中，Al I 396.15 nm 线的相关参数如下：跃迁概率 A_{ki} 为 9.85×10^7 s^{-1}，上能级简并度 g_k 为 2，Stark 展宽参数为 1.20×10^{-2} Å。H_α 线的相关参数如下：其跃迁概率 A_{ki} 为 5.39×10^7 s^{-1}，上能级简并度 g_k 为 4，Stark 展宽参数为 2.15×10^{-2} Å。由图可以看出，SA 在等离子体初期上升，在 400 ns 时达到最大值，此后开始逐渐下降。这表明自吸收效应随着时间先变小，达到最小之后，又越来越大。这主要是因为，等离子体产生后，经过电离和碰撞导致温度升高，随着时间开始向外膨胀导致粒子密度降低，使得其中的自吸收效应变小，在达到最小之后，等离子体由于进一步的膨胀导致温度下降，变得更冷，而基态原子的数量变得更多，使得等离子体中的自吸收效应变得严重。

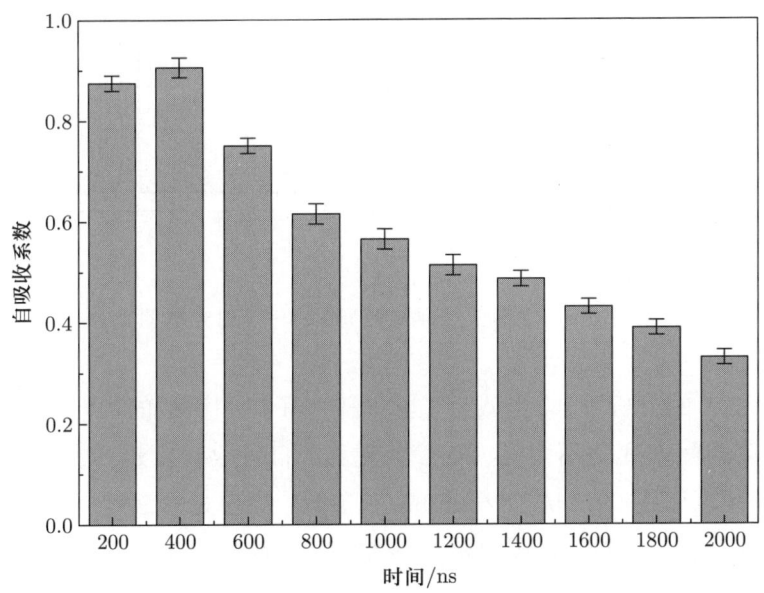

图 6.7　Al I 396.15 nm 线的 SA 的时间演变

6.4.2　光学深度系数法

为了进一步了解不同元素自吸收效应随时间的演化规律，使用光学深度系数法表征自吸收程度，对铜等离子体中自吸收效应的演化进行了研究。其实验装置与6.3.1节相似,为提升测量重复性和精确度,进一步调节了实验装置,激光器波长采用1064 nm,透镜替换为75 mm焦距的聚焦透镜,样品表面光斑直径约为600 μm。使用由纯溴化钾和氧化铜粉末压制成的Cu含量分别为0.01%、0.05%、0.6%的压片为样品,光谱采集的积分时间为100 ns,延迟时间为200~800 ns,等间隔为100 ns。其含铜压片样品典型的LIBS光谱如图6.8所示。

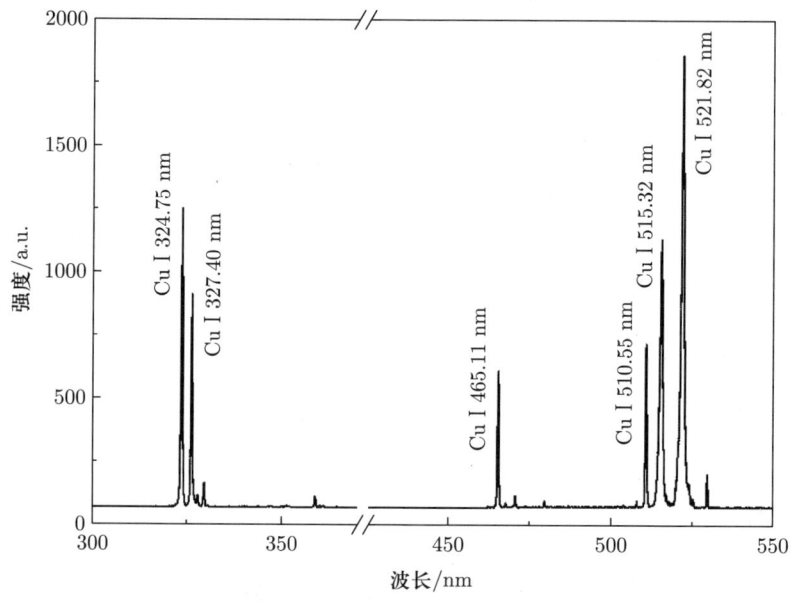

图6.8 含铜压片样品典型LIBS发射光谱图

由6.3.1节的分析可知,当认为光学薄等离子体中谱线的预期半峰全宽 $\Delta\lambda_0$ 在光谱采集期间内变化不大时,K 参数越大,自吸收程度越严重。所以,可以由式(6.6)计算谱线 Cu I 521.82 nm 的 K 参数,代表光学深度以表征其自吸收程度。其中 Cu I 521.82 nm 线的相关参数如下:跃迁概率 A_{ki} 为 7.50×10^7 s^{-1},上能级简并度 g_k 为6,下能级 E_i 为 3.82 eV。为了获得激光诱导等离子体中 Cu 的 Nl 值,采用了上文提到的双波长差分成像技术测量 Cu 元素总的原子数密度 N 和吸收路径长度 l。将减去连续背景的60次时间分辨等离子体图像的平均值作为等离子体原始发射图,以获得良好的信噪比。然后,使用 Abel 反演对所得的发射图像进行进一步处理,得到 Cu 原子的发射率图像,假设等离子体满足LTE态,则该发射率可以表示 Cu 的原子数密度。经过处理后的时间分辨发射率图像如图 6.9 所示，其中 (a)、(b)、(c) 分别代表 Cu 含量为 0.01%、0.05% 和 0.6% 的压片样品。每个图中的上标 1~6 分别表示延迟时间为 200 ns、300 ns、400 ns、600 ns、700 ns 和 800 ns，水平的白色箭头线表示采集光谱的视线。表 6.1 中列出了可以代表 Nl 值的发射率沿路径的积分值。此外，通过使用由 5 条 Cu I 线 (324.75 nm、327.40 nm、510.55 nm、515.32 nm、521.82 nm) 创建的 Boltzmann 平面图计算了等离子体的温度，并列在表 6.1 中。

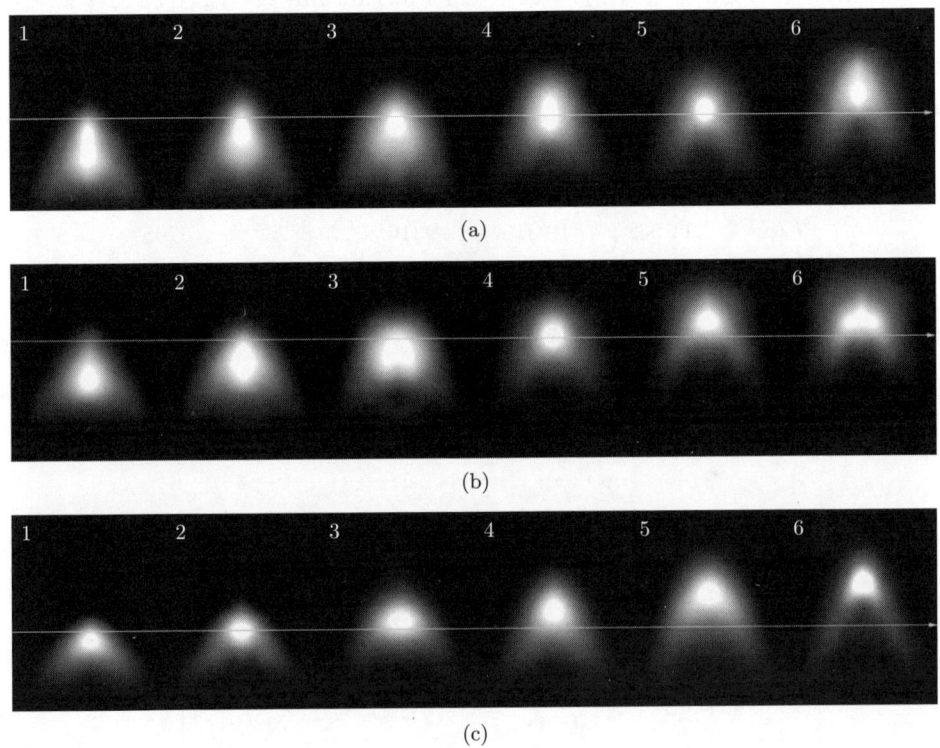

图 6.9　Cu 含量为 0.01%(a)、0.05%(b) 和 0.6%(c) 的压片样品中 Cu I 521.82 nm 线的时间分辨发射率图像

根据式 (6.6) 以及谱线和表 6.1 中列出的光谱参数，3 个样品中 Cu I 521.82 nm 线的 K 参数值随时间的变化如图 6.10 所示。由图 6.10 可以看出，Cu 含量为 0.01% 压片样品谱线的 K 值随时间最初增大然后又减小，这表明由于在等离子体演化的初期体积很小，以及演化末期的快速膨胀，导致其自吸收程度相对较弱。Cu 含量为 0.05% 压片样品谱线的 K 值随时间最初迅速增大，然后缓慢

降低,这表明在离子体演化的初期,其自吸收程度较弱;而 Cu 含量为 0.6% 压片样品的 K 值随时间略有升高,然后迅速下降,表明在离子体演化的末期,其自吸收程度较弱。上述结果表明,对于固定的光谱观察位置,在等离子体演化的某些时刻,其内部自吸收效应很小,可以合理地忽略,此时的等离子体可以看作光学薄等离子体。

表 6.1 不同 Cu 含量的压片样品中 Cu I 521.82 nm 线不同时间的 Nl 值

含量/%	参数	时间/ns					
		200	300	400	600	700	800
0.01	T/K	10 890	10 020	9188	8770	8610	8450
	Nl/a.u.	3932	4500	5408	5700	4810	3200
0.05	T/K	11 032	10 310	9316	8824	8705	8513
	Nl/a.u.	3091	5178	6772	6212	5123	3869
0.60	T/K	11 103	10 143	9843	9653	9363	9010
	Nl/a.u.	6890	7160	6548	5615	4438	3026

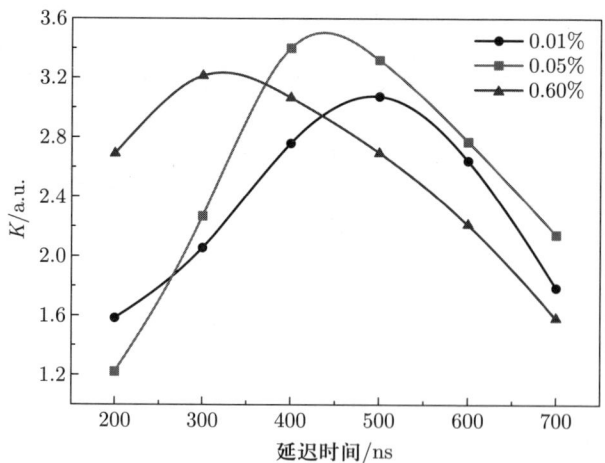

图 6.10 Cu 含量分别为 0.01%、0.05% 和 0.6% 的压片样品中 Cu I 521.82 nm 线 K 参数的时间演化

6.5 自吸收量化表征等离子体参数

在传统的 LIBS 分析观念中,自吸收效应对于定量分析会产生不良影响。但是等离子体发生自吸收后,强度和线型受到影响,对携带等离子体特征信息的谱线 (如电子温度、粒子数密度、元素含量比、Stark 展宽等) 的提取会存在偏差。同时,自吸收修正也可以作为辅助 LIBS 定量分析的有效工具。本节提出了自吸收量化表征激光诱导等离子体参数的方法,由分析发射谱线的自吸收程度推导出等离子体的温度、辐射粒子绝对数密度、元素含量比等特征参数[28]。6.5.1 节和 6.5.2 节将分别阐述其基本原理及实验验证。

6.5.1 理论分析

如 6.4.1 节式 (6.9) 所述,我们可以通过谱线的半峰全宽及其 Stark 展宽参数获得其自吸收系数 SA,之后光学深度 $k(\lambda_0)l$ 可以通过式 (6.8) 求解得到。光学深度可以表示为

$$k(\lambda_0)l = 2\frac{e^2}{m_e c^2 \cdot \Delta\lambda_0} n_i f \lambda_0^2 l \tag{6.11}$$

式中,参数 $n_i l$ 称为面密度,即沿采集视线的辐射粒子数密度和吸收路径长度的乘积。因此,通过简单地将式 (6.11) 重写,面密度可以表示为

$$n_i l = \frac{m_e c^2}{2e^2}\frac{\Delta\lambda_0}{f\lambda_0^2}k(\lambda_0)l = 1.775\times 10^4 \frac{\Delta\lambda_0}{f\lambda_0^2}k(\lambda_0)l \tag{6.12}$$

式中,λ_0 和 $\Delta\lambda_0$ 的单位为 Å,$k(\lambda_0)$ 单位为 cm^{-1},l 单位为 cm,n_i 单位为 cm^{-3},e 单位为静库仑 (statC)①,m_e 单位为 g。

通过上述面密度可以进一步对电子温度进行测定。Saha-Eggert 方程描述了热平衡态下等离子体的电离程度[29],通过结合 Boltzmann 分布函数可以表示为

$$\frac{n_i^{\text{I}}}{g_i^{\text{I}}} = \frac{N^{\text{I}}}{Z^{\text{I}}(T)}\exp\left(-\frac{E_i^{\text{I}}}{k_B T}\right) \tag{6.13a}$$

$$\frac{n_i^{\text{II}}}{g_i^{\text{II}}} = \frac{2(2\pi m_e k_B T)^{3/2}}{n_e h^3}\frac{N^{\text{I}}}{Z^{\text{I}}(T)}\exp\left[-\frac{(E_i^{\text{II}}+E_{\text{ion}}-\Delta E_{\text{ion}})}{k_B T}\right] \tag{6.13b}$$

---

① 静库仑是电荷的厘米–克–秒单位制 (ESU–CGS) 单位,与国际单位制单位的换算关系为:1 C= 2 997 924 580 statC。

式中，上标 I 和 II 分别表示中性原子和一价离子，N 是原子或离子状态下辐射粒子的总密度，E_{ion} 是第一电离能，ΔE_{ion} 是由于实验条件引起的减少的电离能，它们的单位是 eV，此式中 k_{B} 的单位为 erg·K^{-1}。由于在通常的 LIBS 实验中，ΔE_{ion} 比 $E_i^{\text{II}} + E_{\text{ion}}$ 之和低 1~2 个数量级，因此在式 (6.14) 中可以忽略它。

式 (6.13) 两侧分别乘以 l，再取对数运算，可以得到一种改进的 Saha–Boltzmann 平面法：

$$\ln \frac{n_i^{\text{I}} l}{g_i^{\text{I}}} = -\frac{E_i^{\text{I}}}{k_{\text{B}} T} + \ln \left[\frac{N^{\text{I}} l}{Z^{\text{I}}(T)} \right] \tag{6.14a}$$

$$\left[\ln \left(\frac{n_i^{\text{II}} l}{g_i^{\text{II}}} \right) - \frac{1}{k_{\text{B}} T} \ln \left(\frac{2(2\pi m_{\text{e}} k_{\text{B}} T)^{3/2}}{n_{\text{e}} h^3} \right) \right] = -\frac{(E_i^{\text{II}} + E_{\text{ion}})}{k_{\text{B}} T} + \ln \left[\frac{N^{\text{I}} l}{Z^{\text{I}}(T)} \right] \tag{6.14b}$$

其中，式 (6.14a) 用于原子谱线，式 (6.14b) 用于离子谱线。与传统的 Boltzmann 平面图或 Saha–Boltzmann 平面图相似，由式 (6.14) 可以推导出一个面密度的对数值与 E_i 的线性曲线，并从其斜率中可以推导出电子温度。由于该式中不涉及谱线强度信息，所以改进的 Saha–Boltzmann 平面法使用不同元素均可得到不受自吸收效应影响的准确电子温度。

在此基础上，如果电子温度已精确求得，则可以根据 Boltzmann 分布得到辐射粒子的总面密度：

$$\frac{n_i l}{N l} = \frac{g_i \cdot \exp(-E_i / k_{\text{B}} T)}{Z(T)} \tag{6.15}$$

考虑到对同种元素不同电离态的粒子求和，就可以获得分析元素的总面密度 $N_{\text{total}} l$，更进一步，考虑到不同元素的相对原子质量，则能够分析得出不同元素之间的相对含量比。例如，考虑到 a、b 两种元素的相对原子质量分别为 M_{a}、M_{b}，则这两种元素的含量比为

$$w_{\text{a}} / w_{\text{b}} = N_{\text{total,a}} l \times M_{\text{a}} / (N_{\text{total,b}} l \times M_{\text{b}}) \tag{6.16}$$

若能获得吸收路径长度 l，则可以根据面密度得到等离子体中原子和离子的绝对数密度。

为了更直观地描述此方法的原理与步骤，图 6.11 展示了本自吸收量化表征等离子体特征参数方法的流程图，电子温度、元素含量比和粒子的绝对数密度可分别由步骤 4、6 和 7 推导获得。

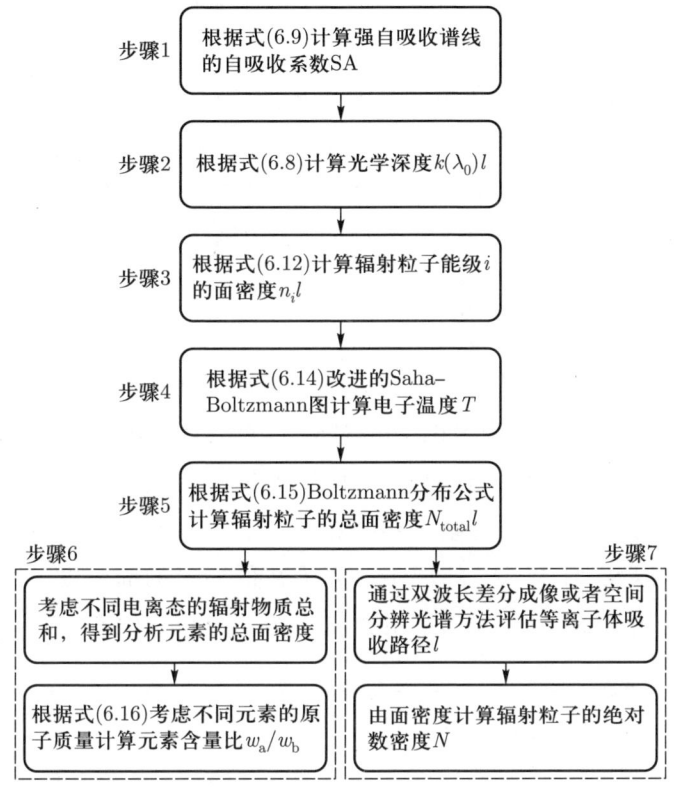

图 6.11　自吸收量化表征等离子体特征参数方法的流程图

6.5.2　实验验证

本 LIBS 实验装置与前述类似，但所用仪器略有不同。激光光源为 Nd: YAG 脉冲激光器 (Innolas, SL-100, 波长为 1064 nm, 重复频率为 10 Hz, 脉冲能量为 10 mJ)，用以产生激光诱导等离子体。光谱仪为中阶梯光栅光谱仪 (Lasertechnik Berlin GmbH LTB, ARYELLE Butterfly, 光谱分辨率 >15 000)，配备 ICCD(Andor, iStar DH334T)，用以采集等离子体辐射光谱。另有一个同样的 ICCD 用以采集等离子体图像，两者门宽和延时均设置为 1 μs。激光被 200 mm 焦距的平凸透镜聚焦，在样品表面产生直径为 700 μm 的焦斑。在高于靶表面 1.3 mm 处，沿垂直于激光束的视线方向收集等离子体的发射光谱,然后使用全硅光纤引导至光谱仪。通过平均 120 个减去连续背景的光谱,得到每个分析所用的光谱。

实验用标准铝锂合金 (标称质量成分:Al 95.0%, Mg 1.6%, Li 0.8%, Cu 2.39%, Mn 0.21%) 作为分析样品,计算了电子温度、Mg 和 Al 元素含量比及元素粒子数密度等参数。

在 LIBS 中,通常认为金属样品的等离子体是满足 LTE 条件的[29,30],这里假设本实验中也满足该条件。首先,选取自吸收程度较大的 Al I 308.21 nm、Al II 281.62 nm、Mg I 285.21 nm 和 Mg II 280.27 nm 四条谱线作为元素的待分析谱线,图 6.12 展示了该样品典型的 LIBS 发射光谱图。第一步,可以根据上述理论计算这 4 条谱线的自吸收系数 SA。此处需要注意,n_e 是通过测量 H_α 线的 Stark 展宽得到的电子数密度[25],式 (6.9) 中的半峰全宽为谱线的 Stark 展宽,需要消除仪器展宽的影响,具体方法见式 (6.6)。在本实验中,仪器展宽 $\Delta\lambda_I$ 在 254 nm 处为 0.01 nm(对应于 4 条自吸收谱线),在 546 nm 处为 0.03 nm(对应于 H_α 线),这是通过测量标准低压 Hg-Ar 灯发出的 Hg 线的 FWHM 来确定的。之后结合第二步和第三步,计算获得了 4 条谱线的 SA 系数、光学深度以及 Al 和 Mg 的原子、离子在低能级的面密度,其结果及相应光谱参数列于表 6.2。较小的 SA 系数值表明了分析谱线存在严重的自吸收。

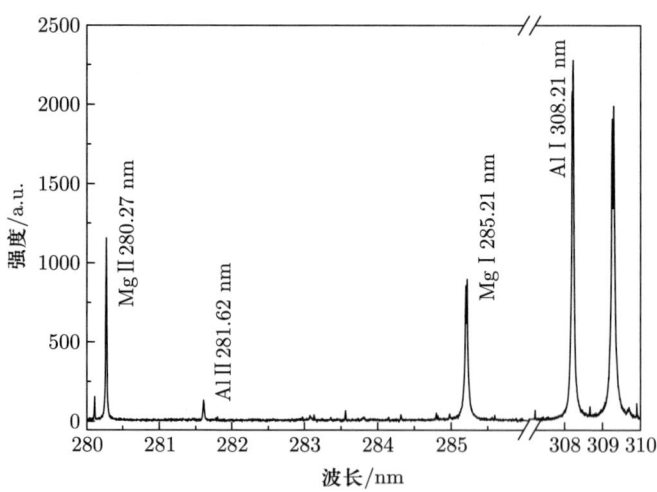

图 6.12 铝锂合金典型 LIBS 发射光谱图

按照步骤 4,利用改进的 Saha-Boltzmann 平面图计算出的电子温度如图

6.13 中的红色部分所示,由 Mg 和 Al 元素测定的温度分别为 0.96 eV 和 0.97 eV。为了验证改进的 Saha–Boltzmann 平面图性能,其结果与使用 6 条 Al 原子线经过自吸收校正前后[7]的传统 Boltzmann 平面图求得的温度 (图 6.13 的蓝色部分) 进行了对比。可以看到,自吸收校正前,Boltzmann 平面图获得的电子温度偏高,而自吸收校正后的电子温度为 0.99 eV,与改进的 Saha–Boltzmann 平面图的结果吻合较好。

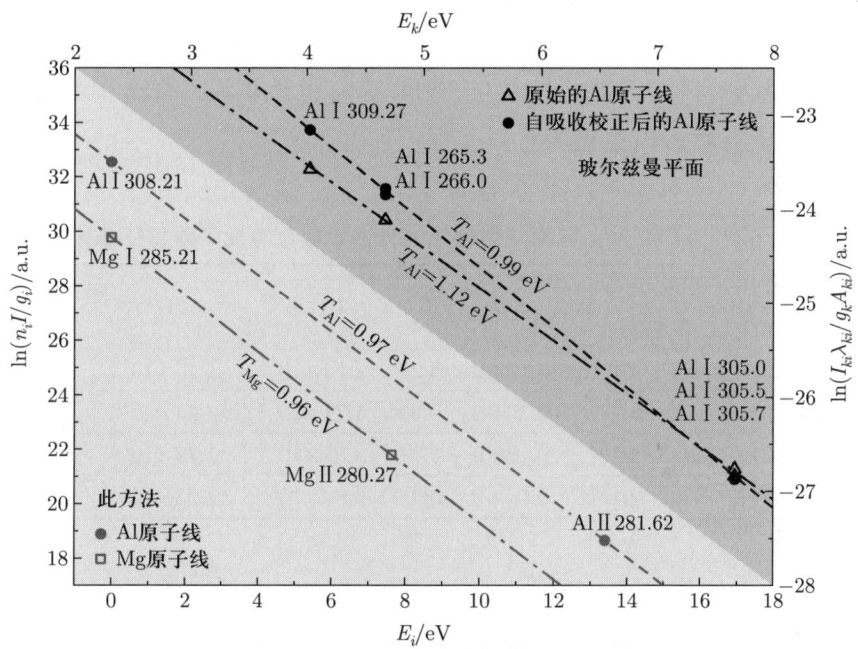

图 6.13 铝锂合金样品中 Mg 和 Al 元素的改进 Saha–Boltzmann 平面图 (参见书后彩图)

在第 5 步中,通过 Boltzmann 分布得到了 Mg 和 Al 元素发射粒子的面密度。如果在本研究中忽略等离子体的二价及以上电离,则可以根据步骤 6,将中性原子和一价离子相应的面密度求和,得到 Mg 和 Al 元素的总面密度 $N_{\text{total}}l$,此参数也列在表 6.2 中。考虑到元素各自的相对原子质量,计算出等离子体中 Mg 和 Al 元素的质量比 $w_{\text{Mg}}/w_{\text{Al}}$ 为 0.017 1,与标称值 0.016 8 基本一致。

因为在等离子体内,不同元素粒子可能具有不同的空间分布,因此在步骤 7 中,使用双波长差分成像技术测量了不同粒子对应的精确吸收路径长度。等离子体中 Al 元素的典型二维分布如图 6.14 所示,其中红色代表 Al 原子,绿色代表 Al 离子, 并且由此评估得到 Al 原子和 Al 离子对应的吸收路径长度分别为 2.0 mm 和 2.2 mm。遗憾的是, 由于 Mg 元素相邻谱线间的强烈干扰, 本实验中很难获得不同种类 Mg 粒子的发射率图像, 但由于镁和铝具有相似的物理和化学性质 (如熔点、原子质量、化学活性等), 我们近似地认为, 在这项工作中 Mg 元素的吸收路径长度与 Al 元素的吸收路径长度相同。将面密度除以这些路径长度, 则得到不同粒子的绝对数密度, 也列在表 6.2 中。在本实验中, 由 H_α 线半宽计算得到的电子数密度为 $1.72\times10^{17} cm^{-3}$, 与 Al 离子绝对数密度 ($1.65\times10^{17} cm^{-3}$) 相当, 这表明等离子体中的自由电子主要是由单电离的 Al 元素 (标称含量为 95%) 贡献的, 占 95.9% 以上, 也就是说, 合金中其他元素和空气中的电子贡献可以忽略不计。

表 6.2　Al 和 Mg 元素辐射谱线的光谱参数及等离子体特征参数

元素	波长 λ/nm	半宽 Stark 参数 ω/Å	SA	Kl	$n_i l$/ cm^{-2}	$N_{total} l$/cm^{-2}	N/cm^{-3}
Al I	308.21	2.81×10^{-2}	0.293 0	3.28	2.74×10^{14}	1.10×10^{15}	5.01×10^{15}
Al II	281.62	4.29×10^{-3}	0.354 0	2.62	4.71×10^{13}	3.64×10^{16}	1.65×10^{17}
Mg I	285.21	4.13×10^{-3}	0.156 0	6.41	8.54×10^{12}	1.79×10^{13}	8.11×10^{13}
Mg II	280.27	7.92×10^{-4}	0.002 3	434.8	6.83×10^{14}	7.03×10^{14}	3.20×10^{15}

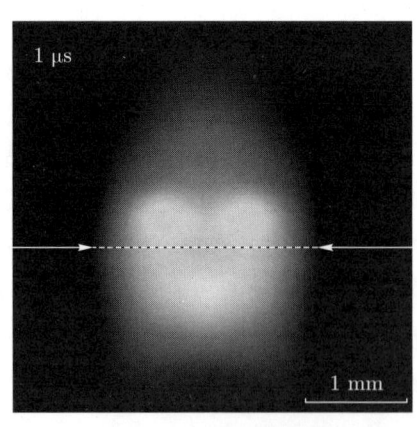

图 6.14　Al 原子和 Al 离子在 1 μs 延迟时间下的双波长差分发射图像 (参见书后彩图)

6.5.3 适用性及误差分析

由以上原理及实验分析可知，基于自吸收量化的激光诱导等离子体表征方法能够准确便捷地获得等离子体的定量特征参数，结果基本不受自吸收效应的影响，并且由于计算过程与谱线强度弱相关，因此可以省略光谱效率校正环节，从而有效延长 LIBS 实际应用中在线检测设备的校正周期。

然而，由式 (6.8) 中 $k(\lambda_0)l$ 与 SA 之间的关系可知，当 SA 远小于 1 时，该方法是准确的。在这种情况下，谱线受到强烈的自吸收影响，$k(\lambda_0)l$ 值趋于 1/SA 值。本实验中谱线的 SA 值皆小于 0.354，使用 1/SA 近似的 $k(\lambda_0)l$ 值与数值求解的真实值之间的误差小于 7.8%。因此，这里 $k(\lambda_0)l$ 可以用 1/SA 近似计算。然而，当 SA 趋近 1 时，使用 1/SA 近似计算得到的 $k(\lambda_0)l$ 的不确定度会显著增加，如图 6.11 中的虚线所示，此方法获得的 $k(\lambda_0)l$ 相对误差 (relative error, RE) 随 SA 单调增加，结果表明该近似方法在自吸收效应较小时将不再适合于计算。

另外，在本实验中，SA 的相对标准偏差 (relative standard deviation, RSD) 约为 5%，通过式 (6.8) 数值求解的 $k(\lambda_0)l$ 的 RSD 如图 6.15 中的实线所示，其随 SA 单调增加。假设使用式 (6.8) 计算 $k(\lambda_0)l$ 时，$k(\lambda_0)l$ 允许的最大 RSD 为 10%，则所选谱线的 SA 系数应限制在 SA<0.56。此外，如果使用 1/SA 近似计算 $k(\lambda_0)l$，$k(\lambda_0)l$ 允许的最大 RSD 为 10% 时，则 SA 系数应限制于 SA<0.38。

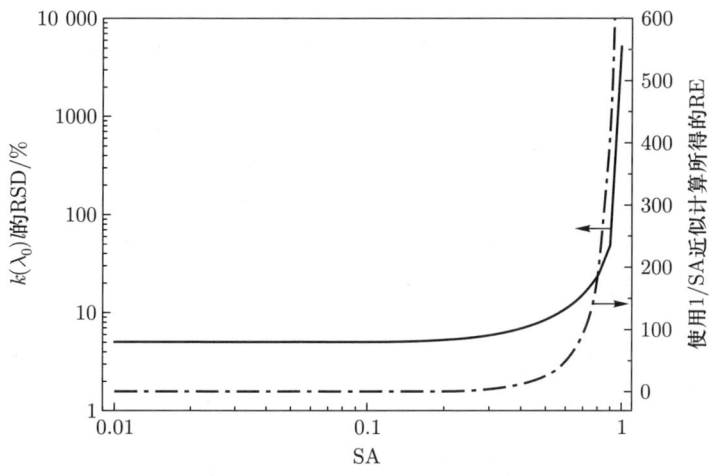

图 6.15 $k(\lambda_0)l$ 的 RSD 和 "1/SA 近似" 的 RE

这种自吸收量化的方法包括两个假设：等离子体是均匀的，即其中温度和电子数密度的梯度对谱线轮廓没有影响；等离子体处于 LTE 状态，即其中辐射粒子的能级分布遵循 Boltzmann 分布规律[25,31]。在这些假设下，我们可以把等离子体看作是一个位于中心，被厚度为 l、吸收系数为 $k(\lambda)$ 的均匀介质所包围的点发射源。此外，这个方法包括了 3 个近似：① 辐射谱线具有洛伦兹线型，即谱线展宽中 Stark 效应占主导，忽略了其他展宽机制；② 光学深度的计算中，忽略了受激辐射对等离子体吸收的影响[1,2]；③ 忽略了辐射物质中二价及高价电离态的存在。由于该方法采用了大量的理论来计算等离子体特征参数，而每一种理论都有其适用的模型和相应的近似，因此对于此方法的误差分析十分必要。

利用经典误差传递理论对该方法的分析精度进行了评估。

首先，SA 误差可以由式 (6.9) 表示为

$$\frac{\Delta SA}{SA} = \left|\frac{1}{\alpha}\right|\sqrt{\left(\frac{\Delta w_S}{w_S}\right)^2 + \left(\frac{\Delta n_e}{n_e}\right)^2} = \left|\frac{1}{\alpha}\right|\sqrt{\left(\frac{\Delta w_S}{w_S}\right)^2 + \frac{9}{4}\left(\frac{\Delta w_H}{w_H}\right)^2} \quad (6.17)$$

这里，4 条谱线 Al I 308.21 nm、Al II 281.62 nm、Mg I 285.21 nm 和 Mg II 280.27 nm 的 w_S 误差分别为 15%、8%、20% 和 20%[32-34]，而 H_α 的 w_H 误差为 10%[27]。因此，4 条分析谱线的 SA 误差分别为 39%、31%、46% 和 46%。

其次，由于式 (6.8) 的表达式是隐函数，因此由 SA 引起的 $k(\lambda_0)l$ 误差只能用数值方法求解。在本实验中，4 条谱线的 SA 系数分别为 0.293、0.354、0.156 和 0.002 3，对应的 $k(\lambda_0)l$ 误差分别为 52%、42%、59% 和 58%。这样，n_il 的误差可由式 (6.12) 表示为

$$\frac{\Delta n_i l}{n_i l} = \frac{\Delta k(\lambda_0)l}{k(\lambda_0)l} \quad (6.18)$$

因此，n_il 的误差等于 $k(\lambda_0)l$ 的误差。

之后，通过改进的 Saha–Boltzmann 曲线斜率的相对误差估计 T 的测量误差约为 2%。Nl 误差可由式 (6.15) 表示为

$$\frac{\Delta Nl}{Nl} = \sqrt{\left(\frac{\Delta n_i l}{n_i l}\right)^2 + \left(\frac{\Delta Z}{Z}\right)^2 + \left(\frac{E_i}{k_B T}\right)^2\left(\frac{\Delta T}{T}\right)^2} \quad (6.19)$$

式中，配分函数的误差相比于与其他两个更高的误差源可以忽略[35]。因此，Al I、Al II、Mg I 和 Mg II 4 种粒子的 Nl 误差分别为 52%、44%、59% 和 58%。

某种元素总面密度 $N_{\text{total}}l$ 的误差可以表示为

$$\frac{\Delta N_{\text{total}}l}{N_{\text{total}}l} = \frac{\Delta N^{\text{I}}l + \Delta N^{\text{II}}l}{N_{\text{total}}l} \qquad (6.20)$$

式中，$N_{\text{total}}l = N^{\text{I}}l + N^{\text{II}}l$，Al 和 Mg 元素的 $N_{\text{total}}l$ 误差分别为 44% 和 58%。

最后，$w_{\text{Mg}}/w_{\text{Al}}$ 误差可以表示为

$$\frac{\Delta(w_{\text{Mg}}/w_{\text{Al}})}{w_{\text{Mg}}/w_{\text{Al}}} = \sqrt{\left(\frac{\Delta N_{\text{total,Mg}}l}{N_{\text{total,Mg}}l}\right)^2 + \left(\frac{\Delta N_{\text{total,Al}}l}{N_{\text{total,Al}}l}\right)^2} \qquad (6.21)$$

式中，$N_{\text{total,Mg}}l$ 和 $N_{\text{total,Al}}l$ 分别表示 Mg 和 Al 元素的总面密度；$w_{\text{Mg}}/w_{\text{Al}}$ 误差为 73%。

从以上分析可知，误差最主要来源于所选谱线的 Stark 展宽参数，选择 Stark 展宽参数误差小的谱线会进一步降低该方法的分析误差。

6.6 自吸收效应的消除

为了减弱甚至消除其不良影响，众多学者研究了校正或消除自吸收的方法，常见的有生长曲线 (curve of growth, COG) 法、自吸收系数法、光谱拟合与等离子体建模法、倍程镜法、激光/微波辅助激发法、自吸收免疫技术等。这些方法的基本原理、优缺点总结如下。

(1) 生长曲线法。

Gornushkin[36] 等在 1999 年首次报道了将 COG 方法应用于 LIBS 对钢样品中 Cr 元素的分析测量，他们首先介绍了 COG 模型理论的推导过程，之后通过实验拟合数据与理论 COG 的对比获得了 Cr 线的阻尼常数，最后发现对数定标曲线中光学薄和光学厚等离子体之间的拐点所对应的 Cr 含量为 0.1%。

COG 的基本原理与前文所述类似。根据经典辐射理论的推导，谱线的积分强度可以写作：

$$I = F \frac{8\pi hc}{\lambda^3} \frac{n_1}{n_0} \frac{g_1}{g_0} \int (1 - e^{-k(\nu)l}) d\nu \qquad (6.22)$$

式中，F 是一个取决于实验系统的常量参数；n_1、n_0、g_1、g_0 分别是上能级和下能级的原子数密度和简并度；$k(\nu)$ 是与频率相关的吸收系数。同理，对于上述辐射情况所写的关系也适用于描述等离子体中的吸收过程。在均匀等离子体中，定义总吸收 A_t 为

$$A_\mathrm{t} = 2\pi \frac{\Delta\lambda_\mathrm{D}}{\sqrt{\ln 2}} \int \left[1 - \mathrm{e}^{-k(\nu)l}\right] \mathrm{d}\nu \tag{6.23}$$

我们注意到，式 (6.22) 描述的发射谱线强度与 A_t 成正比。在对等离子体内部吸收的研究中，$A_\mathrm{t}/2b$ 与 $n_0 fl/b$(其中 f 是跃迁振子强度，$b = \pi\Delta\lambda_\mathrm{D}/\sqrt{\ln 2}$) 的对数图通常称为理论 COG，它有两个分析区域，线性区的斜率为 1，强自吸收区的斜率为 1/2。类似地，积分发射谱线 $I = f(n_0)$ 可以由相同的 COG 表示，通常实验上的 COG 是通过测量相对积分谱线强度作为分析物含量的函数来构建的。假设等离子体内的原子数密度与样品内相应元素的含量呈正比关系，则定标函数与理论 COG 直接相关。

由以上理论模型可知，通过比较实验上的定标曲线和理论 COG，可以得到定标曲线呈线性的元素含量范围，根据参数的比较可以知道谱线的吸收系数，从而校正谱线强度。另外，其他基本的等离子体特性，如电子温度、碰撞截面、基态原子数密度等，也可以从 COG 中得到。

很多学者将 COG 方法引入 LIBS 的实际分析中。例如，Aguilera[37] 等使用 COG 探索了等离子体的空间不均匀性和时间演化，并在等离子体的各个区域消除了不同程度的自吸收过程引起的 COG 饱和。随后，同组的 Aragón[38] 等利用 COG 的优点，提出了一种利用低含量极限下 COG 的斜率所构造的改进 Boltzmann 平面法，对等离子体表观温度的测量不存在由于自吸收的存在而造成的系统误差。Alfarraj[39] 等在不同实验条件下，还利用 COG 估算了 LIBS 光谱中锶线和铝线的光学深度和自吸收程度。虽然使用 COG 的发射光谱模型来研究激光诱导等离子体及定标函数的基本性质时，理论和实验都很复杂，但是此方法对于提高 LIBS 化学分析的性能是十分有益的，至少该模型可用于确定光谱线性极限范围，并可用于筛选适合定量分析的谱线。

(2) 自吸收系数法。

自吸收系数可以反映激光诱导等离子体的自吸收程度，被广泛应用于谱线强度和宽度的校正。它可以通过实际测量的发射谱线峰值强度与预期的无自吸

收谱线峰值强度 (将光学薄条件下的 COG 有效地外推到与实际测量的辐射粒子相同数密度而获得的谱线强度) 的比值来表示 [25,40]:

$$\mathrm{SA} = \frac{I(\lambda_0)}{I_0(\lambda_0)} = \frac{1-\mathrm{e}^{-k(\lambda_0)l}}{k(\lambda_0)l} = \Delta\lambda_0 \frac{(1-\mathrm{e}^{-K/\Delta\lambda_0})}{K} \quad (6.24)$$

式中，$I(\lambda_0)$ 是实际的谱线峰值强度；$I_0(\lambda_0)$ 光学薄条件下无自吸收谱线峰值强度；$\Delta\lambda_0$ 是光学薄等离子体发射谱线的预期半峰全宽，并且

$$k(\lambda_0)l = K/\Delta\lambda_0 = 2\frac{e^2}{m_e c^2 \cdot \Delta\lambda_0} n_i f \lambda_0^2 l \quad (6.25)$$

除了上述定义式，自吸收系数还可表示为

$$\mathrm{SA} = \left(\frac{\Delta\lambda}{\Delta\lambda_0}\right)^{1/\alpha} = \left(\frac{\Delta\lambda}{2w_S}\frac{1}{n_e}\right)^{1/\alpha} \quad (6.26)$$

式中，α 是常数，值为 -0.54；$\Delta\lambda$ 是谱线半峰全宽；w_S 是 Stark 展宽参数 [26]；n_e 是光学薄等离子体中的电子数密度，通常可以根据式 (6.27) 从 H_α 线的半峰全宽得到此电子数密度：

$$n_e = N_e(H_\alpha) = 8.02 \times 10^{12} \left(\frac{\Delta\lambda_H}{\alpha_{1/2}}\right)^{3/2} \mathrm{cm}^{-3} \quad (6.27)$$

式中，$\Delta\lambda_H$ 是 H_α 线的半峰全宽；$\alpha_{1/2}$ 是以 Å 为单位的 H_α 线 Stark 线型的半峰全宽。

由于这种方法仅需要实验上很容易测量的电子数密度和谱线宽度两个参数就可以得到反映谱线自吸收程度的自吸收系数，进而校正谱线的强度和宽度，因此要比其他必须估算不可直接获得的参数 (如光学深度或原子数密度等) 的方法更可取。Mansour[41] 利用这种自吸收系数法研究了自吸收效应对电子温度测量的影响，通过分析谱线与光学薄 H_α 线的电子数密度比，量化并校正了铝原子谱线的自吸收效应，得到了更准确的电子温度值。

然而，上述方法需要已知电子数密度和 Stark 展宽系数，在某些情况及对于某些谱线，这两个参数是无法获取的，所以就需要更为通用的方法。Bredice 等 [19] 提出了一种当 Stark 展宽系数不可用时，通过获取谱线强度比值、半峰全宽比值及电子温度评估自吸收系数的方法。之后，他们又提出了另一种只需要

谱线强度计算自吸收系数的方法[42]，由于该方法仅涉及谱线强度的测量，所以可被用于低光谱分辨率的实验，尤其适用于开发低成本的 LIBS 仪器。此外，Díaz Pace 等[43,44]提出了另一种获得自吸收系数的方法，该方法通过推导均匀等离子体中的辐射传递函数来计算谱线的光学深度，他们用这种方法研究并修正了不同脉冲能量诱导下氢氧化钙基质中的镁原子谱线的自吸收系数。

另一个常用的自吸收系数校正法是内标参考线自吸收校正 (internal reference standard absorption correction, IRSAC) 法。该方法的过程为：首先，为每种粒子各选择一条自吸收可忽略谱线作为内标参考线，然后将相同粒子的其他谱线与相应内部参考线的强度进行比较来估计自吸收程度，最后利用回归算法完成谱线强度的最优校正。其中，内标参考线应选取上能级很高的谱线，这样它的自吸收效应就会很小，进而可以认为该参考线不受自吸收影响。孙兰香等[45]采用 IRSAC 法对免定标 LIBS(calibration free–LIBS, CF-LIBS) 中的自吸收效应进行了校正，发现 Boltzmann 平面图的线性度有所增强，定量分析结果的准确性也明显得到了提高。Ramezanian[46]等应用 IRSAC 预测了 Fe-Cr-Ni 金属合金的表面硬度，将铬离子线和原子线的强度比与合金表面硬度间的相关系数由未校正前的 47% 显著提高到 90%。Shakeel[47]等将该方法应用于铝硅合金的 CF-LIBS 分析中，发现自吸收校正后的定量分析偏差由 0.6%~6.7% 降低到 0.3%~2.2%。

(3) 光谱拟合与等离子体建模法。

光谱线的拟合与对等离子体演化及发射过程的建模也是校正自吸收的有效工具。对于前者，最常用的非线性定标曲线拟合函数是[48]

$$y = a + bc(1 - e^{-x/c}) \quad (6.28)$$

式中，x 表示元素含量；y 是谱线强度。该公式可以直观地描述定标曲线的饱和趋势。另一种评估自吸收的拟合方法是拟合谱线线型[49]，通过将实验观测到的自吸收线型拟合到基于一维辐射传输理论基础的模型上，再由拟合参数推导出谱线的自吸收程度。Li 等[50]提出了一种可校正 CF-LIBS 中自吸收的黑体辐射参考自吸收校正 (black body radiation reference-self-absorption correction, BRR-SAC) 法，通过迭代运算，将实测光谱与相应的理论黑体辐射进行直接比较，通过计算电子温度和光学系统的采集效率，从而进行自吸收校正。与 COG

校正自吸收法相比，该方法具有编程简单、计算效率高、无需 Stark 展宽系数等优点。基于钛合金样品的实验结果表明，经 BRR-SAC 校正后，Boltzmann 平面的线性度和元素含量的测量精度都有显著提升。

除了拟合方法外，研究学者们还提出了各种理论模型来减小 LIBS 中的自吸收效应。Gornushkin 等[51]建立了光学厚及非均匀的等离子体理论模型，以确定辐射谱线的自吸收或自蚀程度。该模型考虑了自吸收过程、连续辐射和自吸收系数，模拟了激光脉冲消失后等离子体的连续辐射和原子辐射谱线的时间演化。Lazic 等[52]提出了一个考虑到谱线强度和元素含量之间非线性关系的模型，该模型考虑了再吸收过程和不同电子数密度空间区域的贡献，通过对不同来源土壤和南极海洋沉积物中元素组成在 15%～40% 的样品进行定量分析，计算出测量不确定度并验证了该模型的可行性。考虑到等离子体内部空间分布，Amamou 等[53]构建了一个由热核心和冷外层区域组成的等离子体模型，用以拟合由于自吸收而引起严重变形的发射谱线。他将该模型应用于 394.40 nm 和 396.15 nm 的铝共振双峰线，测量出的两条线的能级跃迁概率比值与理论值接近。Bulajic 等[54]提出了一种主动校正 CF-LIBS 中的自吸收谱线的模型，通过评估初始电子温度、电子数密度及不同粒子的绝对数密度，根据模型计算出谱线自吸收系数，再使用递归算法求得准确的无自吸收的谱线强度。为了验证模型的有效性，他们使用了 3 个钢样品和 3 种三元合金对模型进行了测试。图 6.16 给出了该合金样品自吸收校正前后的 Boltzmann 平面图的对比。定量结果表明，该模型算法将测量精度提升了近一个数量级。

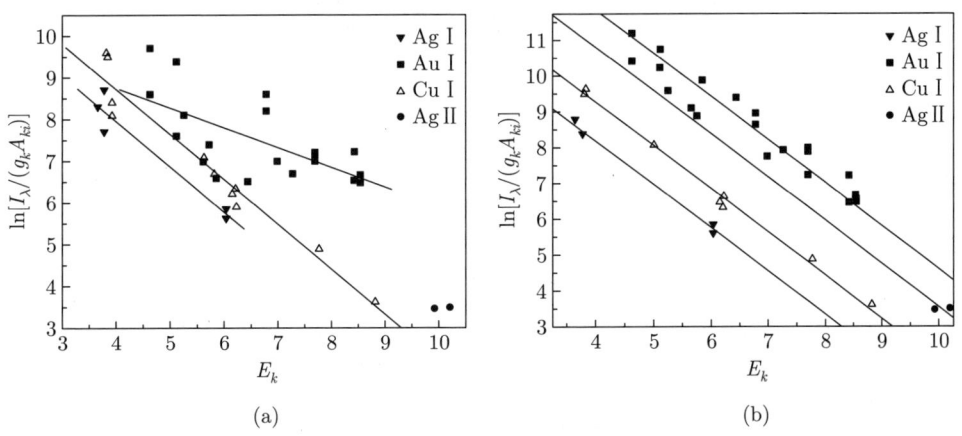

图 6.16　Au 合金自吸收校正前 (a) 和自吸收校正后 (b) 的 Boltzmann 平面图

(4) 倍程镜法。

该方法通过在等离子体后的两倍焦距位置处放置一面凹面镜，将光程长度加倍，以检查和纠正自吸收 [图 6.17(a)]，理论上除去传输损耗和反射，如果信号强度加倍，则没有自吸收 [55]。之后，有研究学者提出了一种利用轴向均匀脉冲源的改进倍程镜法 [56]，在传统的线性脉冲电极之间引入了辅助移动电极 [图 6.17(b)]，通过移动其位置，可以在保持等离子体阻抗的情况下变化等离子体长度。通过控制光快门的开关，记录下光程加倍前后的两条线的线型 [图 6.17(c)]，即可确定校正系数。

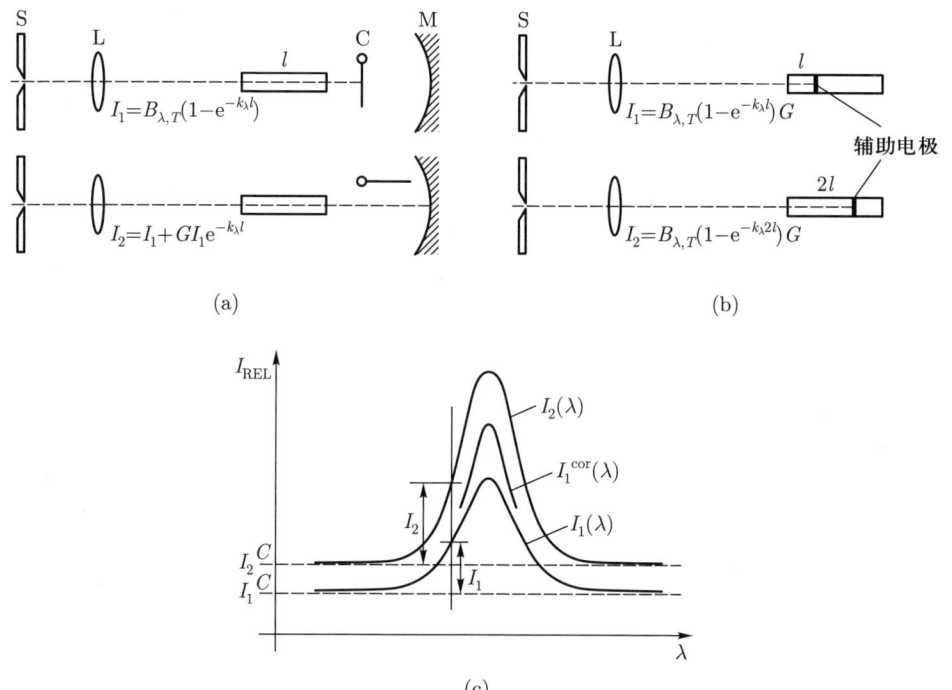

图 6.17 (a) 基于倍程镜技术的自吸收测定装置；(b) 通过移动放电过程中辅助电极的位置使等离子体长度加倍的装置；(c) 记录的单程和双程等离子体长度的线型

Burger 等 [57] 给出了倍程镜法对于所记录光谱的自吸收校正的解析表达式，分别将有反射镜和无反射镜记录的光谱表示为 F_2 和 F_1，则校正后无自吸收的光谱 F_0 可以表示为

$$F_0 = \frac{2F_1}{1+(F_2-F_1)/(GF_1)} \tag{6.29}$$

式中，$G<1$，它是考虑了透镜的透射率、凹面镜的反射率、收集的立体角等因素的反射率。

(5) 激光/微波辅助激发法。

除上述校正自吸收效应的方法和技术外，还有一些方法可以主动消除自吸收，最常见的有大气压力控制、激光受激吸收(laser stimulated absorption, LSA)、微波辅助激发(microwave assisted excitation, MAE)等方法。

通过大气压力控制的方法可以使等离子体密度变低，进而使得自吸收效应变得十分微弱。Horňáčková 等[58]将其应用于沸石的 CF-LIBS 分析，他们在真空室中进行了减压测量，有效消除了谱线的自吸收效应。同样地，在钢样品的定量分析实验中，Hao 等[59]发现，如果将大气压力降低至 1 kPa 时，自吸收引起的镁、铜等元素定标曲线的非线性得到了很大的改善。

Li 等[60]提出了 LSA 辅助 LIBS 法，通过使用连续波长可调谐的激光器照射等离子体外围，对其进行再次激发，使得等离子体周围的基态原子吸收光子并跃迁到另一高能态，不再吸收等离子体内部辐射(图 6.18)，进而有效地减少自吸收效应。图 6.19 展示了有严重自吸收的 LIBS 和使用 LSA-LIBS 后无自吸收的光谱，其中 K、Mn 和 Al 元素辐射谱线的 FWHM 分别减少了 58%、25% 和 52%，自吸收现象得到了明显抑制。

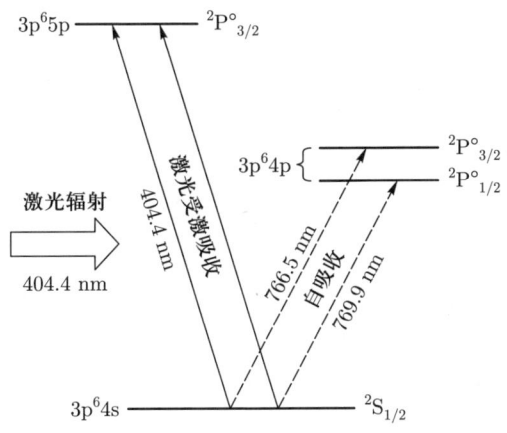

图 6.18　钾原子的 LSA 辅助 LIBS 机制

Tang 等[61]提出了 MAE 辅助 LIBS 法，在 200~900 nm 光谱范围内有效消除了激光诱导钾长石等离子体的自吸收效应。MAE-LIBS 的机制(图 6.20)

与 LAS–LIBS 相似，它通过让等离子体周围处于基态的原子吸收由近场辐射耦合的微波能量，使其跃迁到更高的能级跃迁，从而减少自吸收效应。分析结果表明，MAE–LIBS 使得与自吸收程度密切相关的基态原子数密度急剧下降。图 6.21 展示了有严重自吸收效应的 LIBS 光谱和使用 MAE–LIBS 后无自吸收的光谱，可见 Na、K、Si 和 Ca 辐射谱线中原有的严重自吸收效应被消除了，并且各元素谱线的 FWHM 也都减少了近一半。

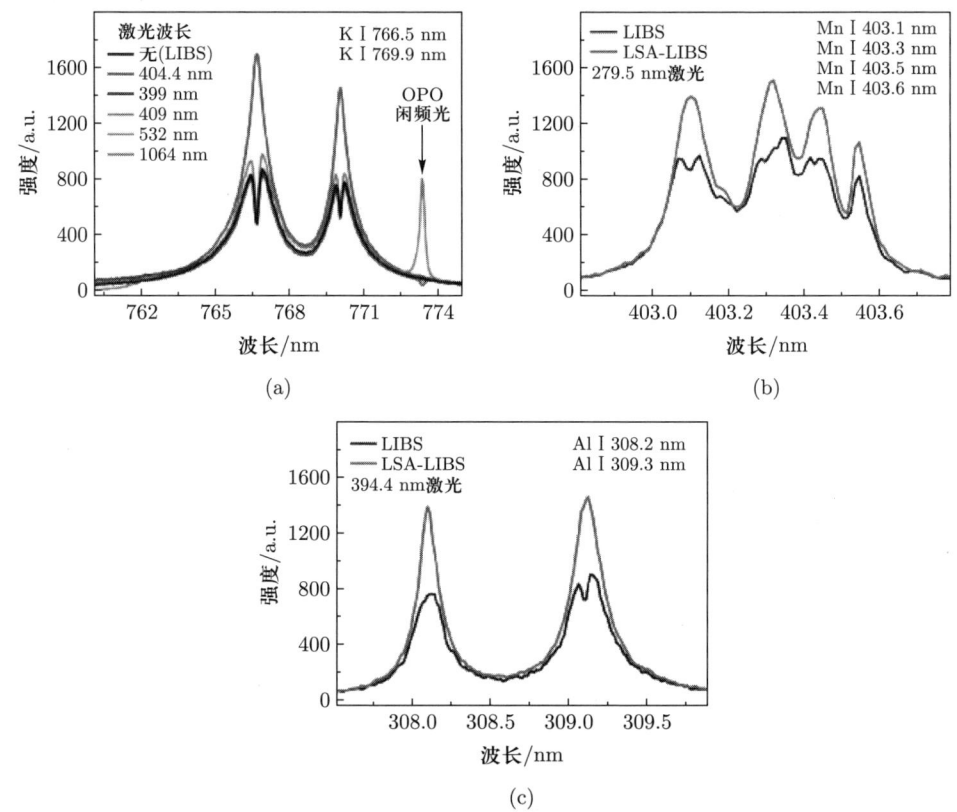

图 6.19 K(a)、Mn(b) 和 Al(c) 元素的 LIBS 及 LSA–LIBS 辐射线比较

上述各种自吸收的校正或消除方法都能在一定程度上对 LIBS 定量分析性能有所提升，各有其特殊的优势和应用条件，但是这些方法也有各自的局限性。

(6) 自吸收免疫技术。

Hou 等[62]基于物理思想减少自吸收效应的影响出发，发展了自吸收免疫激光诱导击穿光谱 (SAF–LIBS) 理论与技术，建立了光学薄等离子体理论判据，对准光学薄等离子体时间窗口如何选取进行了介绍，并从辐射传输理论出发，对 SAF–LIBS 理论进行推导以验证其正确性，之后从理论上和实验上均对双线强度比值演化进行了分析。

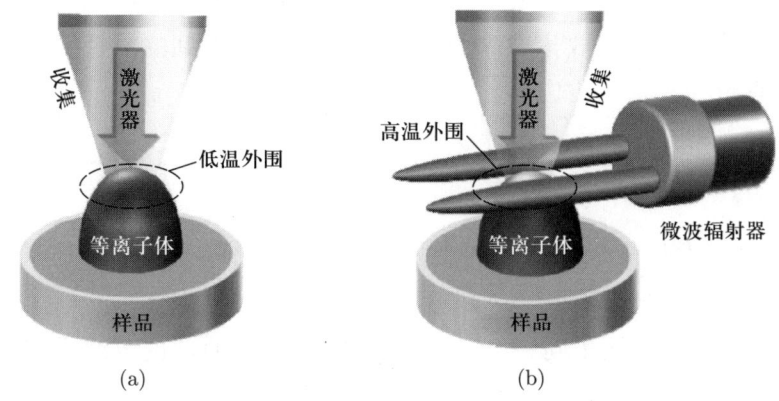

图 6.20　MAE–LIBS 减小自吸收的机制：(a) 无微波；(b) 有微波

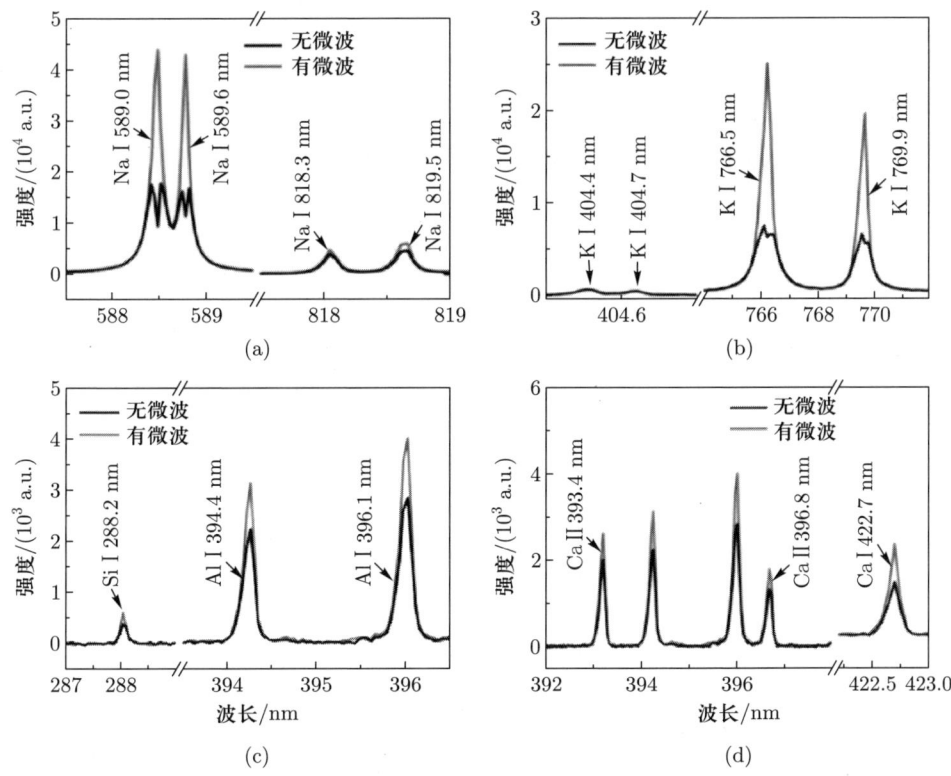

图 6.21　Na (a)、K (b)、Si (c) 和 Ca (d) 元素的 LIBS 及 MAE–LIBS 辐射线比较

为了直接获得不受自吸收影响的辐射光谱，首先需要判断等离子体处于光学薄态的条件，即给出光学薄等离子体的判据。

假设均匀等离子体在光谱采集期间处于光学薄，并且满足 LTE 状态条件，且考虑到实验光学系统收集效率为 F 时，则理论上测到的沿视线积分的谱线强度可以表示为

$$I_\lambda^{ki} = \frac{Fhc}{4\pi\lambda_{ki}} A_{ki} Nl \frac{g_k}{Z_S(T)} \exp\left(-\frac{E_k}{k_B T}\right) \tag{6.30}$$

式中，I_λ^{ki} 是元素从能级 k 跃迁到能级 i 时辐射光谱线强度；N 是原子或离子数密度；$Z_S(T)$ 是配分函数。

根据式 (6.30)，处于同一电离态 Z 的同种元素的理论双线强度比值可以表示为

$$\frac{I_{1,0}}{I_{2,0}} = \left(\frac{\lambda_{nm,Z}}{\lambda_{ki,Z}}\right)\left(\frac{A_{ki,Z}}{A_{nm,Z}}\right)\left(\frac{g_{k,Z}}{g_{n,Z}}\right) \exp\left(-\frac{E_{k,Z} - E_{n,Z}}{k_B T}\right) \tag{6.31}$$

式中，$I_{1,0}$ 和 $I_{2,0}$ 分别为元素从能级 k 跃迁到能级 i 和能级 n 跃迁到能级 m 时的理论辐射光谱线强度。

如果进一步选择两条上能级相同或十分接近的同元素谱线，则式 (6.31) 右侧中与温度相关的指数项的值将等于或趋近于 1，式 (6.31) 可简化为

$$\frac{I_{1,0}}{I_{2,0}} = \left(\frac{\lambda_{nm,Z}}{\lambda_{ki,Z}}\right)\left(\frac{A_{ki,Z}}{A_{nm,Z}}\right)\left(\frac{g_{k,Z}}{g_{n,Z}}\right) = C_{\text{const}} \tag{6.32}$$

对于均匀并处于 LTE 状态的等离子体，其发射谱线的自吸收系数 SA 可以表示如下[25,54]：

$$\text{SA} = \frac{I(\lambda_0)}{I_0(\lambda_0)} = \frac{(1 - e^{-K/\Delta\lambda_0})}{K/\Delta\lambda_0} \tag{6.33}$$

式中，K 参数可以表示为

$$K = \frac{1}{4\pi^2 c} \frac{A_{ki} g_k}{Z(T)} e^{-\frac{E_i}{k_B T}} \lambda_0^4 \times Nl \tag{6.34}$$

式 (6.30) 中，$\Delta\lambda_0$ 是发射谱线的预期半峰全宽，由于谱线的洛伦兹宽度主要受 Stark 展宽效应支配，因此对于多重谱线中具有相同上能级的谱线，其宽度是相同的[19]，所以 $\Delta\lambda_{1,0} = \Delta\lambda_{2,0} = \Delta\lambda_0$。此外，由式 (6.34) 可知，对于同种元

素且具有相同跃迁能级的两条谱线，有 $K_2 = C_2 K_1$。结合式 (6.32)，可将同种元素跃迁上能级相等的双线强度比值表示为

$$\frac{I_1}{I_2} = \frac{I_{1,0} \mathrm{SA}_1}{I_{2,0} \mathrm{SA}_2} = C_{\mathrm{const}} \frac{(1 - \mathrm{e}^{-K_1/\Delta\lambda_0}) K_2}{(1 - \mathrm{e}^{-K_2/\Delta\lambda_0}) K_1} = C_{\mathrm{const}} \frac{C_2(1 - \mathrm{e}^{-K_1/\Delta\lambda_0})}{(1 - \mathrm{e}^{-C_2 K_1/\Delta\lambda_0})} \qquad (6.35)$$

在自吸收非常弱的情况下，有 $K_1/\Delta\lambda_0 \ll 1$，$\mathrm{SA} \approx 1$，则式 (6.35) 可近似简化为

$$\frac{I_1}{I_2} = C_{\mathrm{const}} \frac{C_2(1 - \mathrm{e}^{-K_1/\Delta\lambda_0})}{(1 - \mathrm{e}^{-C_2 K_1/\Delta\lambda_0})} \approx C_{\mathrm{const}} \frac{C_2 K_1/\Delta\lambda_0}{C_2 K_1/\Delta\lambda_0} = C_{\mathrm{const}} \qquad (6.36)$$

以上理论推导结果表明，只有在自吸收非常弱的情况下，实验中测量的同种元素跃迁上能级相等的双线强度比值等于理论值。所以，当测量到一定延迟时间下的双线强度比值等于理论值时，可以认为 λ_0 处的谱线是光学薄的，这也证明了 SAF–LIBS 理论的正确性。

通过匹配铝等离子体光谱中 Al 元素上能级相同的双线强度比值与理论值来确定等离子体处于光学薄态的最佳时刻，此后将最佳时刻记为 t_{ot}，从而直接获得光学薄的 Al 原子发射谱线以减少自吸收对定量分析的影响。选择 Al I 394.40 nm 和 Al I 396.15 nm 双线作为研究谱线，根据式 (6.31) 及表 6.3 中的参数，可以计算出其理论强度比值为 1.97。

表 6.3　含铝压片样品中 Al 原子线和 H_α 线的光谱参数表

元素	波长 λ/nm	跃迁概率 $A/(\times 10^7~\mathrm{s}^{-1})$	统计权重 g	上能级 E_k/eV	下能级 E_i/eV	Stark 展宽参数 $\omega/(10^{-2}~\text{Å})$
Al I	308.21	5.87	4	4.021	0.00	2.88
Al I	309.27	7.29	6	4.022	0.01	2.88
Al I	394.40	4.99	2	3.143	0.00	1.20
Al I	396.15	9.85	2	3.143	0.01	1.20
H_α	656.27	5.39	4	12.088	10.20	2.15

为了实现 SAF–LIBS，并研究不同实验条件下双线强度比值随时间的演化规律，首先对光谱积分时间及采集角度进行了优化，之后分析了不同 Al 含量的样品。

图 6.22(a) 给出了 Al 原子双线强度比值在 200~1000 ns 内不同积分时间下的时间演化及其理论值，使用 Al 含量为 13% 的压片作为样品，其中 x 轴上的时间是光谱采集的延迟时间，图例中的时间是积分时间；图 6.22(b) 展示了对应光学薄等离子体的最佳时刻 t_{ot}，以及 SNR 和积分时间之间的关系。从图中可以看出，双线强度比值 $I_{Al\ 396.15\ nm}/I_{Al\ 394.40\ nm}$ 随着时间的增加而下降，且对比实验测量的比值和理论值，可以看出不同积分时间下光学薄等离子体对应的延迟时间在 200~400 ns。t_{ot} 随积分时间的增加而降低，该现象可以解释为：双线强度比值随时间演化的下降趋势表明，Al I 396.15 nm 谱线强度的下降速度快于 Al I 394.40 nm 线，所以对于某一延迟时间，随着积分时间的增加，Al I 396.15 nm 的谱线强度比 Al I 394.40 nm 的谱线强度增加得慢，从而导致光谱强度比值随着积分时间的增加而降低，使得 t_{ot} 随积分时间的增加而降低。考虑到等离子体的快速膨胀特性以及内部温度和密度随时间的快速变化，最好用最小的积分时间进行时间分辨研究。然而，较小的积分时间会明显降低光谱的信噪比，因此确定适当的积分时间是非常必要的。从图 6.22(b) 中可以看到，SNR 随着积分时间的增加先增大后减小，在 400 ns 时达到最大值。

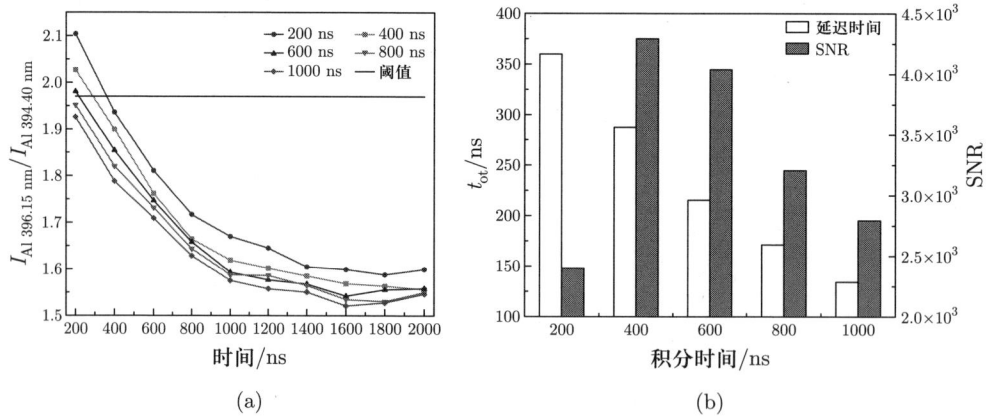

图 6.22 (a) 不同积分时间下 Al 原子双线强度比值的时间演化；(b) 最佳时刻 t_{ot} 值及光谱的 SNR 和积分时间之间的关系

图 6.23(a) 给出了 Al 原子双线强度比值在与激光束方向成 10°~80° 的不同光纤收集角度下的时间演化 (积分时间为 400 ns) 及其理论值，同样使用 Al 含量为 13% 的压片作为样品，图中插图为 240~360 ns 范围内的放大部分；图

6.23(b) 展示了对应光学薄等离子体的最佳时刻,以及光谱信噪比和收集角度之间的关系。从图中可以看出,t_{ot} 随光纤收集角度的增大先增大后减小。这是因为自吸收效应与等离子体的温度、电子数密度、原子和离子数密度、吸收路径长度、元素组成等特征参数有关[63],因此,对于特定的等离子体径向部分,由于其独特的参数,导致沿不同收集角度积分光谱的 t_{ot} 值不同。另外,SNR 随着光纤收集角的增大,先增加后减小,在 45° 时达到最大值。

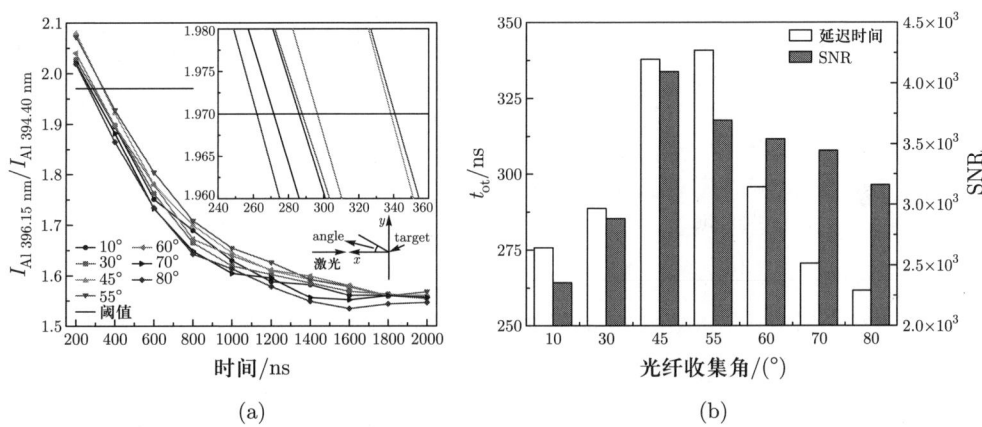

图 6.23 (a) 不同光纤收集角度下 Al 原子双线强度比值的时间演化;(b) 最佳时刻 t_{ot} 值及光谱的 SNR 和收集角度之间的关系

图 6.24(a) 给出了 Al 含量为 5%~19% 样品的 Al 原子双线强度比值的时间演化 (积分时间为 400 ns,收集角度为 45°) 及其理论值。可见,除 19% 的样品外,其余样品的 t_{ot} 值为 (400±70) ns,由于本实验的光谱采集延迟时间以 200 ns 为间隔,所以将对应于该批样品中 Al 元素谱线的准光学薄时刻 t_{ot} 认定为 400 ns。图 6.24(b) 给出了光学薄等离子体的最佳时刻和不同 Al 元素含量之间的关系。从图中可知,t_{ot} 随着 Al 含量的增加而降低。

由以上实验结论可知,对于本实验而言 (装置、样品及采集条件),当积分时间、光纤收集角度和延迟时间分别设置为 400 ns、45° 和 400 ns 时,就可以实现对 Al 元素的 SAF–LIBS 分析。

此外,为了验证等离子体是否处于 LTE 状态,使用 McWhirter 判据计算了等离子体处于 LTE 状态所需的电子数密度最低极限值[64]:

$$n_{\text{e}}(\text{cm}^{-3}) \geqslant n_{\text{e}}^* = 1.6 \times 10^{12} T^{1/2} \left(\Delta E_{ki}\right)^3 \tag{6.37}$$

式中，ΔE_{ki} 是所有谱线中的最大跃迁能量，在本实验最高电子温度为 8274 K 的条件下，测得的 n_e 为 10^{17}cm^{-3}，远大于计算的极限值 $n_e^* = 9.4 \times 10^{15} \text{ cm}^{-3}$，因此本实验中的激光诱导等离子体满足 LTE 条件。

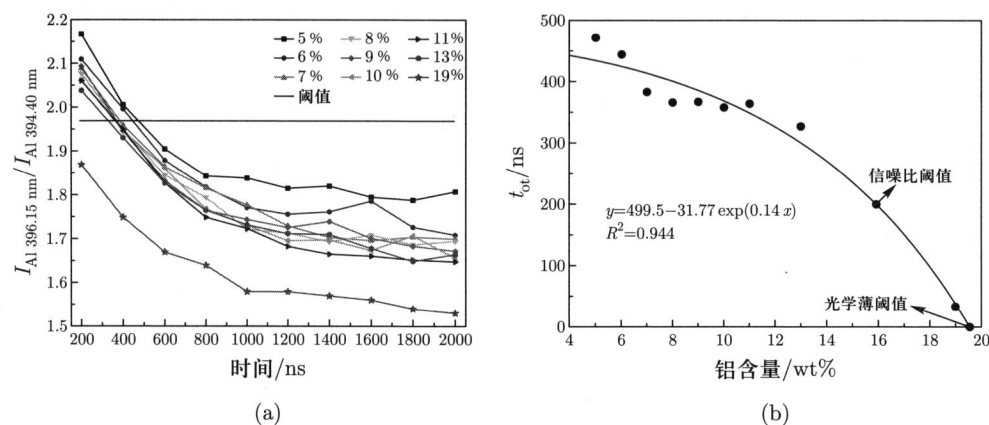

图 6.24 (a) 不同铝含量下 Al 原子双线强度比值的时间演化；(b) 最佳时刻 t_{ot} 值和不同 Al 元素含量之间的关系

6.7 本章小结

在实际应用中，由于高能量脉冲激光烧蚀样品生成的等离子体是具有一定光学尺寸的体光源，其内部自发辐射产生的光子在向外传播时，会被传播路径上与产生辐射同一类的原子或离子吸收，从而造成自吸收效应。该效应不仅降低了被测样品谱线的真实强度，增加了谱线宽度，也会使定标结果饱和，最终影响到定量分析的精确度和检测限。

本章围绕 LIBS 测量中自吸收效应的关键科学和技术问题，主要研究了自吸收理论，包括：自吸收产生和演化的物理机理、自吸收与等离子体辐射谱线参数，提出了自吸收量化表征激光诱导等离子体参数的方法，由分析发射谱线的自吸收程度推导出了等离子体的温度、辐射粒子绝对数密度、元素含量比等特征参数。针对自吸收效应还介绍了几种校正或消除自吸收效应的方法，包括生长曲线法、自吸收系数法、光谱拟合与等离子体建模法、倍程镜法、激光/微波辅助激发法、自吸收免疫技术等。

对 LIBS 中自吸收效应机理进行研究并且探究其校正和消除方法，为消除自吸收效应对 LIBS 定量分析的影响，提升该技术的分析性能，促进其进一步成熟和实用化提供了宝贵的理论及实验依据。

参考文献

[1] Li J M, Guo L B, Li C M, et al. Self-absorption reduction in laser-induced breakdown spectroscopy using laser-stimulated absorption[J]. Optics Letters, 2015, 40(22): 5224–5226.

[2] Kimura M, Nakamura G. Self-reversal of the lines H_α and H_β of hydrogen[J]. Japanese Journal of Applied Physics, 1923: 2–53.

[3] Wood R W. LXXIX. Self-reversal of the red hydrogen line [J]. The London, Edinburgh, and Dublin Philosophical Magazine and Journal of Science. 1926, 2(10): 876–880.

[4] Sibaiya L. On the self-reversal of spectral lines [J]. P. Indian AS: Sect. A. 1939, 9(3): 219–223.

[5] Konjević N. Plasma broadening and shifting of non-hydrogenic spectral lines: present status and applications [J]. Physics Reports: Review Section of Physics Letters, 1999, 316(6), 339–401.

[6] Sherbini A M E, Aboulfotouh A N, Rashid F, et al. Spectroscopic measurement of Stark broadening parameter of the 636.2 nm Zn I-line[J].Natural Science, 2013, 5(4): 501–507.

[7] Leis F, Sdorra W, Ko J B, et al. Basic investigations for laser microanalysis: I. Optical emission spectrometry of laser-produced sample plumes[J]. Microchimica Acta, 1989, 98(4-6): 185–199.

[8] Surmick M D, Parigger G C. Electron density determination of aluminium laser-induced plasma[J]. Journal of Physics B: Atomic, Molecular and Optical Physics, 2015, 48(11): 115701.

[9] Grant J K, Paul L G, O'Neill A J. Quantitative elemental analysis of iron ore by laser-induced breakdown spectroscopy[J]. Applied Spectroscopy, 1991, 45(4): 701–705.

[10] Wang Z, Feng J, Li L. A multivariate model based on dominant factor for laser-induced breakdown spectroscopy measurements[J]. Journal of Analytical Atomic Spectrometry, 2011, 26(11): 2289–2299.

[11] Zaytsev M S, Popov M A, Chernykh V E. Comparison of single- and multi-variate calibration for determination of Si, Mn, Cr and Ni in high-alloyed stainless steels by laser-induced breakdown spectrometry[J]. Journal of Analytical Atomic Spectrometry, 2014, 29(8): 1417–1424.

[12] Cowan D R, Dieke H G. Self-absorption of spectrum lines[J]. Reviews of Modern Physics, 1948, 20(2): 418–455.

[13] Hermann J, Hong D, Boulmer-leborgne C. Diagnostics of the early phase of an ultraviolet laser induced plasma by spectral line analysis considering self-absorption[J]. Journal of Applied Physics, 1998, 83(2): 691–696.

[14] Su G M, Min Q, Cao Q S, et al. Evolution analysis of EUV radiation from laser-produced tin plasmas[J]. Journal of Physics: Conference Series, 2017, 875(3): 022047.

[15] Aguilera J, Aragón C. Characterization of laser-induced plasmas by emission spectroscopy with curve-of-growth measurements. Part II: Effect of the focusing distance and the pulse energy[J]. Spectrochimica Acta Part B: Atomic Spectroscopy, 2008, 63(7): 784–792.

[16] Yi R, Guo L, Li C, et al. Investigation of the self-absorption effect using spatially resolved laser-induced breakdown spectroscopy[J]. Journal of Analytical Atomic Spectrometry, 2016, 31(4): 961–967.

[17] Gudimenko E, Milosavljevic V, Daniels S. Influence of self-absorption on plasma diagnostics by emission spectral lines. Optics Express, 2012, 20(12): 12699–12709.

[18] Tang Y, Li J, Hao Z Q, et al. Multi-elemental self-absorption reduction in laser-induced breakdown spectroscopy by using microwave-assisted excitation[J]. Optics Express, 2018, 26(9): 12121–12130.

[19] Bredice F, Borges F, Sobral H, et al. Evaluation of self-absorption of manganese emission lines in laser induced breakdown spectroscopy measurements[J]. Spectrochimica Acta Part B: Atomic Spectroscopy, 2006, 61(12): 1294–1303.

[20] Bulajic D, Corsi M, Cristoforetti G, et al. A procedure for correcting self-absorption in calibration free-laser induced breakdown spectroscopy[J]. Spectrochimica Acta Part B: Atomic Spectroscopy, 2002, 57(2): 339–353.

[21] Kramida A, Ralchenko Y, Reader J, and NIST ASD Team. NIST Atomic Spectra Database (ver. 5.4), NIST 官方网站 (2017).

[22] Ma Q, Motto-ros V, Bai X, et al. Experimental investigation of the structure and the dynamics of nanosecond laser-induced plasma in 1-atm argon ambient gas[J]. Applied Physics Letters, 2013, 103(20): 204101.

[23] Bai X, Ma Q, Perrier M, et al. Experimental study of laser-induced plasma: influence of laser fluence and pulse duration[J]. Spectrochimica Acta Part B: Atomic Spectroscopy, 2013, 87(9): 27–35.

[24] Gornushkin B I, Shabanov V S, Panne U. Abel inversion applied to a transient laser induced plasma: implications from plasma modeling[J]. Journal of Analytical Atomic

Spectrometry, 2011, 26(7): 1457–1465.

[25] Sherbini A M E, Sherbini T M E, Hegazy H, et al. Evaluation of self-absorption coefficients of aluminum emission lines in laser-induced breakdown spectroscopy measurements[J]. Spectrochimica Acta Part B: Atomic Spectroscopy, 2005, 60(12): 1573–1579.

[26] Griem H R. Plasma Spectroscopy[M]. New York: McGraw-Hill, 1964.

[27] Kepple P, Griem H. R. Improved stark profile calculations for hydrogen lines: H_α, H_β, H_γ and H_δ[J]. Physical Review, 1968, 173(1): 317–325.

[28] 赵法刚, 张宇, 张雷, 等. 基于自吸收量化的激光诱导等离子体表征方法 [J]. 物理学报, 2018, 67(16): 286–290.

[29] Cristoforetti G, De Giacomo A, Dell′Aglio M, et al. Local thermodynamic equilibrium in laser-induced breakdown spectroscopy: beyond the McWhirter criterion[J]. Spectrochimica Acta Part B: Atomic Spectroscopy, 2010, 65(1): 86–95.

[30] Cristoforetti G, Lorenzetti G, Legnaioli S, et al. Investigation on the role of air in the dynamical evolution and thermodynamic state of a laser-induced aluminium plasma by spatial- and time-resolved spectroscopy[J]. Spectrochimica Acta Part B: Atomic Spectroscopy, 2010, 65: 787–796.

[31] Holtgreven W L. Plasma diagnostics[M]. New York: AIP Press, 1995.

[32] Konjević N, Dimitrijevic M S, Wiese W L. Experimental stark widths and shifts for spectral lines of positive ions (A critical review and tabulation of selected data for the period 1976 to 1982)[J]. Journal of Physics and Chemical Reference Data, 1984, 13(3): 649–686.

[33] Colón C, Hatem G, Verdugo E, et al. Measurement of the Stark broadening and shift parameters for several ultraviolet lines of singly ionized aluminum[J]. Journal of Applied Physics, 1993, 73: 4752–4758.

[34] Goldbach C, Nollez G, Plomdeur P, et al. Stark-width measurements of neutral and singly ionized magnesium resonance lines in a wall-stabilized arc[J]. Physical Review A, 1982, 25(5): 2596–2605.

[35] Aragón C, Peñalba F, Aguilera J A. Spatial distributions of the number densities of neutral atoms and ions for the different elements in a laser induced plasma generated with a Ni-Fe-Al alloy[J]. Analytical and Bioanalytical Chemistry, 2006, 385(2): 295–302.

[36] Gornushkin I B, Anzano J M, King L A, et al. Curve of growth methodology applied to laser-induced plasma emission spectroscopy[J]. Spectrochimica Acta Part B: Atomic Spectroscopy, 1999, 54(3-4): 491–503.

[37] Aguilera J A, Bengoechea J, Aragón C. Curves of growth of spectral lines emitted by

a laser-induced plasma: influence of the temporal evolution and spatial inhomogeneity of the plasma[J]. Spectrochimica Acta Part B: Atomic Spectroscopy B, 2003, 58(2): 221–237.

[38] Aragón C, Peñalba F, Aguilera J A. Curves of growth of neutral atom and ion lines emitted by a laser induced plasma[J]. Spectrochimica Acta Part B: Atomic Spectroscopy, 2005, 60(7-8): 879–887.

[39] Alfarraj B A, Bhatt C R, Yueh F Y, et al. Evaluation of optical depths and self-absorption of strontium and aluminum emission lines in laser-induced breakdown spectroscopy (LIBS) [J]. Applied spectroscopy, 2017, 71(4): 640–650.

[40] Shirvani-mahdavi H, Shoursheini S Z, Gholami H, et al. Calibration-free laser-induced plasma analysis of a metallic alloy with self-absorption correction[J]. Applied Physics B, 2014, 117(3): 823–832.

[41] Mansour M A S. Self-absorption effects on electron temperature-measurements utilizing laser induced breakdown spectroscopy (LIBS)-techniques[J]. Optics and Photonics Journal, 2015, 5(3): 79–90.

[42] Bredice O F, Rocco D O H, Sobral M H, et al. A new method for determination of self-absorption coefficients of emission lines in laser-induced breakdown spectroscopy experiments[J]. Applied Spectroscopy, 2010, 64(3): 320–323.

[43] Díaz Pace D M, D'angelo C A, Bertuccelli G. Calculation of optical thicknesses of magnesium emission spectral lines for diagnostics of laser-induced plasmas[J]. Applied Spectroscopy, 2011, 65(10): 1202–1212.

[44] Díaz Pace D M, D'angelo C A, Bertuccelli G. Study of Self-absorption of emission magnesium lines in laser-induced plasmas on calcium hydroxide matrix[J]. IEEE Transactions on Plasma Science, 2012, 40(3): 898–908.

[45] 孙兰香, 于海斌. 利用激光诱导击穿光谱对铝合金成分进行多元素同时定量分析 [J]. 光谱学与光谱分析, 2009, 29(12): 3375–3378.

[46] Ramezanian Z, Darbani S M R, Majd A E. Effect of self-absorption correction on surface hardness estimation of Fe-Cr-Ni alloys via LIBS[J]. Applied Optics, 2017, 56(24): 6917–6922.

[47] Shakeel H, Haq S U, Aisha G, et al. Quantitative analysis of Al-Si alloy using calibration free laser induced breakdown spectroscopy (CF-LIBS). Physics of Plasmas, 2017, 24(6): 063516.

[48] Aragon C, Aguilera J A, Penalba F. Improvements in quantitative analysis of steel composition by laser-induced breakdown spectroscopy at atmospheric pressure using an infrared Nd:YAG laser[J]. Applied Spectroscopy, 1999, 53(10): 1259–1267.

[49] Sakka T, Nakajima T, Ogata Y H. Spatial population distribution of laser ablation species determined by self-reversed emission line profile[J]. Journal of Applied Physics, 2002, 92(5): 2296–2303.

[50] Li T, Hou Z, Fu Y, et al. Correction of self-absorption effect in calibration-free laser-induced breakdown spectroscopy (CF-LIBS) with blackbody radiation reference[J]. Analytica Chimica Acta, 2019: 39–47.

[51] Gornushkin I B, Stevenson C L, Smith B W, et al. Modeling an inhomogeneous optically thick laser induced plasma: a simplified theoretical approach[J]. Spectrochimica Acta Part B: Atomic Spectroscopy, 2001, 56(9): 1769-1785.

[52] Lazic V, Barbini R, Colao F, et al. Self-absorption model in quantitative laser induced breakdown spectroscopy measurements on soils and sediments[J]. Spectrochimica Acta Part B: Atomic Spectroscopy, 2001, 56(6): 807–820.

[53] Amamou H, Bois A, Ferhat B, et al. Correction of the self-absorption for reversed spectral lines: Application to two resonance lines of neutral aluminium[J]. Journal of Quantitative Spectroscopy and Radiative Transfer, 2003, 77(4): 365–372.

[54] Bulajic D, Corsi M, Cristoforetti G, et al. A procedure for correcting self-absorption in calibration free-laser induced breakdown spectroscopy[J]. Spectrochimica Acta Part B: Atomic Spectroscopy, 2002, 57(2): 339–353.

[55] Wiese W L, Huddleston R H, Leonard S L. Plasma diagnostic techniques[M]. New York: Academic Press, 1965.

[56] Kobilarov R, Konjevic N, Popovic M V. Influence of ion dynamics on the width and shift of isolated He I lines in plasmas[J]. Physical Review A, 1989, 40: 3871–3879.

[57] Burger M, Skočić M, Bukvić S. Study of self-absorption in laser induced breakdown spectroscopy[J]. Spectrochimica Acta Part B: Atomic Spectroscopy, 2014, 101: 51–56.

[58] Horňáčková M, Grolmusová Z, Plavčan J, et al. Pre-study of silicon and aluminum containing materials for further zeolites CF-LIBS analysis[J]. WDS'12 Proceedings of Contributed Papers part II, 2012: 134–139.

[59] Hao Z Q, Liu L, Shen M, et al. Investigation on self-absorption at reduced air pressure in quantitative analysis using laser-induced breakdown spectroscopy[J]. Optics Express, 2016, 24(23): 26521–26528.

[60] Li J M, Guo L B, Li C M, et al. Self-absorption reduction in laser-induced breakdown spectroscopy using laser-stimulated absorption[J]. Optics Letters, 2015, 40(22): 5224–5226.

[61] Tang Y, Li J, Hao Z, et al. Multi-elemental self-absorption reduction in laser-induced breakdown spectroscopy by using microwave-assisted excitation[J]. Optics Express,

2018, 26(9): 12121–12130.

[62] Hou J J, Zhang L, Yin W B, et al. Development and performance evaluation of self-absorption-free laser-induced breakdown spectroscopy for directly capturing optically thin spectral line and realizing accurate chemical composition measurements[J]. Optics Express, 2017, 25(19): 23024–23034.

[63] Praher B, Palleschi V, Viskup R, et al. Calibration free laser-induced breakdown spectroscopy of oxide materials[J]. Spectrochimica Acta Part B: Atomic Spectroscopy, 2010, 65(8): 671–679.

[64] McWhirter R W P. Plasma Diagnostic Techniques[M], New York: Academic Press, 1965.

第 7 章　等离子体调制方法[①]

在典型激光诱导击穿光谱 (纳秒激光作为光源) 测量中，高能量密度的脉冲激光会把待测样品瞬间加热至等离子体态，使得待测元素的原子从基态被激发至高能态，这意味着 LIBS 应该具有很高的检测灵敏度。然而，在实际应用中，由于激光烧蚀的样品质量非常少 (百纳克 ~ 微克级别)，LIBS 的检测限通常在几十至几百 ppm 之间，很多时候不能满足实际检测灵敏度的要求。为提高 LIBS 的检测灵敏度，学者们提出 LIBS 光谱 "增强" (enhancement) 的概念，并已经发展了一系列激光等离子体光谱增强技术，比如空间约束、磁约束、火花放电辅助等。增强技术研究是 LIBS 信号改进的重点及热点，对于理解 LIBS 的基本原理及推广应用具有重要意义。然而，"增强" 这一概念只注重 LIBS 发射光谱强度的提高，而并未涵盖其他任何信号特征的改进，比如，常用的多种有效 "增强" 技术，如纳米颗粒增强、火花放电、微波增强等，虽然能有效增强 LIBS 的光谱信号强度，但往往使得信号更加不可重复，这显然不利于 LIBS 定量化性能的提升。

近年来，清华大学王哲教授团队提出 "等离子体调制 (plasma modulation)" (或称 "等离子体调控") 的概念[1]：通过改变激光诱导等离子体的形成和演化条件，调节或者控制等离子体的时空演化过程，来获取更高品质的 LIBS 原始信号 (可同时包括更强信号、更高重复性等关键指标)。应该说，"等离子体调制" (或 "等离子体调控") 是 "增强" 的升级或者改进，这是因为：① 对 "增强" 来说，信号增强是结果，也是唯一的目标；"等离子体调制" 的目的不仅可以包括 "增强"，根据实际情况，还可包括其他指标，实现多指标优化改进。② "增强" 强调的是目标，"等离子体调制" 强调的是手段，从激烈变化等离子体的时空演化入手，来调控等离子体的稳定性和可重复性，从而调制获得更高品质的

[①] 本章由华中科技大学郭连波教授撰写。

光谱信号，实现 LIBS 定量化目标。从本质来说，"增强"也是"等离子体调制"，也是通过改变激光诱导等离子体的形成和约束条件，调节或者控制等离子体的时空演化过程，在采样时空窗口内获得更高辐射强度的等离子体光谱信号源，从而提高信号的可重复性精度及信号强度。也就是说，"等离子体调制"包括了"增强"，而"增强"是"等离子体调制"的组成部分。

为引导研究人员在研究中更加关注技术的本质手段特征，同时也更加关注于实现原始信号可重复性精度和信号强度的协同提高，从而避免只研究"增强"而忽略 LIBS 定量分析更加重要的信号重复性及基体效应等，将改进 LIBS 原始信号的思路从"增强"朝着"等离子体调制"（"等离子体调控"）发展，不仅更加有利于 LIBS 技术的进一步发展及应用，也是未来的大势所趋。基于此，本章主要围绕"等离子体调制"方法的原理及效果进行全面阐述。

7.1 空间约束等离子体调制

在 LIBS 测量中，当激光与物质相互作用产生等离子体时，等离子体通常呈半球形向外扩散，其尺寸一般为 mm 级别。而在等离子体羽流向外扩散时，由于受到外界气压以及外界环境的影响，在传播的过程中存在能量交换和能量损失，从而导致等离子体羽流中间温度高，边缘温度低，导致等离子体中元素分布不均匀，从而不仅导致光谱信号弱，还导致光谱稳定性差。那么，是否能够人为控制等离子体羽流扩散方向和等离子体羽流大小，从而促进等离子体羽流内部的均匀性呢？研究人员对此提出采用"空间约束"的方法对等离子体进行调制，通过外加约束装置对等离子体羽流进行约束，从而限制等离子体羽流扩散和改变等离子体羽流形貌，最终起到等离子体调制的作用，实现光谱信号的增强和光谱稳定性的改善。

7.1.1 原理

空间约束对等离子体的作用过程主要分为 3 个阶段：① 等离子体羽流自由膨胀和冲击波扩散阶段；② 反射冲击波对等离子体压缩阶段；③ 压缩后等离子体继续膨胀阶段，具体如图 7.1 所示。当聚焦后的脉冲激光烧蚀样品表面产生激光诱导等离子体后，等离子体羽流在空气中快速膨胀，膨胀后的等离子体压缩周围空气，产生以超音速传播的冲击波，当冲击波在高速膨胀的过程中遇到障碍物时，则会反射回来对膨胀的等离子体进行压缩，从而大幅增加等离子体中粒子的碰撞概率，使得处于低能级上的粒子更多地跃迁到高能级上，意味着更多的基态粒子转变为激发态粒子，从而提高等离子体温度和粒子数密度，最终实现光谱增强。如图 7.2 所示为低合金样品的 LIBS 光谱在采用空间约束前后光谱强度的对比，可见空间约束可使 LIBS 光谱获得显著的整体增强。

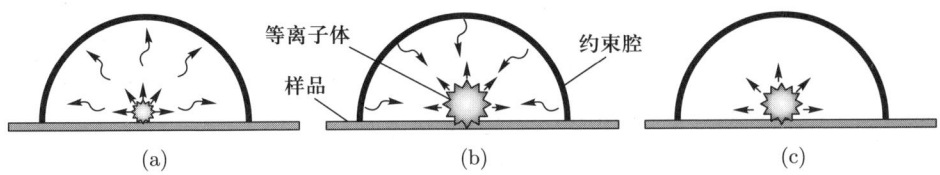

图 7.1　约束腔对等离子体的作用过程：(a) 自由膨胀；(b) 冲击波扩散；(c) 压缩结束

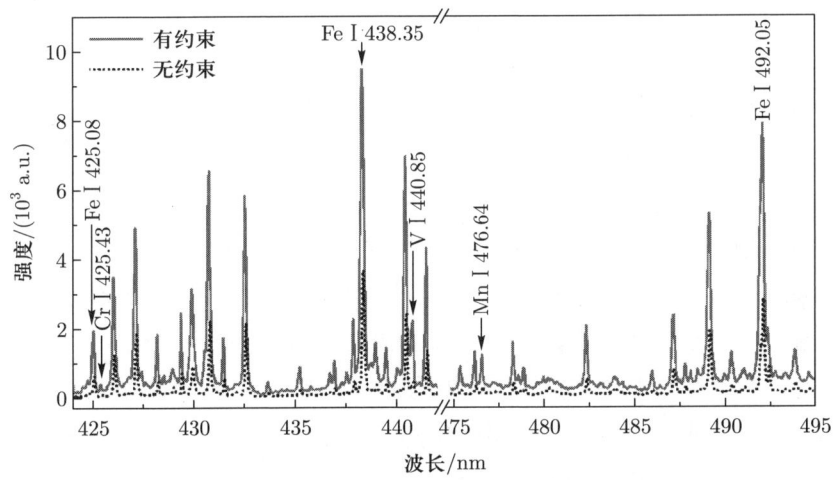

图 7.2　空间约束前后光谱强度对比图 [2]

在等离子体膨胀过程中，激光产生的等离子体空气冲击波具有源点小、能量密度高、强度衰减快以及空间分布对称性好等特点，在空气介质中传播符合点爆炸的基本模型，可用泰勒公式表示 [3]：

$$R = k_0 \left(E_0/\rho\right)^{1/5} t^{2/5} \tag{7.1}$$

式中，R 表示冲击波波阵面的半径；E_0 为冲击波具有的总能量值，由激发光源的能量决定；ρ 为环境气体密度 (空气 $\rho = 1.29 \text{ kg/m}^3$)；$k_0$ 为与激光激发过程有关的积分常数，其数值接近于 1。

冲击波传输满足：

$$\frac{R_n}{R_m} = (t_n/t_m)^{2/5} \tag{7.2}$$

式中，R_m 和 R_n 分别代表两个不同的传输距离；t_m 和 t_n 分别代表 R_m 和 R_n 两个距离的传输时间。因此，在已知 R_1 和 t_1 时，则可计算出 t_2 时刻所对应的位置 R_2。式 (7.1) 对 t 求一阶导数则可得到冲击波的运动速度 v，表示为

$$v = \frac{\mathrm{d}R}{\mathrm{d}t} = \frac{2}{5}k\,(E/\rho)^{1/5}\,t^{-3/5} \tag{7.3}$$

对同一等离子体源，k、E 和 ρ 取值相同。

由式 (7.2) 可知，当空间约束腔尺寸不同时，对应冲击波的传输时间也不同，传输时间随着腔体尺寸的增大而增大，因此光谱出现增强效果的延时也随腔体直径的增大而增大。由式 (7.3) 可知，当激光脉冲能量降低时，冲击波的总能量 E_0 降低，则冲击波传播速度减慢，这导致反射冲击波与等离子体相互作用出现的延时较大，传播过程中冲击波能量过多损失导致其对等离子体的压缩能力减弱，因而光谱增强效果较差。反之，当激光能量增加时，物质的烧蚀量增加，冲击波传输速度增大，反射冲击波与等离子体相互作用出现的延时前移，反射冲击波能量损失小，对等离子体产生很好地压缩，最终使得光谱增强倍数提高。但是当激光能量进一步增加时，样品靶处于相爆炸烧蚀区[4]，过多的喷发物质 (如纳米粒子和微纳尺度的液滴) 或较大的等离子体容易导致等离子体对激光的屏蔽效应，同时，等离子体喷发粒子会直接接触到腔体内表面，使粒子能量损失或凝结在空间约束腔内壁，造成等离子体粒子数密度和温度降低，最终导致空间约束增强因子降低。

此外，当采用不同波长激光进行样品烧蚀时，由于短波长激光对物质的烧蚀量较大，因此在相同延时下，采用越短波长激光激发的等离子体体积越大，空间约束条件下反射冲击波可压缩粒子数越多，等离子体寿命越长，在较长的延时下等离子体仍然有足够多的高温粒子可供反射的冲击波进行压缩，最终使得空间约束光谱具有更好的增强效果。

7.1.2 实验装置类型及主要方法

随着空间约束方法的提出，人们对于空间约束装置的研究也逐渐深入，最简单的空间约束装置为平行面板约束装置，如图 7.3(a) 所示，该装置主要采用

2 块大小相同、内壁平整的平行面板置于样品表面,两者之间存在一定间隙,入射激光在两平行面板间隙中心位置烧蚀样品并产生等离子体。当等离子体冲击波向外传播时遇到平行面板内壁则发生发射,反射回来的冲击波对等离子体进行压缩,致使等离子体体积变小,等离子体内部温度增加并变得更加明亮,从而发射更强的原子和离子光谱。

然而,平行面板空间约束只能从两侧压缩等离子体,因此其对于等离子体压缩效率低、增强效果差。在此基础上,改进的空间约束装置为锥形腔空间约束装置,如图 7.3(d) 所示,锥形腔体能够获得更高的等离子体温度和电子数密度,可实现 2~10 倍的光谱增强[5]。此外,还有矩形腔和圆柱形腔空间约束装置也被提出,分别如图 7.3(c) 和图 7.3(b) 所示。相比于平行面板约束装置而言,矩形腔和圆柱形腔都能够获得更好的增强效果,矩形腔能够实现 2~5 倍的光谱增强[6],圆柱形腔可实现 3~10 倍的光谱增强[7],且检测限能够提升 2~5 倍[8]。由于等离子体膨胀主要是以半球形向外扩展,而上述空间约束装置虽然能够对等离子体进行一定的约束,但无法实现对等离子体的完全约束。因此,一种半球形腔空间约束装置被提出,该装置采用具有一定内径的半球形腔体,能够实现等离子体的完全压缩,该方法最高可实现 12 倍的光谱增强[9]。

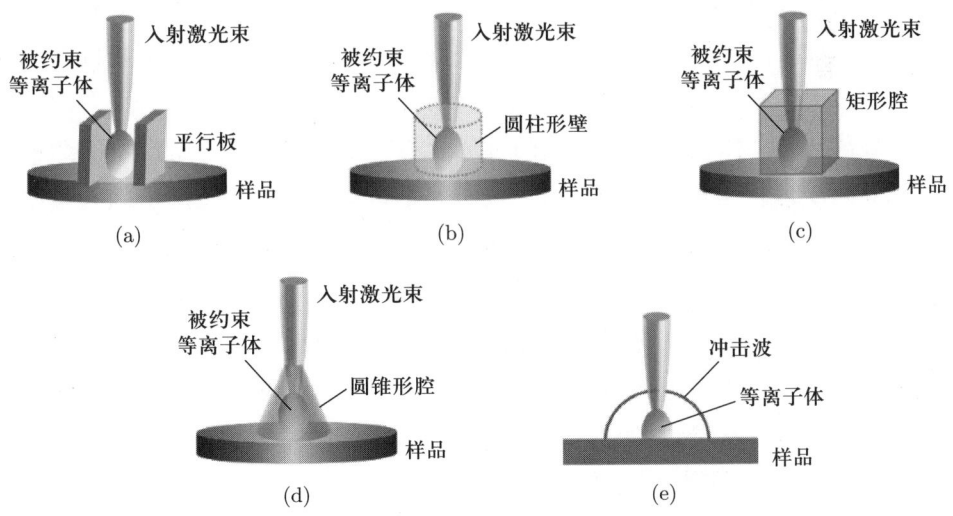

图 7.3 等离子体空间约束装置:(a) 平行面板约束装置;(b) 圆柱形腔约束装置;(c) 矩形腔约束装置;(d) 圆锥形腔约束装置;(e) 半球形腔约束装置

对空间约束而言，腔体尺寸、激光能量以及激发波长对于增强倍数有很大的影响。以半球形腔约束装置为例[10,11]，空间约束增强效应出现的时间随腔体直径的增大而后移，空间约束光谱增强因子最大值随着约束腔直径的增大先增加后减小。不同激光能量对应的最大增强因子及其出现的时间有一定的差异，随着激光能量的增大，出现时间有一定前移，且谱线增强因子的最大值随激光能量的增加先增大后减小。激光波长的变化不影响增强因子最大值出现的时间，但最大增强因子随激光波长的增加而减小。

7.1.3 空间约束对于光谱稳定性的影响

此外，清华大学王哲教授团队研究发现，采用适当的圆柱形约束腔可在增强 LIBS 光谱强度的同时还可以降低其波动性，具体如图 7.4 所示。他们通过研究有无圆柱形约束腔存在时等离子体的时间及空间演变规律发现，与无腔体约束时的等离子体相比，有腔体约束时等离子体在几微秒后光谱信号得到增强。腔体直径对于等离子体的时空分布有显著的影响，而腔体的高度则无明显影响。这主要是由于蒸汽羽流与反射激波的相互作用造成的[12]。此外，如图 7.5 所示，他们还发现，在腔体约束时，等离子体激波经壁面反射后，反射激波和膨胀的等离子体相互作用，压缩等离子体核心区域并使其朝着反射激波扩张的方向发展，从而使得等离子体产生更致密的核心，导致等离子体内部的温度和电子数密度上升，最终导致等离子体总体辐射强度增强[13]。同时，反射激波调制下的等离子体，在相邻时间间隔内等离子体位置的波动更小，即反射激波可以增强等离子体信号的稳定性。在上述研究基础上，他们还使用空间约束结合火花放电技术用于增强 LIBS 光谱信号 (如图 7.6)，实验结果表明，采用空间约束结合火花放电技术能够有效提高 LIBS 光谱信号强度及其稳定性。火花放电能够有效提高光谱信号强度，但由于放电过程的不稳定性则会导致脉冲信号重复性变差，而空间约束的引入则可以有效调节等离子体的膨胀过程，从而稳定放电过程，最终获得较为稳定的等离子体形态，使得脉冲信号的重复性、信号强度以及信噪比都得到有效改善[14]。

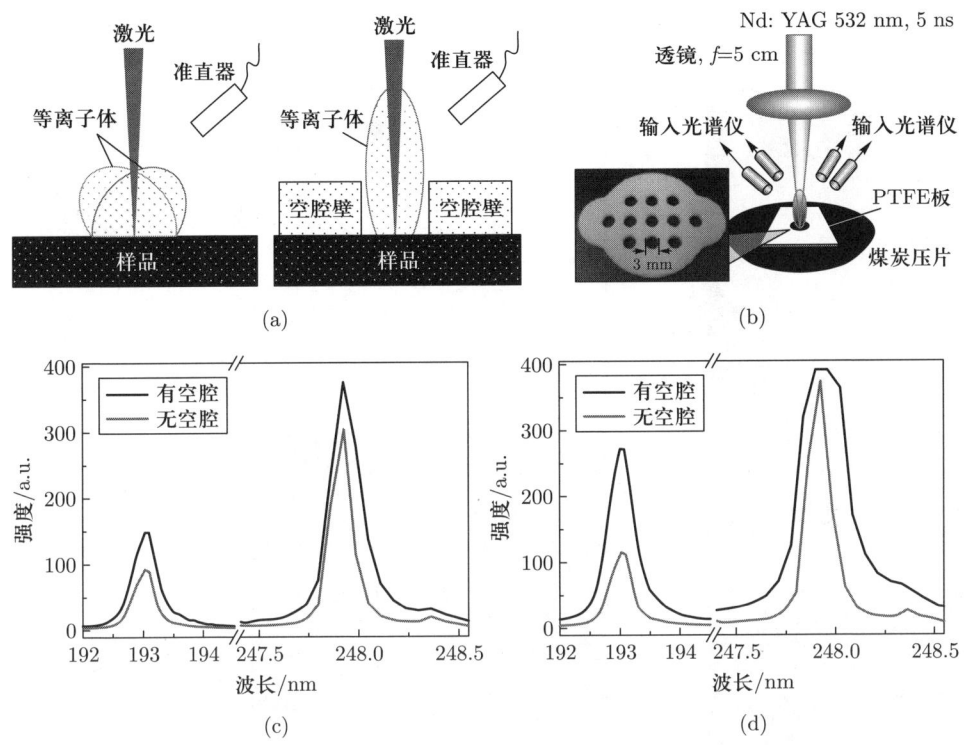

图 7.4 圆柱形约束腔用于增强光谱信号及提高光谱稳定性[12]：(a) 等离子体有无腔体约束的形态；(b) 圆柱形约束腔的 PTFE 板约束；(c) C I 193.09 nm 和 C I 247.856 nm 在激光能量 80 mJ 下的增强效果；(d) C I 193.09 nm 和 C I 247.856 nm 在激光能量 130 mJ 下的增强效果

7.1.4 空间约束对等离子体时空分布演变的影响规律

等离子体空间分布能够直观表示光谱增强效果。通过采用高速摄像技术对有无空间约束情况下的等离子体进行拍摄，能够更加深入地解释空间约束对等离子体的空间作用机理。图 7.7 为采用铝制半球形腔空间约束和无约束两种情况下的铁等离子体演变规律，可以明显看出，采用半球形腔空间约束时，等离子体明显被压缩至半球形腔的中心区域，相比于无约束情况下，等离子体更为规则，且随着等离子体的演变，被压缩后的发光等离子体辐射强度显著增强，随后快速衰减；而无约束情况下，等离子体亮度则随着延迟时间逐渐衰减，并不存在空间约束条件下的延时亮点。进一步对比有无空间约束时不同采集延时条件下等离子体温度和电子数密度演变规律，如图 7.8 可以看出，存在空间约

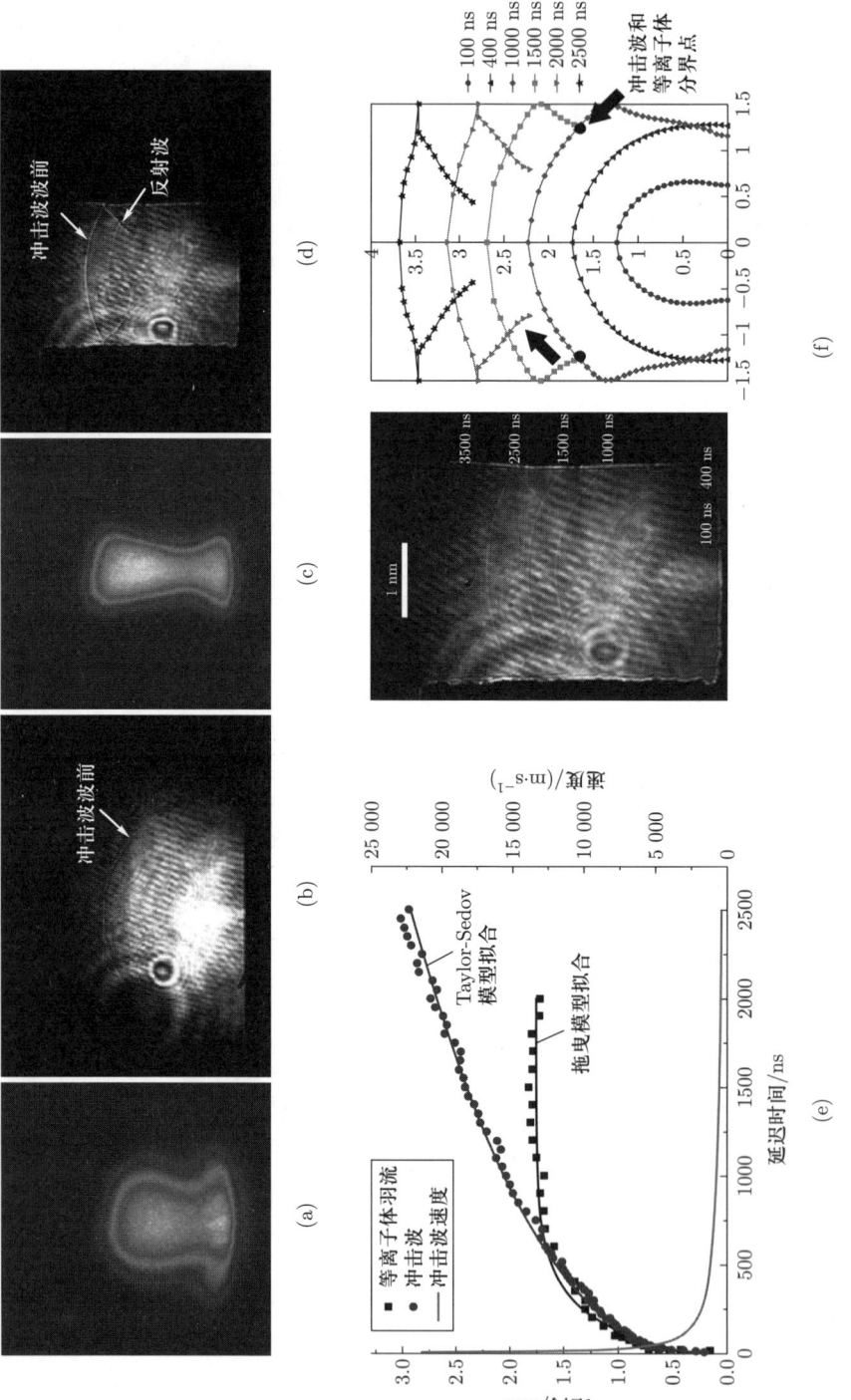

图 7.5 空间约束等离子体的时间及空间演变[13]: (a) 平板表面等离子体图像; (b) 平面冲击波图像; (c) 腔体约束产生的等离子体图像; (d) 腔体约束冲击波图像; (e) 激光诱导等离子体和冲击波在平板表面情形下的扩展; (f) 腔体情况下的冲击波膨胀与反射。图 (a)~(d) 中的图像均以 2000 ns 的延迟时间采集

第 7 章 | 等离子体调制方法

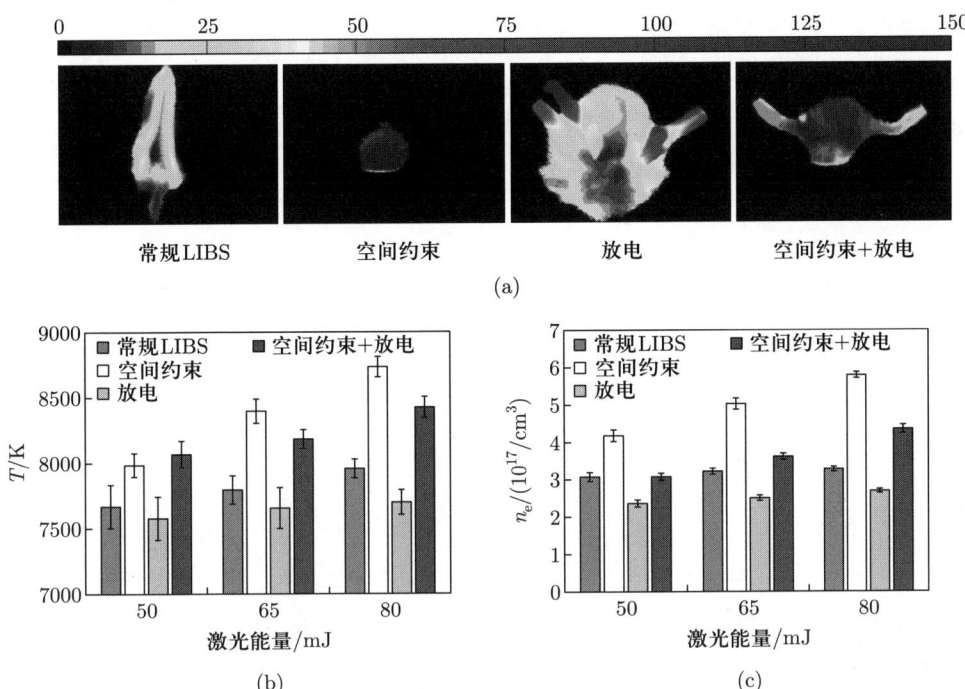

图 7.6 空间约束结合火花放电技术用于提高信号强度及改善光谱稳定性[14]：(a) 不同构型下的等离子形态，RSD 平均值依次为 20.8%、7.8%、30.3%、12.6%，激光能量为 65 mJ，延迟时间为 1 μs，门宽为 1 ms；(b) 不同激光能量下 C I 193.09 nm 的等离子体温度；(c) 不同激光能量下 C I 193.09 nm 的等离子体电子数密度 (参见书后彩图)

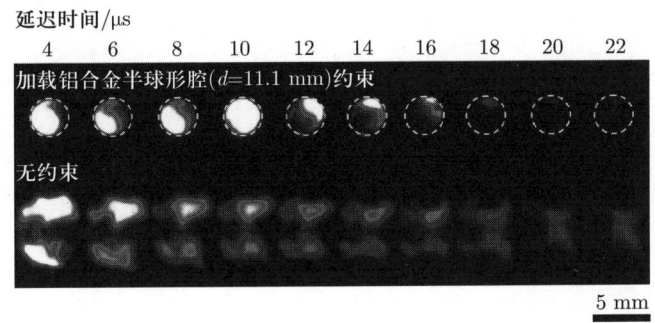

图 7.7 半球形腔空间约束和无约束条件下等离子体时间演变规律。(参见书后彩图)

束时，等离子体温度和电子数密度呈现先增强后逐渐下降的趋势，而无空间约束时，等离子体温度和电子数密度则呈现逐渐缓慢下降的趋势，该变换趋势与等离子体图像演变规律一致。

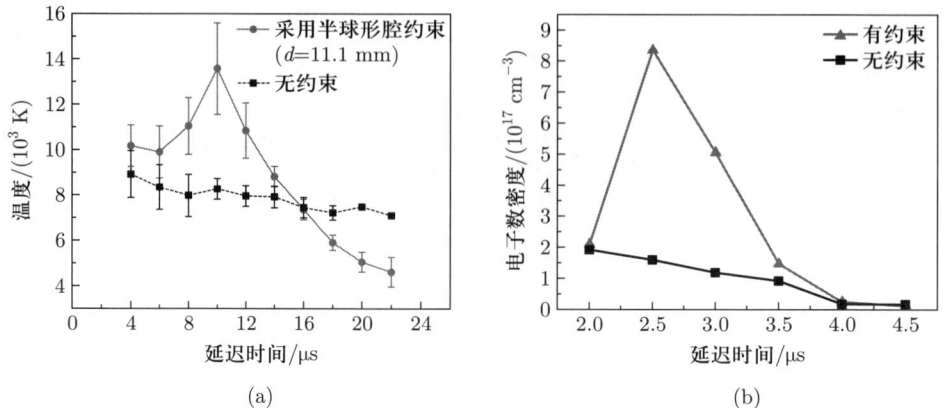

图 7.8 半球形腔空间约束和无约束条件下等离子体温度 (a) 和电子数密度 (b) 演变规律

此外，在使用空间约束对等离子体进行约束增强时，不仅能够实现 LIBS 光谱信号的增强，还能够提高 LIBS 光谱测量的精密度和稳定性，减小 LIBS 光谱波动性，即相对标准偏差 (relative standard deviation，RSD) 减小，这主要是因为采用空间约束腔后等离子体受空间约束腔和冲击波的限制，等离子体膨胀更加均匀和规则，空间约束腔内壁和反射的冲击波限制了等离子体的自由碰撞，使其体积更小，电子数密度更大，更容易满足局域热平衡 (LTE)，如图 7.9 所示。

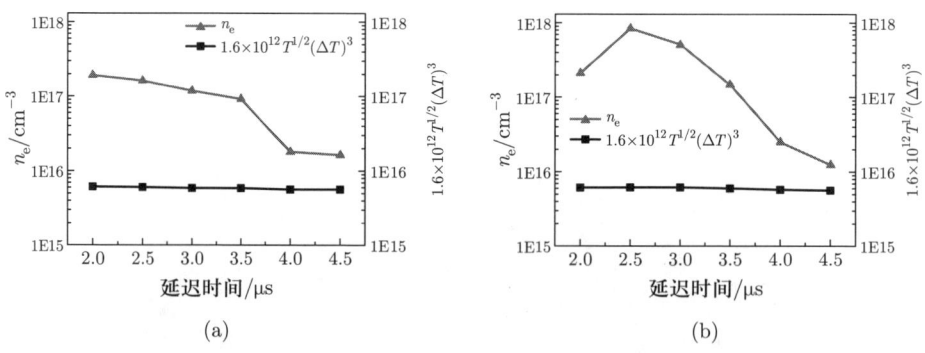

图 7.9 基于 McWhirter 准则的局部热力学平衡判定：(a) 无约束；(b) 有约束

7.2 磁约束等离子体调制

7.2.1 原理

磁约束 (magnetic confinement) 光谱增强技术，即利用磁场对等离子体中带电粒子的运动进行磁场约束以增加内部粒子碰撞概率，从而达到等离子体调制的目的。其主要原理是：① 当待测样品放置于磁场中，入射激光烧蚀磁场中的样品产生等离子体，等离子体内带电粒子受到磁场中洛伦兹力的作用做回旋运动；② 根据磁流体力学中等离子体参数，磁场中提供的磁压与等离子体碰撞压呈对立关系，从而使等离子体碰撞得到约束；③ 等离子体内部大量粒子的轴向运动宏观上可以认为是电流穿过磁场，从而在轴向上等离子体降速；④ 磁场效应可使速度满足一定条件的等离子体带电粒子在强磁场区中反射回来从而束缚带电粒子，增加其内部粒子相互碰撞概率，同时使其向外膨胀和扩散的速度降低，等离子体寿命延长，最终实现等离子体光谱信号增强。值得强调的是，磁场仅能对轴向运动的等离子体起到约束作用，对径向运动的等离子体不起作用。在环形装置中，磁力线的旋转变化可消除其中的电荷分离，将带电粒子束缚住[15]。

当膨胀的等离子体处于磁场中时，等离子体的初始动能可以等价为 $4/3\pi R_B^3$ 体积内粒子所具有的磁场能，表示为[16]

$$\frac{1}{2}Mv_0^2 = \frac{B_0^2}{8\pi}\frac{4}{3}\pi R_B^3 \tag{7.4}$$

式中，M 为等离子体的总质量；v_0 为等离子体的初始膨胀速度；B 为等离子体所处位置的磁感应强度；R_B 为磁约束半径 (等价于等离子体羽流半径)，可以表示为

$$R_B = \left(3Mv_0^2/B\right)^{1/3} \tag{7.5}$$

从式 (7.5) 可知，如果等离子体被磁场完全限制，则等离子体的膨胀可能减速，甚至停止膨胀。膨胀的等离子体在磁场中的速度变化关系可表示为

$$\frac{v_2}{v_1} = \left(1 - \frac{1}{\beta}\right)^{1/2} \tag{7.6}$$

式中，v_1 和 v_2 分别是无磁场存在和有磁场存在时等离子体的膨胀速度；等离子体参数 β 为等离子体动能与磁场的比值

$$\beta = \frac{8\pi n_e k_B T_e}{B^2} = 7.03 \times 10^{-11} n_e T_e B^{-2} \tag{7.7}$$

其中，n_e 为电子数密度 (单位为 cm^{-3})；T_e 为等离子体温度 (单位为 eV)；k_B 为 Boltzmann 常数；B 为磁感应强度 (单位为 G)。

由式 (7.6) 可知，等离子体膨胀速度变化主要依赖于 β 参数。当 β 很大时，处于磁场中的等离子体膨胀速度几乎不发生变化；而当 β 较小时，等离子体膨胀速度减小。

由于等离子体羽流近似呈半球形，假设等离子体达到某一膨胀半径时，对应无磁场和有磁场时的膨胀时间分别为 t_1 和 t_2，则碰撞半径分别为 $v_1 t_1$ 和 $v_2 t_2$。激光对样品表面的烧蚀质量可表示为

$$M = (\mathrm{d}m/\mathrm{d}t)\pi r^2 \tag{7.8}$$

式中，$\mathrm{d}m/\mathrm{d}t$ 为样品质量烧蚀率；r 为烧蚀坑半径。因此，等离子体总粒子数密度 N 可表示为

$$N = \frac{(\mathrm{d}m/\mathrm{d}t)\pi r^2}{2\pi (v_1 t_1)^3 / 3} \tag{7.9}$$

由于光谱强度 I 与等离子体粒子数密度 N 及等离子体体积成正比，则有磁约束和无磁约束的等离子体发射光谱强度比可表示为

$$\frac{I_2}{I_1} = \left(1 - \frac{1}{\beta}\right)^{-3/2} \left(\frac{t_1}{t_2}\right)^3 \tag{7.10}$$

由式 (7.10) 可知，磁约束等离子体光谱强度主要依赖于参数 β 和 t_1/t_2，当光谱采集延时和门宽相同时，则有无磁场状态下 $t_1 = t_2$。因此，磁约束光谱增强主要由等离子体参数 β 决定，只有当 β 参数足够小时，才能对等离子体形成有效约束。这就要求有足够大的磁感应强度或者较低的等离子体温度或电子数密度。

7.2.2 实验装置类型及主要方法

近年来，磁约束等离子体调制对于实现 LIBS 光谱信号的增强得到广泛关注，研究者们设计和开发了不同的磁约束装置，目前常用的磁约束装置有条形磁铁约束装置以及环形磁铁约束装置[9,17]。

(1) 条形磁铁约束装置。

如图 7.10 所示，该装置主要由两块永久磁铁组成，将两块磁铁放置在样品两侧，样品处于磁场中，当激光烧蚀样品产生等离子体后，等离子体中带电粒子在磁场中沿磁力线做回旋运动，从而降低了等离子体向外膨胀的速度，增

加了粒子的碰撞概率,最终通过增加磁约束装置实现了等离子体参数的调制,从而实现光谱信号的增强。

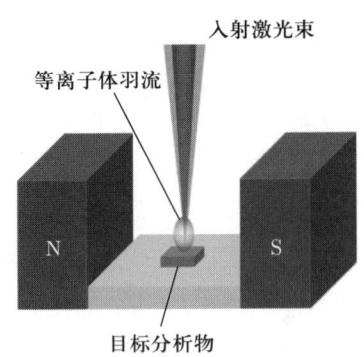

图 7.10 典型条形磁铁约束装置

(2) 环形磁铁约束装置。

如图 7.11 所示,环形磁铁约束装置主要是由一块环形磁铁构成,将环形磁铁放置在样品表面,激光通过孔烧蚀样品表面产生等离子体,等离子体中带电粒子在洛伦兹力约束下做回旋运动,同时环形磁铁也起到空间约束的作用,从而对于等离子体不仅实现了磁约束调制,还实现了空间约束的双重调制效果。

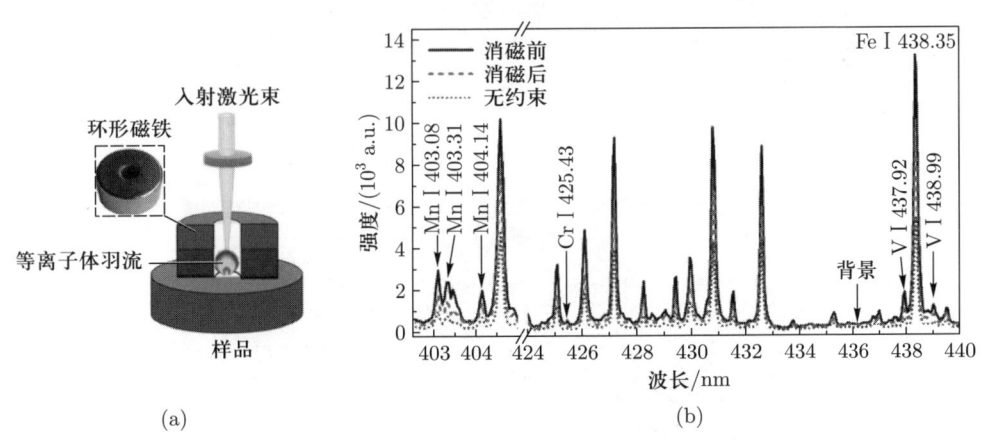

图 7.11 环形磁铁约束装置图 (a) 和典型约束前后光谱对比图 (b)[2]

采用磁约束对等离子体进行调制能够得到良好的光谱信号增强效果,特别是采用环形磁铁对等离子体进行约束,能够起到空间约束和磁约束双重效果。一方面,环形腔反射冲击波对等离子体进行压缩,另一方面,磁场对等离子体中运动的带电粒子产生洛伦兹力作用,这两种效果共同限制等离子体膨胀,使得等离子体温度和电子密度数增大,最终发射光谱强度增加。

7.2.3 磁–空约束等离子体调制对等离子体时空演变的影响

已有研究表明,磁约束等离子体调制对金属元素具有很好的光谱增强效果,而对非金属元素未观测到增强效果。采用永久性磁铁加铝制半球形腔空间约束相结合的双重约束装置对金属样品的增强效果最高可达 24 倍,而单纯采用半球形约束腔时,最大增强倍数仅为 12 倍,表明磁–空双重约束对于金属等离子体的压缩效率更高,且等离子体羽流的空间分布更加稳定,但对于非金属样品的效果不明显,其等离子体羽流和光谱强度无明显变化。如图 7.12 所示,通过

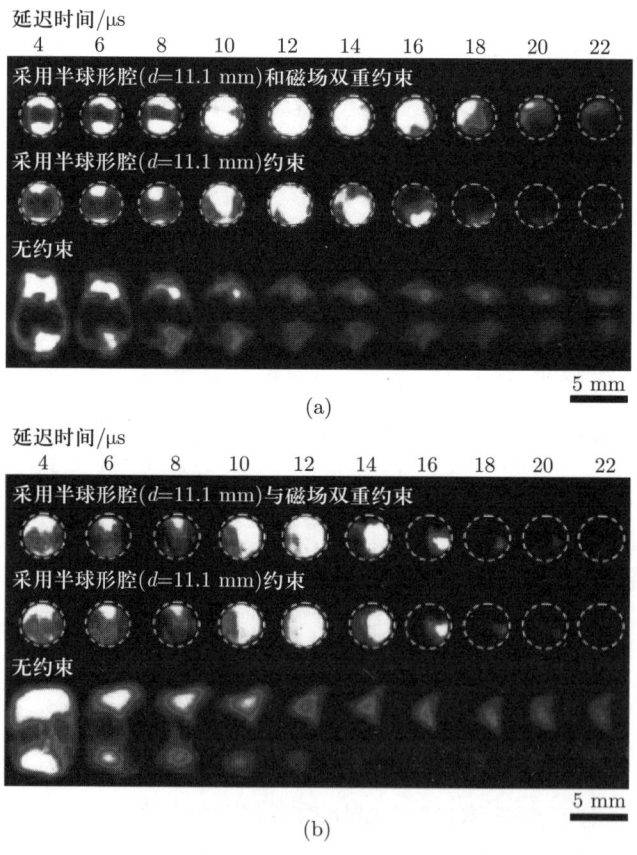

图 7.12 磁–空双重约束、仅空间约束及无约束条件下等离子体演变规律:(a) Cr 等离子体演变;(b) Si 等离子体演变。(参见书后彩图)

采用高速摄像机拍摄纯 Cr 以及纯 Si 样品的等离子体随延迟时间的空间分布演变规律可以看出，对于纯 Cr 样品而言，相比于无约束条件下，只存在空间约束时，等离子体发光强度得到明显改善，等离子体形貌也更为规则。然而，当存在磁–空约束时，等离子体羽流发光强度更强且更加稳定，增强效应的持续时间也更长，直观地说明了磁–空双重约束对于金属等离子体的增强效果明显高于单纯的空间约束。然而，对于非金属 Si 等离子体而言，从等离子体图像中对比磁–空约束与单纯的空间约束增强效果，可以看出，并无明显的差异，且随延迟时间的空间分布变化趋势几乎相同，说明磁–空约束中主要是空间约束占据主导作用，磁约束可能未起约束增强的效果。因此，对于非金属元素的磁约束需要进一步的实验研究。

7.3 双脉冲等离子体调制

7.3.1 原理

双脉冲 (double-pulse，DP) 等离子体调制 LIBS 相比传统单脉冲技术光谱检测灵敏度更高、发射信号更稳定。双脉冲等离子体调制技术利用数字信号延迟发生器来控制两个激光器的触发时间，使具有一定延迟时间的两束激光分别作用于样品表面产生等离子体。其原理可能是由于第一束激光烧蚀产生了高温稀薄的气氛，使第二束激光产生的等离子体衰变时间延迟，从而产生较高的平均温度和较稳定的发射信号。

7.3.2 主要装置类型及方法

双脉冲等离子调制结构主要分为同轴型、正交型以及交叉型，其中正交型又可分为预烧蚀型和再加热型，如图 7.13 所示。同轴型主要是指两束激光在同一光路上通过聚焦镜后，以一定时间的先后顺序聚焦到样品表面进行样品烧蚀；正交型主要是两束相互垂直的激光按照一定时间间隔作用到样品表面产生等离子体，其中预烧蚀型主要是与样品表面平行的激光首先聚焦于样品上方，对空气进行预烧蚀产生热环境，然后与样品表面垂直的激光在一定延迟时间后垂直烧蚀样品产生等离子体。而再加热型则正好相反，与样品表面垂直的激光首先聚焦至样品表面烧蚀样品产生等离子体，接着与样品表面平行的激光在一定延迟时间后水平照射等离子体，对等离子体进行二次加热激发。交叉型主要是两束激光以一定角度聚焦到样品表面对样品进行烧蚀产生等离子体。对比上述几种方法，同轴型结构对等离子体信号具有更好的增强作用，正交型结构可获得更高的光谱稳定性和信噪比，而交叉型结构最为简单，且较容易获得等离子体光谱信号。

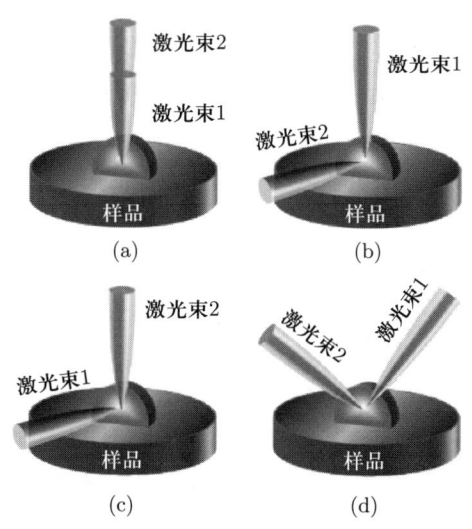

图 7.13 双脉冲光谱增强结构原理图：(a) 同轴型；(b) 正交再加热型；(c) 正交预烧蚀型；(d) 交叉型

目前常用的双脉冲光谱增强主要为同轴型和正交型，其装置原理图如图 7.14 所示，对于同轴型，激光器 1 产生一束激光垂直作用于样品表面，经一定延时后，激光器 2 产生一束激光沿同光路作用于样品表面烧蚀产生等离子体。对于正交型 (常用为再加热型)，激光器 1 产生激光脉冲垂直于样品表面烧蚀样品产生等离子体，一定延时后，激光器 2 产生第二束激光脉冲平行于样品表面作用于等离子体并对等离子体进行二次加热。

相比于单脉冲 LIBS，同轴型双脉冲 LIBS 的等离子体强度更强，持续时间更长；正交型双脉冲增强机制可能是在大气条件下，第一束激光脉冲形成一个贫氮区域，并产生粒子云，第二束激光脉冲进一步产生额外的光学击穿。对于正交型 LIBS 而言，在再加热型双脉冲 LIBS 方案中，光谱增强与等离子体吸收再加热脉冲能量的能力有关，从而导致等离子体温度升高；而在预烧蚀型增强方案中，信号的增加可能与样品消融前空气预烧蚀产生的气压变化有关，从而导致更好的消融效率和轻微的等离子体温度升高。

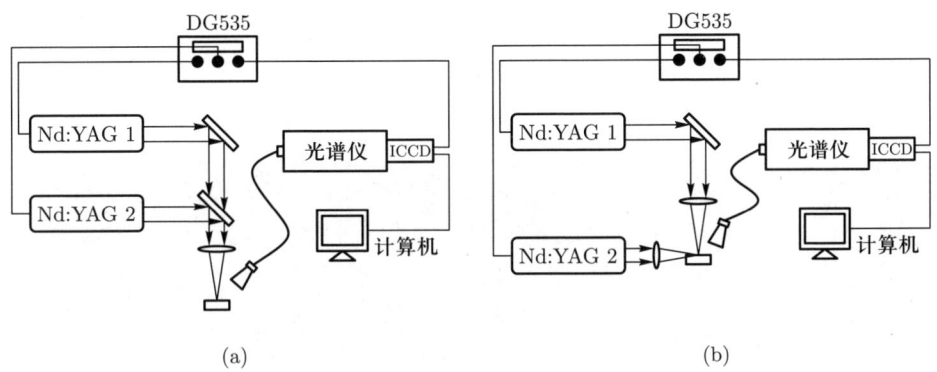

图 7.14 双脉冲 LIBS 装置图：(a) 同轴型双脉冲 LIBS；(b) 正交型双脉冲 LIBS

7.3.3 双脉冲等离子体调制机理

双脉冲等离子体调制机理主要集中于等离子体羽流二次加热以及等离子体羽流膨胀两种解释。如图 7.15 所示为单脉冲和双脉冲条件下等离子体形貌演变规律的对比。研究发现，在一定的延时范围内，等离子体特性 (等离子体温度、电子数密度、总粒子数密度等)、烧蚀坑尺寸以及烧蚀质量均明显增强，一些学者认为主要是由于第二束脉冲激光对第一束脉冲激光所烧蚀的物质进行二次加热从而导致更多的物质被激发导致的。此外，另一部分学者认为在双脉冲等离子体调制过程中，第一束脉冲激光导致环境气体密度降低，从而产生更快的蒸汽羽流膨胀，而第二束脉冲激光则起到很好的约束作用，最终导致等离子体羽流温度升高。等离子体在更热的环境中膨胀，导致其能量保持时间更长，从而可以在更长时间内获得更高的电离度以及更稳定的信号 (注：这个在物理上是很弱的解释)。与单脉冲烧蚀相比，双脉冲烧蚀具有更高的离子产率和离子动能。相比于具有相同总能量的单脉冲烧蚀，共线飞秒激光双脉冲产生的等离子体的离子产率提高了 2 倍，平均离子动能增加到 5.3 eV，而能量为两倍的单脉冲烧蚀的平均离子动能仅为 3.2 eV[18]。对于电子数密度而言，双脉冲产生的等离子体电子数密度相比于单脉冲较低，且电子数密度随时间变化更慢[19]。对于等离子体温度，一些学者发现双脉冲等离子体中电子温度通常比等效能量的单脉冲等离子体中电子温度更高[20]，然而一些学者却发现相比于单脉冲，双脉冲等离子体温度变化不大，这可能是由于基体不同导致的[21]。通过等离子体图像发现，预烧蚀型双脉冲会增加等离子体尺寸并改变等离子体形状，同轴型双脉冲产生的等离子体体积大约是等效单脉冲等离子体的 2 倍。对于消融效率和烧蚀坑形状来说，双脉冲 LIBS 具有更高的消融效率和更大的烧蚀体积。

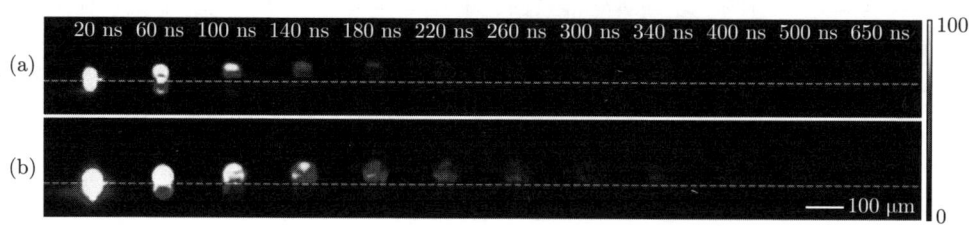

图 7.15　单脉冲和双脉冲条件下等离子体形貌演变规律对比。(参见书后彩图)

7.4　火花放电等离子体调制

7.4.1　简介

火花放电 (spark discharge, SD) 是一种低成本的等离子体调制技术[22]，其使用高压放电电路诱发电火花，将电能沉积到激光激发的等离子体中，从而提高等离子体温度和辐射率，并延长等离子体的寿命，提高光谱强度。火花放电的优点是装置简单，只需要简单的电容和高压电源，成本较低[23]。常规的火花放电装置采用正交的几何配置，如图 7.16 所示。

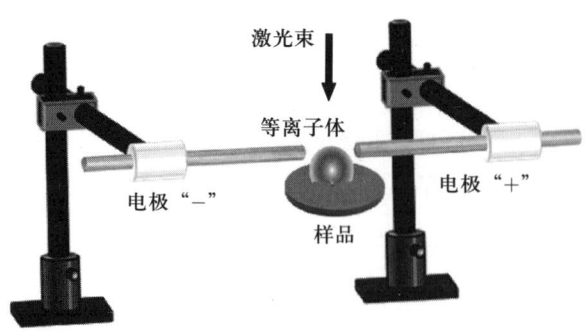

图 7.16　火花放电装置示意图[24]

火花放电技术具有装置简单、价格便宜的优势，而激光诱导击穿光谱技术具有激光能量较高、稳定性好的优势，因此两者常常被联合运用到光谱检测中。而该光谱联用技术依据实验条件的不同可采用不同的术语。当激光能量较高时，激光进行样品剥离并击穿，而火花放电则进一步对等离子体进行加热增强原子辐射强度，这种情形可称为火花放电辅助激光诱导击穿光谱 (spark discharge assisted laser-induced breakdown spectroscopy，SD–LIBS)；但当激光能量较低，激光仅进行样品剥离和点火，而火花放电用于进一步击穿并加热等离子体以增强原子辐射，这种情形则称为激光烧蚀–火花诱导击穿光谱 (laser-ablation spark-induced breakdown spectroscopy，LA–SIBS) 或激光点火辅助–火花诱导击穿光谱 (laser ignition assisted-spark induced breakdown spectroscopy，LI–SIBS)。一般常见的是火花放电辅助激光诱导击穿光谱 (SD–LIBS)，其等离子体调制机制的一种解释是激光等离子体尺寸的增大和光谱发射时间的延长[25]，而另一种解释是由于电子碰撞效应对等离子体的再加热[23]。图 7.17 所示为典型的火花放电辅助前后光谱强度对比图。

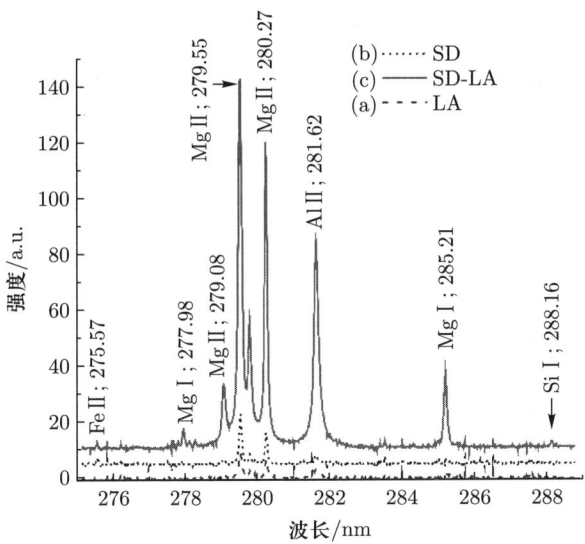

图 7.17 3 种情况下的等离子体光谱强度的对比[23]：(a) 激光能量密度为 18 J·cm^{-1} 的单脉冲激光烧蚀 (LA)；(b) 电压为 12 kV，电极间距为 6 mm 的火花放电 (SD)；(c) 电压为 12 kV，电极间距为 6 mm，激光能量密度为 18 J·cm^{-1} 的火花放电辅助激光烧蚀 (SD–LA)

7.4.2 主要类型及装置

火花放电主要有两种类型[26]：一是基于电容储能的激光等离子体触发式火花放电，二是基于脉冲高压电源的外触发式火花放电。前者的放电时间是由电压和电极间距等条件决定的，不能随意控制；而后者则有可能通过外触发信号来控制火花放电的起始时间，从而实现平行放电，保证火花放电不剥离样品，从而并不损害样品表面元素分析时的横向空间分辨率。常见的火花放电装置采用两根钨针作为放电的阳极和阴极，两钨针水平或呈"V"字形放置在样品上方 1~3 mm 处，如图 7.18 所示。钨针针头一般打磨成半球形，两针尖相距 2~6 mm。当待测样品为金属材料时，也可用单根钨针作为放电阳极，金属样品作为阴极。2005 年，美国欧道明大学 Nassef 等[25]将火花放电技术用于激光诱导击穿光谱，研究了常规大气下 Al、Cu 靶材的火花放电辅助激光诱导击穿光谱。他们将两根钨棒作为阳极和阴极平行放置于样品上方，其中一根电极接 500 kΩ 限流电阻和 0.25 mF 电容，另一根电极接地，用高压直流电源为电容充电。实验结果表明，随着外加电压的增加，Al 原子线的强度也随之增加，外加 3.5 kV 的火花放电可以将光谱强度提高 6 倍。

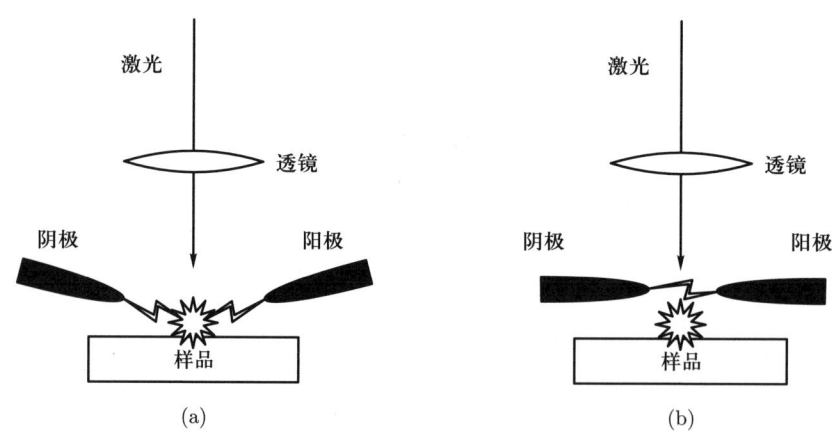

图 7.18 "V"字形电极 (a) 与平行电极 (b)[26]

基于电容储能的激光等离子体触发式火花放电[25,27,28]的主要装置有电极、恒流高压电源和 RC 电路，如图 7.19(a) 所示。两根钨针作为放电阳极和阴极，高压恒流电源用于给电容充电。其原理是，激光束垂直聚焦于样品表面激发出等离子体，等离子体羽流沿着剥离点向四周扩散，其中一部分被电离粒子进入两电极之间的间隙,使两个电极之间导通从而触发高压放电。基于脉冲高压电源的外触发式火花放电[26,29]的主要装置有电极、高压脉冲电源和脉冲延时信号发生器,如图 7.19(b) 所示。作为阳极的钨针和作为阴极的样品分别与高压脉冲电源相连,在激光束聚焦烧蚀样品表面产生等离子体后,脉冲延时信号发生器控制高压脉冲电源输出的起始时间与门宽,在高压作用下,电子通过激光等离子体通道产生高压放电。2016 年,墨西哥国立自治大学的 Sobral 等[23]将快速脉冲放电用于等离子体光谱增强,在 12 kV 的电压下,元素 Al 的原子谱线提高 5 倍,元素 Mg 的离子谱线提高 15 倍。

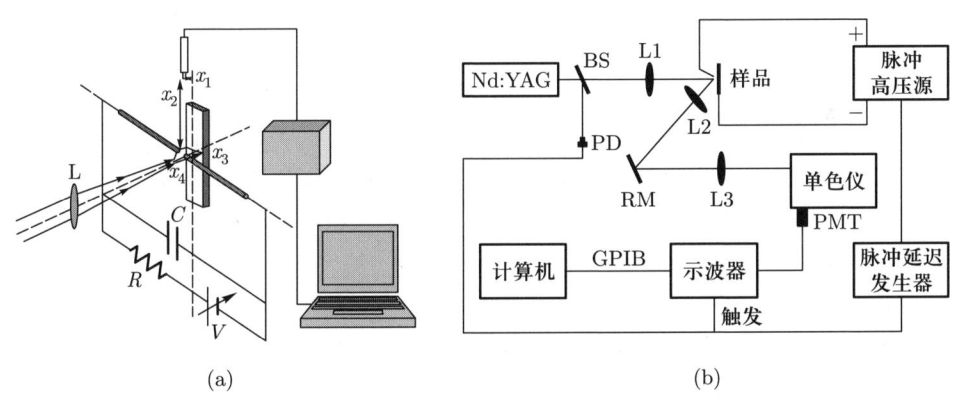

图 7.19 基于电容储能[25] (a) 以及脉冲高压电源[29] (b) 的激光等离子体触发式火花放电辅助 LIBS 装置

7.5 微波辅助等离子体调制

微波辅助等离子体调制技术即微波辅助–激光诱导击穿光谱 (microwave assisted-laser induced breakdown spectroscopy,MA–LIBS) 或激光辅助微波等离子体光谱 (laser assisted microwave plasma spectroscopy,LAMPS) 主要是在待测样品周围加入微波能量,通过改变激光诱导等离子体的存在环境,延长等离子体寿命,增加等离子体温度及电离度,从而实现等离子体调制。

7.5.1 原理

微波作为一种能量源,在许多方法中也被使用来产生等离子体,然而大多数情况下只能在低气压条件下形成等离子体 (注:物理上严格来讲,在真空环境下微波不能产生等离子体)。一般来说,等离子体也可以吸收电磁波。因此,当存在等离子体时,我们可以通过外加电磁波向等离子体提供能量。如图 7.20 所示[30],当使用微波时,在微波天线附近会形成局部微波场,等离子体源可吸收微波能量,从而增强等离子体电离度和电子温度并使等离子体寿命延长,衰减速度变缓。

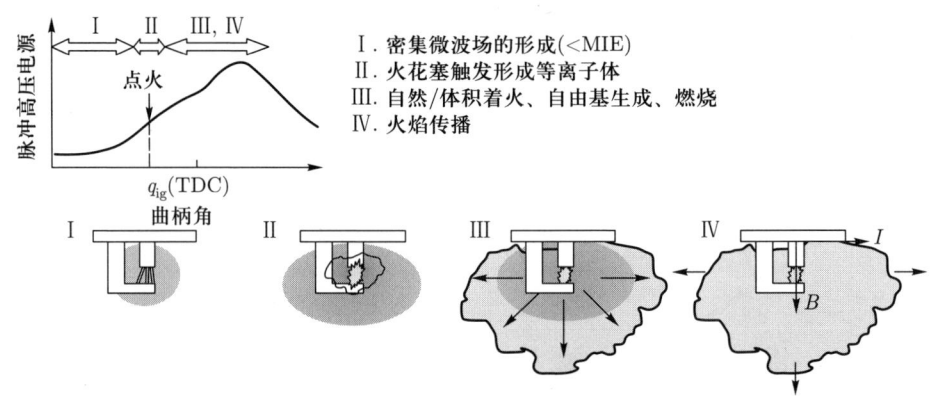

图 7.20　微波诱导等离子体示意图[30]

激光诱导等离子体的寿命一般为 1 μs 至数百 μs,等离子体前期发射的光谱主要是由自由电子和离子复合以及轫致辐射产生的连续谱,但由于温度极高,谱线宽度较大,此时等离子体中的离子、原子和分子谱线均受到连续背景噪声的干扰,导致各粒子谱线分辨率极低,故 LIBS 技术一般是采集连续谱后的离子、原子和分子光谱进行分析。如图 7.21 所示,激光脉冲激发后,离子、原子和分子先后产生光谱,在探测门宽内,激光激发的光谱信号逐渐减弱,此时利用脉宽较长的微波加热技术可以显著抑制等离子体光谱信号的衰减[31]。微波辅助光谱增强技术能有效为等离子体提供电磁能,吸收电磁能后被加速的自由电子与原子、离子进行多重碰撞进而激发出更多的原子和离子,产生更高电子数密度的发光等离子体,从而使等离子体的发射时间能持续至几个毫秒,延长了等离子体寿命,因此在采集时能探测到更多的等离子体光谱信号,大大提高了等离子体的发射强度。图 7.22 为微波增强前与微波增强后的等离子体图像,微波辅助加热后,等离子图像亮度显著增强[32]。

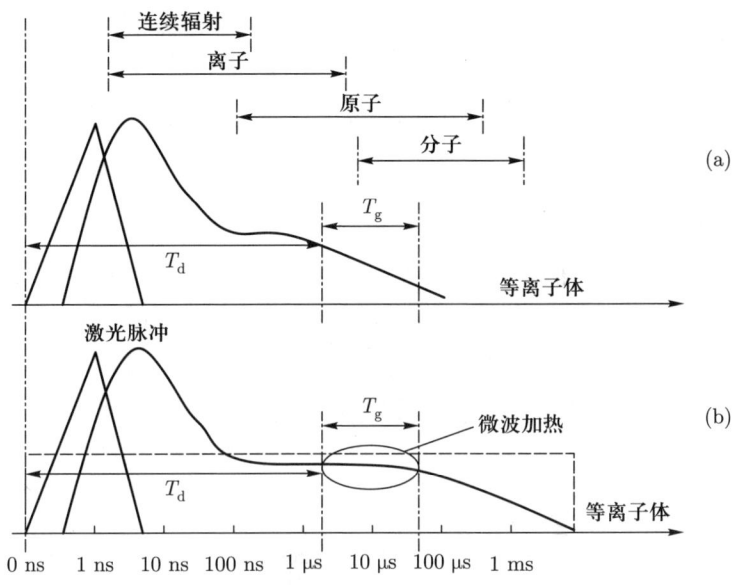

图 7.21 激光诱导等离子体形成过程中离子、原子和分子光谱谱线的存在时间：(a) 激光诱导击穿光谱；(b) 微波辅助-激光诱导击穿光谱。图中，T_d 为探测延迟时间；T_g 为探测门宽 [31]

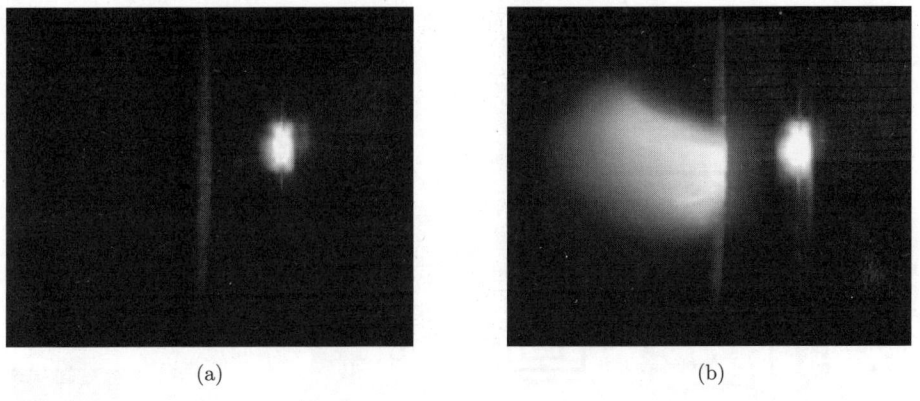

图 7.22 同一样品等离子体图像对比：(a) 在传统 LIBS 检测；(b) 微波增强 LIBS 检测 [32]

7.5.2 实验装置

通过在 LIBS 传统系统上增加一个由微波天线和封闭腔体组成的微波发生装置，并在等离子体周围施加微波电磁场，当等离子体中的自由电子吸收足够的能量后与原子和离子发生多次碰撞，实现原子和离子的二次激发，从而达到利用微波改善等离子体的生存环境、延长等离子体寿命的目的，等离子体信号强度的增强有利于提高 LIBS 检测重复性和灵敏度。Tsuruoka 等[33]利用半导体微波腔体作为等离子体的产生系统的技术，在没有任何机械冷却系统的情况下，成功地产生了温度达 3600 K 稳定连续的等离子体，进而用于 LIBS 的检测。Khumaeni 等[34] 采用直径为 3 mm 的环形天线耦合强化微波，增强了激光诱导击穿光谱发射，根据观测到的发射谱线，Gd 谱线的增强率可达 32 倍，如图 7.23(a) 所示。Efthimion 等[35] 报道了一种便携可手持式的微波辅助 LIBS 装置，该装置的实验结构与 LIBS 的实验结构非常相似，只是在待测样品附近放置了一个微波腔 [如图 7.23(b) 所示]。微波功率被激光产生的等离子体所吸收，该功率使等离子体的大小增长到微波腔的尺寸大小，微波的峰值功率为 2.5 kW。与相同 LIBS 装置激发出的等离子体存在周期相比，该方法能够将等离子体的存在周期提高 40 倍左右。Ikeda 等[36] 通过实验分析了不同微波功率与 LIBS 检测的光谱信号强度的关系，并对样品中的铜元素进行检测，得到不同微波功率下对应的铜元素光谱。进一步研究等离子体发射特性与微波参数的关系发现，等离子体的发射特性与微波的功率和延迟时间有关。同时，在微波增强的条件下，等离子体的寿命随着微波功率输出时间的增大而增长，而等离子体的发射强度则与微波功率大小有关。

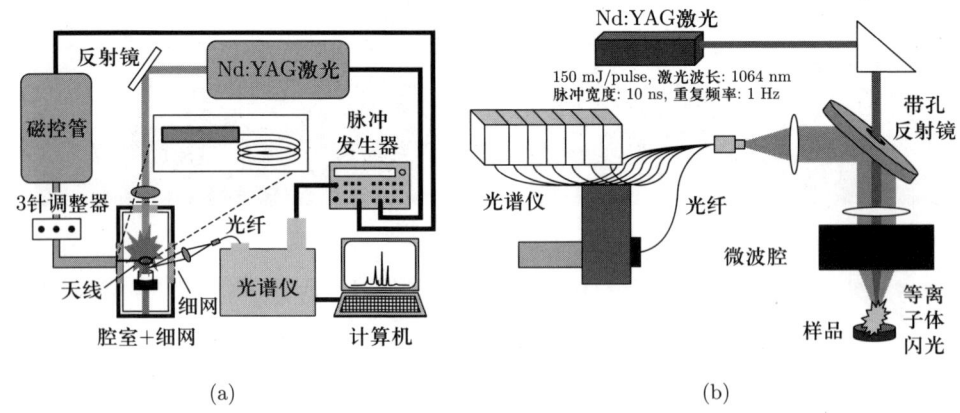

图 7.23 微波 LIBS 实验装置[34,35]：(a) 天线耦合微波增强装置；(b) 带有微波腔的 LAMPS 配置装置

7.6 其他 LIBS 等离子体调制技术

除了上述介绍的磁约束、空间约束、双脉冲、火花放电以及微波辅助等离子体调制技术外，LIBS 领域研究学者们还提出如纳米粒子辅助等离子体调制、针对液体检测的表面增强辅助等离子体调制技术、气氛保护等离子体调制技术、光束整形等离子体调制技术等。

7.6.1 纳米粒子辅助等离子体调制

纳米材料由于其特殊的性质，正逐渐引起科学研究者的关注，也逐渐发展成为科学研究的热点领域，而金属纳米粒子在激光光谱学中得到了广泛的应用，尤其是在表面增强拉曼光谱和纳米增强荧光光谱中发展较为成熟。2013 年，意大利巴里大学的 De Giacomo A 团队[37]提出了纳米粒子增强激光诱导击穿光谱技术 (nanoparticle-enhanced laser-induced breakdown spectroscopy, NE-LIBS)，该实验将含有 Ag 纳米颗粒的胶状液滴滴加在 Ti 基板上，通过对 Ti 基板的物化性质的改变，降低烧蚀阈值，使 Ti 基板的激光诱导击穿光谱信号提升了 1~2 个数量级，光谱增强效果图如图 7.24 所示。该实验验证了增强效果受纳米粒子尺寸和浓度影响较小，开创了纳米增强 LIBS 技术的先河。

纳米粒子增强辅助等离子体调制实现 LIBS 的光谱增强机理一直有待商榷。其中一个可能的机理是纳米粒子增强 LIBS 技术通过将纳米粒子沉积在待检测样品表面，降低待检测样品的烧蚀阈值，从而实现 LIBS 信号的增强。如图 7.25 所示，当激光照射到样品表面时，首先与样品表面的纳米粒子相互作用，激光脉冲引起金属纳米粒子中导电电子的相干振荡和集体振荡，产生局域化的表面等离子体，进而放大入射电磁场，增强了纳米粒子内部、表面附近及其间隙处的电场，局部电场的增强使入射激光束的局部强度增加了几个数量级，同时纳米粒子为材料激发提供了丰富的 "种子电子"，该技术相对于传统 LIBS 技术的热蒸发，提高了样品的烧蚀效率，增强了光谱信号[39]。

而在纳米粒子辅助信号增强过程中，粒子内部和表面附近产生的增强电场大小分别为

$$E_{\text{in}} = \frac{3\varepsilon_d}{\varepsilon_m + 2\varepsilon_d} E_0 \tag{7.11}$$

$$E_{\text{out}} = E_0 + \frac{\mu}{2\pi\varepsilon_d\varepsilon_0 r^3} \tag{7.12}$$

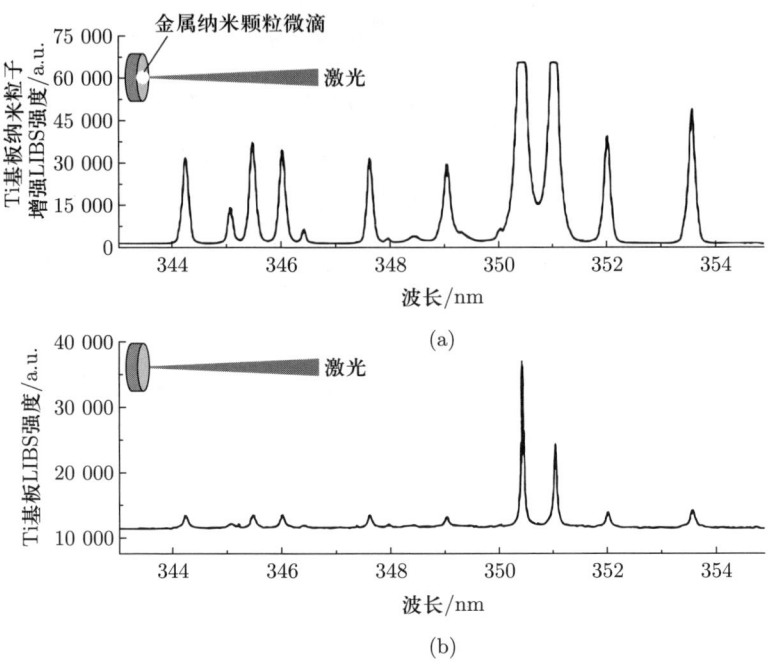

图 7.24 纳米粒子增强 LIBS 效果图 [37]：(a) Ti NELIBS 增强后信号强度；(b) Ti 传统 LIBS 信号强度

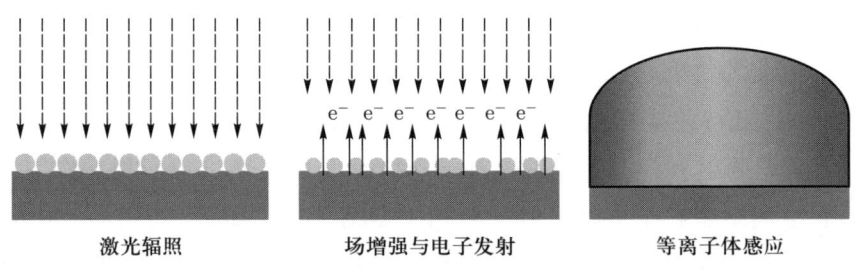

图 7.25 纳米粒子增强 LIBS 技术原理图 [38]

式中，E_0 是入射电场强度；ε_m 和 ε_d 分别是金属和空气的介电常数；r 是纳米粒子的半径；μ 是纳米粒子中电荷分离产生的偶极矩。

同时，当入射电磁场均匀分布，且相邻的纳米粒子之间的间距小于一定值时 (取决于纳米粒子的大小)，会在纳米粒子间隙中产生进一步增强的新电磁场，即 "热点" 效应，其产生的增强电场的大小为

$$E_{\text{inter}} = E_0 + \frac{\mu'}{2\pi\varepsilon_d\varepsilon_0 D^3} \tag{7.13}$$

式中，μ' 是纳米粒子间隙之间产生的偶极矩；D 是粒子间距离[38]。

入射光频率影响增强效果，当入射光频率与特征等离子体振荡共振时，纳米粒子增强效果最强，不同形状纳米粒子的仿真结果如图 7.26 所示。

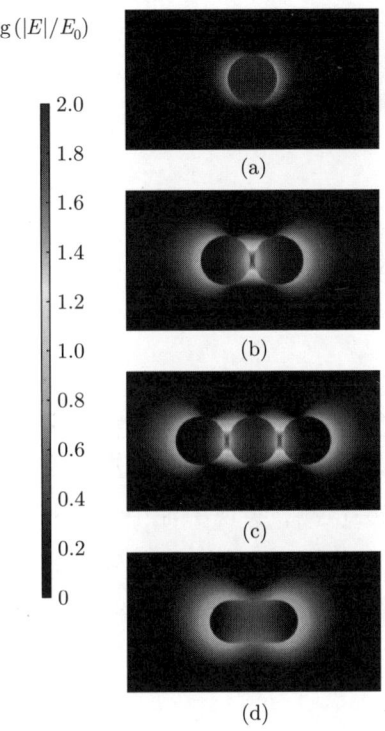

图 7.26　电磁场增强仿真结果：(a) 直径为 25 nm 的球形金纳米粒子；(b) 二聚体；(c) 三聚体；(d) 纳米棒[38]。(参见书后彩图)

7.6.2　表面增强辅助等离子体调制

LIBS 应用于液体检测时，直接针对液体检测时往往存在液体飞溅以及等离子体猝灭等问题，严重影响了光谱信号的强度和稳定性。因此，研究学者们提出表面增强辅助等离子体调制技术，不仅能够有效避免液体飞溅和等离子体猝灭的问题，还能够有效提高检测灵敏度和光谱稳定性，相比于直接液体测量，探测灵敏度可改善 2~3 个数量级。如图 7.27 所示，采用不同的衬底 (锌、镁、镍以及硅) 进行表面辅助增强时，可获得不同的光谱信号强度。然而，在实际研究中，我们除了选择具有很好增强效果的衬底外，还应考虑衬底本身对于待测样品的影响，选择合适的衬底，才能够实现最佳的检测效果。

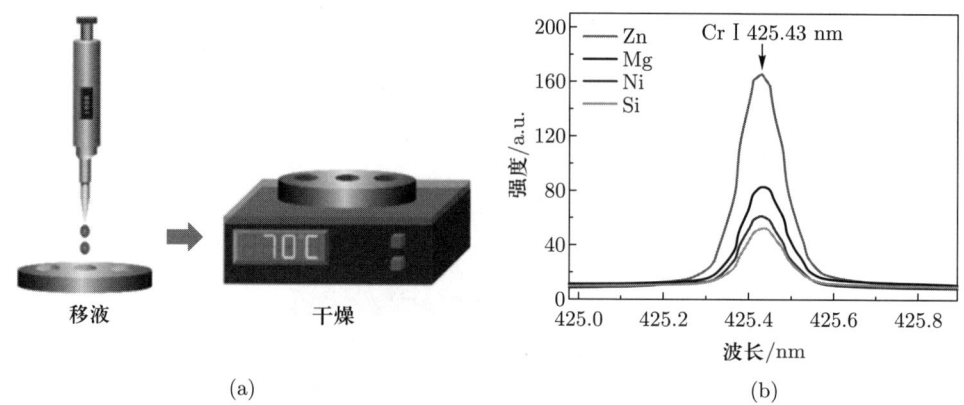

图 7.27 基于表面增强辅助等离子体调制实现光谱增强：(a) 样品预处理；(b) 不同衬底光谱增强效果[40]

此外，表面辅助等离子体调制技术还能够有效缓解不同样品基体差异对待测元素造成的影响。例如，上海交通大学俞进教授团队采用表面增强辅助的方式用于金属靶表面薄油层检测，实现了油中亚 ppm 级别的元素测量[41]，同时也采用该方法对粉末样品分析，通过将粉末与油脂均匀混合后涂抹于金属靶表面，然后采用 LIBS 进行分析[42]，如图 7.28 所示，最终证实该方法能够有效降低待测样品基体效应的影响。

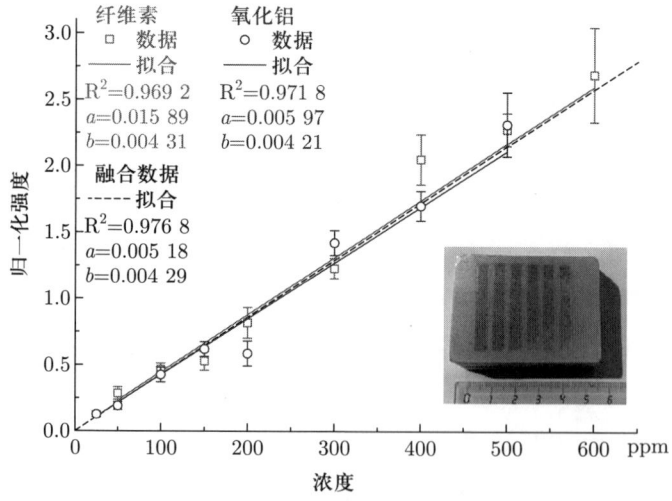

图 7.28 表面辅助等离子体调制技术用于油脂样品测量[42]

7.6.3 气氛保护等离子体调制

激光诱导等离子体的发射特性和样品烧蚀量与样品所处的气体环境、气体种类、压力密切相关。LIBS 信号采集时，不同的气体氛围会对等离子体温度与电子数密度产生影响，通常在低压的氩气条件下，等离子体相比在其他气体环境中具有更高的温度、电子数密度以及谱线强度，并且等离子体温度衰减速度比在其他气体环境下更慢[43]。当环境气体压力最初增加时，由于等离子体屏蔽效应的降低，到达样品表面的激光能量会产生较大的烧蚀量，引起等离子体温度和电子数密度的增加；气压再增加时，压力的进一步升高会导致等离子体的约束效应，从而降低等离子体的烧蚀速率，使等离子体温度与电子数密度降低[44]。对于气体氛围的研究主要是围绕具体的分析情境，例如模拟火星上的条件，现已证明 LIBS 适用于各种大气条件。特别是气氛保护等离子体调制技术能够在实现光谱信号强度改善的同时，还能够有效降低信号波动，即产生更加稳定的等离子体。例如，清华大学王哲教授团队[45]通过人为配制 22 种不同组分的混合气体，如表 7.1 所示，研究了不同混合气体对于光谱信号的影响，发现混合气体能够有效改变等离子体的膨胀环境，且相比于空气环境和纯的稀有气体而言，混合气体能够有效增强光谱信号且降低信号波动，同时对于强度较低的谱线，信号改善效果更为明显，如图 7.29 所示。

表 7.1 不同混合气体成分配比

编号	He	Ne	Ar	编号	He	Ne	Ar
1	0	0	100%	12	40%	0	60%
2	0	20%	80%	13	40%	20%	40%
3	0	40%	60%	14	40%	40%	20%
4	0	60%	40%	15	40%	60%	0
5	0	80%	20%	16	60%	0	40%
6	0	100%	0	17	60%	20%	20%
7	20%	0	80%	18	60%	40%	0
8	20%	20%	60%	19	80%	0	20%
9	20%	40%	40%	20	80%	20%	0
10	20%	60%	20%	21	100%	0	0
11	20%	80%	0	22	空气		

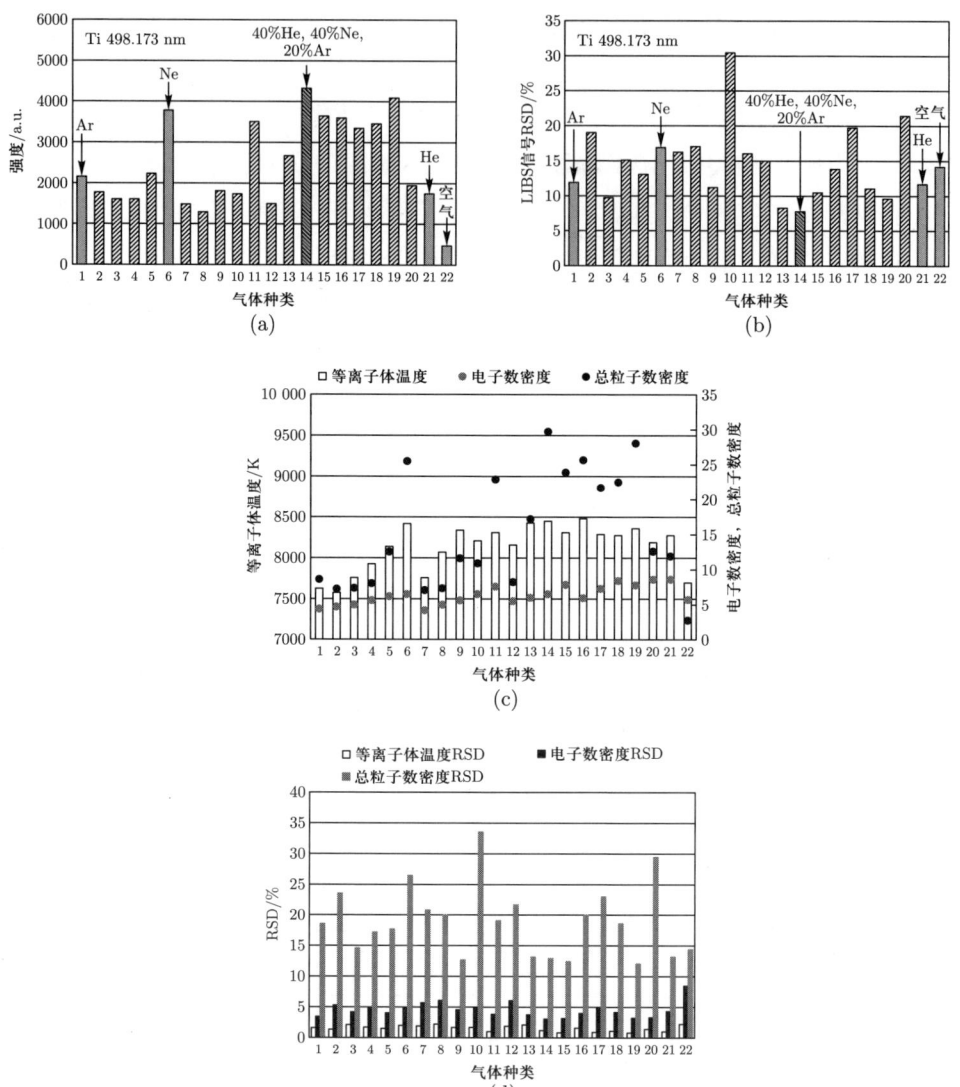

图 7.29 不同混合气体对于光谱信号的影响[45]：(a) Ti I 498.173 nm 谱线在 22 种环境气体中的强度。在 14 号气体 (40%He，40%Ne，20%Ar) 中受到的应力最大，约为空气中的 9 倍，Ar 中的 2 倍，He 中的 2.5 倍，Ne 中的 1.15 倍；(b) Ti I 498.173 nm 谱线在 22 种环境气体中的 RSD 值。对于常规气体，RSD 一般高于 10% (Ar 为 12%，Ne 为 17%，He 为 12%)，而第 14 种混合气体中的 RSD 低至 7.7%；(c) 22 种环境气体中等离子体温度 T、电子数密度 N_e 和总粒子数密度 N_s 的计算结果，其中 N_e 的单位为 10^{16} cm^{-3}；(d) 22 种环境气体的等离子体温度 T、电子数密度 N_e、总粒子数密度 N_s 的 RSD

第 7 章 等离子体调制方法

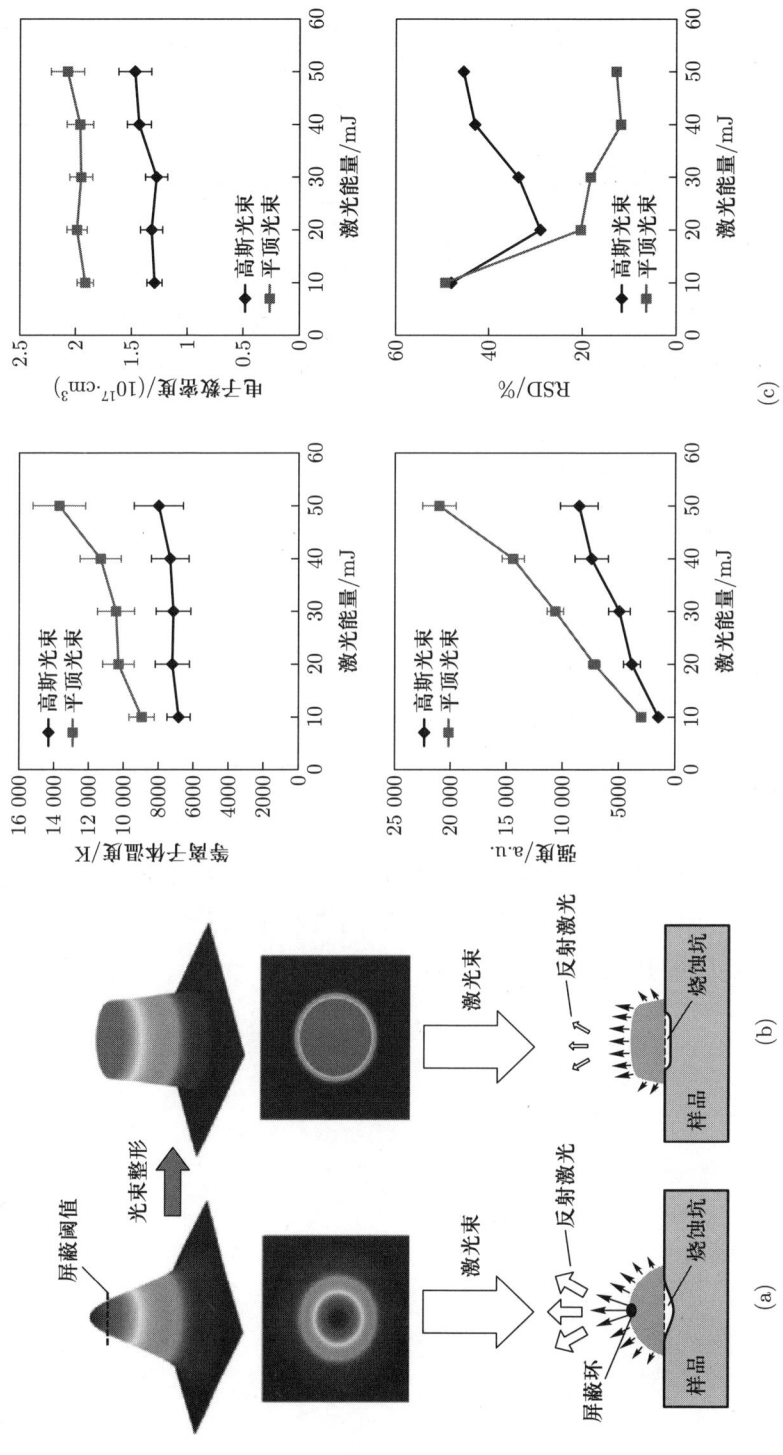

图 7.30 高斯光束和平顶光束测量对比[11]：(a) 高斯光束的激光-样品相互作用过程示意图；(b) 平顶光束的激光-样品相互作用过程示意图；(c) 高斯光束和平顶光束的等离子体温度、电子数密度、不同激光能量强度、不同激光能量下 Mg I 285.21 nm 的 RSD

7.6.4 光束整形等离子体调制

在等离子体调制方面,光束整形也被认为是一种能够改善等离子体稳定性的有效方法。清华大学侯宗余等[11]利用平顶光束代替常用的高斯光束用于样品烧蚀,发现使用平顶光束用于 LIBS 测量时能够获得更加稳定的等离子体形态和更高的信号重复性,这主要是因为高斯光束中心区域能量密度大,使得电子屏蔽效应强,阻碍了后续激光继续烧蚀物质和加热等离子体,而使用平顶光束则能量分布更为均匀,电子屏蔽效应能够得到有效减弱,从而使能量利用率更高。相比于高斯光束而言,平顶光束用于 LIBS 测量时信号强度和信噪比提升可达 50%~250%,且随着激光能量的增大,平顶光谱增强效应更为明显,如图 7.30 所示。之后,中国科学院安徽光机所的 Jia 等[46]采用平顶光束对于钢铁中的 Mn 和 Cr 元素进行检测,证明了平顶光束在产生平坦烧蚀坑以及改善光谱质量方面的有效性。

7.7 本章小结

本章系统性介绍了用于 LIBS 信号改进的"等离子体调制"("等离子体调控")方法,分析了各类方法影响等离子体的内在原理以及对 LIBS 原始信号可重复性精度和信号强度的提高效果。表 7.2 简要说明了各类光谱增强方法的原理,并对比了不同方法的增强因子与 RSD 减少量。对"等离子体调制"方法的深入研究对于理解 LIBS 的基本原理及推广应用具有重要意义,其在未来依然会是 LIBS 技术发展的热点与趋势。

表 7.2 不同光谱增强方法的比较

方法	原理	说明	增强因子	RSD 减少量	参考文献
空间约束	利用腔体对等离子体进行约束，以降低能量损失，稳定等离子体形态		Al I 397.4 nm:9	无	[47]
			Fe II 238.20 nm:10	负	[48]
			As I 237.98 nm:3	负	[49]
		易于原位、在线分析	Fe I 438.34 nm:14	Si:36%~75%	[50]
			Si:2.9		
			C I 193.09 nm:2	C I 193.09 nm:21%~36%	[51]
			无	C I 193.09 nm:~30%	[52]
			V I 440.85 nm:7.2	无	[53]
			Al III 453 nm:~3	负	[54]
			N, O:~1.5	无	[55]
				N, O:~25%	[56]
磁约束	通过外加磁场限制并影响等离子体演化		Mn:~1.5	负	[57]
			空间 + 磁性:		
			Co I 345.35 nm:22	无	[58]
			Cr I 425.44 nm:24		
		不同研究结果不同，需进一步深入研究	Cu:3~8	无	[59]
			Al III 569.588 nm:3	无	[60]
			Li I 610.304 nm:1.5		
			W I :1.4	无	[61]
			W II :0		
			Cr I 425.43 nm:8.3	无	[62]

续表

方法	原理	说明	增强因子	RSD 减少量	参考文献
光束整形	通过改变激光能量分布影响激光-样品相互作用，以减少离子体屏蔽效应，提高检测灵敏性		无	无	[63]
			负	负	[64]
		易于原位、在线分析	Mg、Si、Al:1.5~3.5	~50%	[11]
			负	~25%	[65]
			Al 281.62 nm:7 Mg I 518.36 nm:4 Li I 610.37 nm:4	无	[66]
双/多脉冲	在一定延迟时间后再加一束激光预烧蚀或再加热等离子体，以降低等离子体屏蔽效应		7.2	无	[67]
			预消融:4~7 预加热:6~16	预消融: 负	[68]
		适用于原位、在线分析，与单脉冲相比，成本较高，难以应用于工业检测	预消融: Ag I 520.90 nm:12 预加热: Al I 309.3 nm	预加热: ~60%	[69]
			Mg II 279.280 nm 超过 1000	无	[70]
			Cu I 521.8 nm: ~9	无	[71]
			Fe II 261.38 nm:228	无	[72]
			2~7.5	无	[73]

续表

方法	原理	说明	增强因子	RSD 减少量	参考文献
双/多脉冲	在一定延迟时间后再加一束激光预烧蚀或再加热等离子体，以降低等离子体屏蔽效应	适用于原位、在线分析；与单脉冲相比，因成本较高，难以应用于工业检测	Ti II 337.36 nm: ~1.4	30%~75%	[74]
			In, Sn:>1000	无	[75]
			无	~50%	[76]
			CN: 两个量级	无	[77]
			Fe, Mn:3~7	正	[78]
气氛保护	当气体的压力、温度和种类发生变化时，等离子体—气体相互作用和等离子体演化受到影响	适用于在线、原位分析。等离子体—气体相互作用机理有待进一步研究	高压: 负	无	[79]
			低压: 正	无	[75]
			Ar: 正, He: 负	无	[80]
			Ar, Ne, He;He: 负	无	[81]
			Ar: 正	无	[82]
			He、Ne、Ar 混合气体中:Ti I 498.173 nm:9	~50%	[82]
火花放电	通过向等离子体施加高压电场，主动或被动触发火花放电，向等离子体注入能量，提高等离子体温度和电子数密度	易于原位、在线分析，但需要高压电源	Al II 358.56 nm: 50~400	无	[25]
			Si II:52	~50%	[83]
			空间+火花	火花: 负	[84]
			C I 193.09 nm: ~2		
			C I 193.09 nm: ~3	空间+火花: ~40%	
			Si I 390.55 nm: 13.8	无	[85]
			无	无	[47]

187

续表

方法	原理	说明	增强因子	RSD减少量	参考文献
微波辅助	通过向等离子体施加微波,将能量以电磁波形式注入等离子体,以延长等离子体寿命,增大等离子体体积,提高等离子体发光强度	一些研究报道了它在抑制自吸收方面的应用,在RSD降低方面有待研究	无	无	[86]
			Ca I 422.7 nm: 33	负	[87]
			Gd II 342.25 nm: 32	无	[88]
			Ca II 393.37 nm: ~100	无	[89]
			In I 451.13nm: ~60	无	[90]
			无	无	[91]
			CaCl: ~6	无	[92]
纳米粒子增强	在样品表面沉积一定的纳米粒子,激光在纳米粒子附近诱发强磁场,以增强激光-样品相互作用	不适用在线、原位检测,激光-样品作用更强,但加大了随机性	Al I 396 nm: 1164	无	[93]
			Ti I 453.32 nm: ~20	无	[94]
			Cu I 296.12 nm: 5.5	无	[95]
			无	无	[96]
			Fe: ~5	无	[97]
			Ca: ~5	无	[98]
			Pb I 405.7 nm: ~5	无	[39]
			Ti: ~22	无	[99]
			Ti II 332.9 nm: 25~50	无	[100]
			Zn I 481 nm: 2~30	无	
			Ti I 498.17 nm: ~12		
			Cu I 250.63 nm: ~3	负	[101]
			Si 263.13 nm: ~4		

续表

方法	原理	说明	增强因子	RSD 减少量	参考文献
纳米粒子增强	在样品表面沉积一定的纳米粒子,激光在纳米粒子附近诱发强磁场,以增强激光-样品相互作用	不适用在线、原位检测,激光-样品作用更强,但加大了随机性	P:3.6 Mg:7.5 Ca:5.3 Na:7.0 C:1.2	无	[102]

参考文献

[1] Wang Z, Afgan M S, Gu W L, et al. Recent advances in laser-induced breakdown spectroscopy quantification: From fundamental understanding to data processing[J]. Trac-Trends in Analytical Chemistry, 2021, 143: 116385.

[2] 郝中骐. 激光探针高精度分析方法及其应用研究 [D]. 武汉: 华中科技大学, 2016.

[3] 卞保民, 杨玲, 陈笑, 等. 激光等离子体及点爆炸空气冲击波波前运动方程的研究 [J]. 物理学报, 2002 (04): 809–813.

[4] Oderji H Y, Farid N, Sun L Y, et al. Evaluation of explosive sublimation as the mechanism of nanosecond laser ablation of tungsten under vacuum conditions[J]. Spectrochimica Acta Part B: Atomic Spectroscopy, 2016, 122: 1–8.

[5] Zeng X, Mao S S, Liu C, et al. Plasma diagnostics during laser ablation in a cavity[J]. Spectrochimica Acta Part B: Atomic Spectroscopy, 2003, 58(5): 867–877.

[6] Yeates P, Kennedy E T. Spectroscopic, imaging, and probe diagnostics of laser plasma plumes expanding between confining surfaces[J]. Journal of Applied Physics, 2010, 108(9): 093306.

[7] Shen X K, Sun J, Ling H, et al. Spectroscopic study of laser-induced Al plasmas with cylindrical confinement[J]. Journal of Applied Physics, 2007, 102(9): 093301.

[8] Popov A M, Colao F, Fantoni R. Spatial confinement of laser-induced plasma to enhance LIBS sensitivity for trace elements determination in soils[J]. Journal of Analytical Atomic Spectrometry, 2010, 25(6): 2491–2494.

[9] Guo L B, He X N, Zhang B Y, et al. Enhancement of laser-induced breakdown spectroscopy signals using both a hemispherical cavity and a magnetic field[C]//Proceedings of SPIE - The International Society for Optical Engineering, 2012, 8244: 15.

[10] Guo L B, Hao Z Q, Shen M, et al. Accuracy improvement of quantitative analysis by spatial confinement in laser-induced breakdown spectroscopy[J]. Optics Express, 2013, 21(15): 18188–18195.

[11] Hou Z, Afgan M S, Sheta S, et al. Plasma modulation using beam shaping to improve signal quality for laser induced breakdown spectroscopy[J]. Journal of Analytical Atomic Spectrometry, 2020, 35(8): 1671–1677.

[12] Wang Z, Hou Z, Lui S, et al. Utilization of moderate cylindrical confinement for precision improvement of laser-induced breakdown spectroscopy signal[J]. Optics Express, 2012, 20(106): A1011–A1018.

[13] Fu Y, Hou Z, Wang Z. Physical insights of cavity confinement enhancing effect in laser-induced breakdown spectroscopy[J]. Optics Express, 2016, 24(3): 3055–3066.

[14] Hou Z, Wang Z, Liu J, et al. Combination of cylindrical confinement and spark discharge for signal improvement using laser induced breakdown spectroscopy[J]. Optics Express, 2014, 22(11): 12909–12917.

[15] 李丞. 磁场约束下激光诱导等离子体膨胀动力学研究 [D]. 吉林: 长春理工大学, 2017.

[16] Rai V N, Rai A K, Yueh F Y, et al. Optical emission from laser-induced breakdown plasma of solid and liquid samples in the presence of a magnetic field[J]. Applied Optics, 2003, 42(12): 2085–2093.

[17] Hao Z, Guo L, Li C, et al. Sensitivity improvement in the detection of v and Mn elements in steel using laser-induced breakdown spectroscopy with ring-magnet confinement[J]. Journal of Analytical Atomic Spectrometry, 2014, 29(12): 2309–2317.

[18] Zhang Z, Van Rompay P, Pronko P. Ion characteristics of laser-produced plasma using a pair of collinear femtosecond laser pulses[J]. Applied Physics Letters, 2003, 83(3): 431–433.

[19] Colao F, Lazic V, Fantoni R, et al. A comparison of single and double pulse laser-induced breakdown spectroscopy of aluminum samples[J]. Spectrochimica Acta Part B: Atomic Spectroscopy, 2002, 57(7): 1167–1179.

[20] Sattmann R, Sturm V, Noll R. Laser-induced breakdown spectroscopy of steel samples using multiple Q-switch Nd: YAG laser pulses[J]. Journal of Physics D: Applied Physics, 1995, 28(10): 2181–2187.

[21] St Onge L, Sabsabi M, Cielo P. Analysis of solids using laser-induced plasma spectroscopy in double-pulse mode[J]. Spectrochimica Acta Part B: Atomic Spectroscopy, 1998, 53(3): 407–415.

[22] Li Y, Tian D, Ding Y, et al. A review of laser-induced breakdown spectroscopy signal enhancement[J]. Applied Spectroscopy Reviews, 2017, 53(1): 1–35.

[23] Sobral H, Robledo-Martinez A. Signal enhancement in laser-induced breakdown spectroscopy using fast square-pulse discharges[J]. Spectrochimica Acta Part B: Atomic Spectroscopy, 2016, 124: 67–73.

[24] Bol'shakov A A, Mao X, Russo R E. Spectral emission enhancement by an electric pulse for LIBS and LAMIS[J]. Journal of Analytical Atomic Spectrometry, 2017, 32(3): 657–670.

[25] Nassef O A, Elsayed A H. Spark discharge assisted laser induced breakdown spectroscopy[J]. Spectrochimica Acta Part B: Atomic Spectroscopy, 2005, 60(12): 1564–1572.

[26] 董博, 何小勇, 王亚蕊, 等. 火花放电辅助-激光诱导击穿光谱技术中的放电通道特性研究 [J]. 光子学报, 2018, 47(8): 41–47.

[27] He X, Dong B, Chen Y, et al. Analysis of magnesium and copper in aluminum alloys with high repetition rate laser-ablation spark-induced breakdown spectroscopy[J]. Spectrochimica Acta Part B: Atomic Spectroscopy, 2018, 141: 34–43.

[28] Zhou W, Li K, Shen Q, et al. Optical emission enhancement using laser ablation combined with fast pulse discharge[J]. Optics Express, 2010, 18(3): 2573–2578.

[29] Chen Y, Zhang Q, Li G, et al. Laser ignition assisted spark-induced breakdown spectroscopy for the ultra-sensitive detection of trace mercury ions in aqueous solutions[J]. Journal of Analytical Atomic Spectrometry, 2010, 25(12): 1969–1973.

[30] Ikeda Y, Nishiyama A, Kaneko M. Microwave enhanced ignition process for fuel mixture at elevated pressure of 1 MPa[C]//47th AIAA Aerospace Sciences Meeting including the New Horizons Forum and Aerospace Exposition, 2009.

[31] 陈添兵, 林黄, 姚明印, 等. 微波辅助激光诱导击穿光谱对大米元素分析的实验研究 [J]. 光电子·激光, 2016, 27(2): 171–176.

[32] Kearton B, Mattley Y. Laser-induced breakdown spectroscopy: sparking new applications[J]. Nature photonics, 2008, 2(9): 537–540.

[33] Tsuruoka R, Ikeda Y. Development of plasma source sustained by semiconductor microwaves[C]//51st AIAA Aerospace Sciences Meeting including the New Horizons Forum and Aerospace Exposition, 2013.

[34] Khumaeni A, Motonobu T, Katsuaki A, et al. Enhancement of LIBS emission using antenna-coupled microwave[J]. Optics Express, 2013, 21(24): 29755–29768.

[35] Efthimion P C. Advances in laser assisted microwave plasma spectroscopy (LAMPS)[C]//Applied Industrial Optics: Spectroscopy, Imaging and Metrology 2012, June 24-28, 2012, Monterey, California, United States, Optica Publishing Group, 2012, paper ATu1A. 2.

[36] Ikeda Y, Tsuruoka R. Characteristics of microwave plasma induced by lasers and sparks[J]. Applied Optics, 2012, 51(7): B183–B191.

[37] De Giacomo A, Gaudiuso R, Koral C, et al. Nanoparticle-enhanced laser-induced breakdown spectroscopy of metallic samples[J]. Analytical Chemistry, 2013, 85(21): 10180–10187.

[38] Dell'Aglio M, Alrifai R, De Giacomo A. Nanoparticle enhanced laser induced breakdown spectroscopy (NELIBS), a first review[J]. Spectrochimica Acta Part B: Atomic Spectroscopy, 2018, 148: 105–112.

[39] De Giacomo A, Dell'Aglio M, Gaudiuso R, et al. Perspective on the use of nanoparticles to improve LIBS analytical performance: nanoparticle enhanced laser induced breakdown spectroscopy (NELIBS)[J]. Journal of Analytical Atomic Spectrometry, 2016,

31(8): 1566–1573.

[40] Ma S, Tang Y, Ma Y, et al. Determination of trace heavy metal elements in aqueous solution using surface-enhanced laser-induced breakdown spectroscopy[J]. Optics Express, 2019, 27(10): 15091–15099.

[41] Xiu J, Motto-Ros V, Panczer G, et al. Feasibility of wear metal analysis in oils with parts per million and sub-parts per million sensitivities using laser-induced breakdown spectroscopy of thin oil layer on metallic target[J]. Spectrochimica Acta Part B: Atomic Spectroscopy, 2014, 91: 24–30.

[42] Tian Y, Cheung H C, Zheng R, et al. Elemental analysis of powders with surface-assisted thin film laser-induced breakdown spectroscopy[J]. Spectrochimica Acta Part B: Atomic Spectroscopy, 2016, 124: 16–27.

[43] Sdorra W, Niemax K. Basic investigations for laser microanalysis: III. Application of different buffer gases for laser-produced sample plumes[J]. Microchimica Acta, 1992, 107(3-6): 319–327.

[44] Shah S K H, Iqbal J, Ahmad P, et al. Laser induced breakdown spectroscopy methods and applications: A comprehensive review[J]. Radiation Physics and Chemistry, 2019: 108666.

[45] Yu J, Hou Z, Ma Y, et al. Improvement of laser induced breakdown spectroscopy signal using gas mixture[J]. Spectrochimica Acta Part B: Atomic Spectroscopy, 2020, 174: 105992.

[46] Jia J, Fu H, Hou Z, et al. Effect of laser beam shaping on the determination of manganese and chromium elements in steel samples using laser-induced breakdown spectroscopy[J]. Spectrochimica Acta Part B: Atomic Spectroscopy, 2020, 163: 105747.

[47] Li Q, Zhang D, Jiang Y, et al. Combination of spark discharge and nanoparticle-enhanced laser-induced plasma spectroscopy[J]. Chinese Physics B, 2022, 31(8): 085201.

[48] Popov A M, Colao F, Fantoni R. Enhancement of LIBS signal by spatially confining the laser-induced plasma[J]. Journal of Analytical Atomic Spectrometry, 2009, 24(5): 602–604.

[49] Hou J, Zhang L, Yin W, et al. Investigation on spatial distribution of optically thin condition in laser-induced aluminum plasma and its relationship with temporal evolution of plasma characteristics[J]. Journal of Analytical Atomic Spectrometry, 2017, 32(8): 1519–1526.

[50] Su X, Zhou W, Qian H. Optical emission character of collinear dual pulse laser plasma with cylindrical cavity confinement[J]. Journal of Analytical Atomic Spectrometry, 2014, 29(12): 2356–2361.

[51] Wang Z, Hou Z, Lui S L, et al. Utilization of moderate cylindrical confinement for precision improvement of laser-induced breakdown spectroscopy signal[J]. Optics Express, 2012, 20(106): A1011–A1018.

[52] Hou Z, Wang Z, Liu J, et al. Signal quality improvement using cylindrical confinement for laser induced breakdown spectroscopy[J]. Optics Express, 2013, 21(13): 15974–15979.

[53] Fu Y, Hou Z, Wang Z. Physical insights of cavity confinement enhancing effect in laser-induced breakdown spectroscopy[J]. Optics Express, 2016, 24(3): 3055-3066.

[54] Guo L, Hao Z, Shen M, et al. Accuracy improvement of quantitative analysis by spatial confinement in laser-induced breakdown spectroscopy[J]. Optics Express, 2013, 21(15): 18188–18195.

[55] Yeates P, Kennedy E T. Spectroscopic, imaging, and probe diagnostics of laser plasma plumes expanding between confining surfaces[J]. Journal of Applied Physics, 2010, 108(9): 093306.

[56] Yin H, Hou Z, Yuan T, et al. Application of spatial confinement for gas analysis using laser-induced breakdown spectroscopy to improve signal stability[J]. Journal of Analytical Atomic Spectrometry, 2015, 30(4): 922–928.

[57] Rai V N, Singh J P, Yueh F Y, et al. Study of optical emission from laser-produced plasma expanding across an external magnetic field[J]. Laser and Particle Beams, 2003, 21(1): 65–71.

[58] Guo L B, Hu W, Zhang B.Y, et al. Enhancement of optical emission from laser-induced plasmas by combined spatial and magnetic confinement[J]. Optics Express, 2011, 19(15): 14067–14075.

[59] Li C, Gao X, Li Q, et al. Spectral enhancement of laser-induced breakdown spectroscopy in external magnetic field[J]. Plasma Science and Technology, 2015, 17(11): 919–922.

[60] Liu P, Hai R, Wu D, et al. The enhanced effect of optical emission from laser induced breakdown spectroscopy of an Al-Li alloy in the presence of magnetic field confinement[J]. Plasma Science and Technology, 2015, 17(8): 687–692.

[61] Wu D, Liu P, Sun L, et al. Influence of a static magnetic field on laser induced tungsten plasma in air[J]. Plasma Science and Technology, 2016, 18(4): 364–369.

[62] Akhtar M, Jabbar A, Mehmood S, et al. Magnetic field enhanced detection of heavy metals in soil using laser induced breakdown spectroscopy[J]. Spectrochimica Acta Part B: Atomic Spectroscopy, 2018, 148: 143–151.

[63] Cabalín L M, Laserna J J. Atomic emission spectroscopy of laser-induced plasmas generated with an annular-shaped laser beam[J]. Journal of Analytical Atomic Spectrometry,

2004, 19(4): 445–450.

[64] Lednev V, Pershin S M, Bunkin A F. Laser beam profile influence on LIBS analytical capabilities: single vs. multimode beam[J]. Journal of Analytical Atomic Spectrometry, 2010, 25(11): 1745–1757.

[65] Jia J, Fu H, Hou Z, et al. Effect of laser beam shaping on the determination of manganese and chromium elements in steel samples using laser-induced breakdown spectroscopy[J]. Spectrochimica Acta Part B: Atomic Spectroscopy, 2020, 163: 105747.

[66] Hai R, Sun L, Wu D, et al. Enhanced laser-induced breakdown spectroscopy using the combination of circular and annular laser pulses[J]. Journal of Analytical Atomic Spectrometry, 2019, 34(10): 1982–1987.

[67] De Giacomo A, Dell'Aglio M, Bruno D, et al. Experimental and theoretical comparison of single-pulse and double-pulse laser induced breakdown spectroscopy on metallic samples[J]. Spectrochimica Acta Part B: Atomic Spectroscopy, 2008, 63(7): 805–816.

[68] Wang Q, Wang J G, Liang Y X, et al. Investigation on emission spectra of reheating and pre-ablation dual-pulse laser-induced breakdown spectroscopy[C]//2011 International Conference on Optical Instruments and Technology: Optoelectronic Measurement Technology and Systems, 2011.

[69] Li S, Liu L, Yan A, et al. A compact field-portable double-pulse laser system to enhance laser induced breakdown spectroscopy[J]. Review of Scientific Instruments, 2017, 88(2): 023109.

[70] Coons R W, Harilal S S, Hassan S M, et al. The importance of longer wavelength reheating in dual-pulse laser-induced breakdown spectroscopy[J]. Applied Physics B, 2012, 107(3): 873–880.

[71] Diwakar P K, Harilal S S, Freeman J R, et al. Role of laser pre-pulse wavelength and inter-pulse delay on signal enhancement in collinear double-pulse laser-induced breakdown spectroscopy[J]. Spectrochimica Acta Part B: Atomic Spectroscopy, 2013, 87: 65–73.

[72] Prochazka D, Pořízka P, Novotný J, et al. Triple-pulse LIBS: laser-induced breakdown spectroscopy signal enhancement by combination of pre-ablation and re-heating laser pulses[J]. Journal of Analytical Atomic Spectrometry, 2020, 35(2): 293–300.

[73] Zhang D H, Yuan X X, Su M G, et al. Shielding and diagnostics of laser-induced air plasmas generated in collinear double pulse configuration[J]. Physics of Plasmas, 2018, 25(6): 063112.

[74] Sun D, Ma Y, Wang Y, et al. Determination of the limits of detection for aluminum-based alloys by spatially resolved single- and double-pulse laser-induced breakdown

spectroscopy[J]. Analytical Methods, 2018, 10(22): 2595–2603.

[75] Cai Y, Chu P C, Ho S K, et al. Multi-element analysis by ArF laser excited atomic fluorescence of laser ablated plumes: mechanism and applications[J]. Frontiers of Physics, 2012, 7(6): 670–678.

[76] Yi R, Li J, Yang X, et al. Spectral interference elimination in soil analysis using laser-induced breakdown spectroscopy assisted by laser-induced fluorescence[J]. Analytical Chemistry, 2017, 89(4): 2334–2337.

[77] Li J, Zhu Z, Zhou R, et al. Determination of carbon content in steels using laser-induced breakdown spectroscopy assisted with laser-induced radical fluorescence[J]. Analytical Chemistry, 2017, 89(15): 8134–8139.

[78] Cui M, Deguchi Y, Wang Z, et al. Enhancement and stabilization of plasma using collinear long-short double-pulse laser-induced breakdown spectroscopy[J]. Spectrochimica Acta Part B: Atomic Spectroscopy, 2018, 142: 14–22.

[79] Arp Z A, Cremers D A, Harris R D, et al. Feasibility of generating a useful laser-induced breakdown spectroscopy plasma on rocks at high pressure: preliminary study for a Venus mission[J]. Spectrochimica Acta Part B: Atomic Spectroscopy, 2004, 59(7): 987–999.

[80] Sdorra W, Niemax, K. Basic investigations for laser microanalysis: III. Application of different buffer gases for laser-produced sample plumes[J]. Mikrochimica Acta, 1992, 107(3-6): 319–327.

[81] Lobe A, Vrenegor J, Fleige R, et al. Laser-induced ablation of a steel sample in different ambient gases by use of collinear multiple laser pulses[J]. Anal Bioanal Chem, 2006, 385(2): 326–332.

[82] Yu J, Hou Z, Ma Y, et al. Improvement of laser induced breakdown spectroscopy signal using gas mixture[J]. Spectrochimica Acta Part B: Atomic Spectroscopy, 2020, 174: 105992.

[83] Zhou W, Li K, Shen Q, et al. Optical emission enhancement using laser ablation combined with fast pulse discharge[J]. Optics Express, 2010, 18(3): 2573–2578.

[84] Hou Z, Wang Z, Liu J, et al. Combination of cylindrical confinement and spark discharge for signal improvement using laser induced breakdown spectroscopy[J]. Optics Express, 2014, 22(11): 12909–12917.

[85] Wang X, Zhao Y, Dong X, et al. The investigation on the vapor-liquid phase equilibrium of (trifluoromethane+difluoromethane) system at temperatures ranging from (223.150 to 273.150) K[J]. The Journal of Chemical Thermodynamics, 2020, 142: 105996.

[86] Ikeda Y, Moon A, Kaneko, M. Development of microwave-enhanced spark-induced

breakdown spectroscopy[J]. Applied Optics, 2010, 49(13): C95–C100.

[87] Liu Y, Baudelet M, Richardson M. Elemental analysis by microwave-assisted laser-induced breakdown spectroscopy: evaluation on ceramics[J]. Journal of Analytical Atomic Spectrometry, 2010, 25(8): 1316–1323.

[88] Khumaeni A M, Katsuaki A, Masabumi M, et al. Enhancement of LIBS emission using antennacoupled microwave[J]. Optics Express, 2013, 21(24): 29755–29768.

[89] Wall M, Sun Z, Alwahabi Z T. Quantitative detection of metallic traces in water-based liquids by microwave-assisted laserinduced breakdown spectroscopy[J]. Optics Express, 2016, 24(2): 1507–1517.

[90] Tang Y, Li J, Hao Z, et al. Multielemental self-absorption reduction in laser-induced breakdown spectroscopy by using microwave-assisted excitation[J]. Optics Express, 2018, 26(9): 12121–12130.

[91] Wakil M A, Alwahabi Z T. Quantitative fluorine and bromine detection under ambient conditions via molecular emission[J]. Journal of Analytical Atomic Spectrometry, 2020, 35(11): 2620–2626.

[92] Ikeda Y, Hirata Y, Soriano J K, et al. Antenna characteristics of helical coil with 2.45 GHz semiconductor microwave for microwave-enhanced laser-induced breakdown spectroscopy (MW-LIBS)[J]. Materials (Basel), 2022, 15(8): 2851.

[93] Farash A H E, Sherbini A M E, Helal O M, et al. Enhanced Ti I spectral intensity using NELIBS technique[J]. Journal of Engineering Technology, 2019, 3: 84–90.

[94] De Giacomo A, Gaudiuso R, Koral C, et al. Nanoparticle-enhanced laser-induced breakdown spectroscopy of metallic samples[J]. Analytical Chemistry, 2013, 85(21): 10180–10187.

[95] Sánchez-Aké C, García-Fernández T, Benítez J L, et al. Intensity enhancement of LIBS of glass by using Au thin films and nanoparticles[J]. Spectrochimica Acta Part B: Atomic Spectroscopy, 2018, 146: 77–83.

[96] Koral C, Dell'Aglio M, Gaudiuso R, et al. Nanoparticle-enhanced laser induced breakdown spectroscopy for the noninvasive analysis of transparent samples and gemstones[J]. Talanta, 2018, 182: 253–258.

[97] Ohta T, Ito M, Kotani T, et al. Emission enhancement of laser-induced breakdown spectroscopy by localized surface plasmon resonance for analyzing plant nutrients[J]. Applied Spectroscopy, 2009, 63(5): 555–558.

[98] De Giacomo A, Koral C, Valenza G, et al. Nanoparticle enhanced laser-induced breakdown spectroscopy for microdrop analysis at subppm level[J]. Analytical Chemistry, 2016, 88(10): 5251–5257.

[99] De Giacomo A, Gaudiuso R, Koral C, et al. Nanoparticle enhanced laser induced breakdown spectroscopy: effect of nanoparticles deposited on sample surface on laser ablation and plasma emission[J]. Spectrochimica Acta Part B: Atomic Spectroscopy, 2014, 98: 19–27.

[100] El Sherbini A M, Parigger C G. Wavelength dependency and threshold measurements for nanoparticle-enhanced laser-induced breakdown spectroscopy[J]. Spectrochimica Acta Part B: Atomic Spectroscopy, 2016, 116: 8–15.

[101] Liu J, Hou Z, Li T, et al. A comparative study of nanoparticle-enhanced laser-induced breakdown spectroscopy[J]. Journal of Analytical Atomic Spectrometry, 2020, 35(10): 2274–2281.

[102] Marvin J C, Blanchette E J, Sleiman S C, et al. Silver microparticle-enhanced laser-induced breakdown spectroscopy[J]. Applied Spectroscopy, 2022, 76(8): 905–916.

第 8 章 光谱数据分析方法[①]

定性分析是根据激光诱导击穿 (LIBS) 光谱中是否包含某元素的特征谱线，来判断待测物中是否含有该元素的分析方法，也可以指利用光谱特征进行物质分类的分析方法；而定量分析是根据待测物质中包含元素的谱线强度等谱线信息与待测元素的含量或物质特性的对应关系，来确定该元素的含量或物质特性的分析方法。

正如之前反复强调，LIBS 信号不确定性较大，且受基体效应影响，这是 LIBS 精确定量的关键瓶颈。提高原始信号质量毫无疑问是提高 LIBS 定性定量分析性能的基础，而定性、定量模型则是实现精确定量的最终桥梁。对 LIBS 来说，定性相对简单，精确定量则困难重重。在定量的主流定标模型方面，存在 3 大类的模型：基于物理规律的传统物理模型 (往往是单变量或少数几个变量模型)、基于机器学习的数据驱动模型 (多变量模型)，及结合物理规律和数据驱动的混合驱动模型。其中，物理模型样品适应性强、测量重复性精度相对较高，但受单变量或者少变量模型影响，对基体效应的补偿不足，测量误差相对较大。数据驱动模型充分利用机器学习模型多变量特性，对基体效应的补偿作用相对较强，测量误差较物理模型小，因此已经受到广泛重视，特别是随着近年来机器学习和人工智能技术的高速发展，更是成为 LIBS 精确定量绝对主流。然而数据驱动模型易过拟合，样品适应性较弱，且多个变量的不确定度易累积，从而导致模型重复性精度相对较差。混合驱动模型结合了前两类模型的各自优势，利用物理模型提升样品适应性，利用机器学习模型降低基体效应影响，是实现 LIBS 精确定量的最佳路线。

本章介绍定性和定量分析的评价指标、数据预处理方法、建模方法以及未来发展趋势。

[①] 本章由清华大学王哲教授、北京理工大学王茜蒨教授以及清华大学侯宗余副研究员联合撰写。

8.1 评价指标

8.1.1 定性分析评价指标

在定性分析中,主要是采用化学计量学和机器学习方法对物质进行判别分析。其中主要包括非监督学习方法和监督学习方法,可以将光谱数据无监督聚类或根据训练好的模型将光谱数据进行分类。

在定性分析分类模型中,对分类识别结果的评价指标主要有分类准确率相关指标和其他与分类准确率无关的辅助指标。面对目前的应用场景和提出的解决方案,主要有二分类问题和多分类问题。

对于二分类问题,可将样例根据其真实类别和分类器预测类别划分为以下 4 种。

(1) 真正例 (true positive,TP):真实类别为正例,预测类别为正例。

(2) 假正例 (false positive,FP):真实类别为负例,预测类别为正例。

(3) 假负例 (false negative,FN):真实类别为正例,预测类别为负例。

(4) 真负例 (true negative,TN):真实类别为负例,预测类别为负例。

在此基础上,以上指标还进一步包含了分类模型常见的评价标准——准确性 (accuracy)、灵敏度 (sensitivity)、特异性 (specificity) 和查准率 (precision)。具体的计算公式如下 [1-3]。

$$准确性 = \frac{TP + TN}{TP + FN + TN + FP} \tag{8.1}$$

$$灵敏度 = \frac{TP}{TP + FN} \tag{8.2}$$

$$特异性 = \frac{TN}{TN + FP} \tag{8.3}$$

$$查准率 = \frac{TP}{TP + FP} \tag{8.4}$$

在多分类问题中,目前主要通过正确分类识别率 (correct classification rate, CCR) 作为定性分析准确性的评价标准,其定义与总精确度相似 [4]。

$$CCR = \frac{正确分类数\ (\text{correct classification numbers})}{样品总数\ (\text{the number of all samples})} \tag{8.5}$$

除此之外,还有各类辅助性评估指标,如表 8.1 所示。

表 8.1 多分类问题主要评估指标

评估指标	具体含义
正确分类率 (rate of correct classification)	正确分类给定类别的样品百分比
错误分类率 (rate of wrong classification)	错误分类给定类别的样品百分比
不可识别率 (rate of no classification)	未能分类给定类别的样品百分比
总精确度 (overall accuracy，OA)	正确分类的样品数 (所有类别)/样品总数
灵敏度 (sensitivity)	给定类别的 TP/(TP + FN)
特异性 (specificity)	给定类别的 TN/(TN + FP)
负面预测率 (negative predictive value)	给定类别的 TN/(TN + FN)
正面预测率 (positive predictive value)	给定类别的 TP/(TP + FP)

在数值类指标之外，还有可视化衡量指标。针对定性识别模型，主要的可视化指标有非监督学习的聚类效果图示和监督学习的接受者工作特征 (receiver operating characteristic, ROC) 曲线。ROC 曲线的横坐标为假正率 (false positive rate, FPR)，纵坐标为真正率 (true positive rate, TPR)[5]。

对于分类识别准确率之外的辅助性标准，主要有模型分析时间 (analyzing time，AT) 和鲁棒性 (robustness) 等[6]。分类模型的鲁棒性可以进行数值评估计算，具体表征为在抑制给定的类之后，其他类中的样品的错误分类率。

8.1.2 定量分析评价指标

在定量分析中，需要对物质中特定成分的含量进行预测。分析结果的评价指标主要针对其准确度与精密度。

对于准确度，评价指标包括 (预测值与真值曲线的) 决定系数 (coefficient of determination，R^2)、均方根误差 (root mean square error，RMSE)、平均绝对误差 (average absolute error，AAE) 和平均相对误差 (average relative error，ARE)。各指标均可在定标样品集、未知样品集或所有样品上计算，其中在未知样品集的预测结果上获得的评价指标最具参考价值。具体计算公式如下:

$$R^2 = \frac{\left[\sum_{i=1}^{n}(y_i - \bar{y})(\tilde{y}_i - \bar{\tilde{y}})\right]^2}{\sum_{i=1}^{n}(y_i - \bar{y})^2 \sum_{i=1}^{n}(\tilde{y}_i - \bar{\tilde{y}})^2} \quad (8.6)$$

$$\text{RMSE} = \sqrt{\frac{\sum_{i=1}^{n}(y_i - \tilde{y}_i)^2}{n}} \tag{8.7}$$

$$\text{AAE} = \frac{\sum_{i=1}^{n}|y_i - \tilde{y}_i|}{n} \tag{8.8}$$

$$\text{ARE} = \frac{\sum_{i=1}^{n}\left|\frac{y_i - \tilde{y}_i}{y_i}\right|}{n} \tag{8.9}$$

式中，y_i、$\tilde{y}_i$ 为真值与预测值，$\bar{y}$、$\bar{\tilde{y}}$ 为真值与预测值的平均值；n 为样品数。

对于精密度，评价指标为预测结果的平均相对标准偏差(relative standard deviation，RSD)，具体计算公式为

$$\text{RSD}_{\text{mean}} = \frac{1}{n}\sum_{i=1}^{n}\frac{\sqrt{\frac{1}{m-1}\sum_{j=1}^{m}(\tilde{y}_{ij} - \bar{\tilde{y}}_i)^2}}{\bar{\tilde{y}}_i} \tag{8.10}$$

式中，$\tilde{y}_{ij}$ 为预测值；$\bar{\tilde{y}}_i$ 为预测值的平均值；n 为样品数；m 为单个样品的测量次数。

8.2 光谱预处理方法

LIBS 信号具有较高的不确定性，且受基体效应影响较大。这种特性使得使用 LIBS 数据进行定性、定量分析时，往往面临分析结果精密度差、准确度不高等问题。为了提升 LIBS 定性定量分析的性能，除了通过等离子体调制方法改善原始信号质量之外，还需要对光谱信号进行进一步处理，这样才能够最大程度地减少 LIBS 信号的不确定性和基体效应对定性、定量分析产生的负面影响。

8.2.1 数据选择

对于 LIBS 而言，较高的信号不确定性与显著的基体效应使得实验数据往往偏离物理模型的描述，导致难以实现精确定量分析。通过筛选有效数据，可以提高模型的解释能力，从而提高定量分析性能。数据选择包含两个层面，样品选择以及光谱选择。

(1) 样品选择。

样品选择方法是对基体匹配原理的迁移应用。基体匹配是指制备与未知样品主要成分相同或相近的定标样品，从而减小定标样品与未知样品的基体性质差异。但是，这对于基体组成复杂的样品通常难以实现，并且会导致 LIBS 分析速度显著降低。如果定标样品数量充足，且其基体性质的变化范围涵盖了可能出现的未知样品，原理上就可以为每一个未知样品匹配一组足够相似的定标样品，从而通过样品选择实现基体匹配的效果，减小基体效应。

根据这一思路，顾炜伦等[7]提出了自适应样品子集匹配方法，并将其应用于煤质分析。该方法首先根据基体性质将定标样品有重叠地分为多个子集，在各个子集上建立定标模型，并利用所有定标样品建立基体匹配模型；对于每一未知样品，利用基体匹配模型选择与之最为相似的定标样品子集，并采用对应定标模型开展定量分析。以挥发分含量衡量基体相似性，并以偏最小二乘回归(PLSR)作为定标模型与基体匹配模型。与利用所有定标样品建立定标模型的常规方法相比，采用该方法可将煤中碳含量测量的预测均方根误差(root mean square error of prediction，RMSEP)由 2.83% 降低至 1.59%，预测结果的脉冲间 RSD 由 4.59% 降低至 2.48%。

(2) 光谱选择。

最常用的光谱选择方法是粗大误差剔除，主要原理是根据同一样品多次测量光谱的分布特征，剔除离群光谱。此外，忽略元素互干扰的情况下，LIBS 强度理论上可以由总粒子数密度、温度、电子数密度 3 个等离子体参数表征，如果能够在实验上同时控制 3 个等离子体参数，使它们在所有样品的所有光谱中保持一致，那么谱线强度与元素浓度将完全符合理论上的线性关系或生长曲线。因此，如果在可用光谱中选择等离子体参数接近的数据，也能减小信号不确定性与基体效应，提升定量分析性能。

由于同时控制 3 个等离子体参数存在困难，龙杰等[8]通过探究不同等离子体参数波动对定量分析性能的影响，发现不同样品的平均总粒子数密度波动对定量分析的影响最大，平均温度次之，平均电子数密度影响最小。由于平均总粒子数密度与浓度相关，无法选择和控制，因此通过选择等离子体温度接近的光谱进行定量分析。在铜锌合金上的结果显示，光谱选择可将锌的 RMSEP 从 3.3% 降低至 1.1%。

此外，学者们通常会选择把每个样品的所有单脉冲激光产生的光谱作为模型输入，或者使用这些光谱的平均光谱作为模型输入，这本质上也是光谱选择的一种方法。这样的光谱数据选择会影响后续定量模型对基体效应和光谱不确定性的补偿程度。大体来说，多光谱取平均不易提升测量重复性，但是能够降低噪声的影响，从而降低测量误差；而取全部光谱作为输入，则有利于提升模型补偿不确定性，但是对噪声和基体效应的补偿不足，易导致误差较大；这两种方法可能都不能获得最佳效果。也有学者提出折中的方案，把每个样品的所有光谱均分为 n 份，把这 n 份光谱内部的均值作为输入，这样可以适当地平衡后续模型对不确定性、噪声及基体效应的补偿，从而取得最佳的效果。

8.2.2 变量选择

一幅 LIBS 中往往含有成千上万个变量，然而由于众多的噪声和干扰变量的存在，并非所有的变量都对定性定量分析有利，将所有变量都输入定性、定量分析模型，往往难以得到满意的结果。因此，特征选择对于定性、定量分析模型来说，是非常重要的。变量选择的好处可以概括为 3 个方面：① 提高模型的预测准确度和稳健性；② 通过减少噪声或干扰变量降低计算成本，提高建模速度；③ 简化模型，提高模型的解释能力。

变量选择以提高定性定量分析结果的可重复性和准确性为目的，因此在进行特征选择时，我们注意：① 优先选择对因变量解释能力强、贡献大的特征变量，这类特征变量往往与因变量之间有较为明确的物理关系作为支撑（例如煤炭测量中 C、H、O 的谱线与发热量）；② 优先选择可重复性好的特征变量，提升分析结果的可重复性；③ 调整特征变量的数目，防止模型的过拟合与欠拟合。

除了上述按照这些原则来直接进行变量选择外，还可以充分与机器学习方法相结合，形成一套规范化可编程的变量选择方法，主要包括数据抽样、建模方法、评估指标和选择策略 4 个步骤。

(1) 数据抽样。

由于机器学习方法不考虑物理背景，因此在变量选择时可能存在一定的偶然性，在变量选择前进行数据抽样的目的是避免运用机器学习方法进行变量选择时的偶然性。其基本原理是对实验获得的光谱数据进行多次抽样，获得光谱数据的多个子集，每个子集仅包含部分样品的光谱 (子集中的每幅光谱仍然包含所有波长数据)。然后对每个子集进行开展变量选择，筛选出每个子集中的重要变量。若某个变量在不同的子集中多次被选中，说明此变量极有可能是真正的重要变量。常用的数据抽样方法包括蒙特卡洛 (Monte-Carlo，MC) 采样、自举采样和二进制矩阵采样 (binary matrix sampling，BMS) 等。

(2) 建模方法。

特征选择的结果将作为模型的输入，因此在使用具体的特征选择方法时，可能需要综合考虑使用的模型。常用的建模方法包括多元线性回归 (multiple linear regression，MLR)、主成分回归 (principal component regression，PCR)、偏最小二乘 (partial least square，PLS)、支持向量回归 (support vector regression，SVR)、极限学习机 (extreme learning machine，ELM)、最小绝对值收敛和选择算子 (least absolute shrinkage and selection operator，LASSO) 和人工神经网络 (artificial neural network，ANN) 等。但某些单变量方法没有模型，此时仅需评估变量与目标属性之间的相关性，例如相关系数。

(3) 评估指标。

在特征选择过程中，需要根据一定的标准，即评估指标，对变量进行排序和筛选。其中，与 PLS 相关的评估指标包括回归系数 (regression coefficient，RC)[9]、变量在投影中的重要性 (variable importance in projection，VIP)[10]、选择性比 (selectivity ratio，SR)[11] 和显著性多元相关性 (significance multivariate correlation，SMC)[12]、交叉验证均方根误差 (root mean square error of cross validation，RMSECV) 等。

回归系数代表了自变量主成分与因变量主成分的相关性。回归系数较小的变量可认为是无意义的，可根据阈值舍去。回归系数直观地反映了变量的重要性，因此常以各种形式出现在评估指标中。例如蒙特卡洛–无关变量消除 (MC-UVE) 就是一种基于回归系数的特征选择方法：首先使用蒙特卡洛抽样来选择固定比例的样品，然后建立校准模型，将上述步骤重复 N 次，记录回归系数矩阵 $\boldsymbol{B}$ ($N \times p$)，则每个变量 j 的稳定性可以定量地表示为式 (8.11)：

$$s_j = \frac{\mathrm{mean}(B_j)}{\mathrm{std}(B_j)}, j = 1, 2, \ldots, p \tag{8.11}$$

$$\mathrm{VIP}_k = \sqrt{n\frac{\sum_{j=1}^{a} b_j^2 t_j^\mathrm{T} t_j \left(\frac{w_{kj}}{\|w_j\|}\right)^2}{\sum_{j=1}^{a} b_j^2 t_j^\mathrm{T} t_j}} \qquad (8.12)$$

式中，VIP_k 为第 k 个变量在投影中的重要性 $(k=1,2,\cdots,n)$，其中，n 为变量总数；b_j 为第 j 个自变量主成分与因变量的回归系数；t_j 为第 j 个自变量主成分的得分；w_j 为第 j 个自变量主成分的权重；w_{kj} 为 w_j 中的第 k 个元素。由此看出，VIP_k 综合考虑了第 k 个变量在各个自变量主成分中的权重，以及自变量主成分的权重 (由回归系数确定)。

递归加权偏最小二乘 (rPLS)[13] 使用 PLS 模型的 RC 迭代地对变量进行加权，然后反映变量的重要性。

(4) 选择策略。

选择策略指的是特征选择中最核心的思想和算法，包括基于过滤器、极值、顺序、穷举以及基于智能优化算法 (IOA) 和基于模型种群分析 (MPA) 的搜索。

① 基于过滤器：在此方法中需定义一个阈值，然后计算所有变量的评估指标，消除那些评估指标不满足定义阈值的变量。

② 极值搜索：选择评估指标极值所对应的变量，例如最低 RMSECV 和最大绝对回归系数所对应的变量。

③ 顺序搜索：包括前向选择和后向选择。对于前向选择，将变量顺序添加到空的候选集中，直到添加其他变量不会降低评估指标为止。对于后向选择，从完整的候选集中顺序删除这些变量，直到删除其他变量增加了标准。

④ 详尽搜索：此搜索考虑了所有可能的变量组合，且如果变量或间隔的数量不太大，则选择结果最佳的变量组合。

⑤ 基于智能优化算法 (IOA)：包括遗传算法 (genetic algorithm，GA)、粒子群优化 (particle swarm optimization，PSO) 算法、蚁群优化 (ant colony optimization，ACO) 算法、模拟退火 (simulated annealing，SA) 算法和萤火虫算法等。基于 IOA 的变量选择方法大都是以迭代的方式，根据预定义的评估指标来搜索最优变量子集，直到当前变量子集的评估指标满足阈值后停止迭代。其中不同的智能优化算法具有不同的初始化和更新变量子集的方式。

⑥ 基于模型种群分析 (MPA)：基于 MPA 的方法包括蒙特卡洛–无关变量

消除 (MC-UVE)、竞争自适应重加权采样 (CARS)、迭代保留信息变量 (IRIV)、变量迭代空间收缩法 (variable iterative space shrinkage approach, VISSA)、可变组合总体分析 (VCPA)、迭代变量子集优化 (IVSO)、Fisher 最优子空间收缩 (FOSS)、自举软收缩 (BOSS)、区间随机青蛙 (iRF)、区间组合优化 (ICO) 和采样误差分布分析-LASSO (SEPA-LASSO)。它们具有一个共同的特征：可以从大量子模型中提取统计信息。主要步骤可以概括为：首先，通过包括 MC 采样、Bootstrap 采样和 BMS 在内的采样方法随机抽取 N 个子数据集；其次，对于每个子数据集，都会构建一个子模型；最后，根据评估指标参数 (如 RC 和 RMSECV)，统计分析所有 N 个子模型。

⑦ 集成变量选择方法[14]：基于单一标准的变量选择方法通常会导致所选变量缺乏多样性，进而降低模型的可靠性和鲁棒性。集成变量选择方法采用 6 种变量选择算法作为基础，包括回归系数 (RC)、最小绝对值收敛和选择算子 (LASSO)、竞争自适应重加权采样 (CARS)、递归加权偏最小二乘 (rPLS) 法、显著性多元相关性 (sMC)、最大相关最小冗余 (mRMR)，根据交叉验证的结果组合各个算法返回的变量子集。该方法对一个月内在变化实验条件下获得的两组 LIBS 数据进行测试以量化煤质，包括固定碳、挥发分、灰分、发热量和硫。结果表明，基于该方法的多元模型在多数任务上优于使用基准变量选择方法的预测模型，其预测的决定系数提升 0.3%~2%。

除了选择波长之外，还可选择波段，即将一定宽度的波长间隔视为一个单位，然后根据不同的搜索策略找到间隔的最佳组合，其中间隔的宽度以不同的方式确定，具体如下。

(1) 等宽间隔：在间隔偏最小二乘 (iPLS) 中，将整个光谱划分为相等的宽度，在每段光谱上分别进行 PLS，然后选择具有最低 RMSECV 的波长间隔。在此基础上，有学者提出了 fiPLS、biPLS 和 siPLS，通过顺序选择策略 (前向选择或后向选择) 和穷举搜索策略来优化间隔的组合，而 GA-iPLS 是根据 GA 对间隔进行优化。

(2) 移动窗口 PLS：使用具有固定宽度的窗口在整个光谱中移动以产生一系列间隔，窗口之间可以重叠或不重叠，同时考虑所有的连续间隔。在此基础上，提出了可变窗宽移动窗口偏最小二乘 (CSMWPLS) 法、区间组合移动窗口偏最小二乘 (SCMWPLS) 来搜索优化的间隔组合。

(3) 首先选择单个变量，然后加入被选变量的相邻变量来构成间隔。

(4) 使用某种算法 (如 Fisher 区间分割法) 将整个光谱分为具有不同宽度的间隔。

8.2.3 基线修正

LIBS 中的背景大部分来源于自由电子的连续辐射，在早期的光谱中背景尤为明显。若电子数密度过高，背景强度过大，则有可能淹没待测元素的特征谱线，且电子数密度波动造成的连续辐射强度波动有可能加剧特征谱线强度的不确定性，进而影响后续定性和定量分析的精度和准确度。因此，有必要在定性和定量分析前找到光谱的基线，并依据基线去除背景，以改善后续定性和定量分析性能。

8.2.3.1 多项式拟合法

Gornushkin 等[15]提出一种基于多项式拟合的方法来拟合光谱基线。具体来说，先将光谱分为几段，在每段中找出局部极小值，再根据预设极小值数量 n 筛选到 n 个极小值，称之为该段的"主要极小值"；在段内主要极小值的 3 个标准差内的局部极小值被选为"次要极小值"；使用多项式对主要极小值进行拟合，调整多项式次数、分段数，并通过迭代调整每段极小值数 n，使得次要极小值与多项式预测值的均方根误差之和最小。孙兰香等[16]在 Gornushkin 的基础上提出了一种自动识别背景的算法，设定极小值的阈值，使得迭代次数更少、计算速度更快。主要原理是由于 LIBS 连续背景是平滑变化的，据此可判断寻得的极小值点是来自背景还是谱峰，并通过设定阈值筛选来自谱峰的极小值，具体如式 (8.13) 所示：

$$r_j = \left| \frac{I_{j+1} - I_j}{\lambda_{j+1} - \lambda_j} \right| \tag{8.13}$$

式中，I_{j+1} 和 I_j 分别为第 $j+1$ 和第 j 个极小值处的强度；λ_{j+1} 和 λ_j 分别为第 $j+1$ 和第 j 个极小值处的波长 ($j = 1, 2, \cdots, m-1$，其中，m 为待分析光谱内寻得的全部极小值个数)。将 r_j 与预先设定的阈值 θ 进行比较，若 $r_j < \theta$，则保留 λ_{j+1} 为来自背景的极小值点，反之不保留。

8.2.3.2 无模型算法

Friedrichs[17] 提出了一种用于核磁共振光谱的基线修正方法。使用该方法时，从左到右依次以每个波长为中心，以 W 为宽度，在每个光谱窗口上找到背景强度的所有极值，再取极值的中位数作为该波长处的背景基线，最后对基线进行高斯平滑。Yaroshchyk[18] 在此基础上提出一种无模型算法，如图 8.1 所示，该方法不再寻找光谱窗口中的强度极小值，而是直接取窗口中的强度最小值作为该波长的基线。Yaroshchyk 将本方法与 Friedrichs 的方法进行比较，发现在谱线较稀疏、背景噪声较小的情况下，通过两种方法得到的基线非常接近；而在谱线密集或背景噪声较大的情况下，Yaroshchyk方法得到的基线则更为准确。

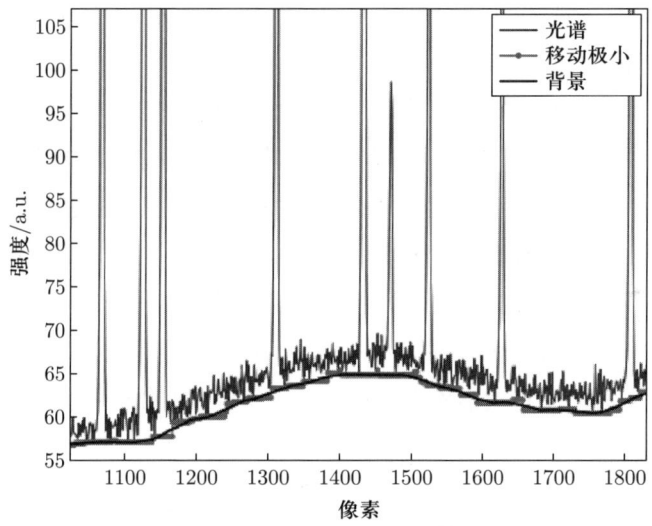

图 8.1 Yaroshchyk 提出的无模型基线修正算法 [18]

8.2.3.3 基于小波变换的 Galloway 算法

Galloway 等 [19] 提出了一种迭代小波降噪技术，此后被称为 Galloway 算法。该算法将小波降噪应用于光谱：先对原始光谱进行小波变换，然后仅使用近似系数重构光谱，将该重构光谱与原光谱进行比较。重复该过程，直到来自两个后续迭代的两个重构光谱的差 (强度差的均方根之和) 达到设定的阈值为止。

8.2.3.4 手动选择法

手动选择法指的是人为选择没有谱线的光谱区域,并将该区域中的平均强度作为发射线的光谱背景的方法。该方法较为简单,但实际操作中可能导致计算出的背景强度波动较大,影响背景扣除效果[20]。

各种基线修正方法对于检测限(limit of detection, LOD)计算结果的影响可在文献[20]中找到。此外该文献作者指出,对于延迟时间较大的光谱而言,去除背景后得到的LOD可能不如原始光谱得到的LOD更优,即是否需要去除背景以及基线修正算法需要根据原始光谱情况进行合理选择。

8.2.4 降噪

LIBS信号中主要有4种噪声源:由激光–样品或激光–等离子体相互作用的波动引起的噪声,称为源噪声;由到达检测器的光子数量波动引起的噪声,称为散粒噪声;由检测器电路引起的噪声称为检测器噪声;由光电器件发热导致的变化称为仪器(热)漂移[21]。噪声影响信号的质量,会给定性和定量分析过程引入误差。目前在各领域中,降噪算法较多且大都发展较为成熟,常见的降噪方法有小波降噪、傅里叶变换等,这些方法也已被引入LIBS处理,下文将着重介绍使用较多的小波降噪、傅里叶降噪、Savitzky–Golay滤波器。需要注意的是,LIBS光谱中的噪声与信号的特征不同于通信或其他领域,在应用降噪算法时必须考虑LIBS光谱本身的特征,设定合理的噪声和信号的区分依据。

8.2.4.1 小波降噪

小波变换可将信号按照不同的时间分辨率和频率分辨率分解,小波降噪的原理是认为在原始信号中,噪声的功率相比真实信号的功率较小,将原信号进行小波变换后,得到不同频率信号的小波系数,通过设置小波系数的阈值,保留小波系数较大的信号,舍弃或进一步降低系数较小的信号,从而抑制噪声。在实际应用中,小波降噪需要面临许多问题:小波的选择[22,23]、分解级别的选择[24,25]、阈值选择[26,27]和阈值函数的选择等。

在小波系数阈值的选择中,若选择的阈值过大,则信号损失过大;若选择的阈值过小,则降噪效果不佳。常见的阈值选择方法有硬阈值和软阈值法。设Y为原始信号,t为阈值,则硬阈值函数T_h和软阈值函数T_s的定义分别见式

(8.14) 和式 (8.15)。

$$T_\mathrm{h} = \begin{cases} 0, & |Y| < t \\ Y, & |Y| \geqslant t \end{cases} \qquad (8.14)$$

$$T_\mathrm{s} = \begin{cases} 0, & |Y| < t \\ \mathrm{sig}(Y)|Y-t|, & |Y| \geqslant t \end{cases} \qquad (8.15)$$

式中，阈值 $t = \sigma\sqrt{2\log N}$。其中，σ 为估计的噪声标准偏差，表示为 $\sigma = \dfrac{\mathrm{median}[d_j(k)]}{0.674\,5}$，$d_j(k)$ 为频率最高的小波系数；N 为样品数量，即光谱像素数[28]。

一般来说，硬阈值过滤的小波系数方差更大，而在所设置的阈值较大时，软阈值过滤的小波系数的偏差更大，两种方法的降噪效果比较可见参考文献 [29] 表 1。为了弥补两种方法的不足，提出一种折中的"半软阈值"方法，在该方法中存在两个阈值 t_1、t_2，见式 (8.16)。

$$T_\mathrm{s}(Y,t) = \begin{cases} 0, & |Y| \leqslant t_1 \\ Y, & |Y| > t_2 \\ \mathrm{sig}(Y)\left|\dfrac{(Y-t_1)t_2}{t_2-t_1}\right|, & t_1 < |Y| \leqslant t_2 \end{cases} \qquad (8.16)$$

Laserna 团队[29]对硬阈值方法进行了改进，提出了一种可变阈值的自适应平稳小波滤波，其主要思想是认为在信号强度不同处噪声的强度亦不同，因此小波系数阈值应随信号强度变化。具体算法是找到光谱的包络线，根据包络线得到小波系数的阈值，如图 8.2 所示。作者将该方法与传统硬阈值方法以及高斯滤波进行比较，发现使用该方法后，滤波后信号与原信号差异较小且能够有效抑制噪声。

段忆翔团队[30]对软阈值方法进行了改进，如式 (8.17)。其中 $\alpha \in (0,1)$，N 为正数。当 α 趋向于 0 时，此方法接近于硬阈值方法；当 N 趋向于正无穷时，此方法趋向于软阈值方法。

$$T_\mathrm{s} = \begin{cases} 0, & |W_{u,\mathrm{s}}| < \lambda \\ \mathrm{sig}(W_{u,\mathrm{s}})\left|W_{u,\mathrm{s}} - \alpha \cdot \dfrac{\lambda}{\exp\left(\dfrac{W_{u,\mathrm{s}} - \lambda}{N}\right)}\right|, & |W_{u,\mathrm{s}}| \geqslant \lambda \end{cases} \qquad (8.17)$$

式中，$W_{u,s}$ 是小波系数。

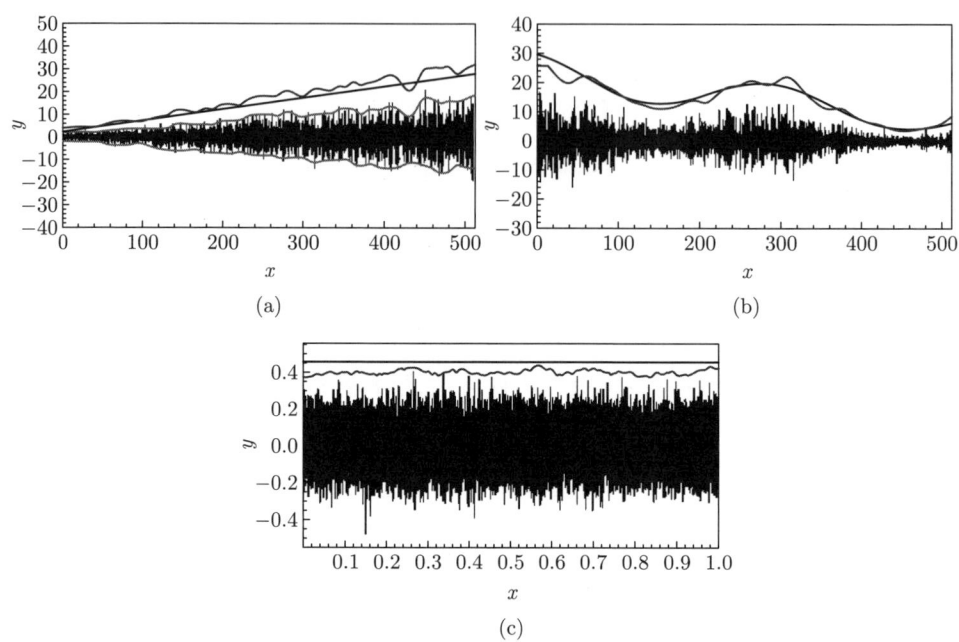

图 8.2 可变阈值的自适应平稳小波滤波方法：(a) 线性增长噪声；(b) 非线性噪声；(c) 均匀噪声。图中黑线、深灰线分别为常规硬阈值和包络线方法得到的小波阈值，图 (a) 中浅灰线展示了提取的包络线[29]

孙兰香等[31]对半软阈值函数的上、下阈值进行了改进。对于每个分解尺度，用欧氏距离或灰色关联度分析来衡量映射后的小波系数和尺度系数的相似性。若某特定频率下的小波系数与尺度系数相似，用小波系数表示的信号细节较为可能是真实信号而非噪声，此时两个软阈值之间的"模糊区域"较大，更多的小波信号会被保留；反之若小波系数与尺度系数不相似，信号细节则可能为噪声，此时两个软阈值之间的"模糊区域"较小，小波信号被保留得较少。

袁廷壁等[32]提出一种小波–偏最小二乘混合模型。第一步是利用小波分析去除原始信号中的高频环境噪声以及低频的连续背景，接下来使用小波系数作为 PLS 模型的输入。使用小波系数而非重构光谱作为 PLS 输入是因为小波系数能够如实地反映信号在不同波长处的能量，此外还能够加快计算速度。常规 PLS 方法和小波–PLS 混合模型的定标效果的比较如图 8.3 所示，预测均方根误差 (root mean square error of prediction, RMSEP) 和 RMSE 分别从 4.18% 和

2.54%降为1.94%和1.62%，RMSEP的降幅达53.6%，对于煤中C元素的平均预测相对误差由2.74%降到1.67%。

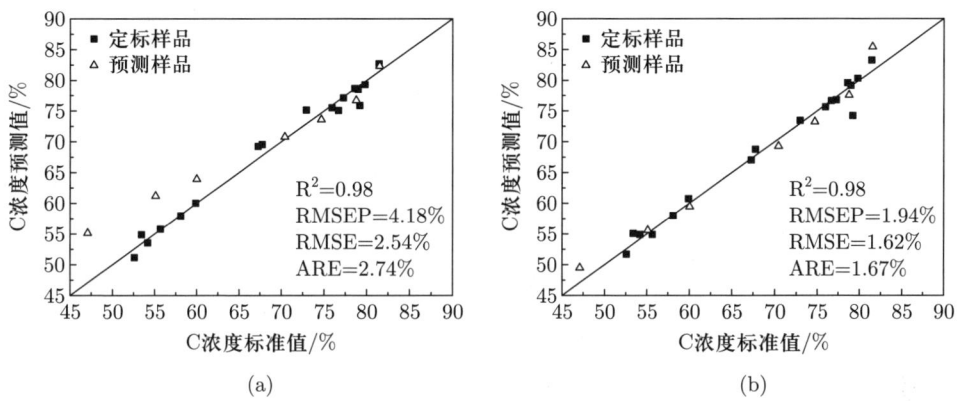

图 8.3　氢气环境下煤炭中 C 元素定标结果比较：(a) 常规 PLS 方法；(b) 小波–PLS 混合模型

8.2.4.2　傅里叶降噪

傅里叶变换是一种将信号从时域转换到频域的信号处理方法。在使用傅里叶变换进行降噪时，默认前提是认为噪声大都蕴含在信号的高频部分，因此可通过设置截止频率，令高于截止频率的高频信号分量的傅里叶系数为 0，从而达到降低噪声的目的，如图 8.4 所示。但该前提是不完备的，即不是所有的高频

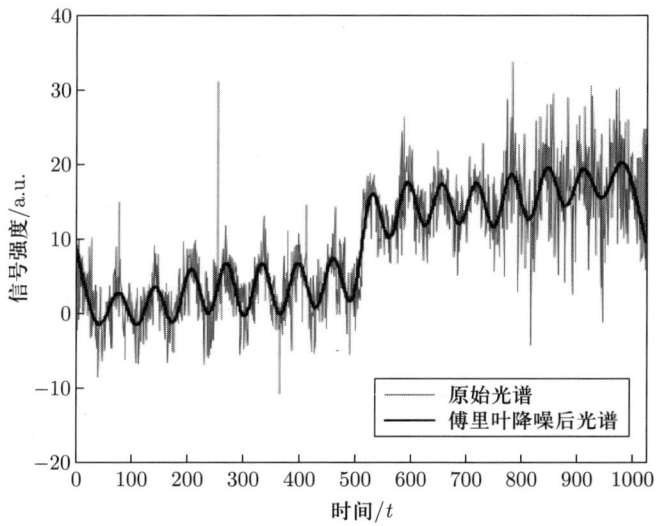

图 8.4　傅里叶变换降噪应用于人工信号 (频率高于 20 倍基频的信号被消除)[32]

分量都是噪声,也不是所有的低频分量都来自真实的信号,例如白噪声的功率在所有频率范围内均匀分布,某些特征谱线在傅里叶变换后也可能处于高频区域。因此利用傅里叶变换对高频信号进行降噪可能会产生较大误差[32]。

8.2.4.3 Savitzky–Golay 滤波器

Savitzky-Golay 滤波器是一种基于局域多项式最小二乘法拟合的滤波方法。在长度一定、含有奇数个像素的移动光谱窗口中,对所有像素点强度进行多项式拟合,其中对中间像素点的拟合误差最小。此方法的原理是基于最小二乘拟合,但最终得到的公式在形式上是窗口中信号的加权平均或卷积,例如对于以波长 k 为中心、像素长度为 $2m+1$ 的光谱窗口,对波长 k 处的强度估计值如式 (8.18) 所示[33]:

$$\hat{x}[k] = \frac{1}{2m+1} \sum_{j=-m}^{m} w_k x[k+j], \text{其中} \sum_k w_k = 1 \qquad (8.18)$$

总的来说,随机波动的环境、仪器噪声不利于 LIBS 信号的可重复性,降噪处理可以一定程度上提高 LIBS 信号质量,进而提高定性定量分析能力。但在使用各类降噪方法时需要注意噪声与信号的区分,例如在傅里叶变换降噪中,高频的信号不一定是噪声,也可能是信号。

8.2.5 归一化方法

常用的归一化方法可分为两大类:① 利用光谱之外其他信号进行归一化,如等离子体声波信号[34]、烧蚀质量[35] 等;② 利用数据处理方法进行归一化,具体可分为背景归一化、全谱面积归一化、内标法、标准正态变量 (SNV) 归一化等。

用来对光谱进行归一化的指标通常都与等离子体的特征具有一定的相关性,例如光谱面积与烧蚀量、等离子体总粒子数密度、等离子体电子数密度、等离子体温度等相关。因此这些用于归一化的指标的变化在一定程度上可以表征等离子体参数的波动,进而体现为等离子体信号的不确定性。使用这些相关指标对 LIBS 信号进行归一化,可以在一定程度上补偿等离子体参数波动造成的信号波动,从而提升信号的可重复性。

8.2.5.1 背景归一化

背景归一化即使用待分析谱线强度除以背景强度进行归一化。De Giacomo等[36]证明了连续辐射强度即背景强度与等离子体粒子数密度存在相关性。背景强度为特定谱线附近的单个波长强度值或在谱线附近选定光谱窗口上的平均值[21]。值得注意的是，需将探测器的暗电流从背景强度中扣除，扣除后的强度作为用于归一化的背景强度[21,37]。背景强度归一化已成功地应用到几种情况[38-40]。Dell'aglio等[39]使用背景归一化方法分析了重金属污染土壤中的Cr、Cu、Pb、V等元素，以减少基体效应。

8.2.5.2 全谱/分段面积归一化

全谱/分段面积归一化方法是指利用全谱/分段面积与激光能量具有强相关关系的特点，将光谱除以全谱面积或者某一波段内的面积进行归一化。同样，在全谱面积中需要去除探测器暗电流引起的信号强度。Body 和 Chadwick[41]证明了光谱面积与激光能量之间存在很强的相关性。Bolger[42]首次在 LIBS 中提出了对总面积的归一化方法，从而提高了矿物岩石中 Cu、Fe、Ni、Mn 和 Cr 的定标曲线的线性度。然而，Zorov 等[43]评论该研究中的定标曲线是从极少数点建立的，这使得该研究的结论可能不可靠。Fabre 等[44]将这种归一化方法应用于好奇号上的 ChemCam 仪器上，来分析火星岩石和土壤组成元素。Yu 等[45]在对土壤进行分类时，通过对总面积进行归一化，研究了基体效应和实验条件(主要是温度)变化的关系，但没有将分析结果与未归一化的数据进行比较。一般而言，大多数有关对总面积进行归一化的文章都得出结论，认为全谱面积归一化可提高定量分析性能。但是，全谱/分段面积归一化仅是一种较为笼统的方法，缺乏坚实、明确、定量的物理基础，因此在实际中也可能造成更差的信号重复性或定量分析结果。

8.2.5.3 内标法

内标法是选定样品中某一元素作为内标元素，内标元素的含量在所有定标样品中相同或已知，然后用待分析谱线强度内标元素的某条特定谱线强度，从而进行归一化。该方法的基本假设是认为内标元素谱线的强度仅由等离子体特性变化引起，受谱线互干扰、自吸收效应等效应影响较小，故而有较可靠的稳定性。基于上述要求，在选定内标元素及其谱线时还需考虑以下几点：① 待测元素与内标元素有相似的电离能、原子质量；② 待测谱线与内标谱线具有相近的上能级能量。在测量具有复杂基体的样品时上述条件一般难以满足，但很多文献表明内标法有益于定量分析。Juvé 等选择 C I 247.86 nm 作为内标谱线，以处理新鲜蔬菜中微量元素 (Mg、Al、Ca、Ti、Mn、Fe) 的空间分辨分析，且定标样品中的碳含量相同。Sarkar 等 [46] 对硼硅酸钡玻璃基体中的铀进行定量分析，在选择内标元素时，比较了 Si、B、Ba 元素，根据上文中的评判标准，最终选择 Ba I 649.8 nm 作为内标谱线。通过比较品质因数，发现的确是以 Ba I 线归一化后的品质因数较好，这与分析结果一致。

8.2.5.4 标准正态变量 (SNV) 归一化

标准正态变量归一化方法基于式 (8.19)：

$$I'_k = \frac{I_k - I_{k,\text{mean}}}{\sigma} \tag{8.19}$$

式中，I'_k 为波长为 k 的谱线标准化后光谱强度；I_k 为波长为 k 的谱线的原始光谱强度；$I_{k,\text{mean}}$ 为相应的强度平均值；σ 为相应的光谱强度标准差。在进行标准正态变量归一化之后，不同次测量的光谱在波长 k 处的强度分布为标准正态变量，即强度均值为 0，标准差为 1。Ismaël 等 [47] 使用 SNV 归一化分析重金属污染土壤，发现使用 SNV 归一化后的 LIBS 光谱得到的 Pb、Cu、Fe 浓度与参考浓度值之间获得了良好的相关性。Syvilay 等 [48] 在对铅样品中的 Ag、Bi、Cu 和 Sn 进行定量分析发现，与内定标相比，SNV 校正数据构建的单变量模型可提供更好的品质因数 (R^2 和 LOD)。

除上述归一化方法之外，还有最大值归一化等方法。目前没有研究结果表明某种归一化方法最能有助于提高定量化性能，在数据处理时应根据需要进行选择。

8.2.6 光谱标准化

光谱标准化可以认为是更加准确的归一化方法。光谱标准化的基本思想为假定存在一个理想的标准状态，在该标准状态下，等离子体具有恒定的温度、电子数密度和元素总粒子数，并认为实际测量过程中的光谱谱线强度波动是由实际等离子体参数相对于标准状态的波动造成的。通过对等离子体参数 (包括温度、电子数密度和元素总粒子数密度) 的补偿，以减少光谱谱线的波动，从而降低测量的不确定度。因此，光谱标准化方法利用了等离子体状态与标准状态之间的微小偏离量来补偿光谱强度，降低测量不确定度[49-51]。

光谱标准化方法的关键和困难之处是对待测元素总粒子数密度波动的修正，因为无法像温度或者电子数密度一样可以利用所测光谱并通过简单计算获取。实际中可采用以下两种光谱标准化方法：第一种方法是通过直接求解温度、电子数密度，并对由于这两个参数波动导致的强度偏移进行补偿，然后再补偿总粒子数密度的波动。另一种方法是通过泰勒展开直接补偿由于温度、电子数密度、总粒子数密度偏移标准状态导致的偏差(简化光谱标准化)[50]。由于LIBS测量过程中，等离子体空间分布不均匀，绝对的温度、电子数密度求解有误差，因此简化光谱标准化不但计算简单，而且效果也更好。此外，光谱标准化以后，不仅信号的重复性有很大提升，同时测量准确性也明显改善，这清晰说明了降低测量不确定性就能明显提高测量精度，也即基体效应的很大一部分是测量不确定性引起的。

与光谱面积归一化方法相比，光谱标准化方法具有以下优势：① 全谱归一化方法利用全谱面积与烧蚀量的正相关关系来补偿由于烧蚀量波动造成的特征谱线强度的变化。但是，当等离子体温度和电子数密度波动较大时，这种正相关关系会被减弱。而光谱标准化方法分别考虑烧蚀量、等离子体温度和电子数密度对特征谱线强度的影响，所以在等离子体温度和电子数密度波动较大时更具优势。② 随着光谱学的发展，如果等离子体温度和电子数密度求解更加准确，光谱标准化方法可以进一步提高其计算效果。但是，全谱归一化方法是谱线强度直接除以全谱面积，所以很难进一步提高其计算结果。

8.3 定性分析模型

定性分析是根据光谱信息识别出测量样品中所含元素种类，以及在此基础上对样品种类进行判别分析[52]。常用的方法是根据样品的光谱，以原子光谱数据库的元素特征波长为参考标准来进行元素有无的定性分析，或者采用聚类分析、判别分析等统计学方法确定样品类型或型号。近年来，随着化学计量学和机器学习方法在LIBS分析中的应用，定性分析主要是指采用化学计量学或机器学习模型对LIBS进行分析，从而识别样品类别的方法[53]。

定性分析的识别模型主要可以分为三类，分别是监督学习(supervised learning)、无监督学习 (unsupervised learning) 和半监督学习 (semi-supervised learning)[54]。近年来类脑计算方法和迁移学习也开始有所应用[55,56]。

监督学习就是已知光谱数据和其一一对应的标签，训练一个智能算法，将输入数据映射到标签的过程。监督学习是最常见的学习问题之一，就是人们口中常说的分类问题。而无监督学习是已知光谱数据但不知道任何标签，按照一定的偏好，训练一个智能算法，将所有的数据映射到多个不同标签的过程。相对于有监督学习，无监督学习是一类比较困难的问题，所谓的按照一定的偏好是指比如特征空间距离最近等人们认为属于一类的事物应具有的一些特点。传统的监督学习面临着难以获取大量数据进行建模，模型训练不完备会造成分类识别结果差的问题，传统的无监督学习面临着仅能完成聚类，不能给出每类具体含义的问题，二者都存在一些弊端，因此近年来半监督学习被引入 LIBS 数据定性分析领域。半监督学习即已知数据和部分数据一一对应的标签，有一部分数据的标签未知，训练一个智能算法，学习已知标签和未知标签的数据，将输入数据映射到标签的过程。

为提高 LIBS 定性分析的能力，一方面需要减少相同样品多个光谱之间的组内差异，另一方面要增加不同样品光谱之间的组间差异。因此对于定性分析来说，降低 LIBS 信号的可重复性仍然是十分重要的，这有利于降低组内差异，而基体效应反而可能有利于增加组间差异，提升定性分析能力。

以下分节简单介绍在 LIBS 分析领域应用较为广泛的各类学习模型。

8.3.1 主成分分析

主成分分析 (principal component analysis，PCA) 方法，是近年来使用最广泛的数据降维算法，在 LIBS 领域已经有了较为成熟的应用[57]，涵盖了光谱数据降维、光谱聚类分析和光谱特征提取等方向。PCA 的主要思想是将 n 维特征映射到 k 维上，这 k 维是全新的正交特征也被称为主成分，是在原有 n 维特征的基础上重新构造出来的 k 维特征[58,59]。PCA 的过程就是从原始的空间中顺序地找一组相互正交的坐标轴，新的坐标轴的选择与数据本身是密切相关的。其中，第 1 个新坐标轴选择是原始数据中方差最大的方向，第 2 个新坐标轴选取是与第 1 个坐标轴正交的平面中使得方差最大的，第 3 个轴是与第 1、2 个轴正交的平面中方差最大的。以此类推，可以得到 n 个这样的坐标标轴。通过这种方式获得的新的坐标轴，大部分方差都包含在前面 k 个坐标轴中，只保留前面 k 个含有绝大部分方差的坐标轴即可实现数据降维。在无监督聚类分析方面，每一个 LIBS 数据样本点在新的各个主成分上均可以获得一个得分，根据所占的方差大小选出保留原始信息最多的 2 个或 3 个主成分，构建二维或三维散点图，可以实现聚类分析。在各个主成分上得分相似的样本点会聚在一起，证明其含有相似的特征。

自 LIBS 结合多变量分析方法以来，PCA 在 LIBS 数据处理中就获得了广泛的应用，应用领域包含了对光谱数据进行降维，采用 PCA 得分进行无监督聚类分析和应用 PCA 中的载荷等权重值进行光谱特征提取。PCA 已经成为 LIBS 领域最常用的多变量分析方法。同时还衍生出了与 PCA 本身分析没有直接关系，而是基于 PCA 算法用于分类的监督学习方法的软独立建模聚类分析 (soft independent modeling of class analogy, SIMCA)[60] 和量化方法主成分回归 (PCR)[61]。典型 PCA 聚类分析结果如图 8.5 所示。用于光谱特征谱线选取的典型的 PCA 载荷值由 Vors 等首次提出[62]，根据谱线在每个主成分上载荷的强度选出在每个主成分上较为重要的谱线作为特征谱线。2018 年北京理工大学王茜蒨等根据每个主成分不同的方差占比即信息解释度[63]，优化了这一方法，可以同时考虑在所有主成分都较为重要的谱线，从而提出了谱线重要性的评估方法。

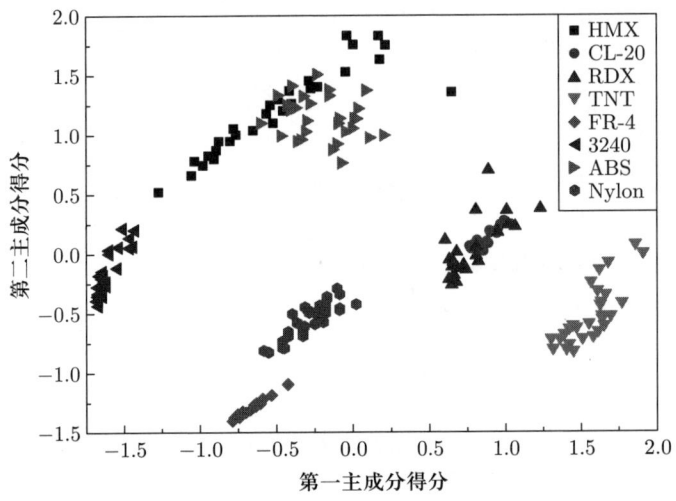

图 8.5 针对多种爆炸物和塑料基底的 PCA 聚类结果[13]

8.3.2 K 均值

K 均值 (K-means) 算法是无监督的聚类方法，实现起来比较简单，聚类效果也比较好，因此应用很广泛，在 LIBS 领域很早就被引入作为数据分析的一个重要手段[64]。K-means 算法的思想很简单，对于给定的样本集，按照样本之间的距离大小，将样本集划分为 K 个簇，让簇内的点尽可能紧密地连在一起，而让簇间的距离尽量大。具体的方法流程是根据设置的 K 个类别数量，随机选择 K 个点作为类别质心，分别求各个样本点到这 K 个质心的距离，并标记每个样本点的类别为距离质心最近的类别。划分得到 K 个簇，完成一次迭代。此后在每个簇内分别求其新的质心，再分别求各个样本点到这 K 个质心的距离，并标记每个样本点的类别为距离质心最近的类别，如此迭代直到质心不再改变为止。

在定性分析领域，2016 年北京理工大学王茜蒨团队首次将 K-means 聚类分析方法引入 LIBS 数据分类[65]，对 4 种有机塑料的识别结果如图 8.6 所示，达到了较好的聚类结果。同年该课题组将 K-means 方法应用于爆炸物识别[4]。此后 K-means 作为一种简单的无须训练建模的快速聚类方法，被逐步应用于 LIBS 数据的简单判别[66]。

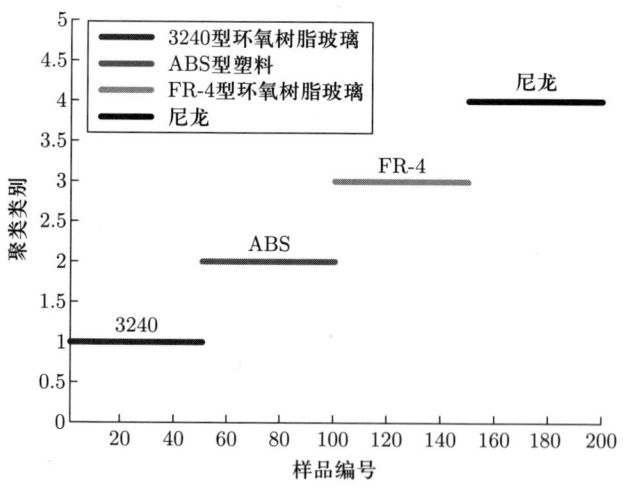

图 8.6 4 种塑料 LIBS 光谱 K-means 聚类分析结果[65]

8.3.3 偏最小二乘判别分析

偏最小二乘判别分析 (PLS–DA) 是一种用于判别分析的多变量统计分析方法 [67]。判别分析是一种根据观察或测量到的若干变量值，来判断研究对象如何分类的常用统计分析方法。其原理是对不同处理样本 (如观测样本、对照样本) 的特性分别进行训练，产生训练集，并检验训练集的可信度，所以通常都是监督学习方法。

PLS–DA 是基于 PLS 回归的一种二类判别分析方法，它利用训练样本的自变量矩阵 X 和分类变量 Y 建立回归模型，根据待分类样本的 PLS 预测值判断样本所属类别。在 LIBS 光谱分析中，X 即为光谱数据矩阵，Y 即为样本种类变量。给定二分类中 Y 为 1 或 -1。PLS 回归算法对 X 与 Y 同时进行分解，并使它们的主成分最大程度地线性相关，其模型可表示为

$$X = TP^{\mathrm{T}} + E \tag{8.20}$$

$$Y = UQ^{\mathrm{T}} + F \tag{8.21}$$

式中，T 和 U 分别为 X 和 Y 的得分矩阵；P 和 Q 分别为 X 和 Y 的载荷矩阵；E 和 F 分别是 X 和 Y 的拟合残差矩阵。再将 T 和 U 作线性回归，

$$U = TB \tag{8.22}$$

$$B = \left(T^{\mathrm{T}}T\right)^{-1} T^{\mathrm{T}} U \tag{8.23}$$

预测时根据 P 求出待测样本 x_{test} 的得分向量 t_{test}，然后根据式 (8.24) 求得预测值 y_{predict}。

$$y_{\text{predict}} = t_{\text{test}} BQ \tag{8.24}$$

待分类样本中，预测值大于 0 的归为第 1 类，小于 0 的归为第 2 类，采用 1 和 -1 进行标签标注。若面对 n 类样本的分类问题，可通过分类决策树，利用 $n-1$ 个 PLS–DA 子分类器相互串联实现完整的分类。基本思路是，第 1 个分类器将第 1 类与第 2、3、$\cdots$、n 类样本分开，第 2 个分类器将第 2 类与第 3、4、$\cdots$、n 类样本分开，以此类推，直到第 $n-1$ 个分类器将第 $n-1$ 类与第 n 类样本分开。

PLS–DA 在 LIBS 光谱分析领域应用较为成熟，自 2007 年 Sirven 等首次将 PLS–DA 引入 LIBS 领域[68]，分析装备于火星科学实验室 (MSL) 流动站的 ChemCam 仪器获取的 LIBS 后，该方法取得了较好的应用效果。随着近年来很多数据分析统计软件都集成了便捷使用的 PLS–DA 功能，其在 LIBS 数据处理领域的应用更为广泛。近年来，也有人提出采用 PLS–DA 中的 VIP 值对光谱特征进行选择，且已经在 Raman 等光谱中取得较好的应用效果[69]。

为提升对相似样品的辨别能力，清华大学王哲等结合 LIBS 技术特点，提出多维辨识方法，与 PLS–DA 实现了良好的结合。其实现思路如图 8.7 所示，通过更改光谱采集的实验设置 (如延迟时间和激光能量)，改变等离子体的演化过程和激发状态，放大相似样品间微小的光谱差异。将多个实验设置下的光谱拼接后作为模型输入，可显著提升分类效果。

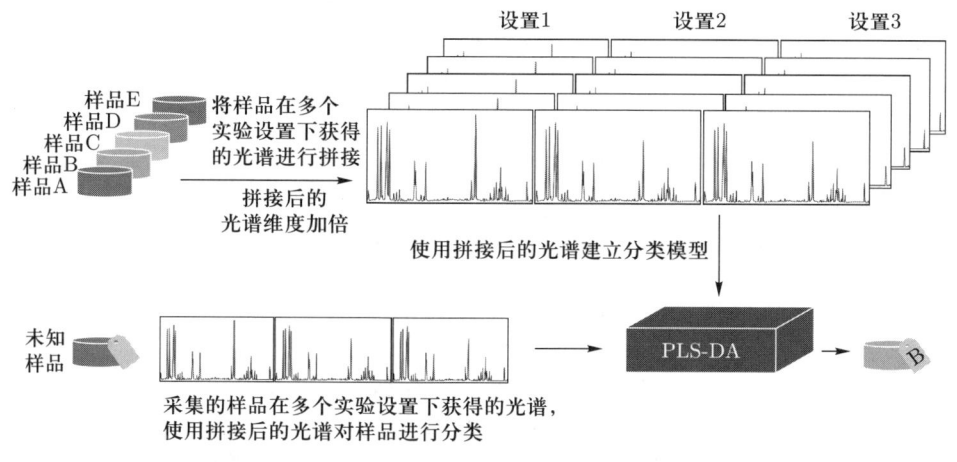

图 8.7 结合 PLS–DA 模型的光谱多维辨识方法

8.3.4 线性判别分析

线性判别分析 (linear discriminant analysis，LDA) 与之前提到的 PCA 相似，也是一种可以用于数据降维的方法，区别在于 LDA 是一种监督学习的降维方法[70]。其基本原理是将带上标签的数据 (点)，通过投影的方法，投影到维度更低的空间中，使得投影后的点会按类别区分。投影依据就是使得投影后的数据，类间方差最大，类内方差最小。在二分类问题中，投影映射的低维空间是一条直线，而在多分类问题中，多维向低维投影，此时得到的低维空间就不是一条直线，而是一个超平面。

2009 年，Pontes 等将 LDA 应用于 LIBS 分析，对巴西境内的土壤进行了分类识别，取得了较好的分类效果[71]。此后，LDA 被广泛应用于 LIBS 识别分析领域，作为一种分类识别和数据降维的方法，其与 PCA 具有一定的异同点。两者在降维时均使用了矩阵特征分解的思想，都假设数据符合高斯分布。但是 LDA 是有监督的降维方法，而 PCA 是无监督的降维方法，LDA 降维最多降到类别数 $k-1$ 的维数，而 PCA 无此限制，LDA 选择分类性能最好的投影方向，而 PCA 选择样本点投影具有最大方差的方向。LDA 也常与其他分类识别方法比较，通常分类效果比较稳定，对多数数据都能获得较好的结果。Gaudiuso 等 2018 年基于从患病小鼠和健康对照收获的生物液体(血液和组织匀浆)的 LIBS 进行分析[72]，早期诊断皮肤癌黑色素瘤，结合 LDA、FDA 和 SVM 等取得了较好的结果，相反直接分析光谱难以得出有效结论。

8.3.5 支持向量机

支持向量机(support vector machine)是 Cortes 和 Vapnik 于 1995 年首先提出的[73]，它在解决小样本、非线性及高维模式识别中表现出许多特有的优势，并能够推广应用到函数拟合等其他机器学习问题中，所以近年来获得了较为广泛的应用。且在 LIBS 光谱处理领域，SVM 因其对小样本的处理优势和所需优化参数少(选定核函数后仅需优化惩罚参数 c 和核函数参数 g)被广泛应用于分类识别问题中。随着遗传算法(GA)[74]、粒子群优化(particle swarm optimization, PSO)算法[63] 和人工鱼与均匀设计(AFUD)[75] 等方法已经在光谱处理领域被应用于 SVM 参数的优化，SVM 模型建立时间也大大缩短。

SVM 可以分为解决简单线性分类问题和非线性问题两种方案。线性分类器(一定意义上，也可以叫作感知机)是最简单也很有效的分类器形式，认为在多维空间中可以通过一个线性函数将两类样本完全分开。线性函数在一维空间里就是一个点，在二维空间里就是一条直线，在三维空间里就是一个平面，以此类推，线性函数还有一个统一的名称——超平面(hyper plane)。感知机即寻找这样的一个超平面将不同类样本点分开，但是这样的超平面可能不止一个，需要确定哪个是最优的分类超平面。采用几何间隔表示点到超平面的欧氏距离，这是单个点到某个超平面的距离定义，同样可以定义一个点的集合(就是一组样本)到某个超平面的距离为此集合中离超平面最近的点的距离。当这个距离最大时，分类超平面即为 SVM 确定的超平面。

在 SVM 中，光谱数据尽管维度很高，但很多时候仍不能实现线性分类，于是需要引入非线性分类。SVM 非线性分类通过核函数映射来实现，采用核函数将有限维数据映射到更高维度(无限维)空间，直至在更高维空间中可以实现线性分类。常用的核函数有线性核函数、多项式核函数、径向基核函数、"sigmoid"核函数等。

2010 年 Vance 等首次将 SVM 引入 LIBS 识别分类领域，采用 SVM 结合 LIBS 对蛋白质种类实现了定性分析[76]。2012 年 Dingari 等提出 SVM 在识别过程中受 LIBS 样品消融和等离子体自吸收效应的影响较小[77]，且通过实验证实了 SVM 分类识别效果优于 PLS–DA 和 SIMCA。此后，LIBS 结合 SVM 被广泛应用于分类识别领域，对于 SVM 的惩罚参数 c 和核函数参数 g 的优化、核函数的选取等都做了大量的工作。但是 SVM 在参数优化训练建模时仍需消耗大量时间，该时间长短直接与光谱维度相关，因此将 SVM 与非监督降维方法相结合，先通过降维方法选取光谱特征，再采用 SVM 分类成为识别领域的一个发展方向。

8.3.6　K 最近邻

K 最近邻(k-nearest neighbor, KNN)分类算法，是一种理论上比较成熟的方法，也是最简单的机器学习算法之一[78]。作为一种监督学习算法，其简单、易于理解、易于实现、无须估计参数，更为重要的是与大多数监督学习方法不同，它无须训练，因此适合对稀有事件进行分类，特别适合于多分类(multi-modal)问题(对象具有多个类别标签)，KNN 比 SVM 的表现要好。

KNN 算法是根据一个样本在特征空间中的 K 个最相似的样本来判断该样本的类别。采用距离衡量相似，如果一个样本最邻近的 K 个样本中大多数属于一类，那么这个样本也被归入这一类。在 KNN 算法中，所选择的临近样本点都是已经正确分类的对象。该方法在定类决策上只依据最邻近的 K 个样本的类别来决定待分样本所属的类别，因此实现决策只与极少量的相邻样本有关，适合稀有事件定类。同时 KNN 方法对于类域的交叉或重叠较多的待分样本集来说，可以实现较其他方法更好的结果，这主要是其仅依据部分样本点就可以实现定类，无须确定具体类域。但是在样本不平衡时，会使结果出现偏差，且对每个样本点距离进行计算，计算量庞大。由于不需要训练，所以算法的可控性也比较差。

2011 年 Godoi 等将 KNN 引入 LIBS 数据定性识别领域，并对有毒害元素的塑料玩具材质进行识别[79]，证实了 KNN 在该领域分类识别效果优于 PLS-DA 和 SIMCA。此后 KNN 方法与线性判别分析 (LDA)、二次判别分析 (QDA)、偏最小二乘判别分析 (PLS-DA)、软独立建模聚类分析 (SIMCA)、支持向量机 (SVM)、朴素贝叶斯方法和概率神经网络 (PNN) 等一起逐步成为 LIBS 分类识别领域的重要方法。最近，国内北京理工大学王茜蒨等还提出了基于 KNN 的半监督学习分类识别方法[54]，取得了优于传统监督学习和非监督学习的识别效果。

8.3.7 人工神经网络

人工神经网络 (artificial neural network，ANN) 系统是 20 世纪 40 年代在计算机领域出现的，由众多神经元可调的连接权值连接而成，其具有大规模并行处理、分布式信息存储、良好的自组织和自学习能力等特点，理论上来说通过训练可以逼近任意函数[80]。

人工神经元的研究起源于脑神经元学说，从根本上来说是一种仿生学方法，是基于模仿生物神经元进行训练的一种人工智能方法。近年来，人们认识到复杂的神经系统是由大量数目的神经元组合而成，大脑皮层包括 100 亿个以上的神经元，每立方毫米就有数万个神经元存在，它们互相联结形成了神经网络。在人或动物的身体中，神经元通过感觉器官感知到来自身体内外的各种信息，传输至中枢神经系统，中枢神经系统对信息进行分析处理和整合，发出控制信息控制全身各种机能活动。

而应用在光谱定性分析领域，ANN 就是通过对大量历史数据的计算来建立分类和预测模型。神经网络的学习就是通过迭代算法对权值逐步修改优化的过程。学习的目标是通过修改权值使训练样本集中所有样本都能被正确分类。神经网络由 3 个要素组成：拓扑结构、连接方式和学习规则。归纳、建立和应用神经网络可以归结为 3 个步骤：网络结构的确定、关联权的确定和工作阶段。网络结构的确定主要包含网络的拓扑结构 (含隐含层的层数、每层的单元个数，以及各层单元的连接关系)和每个单元激活函数的选取。关联权的确定包括计算各层连接权值和偏置值。工作阶段是指用确定好的神经网络分类 LIBS 光谱数据。

其主要基于的原理是用人工神经元模拟生物神经元,人工神经元可以看作一个多输入、单输出的信息处理单元,它先对输入变量进行线性组合,然后对组合的结果做非线性变换获得输出。以前馈神经网络分类[误差反向传播(error back propagation,EBP)算法]为例,其训练主要包括两个阶段,一是工作信号正向传递的子过程、二是误差信号反向传递的子过程。前馈神经网络共分成三层,具有一个输入层和一个输出层,输入层和输出层之间只有一个隐含层。每个层具有若干单元(神经元),每一层内的单元之间没有信息交流,前一层单元与后一层单元之间通过有向加权边相连。从输入信号到输出信号,神经网络内部的连接权值保持固定不变,每一层单元的状态只影响和它直接连接的后继层单元状态。误差信号从输出层开始反向传递到输入层。误差信号每向后传递一层,位于两层之间的连接权值和前一层的阈值都会被修正。为了尽快地实现模型的训练,可以采用梯度下降法等优化算法。此后,训练好的模型可以应用于分类光谱。

2002 年 Inakollu 等首次将人工神经网络首次应用于 LIBS 数据分析[81],针对具有不同浓度的 Mg、Cu、Mn、Cr 和 Fe 的不同 Al 合金样品的 LIBS,用已知浓度训练人工神经网络(ANN)以预测未知的元素浓度。2007 年 ANN 在 LIBS 领域被应用于定性分析[82],Ramil 等利用 ANN 结合 LIBS 对考古陶瓷 Terra Sigillata 的来源进行分类识别。此后 ANN 及其分支卷积神经网络(convolutional neural network,CNN)等被广泛应用于 LIBS 光谱识别领域,并对隐含层、神经元等的设置进行了优化研究[83]。2019 年,Yelameli 等应用 LIBS 技术结合 SVM、KNN 和 ANN 对水浸岩石的标记和地质群的 LIBS 光谱进行了测量分类[84],取得了较好的结果,但分类算法性能取决于数据集的大小,针对所研究的数据集,ANN 方法识别效果弱于 SVM。北京理工大学王茜蒨等将 ANN 应用于木材分类,研究结果证实其效果优于 KNN、PLS–DA 和 SIMCA[85],如图 8.8 所示。

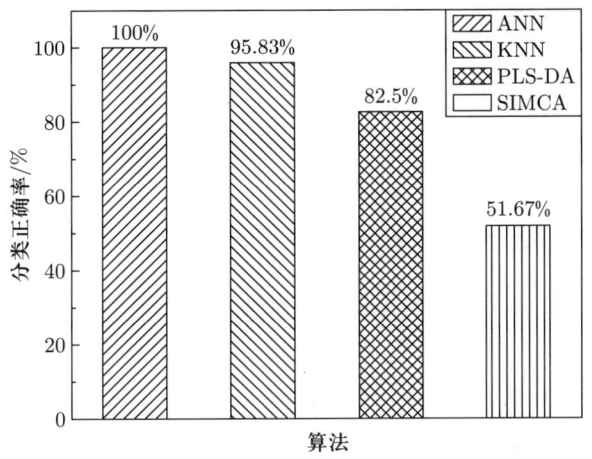

图 8.8　不同算法在 LIBS 木材分类中的结果 [85]

8.3.8　典型半监督学习方法

以上传统的非监督学习聚类方法应用广泛，但只能获得分为几类的聚类结果，不能得到每一类的具体属性类别。纯铜的监督学习既可以实现二分类又可以实现多分类，但获取大量有标记的光谱数据则相对较为困难，因为获得这些标记可能需要耗费大量的人力物力，而缺乏足够的训练数据时往往会导致分类识别效果变差、准确性降低。因此，在有标记光谱数据较少时，如何利用大量的未标记数据来改善学习性能已成为当前光谱分类识别研究中最受关注的问题之一，半监督学习方法(semi-supervised learning method)就是一种使用未标记数据来提高测量性能方法。

当前提出的半监督学习在 LIBS 分类领域主要有两种类别的方法，一种是基于监督学习进行扩展的方法，即基于对仅有的少量标签进行扩散，使更多的无标签样本获得标签，从而有更多样本可以用于训练监督学习模型；另一种是基于无监督学习聚类进行扩展的方法，是通过在无标签的聚类数据中加入少量有标签的数据，从而可以判断出和有标签数据聚类结果为一类的样本点的类别。

2016 年北京理工大学王茜蒨等提出此两类半监督学习光谱识别方法，并应用于 LIBS 数据的识别中，研究成果于 2019 年发表，在针对爆炸物危险品的识别中，证实了半监督学习优于传统无监督学习 PCA 和监督学习 SIMCA、KNN 等方法。此外半监督学习也在 LIBS 定量分析中获得了探索和研究 [54]。

8.4 定量分析模型

定量分析是由光谱信息确定样品中的元素浓度。根据是否采用定标样品，LIBS 中的定量分析模型可分为免定标模型与定标模型两类。

8.4.1 免定标模型

Ciucci 等[86]最先于 1998 年提出免定标 (calibration-free, CF) 模型。在化学计量烧蚀、局域热平衡、等离子体均匀、所用谱线均光学薄的假设下，可将一种粒子的多条谱线表示为 Boltzmann 平面 (以上能级为横坐标，谱线强度除以跃迁概率与上能级简并度之积为纵坐标) 中的多个点，并通过线性回归得到斜率与截距。该斜率通常被用于计算等离子体温度，而截距为

$$q_{\mathrm{s}} = \log\left[\frac{Fn^{\mathrm{s}}}{U^{\mathrm{s}}(T)}\right] \tag{8.25}$$

式中，$U^{\mathrm{s}}(T)$ 为对应粒子 s 在温度为 T 时的配分函数；F 是与探测系统效率有关的仪器系数；n^{s} 为元素 s 的粒子数密度。如此，通过计算所有粒子在 Boltzmann 平面中的截距，就可以求解各元素的总粒子数密度在所有元素中所占的比例，从而获得元素浓度。

CF 模型无须采用浓度已知的定标样品，并且将待测元素以外的基体成分纳入考虑范围，理论上可以避免基体效应的影响。但是，等离子体是时间上快速演化、空间上极不均匀的，CF 模型的基本假设往往难以实现，这对其定量分析性能产生了负面影响。Tognoni 等[87]在其综述文章中讨论了各个假设的失效情况。

多数对 CF 模型的改进工作集中于减小自吸收效应上，也即弥补光学薄假设失效带来的影响。孙兰香等[88]提出了内参考线自吸收修正 (internal reference for self-absorption correction, IRSAC) 方法，在每一粒子的谱线中选择一条高上能级谱线作为参考，假定其不受自吸收影响，将其他谱线修正至无自吸收强度，并迭代调整至所有粒子由 Boltzmann 图所得的温度计算值相近。该方法被用于铝合金、铁铬合金与铁铬镍合金的免定标定量分析中，所得结果明显优于常规 CF 模型。李天奇等[89]提出了以黑体辐射为参考的自吸收修正 (black body radiation referenced-self-absorption correction, BRR-SAC) 方法，基于黑体

辐射与自吸收的关系，迭代求解仪器系数 F、等离子体温度以及光学薄条件下的谱线强度。该方法在钛合金样品上给出了优于常规 CF 的免定标分析结果，使元素浓度的平均误差由 3.62% 下降至 0.27%。

除了上述基于 Boltzmann 图的模型外，Gerhard 等 [90,91] 提出了一种基于光谱拟合的 CF 模型。Boltzmann 图利用各条谱线的积分强度，在光学薄假设下通过线性回归给出温度与粒子数密度信息；光谱拟合则是对各个波长上的光谱强度进行建模，可在模型中直接考虑自吸收效应，通过最小化计算光谱与实验光谱的偏差，求解等离子体温度、电子数密度与元素浓度。该模型被应用于光学玻璃及其表面污染物的定量分析，可实现 ppm 级元素浓度的 μm 级深度分辨测量。

8.4.2 定标模型

定标模型是指采用成分信息已知的定标样品建立的模型，可分为基于物理规律的模型、数据驱动的模型与物理规律-数据驱动混合模型。到目前为止，主要有三类模型：基于物理规律的模型、基于数据驱动的模型、物理规律-数据驱动混合模型。基于物理规律的模型在较宽的浓度范围内更具鲁棒性，但它只利用了一条或几条线的线强度信息，通常无法为复杂样品提供准确的结果。基于数据驱动的模型如偏最小二乘 (PLS)、支持向量机 (SVM) 等利用了多条线信息，因此可适当降低基体效应的影响，大大提高测量准确性，但这些方法大多忽略了 LIBS 测量的物理背景，而依赖于统计相关性或曲线拟合，这可能导致噪声过拟合，并最终造成较大的预测误差。

图 4.1(a) 和 (b) 分别显示了单变量物理模型 [使用 C I 193.09 nm 的线强度] 和 PLS 模型 (使用留一交叉验证确定主成分个数) 的碳含量的定标和验证结果。其中倒三角表示定标样品，圆圈表示一天之内的预测样品，十字形数据点表示 20 天内每天测量一次的预测样品。如图所示，如果仅关注倒三角和圆圈数据点，PLS 模型比单变量物理模型显著优异。然而，对于十字形数据点，PLS 模型甚至比单变量模型具有更高的样本间偏差。

数据驱动模型通常利用了多条特征谱线信息，然而每条特征谱线都有不确定性，多条特征谱线的不确定性可能在最终的测量结果中累积，导致最终的测量结果不可靠。因此，数据驱动模型容易忽略物理基础难以保证的定性定量模型的性能。物理规律–数据驱动混合模型把物理机理和先进机器学习算法有机结合，融合了物理规律的模型的可重复性优势和数据驱动模型补偿基体效应的优势，可获得重复性和准确性兼优的结果。

8.4.2.1 基于物理规律的模型

该类模型将谱线强度与元素浓度的理论关系直接用于定量分析。在光学薄条件下，二者表现出理想的线性关系；考虑自吸收时，则可得到生长曲线 (curve of growth，COG)[92]。多数基于物理规律的模型仅采用一条谱线强度，因而也被称为单变量模型。此类模型不易产生过拟合，鲁棒性较好，但也难以对未知的基体效应进行建模，因而对于复杂样品往往无法给出足够准确的结果。

8.4.2.2 基于数据驱动的模型

1. 多元线性回归

多元线性回归 (multiple linear regression，MLR) 常用于模拟少量解释变量与单一响应变量之间的关系。MLR 的一般形式可以定义为

$$\mathrm{SS}(\boldsymbol{\beta}) = \min \|\boldsymbol{X}\boldsymbol{\beta} - \boldsymbol{y}\|_2^2 \tag{8.26}$$

式中，$\boldsymbol{X}$ 是大小为 $n \times d$ 的输入矩阵，$\boldsymbol{y}$ 为响应变量，$\boldsymbol{\beta}$ 是大小为 $d \times 1$ 的回归系数，SS 为 $\boldsymbol{X}\boldsymbol{\beta}$ 与 $\boldsymbol{y}$ 之间的平方和。相比于单变量线性回归，MLR 通过多个自变量的线性组合，来充分利用光谱信息，提高 LIBS 定量分析的准确性。余洋等[93]分别利用 Cr I 425.435 nm 和 Cr I 427.48 nm 两条特征谱线对铬渣中的 Cr 元素浓度进行单变量分析，并同时利用两条谱线建立多元线性回归模型，与单变量模型相比，多元线性回归方法的线性相关性由 0.98 提高到了 0.99 以上，预测相对误差也由 6.73% 和 7.59% 降低到了 4.66%，表明在 Cr 浓度预测上，MLR 有着更好的定量分析结果。需要注意的是，当输入矩阵的维数远超过样本数以及多重共线性的情况下，会导致 MLR 中回归系数的计算不稳定，因此 MLR 难以有效处理高维小样本、多重共线性的光谱数据。

对于多元线性回归方法来说，特征变量的选择是十分重要的，所选特征变量应当对因变量具有较强的解释能力和较大的贡献，通常这类变量与因变量之间有较为明确的物理关系作为支撑。同时，特征变量的数目也应当特别注意，防止模型的过拟合与欠拟合。

2. 岭回归

相对于多元线性回归来说，岭回归 (ridge regression，RG) 可以通过设置正则系数 λ 的大小，决定各个特征变量在模型中的贡献权重，进而限制模型的复杂性。

岭回归是一种针对共线性问题所产生的有偏估计回归方法，RG 在最小二乘估计法的基础上增加了 L2 正则化项，其一般形式为

$$\mathrm{SS}(\boldsymbol{\beta}) = \min \|\boldsymbol{X}\boldsymbol{\beta} - \boldsymbol{y}\|_2^2 + \lambda\|\boldsymbol{\beta}\|_2^2 \tag{8.27}$$

式中，λ 为正则化系数。RG 能够在高维小样本、多重共线性等病态数据上获得较可靠的回归系数。孙兰香等[94]提出了一种基于岭回归的特征选择方法，通过消除岭回归方程中系数绝对值最小的特征，来减少冗余特征造成的过拟合问题，结果表明，与输入全谱的 PLS 模型相比，该方法在铝合金样品金属元素浓度的预测上，均方根误差明显降低，说明该方法有效地提高了模型的泛化能力。

3. LASSO 回归

最小绝对值收敛和选择算子和 (least absolute shrinkage and selection operator，LASSO) 与 RG 相似，针对高维、多重共线性问题。LASSO 回归在最小二乘估计法的基础上增加了 L1 正则化项，其定义为

$$\mathrm{SS}(\boldsymbol{\beta}) = \min \|\boldsymbol{X}\boldsymbol{\beta} - \boldsymbol{y}\|_2^2 + \lambda\|\boldsymbol{\beta}\|_1 \tag{8.28}$$

式中，λ 为 L1 正则化系数。LASSO 将不重要变量的系数调整为 0，进而实现了变量选择。Erler 等[95]通过手持 LIBS 仪器，对土壤的光谱数据进行测量，经过预处理方法后建立了 Ca、Mg、K、Fe 等元素浓度和土壤 pH 的定量分析模型，从 RMSEP 和 R^2 来看，LASSO 比 PLSR 有更好的回归预测结果。

4. 偏最小二乘回归

偏最小二乘回归 (partial least square regression，PLSR) 是常用于处理小样本、高度共线性光谱数据的化学计量学方法。PLSR 假设目标过程或系统是由一组潜在变量 (latent variable) 驱动的。PLSR 通过搜索输入变量的线性组合来提取潜在变量，并最大化潜在变量与响应变量的协方差

$$\max \boldsymbol{w}^{\mathrm{T}}\boldsymbol{X}^{\mathrm{T}}\boldsymbol{y}\boldsymbol{c}, \ \mathrm{s.t.} \ \boldsymbol{w}^{\mathrm{T}}\boldsymbol{w} = \boldsymbol{c}^{\mathrm{T}}\boldsymbol{c} = 1 \tag{8.29}$$

式中，w 和 c 分别为输入和响应的权重向量。PLSR 通过提取潜在变量，能够有效地计算回归系数。PLSR 在 LIBS 领域应用广泛，Tavares 等[96]使用 MLR 和 PLSR 建立了土壤中黏土、有机质、pH 值、阳离子交换能力、碱饱和度和营养物质 P、K、Ca 和 Mg 的预测模型，从决定系数 (R^2)、均方根误差 (RMSE) 和剩余预测偏差 (RPD) 这 3 个指标来看，经过变量选择的 PLSR 模型在所研究的 9 个土壤属性的 7 个中取得了更好的预测结果。Hernandez-garcia 等[97]使用 LIBS 技术建立了 PZT 陶瓷 (锆钛酸铅) 的 MLR 和 PLSR 模型来预测陶瓷中 Pb、Zr、Ti 和 Sr 的浓度。结果表明 PLSR 在预测结果上有更好的表现，Pb 的预测值保持在真实值的 98%～102%，其余元素能够保持在 90%～110%。

使用 PLSR 方法需要注意的是，PLSR 通过最大化潜在变量与响应变量的协方差来提取潜在变量，协方差是相关系数与两个变量标准差的乘积，因此有些潜在变量由于标准差过大，即使与响应变量的相关性很小，也被提取出来，造成了定量分析结果不佳，需要通过光谱预处理来避免此类问题。

5. 支持向量回归

支持向量回归 (support vector regression, SVR) 将支持向量机从分类拓展到回归。SVR 在高维特征空间中寻找最佳超平面，并在一定的阈值内拟合误差。SVR 通常采用非线性核将数据从输入空间映射到高维的特征空间 ($\varphi: R^d \to F$)。对于 $\varphi(\boldsymbol{x})$ 的线性函数 $f(\boldsymbol{x})$ 可表示为

$$f(\boldsymbol{x}) = \boldsymbol{w}^\mathrm{T} \varphi(\boldsymbol{x}) + b \tag{8.30}$$

式中，$\boldsymbol{w}$ 是权重向量，b 是偏移量。通过采用核函数 $K(\boldsymbol{x}_i, \boldsymbol{x})$ 替代内积 $\langle \varphi(\boldsymbol{x}_i), \varphi(\boldsymbol{x}) \rangle$，并求解优化问题，SVR 的形式可表示为

$$f(\boldsymbol{x}) = \sum_i^n (\alpha_i - \alpha_i^*) k(\boldsymbol{x}_i, \boldsymbol{x}) + b \tag{8.31}$$

式中，α_i 和 α_i^* 为拉格朗日乘数。贾军伟等[98]利用 3 种不同水泥样品的 LIBS 数据建立了水泥中主要金属元素定标曲线 (calibration curve, CC) 和 SVR 两种回归模型，相比于 CC 模型，SVR 预测的最大 ARE 从 34.62% 降低到 6.13%，RSD 从 40.89% 降低到 7.60%，RMSEP 从 1.34% 降低到 0.43%，说明 SVR 可以减少水泥定量分析中基体效应的影响，提高准确性。董美蓉等[99]采用特征

选择方法处理后的全谱数据，分别建立了 PLSR 和 SVR 模型。结果表明，在预测钢材硬度方面 SVR 的性能优于 PLSR。

使用 SVR 方法需要注意的是，SVR 结果受距超平面最远的边界点的影响较大。要提升 SVR 定量结果需要降低 LIBS 信号的不确定性，使得边界点与超平面的距离变小，或设置一定的容忍偏差，忽略距离超平面较远的数据。

6. 核极限学习机

极限学习机 (extreme learning machine, ELM) 是一个单隐层前馈网络，其输入权重随机产生[100]。具有 L 个隐藏神经元的 ELM 的输出函数定义为

$$y_i = \sum_{i=1}^{L} \beta_i h_i(x) = h(x)\beta \tag{8.32}$$

式中，$h(x) = [h_1(x), \cdots, h_L(x)]$ 是隐藏层相对于输入 x 的输出向量，$\beta = [\beta_1, \cdots, \beta_L]^T$ 是连接隐藏层和输出层的输出权重，通过如下最小范数最小二乘解计算

$$\hat{\beta} = H^T \left(\frac{I}{C} + HH^T\right)^{-1} Y \tag{8.33}$$

其中，$H = [h_1(x), \cdots, h_n(x)]^T$ 是隐藏层输出矩阵；C 为正则化参数。为了提高 ELM 的稳定性，核极限学习机 (kernel ELM, K-ELM) 采用核函数取代隐藏层的特征映射

$$K = HH^T : K_{i,j} = K(x_i, x_j) = h(x_i) \cdot h(x_j) \tag{8.34}$$

式中，x_i 和 x_j 是输入矩阵的两个向量。核函数将输入数据映射到希尔伯特特征空间中，原始变量之间的非线性关系趋于线性关系。K-ELM 的输出可表示为

$$f(x) = \begin{bmatrix} K(x, x_1) \\ \vdots \\ K(x, x_n) \end{bmatrix}^T \left(\frac{I}{C} + K\right)^{-1} Y \tag{8.35}$$

K-ELM 由于具有较好的计算速度和泛化能力，常被用于 LIBS 数据的定量分析。程树森等[101]利用 K-ELM 建立了钢铁样品的金属元素定量分析模型，从模型结果的 R^2、RMSEC、RMSEP 来看，建立的该 K-ELM 有更好的定量分析性能，有效地减少了钢铁样品基体效应和自吸收效应的干扰。

7. 局部加权偏最小二乘回归

局部加权偏最小二乘回归 (locally weighted partial least square regression，LW–PLSR) 是一种用于处理非线性过程的建模方法[102]。LW-PLSR 基于测试样本 $\boldsymbol{x}_q$ 与训练数据之间的相似性，局部建立了一个 PLSR 模型。测试样本 $\boldsymbol{x}_q$ 和每个训练样本 $\boldsymbol{x}_i$ 的相似度可计算为

$$\omega_i = \exp\left(-\frac{\varphi d_i}{\sigma}\right) \tag{8.36}$$

$$d_i = \sqrt{(\boldsymbol{x}_i - \boldsymbol{x}_q)^{\mathrm{T}}(\boldsymbol{x}_i - \boldsymbol{x}_q)} \tag{8.37}$$

式中，φ 和 σ 分别是局部参数和 $\boldsymbol{x}_q$ 与每个训练样本之间距离的标准偏差。LW-PLSR 增加了邻近数据对测试样本的影响，并采用多个线性模型来降低数据的非线性。

需要注意的是，该方法在实际应用中需要对每一个测试样品都要计算与训练数据的相似性并重新建立分析模型，在数据量较大时会耗费较长的时间，在需要实时在线分析的应用场景中存在不足。

8. 人工神经网络

人工神经网络 (artificial neural network，ANN) 是一种通过模拟人类大脑处理信息的生物神经网络所产生的非线性统计模型，不过随着理论和应用的发展，ANN 已不局限于生物神经网络的局限，形成了一类以计算结构层次深度增加为主要特征的深度学习方法。

ANN 具有通过组织包含简单运算逻辑的计算单元 (神经元) 形成特定结构的计算图，不同的计算结构可以形成多层感知机 (MLP)、卷积神经网络等不同类型的网络。典型神经元结构如图 8.9 所示，神经元对输入进行线性组合，再通过激活函数得到输出。常见激活函数包括 ReLU、Sigmoid 等，不同的激活函数影响网络的优化特性和拟合能力。

神经网络的训练过程包含前向传播、反向传播和梯度下降 3 个步骤。前向传播是按照网络计算结构由输入得到输出的过程，根据输出与样本的真实值并按照预先定义的损失函数计算损失，然后通过后向传播将损失对网络中各个权重参数的梯度反向计算和记录下来，最后通过梯度下降对权重参数进行迭代优化。

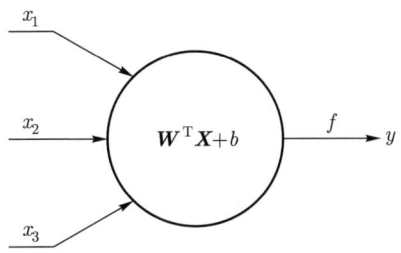

图 8.9　神经元示意图

最常见的神经网络结构是每一层的神经元作为下一层的所有神经元的输入,多个层叠加得到多层感知机,如图 8.10 所示,这种网络结构也被称为全连接神经网络 (FCNN) 或反向传播网络 (BPNN)。

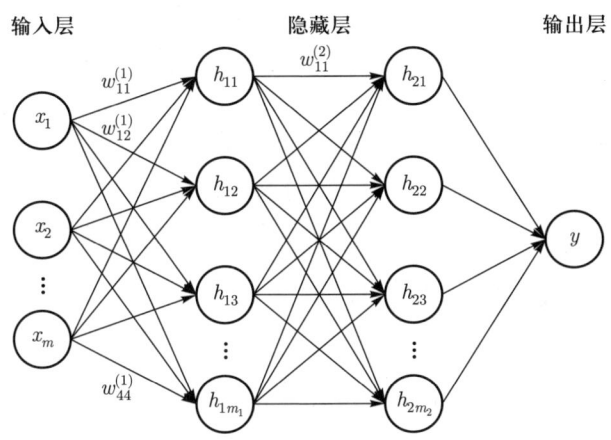

图 8.10　多层感知机结构示意图

除了多层感知机外,另一种常用于 LIBS 定量分析的神经网络结构是卷积神经网络 (CNN)。CNN 的典型结构是卷积层,由数个如图 8.11 所示的卷积核组成。卷积核在输入数据上滑动,每次与覆盖区域计算内积,卷积核遍历输入数据后得到输出。

Ferreira 等[103]搭建了多层感知机 (MLP) 的人工神经网络模型,该模型对土壤样品中的 Cu 元素浓度预测有着较好的定量分析结果,Cu 的检测限达到了 2.3 mg/dm^3,预测的 MSE 为 0.5。李祥友团队[104]设计了一个双隐层网络结构的人工神经网络模型,基于 LIBS 对煤的灰分含量、挥发分含量和发热量进行了预测,从定量分析的结果上来看,ANN 相比 PLSR、SVR 有更出色的定量分析能力，ANN 对煤三种属性预测结果的平均绝对误差分别为 0.69%、0.87%和 0.56 MJ/kg。

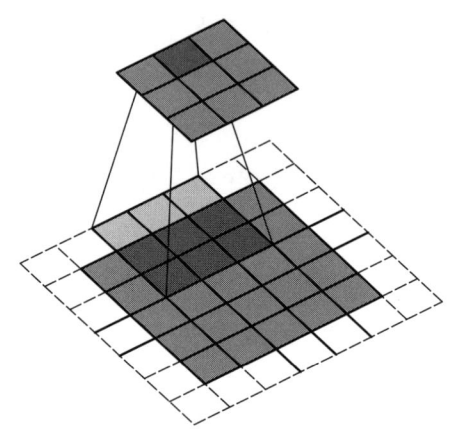

图 8.11　卷积核工作原理示意图

人工神经网络相对于上述其他定量方法的优势在于其非线性拟合能力强，但由于 LIBS 定量分析时样本量一般较为有限，在使用人工神经网络时要注意网络层数不能太多、结构不宜太复杂，防止出现过拟合现象。

8.4.2.3　物理规律-数据驱动混合模型

1. 主导因素 PLS 模型

主导因素偏最小二乘模型计算结果的主要部分是通过明确地基于待测元素特征谱线以及互干扰元素的特征谱线的关系式计算的，这些明确提取的关系式称为"主导因素"，因为它决定了模型的主要计算结果。而对于主导因素的残差，我们将通过基于全谱输入的 PLS 来进行修正，这是为了进一步利用全谱中有用的信息来修正由于其他影响因素造成的模型的其他偏差。该方法一方面能够把物理规律和 PLS 结合起来，一定程度上避免噪声信号的干扰。另一方面，主导因素可以通过采用非线性变换的形式来提高模型处理非线性的能力，也改进了 PLS 难以拟合复杂非线性关系的缺点。

从本质上来说，基于主导因素的 PLS 模型引入了对物理规律的考虑，同时也利用了多变量 PLS 的优势。由于基于主导因素的 PLS 模型结合了一定的等离子体光谱的物理规律，利用物理上与元素质量浓度最相关的特征谱线强度提取主导因素，所以从理论上来说，其应该比常规 PLS 模型能够在更广的元素浓度范围内达到更高的精度。而且，在主导因素模型中，PLS 只是用来修正量级较小的主导因素的残差，而不是直接拟合谱线强度和元素浓度之间的关系。由于主导因素决定了模型的主要计算结果，而其残差较小，所以 PLS 拟合非线性的不准确性不会对模型造成较大的影响。这说明相对于常规 PLS 模型，基于主导因素的 PLS 模型对非线性关系的拟合结果会更加准确[105]。

另外，常规 PLS 模型是直接利用线性关系去描述谱线强度和元素浓度之间的非线性关系。而主导因素在对自吸收和元素互干扰效应进行建模时，可采用非线性关系式，这在一定程度上描述了谱线强度和元素浓度之间的非线性关系，从而使模型比常规 PLS 模型能够更准确地拟合谱线强度和元素浓度之间的关系[106]。实质上，本模型中的主导因素相当于常规 PLS 模型的第一个主成分，也就是说，基于主导因素的 PLS 模型根据物理规律利用主导因素主动和显式地提取了一个主成分，而且在该主成分里引入了非线性因素，从而改进了常规 PLS 模型缺少物理背景和仅考虑线性相关的缺点。

进一步地，我们可以在上述主导因素模型的基础上，把主导因素本身扩充为多变量的主导因素[107]。在上述建立主导因素的过程中，只利用了待测元素的单条特征谱线积分强度来考虑自吸收效应，并且，在对元素互干扰效应的建模时，也仅仅是建立了与自吸收模型残差最具相关性的其他元素的单条特征谱线积分强度与残差之间由曲线拟合所得的关系。考虑到自吸收效应和元素互干扰效应的复杂性，以及由于元素互干扰和其他影响因素 (如等离子体物理参数的波动等) 导致的单条谱线强度所代表的强度信息的不确定度，仅仅利用所测元素的单条特征谱线和样品中其他互干扰元素的单条特征谱线的强度来对自吸收和互干扰效应进行建模，是可能存在较大误差和不确定度的。也就是说，还存在着进一步提高主导因素模型的准确性的潜力。

在 LIBS 测量所得的光谱中，同一元素的粒子会发射不同的原子或者离子特征谱线，这些特征谱线都记录着该元素在样品中的含量以及该元素在与等离子体中其他元素之间的相互作用等信息，并且每条特征谱线对各种扰动的响应各不相同，并存在一定的关系。如果主导因素中能够同时包含离子和原子谱线，一方面可以利用更多有效的信息；另一方面，由于这些谱线对等离子体温度和电子数密度的波动的响应有所不同，因此这相当于主导因素间接地考虑了等离子体温度和电子数密度的波动。利用 LIBS 所测光谱中待测元素和互干扰元素的多条离子和与原子特征谱线积分强度，建立考虑自吸收和元素互干扰效应的多变量主导因素模型，从而可以取得一个较为全面和综合的效果，克服单条特征谱线积分强度由于受到各种扰动的影响而可能带来的主导因素的不准确性，提高主导因素的准确性，进而提高整个模型的效果。由于这些特征谱线积分强度存在一定的共线性，普通的多变量回归方法无法准确得到这些谱线的权重系数。而 PLS 恰好是处理输入变量存在多重共线性的多变量回归方法，所以我们可以利用 PLS，基于多条元素特征谱线的积分强度去建立多变量主导因素模型。

但是，PLS 是建立在线性相关的基础上的方法，这会导致其无法准确描述谱线强度与元素浓度之间的非线性关系，也就是说，需要设法提高 PLS 的非线性能力。根据文献，提高 PLS 处理非线性能力的一种常用的方法就是对自变量进行非线性的变换。这种方法相对简单，而且不会极大地增加计算复杂度。比如，对于非线性二次关系 $y_1 = a_1 x_1^2 + b_1$，变量 y_1 和 x_1 之间的关系是二次的。如果把 x_1 经过平方变换之后的变量 x_1^2 作为自变量 x'，上式就可以化为 $y_1 = a_1 x' + b_1$。对于 y_1 与变换后所得的 x' 而言，两者的关系就可以用线性来描述。换言之，经过这样的非线性变换以后，线性 PLS 能够一定程度上避免变量 y_1 和 x_1 之间的非线性关系的影响，可以更准确地计算得到参数 a_1、b_1 的值。有必要说明的是，不准确的非线性变换很可能会使 PLS 的计算结果更差，因为这样的变换会进一步扭曲谱线强度与元素浓度之间的关系。所以必须注意非线性变换要尽可能考虑物理规律，保证其变换的正确性。

主导因素 PLS 模型在实际 LIBS 定量测量中取得了非常好的效果。把黄铜合金样品中的铜元素作为待测元素，10 种样品用于定标建模，另外选 4 种样品作为验证样品，比较常规 PLS 模型、主导因素 PLS 模型、多变量非线性主导因素 PLS 模型的预测效果，如下图 8.12 所示。

常规 PLS 模型的 RMSEP 为 6.14%，主导因素 PLS 模型的 RMSEP 为 2.33%，多变量非线性主导因素 PLS 模型的 RMSEP 为 1.97%。以上证实了其在提高测量准确性方面的优势。

2. 结合光谱标准化的主导因素 PLS 模型

由于信号不确定度是影响测量准确性的重要原因之一，因此进一步结合光谱标准化可提高主导因素 PLS 模型的性能。信号不确定度是影响测量准确性的重要原因在于信号的波动较大时，会导致信号与待测元素浓度之间的相关性被淹没，从而使得建模算法无法分辨该信号是能够解释元素浓度的有用信号还是无用的噪声信号。如果能够设法降低信号的不确定度，则建模算法就能从信号中提取出与元素浓度相关的信息，从而提高模型的测量准确性。结合光谱标准化的主导因素，PLS 模型首先利用光谱标准化方法降低 LIBS 信号的不确定度，然后再利用主导因素 PLS 模型建模，使得定量模型能够摒除信号不确定度的干扰，从原来被舍弃的波动较大的信号中继续提取与浓度相关的信息，从而提高测量准确性[108]。

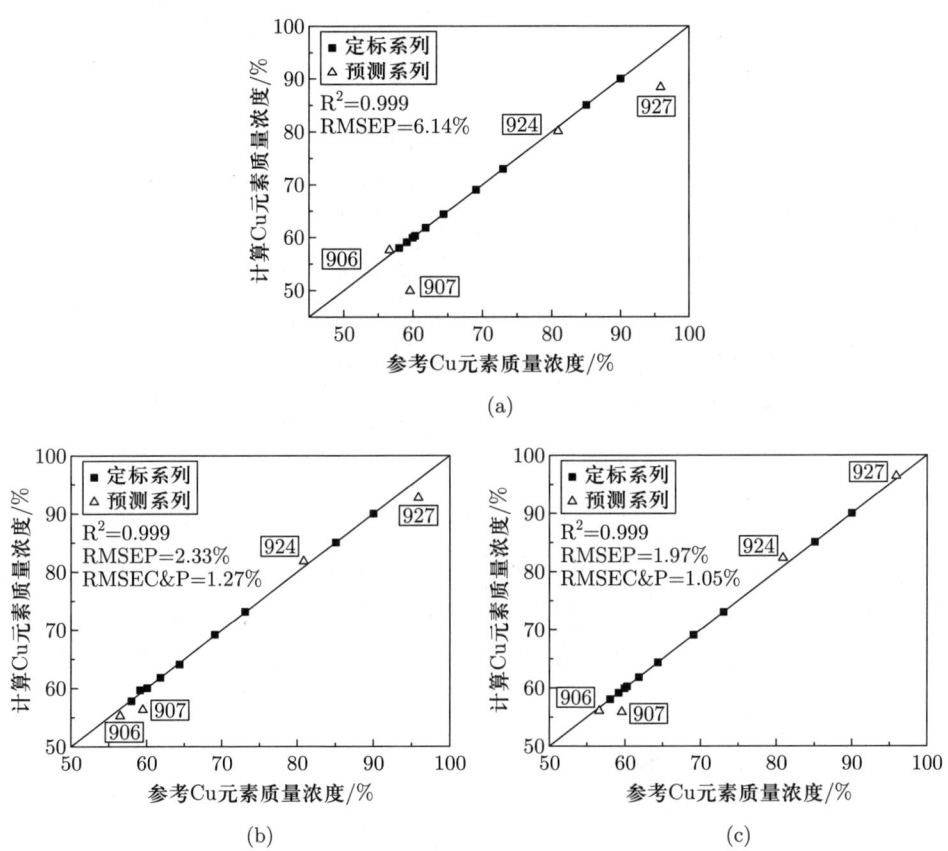

图 8.12 3 种 PLS 模型的预测效果：(a) 常规 PLS 模型；(b) 主导因素 PLS 模型；(c) 多变量非线性主导因素 PLS 模型

结合光谱标准化的主导因素，PLS 模型通过降低每条谱线的不确定度，从而使得定量模型能够摒除信号不确定度的干扰，从原来被舍弃的波动较大的信号中继续提取与浓度相关的信息,从而提高测量准确性。

3. 基于自适应数据库的光谱辨识方法

该模型主要包括 3 个步骤:① 利用光谱标准化方法,把每幅光谱内的每条特征谱线强度都折合到标准等离子体状态下对应的强度,把谱线强度不确定度降低到较低水平;② 通过将标准化后的光谱与光谱数据库比较,确定当前测量的样品是新样品还是数据库中已有的已知样品;③ 如果当前测量样品是新样品,则调用基于光谱标准化的主导因素模型进行预测,并把当前测量样品的光谱和预测值添加进光谱数据库,使得数据库能够自适应未来的测量;如果当前测量样品是数据库中的已知样品,则直接从数据库中读出分析结果[109]。

需要说明的是,光谱标准化方法对于辨识过程是非常重要的。由于 LIBS 原始信号具有较高的不确定度,因此想实现准辨识是比较困难的。较高的信号不确定度可能导致两个不同样品的光谱无法区别出来,或者同一样品的不同次测量光谱具有较大的差别,这可能会导致最终预测结果有很大的误差。因此,必须采用光谱标准化方法把原始光谱信号的不确定降低到较低的水平,才可以实现准确辨识。经过实验验证,如果采用原始光谱进行辨识,辨识正确率只有 79%;采用光谱面积归一化后的光谱进行辨识,则辨识正确率能提高到 86%;而采用光谱标准化方法后的光谱进行辨识,则辨识正确率达到 100%。

4. 基于主导因素的非线性回归模型

基于主导因素的支持向量回归 (dominant factor-based support vector regression, DF-SVR) 与基于主导因素的核极限学习机 (dominant factor-based kernel extreme learning machine, DF-K-ELM) 将领域知识整合到机器学习方法,并与 LIBS 测量结合,被应用于煤质的定量分析[110]。DF-SVR 和 DF-K-ELM 主要包括以下步骤:

(1) 选取特征谱线。根据分析物的元素成分并结合 NIST 原子光谱数据库,选择强度高、干扰小的相关原子和离子谱线。

(2) 优化特征谱线。建立每条特征谱线与分析物含量的线性模型,根据决定系数,依次将特征谱线加入回归模型中验证,并进行筛选。

(3) 建立线性模型。基于优化后的特征谱线,建立如下模型

$$y = X_{\text{DF}}\beta_{\text{DF}} + f \tag{8.38}$$

式中，X_{DF} 为包含 k 条特征谱线的主导因素矩阵 (或向量)；β_{DF} 是大小为 $k\times 1$ 的回归系数；f 包含了回归模型的残差。该模型的求解为

$$\beta_{\mathrm{DF}} = \left(X_{\mathrm{DF}}^{\mathrm{T}} X_{\mathrm{DF}}\right)^{-1} X_{\mathrm{DF}}^{\mathrm{T}} y \tag{8.39}$$

(4) 非线性方法修正残差。将对应于特征谱线的变量从输入矩阵中删除，并更新为大小为 $n\times(d-k)$ 的矩阵 X^*。采用 SVR 和 K–ELM 建立矩阵 X^* 与残差 f 之间的模型。

主导因素的非线性回归结合了线性和非线性模型，如图 8.13 所示。线性模型由知识驱动，直观地解释了特征谱线对定量分析结果的贡献。这些特征谱线在模型决策中占主导地位，在很大程度上符合了 LIBS 定量分析的物理机制。非线性模型由数据驱动，继承了非线性模型复杂度高的特定，能够有效地处理复杂、非线性数据。图 8.14 对比了 DF–SVR、DF–K–ELM 与基线方法在 3 个 LIBS 煤质分析数据集的 10 个回归任务上的性能排名。DF–K–ELM 在 4 个回归任务上取得了最佳结果，平均性能排名最优。

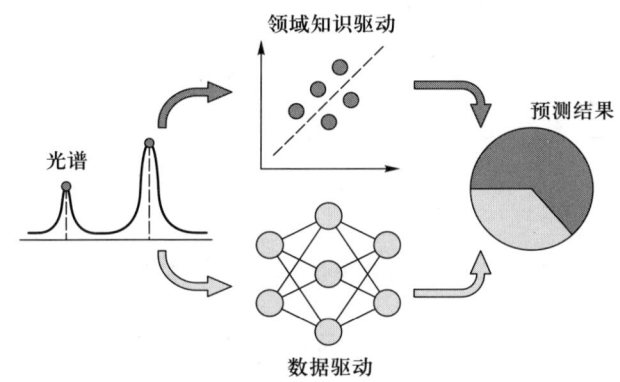

图 8.13　基于主导因素的非线性回归示意图

5. 基于光谱知识回归

基于光谱知识回归 (spectral knowledge-based regression, SKR) 是 LIBS 定量分析中结合领域知识的机器学习方法[111]。SKR 首先确定于分析物成分相关的 k 个关键变量，根据相应的数据矩阵 X_k 和大小为 $k\times 1$ 的向量 β_k，形成一个线性项 $X_k\beta_k$。然后 SKR 将不包含这些变量的输入数据分解并转换为内核矩阵 K^*，并形成非线性项 $K^*\beta^*$，其中 β^* 是大小为 $n\times 1$ 的向量。基于

线性和非线性项，联合回归模型可表示为

$$\text{PSS}_2(\boldsymbol{\beta}_k, \boldsymbol{\beta}^*, C) = \min \|\boldsymbol{X}_k \boldsymbol{\beta}_k + \boldsymbol{K}^* \boldsymbol{\beta}^* - \boldsymbol{y}\|_2^2 + \frac{\|\boldsymbol{\beta}^*\|_2^2}{C} \tag{8.40}$$

式中，PSS_2 代表惩罚平方和准则。在 SKR 模型中，关键变量对预测结果的贡献度可以从线性项直观呈现，以确保模型的决策过程与 LIBS 定量分析的物理机制一致。SKR 被应用于处理工业在线 LIBS 系统测量的 LIBS 数据如图 8.15 所示，其中发热量、硫分、挥发分的分析结果达到国家标准（GB/T 212–214）[112]。

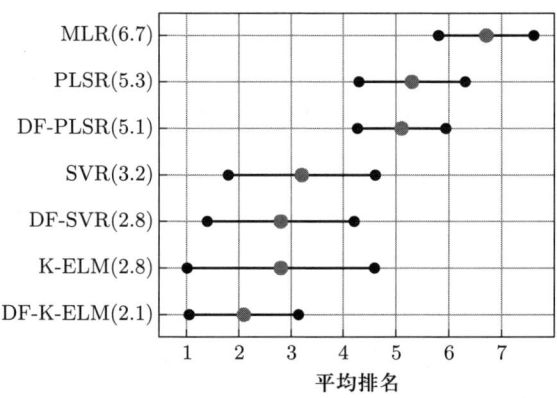

图 **8.14** 不同方法在 10 个 LIBS 煤质分析任务上的平均排名和排名的标准差

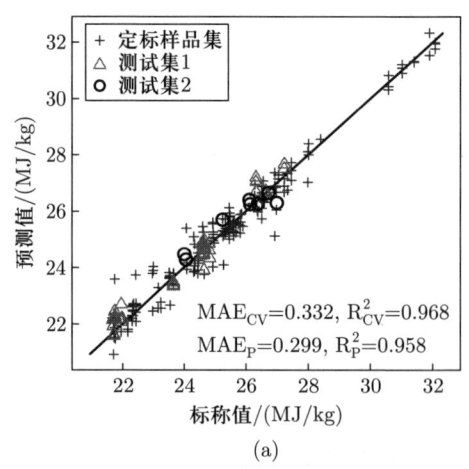

(a)

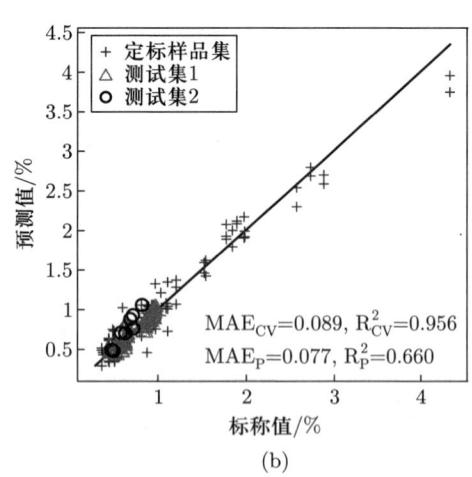

(b)

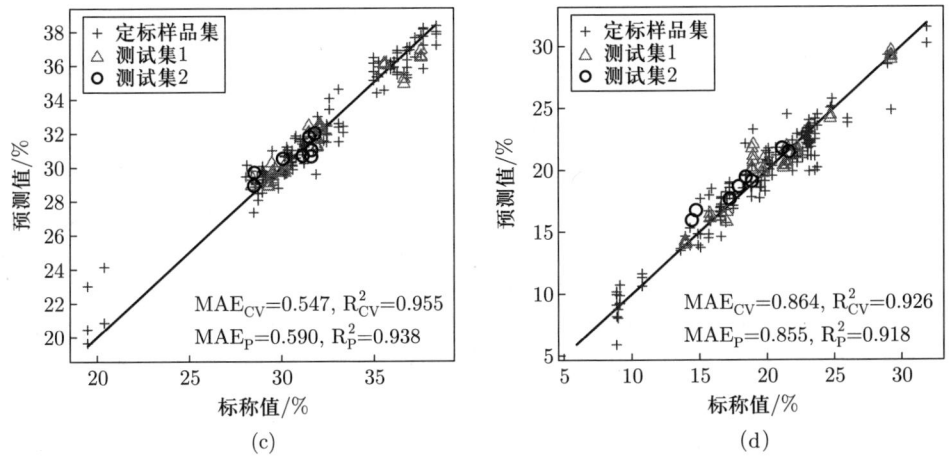

图 8.15 SKR 结合 LIBS 测量应用于工业在线煤质分析的结果：(a) 发热量；(b) 硫含量；(c) 挥发分；(d) 灰分

8.5 本章小结

相较于其他光谱技术，LIBS 的最大特征就是其信号源是一个随时间不断演化且空间不均匀的等离子体，且激光烧蚀形成等离子体和等离子体发射光谱的过程紧密耦合，再加上光谱信号采集系统只能观察到某一等离子体局部区域和局部时间段发射的信号，因此不能反映等离子体的全局信息。此外，由于 LIBS 中特征谱线多、信号不确定性大，且含有背景辐射、噪声等，再加上基体效应的影响，造成 LIBS 光谱的定量分析极为困难。

本章介绍了降噪、归一化、光谱标准化等光谱预处理方法，并介绍了基于物理规律的模型、基于数据驱动的模型以及物理规律-数据驱动混合模型 3 大类定量分析模型。尽管随着近年来机器学习和人工智能技术的应用发展，LIBS 技术应用于定性定量分析方法也取得了显著进步，但 LIBS 信号不确定性较大，且受基体效应影响，仅依靠机器学习算法而忽略其物理基础仍难以保证定性、定量模型的性能。因此，为了提高 LIBS 定性和定量分析性能，定量化模型的研究和开发需要着重考虑以下几点：① 降低数据不确定性是定量化的关键，因此在建立定量化模型时需充分合理运用数据选择、变量选择、光谱归一化、降噪、标准化等预处理方法，尽可能降低不确定性和噪声对模型的影响，多变量模型一般具有补偿基体效应影响的能力，可进一步通过数据预处理和非线性多变量模型的结合提升其对基体效应的补偿能力；② 把物理机理和先进机器学习算法有机结合，进一步改进物理规律-数据驱动混合模型，提高对定性、定量分析模型的解释能力并提高准确性和模型稳健性。

参考文献

[1] Chu Y, Chen T, Chen F, et al. Discrimination of nasopharyngeal carcinoma serum using laser-induced breakdown spectroscopy combined with an extreme learning machine and random forest method [J]. Journal of Analytical Atomic Spectrometry, 2018, 33(12): 2083–2088.

[2] Syvilay D, Guezenoc J, Bousquet B. Guideline for increasing the analysis quality in laser-induced breakdown spectroscopy [J]. Spectrochimca Acta B: Atomic Spectroscopy, 2019, 161: 105696.

[3] Krakauskaite S, Petkus V, Bartusis L, et al. Accuracy, precision, sensitivity, and specificity of noninvasive ICP absolute value measurements [C]//Acta Neurochirurgica Supplement. Switzerland: Springer International Publishing, 2016: 317–321.

[4] Wang Q, He L, Zhao Y, et al. Study of cluster analysis used in explosives classification with laser-induced breakdown spectroscopy [J]. Laser Physics, 2016, 26(6): 065605.

[5] Hanley J A, Mcneil B J. The meaning and use of the area under a receiver operating characteristic (ROC) curve [J]. Radiology, 1982, 143(1): 29–36.

[6] Wang Q, Cui X, Teng G, et al. Evaluation and improvement of model robustness for plastics samples classification by laser-induced breakdown spectroscopy [J]. Optics & Laser Technology, 2020, 125: 106035.

[7] Gu W, Song W, Yan G, et al. A data preprocessing method based on matrix matching for coal analysis by laser-induced breakdown spectroscopy [J]. Spectrochimica Acta Part B: Atomic Spectroscopy, 2021, 180: 106212.

[8] Long J, Song W, Hou Z, et al. A data selection method for matrix effects and uncertainty reduction for laser-induced breakdown spectroscopy [J]. Plasma Science and Technology, 2023, 25(7): 075501.

[9] Wold S, Sjöström M, Eriksson L. PLS-regression: a basic tool of chemometrics [J]. Chemometrics and Intelligent Laboratory Systems, 2001, 58(2): 109–130.

[10] Favilla S, Durante C, Vigni M L, et al. Assessing feature relevance in NPLS models by VIP [J]. Chemometrics and Intelligent Laboratory Systems, 2013, 129: 76–86.

[11] Kvalheim O M. Interpretation of partial least squares regression models by means of target projection and selectivity ratio plots [J]. Journal of Chemometrics, 2010, 24(7-8):

496–504.

[12] Tran T N, Afanador N L, Buydens L M C, et al. Interpretation of variable importance in partial least squares with significance multivariate correlation (sMC) [J]. Chemometrics and Intelligent Laboratory Systems, 2014, 138: 153–160.

[13] Rinnan A, Andersson M, Ridder C, et al. Recursive weighted partial least squares (rPLS): An efficient variable selection method using PLS [J]. Journal of Chemometrics, 2013, 28(5): 439–447.

[14] Song W, Hou Z, Afgan M S, et al. Validated ensemble variable selection of laser-induced breakdown spectroscopy data for coal property analysis [J]. Journal of Analytical Atomic Spectrometry, 2021, 36(1): 111–119.

[15] Gornushkin I B, Eagan P E, Novikov A B, et al. Automatic correction of continuum background in laser-induced breakdown and raman spectrometry [J]. Applied Spectroscopy, 2003, 57(2): 197–207.

[16] Sun L, Yu H. Automatic estimation of varying continuum background emission in laser-induced breakdown spectroscopy [J]. Spectrochimica Acta Part B: Atomic Spectroscopy, 2009, 64(3): 278–287.

[17] Friedrichs M. A model-free algorithm for the removal of baseline artifacts [J]. Journal of Biomolecular NMR, 1995, 5(2): 147–153.

[18] Yaroshchyk P, Eberhardt J E. Automatic correction of continuum background in Laser-induced Breakdown Spectroscopy using a model-free algorithm [J]. Spectrochimica Acta Part B: Atomic Spectroscopy, 2014, 99: 138–149.

[19] Galloway C M, Ru E C L, Etchegoin P G. An iterative algorithm for background removal in spectroscopy by wavelet transforms [J]. Applied Spectroscopy, 2009, 63(12): 1370–1376.

[20] Képeš E, Pořızka P, Klus J, et al. Influence of baseline subtraction on laser-induced breakdown spectroscopic data [J]. Journal of Analytical Atomic Spectrometry, 2018, 33(12): 2107–2115.

[21] Tognoni E, Cristoforetti G. [INVITED] Signal and noise in laser induced breakdown spectroscopy: an introductory review [J]. Optics & Laser Technology, 2016, 79: 164–172.

[22] Torrence C, Compo G P. A practical guide to wavelet analysis [J]. Bulletin of the American Meteorological Society, 1998, 79(1): 61–78.

[23] Coifman R R, Wickerhauser M V. Entropy-based algorithms for best basis selection [J]. IEEE Transactions on Information Theory, 1992, 38(2): 713–718.

[24] Han Y, Shi P. An adaptive level-selecting wavelet transform for texture defect detection

[J]. Image and Vision Computing, 2007, 25(8): 1239–1248.

[25] Huang J, Xie J, Li H, et al. Self-adaptive decomposition level de-noising method based on wavelet transform [J]. TELKOMNIKA Indonesian Journal of Electrical Engineering, 2012, 10(5): 1015–1020.

[26] Natarajan B K. Filtering random noise from deterministic signals via data compression [J]. IEEE Transactions on Signal Processing, 1995, 43(11): 2595–2605.

[27] Jansen M, Bultheel A. Asymptotic behavior of the minimum mean squared error threshold for noisy wavelet coefficients of piecewise smooth signals [J]. IEEE Transactions on Signal Processing, 2001, 49(6): 1113–1118.

[28] Donoho D L, Johnstone I M. Ideal spatial adaptation by wavelet shrinkage [J]. Biometrika, 1994, 81(3): 425–455.

[29] Schlenke J, Hildebrand L, Moros J, et al. Adaptive approach for variable noise suppression on laser-induced breakdown spectroscopy responses using stationary wavelet transform [J]. Analytica Chimica Acta, 2012, 754: 8–19.

[30] Xie S, Xu T, Han X, et al. Accuracy improvement of quantitative LIBS analysis using wavelet threshold de-noising [J]. Journal of Analytical Atomic Spectrometry, 2017, 32(3): 629–637.

[31] Zhang B, Sun L, Yu H, et al. Wavelet denoising method for laser-induced breakdown spectroscopy [J]. Journal of Analytical Atomic Spectrometry, 2013, 28(12): 1884–1893.

[32] Yuan T, Wang Z, Li Z, et al. A partial least squares and wavelet-transform hybrid model to analyze carbon content in coal using laser-induced breakdown spectroscopy [J]. Analytica Chimica Acta, 2014, 807: 29–35.

[33] Reis M S, Saraiva P M, Bakshi B R. Denoising and Signal-to-Noise Ratio Enhancement: Wavelet Transform and Fourier Transform [C]//Comprehensive Chemometrics. Elsevier, 2009: 25–55.

[34] Galbács G. A critical review of recent progress in analytical laser-induced breakdown spectroscopy [J]. Analytical and Bioanalytical Chemistry, 2015, 407(25): 7537–7562.

[35] Gornushkin S I, Gornushkin I B, Anzano J M, et al. Effective normalization technique for correction of matrix effects in laser-induced breakdown spectroscopy detection of magnesium in powdered samples [J]. Applied Spectroscopy, 2002, 56(4): 433–436.

[36] De Giacomo A, Dell'aglio M, De Pascale O, et al. Laser Induced Breakdown Spectroscopy methodology for the analysis of copper-based-alloys used in ancient artworks [J]. Spectrochimica Acta Part B: Atomic Spectroscopy, 2008, 63(5): 585–590.

[37] Schröder S, Meslin P Y, Gasnault O, et al. Hydrogen detection with ChemCam at Gale crater [J]. Icarus, 2015, 249: 43–61.

[38] Kwak J-H, Lenth C, Salb C, et al. Quantitative analysis of arsenic in mine tailing soils using double pulse-laser induced breakdown spectroscopy [J]. Spectrochimica Acta Part B: Atomic Spectroscopy, 2009, 64(10): 1105–1110.

[39] Dell′aglio M, Gaudiuso R, Senesi G S, et al. Monitoring of Cr, Cu, Pb, V and Zn in polluted soils by laser induced breakdown spectroscopy (LIBS) [J]. Journal of Environmental Monitoring, 2011, 13(5): 1422–1426.

[40] Senesi G S, Dell′aglio M, Gaudiuso R, et al. Heavy metal concentrations in soils as determined by laser-induced breakdown spectroscopy (LIBS), with special emphasis on chromium [J]. Environmental Research, 2009, 109(4): 413–420.

[41] Body D, Chadwick B L. Optimization of the spectral data processing in a LIBS simultaneous elemental analysis system [J]. Spectrochimica Acta Part B: Atomic Spectroscopy, 2001, 56(6): 725–736.

[42] Bolger J A. Semi-quantitative laser-induced breakdown spectroscopy for analysis of mineral drill core [J]. Applied Spectroscopy, 2000, 54(2): 181–189.

[43] Zorov N B, Gorbatenko A A, Labutin T A, et al. A review of normalization techniques in analytical atomic spectrometry with laser sampling: from single to multivariate correction [J]. Spectrochimica Acta Part B: Atomic Spectroscopy, 2010, 65(8): 642–657.

[44] Fabre C, Cousin A, Wiens R C, et al. In situ calibration using univariate analyses based on the onboard ChemCam targets: first prediction of Martian rock and soil compositions [J]. Spectrochimica Acta Part B: Atomic Spectroscopy, 2014, 99: 34–51.

[45] Yu K, Zhao Y, Liu F, et al. Laser-induced breakdown spectroscopy coupled with multivariate chemometrics for variety discrimination of soil [J]. Scientific Reports, 2016, 6: 27574.

[46] Sarkar A, Mishra R K, Kaushik C P, et al. Analysis of barium borosilicate glass matrix for uranium determination by using ns-IR-LIBS in air and Ar atmosphere [J]. Radiochimica Acta, 2014, 102(9): 805–812.

[47] Ismaël A, Bousquet B, Michel-le Pierrès K, et al. In situ semi-quantitative analysis of polluted soils by laser-induced breakdown spectroscopy (LIBS) [J]. Applied Spectroscopy, 2011, 65(5): 467–473.

[48] Syvilay D, Wilkie-chancellier N, Trichereau B, et al. Evaluation of the standard normal variate method for laser-induced breakdown spectroscopy data treatment applied to the discrimination of painting layers [J]. Spectrochimica Acta Part B: Atomic Spectroscopy, 2015, 114: 38–45.

[49] Li X, Wang Z, Fu Y, et al. Application of a spectrum standardization method for

carbon analysis in coal using laser-induced breakdown spectroscopy (LIBS) [J]. Applied Spectroscopy, 2014, 68(9): 955-962.

[50] Li L, Wang Z, Yuan T, et al. A simplified spectrum standardization method for laser-induced breakdown spectroscopy measurements [J]. Journal of Analytical Atomic Spectrometry, 2011, 26(11): 2274-2280.

[51] Wang Z, Li L, West L, et al. A spectrum standardization approach for laser-induced breakdown spectroscopy measurements [J]. Spectrochimica Acta B: Atomic Spectroscopy, 2012, 68: 58-64.

[52] Sandelowski M. Qualitative analysis: what it is and how to begin [J]. Research in Nursing & Health, 1995, 18(4): 371-375.

[53] Palleschi V. Laser-induced breakdown spectroscopy: principles of the technique and future trends [J]. ChemTexts, 2020, 6(2): 1-16.

[54] Wang Q, Teng G, Li C, et al. Identification and classification of explosives using semi-supervised learning and laser-induced breakdown spectroscopy [J]. Journal of Hazardous Materials, 2019, 369: 423-429.

[55] Sun C, Tian Y, Gao L, et al. Machine learning allows calibration models to predict trace element concentration in soils with generalized LIBS spectra [J]. Scientific Reports, 2019, 9(1): 11363.

[56] Teng G, Wang Q, Yang H, et al. Pathological identification of brain tumors based on the characteristics of molecular fragments generated by laser ablation combined with a spiking neural network [J]. Biomed Opt Express, 2020, 11(8): 4276-4289.

[57] Pořízka P, Klus J, Képeš E, et al. On the utilization of principal component analysis in laser-induced breakdown spectroscopy data analysis, a review [J]. Spectrochimica Acta Part B: Atomic Spectroscopy, 2018, 148: 65-82.

[58] Jolliffe I T. Graphical representation of data using principal components [C]//Principal component analysis. New York: Springer, 1986: 64-91.

[59] Deutsch H-P. Principle component analysis [M]. Derivatives and internal models. London: Palgrave Macmillan, 2004: 615-623.

[60] Munson C A, De Lucia F C, Piehler T, et al. Investigation of statistics strategies for improving the discriminating power of laser-induced breakdown spectroscopy for chemical and biological warfare agent simulants [J]. Spectrochimica Acta Part B: Atomic Spectroscopy, 2005, 60(7-8): 1217-1224.

[61] Bousquet B, Sirven J B, Canioni L. Towards quantitative laser-induced breakdown spectroscopy analysis of soil samples [J]. Spectrochimica Acta Part B: Atomic Spectroscopy, 2007, 62(12): 1582-1589.

[62] Vors E, Tchepidjian K, Sirven J-B. Evaluation and optimization of the robustness of a multivariate analysis methodology for identification of alloys by laser induced breakdown spectroscopy [J]. Spectrochimica Acta Part B: Atomic Spectroscopy, 2016, 117: 16–22.

[63] Wang Q, Teng G, Qiao X, et al. Importance evaluation of spectral lines in Laser–induced breakdown spectroscopy for classification of pathogenic bacteria [J]. Biomedical Optics Express, 2018, 9(11): 5837–5850.

[64] Jain A K. Data clustering: 50 years beyond K-means [J]. Pattern Recognition Letters, 2010, 31(8): 651–666.

[65] He L A, Wang Q, Zhao Y, et al. Study on cluster analysis used with laser-induced breakdown spectroscopy [J]. Plasma Science and Technology, 2016, 18(6): 647–653.

[66] Guo Y, Tang Y, Du Y, et al. Cluster analysis of polymers using laser-induced breakdown spectroscopy with K-means [J]. Plasma Science and Technology, 2018, 20(6): 065505.

[67] Britton D, Zen Y, Quaglia A, et al. Quantification of pancreatic cancer proteome and phosphorylome: indicates molecular events likely contributing to cancer and activity of drug targets [J]. PloS One, 2014, 9(3): e90948.

[68] Sirven J-B, Sallé B, Mauchien P, et al. Feasibility study of rock identification at the surface of Mars by remote laser-induced breakdown spectroscopy and three chemometric methods [J]. Journal of Analytical Atomic Spectrometry, 2007, 22(12): 1471.

[69] Hedegaard M A B, Cloyd K L, Horejs C-M, et al. Model based variable selection as a tool to highlight biological differences in Raman spectra of cells [J]. The Analyst, 2014, 139(18): 4629–4633.

[70] Riffenburgh R H. Linear discriminant analysis [D]. Virginia: Virginia Polytechnic Institute, 1957.

[71] Pontes M J C, Cortez J, Galvão R K H, et al. Classification of Brazilian soils by using LIBS and variable selection in the wavelet domain [J]. Analytica Chimica Acta, 2009, 642(1-2): 12–18.

[72] Gaudiuso R, Ewusi-annan E, Melikechi N, et al. Using LIBS to diagnose melanoma in biomedical fluids deposited on solid substrates: Limits of direct spectral analysis and capability of machine learning [J]. Spectrochimica Acta Part B: Atomic Spectroscopy, 2018, 146: 106–114.

[73] Cortes C, Vapnik V. Support-vector networks [J]. Machine Learning, 1995, 20(3): 273–297.

[74] Liu H, Jiao Y. Application of genetic algorithm-support vector machine (ga-svm) for damage identification of bridge [J]. International Journal of Computational Intelligence

[75] Zheng X, Lv G, Du G, et al. Rapid and low-cost detection of thyroid dysfunction using raman spectroscopy and an improved support vector machine [J]. IEEE Photonics Journal, 2018, 10(6): 1–12.

[76] Fernández-ibáñez V, Fearn T, Montanes E, et al. Improving the discriminatory power of a near-infrared microscopy spectral library with a support vector machine classifier [J]. Applied Spectroscopy, 2010, 64(1): 66–72.

[77] Dingari N C, Barman I, Myakalwar A K, et al. Incorporation of support vector machines in the LIBS toolbox for sensitive and robust classification amidst unexpected sample and system variability [J]. Anal Chem, 2012, 84(6): 2686–2694.

[78] Guo G, Wang H, Bell D, et al. KNN model-based approach in classification [M]//The Move to Meaningful Internet Systems 2003: CoopIS, DOA, and ODBASE. Berlin: Springer, 2003: 986–996.

[79] Godoi Q, Leme F O, Trevizan L C, et al. Laser-induced breakdown spectroscopy and chemometrics for classification of toys relying on toxic elements [J]. Spectrochimica Acta Part B: Atomic Spectroscopy, 2011, 66(2): 138–143.

[80] Hsu K L, Gupta H V, Sorooshian S. Artificial neural network modeling of the rainfall-runoff process [J]. Water Resources Research, 1995, 31(10): 2517–2530.

[81] Inakollu P. A study of the effectiveness of neural networks for elemental concentration from LIBS spectra [M]. Starkville: Mississippi State University, 2003.

[82] Mateo M, Yáñez A, Ramil A, et al. Classification of archaeological ceramics by means of laser induced breakdown spectroscopy (LIBS) and artificial neural networks [M]//Lasers in the Conservation of Artworks. Boca Raton: CRC Press. 2008: 121–125.

[83] Lu C, Wang B, Jiang X, et al. Detection of K in soil using time-resolved laser-induced breakdown spectroscopy based on convolutional neural networks [J]. Plasma Science and Technology, 2018, 21(3): 034014.

[84] Yelameli M, Thornton B, Takahashi T, et al. Classification and statistical analysis of hydrothermal seafloor rocks measured underwater using laser-induced breakdown spectroscopy [J]. Journal of Chemometrics, 2018, 33(2): 3092.

[85] Cui X, Wang Q, Zhao Y, et al. Laser-induced breakdown spectroscopy (LIBS) for classification of wood species integrated with artificial neural network (ANN) [J]. Applied Physics B, 2019, 125(4): 56.

[86] Ciucci A, Corsi M, Palleschi V, et al. New procedure for quantitative elemental analysis by laser-induced plasma spectroscopy [J]. Applied Spectroscopy, 1999, 53(8): 960–964.

[87] Tognoni E, Cristoforetti G, Legnaioli S, et al. Calibration-free laser-induced breakdown

[87] spectroscopy: state of the art [J]. Spectrochim Acta B: Atomic Spectroscopy, 2010, 65(1): 1–14.

[88] Sun L, Yu H. Correction of self-absorption effect in calibration-free laser-induced breakdown spectroscopy by an internal reference method [J]. Talanta, 2009, 79(2): 388–395.

[89] Li T, Hou Z, Fu Y, et al. Correction of self-absorption effect in calibration-free laser-induced breakdown spectroscopy (CF-LIBS) with blackbody radiation reference [J]. Analytica Chimica Acta, 2019, 1058: 39–47.

[90] Gerhard C, Hermann J, Mercadier L, et al. Quantitative analyses of glass via laser-induced breakdown spectroscopy in argon [J]. Spectrochimica Acta Part B: Atomic Spectroscopy, 2014, 101: 32–45.

[91] Gerhard C, Taleb A, Pelascini F, et al. Quantification of surface contamination on optical glass via sensitivity-improved calibration-free laser-induced breakdown spectroscopy [J]. Applied Surface Science, 2021, 537: 147984.

[92] Gornushkin I B, Anzano J M, King L A, et al. Curve of growth methodology applied to laser-induced plasma emission spectroscopy [J]. Spectrochimica Acta Part B: Atomic Spectroscopy, 1999, 54(3-4): 491–503.

[93] 余洋, 赵南京, 王寅, 等. 激光诱导击穿光谱单变量及多元线性回归方法研究 [J]. 激光与光电子学进展, 2015, 52: 093001.

[94] Wang G, Sun L, Wang W, et al. A feature selection method combined with ridge regression and recursive feature elimination in quantitative analysis of laser induced breakdown spectroscopy [J]. Plasma Science & Technology, 2020, 22(7): 11–20.

[95] Erler A, Riebe D, Beitz T, et al. Soil nutrient detection for precision agriculture using handheld laser-induced breakdown spectroscopy (LIBS) and multivariate regression methods (PLSR, LASSO and GPR) [J]. Sensors, 2020, 20(2): 418.

[96] Tavares T R, Mouazen A M, Nunes L C, et al. Laser-induced breakdown spectroscopy (LIBS) for tropical soil fertility analysis [J]. Soil & Tillage Research, 2022, 216: 105250.

[97] Hernandez-garcia R, Villanueva-tagle M E, Calderon-pinar F, et al. Quantitative analysis of lead zirconate titanate (PZT) ceramics by laser-induced breakdown spectroscopy (LIBS) in combination with multivariate calibration [J]. Microchemical Journal, 2017, 130: 21–26.

[98] Jia J, Fu H, Hou Z, et al. Calibration curve and support vector regression methods applied for quantification of cement raw meal using laser-induced breakdown spectroscopy [J]. Plasma Science & Technology, 2019, 21(3): 23–30.

[99] Huang J, Dong M, Lu S, et al. Estimation of the mechanical properties of steel via LIBS combined with canonical correlation analysis (CCA) and support vector regression

(SVR) [J]. Journal of Analytical Atomic Spectrometry, 2018, 33(5): 720–729.

[100] Huang G, Zhou H, Ding X, et al. Extreme learning machine for regression and multiclass classification [J]. IEEE Transactions on Systems, Man, and Cybernetics, Part B (Cybernetics), 2012, 42(2): 513–529.

[101] Mei Y, Cheng S, Hao Z, et al. Quantitative analysis of steel and iron by laser-induced breakdown spectroscopy using GA-KELM [J]. Plasma Science & Technology, 2019, 21(3): 034020.

[102] Kim S, Kano M, Nakagawa H, et al. Estimation of active pharmaceutical ingredients content using locally weighted partial least squares and statistical wavelength selection [J]. International Journal of Pharmaceutics, 2011, 421(2): 269–274.

[103] Ferreira E C, Milori D M B P, Ferreira E J, et al. Artificial neural network for Cu quantitative determination in soil using a portable laser induced breakdown spectroscopy system [J]. Spectrochimica Acta Part B: Atomic Spectroscopy, 2008, 63(10): 1216–1220.

[104] Zhang Y, Xiong Z, Ma Y, et al. Quantitative analysis of coal quality by laser-induced breakdown spectroscopy assisted with different chemometric methods [J]. Analytical Methods, 2020, 12(27): 3530–3536.

[105] Feng J, Wang Z, West L, et al. A PLS model based on dominant factor for coal analysis using laser-induced breakdown spectroscopy [J]. Analytical and Bioanalytical Chemistry, 2011, 400(10): 3261–3271.

[106] Wang Z, Feng J, Li L, et al. A non-linearized PLS model based on multivariate dominant factor for laser-induced breakdown spectroscopy measurements [J]. Journal of Analytical Atomic Spectrometry, 2011, 26(11): 2175–2182.

[107] Feng J, Wang Z, Li L, et al. A nonlinearized multivariate dominant factor-based partial least squares (PLS) model for coal analysis by using laser-induced breakdown spectroscopy [J]. Applied Spectroscopy, 2013, 67(3): 291–300.

[108] Li X, Wang Z, Fu Y, et al. A model combining spectrum standardization and dominant factor based partial least square method for carbon analysis in coal using laser-induced breakdown spectroscopy [J]. Spectrochim Acta B, 2014, 99: 82–86.

[109] Hou Z, Wang Z, Yuan T, et al. A hybrid quantification model and its application for coal analysis using laser induced breakdown spectroscopy [J]. Journal of Analytical Atomic Spectrometry, 2016, 31(3): 722–736.

[110] Song W, Hou Z, Gu W, et al. Incorporating domain knowledge into machine learning for laser-induced breakdown spectroscopy quantification [J]. Spectrochimica Acta Part B: Atomic Spectroscopy, 2022, 195: 106490.

[111] Song W, Afgan M S, Yun Y, et al. Spectral knowledge-based regression for laser-induced

breakdown spectroscopy quantitative analysis [J]. Expert Systems with Applications, 2022, 205: 117756.

[112] Song W, Hou Z, Gu W, et al. Industrial at-line analysis of coal properties using laser-induced breakdown spectroscopy combined with machine learning [J]. Fuel, 2021, 306: 121667.

第 9 章 煤质分析应用[①]

9.1 LIBS 煤质分析概述

9.1.1 引言

煤炭是由堆积在地层中的植物遗体，在一定条件下，经过长时间的物理和化学变化而形成的固体燃料。作为地球上重要的化石能源之一，煤炭资源对人类工业化进程起着至关重要的作用。然而，作为非清洁的化石能源，煤炭的大量使用会造成自然环境的污染和温室效应的加剧。21 世纪以来，虽然煤炭在化工等领域的重要位置被石油所替代，但在火力发电等领域煤炭仍占据较大的比重。国际能源署 (International Energy Agency, IEA) 统计显示，2021 年全球煤炭消费量达 79.29 亿吨，2022 年全球煤炭需求突破 80 亿吨，并预测 2022 年后煤炭需求量将会趋于稳定。短期内，世界各国仍难以摆脱对煤炭的高需求量，因此需要迫切发展煤炭行业的关键核心技术以提高煤炭的清洁利用水平。其中，煤质分析技术是重要的一环。

煤质分析指标主要包括工业分析 (灰分、挥发分、水分和固定碳)、元素分析 (碳、氢、氧、氮、硫等) 和发热量。根据成煤植物和成煤条件的不同，煤可分为腐泥煤和腐殖煤，根据煤化程度的不同，腐殖煤又可以分为泥炭、褐煤、烟煤和无烟煤[1]。不同种类的煤在元素含量和组分含量即煤质特性上存在显著差异。煤质特性是反映煤炭品质的重要参数，对煤炭交易价格的制定、煤炭燃烧利用的优化和污染物排放的控制等方面有着重要的影响。因此，实现煤质指标的准确分析是煤炭在生产、交易和使用过程中不可或缺的一环。

---

① 本章由华南理工大学姚顺春教授和西安交通大学王珍珍副教授撰写。

9.1.2 煤质检测技术

煤质检测的传统方法为灼烧法等化学分析方法，这些方法通常能实现较高的精确度，但耗费时间较长，且单次检测的指标有限。因此，目前煤质检测倾向于使用光谱分析技术。煤质光谱检测技术可分为离线检测技术和在线检测技术。其中，煤质离线检测技术有电感耦合等离子体发射光谱 (inductively coupled plasma optical emission spectrometry, ICP–OES) 技术、原子吸收光谱 (atomic absorption spectrometry, AAS) 技术和原子荧光光谱 (atomic fluorescence spectrometry, AFS) 技术等。上述离线检测技术虽然能较为精确地检测煤质指标，但检测周期过长，通常在一天以上，无法满足煤炭行业对于煤质在线检测的需求。而煤质在线检测技术主要有瞬发 γ 射线中子活化分析 (prompt gamma ray neutron activation analysis, PGNAA) 技术、X 射线荧光光谱 (X-ray fluorescence spectrometry, XRFS) 技术和近红外光谱 (near infrared spectrometry, NIRS) 技术等，这些方法的比较详见表 9.1。PGNAA 是通过中子轰击样品，测定元素因辐照感生的特征辐射从而进行元素分析的放射分析方法。PGNAA 可测定的元素范围广，但是中子放射源半衰期短、设备维护成本高且有放射性危害[2]。XRFS 通过测量次级 X 射线谱线波长和强度来确定元素种类和含量，该方法虽然具有多元素同步分析的优点，但难以测量轻量元素[3]。NIRS 属于分子振动光谱，其原理是利用近红外光谱中含氢基团 (如 O—H、C—H、S—H 等) 的倍频和合频吸收来表征分子结构信息，但容易受煤样形态和测量条件的影响，且存在散射干扰和随机噪声导致信噪比低的突出问题。因此，针对煤质在线检测的需求，仍需发展一种安全准确的在线检测技术。

在煤质检测领域，LIBS 具有无需复杂预处理、多元素同步快速分析的优势，为煤质检测提供了新的途径。从 20 世纪末开始，国内外研究人员就针对 LIBS 应用于煤质检测开展了大量的研究，并证明了 LIBS 在煤质检测领域的独特优势和应用潜力[4-9]。相较于 PGNAA，LIBS 的检测过程安全可靠且无需昂贵的维护成本；相较于 XRFS，LIBS 可提供轻量元素的高精度检测；相较于 NIRS，LIBS 更适应于工业现场恶劣的工作环境。总的来说，相较于其他技术，LIBS 在煤质在线检测领域有着独特的优势，有望在未来的市场实现大规模的商业应用。

表 9.1 现有煤质在线分析方法比较

技术	原理	优势	缺点
PGNAA	通过用中子轰击待测样品并测量其产生的 γ 射线的能量和强度来分析待测样品的元素种类和含量	可检测元素周期表中大部分元素	设备维护费高、有放射性
XRFS	利用初级 X 射线光子照射待测样品，使样品产生次级 X 射线，通过分析谱线的波长和强度可得到待测样品的元素组成和含量	光谱简单、谱线相互干扰较少、多元素同步测量	无法测量轻量元素
NIRS	利用近红外光照射样品，使样品中的部分分子吸收红外光子产生振动并从基态跃迁到高能级，通过分析光谱的特征峰波长和强度可得到待测样品的分子结构	能精确获取样品的分子组成和含量	光谱容易受到环境干扰、不易获取样品的元素信息
LIBS	利用脉冲激光作用于样品表面使其产生高温等离子体，通过分析等离子体冷却过程发射的谱线波长和强度可得到待测样品的元素组成和含量	多元素同步测量	难以获取样品中水分等分子信息

9.1.3 LIBS 应用于煤质分析的难点

煤的物理化学性质极其复杂，几乎含有地壳中存在的所有元素且浓度及分布差异较大，会影响 LIBS 等离子体的形成和演化过程。因此 LIBS 煤质分析的准确度和精确度会受到严重的基体效应影响，给数据处理带来了许多困难。例如，煤中的铁元素会导致大量原子、离子谱线发射，这可能与其他元素，如碳、氢、氮和氧等谱线的发射相重叠，降低分析的灵敏度和准确性。

LIBS 应用于煤质分析的准确性也依赖于实验条件，包括实验配置和环境因素，前者包括不同激光参数和光学结构等，后者包括环境气氛和大气压力等，都会对等离子体的形成、传播和演化造成影响。因此，在 LIBS 煤质分析中，通过研究实验条件对等离子体的影响，提高测量的可重复性也是难点之一。

9.1.4 解决思路和方案

9.1.4.1 基体效应

如前所述，煤是一种由多种元素组成、成分和浓度各不相同的物质，其物理化学性质十分复杂。煤与 LIBS 激光脉冲之间的相互作用是一个复杂过程，基体效应会严重干扰光谱信息和煤质指标之间的关联性。研究人员一般采用两种方式减轻基体效应的影响：① 样品方面，选取代表性强、量大的煤样，根据不同的物理化学性质采用适当的样品制备方法，以确保煤样质量；② 数据处理方面，采用恰当的数据预处理方法和多元定标模型，提升分析的准确性。

9.1.4.2 实验配置

对于煤这种异质性强的材料，LIBS 测量精度对实验配置多种因素的响应十分敏感。研究人员在模拟条件下研究了激光参数 (波长、能量和重复频率等) 和光学结构等因素对光谱信号的影响并进行了优化。

激光参数。Mateo 等 [10] 比较了 1064 nm 和 355 nm 两种激光波长用于煤中元素定量分析的效果，1064 nm 和 355 nm 激光器的脉冲能量分别为 500 mJ 和 70 mJ。结果显示，由于激光能量更高，1064 nm 波长激光器获得了更好的结果可重复性，证实了在煤的定性和定量分析中，紫外辐射比红外辐射的性能更好。Wang 等 [11] 研究了激光能量和重复频率在固定检测参数下的优化，结果表明，C I 247.9 nm 和 Si I 288.2 nm 谱线在 100 mJ 的脉冲能量和 10 Hz 的重复频率下达到了最佳的信噪比和相对标准偏差 (relative standard deviation, RSD)。

光学结构。透镜到样品距离 (lens-to-sample distance, LTSD) 会显著影响样品的烧蚀质量，从而影响煤质分析效果。因此，LTSD 的优化也是研究重点之一。Li 等 [12] 比较了不同 LTSD 下 LIBS 的测量效果，发现 LTSD 大于透镜焦距时，脉冲激光对空气的击穿作用和较低的烧蚀效率导致此时信号重复性较低；而当 LTSD 远小于透镜焦距时，由于较冷的等离子体形成，此时光谱强度降低。因此，焦深为 3 mm 时测量效果最优。

9.1.4.3 环境因素

环境气氛。等离子体与环境气体之间的相互作用会显著影响等离子体的发射过程和光谱信息。Dong 等 [13] 在不同气氛下进行了 LIBS 时间分辨分析，结果表明，不同气氛中激发温度不相同，C 的原子和分子谱线各有差异。空气中 O 和 N 与 C 的碰撞增强了 CN 和 C_2 分子的形成和发射，C 原子发射减少；CN 分子光谱在空气中表现出比在 He 和 Ar 气氛中更大的强度。

大气压力。环境压力在等离子体演化中起着重要作用。当压力过低时，原子的平均自由程很长，使得激发和电离的碰撞概率降低；反之高压导致平均自由程缩短，从而产生足够的碰撞速度。随着环境压力的增加，周围环境密度增加，烧蚀质量和信号强度会随着等离子体屏蔽效应的加剧而降低。Noda 等 [14] 在高温/高压条件下测量了煤粉、焦炭和飞灰样品碳含量。结果表明，随着压力在 0~3 MPa 范围内增加，等离子体猝灭速率增大，C/Si 信号比迅速下降。此外，大气压力的增加会使光谱仪最佳延迟时间缩短。

9.2 LIBS 在煤质分析中的应用

9.2.1 发热量分析

发热量是单位质量的煤在有氧的标准条件下完全燃烧释放出来的总热量。煤的发热量不仅是煤质分析和煤分类的重要参考指标，也是计算锅炉热效率和优化燃烧条件的重要参数 [1]。发热量的标准测定方法是采用氧弹热量计测量，将一定质量的空气干燥基煤样放入特制的氧弹中，煤样在过量的氧气中完全燃烧，产生的热量被水吸收，通过水的温升校正、转化得到煤的发热量值 [15]。《GB/T 213—2008 煤的发热量测定方法》中规定发热量测定的重复性限为 120 J/g，再现性临界差为 300 J/g。煤中的有机元素 (C、H、O、S) 和发热量密切相关，同时已经研究证明在煤的燃烧过程中，灰分的吸热反应和水分的蒸发也会吸收一定热量。因此，在综合考虑有机物反应放热和灰分、水分吸热的基础上，通过经验公式计算发热量如式 (9.1) 所示 [16]：

$$Q = 80.30 w_\mathrm{C} + 339 w_\mathrm{H} + 22.50 w_\mathrm{S} - 34.7 w_\mathrm{O} + k_1 C_\mathrm{ash} + k_2 C_\mathrm{moisture} \tag{9.1}$$

式中，w_C、w_H、w_S 和 w_O 分别为对应元素的质量分数；k_1 和 k_2 为常数；C_ash 和 C_moisture 分别为灰分和水分含量。

LIBS 测量煤炭发热量就是基于上述元素和发热量的相关性，利用元素特征谱线并通过化学计量方法来分析发热量的，表 9.2 对相关工作进行了总结。

表 9.2 发热量研究成果

样品形态	实验设置	数据处理与定量分析方法	主要结论	参考文献
粉末	1064 nm, 7 ns, 360 mJ/脉冲, 10 Hz, 门宽 200 ns	—	LIBS 在高温高压环境下适用	[14]
压片	1064 nm, 8 ns, 60 mJ/脉冲, 10 Hz, 延时 2 μs, 门宽 10 ms	PCA–SVR 混合模型	$R^2=0.91$ RMSEP=0.85 MJ/kg ARE=3.68% AAE=0.65 MJ/kg	[8]
压片	1064 nm, 8 ns, 90 mJ/脉冲, 延时 0.5 μs, 门宽 1 ms	混合模型（光谱标准化和光谱有效信息识别、主导因素 PLS）	AAE=0.067 MJ/kg	[18]
压片	532 nm, 5 ns, 70 mJ/脉冲, 延时 1.5 μs	SVM–PLS 混合模型	$R^2=0.97$ RMSEP=1.08 MJ/kg ARE=3.93%	[19]
压片	1064 nm, 6 ns, 50.75 mJ/脉冲, 1 Hz, 延时 1.664 μs	光谱平滑结合二阶求导法	RMSEP=0.276 MJ/kg	[20]
粉末	1064 nm, 6 ns, 100 mJ/脉冲, 1 Hz, 延时 1 μs	光谱校正结合协同区间 PLS 混合模型	最小 ARE=1.53%	[21]
压片	1064 nm, 8 ns, 65 mJ/脉冲, 20 Hz, 延时 2 μs	ANN 模型	$R^2=0.999\ 9$ AAE=0.56 MJ/kg RMSEP=0.694 MJ/kg	[22]
粉末	1064 nm, 4 ns, 100 mJ/脉冲, 5 Hz, 延时 1.28 μs	ANN–GA 混合模型	$R^2=0.964$ RMSEP=0.27 MJ/kg AAE=0.48 MJ/kg	[23, 24]
压片	1064 nm, 6 ns, 55 mJ/脉冲, 2 Hz, 延时 1.2 μs	PLS 模型	$R^2=0.981$ RMSEP=0.559 MJ/kg AAE=0.447 MJ/kg ARE=2.113%	[27]
压片	1064 nm, 5 ns, 60 mJ/脉冲, 2 Hz, 延时 1 μs	PLS 模型	$R^2=0.999$ RMSEP=0.192 MJ/kg AAE=0.168 MJ/kg ARE=0.679%	[28, 29]

Noda 等[14]用 LIBS 测量了高温高压条件下煤炭的发热量。在温度为 720 K 的条件下，向炉膛中通入 98%N_2 和 2%O_2 的混合气体并维持压力在 3 MPa。结果表明，测量的发热量和利用标准方法测得的值具有很好的一致性。Zhang 等[8]用软件控制的 LIBS 系统测量了煤样的发热量。结果表明，用支持向量回归 (support vector regression, SVR) 结合主成分分析的模型得到了较好的发热量预测效果，其决定系数 R^2、预测均方根误差 (root mean square error of prediction, RMSEP)、平均相对误差 (average relative error, ARE) 和平均绝对误差 (average absolute error, AAE) 分别为 0.91、0.85 MJ/kg、3.68%和 0.65 MJ/kg。Dong 等[17]在利用 LIBS 测量发热量时提出一种 K 折交叉验证与 SVR 相结合的定量分析方法。结果表明，由全光谱、非金属元素特征谱、非金属元素和金属元素特征谱分别建立的定量分析模型的 ARE 为 1.2%、1.23%和 0.69%，显著提升了发热量的分析效果。Hou 等[18]在主导因素偏最小二乘 (partial least-square, PLS) 的基础上引入光谱标准化和光谱有效信息识别法以优化模型输入变量，结果获得的 AAE 为 0.067 MJ/kg，优于国家标准要求。针对不同煤种的基体存在巨大差异且基体效应会对 LIBS 测量造成显著影响，Li 等[19]先用支持向量机对煤样进行分类，再利用 PLS 建模以提高发热量分析的准确性。结果表明，与直接利用 PLS 进行建模对比，决定系数 R^2 由 0.93 提高到了 0.97，RMSEP 由 1.68 MJ/kg 减少到 1.08 MJ/kg，ARE 由 6.7%减少到 3.93%，发热量分析准确性得到显著提高。

利用 LIBS 光谱数据分析发热量时，光谱数据的噪声会严重影响分析结果的准确性，所以需要通过数据预处理方法对光谱进行降噪。Li 等[20]用不同光谱预处理方法处理 LIBS 光谱，并对比了发热量的分析结果，结果表明光谱平滑结合二阶求导法对发热量分析结果的提升效果优于其他预处理方法；并进一步对比遗传算法和协同区间偏最小二乘优化 PLS 模型输入变量对发热量的预测效果，结果表明，光谱校正结合协同区间偏最小二乘模型预测发热量的 ARE 仅为 1.53%[21]。发热量与 LIBS 光谱数据之间存在复杂的关系，为了比较不同化学计量学方法建立的定量分析模型在建模效率和分析结果上的差异，Zhang 等[22]对比了 PLS、SVR、人工神经网络 (artificial neural network, ANN) 和主成分回归 (principal component regression, PCR) 在 LIBS 分析煤质中的建模效率和准确性。结果表明，PLS 的建模效率最高，ANN 的准确性最好，其发热量的 AAE 为 0.56 MJ/kg。Lu 和 Yao 等[23]提出了采用遗传算法 (genetic algorithm, GA) 优化人工神经网络 ANN 的发热量分析模型，该模型对发热量分析的 AAE 为 0.39 MJ/kg，满足标准《GB/T 29161—2012 中子活化型煤炭在线分析仪》对发热量分析的要求，并研发了煤质快速分析仪，对发热量分析的 AAE 为 0.48 MJ/kg[24]。

煤中无机矿物质的吸热反应分解会降低发热量[25]，而芳香族碳基浓度增加会使发热量升高[26]。因此，发热量不仅和煤中的元素信息相关，也和分子结构相关。鉴于 LIBS 提供元素信息而红外光谱提供分子结构信息，Qin 和 Yao 等[27]提出利用 LIBS 和傅里叶变换红外光谱 (Fourier transform infrared spectroscopy, FTIR) 的信息融合来提高发热量定量分析准确性，结果表明，发热量的 R^2、RMSEP、AAE 和 ARE 分别为 0.981、0.559 MJ/kg、0.447 MJ/kg 和 2.113%。在此基础上，为了满足实际应用需求，提出 LIBS 和 NIRS 光谱信息融合优化发热量定量分析，结果表明发热量的 RMSEP 由 0.225 MJ/kg 减少到 0.192 MJ/kg，AAE 由 0.200 MJ/kg 减少到 0.168 MJ/kg，ARE 由 0.814% 减少到 0.679%[28,29]。

9.2.2 工业分析

煤的工业分析是指确定煤中水分、灰分、挥发分和固定碳的分析测定方法。工业分析是确定煤炭种类和评价煤炭质量的基本指标，所以准确测定煤中的水分、灰分、挥发分和固定碳具有十分重要的意义。为保证测定结果的可比性，国家制订了标准《煤的工业分析方法 (GB/T 212—2008)》[30]规范煤的工业分析方法。表 9.3 总结了该标准中规定的测定条件、测定结果重复性和再现性要求。

9.2.2.1 水分

煤中的水分主要以自由水和化合水两种形态存在[31]。工业分析中的水分是指煤中自由水的含量，其存在会显著影响煤炭的发热量。根据自由水在煤中的存在形态可将水分分为外在水分和内在水分。外在水分是指在常温大气环境中容易挥发的水分，吸附在煤炭颗粒表面和内部毛细管中。内在水分则是在常温大气环境中不易挥发的水分，吸附在煤颗粒内部毛细孔中。外在水分和内在水分质量之和即为煤的全水分。开采出来的煤样送到化验室后称为收到煤样，其含有水分占煤样总质量的百分数称为煤的全水分或收到基水分。煤样在空气中放置一定时间后,当煤中水的蒸气压与大气中水蒸气分压达到平衡时,失去的水分占煤样质量百分数为收到基外在水分;失去外在水分的煤样为空气干燥煤样,残留的水分占空气干燥煤样质量的百分比称为空气干燥基水分。一般而言,工业分析的对象是空气干燥基煤样。

表 9.3　国家标准中规定的工业分析测定条件、重复性和再现性要求

工业分析指标	测定条件	含量范围	重复性	再现性
水分	在 105~110 ℃ 干燥箱,通干燥氮气流至质量恒定	<5%	0.2%	—
		5%~10%	0.3%	—
		>10%	0.6%	—
灰分	在 (815±10) ℃ 温度下灰化并灼烧至质量恒定	<15%	0.2%	0.3%
		15%~30%	0.3%	0.5%
		>30%	0.5%	0.7%
挥发分	在 900±10 ℃ 温度下,隔绝空气加热 7 min	<20%	0.3%	0.5%
		20%~40%	0.5%	1.0%
		>40%	0.8%	1.5%

LIBS 分析煤中的水分主要基于光谱中 H、O 谱线和含水量的相关性,表 9.4 总结了文献中相关工作的实验结果。然而,在空气环境中测量煤样时,空气中的 H_2O 和 O_2 会对煤样光谱中的 H 和 O 谱线强度产生干扰,而且水受热易蒸发的性质也会影响激光和煤样相互作用过程,从而影响光谱特性。Chen 等[32]研究了水分变化对光谱和等离子体形态的影响,结果表明,部分水分首先在激光辐射下蒸发,向外膨胀并继续吸收激光能量解离,从而产生对激光的屏蔽效应,所以随着水分的增加,煤烧蚀量减少,再加上 H 和 O 的原子、离子被推到等离子体的冷边缘,导致包括 H 和 O 元素谱线在内的大部分特征谱线信号强度降低,光谱波动增大。Gaft 等[33]在测试 LIBS 设备在线测量煤炭灰分的过程中发现,强烈的水分变化会导致光谱发生重大变化,进而在分析灰分时引起误差,通过修正水分和光谱变化之间的关系可以优化灰分分析结果。Yuan 等[31]在大气环境下分析空气干燥基煤样的水分,考虑到空气中的 H 和 O 元素会干扰煤中水分含量的测量,故而选择传统 PLS 模型而非主导因素 PLS 模型分析水分。结果显示,定量分析模型的 R^2、RMSEP、均方根误差 (root mean square error, RMSE)和 ARE 分别为 0.97、0.87%、0.72%和 26.2%。Yao 等[28]对比了 LIBS 和 NIRS 分析煤压片中水分的效果，并提出了一种融合 LIBS 光谱和 NIRS 光谱的水分定量分析模型。由于煤中水分的变化会导致 LIBS 信号的波动，而水分对近红外辐射有强烈吸收的特性，所以基于 NIRS 光谱数据的分析模型对水分的分析结果最优，其中 R^2 为 0.997，RMSEP 为 0.308%，ARE 为 3.345%。

表 9.4 水分研究成果

样品形态	实验设置	数据处理与定量分析方法	主要结论	文献
压片	532 nm, 5 ns, 70 mJ/脉冲, 1 Hz, 延时 1.5 μs, 门宽 1 ms	PLS 模型	R^2=0.97 RMSEP=0.87% RMSE=0.72% ARE=26.2%	[31]
压片	1064 nm, 5 ns, 60 mJ/脉冲, 2 Hz, 延时 1 μs	PLS 模型	R^2=0.997 RMSEP=0.308% ARE=3.345%	[28]

9.2.2.2 挥发分

煤的挥发分是指煤样隔绝空气在 900±10 ℃环境中加热 7 min，煤中分解溢出的不稳定长链烃、短链烃、芳香烃和硫等物质，溢出物质质量减去煤中水分的质量即为挥发分质量。由于煤炭等级随着挥发分的降低而提高，挥发分含量测量对于煤炭分类十分重要，而且挥发分对煤的燃烧效率和污染物生成有显著影响。挥发分为煤中有机物和矿物受热分解生成的产物，而不是煤中实际的组分，所以在 LIBS 信号与挥发分含量之间建立合适的相关性是准确测定挥发分含量的关键。挥发分由煤中的有机物分解而来，主要含 C、H、O、N 等有机元素，其特征谱线经常受到其他元素谱线的干扰。所以，利用元素特征谱线建立的挥发分定量分析模型对煤种的适应性较差。此外，由于 LIBS 测量煤样是在空气环境中进行的，空气中的氧气和氮气、煤的无机化合物会对光谱中 O 和 N 元素谱线信号造成干扰。同时，煤中易分解的硫也是挥发分的组成成分之一，但是 S 元素特征谱线在一般的 LIBS 实验条件下难以观察到。以上各方面因素限制了 LIBS 测定挥发分的准确度。因此，LIBS 测量挥发分的相关研究集中在光谱处理方法和定量分析模型上，表 9.5 对相关工作做出总结。Cai 等[34]研究了不同挥发分含量的煤等离子体与光谱的时空演化机制，提出了一种概念性的激光与煤相互作用的模型。Dong 等[35] 采用多元回归分析方法实现 LIBS 直接测量挥发分含量，通过偏相关分析和主成分分析方法，提取了与挥发分含量有关的重要光谱特征，建立的定量分析模型的 R^2 达到了 0.991。Zhang 等[8]提出 PCA 结合 SVM 模型 (PCA–SVM) 处理 LIBS 数据测量煤的工业分析指标，首先采用 PCA 方法直接从 LIBS 中提取出挥发分含量的相关信息，然后将提取出的主成分作为 SVM 模型的输入变量以建立定量分析模型。结果表明，与 SVM 模型的分析结果对比，采用 PCA–SVM 定量分析模型效果优于 SVM 方法，R^2、RMSEP 和 ARE 分别达到了 0.95、1.22% 和 4.42%，此外对于挥发分低于 20% 的煤样，AAE 减小至 1.09%。Li 等[36] 通过空间约束 LIBS 方法测量了 58 个煤样压片的挥发分含量，使用橡胶材料制成的约束环约束煤的激光诱导等离子体，增强并稳定等离子体发射光谱信号。结果显示，使用空间约束 LIBS 可以增强谱线 Si I 243.5 nm 信号强度近 2 倍，并且信号的 RSD 相比于无约束环测量条件减小了 57.99%。利用增强后的光谱基于 PCA 和 PLS 方法建立挥发分定量分析模型，R^2、RMSEP 和 ARE 分别为 0.99、0.66% 和 1.96%。Yuan 等[31] 对比了主导因素 PLS 模型和传统 PLS 模型分析挥发分含量的效果。主导因素 PLS 模型通过主导因素分析了挥发分与光谱中有机元素 (C、H、O 和 N) 积分线强度之间的直接相关性，残余误差则通过具有完整光谱信息的次级 PLS 模型进行校正，从而获得优于传统 PLS 模型的定量分析结果，其中 R^2、RMSEP 和 ARE 分别为 0.97、1.41% 和 5.47%。Hou 等[18] 提出了一种利用光谱标准化，光谱识别大数据和主导因素 PLS 方法的混合模型，结果显示，对于挥发分含量低于 20% 的煤样，测量误差仅为 0.03%；对于挥发分含量范围在 20%~40% 煤样，测量误差仅为 0.11%。该测量误差是目前为止 LIBS 煤质分析报道中提到的最优结果，并且远低于国家标准提到的挥发分测量误差低于 0.5% 和 1% 的要求。Qin 等[27] 提出了光谱信息融合的方法，通过归一化处理将 LIBS 与 FTIR 光谱数据融合形成新的光谱矩阵，然后输入至 PLS 模型中分析煤的挥发分，结果表明基于 LIBS–FTIR 融合光谱的定量分析效果良好，R^2、RMSEP、AAE 和 ARE 分别为 0.984、1.046%、0.884% 和 4.308%，均优于基于 LIBS 或 FTIR 光谱的 PLS 模型分析结果。

表 9.5 挥发分研究成果

样品形态	实验设置	数据处理与定量分析方法	主要结论	文献
压片	532 nm, 8 ns, 100 mJ/脉冲, 1 Hz, 延时 1417 μs, 门宽 2 ms	偏相关分析和 PCA 模型	R^2=0.991 ARE<10% AAE<3%	[35]
压片	1064 nm, 8 ns, 60 mJ/脉冲, 10 Hz, 延时 2 μs, 门宽 10 ms	PCA–SVR 混合模型	R^2=0.95 RMSEP=1.22% ARE=4.42% AAE=1.09% (灰分 <20%) AAE=1.02% (灰分 >20%)	[8]
薄片	1064 nm, 5 ns, 30 mJ/脉冲, 5 Hz	PCA–PLS 混合模型	R^2=0.99 RMSEP=0.66% ARE=1.96%	[36]
压片	532 nm, 5 ns, 70 mJ/脉冲, 1 Hz, 延时 1.5 μs, 门宽 1 ms	主导元素 PLS 模型	R^2=0.97 RMSEP=1.41% RMSE=1.42% ARE=5.47%	[31]
压片	1064 nm, 8 ns, 90 mJ/脉冲, 延时 0.5 μs, 门宽 1 ms	混合模型（光谱标准化和光谱有效信息识别、主导因素 PLS）	测量误差 =0.03%（挥发分 <20%） 测量误差 =0.11%（挥发分约 20%~40%） AAE=0.067 MJ/kg	[18]
压片	1064 nm, 6 ns, 55 mJ/脉冲, 2 Hz, 延时 1.2 μs	PLS 模型	R^2=0.993 RMSEP=2.059% AAE=1.622% ARE=11.408%	[27]

9.2.2.3 灰分

煤的灰分是指其在完全燃烧后所剩余的残渣，在燃烧过程中，水分和挥发分相继蒸发或析出，煤中矿物质发生化合、分解形成灰分，其主要由氧化物和硫酸组成。灰分的存在不利于煤的燃烧利用和设备安全运行，因为煤中矿物质在灰化时需吸收热量，这部分热量通过炉膛排渣带走从而造成炉膛热量损失，且灰分中碱金属氧化物容易造成炉膛结渣和积灰，从而导致传热恶化、加剧换热面腐蚀。灰分含量测量有助于分析煤灰黏度，判断炉膛结渣和积灰程度，保障锅炉安全运行。从灰分的组成来看，矿物元素易形成氧化物，所以其特征谱线与灰分含量有重要相关性。然而，一般情况下未经处理的原煤中灰分的含量和组成会随着采矿的位置和矿井的自然条件变化有所不同，因此在建立灰分定量分析模型时必须考虑基体效应对煤的等离子体光谱和最终灰分测量的影响。

表 9.6 总结了文献中利用 LIBS 分析煤中灰分的实验结果。Gaft 等[37]集成了一套 LIBS 检测系统用于在线分析输送皮带上原煤的灰分含量。选择 C 元素谱线作内标，采用 Mg、Al、Si 和 Fe 元素谱线强度建立灰分定量分析模型，在现场测量条件下获得的原煤 LIBS 数据与实验室模拟皮带上测量相同煤样的 LIBS 数据之间具有良好的相关性，R^2 达到了 0.99，标准偏差仅为 0.21%。Yuan 等[31]从光谱中选择了矿物元素 Al、Ca、Si、Mg、Fe、Na 和 K 元素谱线建立主导因素 PLS 模型。结果表明，相比于传统的 PLS 方法，主导因素 PLS 模型可获得更好的定量分析效果。模型的 R^2、RMSEP、RMSE 和 ARE 分别为 0.93、3.49%、3.18% 和 12%。Zhang 等[8]采用基于 PCA-SVM 模型分析来自不同煤矿灰分含量分布在 15%~60% 的空干基煤样。相比于 SVM 模型，PCA-SVM 模型的定量分析效果更佳，R^2、RMSEP 和 ARE 分别为 0.96、1.82% 和 5.48%(500 个样品为定标集，50 个样品为验证集)。对于灰分含量低于 30% 的样品，AAE 仅为 1.37%；对于灰分含量高于 30% 的样品，AAE 为 1.77%。Hou 等[18]将光谱标准化、光谱大数据识别和主导因素 PLS 方法结合，构建一种混合模型测量标准煤样的灰分。测量结果表明，灰分的测量结果优于国家标准给出的测量要求，对挥发分含量 <15%、15%~30% 和 >30% 的样品，混合模型的测量误差分别为 0.07%、0.17% 和 0.23%(国家标准要求为 <0.3%、<0.5% 和 <0.7%)。Zhang 等[38]采用单/多峰 Lorentzian 光谱拟合计算谱线强度法结合粒子群优化 (particle swarm optimization, PSO) 算法寻优式 SVM 回归建模，优化了灰分定量分析。结果表明，灰分含量为 15%~30% 时 AAE 为 1.37%，灰分大于 30% 时 AAE 为 1.77%。Ctvrtnickova 等[39]利用 LIBS 技术测量从电厂中收集的 9 个燃煤灰中的氧化物成分，包括 Al_2O_3、SiO_2、TiO_2、Fe_2O_3、K_2O、MgO、CaO 和 BaO，以 ICP-OES 技术测量的氧化物含量为参考值，结合光谱数据处理方法，在 LIBS 特征谱线强度与氧化物含量之间建立了良好的线性关系。该

表 9.6 灰分研究成果

样品形态	实验设置	数据处理与定量分析方法	主要结论	文献
煤块	1064 nm, 30 mJ/脉冲, 5 Hz, 延时 2 μs, 门宽 1.2 ms	单变量校准模型	R^2=0.99 SD=0.21	[37]
压片	532 nm, 5 ns, 70 mJ/脉冲, 1 Hz, 延时 1.5 μs, 门宽 1 ms	主导因素 PLS 模型	R^2=0.93 RMSEP=3.49% RMSE=3.18% ARE=12.00%	[31]
压片	1064 nm, 8 ns, 60 mJ/脉冲, 10 Hz, 延时 2 μs, 门宽 10 ms	PCA-SVR 混合模型	R^2=0.96 RMSEP=1.82% ARE=5.48% AAE=1.37% (挥发分 <30%) AAE=1.77% (挥发分 >30%)	[8]
压片	1064 nm, 8 ns, 90 mJ/脉冲, 延时 0.5 μs, 门宽 1 ms	混合模型（光谱标准化和光谱有效信息识别、主导因素 PLS）	测量误差 =0.07（挥发分 <15%） 测量误差 =0.17（挥发分 =15%~30%） 测量误差 =0.23（挥发分 >30%）	[18]
压片	1064 nm, 5 ns, 30 mJ/脉冲, 5 Hz	PCA-PLS 模型	R^2=0.98 RMSEP=0.77% ARE=4.029%	[36]
压片	532 nm, 8 ns, 70 mJ/脉冲, 1 Hz, 延时 1.4 μs, 门宽 2 ms	PLS 模型	R^2=0.97	[40]
压片	1064 nm, 8 ns, 80 mJ/脉冲, 10 Hz, 延时 2 μs, 门宽 10 ms	PCA-SVM 混合模型	R^2=0.9976 AAE=2.36%	[41]
压片	1064 nm, 10 ns, 100 mJ/脉冲, 5 Hz, 延时 1.5 μs, 门宽 100 us	WNN 模型	R^2>0.925 RMSE<0.2591	[42]

团队还结合 LIBS 技术和 TMA 技术分析燃煤的结渣预测指标，同时使用 PCA 方法处理 LIBS 数据，并结合 TMA 预测更高温度条件下煤的混合行为，分析

燃煤的结渣倾向。借助圆柱形约束腔增强 LIBS 测量效果，Li 等 [36] 建立了灰分含量的 PCA–PLS 模型，模型的 R^2、RMSEP 和 ARE 分别为 0.98、0.77% 和 4.029%。Yao 等 [40] 利用 PLS 模型从 LIBS 光谱中直接提取与灰分相关的波段并以热重分析 (thermal gravimetric analysis, TGA) 测量的 17 个煤样灰分结果为参考值建立灰分定量分析模型，模型的回归系数达到 0.97，重复测量的 RSD 范围在 6.53%~7.71%。Wang 等 [41] 在实验装置中增加了扩束镜以提高光谱信号质量和重复性，用优化后的系统采集了煤样的 LIBS 数据并输入至 PCA–SVM 模型中分析灰分。结果表明，模型的回归系数 R^2 达到了 0.9976，AAE 为 2.36%。Wei 等 [42] 对比了小波神经网络 (wavelet neural network, WNN) 和 ANN 模型对 45 个煤样中的氧化物含量的预测效果，结果显示 WNN 对 8 种氧化物 (Al_2O_3、SiO_2、TiO_2、Fe_2O_3、K_2O、MgO、CaO 和 MnO_2) 的预测效果优于 ANN，模型的 R^2 超过 0.9725，RMSE 小于 0.2591%。

9.2.2.4　固定碳

不同于煤的水分、灰分和挥发分可以直接测量得到，煤的固定碳是由煤的总质量减去水分、灰分和挥发分质量间接计算得到的，计算方法如式 (9.2) 所示：

$$FC_\text{ad} = 100\% - [M_\text{ad} + V_\text{ad} + A_\text{ad}] \tag{9.2}$$

式中，FC_ad、M_ad、V_ad 和 A_ad 分别表示空干基煤样的固定碳、水分、挥发分和灰分。

由于固定碳并不是直接测量得到的，所以应用 LIBS 直接测量固定碳含量的报道较少，如表 9.7 总结所示。Zheng 等 [43] 研究了利用 LIBS 数据分析煤颗粒固定碳的可行性，采用特征光谱背景强度加上同一背景强度 3 倍标准偏差值作为阈值甄别有效光谱，然后利用有效光谱数据建立固定碳含量的定量分析模型。实验结果表明，与未进行有效光谱甄别的模型对比，模型的相关系数 R 由 0.921 增至 0.930，RMSEP 由 7.30% 减少至 2.40%。Yao 等 [28] 利用 LIBS 与 NIRS 光谱信息融合方法测量了煤中水分、灰分和挥发分，并基于三者的测量结果计算固定碳含量，结果表明模型的回归系数 R^2、RMSEP、AAE 和 ARE 分别为 0.994%、0.681%、0.580%、1.271%。

表 9.7 固定碳研究成果

样品形态	实验设置	数据处理与定量分析方法	主要结论	文献
粉末	1064 nm, 4 ns, 42 mJ/脉冲, 1 Hz	多变量模型	R=0.930 RMSEP=2.40%	[43]
压片	1064 nm, 5 ns, 60 mJ/脉冲, 2 Hz, 延时 1 μs	PLS 模型	R^2=0.994 RMSEP=0.681% AAE=0.580% ARE=1.271%	[28]

9.2.3 元素分析

煤是有机物和无机物共同组成的混合物,其中主要成分为有机物。煤中的有机物质主要由 C、H、O、N、S 组成,其中 C、H、O 3 种元素含量总和占有机物含量的 95% 以上[1]。元素分析是研究煤的成因、分类、性质及其利用的重要参考依据,是煤质研究的主要内容。表 9.8 列出了国家标准 (GB/T 476—2001 和 GB/T 214—2007) 对煤的元素分析的重复性和再现性要求[44]。而煤中氧元素的测定方法是减差法,由 100% 减去煤的碳、氢、氮、硫、水分和灰分间接得出。

表 9.8 中国国家标准对煤的元素分析要求

元素	元素含量	重复性要求	再现性要求
C	—	0.5%	1%
H	—	0.15%	0.25%
S	<1.5%	0.05%	0.1%
	1.5%~4%	0.1%	0.2%
	>4%	0.2%	0.3%
N	—	0.08%	0.15%

9.2.3.1 碳含量

碳是煤中有机物的主要组成元素,也是含量最高的元素,组成了煤结构单元的骨架,是煤燃烧产生热量的主要来源。煤中碳元素含量随着煤化程度升高而增加,是表征煤化程度的重要指标[1]。因此,碳含量的测量对确定煤的品质和分类至关重要。LIBS 测量含碳量主要基于光谱中 C 元素谱线强度和碳含量的相关性。表 9.9 总结了 LIBS 应用于煤中碳含量测量方面的工作。Redoglio 等[6,45]在实验条件下设计、搭建了模拟工业现场的原煤输送带,并在此基础上利用 LIBS 技术对 7 种成分已知的煤样进行检测。将 C I 193.0 nm 和 C I 247.9 nm 两条谱线所覆盖的面积相加,并除以 C I 193.0 nm 谱线附近的背景强度,得到碳元素谱线的归一化强度,用以绘制碳含量定标曲线。定标曲线显示煤中碳元素的摩尔浓度(源自 ASTM 分析报告)与谱线强度之间具有良好的线性关系。Yin 等[46]设计了一套带有取样模块的 LIBS 系统对燃煤电厂煤粉的碳含量进行检测,实验采用 "Bode 规则/DC Level" 标准化方法处理光谱数据,进而绘制了碳含量的单变量定标曲线。结果显示,由于自吸收效应的存在,测得的谱线标准化强度随碳含量的增大而非线性增长,定标曲线呈现明显的非线性,得到的碳含量略大于标准值,相对误差为 0.09%~5.2%。Yu 等[47]利用 LIBS 技术测量 6 种典型煤粉状样品(煤粉粒径 <100 mm)的碳含量。结果表明,碳含量的单变量定标曲线(使用 C I 786.09 nm)在低浓度下显示出良好的线性,但在碳含量较高时,由于自吸收效应,定标曲线偏离线性。Rajavelu 等[48]结合 LIBS 特征光谱强度和 C_2 分子谱线持续时间,优化了碳元素定量分析模型,验证集 RMSE 从 10.8% 降低至 4.1%,RSD 从 11.3% 降低至 6.0%。

表 9.9 碳含量研究成果

样品形态	实验设置	数据处理与定量分析方法	主要结论	参考文献
煤块	1064 nm, 74 ns, 100 mJ/脉冲, 门宽 1.1 ms	单变量模型	线性相关	[6,45]
粉末	1064 nm, 120 mJ/脉冲, 延时 200 ns, 门宽 10 ms	单变量校准模型	相对误差 0.09%~5.2%	[46]
粉末	532 nm, 5 ns, 50~120 mJ/脉冲, 延时 0.4 μs, 门宽 0.4 μs	单变量模型	碳含量高时不线性相关	[47]
煤块	266 nm, 30 mJ/脉冲, 10 Hz	PLS 模型	R^2=0.93 RMSEC=3.8% RMSEV=4.1% RSD=6.0%	[48]

续表

样品形态	实验设置	数据处理与定量分析方法	主要结论	参考文献
压片	1064 nm 和 266 nm, 7 ns, 40 mJ/脉冲, 延时 1 μs, 门宽 1 ms	PLS 模型	1064 nm: $R^2=0.99$ RMSEP=1.55% 266 nm: $R^2=0.99$ RMSEP=1.64%	[49,50]
压片	532 nm, 7 ns, 120 mJ/脉冲, 延时 2 μs, 门宽 1 ms	PLS 模型	Ar 气氛: $R^2=0.95$ RSD=8.50% RMSEP=3.49% RMSE=2.69% ARE=2.98%	[51]
压片	532 nm, 5 ns, 120 mJ/脉冲, 延时 2 μs, 门宽 1 ms	光谱标准化和基于主导因素的 PLS 模型	$R^2=0.99$ AAE=1.08% ARE=1.66% RMSEP=1.35%	[52]
压片	1064 nm, 5 ns, 30 mJ/脉冲	PCA–PLS 混合模型	$R^2=0.99$ RMSEP=0.68% ARE=1.17%	[36]
压片	532 nm, 5 ns, 120 mJ/脉冲, 延时 2 μs, 门宽 1 ms	单变量模型	$R^2=0.76$ RMSEP=6.25% ARE=10.14%	[53]
压片	266 nm, 4 ns, 16.2 mJ/脉冲, 延时 0.7 μs, 门宽 2 ms	多变量模型	$R^2=0.983$	[54]
压片	532 nm, 5 ns, 120 mJ/脉冲, 延时 2 μs, 门宽 1 ms	PLS–小波变换混合模型	$R^2=0.98$ RMSEP=1.94% ARE=1.67%	[55]
压片	1064 nm, 8~10 ns, 50 mJ/脉冲, 延时 1 μs, 门宽 5 μs	ASM+PLS 模型	$R^2=0.982$ RMSEP=1.59% RSD=2.48%	[56]
压片	1064 nm, 8 ns, 90 mJ/脉冲, 延时 3 μs, 门宽 100 μs	K-ELM 模型	$R^2=0.9994$ RMSE=0.3762%	[57]

自吸收效应和基体效应的存在会使待测元素的谱线强度和含量之间呈现非线性关系,从而影响碳含量测量结果的精确度。为了提高煤中不同元素测量结果的精确度,需要对实验条件进行优化。Li 等[49,50]比较了激光波长为 266 nm 和 1064 nm 时的碳含量测量效果。结果表明,激光波长为 266 nm 时测得的 C I 247.856 nm 谱线强度更稳定,基于 PLS 建立的碳含量定量分析模型的 R^2 为 0.99,RMSEP 为 1.64%,但是激光波长为 1064 nm 时的 R^2 和 RMSEP 值分别为 0.99 和 1.55%;进一步采用基于主导因素的 PLS 模型,RMSEP 降低为 1.51%,提高了碳含量预测的准确性。Wang 等[51]在不同的环境气体(空气、氩气、氦气)中,用 LIBS 技术结合 PLS 方法测量了 24 个烟煤样品的碳含量。结果表明,使用氩气作为环境气体时,C I 193.09 nm 谱线强度的 RSD 为 8.50%,信号最稳定;碳元素定量分析模型的 R^2 为 0.95,RMSEP、RMSE 和 ARE 分别为 3.49%、2.69%和 2.98%。此外,在等离子体周围设置固体壁面对其施加空间限制作用,可以使等离子体外层冲击波在壁面处发生反射,反射激波与烧蚀物质蒸气相互作用,给等离子体带来额外的能量,从而增强光谱强度。此外,空间限制作用还可以规范等离子体形态,从而使等离子体更加均匀,提高 LIBS 分析元素的准确性。Li 等[52]利用圆柱形空腔约束离子体以增加光谱信号强度,采用光谱标准化的 PLS 模型分析烟煤样品的碳含量。结果表明,不使用空腔约束时,碳含量定标曲线的 R^2 为 0.99,RMSEP、ARE 和 AAE 值分别为 1.63%、1.82%和 1.27%;而使用空腔时的 R^2 为 0.99,RMSEP、ARE 和 AAE 值分别降低为 1.35%、1.66%和 1.08%,其中 AAE 值(1.08%)与我国标准的要求值 1.0%相当接近。Li 等[36]测量煤的碳含量时分别使用 PTFE、尼龙、涤纶、硅胶和丁腈橡胶(NBR)材料制成的约束环对等离子体进行空间约束,并采用 PCA 与 PLS 相结合的方法建立碳元素的定量分析模型,其定标曲线的 R^2 为 0.99,RMSEP 和 ARE 分别为 0.68%和 1.17%。

在煤样中均匀混合一定比例的黏结剂,对复杂煤样基体进行改性,也可以有效削弱基体效应,提高碳元素定量分析的精确度。Yuan 等[53]将 3 种不同的黏结剂($Na_2SiO_3 \cdot 9H_2O$、H_3BO_3 和 KBr)按不同比例与无烟煤混合,研究了使用黏结剂提高碳元素定量分析效果的可行性。结果表明,使用 $Na_3SiO_3 \cdot 9H_2O$ 作为黏结剂并且采用 Si I 390.55 nm 谱线进行内标时,得到的碳含量测量结果最优;在优化的黏结剂比例(50%)条件下,碳含量定标曲线的 R^2 为

0.76，RMSEP、最大相对误差和 ARE 值分别为 6.25%、18.99%和 10.14%。Yao 等[54]将煤粉与不同质量比例 (0wt.%、30wt.%、60wt.%和 90wt.%) 的 KBr 黏结剂混合，研究了添加不同比例 KBr 对等离子体特性的影响。结果表明，当 KBr 的混合比例为 60wt.%时，不同煤样等离子体温度的波动最小、烧蚀量较稳定，碳含量定标曲线的拟合度 R^2 为 0.983。

除了优化实验条件，采用数据处理方法对光谱数据进行处理，也能有效提高元素定量分析的准确度及样品间测量结果的重复性。Yuan 等[55]提出了一种 PLS 和小波变换混合模型来测定 24 个烟煤样品中的碳含量。结果表明，该混合模型的 R^2 为 0.98，RMSEP 和 ARE 分别为 1.94%和 1.67%。Gu 等[56]为了降低基体效应对煤中碳含量定量分析准确度的影响，提出了一种自适应子集匹配 (adaptive subset matching, ASM) 的数据预处理方法，对 90 个煤样的碳含量进行测定。结果表明，ASM 提高了多元线性回归 (multiple linear regression, MLR) 和 PLS 模型的定量分析性能，MLR 模型的 RMSEP 从 6.19%下降至 3.23%，PLS 模型的 RMSEP 则从 2.83%下降至 1.59%。Yan 等[57]采用 26 个标准煤样，比较了核极限学习机 (kernel-based extreme learning machine, K-ELM)、SVM、最小二乘支持向量机 (least squares support vector machine, LS-SVM) 和反向传播人工神经网络 (back propagation-artificial neural network, BP-ANN) 对煤中碳含量的测量效果。结果表明，采用 K-ELM 模型得到的测量结果最佳，模型的 R^2 和 RMSE 分别为 0.999 4 和 0.376 2%。

9.2.3.2 氧含量

干燥煤样中的氧元素以有机物 (—COOH、—OH、=CO、—OCH$_3$ 等含氧官能团) 和无机物 (氧化物为主) 的形式存在。其中，有机氧是煤中含量最丰富的物质之一，是燃煤电厂锅炉燃烧时获得最佳氧/煤比实时监测的关键，对锅炉燃烧的监测至关重要。LIBS 在大气环境条件下测量煤中的氧含量时，不仅煤中的氧元素对氧特征谱线有贡献，空气中氧元素也对特征谱线有贡献，从而对分析煤中的氧含量产生干扰。表 9.10 总结了文献中采用 LIBS 测量煤中氧元素含量的实验结果。Zhang 等[58]为了在大气条件下测定无烟煤中的有机氧含量，通过首先测量煤中总氧含量和无机氧含量，然后从总氧含量中减去无机氧的含量，建立了有机氧的校准公式。为了验证有机氧校准公式的可行性，对 6 种无烟煤标准样品进行分析。结果表明，该校准公式对无烟煤中有机氧含量的测量准确度在 1.15%~1.37%范围内，ARE 为 19.39%。Yu 等 [47] 采用 6 个煤粉样品进行 LIBS 实验，并选择 O I 777.19 nm 谱线强度绘制了氧元素的定标曲线，发现当氧含量较高 (1.83%~4.93%) 时，定标曲线偏离线性。

表 9.10　氧含量研究成果

样品形态	实验设置	数据处理与定量分析方法	主要结论	文献
粉末	1064 nm, 120 mJ/脉冲, 延时 200 ns, 门宽 10 ms	单变量模型	R>0.95 测量准确度 =1.15%~1.37% ARE=19.39%	[58]
粉末	532 nm, 5 ns, 50~120 mJ/脉冲, 延时 0.4 μs, 门宽 0.4 μs	单变量模型	氧浓度较高 (1.83%~4.93%) 时，定标曲线偏离线性	[47]

9.2.3.3　硫含量

硫元素普遍存在于各种类型的煤中，可分为有机硫和无机硫两种存在形态。有机硫与煤的有机质相结合，均匀地分布在有机质中，组成结构非常复杂，不易清除。无机硫存在于煤的矿物质中，主要包括黄铁矿、白铁矿、硫化物和硫酸盐 [1]。硫是一种有害元素，在煤燃烧过程中，硫和氧气反应形成二氧化硫气体，不仅会严重腐蚀金属设备，还严重污染环境、危害生态。LIBS 测量煤中硫元素面临着两个挑战：①S 的强发射谱线位于真空紫外区域 (125~180 nm) 和近红外区域 (>900 nm)，超过了一般光谱仪的扫描范围；②激发态的 S 很容易与大气中的氧气发生反应，导致谱线猝灭。表 9.11 总结了 LIBS 应用于煤中硫元素测量的实验结果。Gaft 等 [59] 用混合了不同浓度硫 (50%、20%、5%、2%、1%) 的煤样和含硫量为 0.4%~0.7%的天然煤样进行实验，对真空紫外区、可见光谱区和近红外区的 S 发射光谱进行了深入研究。考虑到真空紫外区 S 的强发射谱线易被大气中的氧吸收，在样品和光谱仪夹缝距离非常近的条件下，采用氮气填充的光谱仪收集光谱信号以防止 S 发射谱线被大气吸收，成功地在原煤样品中检测到 S 的发射谱线。然后，改变样品与充氮光谱仪之间的距离，发现在距离不超过 20 cm 时，可以检测到低硫煤样在真空紫外波段的 S 发射谱线 (S I 180.8 nm、S I 182.1 nm、S I 182.6 nm)，实现了对煤中硫含量的定量分析；并用两组已知硫浓度的煤样作为验证，得到硫含量定标曲线的 R^2 为 0.88，标准差 (standard deviation, SD) 为 0.11，ARE 为 7.5%。Yu 等 [47] 采用含硫量在 0.52%～2.74% 范围的 6 种煤粉样品 (煤粉粒径 <100 nm)，绘制了硫的单变量定标曲线。结果表明，由于自吸收效应的存在，使用 S I 769.67 nm 谱线强度绘制的定标曲线在高 S 浓度下呈现非线性。Ma 等[60] 在氦气气氛中采用双脉冲 LIBS 技术测量 10 个含硫量为 0.28%～4.01% 的煤样品，并绘制硫元素定标曲线。结果表明，与氦气气氛相结合的双脉冲 LIBS 在测定煤中硫分上具有优异的分析性能，定标曲线 R^2 为 0.992，检测限 (limit of detection, LOD) 为 0.038wt.%，RMSEV 为 0.143wt.%。Yan 等[57] 用 LIBS 结合 K-ELM 模型分析煤样的硫含量，结果表明，与 SVM、LS-SVM 和 BP-ANN 模型相比，K-ELM 模型具有更好的分析性能，定标曲线的 R^2 为 0.983 2，RMSE 为 0.770 4%。Zhang 等[61] 用 LIBS 测量硫含量在 0.25%～3.5% 之间的煤样。结果发现，由于 O I 926.1 nm 谱线对 S 在近红外区域的发射谱线 (S I 921.3 nm、S I 922.8 nm 和 S I 923.8 nm) 具有强烈的干扰，只有当激光能量超过 160 mJ/pulse 时，才能观察到 S 谱线。选择 S I 921.3 nm 谱线作为特征分析线，得到硫含量定标曲线的 R^2 为 0.97，SD 为 23.1%。Song 等[62] 提出了将 6 种基本算法选择的

表 9.11 硫含量研究成果

样品形态	实验设置	数据处理与定量分析方法	主要结论	参考文献
粉末	532 nm, 5 ns, 50～120 mJ/脉冲, 延时 0.4 μs, 门宽 0.4 μs	单变量模型	R^2=0.88 SD=0.11 ARE=7.5%	[59]
粉末	532 nm, 5 ns, 50～120 mJ/脉冲, 延时 0.4 μs, 门宽 0.4 μs	单变量模型	定标曲线在高 S 浓度下呈现非线性	[47]
压片	1064 nm, 6.35/7 ns, 50/120 mJ/脉冲, 5 Hz	单变量模型	R^2=0.992 LoD=0.038wt.%, RMSEV=0.143wt.%	[60]
粉末	1064 nm, 8 ns, 90 mJ/脉冲, 延时 3 μs, 门宽 100 μs	K-ELM 模型	R^2=0.983 2 RMSE=0.770 4wt.%	[57]
压片	1064 nm, 120 mJ/脉冲, 10 Hz, 延时 200 ns	单变量模型	R^2=0.97 SD=23.1%	[61]
压片	1064 nm, 90 mJ/脉冲, 延时 0.5 μs	PLS	R^2=0.969 2 RMSEP=0.12%	[62]

特征变量子集相结合的集成特征变量选择方法,将选择得到的变量进行 PLS 回归以预测煤的硫含量。结果表明,174 个煤样硫含量预测的 RMSEP 为 0.12%,证明了这种集成变量选择方法的鲁棒性。

综上所述,由于 S 发射谱线分布稀疏、激发能较高、容易与其他元素的特征谱线重叠,并且在空气环境下观察不到紫外波段的 S 发射谱线,所以用 LIBS 检测煤中的硫含量比较困难。为了获得满意的测量结果,需要对实验条件进行优化。真空紫外波段的 S 发射谱线会被大气中的氧吸收,从而导致空气中的谱线强度大大降低。针对这个问题,使用真空或 N_2/He 填充的光谱仪并缩短样品-探测器的距离可以抑制大气吸收,进而提高 S 发射谱线的强度。此外,由于 S 通常以 Fe_2S_3 或者 $Fe_2(SO_4)_3$ 的形式存在,使用合适的化学计量学方法可能会获得更有价值的结果 [63,64]。

9.2.3.4 其他元素

如前文所述,煤的元素分析除了分析煤中的主要元素,也要分析微量元素(Si、Ca、Mg、Al、Fe、Ti 等)。由于煤中的灰分主要由金属氧化物组成,这些元素和灰分含量密切相关,从而间接影响煤的品质。表 9.12 总结了文献中利用 LIBS 对煤中其他元素测量的实验结果。Yin 等 [46] 在采用软件自动控制的 LIBS 系统对煤粉样品进行煤质分析时,利用 "Bode 规则/DC Level" 标准化方法处理光谱数据,获得了 Ca 422.7 nm、Mg 279.6 nm、Ti 334.9 nm 谱线的标准化强度,进而绘制了煤中 Ca、Mg 和 Ti 的定标曲线。结果表明,定标曲线的相关系数 R 都在 0.96 以上,Ca、Mg 和 Ti 含量的相对误差都在 10% 以内。Zhu 等 [65] 采用 LIBS 结合内标法测量煤中 Fe 元素,定标曲线 R^2 达到 0.986。Li 等 [12] 利用 LIBS 测量 Ca 和 Mg 元素,结果表明,在较低元素含量下 (Ca 为 0.3%~1%,Mg 为 0.025%~0.3%),对比于 Ca I 422.7 nm 和 Mg I 285.2 nm 谱线,使用 Ca II 393.4 nm 和 Mg II 279.6 nm 谱线绘制的定标曲线的斜率更大,对 Ca 和 Mg 的测量灵敏度更高。Wallis 等 [66] 用 LIBS 测量低灰褐煤中 Ca、Al、Na、Fe、Mg 和 Si 元素并建立定标曲线,在置信水平为 95% 时得到 Ca 和 Al 的 LOD 为 60 ppm,Na 为 70 ppm,Fe 为 90 ppm,Mg 和 Si 为 200 ppm。Mateo 等 [67] 分别使用波长为 355 nm 和 1064 nm 的激光光源对煤中微量元素进行定量分析,利用 Fe II 274.948 nm、Mg I 285.213 nm、Si I 288.158 nm、Al I 309.271 nm 和 Ca II 315.887 nm 谱线绘制了 Fe、Mg、Si、Al 和 Ca 的定标曲线。结果表明，在 355 nm 激光光源条件下获得的定标曲线线性拟合效果更好，预测结果也更为准确。Yao 等[68]提出了一种新的内标法对煤中无机元素进行检测。与传统内标法选用固定内标线不同，该方法采用 C I 247.86 nm、CN 388.34 nm 和 C_2 516.32 nm 谱线作为内标线对分布在相同通道中的无机元素谱线进行归一化处理。实验对比了经过新内标法、固定内标法和无内标法处理后的特征谱线建立的 Si、Al、Fe、Ca、Mg 和 Ti 定标曲线，结果表明，使用新内标法建立的定标曲线的决定系数、测量准确性和再现性均优于固定内标法和无内标法。

表 9.12 其他元素研究成果

样品形态	实验设置	数据处理与定量分析方法	主要结论	参考文献
压片	1064 nm, 10 ns, 100 mJ/脉冲, 5 Hz	单变量模型	Fe: R^2=0.986	[65]
压片	1064 nm, 10 ns, 30 mJ/脉冲, 延时 0.5 μs	/	Ca II 393.4 nm 和 Mg II 279.6 nm 对 Ca 和 Mg 的测量灵敏度更高	[12]
压片	1064 nm, 5~7 ns, 5 Hz, 延时 1 μs, 门宽 5 μs	单变量模型	Ca、Al: LoD=60 ppm Na: LoD=70 ppm Fe: LoD=90 ppm Mg、Si: LOD=200 ppm	[66]
压片	355/1064 nm, 6 ns, 70/500 mJ/脉冲	单变量模型	355 nm 激光光源条件下获得的定标曲线线性拟合效果更好，预测结果更为准确	[67]

9.2.4 LIBS 煤质分析仪

在 LIBS 煤质分析的工业应用方面，相关研究人员已经开发出一些 LIBS 煤质分析仪，有在线 (inline)、近线 (at-line) 和离线 (offline)3 种操作模式。在线分析仪通常位于煤输送带上，无需制样，直接对原始形式的煤进行分析。近线分析仪通常包括 LIBS 测量系统和自动取样系统，从输送带或煤粉管道中取出煤样进行分析，有时需要经过研磨、混合和制样。离线分析仪是一个独立的 LIBS 系统，与实验室分析仪近似。

在线分析仪在直接分析原煤输送带上或煤粉流中的样品时,可以实现煤块和煤粉的实时、原位在线分析,还具有装置简单和分析及时等优势。相应地,与其他操作模式相比,这种设备通常测量误差较大,结果不确定性较高。国外较早开始了 LIBS 煤质在线分析仪的设备研发。

如图 9.1 所示,以色列 Gaft 等[33]研发的跨皮带式煤质在线分析系统,使用了超声波传感器通过移动系统高度来保持透镜到煤块表面焦距恒定,实现了对输送带上的原煤块灰分含量的直接测量。结果表明,LIBS 分析煤灰分的结果与 PGNAA 保持了良好的一致性,平均误差为 0.32%。

图 9.1 以色列研发的跨皮带式煤质在线分析仪

图 9.2 为美国 ERCo(energy research company) 研发的煤质在线分析仪,安装于宾夕法尼亚州某电厂的煤输送带上方。采用了人工神经网络开发的定量分析模型对表面成分、热值、灰熔化温度、结渣指数和混合比进行了补偿。系统连续运行 73 h 的结果显示,可实现对 Al、C、Ca、K、Mg、Na、Fe、S、Si 和 Ti 元素的准确测量。

国内华南理工大学姚顺春团队[69]研制了跨皮带式 LIBS 煤质分析仪,已安装在国内某电厂的入炉煤皮带上方并投入使用,如图 9.3 所示。采用了有效光谱筛选和光谱预处理方法,结合 PLS 实现了对原煤灰分、挥发分和发热量的准确测量。结果验证了 LIBS 在输送带上直接测量原煤的可行性,灰分、挥发分和发热量模型的 RMSEP 分别为 1.33%、1.03% 和 1.11 MJ/kg。

离线分析仪通常使用手动制备煤压片的操作模式,而煤压片被认为是获得精确 LIBS 分析结果的最佳方案。通过研磨和混合煤粉，样品的代表性会大幅提升。此外，由于形成了更稳定的等离子体和可重复性更高的信号，煤压片产生了更好的分析结果。然而，离线分析仪需要耗费较高的时间和人力成本。

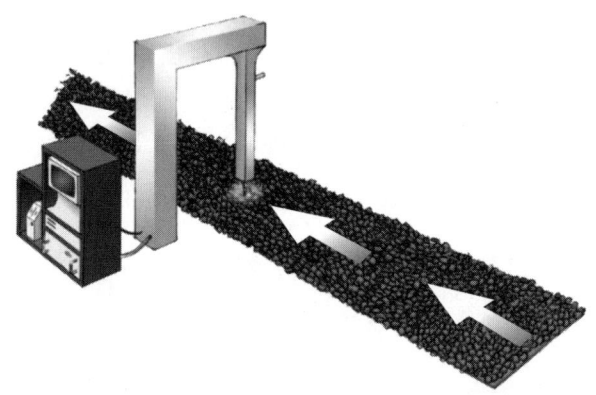

图 9.2 ERCo 研发的煤质在线分析仪

图 9.3 华南理工大学研发的跨皮带式 LIBS 煤质在线分析仪

山西大学张雷等[8]研发了一套完全由软件控制的 LIBS 离线分析仪，包括 LIBS 分析模块、控制模块和分析室。分析室内有一个由步进电机驱动的样品台和一个由高速压缩空气驱动的喷射泵，用于在等离子体附近产生连续的负压，以便将所有产生的气溶胶吸入。控制模块可以控制整个系统，包括样品运输、激光发射、激光能量稳定、光谱保存和结果分析。该装置采用 SVM 结合 PCA 定量分析模型，实现了对灰分、挥发分和发热量的测定。

近线分析仪采用自动取样系统，可以安装在煤输送带和进料装置的附近。自动取制样模块可以从输送带和煤粉流中取出煤样，进行研磨、混合并压制，送入 LIBS 分析模块。近线分析仪是一种折中方案，可以自动制作表面平整、代表性高的样品以提高分析性能，但设备复杂、价格较高。

山西大学张雷等[46]开发了一套全自动 LIBS 煤质分析仪，如图 9.4 所示。煤质分析仪包括① 取样模块：入口和出口管道；② 样品制备模块：旋风除尘器、光学发射-接收器、振动器和卸料阀。采用了"Bode 规则/DC Level"的归一化和数据处理方法，实现对煤的元素分析 (C、Ca、Mg、Ti、Si、H、Al 和 Fe 等)、工业分析和发热量分析。结果表明，元素分析的相对误差在 10% 以内，而干燥基灰分含量的测量误差在 2.29%~13.47% 范围内。

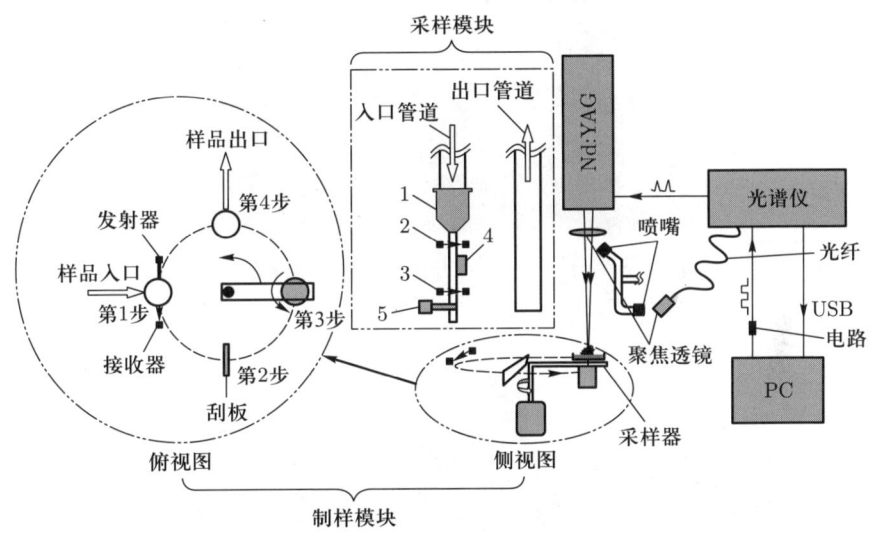

图 9.4 山西大学研发的 LIBS 煤质分析仪

华南理工大学姚顺春团队[70]研发了一套针对煤粉流直接测量的近线分析设备，如图 9.5 所示。煤粉给料模块通过步进电机的控制使料斗中的煤粉颗粒通过锥形进料口落入测量室，激光直接激发煤粉颗粒流进行测量。该分析仪性能评估的结果显示，灰分、挥发分、固定碳和发热量预测结果的平均绝对误差分别为 1.76%、2.29%、2.41% 和 0.74 MJ/kg，与 PGNAA 分析仪的测量结果接近。

清华大学王哲团队[9]研发了对接煤输送带和煤粉管的近线分析设备。对于煤输送带，设计了与输送带对接的全自动采制样和检测装置，包括破碎、烘干、缩分、研磨、压片、进样、检测和弃样模块，如图9.6所示。对于煤粉管，设计了与负压输送的方式从煤粉管中引出煤粉和空气的气固两相流，随后进入旋风分离器分离出待测煤粉，完成采样环节。采集到的煤粉经压片制样后进入LIBS测量单元进行煤质分析。此外，还设计了输送管道保温系统和反吹系统以防止气固两相流在输送过程中堵塞管道，如图9.7所示。

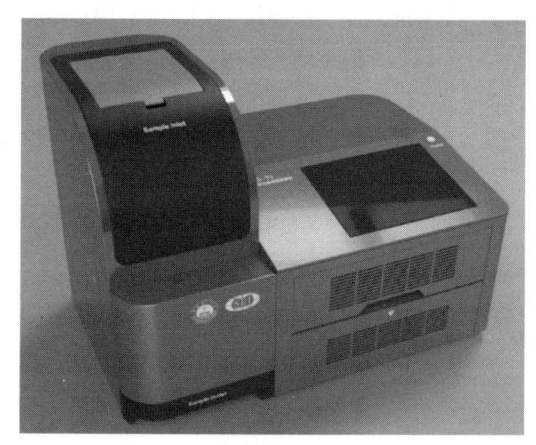

图 9.5　华南理工大学研发的 LIBS 煤颗粒流分析仪

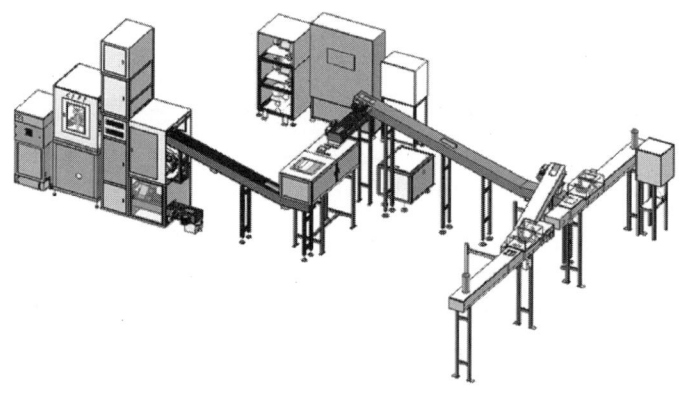

图 9.6　清华大学研发的对接煤输送带的近线分析仪

综上所述，LIBS系统已经展示出在电厂煤质分析中的独特优势，在输送带上方安装在线分析仪，对空间要求最小、易于改造、能对大体积流量快速在线分析。LIBS系统实现了煤中全元素同步测量，在快速和高精度间作出了良好权衡，低成本实现安全操作，并且具有开发手持式分析仪的能力，其紧凑性是十分具有竞争力的。因此，LIBS 系统能够为不同运行模式的电厂提供煤质分析方案，具有广阔的应用前景。

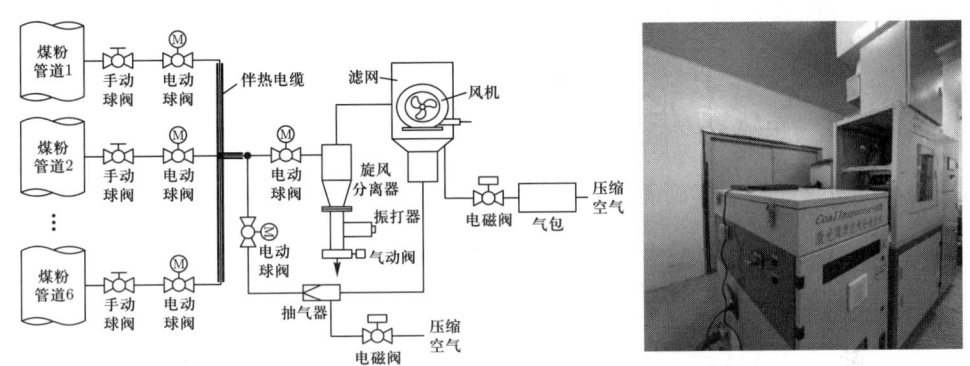

图 9.7　清华大学研发的对接煤输送带和煤粉管的近线分析仪

9.3　本章小结

随着生物质能、太阳能、风能和地热能等可再生能源技术的发展，煤炭消费总量占能源消费总量比将会逐步下降。但作为我国能源安全稳定供应的"压舱石"，在未来很长一段时间内，煤炭仍将在能源化工等多个领域扮演重要角色。快速、准确的煤质分析是提升煤炭清洁利用水平所必需的。

LIBS 快速、在线进行煤炭定性和定量分析的可行性已屡被验证，相关研究人员已经在煤质分析领域取得了十分有价值的进展，相关的设备开发和工业应用也在逐步发展和部署。然而，对于 LIBS 煤质分析的商业化和产业化，仍存在两个主要挑战：① 提升定量分析性能，尤其是在恶劣工业现场环境中的长期重复性和对微量及痕量元素的分析性能；② 提升煤质 LIBS 分析仪的测量代表性、设备的长期稳定性和煤种适应性等。因此，要实现 LIBS 煤质分析的广泛应用，还需在基础研究、数据处理和应用研究方面开展大量工作。在基础研究方面，需要深入研究激光、煤、等离子体和环境条件之间的相互作用机制，了解激光–煤等离子体的形成、演化和发展，总结不同煤阶、粒径、形态和水分含量的煤所适用的标准实验方案。在数据处理方面，需要研究考虑激光和煤相互作用过程的预处理方法和多变量分析模型，结合大数据和先进的机器学习方法，降低基体效应和元素干扰在特征元素谱线强度和其含量间的定量相关性上的消极影响，提升微量元素的定量分析性能。在工业应用方面，提升工业分析、元素分析和发热量的在线定量分析性能是需要重点关注的目标。因此，LIBS 需要解决如何校准在线煤质分析仪以及如何提高样品的代表性和仪器的长期稳定性等问题。此外，LIBS 系统必须与燃烧优化和控制系统融合，以达到节约煤炭消耗、减少污染物排放和提高工业系统安全性的目标，为终端用户带来效益。总之，煤质分析为 LIBS 技术提供了巨大的应用领域和市场，LIBS 在煤炭领域的成功应用将推动 LIBS 向其他领域发展，并帮助 LIBS 成为真正的化学分析"超级巨星"。

参考文献

[1] 朱银惠, 王中英. 煤化学 [M]. 北京: 化学工业出版社, 2012.

[2] 刘宇哲. 基于 PGNAA 技术的工业物料成分实时在线检测系统的高计数率探测器系统研究 [D]. 合肥: 中国科学技术大学, 2017.

[3] 赵奉奎. 能量色散型 X 射线荧光光谱仪关键技术研究 [D]. 南京: 东南大学, 2015.

[4] Ottesen D K, Baxter L L, Radziemski L J, et al. Laser spark emission spectroscopy for in-situ, real-time monitoring of pulverized coal particle composition[J]. Energy & Fuels, 1991, 5(2):304–312.

[5] Chadwick B L, Body D. Development and commercial evaluation of laser-induced breakdown spectroscopy chemical analysis technology in the coal power generation industry[J]. Applied Spectroscopy, 2002, 56(1):70–74.

[6] Redoglio D, Golinelli E, Musazzi S, et al. A large depth of field LIBS measuring system for elemental analysis of moving samples of raw coal[J]. Spectrochimica Acta Part B: Atomic Spectroscopy, 2016, 116:46–50.

[7] 何勇超, 喻子彧, 师利宝, 等. LIBS 直接测量输送带上原煤煤质可行性研究 [J]. 洁净煤技术, 2021, 27(05):124–130.

[8] Zhang L, Gong Y, Li Y, et al. Development of a coal quality analyzer for application to power plants based on laser-induced breakdown spectroscopy[J]. Spectrochimica Acta Part B: Atomic Spectroscopy, 2015, 113:167–173.

[9] Song W, Hou Z, Gu W, et al. Industrial at-line analysis of coal properties using laser-induced breakdown spectroscopy combined with machine learning[J]. Fuel, 2021, 306(Dec.15): 121667.

[10] Mateo M P, Nicolas G, Yañez A. Characterization of inorganic species in coal by laser-induced breakdown spectroscopy using UV and IR radiations[J]. Applied Surface Science, 2007, 254(4):868–872.

[11] Wang X, Zhang L, Fan J, et al. Parameters optimization of laser-induced breakdown spectroscopy experimental setup for the case with beam expander[J]. Plasma Science and Technology, 2015, 17(11):914–918.

[12] Li J, Lu J, Lin Z, et al. Effects of experimental parameters on elemental analysis of coal by laser-induced breakdown spectroscopy[J]. Optics and Laser Technology, 2009, 41(8):907–913.

[13] Dong M, Mao X, Gonzalez J J, et al. Time-resolved LIBS of atomic and molecular carbon from coal in air, argon and helium[J]. Journal of Analytical Atomic Spectrometry, 2012, 27(12):2066–2075.

[14] Noda M, Deguchi Y, Iwasaki S, et al. Detection of carbon content in a high-temperature and high-pressure environment using laser-induced breakdown spectroscopy[J]. Spectrochimica Acta Part B: Atomic Spectroscopy, 2002, 57(4):701–709.

[15] 中华人民共和国标准化管理委员会. 煤的发热量测定方法:GBT 213-2008[S]. 北京: 中国标准出版社, 2008:1–22.

[16] Given P, Weldon D, Zoeller J. Calculation of calorific values of coals from ultimate analyses: theoretical basis and geochemical implications[J]. Fuel, 1986, 65:849–854.

[17] Dong M, Wei L, Lu J, et al. Quantitative analysis of LIBS coal heat value based on K-CV parameter optimization support vector machine[J]. Spectroscopy and Spectral Analysis, 2019, 39(7):2202–2209.

[18] Hou Z, Wang Z, Yuan T, et al. A hybrid quantification model and its application for coal analysis using laser induced breakdown spectroscopy[J]. Journal of Analytical Atomic Spectrometry, 2016, 31(3):722–736.

[19] Li X, Yang Y, Li G, et al. Accuracy improvement of quantitative analysis of calorific value of coal by combining support vector machine and partial least square methods in laser-induced breakdown spectroscopy[J]. Plasma Science and Technology, 2020, 22(7):16–22.

[20] Li W, Lu J, Dong M, et al. Quantitative analysis of calorific value of coal based on spectral preprocessing by laser-induced breakdown spectroscopy (LIBS)[J]. Energy & Fuels, 2017, 32(1):24–32.

[21] Li W, Dong M, Lu S, et al. Improved measurement of the calorific value of pulverized coal particle flow by laser-induced breakdown spectroscopy (LIBS)[J]. Analytical Methods, 2019, 11(35):4471–4480.

[22] Zhang Y, Xiong Z, Ma Y, et al. Quantitative analysis of coal quality by laser-induced breakdown spectroscopy assisted with different chemometric methods[J]. Analytical Methods, 2020, 12(27):3530–3536.

[23] Lu Z, Mo J, Yao S, et al. Rapid determination of the gross calorific value of coal using laser-induced breakdown spectroscopy coupled with artificial neural networks and genetic algorithm[J]. Energy & Fuels, 2017, 31(4):3849–3855.

[24] Yao S, Mo J, Zhao J, et al. Development of a rapid coal analyzer using laser-induced breakdown spectroscopy (LIBS)[J]. Applied Spectroscopy, 2018, 72(8):1225–1233.

[25] Shirazi A R, Bet-Tin O, Eklund L, et al. The impact of mineral matter in coal on its combustion, and a new approach to the determination of the calorific value of coal[J]. Fuel, 1995, 74(2):247–251.

[26] Mazumdar B K. Theoretical oxygen requirement for coal combustion: relationship with its calorific value[J]. Fuel, 2000, 79:1413–1419.

[27] Qin H, Lu Z, Yao S, et al. Combining laser-induced breakdown spectroscopy and Fourier-transform infrared spectroscopy for the analysis of coal properties[J]. Journal of Analytical Atomic Spectrometry, 2019, 34(2):347–355.

[28] Yao S, Qin H, Wang Q, et al. Optimizing analysis of coal property using laser-induced breakdown and near-infrared reflectance spectroscopies[J]. Spectrochimica Acta Part A: Molecular and Biomolecular Spectroscopy, 2020, 239: 118492.

[29] Yao S, Qin H, Xu S, et al. Coal proximate analysis based on synergistic use of LIBS and NIRS[J]. Atomic Spectroscopy, 2022, 43(2):154–163.

[30] 中国煤炭工业协会. 煤的工业分析方法:GB/T 212-2008[S]. 北京: 中国标准出版社, 2008:1–16.

[31] Yuan T, Wang Z, Lui S, et al. Coal property analysis using laser-induced breakdown spectroscopy[J]. Journal of Analytical Atomic Spectrometry, 2013, 28(7):1045–1053.

[32] Chen M, Yuan T, Hou Z, et al. Effects of moisture content on coal analysis using laser-induced breakdown spectroscopy[J]. Spectrochimica Acta Part B: Atomic Spectroscopy, 2015, 112:23–33.

[33] Gaft M, Dvir E, Modiano H, et al. Laser induced breakdown spectroscopy machine for online ash analyses in coal[J]. Spectrochimica Acta Part B: Atomic Spectroscopy, 2008, 63(10):1177–1182.

[34] Cai J, Dong M, Zhang Y, et al. Temporally and spatially resolved study of laser-induced plasma generated on coals with different volatile matter contents[J]. Spectrochimica Acta Part B: Atomic Spectroscopy, 2021, 180: 106195.

[35] Dong M, Lu J, Yao S, et al. Application of LIBS for direct determination of volatile mat-

ter content in coal[J]. Journal of Analytical Atomic Spectrometry, 2011, 26(11):2183–2188.

[36] Li A, Guo S, Wazir N, et al. Accuracy enhancement of laser induced breakdown spectra using permittivity and size optimized plasma confinement rings[J]. Optics Express, 2017, 25(22):27559–27569.

[37] Gaft M, Dvir E, Modiano H, et al. Laser induced breakdown spectroscopy machine for online ash analyses in coal[J]. Spectrochimica Acta Part B: Atomic Spectroscopy, 2008, 63(10):1177–1182.

[38] Zhang L, Hou J, Zhao Y, et al. Investigation on accurate proximate analysis of coal using laser-induced breakdown spectroscopy[J]. Spectroscopy and Spectral Analysis, 2017, 37(10):3198–3203.

[39] Ctvrtnickova T, Mateo M P, Yanez A, et al. Characterization of coal fly ash components by laser-induced breakdown spectroscopy[J]. Spectrochimica Acta Part B: Atomic Spectroscopy, 2009, 64(10):1093–1097.

[40] Yao S, Lu J, Dong M, et al. Extracting coal ash content from laser-induced breakdown spectroscopy (LIBS) spectra by multivariate analysis[J]. Applied Spectroscopy, 2011, 65(10):1197–1201.

[41] Wang X, Zhang L, Fan J, et al. Parameters optimization of laser-induced breakdown spectroscopy experimental setup for the case with beam expander[J]. Plasma Science & Technology, 2015, 17(11):914–918.

[42] Wei J, Dong J, Zhang T, et al. Quantitative analysis of the major components of coal ash using laser induced breakdown spectroscopy coupled with a wavelet neural network (WNN)[J]. Analytical Methods, 2016, 8(7):1674–1680.

[43] Zheng J, Lu J, Zhang B, et al. Experimental study of laser-induced breakdown spectroscopy (LIBS) for direct analysis of coal particle flow[J]. Applied Spectroscopy, 2014, 68(6):672–679.

[44] 陈世和, 陆继东, 董璇, 等. 不同激光参数下煤粉颗粒流等离子体特性分析 [J]. 红外与激光工程, 2014, 43(1):113–118.

[45] Redoglio D A, Golinelli E, Musazzi S, et al. Development of a large depth of field collection optics for on-line laser-induced breakdown spectroscopy applications[J]. Spectrochimica Acta Part B: Atomic Spectroscopy, 2016, 123:179–183.

[46] Yin W, Zhang L, Dong L, et al. Design of a Laser-induced breakdown spectroscopy system for on-line quality analysis of pulverized coal in power plants[J]. Applied Spectroscopy, 2009, 63(8):865–872.

[47] Yu L, Lu J, Chen W, et al. Analysis of pulverized coal by laser-induced breakdown

spectroscopy[J]. Plasma Science & Technology, 2005, 7(5):3041–3044.

[48] Rajavelu H, Vasa N J, Seshadri S. Laser-induced breakdown spectroscopy combined with temporal plasma analysis of C2 molecular emission for carbon analysis in coal[J]. Applied Spectroscopy, 2021, 75(7):893–900.

[49] Li X, Mao X, Wang Z, et al. Quantitative analysis of carbon content in bituminous coal by laser-induced breakdown spectroscopy using UV laser radiation[J]. Plasma Science & Technology, 2015, 17(11):928–932.

[50] Li X, Wang Z, Fu Y, et al. Wavelength dependence in the analysis of carbon content in coal by nanosecond 266 nm and 1064 nm laser induced breakdown spectroscopy[J]. Plasma Science & Technology, 2015, 17(8):621–624.

[51] Wang Z, Yuan T, Lui S, et al. Major elements analysis in bituminous coals under different ambient gases by laser-induced breakdown spectroscopy with PLS modeling[J]. Frontiers of Physics, 2012, 7(6):708–713.

[52] Li X, Yin H, Wang Z, et al. Quantitative carbon analysis in coal by combining data processing and spatial confinement in laser-induced breakdown spectroscopy[J]. Spectrochimica Acta Part B: Atomic Spectroscopy, 2015, 111:102–107.

[53] Yuan T, Wang Z, Li L, et al. Quantitative carbon measurement in anthracite using laser-induced breakdown spectroscopy with binder[J]. Applied Optics, 2012, 51(7):B22–B29.

[54] Yao S, Zhao J, Xu J, et al. Optimizing the binder percentage to reduce matrix effects for the LIBS analysis of carbon in coal[J]. Journal of Analytical Atomic Spectrometry, 2017, 32(4):766–772.

[55] Yuan T, Wang Z, Li Z, et al. A partial least squares and wavelet-transform hybrid model to analyze carbon content in coal using laser-induced breakdown spectroscopy[J]. Analytica Chimica Acta, 2014, 807:29–35.

[56] Gu W, Song W, Yan G, et al. A data preprocessing method based on matrix matching for coal analysis by laser-induced breakdown spectroscopy[J]. Spectrochimica Acta Part B: Atomic Spectroscopy, 2021, 180:106212.

[57] Yan C, Qi J, Ma J, et al. Determination of carbon and sulfur content in coal by laser induced breakdown spectroscopy combined with kernel-based extreme learning machine[J]. Chemometrics and Intelligent Laboratory Systems, 2017, 167:226–231.

[58] Zhang L, Dong L, Dou H, et al. Laser-induced breakdown spectroscopy for determination of the organic oxygen content in anthracite coal under atmospheric conditions[J]. Applied Spectroscopy, 2008, 62(4):458–463.

[59] Gaft M, Nagli L, Fasaki I, et al. Laser-induced breakdown spectroscopy for on-line sulfur

analyses of minerals in ambient conditions[J]. Spectrochimica Acta Part B: Atomic Spectroscopy, 2009, 64(10):1098–1104.

[60] Ma Y, Zhang W, Xiong Z, et al. Accurate sulfur determination of coal using double-pulse laser-induced breakdown spectroscopy[J]. Journal of Analytical Atomic Spectrometry, 2020, 35(7):1458–1463.

[61] Zhang L, Hu Z, Yin W, et al. Recent progress on laser-induced breakdown spectroscopy for the monitoring of coal quality and unburned carbon in fly ash[J]. Frontiers of Physics, 2012, 7(6):690–700.

[62] Song W, Hou Z, Afgan M S, et al. Validated ensemble variable selection of laser-induced breakdown spectroscopy data for coal property analysis[J]. Journal of Analytical Atomic Spectrometry, 2021, 36(1):111–119.

[63] Paris B. Method for the direct determination of organic sulfur in raw coal[J]. Prepr. Pap.-Am. Chem. Soc., Div. Fuel Chem., 1977, 22:5(2):234–242.

[64] Straszheim W E, Greer R T, Markuszewski R. Direct determination of organic sulfur in raw and chemically desulfurized coals[J]. Fuel, 1983, 62(9):1070–1075.

[65] Zhu R, Liu Y, Zhang Q, et al. Quantitative analysis of Fe and detection of multiple elements in the coal ash by laser-induced breakdown spectroscopy[J]. Optik, 2018, 169:77–84.

[66] Wallis F J, Chadwick B L, Morrison R J S. Analysis of lignite using laser-induced breakdown spectroscopy[J]. Applied Spectroscopy, 2000, 54(8):1231–1235.

[67] Mateo M P, Nicolas G, Yanez A. Characterization of inorganic species in coal by laser-induced breakdown spectroscopy using UV and IR radiations[J]. Applied Surface Science, 2007, 254(4):868–872.

[68] Yao S, Xu J, Bai K, et al. Improved measurement performance of inorganic elements in coal by laser-induced breakdown spectroscopy coupled with internal standardization[J]. Plasma Science & Technology, 2015, 17(11):938–943.

[69] 何勇超, 喻子彧, 师利宝, 等. LIBS 直接测量输送带上原煤煤质可行性研究 [J]. 洁净煤技术, 2021, 27(05):124–130.

[70] 徐水秀, 喻子彧, 覃淮青, 等. 基于激光诱导击穿光谱的煤质快速分析研究及应用 [J]. 量子电子学报, 2021, 38(06):727–750.

第 10 章 冶金与选矿应用

10.1 引言

冶金工业是国民经济中的基础产业,为建筑、机械、化工、能源、交通、航空航天、国防军工等现代工业领域提供必要的生产原材料,是各领域发展的重要基础。从工业革命开始,一直是国家实力和工业发展水平的重要标志,冶金行业的发展程度也代表着一个国家的发达程度。以钢铁为例,新中国成立时年产量只有 15.8 万吨,不足当时世界钢产量的千分之一,而到 2022 年,我国粗钢产量已达 10.18 亿吨,占世界粗钢总产量的 54%,已经成为钢铁大国。但从产品竞争力、产品种类及技术含量来看,中国仍不是钢铁强国。在冶金生产过程中,其生产能耗、质量控制等方面远不及欧美国家。在《国民经济和社会发展"十三五"规划纲要》中明确提出,冶金行业需要朝着化解过剩产能、节能减排、绿色制造、信息化管理、加大技术创新与推广应用等方面发展。

在冶金生产过程中,对原料、过程产品及成品的化学成分进行监测和控制是控制产品质量和生产能效的关键要素。因此,冶金成分分析遍布在生产中的多个环节。当前,冶金成分分析仍然是以离线仪器分析为主,主要包括吸收光谱法和发射光谱法。其中,吸收光谱法中常用的方法为原子吸收光谱法,其特点为灵敏度和测量精度高、测量无干扰且适用于多种元素;但测量某一种元素需要选用对应元素的空心阴极灯,且每次只能测量一种元素,无法实现多种元素同时测量。冶金中常用的发射光谱法包括火花直读发射光谱法、电感耦合等离子体发射光谱 (ICP-OES) 法和 X 射线荧光光谱 (XRFS) 法。火花直读发射光谱法是以火花放电作为激发源的原子发射光谱法,其制样简单、分析速度快,被广泛应用于金属固体分析中,但仅适用于导电金属的分析。电感耦合等离子

---

① 本章由中国科学院沈阳自动化研究所孙兰香研究员、张鹏副研究员、汪为博士撰写。

体发射光谱法是以电感耦合等离子体作为光源的原子发射光谱分析技术,具有稳定性好、准确性高、检测限低(可达 ppb[①]级)和多元素同时检测等优点。但 ICP-OES 需要对固态样品消解成溶液,制样烦琐、分析所需时间长、氩气消耗量大。X 射线荧光光谱法是通过 X 射线作为激发源,激发样品原子内层电子发射特征 X 射线荧光的非破坏性分析方法,被广泛应用于矿石、金属及炉渣等分析检测。但其不适用于轻元素(原子序数小于 8)的分析,且制样所需熔片时间较长。

这些离线分析方法需要取样制样,无法在线实时提供成分信息。现代冶金工业生产的趋势是整体化、高速化和数字化,快速高效的实时成分分析是实现冶金生产全流程数字化的关键,也是提高生产效率和生产能效的重要手段和迫切需求。激光诱导击穿光谱技术因其独具的非接触、远距离、不受样品形态限制等特性,为冶金在线分析提供了最佳解决方案。

德国 Krupp 研究所的 Carlhoff 等于 1991 年将 LIBS 技术应用于固态和液态的钢样分析中。他们在 Krupp 工厂的一台 80 吨转炉上成功搭建了 LIBS 测量系统,实现了碳元素的在线测量,检测限达 200ppm,这项应用成为 LIBS 技术在冶金领域在线分析上的首次成功应用的案例[1]。

德国 Fraunhofer 激光技术研究所的 Noll 等也是较早开展 LIBS 钢铁工业在线分析的研究团队。通过实验室前期研究积累,研制了多种基于 LIBS 技术的在线检测装置,并在 100 kg 的实验炉上进行了测量应用,通过通入氩气,成功对 C、P、S 等元素实现了测量,且检测限低于 21ppm[2]。随后又对炉渣实现了在线成分分析,所研制的测量装置实现了对炉渣主要成分的全自动检测,如图 10.1 所示[3]。

加拿大国家研究理事会的 Sabsabi 等对 LIBS 技术在有色金属中分析应用进行了大量研究[4-6]。研制了可用于熔融金属成分检测的移动测量装置,该装置的探枪可插入熔融金属中,测量时先通入惰性气体,形成惰性气体环境,同时可吹开表面的炉渣及污染物,使测量过程获得更稳定的靶面。在实验室中对熔融冰铜测试样品进行了测量,同时获得了铜、铁、镍、钴、硫等元素的含量[7]。

---

① 表示液体浓度的一个量纲一量,是用溶质质量占全部溶液质量的十亿分比来表示的浓度,即 1 ppb=10^{-9},全书同。

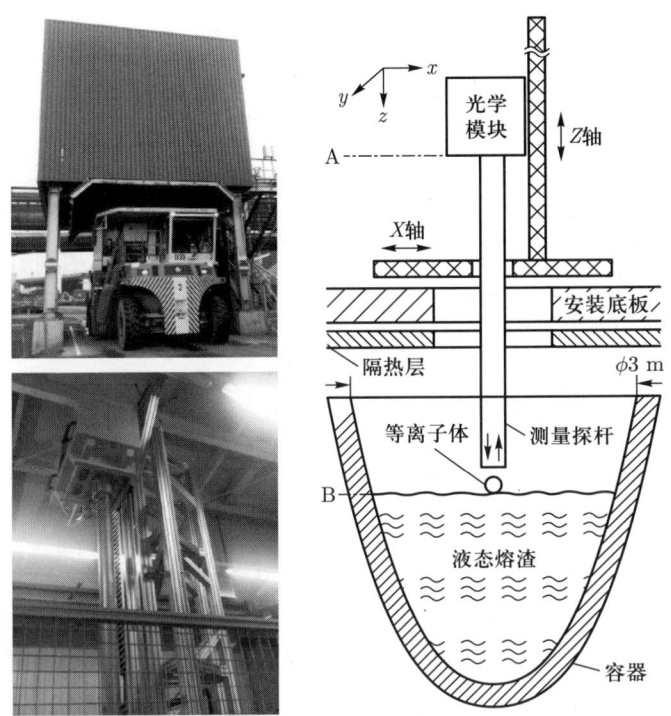

图 10.1 德国 Fraunhofer 激光技术研究所研制的炉渣在线分析设备

西班牙纳瓦拉大学的 Aragón 等对熔融钢铁中的碳含量进行了 LIBS 分析研究,实验中在通入氩气的前提下,对熔融钢水样品进行了碳元素的检测,检测限在 250 ppm,测量精密度可达 10%[8,9]。随后团队对激光功率密度对发射谱线的屏蔽机制[10]、光学深度对发射谱线的影响[11]和等离子体的时空演化及空间不均匀性[12,13]等 LIBS 等离子体物理机理进行了大量研究,以提高 LIBS 技术的检测性能,并通过分析基体效应及谱线展宽,引入 CSigma-LIBS 分析方法对铝合金样品进行分析,其精密度可达 8%,检测限为 1.4ppm[14]。

奥地利约翰开普勒大学的 Gruber 等研制了一套可适用于熔融钢铁的变焦 LIBS 在线分析系统。通过变焦系统使激发与收集可调整至不同的聚焦表面,从而实现对不同液位的测量,并在实验室中实现了对铬、铜、锰、镍的快速测量[15]。随后和奥地利联合钢铁集团 (Voestalpine) 合作,研发出了适用于冶炼炉检测的 LIBS 检测仪器 VAI-CON Chem,并在冶炼生产现场进行了应用,其对铬、锰、镍的分析结果均达到生产需求,但其他元素还无法满足现场生产的要求,如图 10.2 所示[16]。

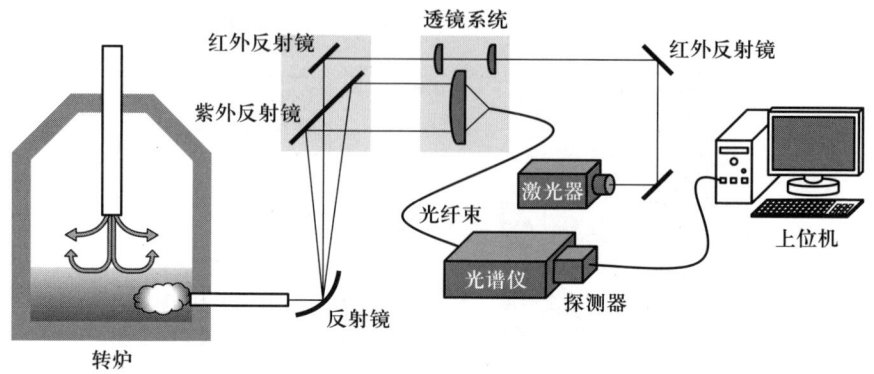

图 10.2 VAI-CON Chem 钢水在线分析设备原理图

国内钢铁研究总院姚宁娟等首先研制出了可用于炉前的 LIBS 成分分析仪，并实现了 1 min 的快速测量，简化了制样步骤，缩短了分析检测时间，虽然没有实现对钢液的在线分析，但也体现出了 LIBS 技术的快速性[17]。

中国科学院沈阳自动化研究所的 LIBS(SIA-LIBS) 团队长期致力于冶金行业的 LIBS 应用研究。在光谱数据处理算法、LIBS 仪器研发等方面做了大量工作[18-23]。2015 年研制出可应用于钢铁冶炼现场的双脉冲远程 LIBS 成分分析仪，采用双脉冲激光与望远镜系统相结合，克服了信噪比低、光谱信号弱等难点，实现了 5 m 以上距离的探测，并成功应用于 40 t 级钢包钢水成分在线检测，如图 10.3 所示[24]。随后又对有色金属行业进行了大量的应用研发，并在 2018 年及 2019 年成功在铝熔铸生产现场实现了示范应用，该分析仪对熔融铝水中铁、铜、锰、钛的测量相对标准偏差低于 5%，硅的相对标准偏差小于 2%，分析精度满足现场工业需求，如图 10.4 所示[25]。

LIBS 技术不受样品形态的限制，可对固体、液体、气体及混合的多相流体进行测量，因此在冶金的多个环节都有应用研究。然而，对不经过严格制样的样品进行直接测量，发挥 LIBS 技术优势的同时，也加剧了激光诱导等离子体光源的不稳定性。激光诱导等离子体是个瞬态光源，其寿命一般在几十个微秒。短时间内等离子体会发生不同状态的演变，演变过程受激光稳定性、环境气氛、测量距离和样品表面状态等因素的影响，给光谱带来很大的不确定性。因此，LIBS 测量的性能与应用的环境极其相关。就光谱的稳定性而言，在保持测量环境和条件一致的情况下，对于光滑均质金属表面测量的单谱 RSD 一般小于 10%，百张光谱平均后 RSD 可以小于 2%。但在实际应用中，为了保持

LIBS 快速、在线的技术优势，其测量对象的一致性是难以保障的。例如，对于运动目标的测量，LIBS 单谱的 RSD 会超过 20%，甚至超过 100%。虽然大量光谱的平均可以降低 RSD，但如果物料的运动速度和化学成分本身变化很快，那么大量光谱的平均就会失去时效性，且 RSD 的降低效果也很有限。

图 10.3　SIA–LIBS 团队研制的 LIBS 分析仪在钢厂应用

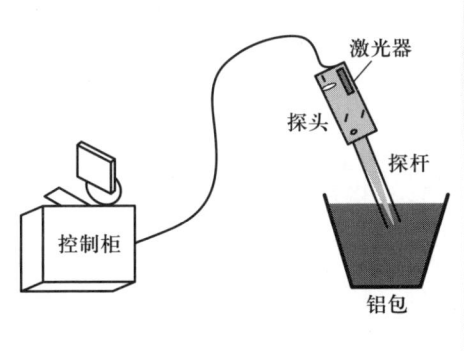

图 10.4　SIA–LIBS 团队研制的 LIBS 分析仪在铝合金工厂应用

本章将结合冶金、选矿领域几种典型的元素成分分析应用，来介绍 LIBS 技术在冶金、选矿工业中的研究和应用进展。

10.2 固体金属合金离线分析

10.2.1 钢

钢铁工业，又称黑色冶金工业，是国家的基础工业之一。钢铁材料中的碳(C)、硅(Si)、锰(Mn)、磷(P)、硫(S)、氧(O)、氮(N)和基本元素铁(Fe)合称为八大元素。同时，为了满足某些特殊性能需求，还会添加铬(Cr)、镍(Ni)、铜(Cu)、钒(V)和钛(Ti)等元素。使用LIBS技术对各种钢铁材料中的上述元素进行快速定量与定性分析，可以更好地完成合金钢性能判断和钢材牌号鉴别等工作。

应用LIBS技术进行元素分析，首先需要获得稳定可靠的LIBS。因此，首先需要对LIBS应用于固体合金钢样中的实验参数进行研究，通过分析激光器脉冲能量、激光聚焦深度和光谱仪检测延时等参数对LIBS的影响，优化钢样分析应用的实验参数[26,27]，获得可靠的LIBS。其次，还需要分析LIBS光谱波动原因，通过前面章节提到的信号稳定手段来提高信号的重复性，也可以采用等离子体图像反馈等方式，补偿光谱信号的波动[22]。在获得相应的LIBS后，就可以通过光谱中代表各元素的特征谱线强度来分析钢样的元素组成。一幅典型的钢样LIBS如图10.5所示。

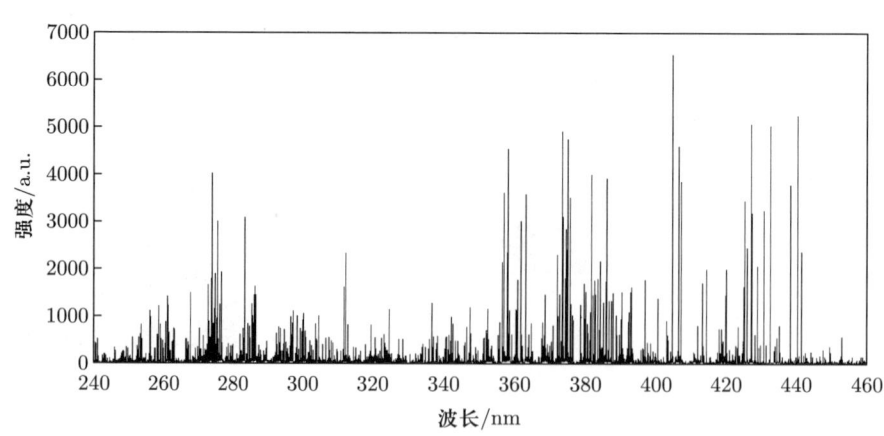

图 10.5 钢样 LIBS 示意图

碳(C)元素在多种钢材中是仅次于铁元素的主要元素，其含量直接影响着钢材的强度、韧性、塑性和焊接性能等。在LIBS中，相对强度较大的碳元素特征谱线主要集中在极紫外波段。Xin 等[28]使用175~250 nm的极紫外波段光谱仪采集到的 LIBS 对低合金钢样品中的碳 (C)、硅 (Si)、铬 (Cr)、镍 (Ni) 和铜 (Cu) 元素进行了定量分析。通过实验参数的优化和特征谱线的选择，最终直接标定的定标曲线相关系数在 0.9 以上。

硅 (Si) 和锰 (Mn) 是决定钢材硬度和强度的重要元素，对其进行定量分析，可以更好地确定合金钢的性能。然而，由于合金钢中基体元素铁的特征谱线非常丰富，谱线间的相互干扰复杂，同时不同材质的合金钢基体情况不一致，直接使用原始谱线强度标定元素浓度，分析结果的稳定性和准确性往往难以保证。孙兰香等[29,30]分别采用人工神经网络和多元二次非线性函数建模的方法对不同种类的合金钢样品中的硅和锰元素含量进行了分析，分析结果如表 10.1 所示。通过对比不同分析方法对钢中 Mn、Si 元素的定量分析结果可以看出，当光谱分析仪器的分辨率不足且谱线之间的干扰严重时，采用多元非线性标定模型能够提升定量分析的稳定性和准确性，但需要足够的标定样本作为前提。

表 10.1 不同分析方法对钢中 Mn、Si 元素的定量分析结果比较

方法	元素	浓度范围/%	R^2	RSD/%	RMSE/%
线性标准定标曲线	Mn	0.058~2.53	0.693	21.29	0.465 4
	Si	0.031~1.99	0.904	22.95	0.167 3
多元二次非线性函数	Mn	0.058~2.53	0.990	7.38	0.073 2
	Si	0.031~1.99	0.998	9.51	0.023 1
人工神经网络	Mn	0.058~2.53	0.997	6.62	0.053 2
	Si	0.031~1.99	0.995	5.15	0.053 0

丛智博等[31]进一步将偏最小二乘 (PLS) 回归引入高 (铬) 合金钢中各元素的定量分析中，通过比较 PLS 与直接标定方法对硅 (Si)、锰 (Mn)、铬 (Cr)、镍 (Ni) 等元素的分析结果，表明 PLS 方法在冶金领域具有良好的应用前景。

Zhang 等[22]进一步研究了在样品表面距离无法保持一致时的激光诱导等离子体及对应的 LIBS 情况，通过图像特征校正谱线的强度，提高分析性能。在高合金钢、低合金钢和不锈钢三类钢样中对元素的定量分析结果如表 10.2 所示，各元素分析结果的稳定性和准确性都得到了有效提升。

除了定量分析钢材中的元素组成外，LIBS 技术也被应用于诸如合金钢分类等定性分析中，孔海洋等[32-34]研究了多种数据降维和分类方法，提出了一种使用遗传算法结合主成分分析和人工神经网络建模的合金钢分类方法，实现

了对高合金钢、低合金钢和碳钢样品的准确分类。

表 10.2　图像辅助校正方法在钢样中的应用结果比较

元素		RSD/% 训练集/验证集	R^2	RMSE 训练集/验证集
Cu	原始	30.43/30.60	0.981	0.025/0.017
	校正	2.20/1.68	0.995	0.013/0.013
Mn	原始	23.13/23.20	0.994	0.033/0.070
	校正	3.53/2.49	0.996	0.033/0.028
V	原始	26.97/27.37	0.985	0.016/0.013
	校正	2.09/1.56	0.995	0.010/0.003
Cr	原始	21.97/22.46	0.970	1.149/0.092
	校正	3.42/4.53	0.998	0.178/0.430

10.2.2　铝合金

铝 (Al) 是一种低强度和高塑性的金属材料。良好的塑性使铝易于加工制造成各种型材、板材，但纯铝的强度低，无法直接作为结构材料使用。因此，在实际应用中，通常在纯铝中加入铜 (Cu)、镁 (Mg)、锌 (Zn)、硅 (Si)、锰 (Mn) 等元素，形成铝合金。铝合金既有纯铝密度低、塑性强的优点，同时合金结构又具有较高的强度，成为工业中应用最广泛的一类有色金属结构材料，广泛应用于航空、航天、汽车、船舶及各种机械制造业中，工业用量仅次于钢材。使用 LIBS 技术对不同类型的铝合金中的主要合金元素进行快速的定量与定性分析，可以快速判断铝合金的性能，从而快速指导铝合金生产和铝合金材料加工等工作。

与钢样的 LIBS 分析类似，铝合金样品的 LIBS 分析也需要对实验条件和实验参数进行优化，以获得有效的 LIBS，再进一步通过各元素的特征谱线情况分析各种合金元素的成分。典型的铝合金的 LIBS 如图 10.6 所示。对比图 10.5 和图 10.6 可以看出，铁基和铝基的合金样品的 LIBS 有明显的不同，铝合金样品的 LIBS 相对铁基样品的光谱特征谱线少，光谱的重叠干扰也没有铁基样品光谱严重。

孙兰香等[35]研究了检测时延、激光脉冲能量和元素深度分布等因素对光谱强度的影响，并据此对实验参数进行了优化。在优化的实验参数下对标准铝

合金样品中的硅 (Si)、铁 (Fe)、铜 (Cu)、锰 (Mn)、镁 (Mg)、锌 (Zn)、锡 (Sn) 及镍 (Ni) 进行了定量分析。定量分析方法采用线性单变量内标方法，横坐标为分析元素浓度与参考元素浓度比，纵坐标为分析线强度与参考线强度比，定标结果如表 10.3 所示，证明了 LIBS 技术对于检测铝合金中常规添加的合金元素含量的有效性。

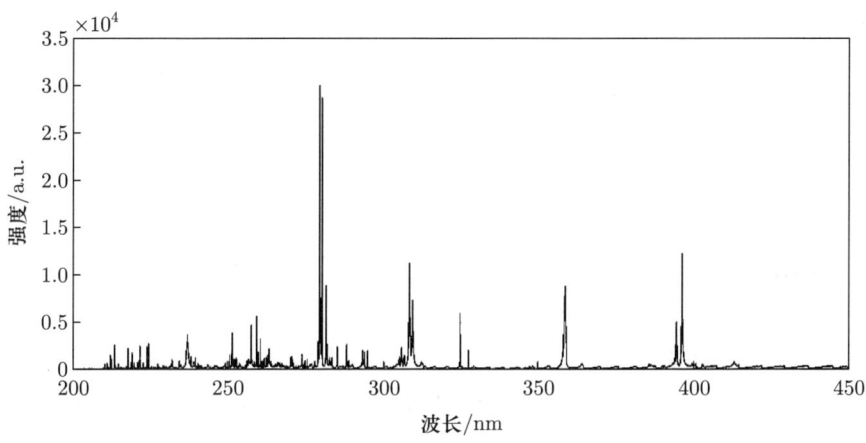

图 10.6　铝合金的 LIBS 示意图

表 10.3　铝合金样品 8 种元素的定量分析结果及相关参数

	Si	Fe	Cu	Mn	Mg	Zn	Sn	Ni
分析线/nm	288.16	259.9	224.7	259.3	279.0	334.5	317.5	341.4
参考线/nm	265.2	265.2	265.2	265.2	265.2	306.6	306.6	306.6
RSD/%	2.52	3.22	2.89	3.08	3.58	1.62	3.51	3.47
相关系数	0.926 5	0.997 7	0.985 0	0.995 0	0.999 9	1.000 0	0.996 7	0.989 0
定标线斜率	10.763 1	51.937 2	7.018 5	153.475 5	75.828 4	118.384 3	51.027 8	285.895 0
定标线截距	0.274 6	0.141 3	0.139 9	0.181 7	0.009 7	−0.017 0	0.023 7	−0.003 1
LOD/10^{-6}	735.3	188.8	1800	68.4	84.2	273.3	544.1	109.5

针对铝合金样品塑性强、表面结构多样等特点，Zhang 等[23]进一步分析了样品表面情况不一致对激光诱导等离子体发光及 LIBS 定量分析准确性的影响。提出通过等离子体图像提取位置参数、校正 LIBS 的方法，采用该方法校正后的特征谱线对铝合金样品中的硅 (Si)、铁 (Fe)、铜 (Cu)、锰 (Mn) 和镁 (Mg)

等元素进行定量分析，分析结果如表 10.4 所示，可以看出测量的准确性和稳定性都得到了有效提升。

表 10.4 等离子体位置信息校正方法在铝合金中的应用结果比较

元素		Si	Fe	Cu	Mn	Mg
波长/nm		288.15	273.95	324.75	259.37	280.27
RSD/%	原始	34.57	38.86	31.05	39.74	36.91
	校正	4.63	6.84	5.64	7.64	4.83
R^2	原始	0.180 1	0.420 3	0.490 9	0.428 3	0.587 6
	校正	0.992 7	0.996 7	0.983 6	0.964 0	0.992 5
RMSE	原始	2.024	0.283	0.764	0.190	0.113
	校正	0.523	0.077	0.282	0.076	0.026

针对铝合金样品应用领域广泛，牌号众多的特点，周中寒等[36]研究了基于 Fiber-LIBS 技术的铝合金牌号识别方法，通过支持向量机 (SVM) 结合主成分分析 (PCA) 的方法，在提高建模速度的同时提升识别准确率到 99% 以上，实现了铝合金样品牌号的快速识别。

10.2.3 其他合金

铜合金主要分为黄铜 (铜锌合金)、白铜 (铜镍合金) 和青铜 (铜锡合金)，广泛应用于精密耐腐零件、电工与导热器材等的制作。其中，铅黄铜是应用最为广泛的一种复杂黄铜，它具有优良切削性能、耐磨性能和高强度，主要用于制作各种精密耐腐蚀零件。Cong 等[37]分别使用传统的直接标定方法和偏最小二乘 (PLS) 回归法分析了铅黄铜样品中的铜 (Cu)、铅 (Pb)、镍 (Ni) 和铝 (Al) 4 种元素的含量，分析结果说明 LIBS 技术可以实现对黄铜样品中主要元素的定量分析。

镁合金作为一种比铝合金更轻质的合金，在保证一定的强度和刚度的同时，具有钢和铝合金材料不具备的优秀的减震和降噪性能，在航空航天、国防工业和汽车工业等领域都有着重要的应用价值，整体的使用量也在不断增长。常见的镁合金包括镁铝合金和镁锌合金等。稀土镁合金泛指含有稀土元素的镁合金，通过在镁合金中添加稀土元素，可以有效提升合金的强度和耐热耐腐蚀性能，从而突破常规镁合金在应用中的瓶颈。Qi 等[38]和 Xin 等[39]对稀土镁合金样品进行了实验，优化了实验参数并通过双脉冲激发的方式获得了稳定增强的 LIBS 光谱。通过相应的特征谱线分析了镁合金中的钇 (Y)、镨 (Pr)、锆 (Zr) 元素，证明了 LIBS 技术在镁合金关键成分检测中的可用性和有效性。

10.3　熔融金属合金在线分析

冶金生产过程普遍存在高温熔炼过程，对熔融液态金属成分的在线分析是冶金领域的普遍需求，也是 LIBS 应用研究的重要关注领域。LIBS 技术是当前唯一一种能够满足这种极端应用需求的分析技术。在本章引言中，我们介绍了几种类型的在线分析方案，在本节中我们以中国科学院沈阳自动化研究所激光诱导击穿光谱技术 (SIA-LIBS) 团队研发的 LIBS 液态金属在线分析仪为例进行介绍。

10.3.1　系统结构

面向冶金工业环境开发的成分在线分析仪，需要考虑现场的安装位置以及现场高温、高震动、高粉尘等一系列外在环境因素，SIA-LIBS 团队开发的基于 LIBS 技术的液态金属合金成分在线分析仪主要由探头、控制柜和探枪组成，如图 10.7 所示。探头主要用于激光的聚焦以及光谱信号的收集，探头外围有耐热护罩，内部有制冷器件，以保证探头内部的光学设备在恒定的温度范围内工作。控制柜主要用于处理探头收集的光谱信号和传感器检测信号，同时给探头提供压缩空气、氩气等气流支持。探头和控制柜之间通过线缆连接，根据现

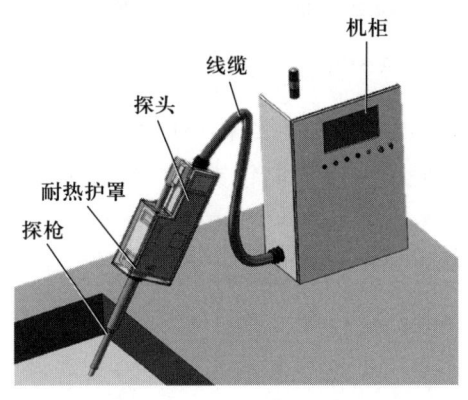

图 10.7　液态金属合金在线分析仪示意图

场环境可以将控制柜放在一个可靠、安全的位置。探枪插入液态金属中进行测量，以避免液态金属表面的渣层对测量结果的影响。

10.3.2 钢水成分在线分析

钢铁冶炼过程时间短，对于成分的快速分析要求非常明显。目前，应用LIBS技术对钢铁进行在线分析取得了很大的进展。SIA-LIBS团队于2011年在实验室中采用中频感应炉熔炼钢材，并在熔炼过程中添加原料来调整钢液中各元素的浓度值，通过估算各元素浓度绘制定标曲线，并比较了不同特征谱线的定标结果[40,41]。结果表明，采用合适的特征谱线能使定标曲线系数达到0.9476以上，测量结果的相对标准偏差低于7.43%，平均误差低于0.058%。在线测量过程中，通过中值滤波提高了测量精度，抑制了异常点，准确识别了质量分数的改变时刻和变化浓度，现场测试如图10.8所示。

图10.8 中频感应炉测试现场

在此基础上，SIA-LIBS团队继续深入研究，于2015年采用卡塞格林望远镜结构和双脉冲技术开发了一套面向钢铁冶金的液态金属成分在线分析仪，探头结构示意图如图10.9所示。双激光合束后采用牛顿望远镜扩束远程聚焦，聚焦位置可在1~10 m之间自动调节。等离子体光通过卡塞格林望远镜收集，望远镜收集口径为160 mm。两束激光之间的延迟时间设定为3 μs，并比较了单脉冲、双脉冲两种方式下固态钢样和液态钢水的光谱强度信号，如图10.10所示。通过总结分析，发现固态样品双脉冲获得的LIBS信号增强达到7倍，液态钢样的增强达到 2.8 倍,在总体信号强度上,熔融液态样品的强度普遍高于固态样品的强度,并通过一系列分析,认为液态情况下会激发出更多的物质。

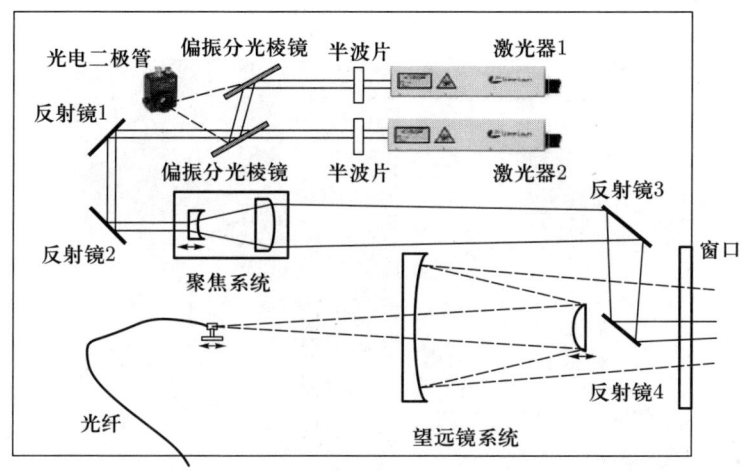

图 10.9 钢水成分在线分析仪探头结构示意图

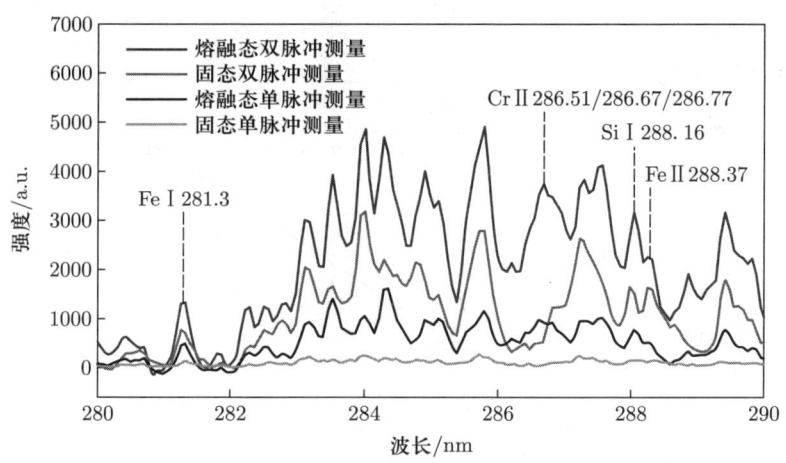

图 10.10 固态和液态样品单脉冲与双脉冲信号强度比较

采用 PLS 模型定量分析了熔融钢液中的 Si、Mn、Cr、Ni 和 V 等元素,预测值的平均相对标准偏差在 2%~3%。随后,在抚顺新钢铁有限公司(以下简称抚顺新钢厂)进行了现场测试,实验室测试和抚顺新钢厂现场测试如图 10.11 所示[24]。现场实施是在转炉炉后钢包精炼过程,钢包容量为 40 t。为了避免炉渣的影响,探头连接了一个耐高温的探枪插入熔融钢液中进行测试。现场应

303

用同样采用 PLS 定量分析模型，定量分析结果如图 10.12 所示，C、Si、Mn 3 种元素的预测均方根误差分别为 0.015%、0.029%、0.062%，基本满足在线质量控制的精度要求。

图 10.11　钢水成分在线分析仪测试现场：(a) 实验室测试；(b) 抚钢新钢厂测试现场

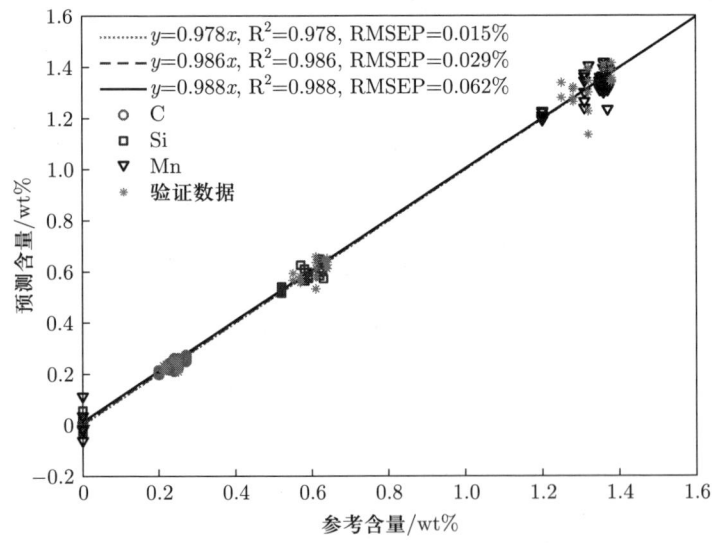

图 10.12　钢水在线分析测试结果

在钢水成分分析方面，5 大元素——C(碳)、Si(硅)、Mn(锰)、P(磷) 和 S(硫) 的分析非常关键，缺一不可。但是，在 P 和 S 探测方面，目前只有德国 Fraunhofer

激光研究所的 Noll 团队在实验室 100 kg 的感应炉上实现了，在工业现场成功应用的案例至今还没有看到。优质钢中 P 和 S 的含量要求低于 0.02%，甚至低于 0.01%。极低的含量要求，再加上它们可被有效利用的发射线波长都低于 200 nm，在空气中无法传输，因此在这种极端环境下探测到有效的信号是个极大的挑战。LIBS 在钢水中的应用，期待着这个国际瓶颈的突破。

10.3.3 铝水成分在线分析

在有色冶炼行业中，铝合金的熔炼温度为 780 ℃ 左右，大大降低了探枪材料的要求以及探头高温防护的难度。对于铝水在线分析，Rai 等[42] 在实验室进行了铝合金成分的 LIBS 在线分析，分析对象包括铝合金中 Cr、Mg、Cu、Si、Fe 和 Zn 等元素，分析时需要将一个不锈钢探头插入铝液中，该不锈钢探头中使用聚焦-准直双透镜组来传递激光和等离子体光谱。

孙兰香等[20] 在贵阳电解铝厂进行了实验验证，提出了一个新的分子比计算方法，首先在固态电解质样品上利用此方法进行测试，分子比测量的平均相对标准偏差 (RSD) 为 0.39%，均方根误差 (RMSE) 为 0.023 6%，结果表明 LIBS 能够精确测量电解质的分子比。随后，在工业电解铝槽对熔融铝液和电解液进行了在线测试，现场测试如图 10.13 所示。

图 10.13 LIBS 在铝电解过程应用测试

辛勇等[25] 在大连亚明汽车部件有限公司对铝包中的熔融铝水进行了在线检测，10 包熔融铝水样品中，Si、Fe、Cu、Mn 和 Ti 在线分析结果的相对标准偏差 (RSD) 都集中在 2% 左右；Si 的相对标准偏差绝对值都小于 2%，Fe、Cu、

Mn 和 Ti 的相对标准偏差绝对值也都小于 5%，现场测试如图 10.14 所示。

图 10.14　LIBS 在铝熔铸车间应用

辛勇等[43]在辽宁忠旺集团有限公司的熔铸厂，利用中国科学院沈阳自动化研究所研制的 LIBS 液态金属成分在线分析仪对熔融铝水成分进行了在线监测，长时间测试得到在线监测结果为：Si、Fe、Cu、Mn、Cr 的重复精度 RSD 都小于 2%；浓度在 0.1%~1% 之间的 Si、Fe、Mg 的测量均方根误差 (RMSE) 都小于 0.01%，浓度低于 0.1% 的 Cu、Mn、Cr 的测量 RMSE 都小于 0.001%。探头多次升降浓度测量的稳定性 RSD 小于 3%。以上结果表明 LIBS 液态金属成分分析仪的测量重复精度、测量偏差以及多次升降测量的稳定性都能满足工业现场要求，完全可以实现实时、在线监测熔融铝水的成分，现场测试如图 10.15 所示。

图 10.15　LIBS 在铝熔炼炉上在线应用

10.4 偏析与夹杂的显微分布分析

偏析和夹杂对材料的物理和化学性质有着重要的影响，钢中偏析带的表征方法通常有金相显微法、硫印以及不同部位取样的化学湿法分析等，钢中夹杂物检测的方法有金相显微法、X 射线微区域分析法和岩相分析法等。这些方法需要烦琐的样品前处理，而且分析速度慢，不利于实现在线分析。激光诱导击穿光谱微区分析 (简称 μLIBS 或 Micro-LIBS) 法具有对环境的适应性强、分析速度快、自动化程度高等优点。μLIBS 方法通常是指利用紧聚焦的激光光束在微米级尺度下对金属中各元素进行快速扫描成像分析的技术。在 μLIBS 方法中，由于金属中偏析或夹杂物与主体元素产生的等离子体发射光谱的差异，通过绘制各元素的扫描分布图从而来确定物质中元素的偏析或者夹杂物尺寸和位置的分布。该方法不仅能检测材料中的偏析和夹杂，还能定性分析物质中偏析和夹杂物的元素成分，可以大大减少对样品分析中因人主观判断造成的失误。

10.4.1 分析原理

将达到一定阈值 (一般为 1 GW/cm^2 以上) 的激光束聚焦在样品表面，样品表面物质在吸收激光能量后，通过蒸发、汽化、电离，最终形成等离子体[44]。等离子体中的原子和离子就会以光的形式向外辐射能量，根据各元素所产生的特征谱线的波长和强度就能测定样品中所含物质的种类和含量[45-49]。

在 μLIBS 对样品表面进行偏析和夹杂的研究中，激光烧蚀坑的形貌和特征光谱信号的有效探测是关注的重点。由于激光光束一般为高斯光束，根据光学衍射极限理论，激光光束经"理想"透镜聚焦后在样品表面形成的焦斑的直径表达式为[50]

$$d = 4\lambda f/(\pi D) \tag{10.1}$$

式中，λ 为激光波长；f 是透镜焦距；D 为激光的通光直径。

由式 (10.1) 可见，采用短波长、宽束腰的激光，以及短焦距透镜会更有利于减小聚焦焦斑。但是，激光烧蚀坑的尺寸并不完全取决于激光聚焦的焦斑，还与激光与物质之间相互作用时产生的热效应密切相关。而这种热效应依赖于激光能量、脉冲宽度以及靶材的物理化学性质，实际烧蚀坑的尺寸往往大于理论焦斑数值[50,51]。此外，由于飞秒激光的非线性效应，该式可能不适用。

由于过度减小激光烧蚀坑尺寸会导致所形成的等离子体的发射谱线强度减弱且光谱的抖动性增强[52]，因此在具体分析中，烧蚀坑尺寸与光谱强度进行折中选择，从而达到较好的分析效果。

10.4.2 系统结构

图 10.16 展示了 μLIBS 系统的基本结构[53]。其中，影响烧蚀坑空间分辨率的关键组成部分是激发源和光路系统[48,54]。

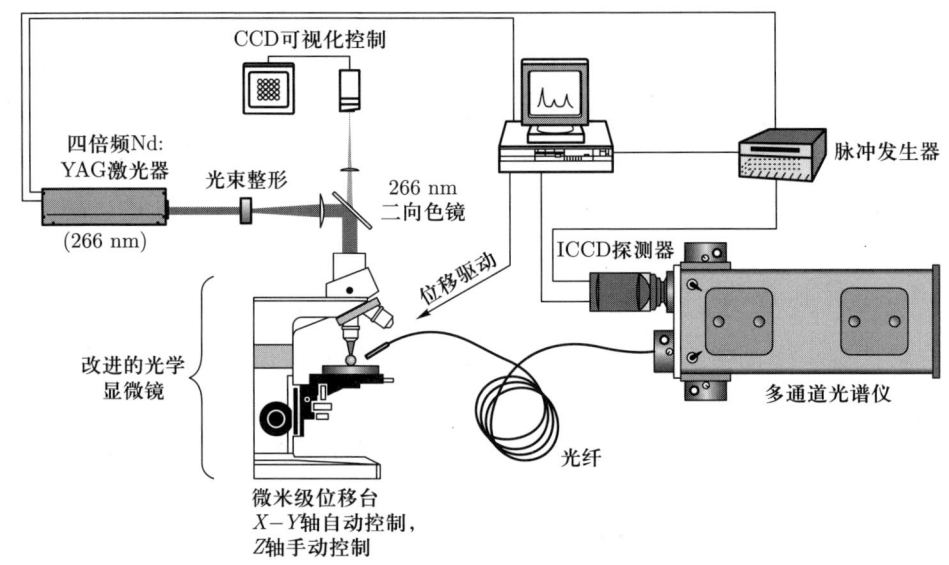

图 10.16 激光诱导击穿光谱微区分析设备的基本结构[53]

在微区分析中，固体激光器使用和维护方便，因而受到广泛的应用。常用的固体激光器有灯泵固体 (flash lamp pumped solid state, FLPSS) 激光器[55]和半导体泵浦固体 (diode pumped solid state, DPSS) 激光器[56]。FLPSS 激光器输出能量大，一般通过光阑或能量衰减器对激光光束进行处理，能量损失大。DPSS 激光器光束质量好、重复频率和能量转换效率高，更有利于形成小尺寸的烧蚀坑，因而在 μLIBS 的应用中更普遍，也更具有发展前景。此外，超短脉冲 (皮秒、飞秒) 是实现高分辨率烧蚀坑的有力手段，在 μLIBS 系统中更具有应用潜力。由于皮秒、飞秒等超短脉冲激光功率密度大、作用时间短，在焦斑处产生的热来不及向周围扩散，能有效减少热影响区域，有利于提高烧蚀效率和空间分辨率。特别对于飞秒激光器，烧蚀坑大小能与光斑尺寸基本保持一致[57]，可视为"冷烧蚀"[58-61]。

光路系统主要包括激光聚焦光路和等离子体光谱收集光路。相比常规 LIBS 系统，激光聚焦光路一般集成了光学显微镜系统，主要用于对激光光束紧聚焦以及对样品分析区域进行放大观察。在实际应用中，为了获得较小焦斑，提高烧蚀坑的分辨率，在光路设计中，一方面会通过激光整形扩束系统来减小激光的发散角，提高光束质量[62,63]；另一方面可以选用短焦的显微物镜对光束进行聚焦。显微物镜克服了单透镜的成像缺陷，其质量的好坏直接影响聚焦烧蚀坑的分辨率。高质量的显微物镜已经很完善，其视场中心的分辨率与理论值的差别可忽略不计。根据式 (10.1)，高质量显微物镜的焦距是影响烧蚀坑尺寸的关键参数，与烧蚀坑直径成正比。显微物镜的放大倍数间接反映了焦距长短，通常放大倍数越大，焦距越短，放大倍数越小，焦距越长。在 μLIBS 实验中，考虑透镜焦长和通光口径等因素，一般在透镜焦长与通光口径之间进行折中选择。等离子体发射光谱收集有垂直收集和侧位收集两种方式[54]。垂直收集时，激光聚焦与信号收集采用同一物镜来完成，光学系统中不可避免要引入二相色镜或镀膜反射镜。由于显微物镜焦距短且等离子体信号弱，加大了系统结构设计以及信号采集的难度，因而，在微区分析中，选用侧位收集更简单易行。

此外，由于 μLIBS 的烧蚀坑尺度一般在 1~100 μm，因此样品表面不平整对实验结果有很大的影响，因此在搭建 μLIBS 系统时，一些系统还会设计焦平面调节装置，来保证聚焦平面的一致性[64,65]。为了实现烧蚀坑在微米量级下对激光离焦量高精度的调节，汪为等[65] 提出了一种基于辅助光源与激光束同轴情况下的快速调焦方法，该方法便于系统集成与维护，主要通过摄像机与显微物镜组成一套显微成像光学系统，通过摄像机监测聚焦在样品表面光斑尺寸的变化来实现调焦，该装置的结构示意图如图 10.17 所示。利用图 10.17 所示的装置，分别对图 10.18(a) 和图 10.18(b) 所示的斜面和曲面进行扫描分析，所得的谱线波动情况如图 10.19 所示。在这两种情况下，采用调焦的方式比不调焦所获得的光谱的 RSD 能降低到 1/8。该方法实现的调焦精度能达到 3 μm。

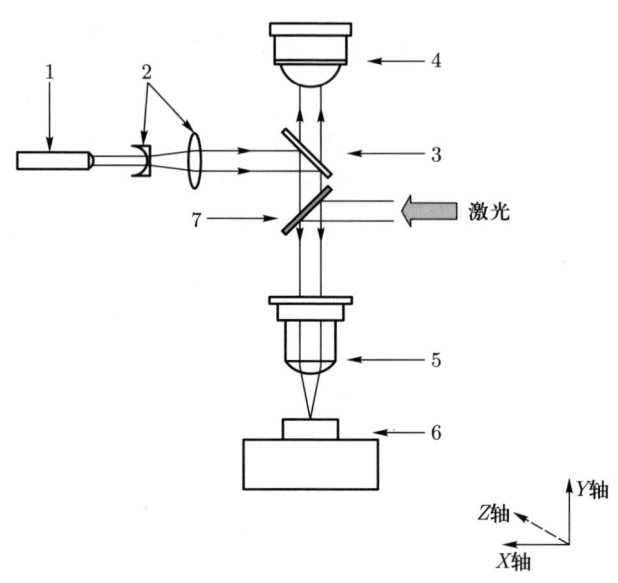

1—激光笔；2—光束整形系统；3—分束镜；4—CCD 摄像机；5—显微物镜；6—三维载物台；7—二相色镜

图 10.17　调焦装置示意图

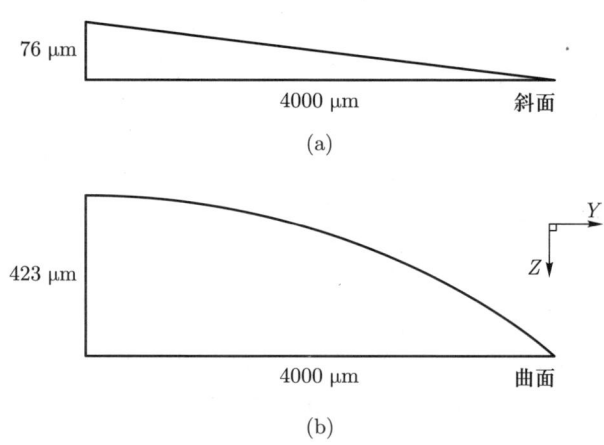

图 10.18　斜面 (a) 和曲面 (b) 的尺寸图

10.4.3　应用案例

Noll 等[66] 在氩气环境下对 $1\times 1\ cm^2$ 范围内的钢样进行了扫描分析，分别对钢样中的 S 和 Mn 元素进行了表征，如图 10.20 所示。所使用的二极管泵浦激光器在样品表面烧蚀坑尺寸为 15 μm。该团队在同一环境下对 AlN 和 Al_2O_3 的夹杂物进行了观测[67]。此外，该团队还对钢中 C、N、O、P 和 S 等元素分布进行了分析[68]。

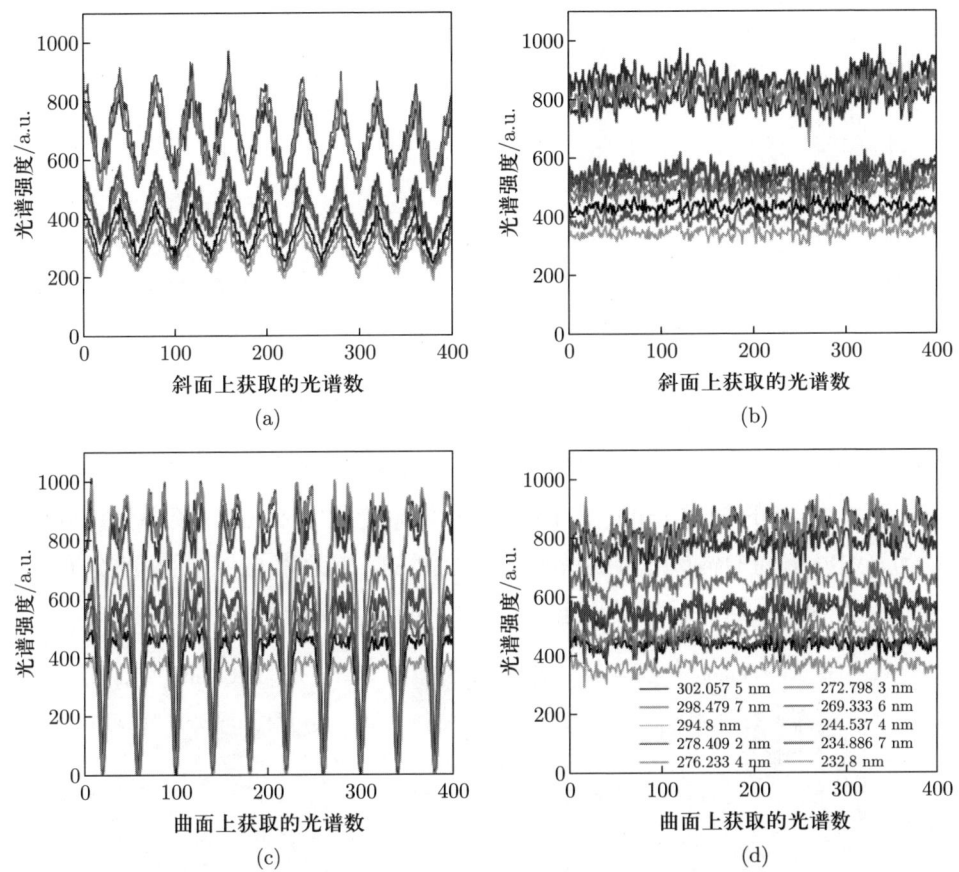

图 10.19 调焦前后谱线波动对比：(a)、(b) 在图 10.18(a) 斜面上调焦前 (a)、后 (b) 的谱线波动图；(c)、(d) 在图 10.18(b) 曲面上调焦前 (a)、后 (b) 的谱线波动图。(参见书后彩图)

Mateo 等[69]采用脉宽为 5 ns、波长为 532 nm 的激光光束通过柱面透镜对激光光束进行聚焦，在样品上烧蚀的线约 15 μm 时，通过绘制 Mg、Ca、Si、Al 和 Ti 的光谱分布图，对钢中的硅酸盐夹杂物进行了表征。该团队还对不锈钢中 Mn、Mg、Ca、Al 和 Ti 元素组成的夹杂物进行了分析[70]。此外，该团队在扫描面积为 6 mm² 的范围内还对不锈钢中 MnS 和 TiN 夹杂物的分布进行了研究[71]。

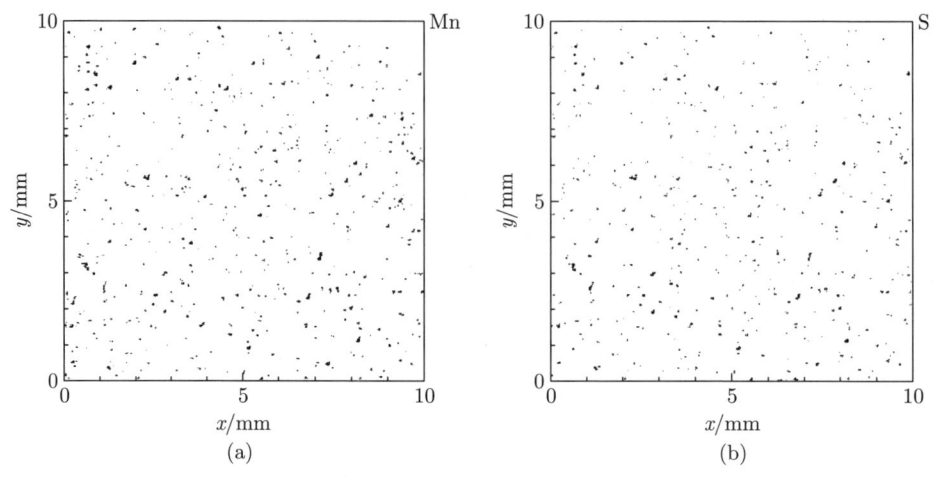

图 10.20 Mn 元素 (a) 和 S 元素 (b) 的分布图 [66]

Kuss 等 [72,73] 对含有 AlN 夹杂物的合成钢样进行了分析。在 1 cm² 范围内进行了 500×500 的扫描分析，所用激光单脉冲能量为 2 mJ，频率为 1000 Hz，脉宽为 5~6 ns，扫描步长为 20 μm，所绘制的 Al 元素与 N 元素的分布如图 10.21 所示。此外，Kuss 等 [74] 还对钢中的 Al_2O_3 夹杂物进行了分析。

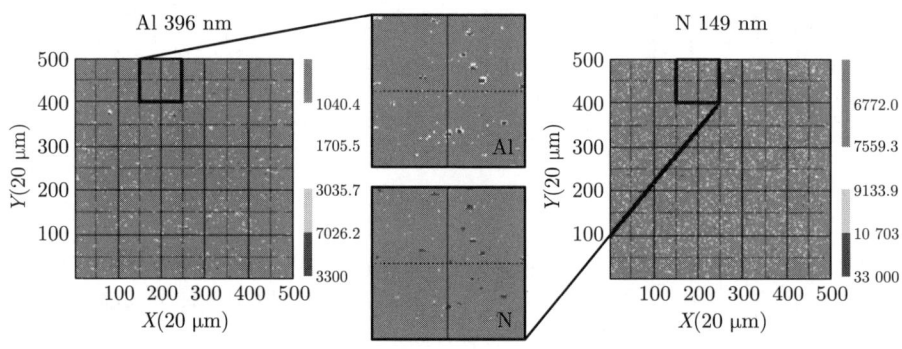

图 10.21 LIBS 对一块含有 500 μg/g 的 AlN 合金钢样的扫描分析图

Boué-bigne 等 [75,76] 在激光烧蚀坑约为 13 μm 的情况下，通过对比 LIBS 与扫描电子显微镜-能量色散 X 射线光谱仪 (scanning electron microscopy-energy dispersive X-ray spectroscopy, SEM–EDX) 分析钢轨中的 SiO_2、MgO、Al_2O_3、MnO、CaO 和 TiO_2 夹杂物的尺寸，表明 LIBS 能快速、准确地对钢中的夹杂物进行分析。该作者不仅对钢中 C 和 Mn 元素的偏析带进行了准确的分析 [77]，如 Mn 元素的偏析带，如图 10.22 所示，还对钢中的渗碳体进行了准确的分析[78]。

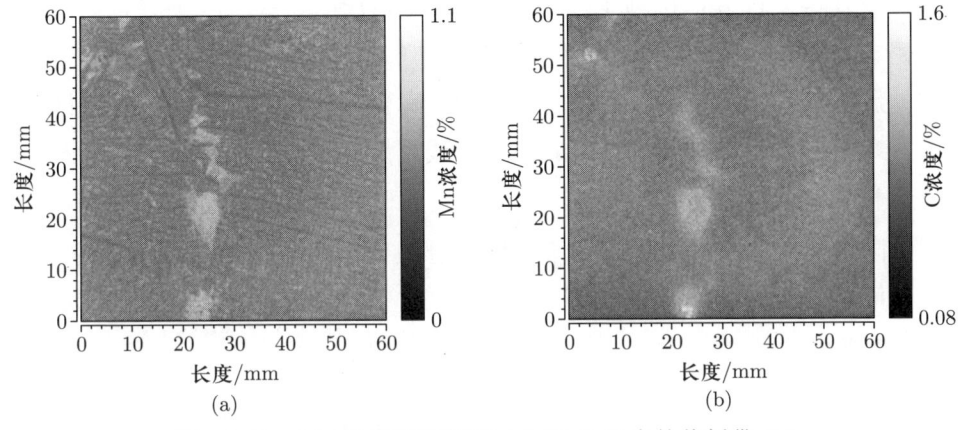

图 10.22 Mn 元素的偏析带 (a) 和 C 元素的偏析带 (b)

日本学者 Nakahata 等[79] 采用波长为 532 nm，脉宽为 16~18 ns 的激光束对铁素体不锈钢中的 Al 元素夹杂物进行了分析，所烧蚀的最小弹坑分辨率为 40 μm。

国内钢铁研究总院张勇等[80] 对牌号为 86# 和 174# 的钢样中 C、Si 和 P 等元素的偏析进行了分析，所分析的偏析带的位置及宽度与金相显微分析方法相吻合。此外，该团队还利用 LIBS 技术对钢中的 MnS 夹杂物、Si–Al–Ca–Mg 复合夹杂物、酸不溶铝以及球形氧化夹杂物进行了表征[81-84]，烧蚀坑尺寸约为 80 μm。

10.5 废旧金属分类分选

10.5.1 概述

我国是金属生产和消费大国,随着越来越多金属材料服役期限的临近,废旧金属资源再生利用技术与装备成为资源利用行业重点发展的研究方向之一，其对于减少环境污染、节约能源和提高资源综合利用水平具有重要意义。目前，废旧金属传统分选技术包括人工分选、磁选、浮选、颜色分选和涡电流分选等[85]。随着废旧金属物料的元素成分越来越复杂，上述传统分选方法已经无法满足废金属资源循环利用行业的需求，新型自动化智能分选技术不断孕育而生，其中有代表性的技术包括 LIBS、X 射线和 X 射线荧光光谱等分选技术。

其中，LIBS 分选技术以其检测速度快、全元素分析、环境友好性高和可实现合金牌号分选等优势，得到了人们越来越多的青睐[86]。

挪威 TOMRA 公司开发了 AUTOSORT LASER 系列分选装备，其融合了电磁、激光和近红外等技术，适用于玻璃、陶瓷、石头、金属和塑料等材料的分选。美国 TSI 公司研制了 ChemLine 在线系统，能够完成铝镁分选、锻铝铸铝分选和 5-6 系铝合金牌号分选。

中国科学院沈阳自动化研究所利用自身关于 LIBS 研究与应用的相关基础，开发了可用于废旧金属和矿石等材料的 LIBS 智能分选装备 (LIBSorting)，如图 10.23 所示。

图 10.23　LIBS 智能分选装备

10.5.2　系统结构

智能分选装备主要由振动上料系统、传送带系统、图像采集系统、LIBS 系统、气动分选系统和主控系统等构成，其结构示意如图 10.24 所示。

振动上料系统功能是将废金属样品均匀上料至输送带系统。该装置利用高频振动的方式，使原本堆叠在一起的废金属样品实现空间上彼此不重叠。

传送带系统功能是为完成上料的废金属样品提供一个运动规律已知的运动。它能够以设定速度运转，带动废金属样品以一定速度通过摄像机视场和 LIBS 工作区域，为废金属样品的图像采集和 LIBS 分析做好准备。

图像采集系统包含照明组件、摄像机组件和遮光罩组成，其主要功能是完成带上废金属样品的图像信息采集，并将图像信息传送给主控系统。

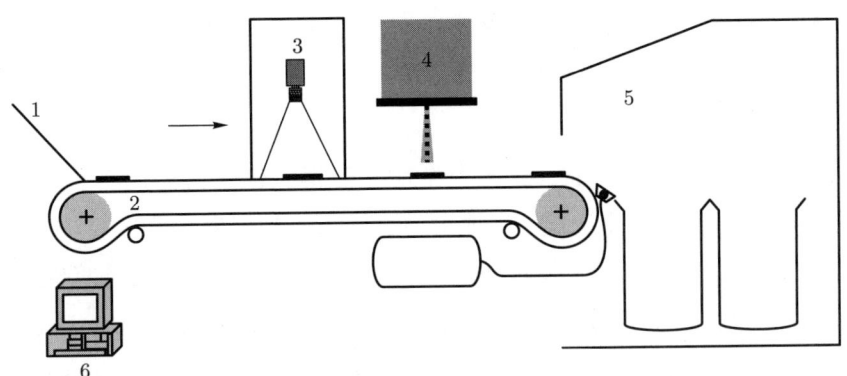

1—振动上料系统；2—传送带系统；3—图像采集系统；4—LIBS系统；5—气动分选系统；6—主控系统

图 10.24　智能分选设备结构示意图

LIBS 系统由激光器、光束整形组件、扫描振镜组件和光谱收集组件等构成，系统示意图如图 10.25 所示。激光器发出激光光束经过光束整形组件，完成扩束和聚焦，通过振镜组件完成光束指向，最终聚焦在被检测废旧金属样品表面，形成等离子体。等离子体发射光谱经过振镜组件，由光谱收集组件完成采集，并将光谱信息上传至主控系统。

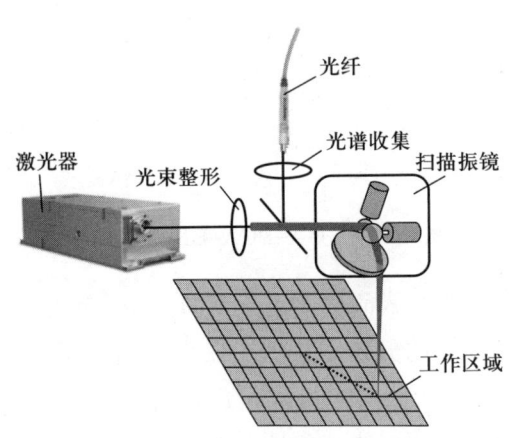

图 10.25　LIBS 系统示意图

气动分选系统包含气源、电磁阀阵列、喷气嘴阵列、分拣箱等。其工作原理是精准控制阵列气嘴的吹气时刻，采用气吹方法完成不同种类废金属的分选过程。

主控系统主要任务包括传送带转速控制、废金属样品中心坐标计算、发射光谱处理与样品智能分类,以及各个硬件之间的时序控制。

10.5.3 分类方法

废旧金属表面覆盖尘土、油污等杂质,使得光谱谱线中的干扰元素增多,对分类方法的准确率带来影响。主成分分析、人工神经网络和支持向量机等化学计量学方法在许多领域中应用并取得很好的结果。这里以遗传算法 (genetic algorithm, GA)、主成分分析 (principal component analysis, PCA) 法、人工神经网络 (artificial neural network, ANN) 和支持向量机 (support vector machine, SVM) 相结合的方法为例,对分类方法进行抛砖引玉。

人工神经网络方法是通过模拟神经元的生物机理进行建模,得到基于神经元的计算模型,其处理能力强,对误差和噪声具有较好的容错性,泛化能力强,得到广泛应用。GA–PCA–BP 分类模型如图 10.26 所示。

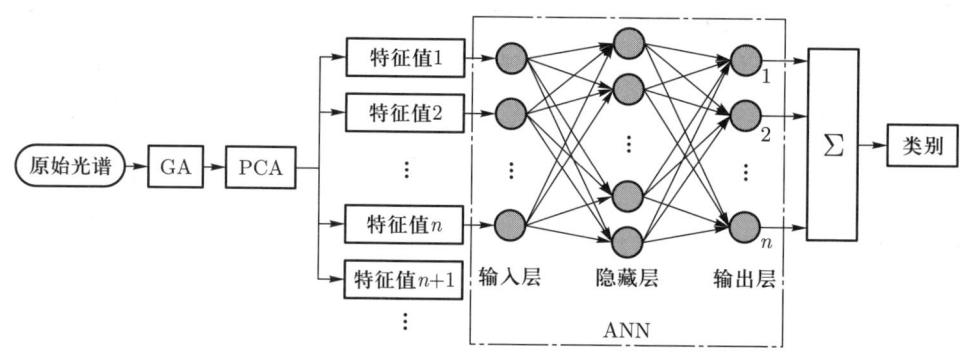

图 10.26　GA–PCA–BP 分类模型

图 10.27 显示了分类方法流程图。一方面,由于光谱谱线中干扰元素较多,另一方面,随着光谱数据的分辨率提升,在为光谱分析提供便利的同时,也使得光谱数据量越来越大,所以对光谱数据进行特征提取十分必要。孔海洋等[87]分析对比了 3 种不同的 LIBS 特征提取方法,包括全部原始光谱、全部光谱的峰值和包含丰富信息的光谱谱段,经研究发现,光谱谱段作为输入时,能够获得最好的分类结果。进一步分析了使用遗传算法选择光谱谱段的方式,即定宽谱段、变宽谱段和光谱子段组合,定宽谱段优化简单,对光谱数据的处理也简单,进而可以选择具有较窄带宽的光谱仪而对光谱仪的成本进行压缩;变宽谱段选出的数据量较大,虽然结果很好,但优点并不突出,只适合定宽谱段不能

满足要求的情况；而紧密贴合激光诱导击穿光谱本身特征的光谱子段组合方式则能够以最小的数据量获得最好的结果。该分类方法的计算过程主要通过优化谱段起始位置参数，并从原始光谱中选择多个定宽谱段进行组合，再以主成分分析提取对应遗传算法的每个个体的光谱谱段组合的主成分，将其作为输入建立人工神经网络模型对废旧金属进行分类，以分类结果的优劣度作为遗传算法的适应度函数，如此迭代循环直至选出最优谱段。

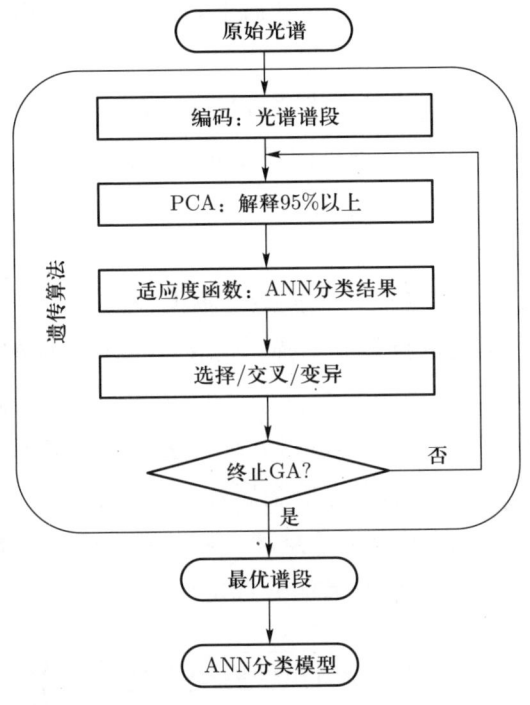

图 10.27　分类方法流程图

对于分类模型输出结果的评判采用准确率。由于分类模型得到的输出值不会精确地等于目标值 1 或者 2，通常会有一定的偏移，只要偏移的值在设定的阈值范围内，那么对于实际情况则是允许的。若光谱数据的个数为 N_{all}，正确分类的光谱数据个数为 $N_{correct}$，则分类正确率 (accuracy) 定义为

$$\text{accuracy} = \frac{N_{correct}}{N_{all}} \quad (10.2)$$

正确率越高，则表明分类模型能力越强。

10.5.4 应用案例

以中国科学院沈阳自动化研究所研制的 LIBSorting 分选装备为例,该装备不仅能实现铜合金、钢、生铝、熟铝、镁合金和锌等不同元素材料的分类分选,还可以对属于同一元素系 (如铝合金系) 不同牌号材料进行分选。LIBS 智能分选装备实现分选的工作流程如下 (如图 10.28):

(a) 待分选废金属样品清洗后,被传送至振动上料系统的振动上料槽内,在振动激励驱动下,样品被均匀平铺,然后上料至输送带系统输送带上,样品在输送带呈现不重叠分布。

(b) 输送带系统以设定速度传送待分选废样品,样品通过图像采集系统视场,图像采集系统对带上样品进行图像采集,并将图像信息传送给主控系统。

(c) 主控系统对图像数据进行处理,实现对样品的识别和编号,并获得样品的带上坐标信息。

(d) 样品通过 LIBS 系统时,主控系统根据样品编号和坐标信息,精准控制 LIBS 系统对带上样品进行激光扫描,获取对应样品的光谱数据,并将光谱信息传送给主控系统。

(e) 主控系统对样品光谱信息进行处理,获得对应编号样品的元素含量信息,根据元素含量信息,识别编号废金属样品的分类信息。

(f) 主控系统根据样品的分类信息和坐标信息,精确控制分选系统对应的气嘴阵列的动作时刻,完成多样品的分选工作。

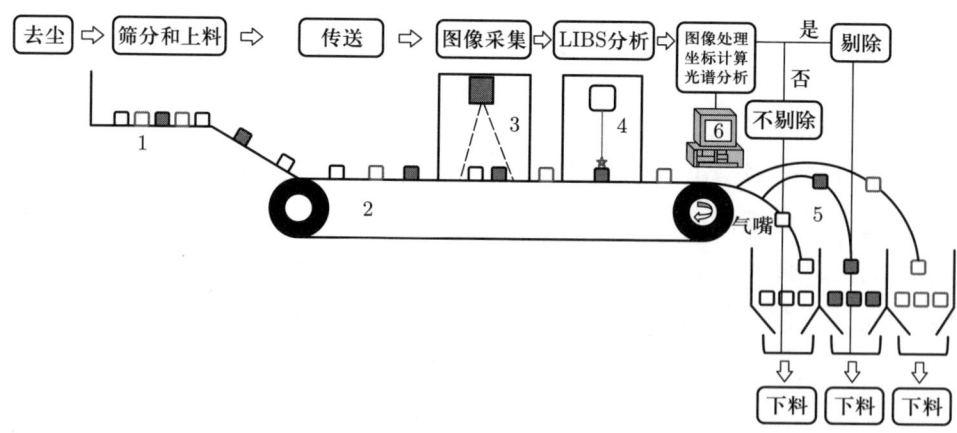

1—振动上料系统;2—输送带系统;3—图像采集系统;4—LIBS 系统;5—分选系统;6—主控系统

图 10.28 LIBS 智能分选装备工作流程

实验收集光谱数据,主要包括生铝、熟铝、镁、不锈钢、黄铜、锌和红铜,其中生铝和熟铝属于铝,其他属于非铝样品。为了提高模型的泛化能力以及减小样品表面杂质对分类结果的影响,每类样品有 7 块样品,每块样品正面激发 20 次,反面激发 20 次,其中,对于前 4 块样品,每个点只激发一次,即都是第一次激发的光谱数据,而为了提高模型的鲁棒性,对于后 3 块样品,每块样品正面选择一个点激发 20 次,反面选择一个点激发 20 次。训练数据为每类样品的每块样品前 35 次激发的光谱数据,即 7×7×35=1715 个光谱数据,验证数据为每类样品的每块样品后 5 次激发的光谱数据,即 7×7×5=245 个光谱数据。

一幅原始的 LIBS 包括 2048 个光谱强度值,首先使用遗传算法选择 4 个谱段,并优化谱段的起始位置,每个谱段宽度固定为 50 个光谱数据(大约有 3 nm 的宽度),即 4×50 个光谱数据。遗传算法优化的参数是谱段的起始位置,谱段宽度固定,只优化起始位置,能提高运算速度。对选出来的 200 维数的变量进行主成分分析,选出能够解释该谱段 95%以上信息的主成分作为 BP 分类模型的输入,最后使用验证集数据来验证 BP 分类模型的效果,验证数据在该分类模型的分类效果如图 10.29(a) 所示。为了更准确评价该分类模型的分类效果,又使用 720 个测试数据来测试这个模型的分类效果,这些测试数据是在传送带以 1.5 m/s 的速度运行时,每个样品第一次激发的光谱数据,即模拟了实际应用场景,分类效果如图 10.29(b) 所示,分类准确率达 95%以上。

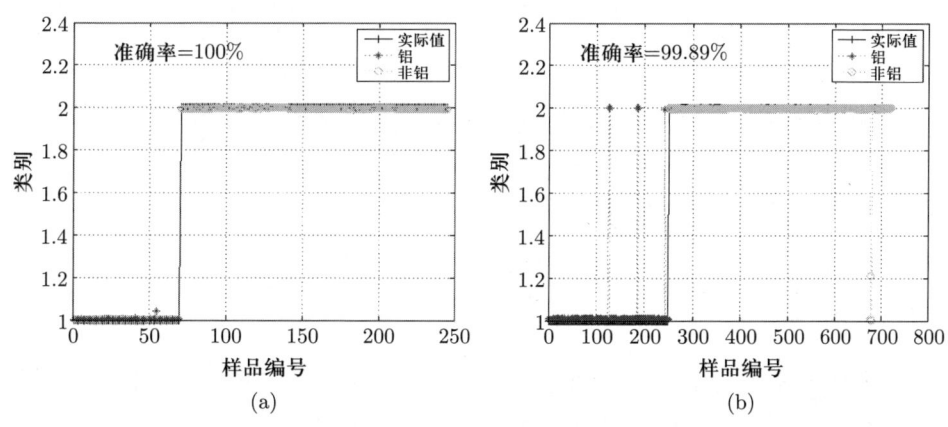

图 10.29 GA–PCA–BP 分类模型实验结果:(a) 验证数据;(b) 测试数据

对于多种废旧金属，即生铝、熟铝、镁、不锈钢、黄铜、锌和红铜，使用 SVM 算法建立分类模型。SVM 算法通过寻求结构化风险最小来提高学习机泛化能力，实现经验风险和置信范围的最小化，从而达到在统计样本量较少的情况下，亦能获得良好统计规律的目的，SVM 算法对于神经网络算法中出现的局部极小值问题有所改善，泛化能力较强。

与二分类方法相同，首先使用遗传算法选择信息丰富的谱段组合作为 SVM 分类模型的输入数据，输出为整数 1~7 分别代表生铝、熟铝、镁、不锈钢、黄铜、锌和红铜。图 10.30(a) 为验证样品的分类结果，同样为了验证分类模型的分类能力，使用 720 个测试数据来测试多分类模型的分类效果，如图 10.30(b) 所示，分类准确率为 91.35%，通过观察测试结果，生铝与熟铝、红铜与黄铜是分类错误较多的种类。现实中，生铝与熟铝、红铜与黄铜的成分也较接近，所以区分难度大。

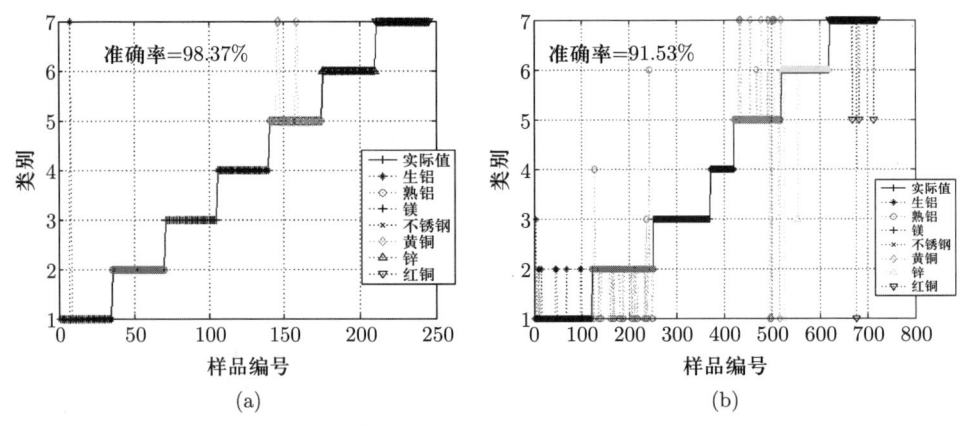

图 10.30　GA–SVM 分类模型实验结果：(a) 验证数据；(b) 测试数据

10.6　矿浆品位在线分析

10.6.1　概述

矿业是国民经济的支柱产业，选矿过程是矿业工程中的重要环节。它根据矿石中不同矿物物理、化学性质上的差异，通过重选、浮选、磁选和电选等方法，将磨碎和磨矿后的矿石粉末中的有用矿物与脉石矿物分开，并使各种共生的有用矿物尽可能相互分离，去除或降低有害杂质，以获得冶炼或其他工业所需原料。

选矿过程中的产品品位是指产品中金属或有价值成分对产品总量之比，是评定产品质量的重要指标之一。目前的选矿品位分析，以取样离线分析为主，数据获取需要 2~8 h，因此不能及时反馈指导生产。随着选矿生产自动化、信息化、高效化、智能化的需求，对品位信息的实时获得越来越重要。品位信息的及时获得，可以对浮选生产过程的药剂量、加水量等得到及时的调整与控制，从而对整个浮选过程形成闭环优化控制，进而提升生产效率和能源利用率。

早在 20 世纪 50 年代，国外就有实验室采用 X 射线荧光原理对矿浆品位进行分析，并在 1961 年设计出第一台矿浆载流射线分析仪。随后芬兰 Outokumpu 公司 (现 Outotec 公司)，成功研制出 Courier 系列大型矿浆载流 X 射线荧光品位分析仪。目前 Courier 系列产品已在芬兰、美国、加拿大、澳大利亚和波兰等国家得到推广应用，在国内也有包括凡口铅锌矿、德兴铜矿和永平铜矿等多个矿山采购使用。

国内的矿浆在线品位分析仪的研究与开发也主要集中于 X 射线荧光分析仪。例如：矿冶科技集团有限公司研发的 BOXA-III 型载流 X 射线荧光分析仪、西北矿冶研究院研发的 BYF100-III 型载流 X 射线分析仪、丹东东方测控公司研发的 DF-5730 型在线品位分析仪等产品。

载流 X 射线荧光分析仪的缺点是只能分析原子序数 20(Ca) 以后的元素，对于磷矿、煤矿等选矿过程无法应用，以及重金属矿中轻元素的分析也无法实现。而且，对于原矿种类多、矿浆性质与状态变化大的情况，X 射线荧光分析存在长期准确性下降、维护频繁等问题。

国际上，芬兰的 Outotec 公司最新的 Courier 8 系列矿浆在线分析仪即采用 LIBS 技术，其可测量范围不限于元素周期表序数 20(Ca) 以后的元素，亦可测量 C、S、P、Si 和 Al 等轻元素。

在国内，中国科学院沈阳自动化研究所是最早开展基于 LIBS 的矿浆品位在线分析仪器开发工作的科研机构，在国家重点研发计划重大科学仪器设备开发专项的支持下，研制出国内首套基于 LIBS 技术的矿浆品位在线分析仪 (型号为 SIA-LIBSlurry)。针对选矿矿浆特点，SIA-LIBSlurry 采用双激光脉冲非接触式激发、矿浆稳流及多通道防迸溅等创新技术方案，做到完全自动化、长期免维护运行,在磷矿选厂及铁矿选厂得到了成功应用。同时,SIA–LIBSlurry 矿浆品位 LIBS 在线分析仪器还获得了中国分析测试学会科学技术奖"BCEIA 金奖"。

下面内容将以 SIA–LIBSlurry 矿浆品位在线分析仪为背景,进行详细介绍。

10.6.2 系统结构

SIA–LIBSlurry 矿浆品位在线分析仪系统结构示意图如图 10.31 所示。等离子体激发采用高能量脉冲激光器,其波长、能量、聚焦光斑大小等参数都会对激发产生的等离子体的光谱强度、稳定性等造成直接影响。考虑到矿浆样品为含水样品,水对激光能量有较强的吸收,相对于固体样品而言,需要较高的能量来产生同等强度的等离子体光谱。所以 SIA–LIBSlurry 系统采用了纳秒双脉冲增强技术,即采用两台激光器,使用半波片及偏振片组成的合束光学系统,使两束激光共轴合束。合束激光经过扩束聚焦光学系统,使激光远距离聚焦至矿浆样品表面,进一步降低溅射到光学窗口的可能性。

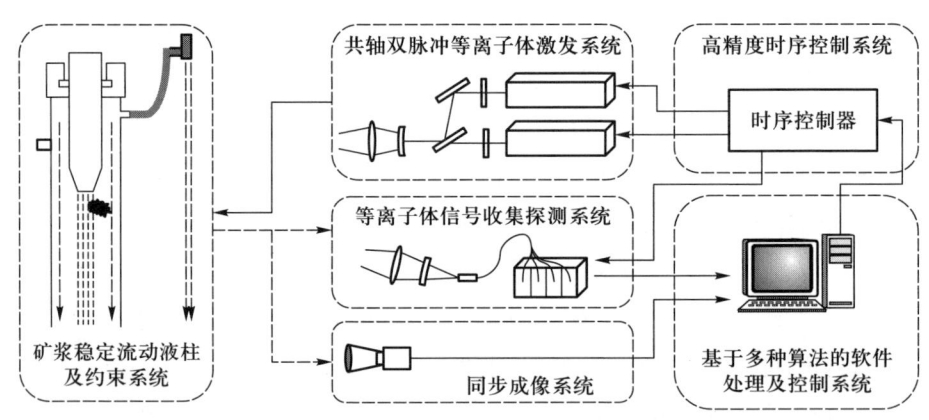

图 10.31 SIA–LIBSlurry 矿浆品位在线分析仪系统结构示意图

矿浆稳流及约束模块是对矿浆样品进行前处理的重要模块。该模块需要考虑测量过程中矿浆的稳定均匀,以及避免溅射液滴污染光学窗口。针对这一需求,采用稳流、约束及多级风墙的设计理念,分别设计了稳流系统、约束系统和多级风墙系统,如图 10.32 所示。整体设计防止了因激光聚焦至液体表面产生的溅射,同时提高了测量时液体的稳定状态,使设备的测量稳定性得到了有效提高。

第 10 章 | 冶金与选矿应用

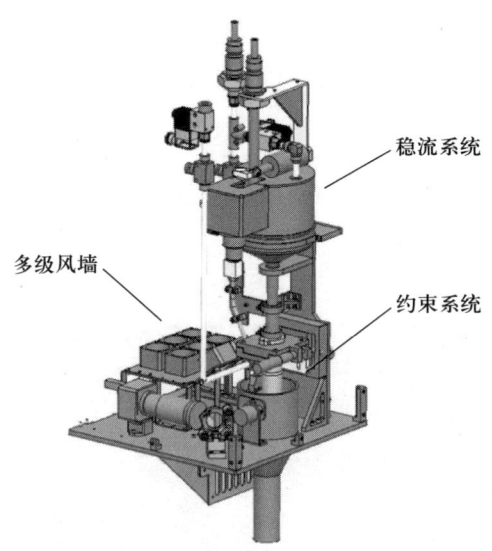

图 10.32　矿浆稳流及约束模块结构图

10.6.3　应用案例

SIA-LIBSlurry 矿浆品位在线分析仪在云南磷化集团的磷矿浮选过程，以及鞍钢集团铁矿选厂的磁选和浮选过程都开展了工业应用。现场通过多路取样器把管道输运的矿浆引入分析仪，每路矿浆测量总时间小于 5 min。2019 年 12 月～2020 年 8 月，分析仪在云南磷化集团磷矿浮选过程连续工作 (如图 10.33 所示)，同时测量了原矿、精矿、尾矿，并与实验室化验数据进行比对。随着数据的

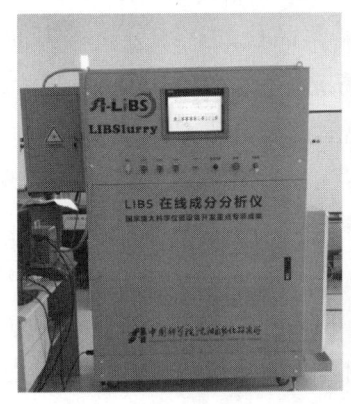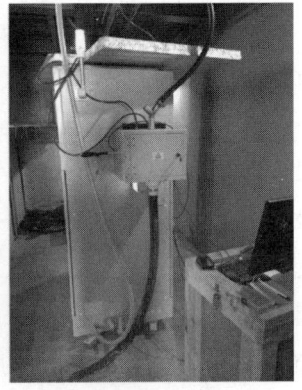

图 10.33　矿浆 LIBS 在线成分分析仪及在磷矿工业现场应用

323

积累，针对不同矿种优化建模，不断丰富建模样本数量。2020 年 7 月，将精矿测量结果与采样离线化验结果进行对比，平均偏差为 0.45%(P_2O_5)、0.27%(MgO)，定量分析模型用到了卷积神经网络。2021~2023 年，SIA–LIBSlurry 矿浆品位在线分析仪在鞍钢集团铁矿选厂实施应用(如图 10.34 所示)，同时测量浮选、磁选中 17 个点位的铁品位值，包括原矿、精矿、尾矿及重要中间过程产品，铁品位的平均绝对测量误差小于 1%，定量分析模型用到了非线性偏最小二乘。

图 10.34　矿浆 LIBS 在线成分分析仪在铁矿选厂工业应用

10.7　本章小结

本章从固体金属合金的离线分析、熔融金属合金的在线分析、金属材料偏析与夹杂的微区分析、废旧金属的分类分选以及矿浆品位的在线分析等方面，介绍了 LIBS 技术在冶金和选矿领域的应用研究情况。

冶金和选矿工业都是国民经济的支柱产业，是国家制造水平的重要体现之处。然而，长久以来这些领域的制造水平是大而不强，迫切需要创新的技术改变传统的生产模式，从而提高市场竞争力和国际竞争力。智能制造是国际发展趋势，是国家的重大需求，也是改变传统流程行业生产模式的必由之路。数据是基础，对生产过程的深度感知，是实现智能制造的基础和条件。温度、压力、流量和浓度等物理属性的感知遍布生产过程各个环节，但流程行业中一些化学信息的感知，由于分析过程的复杂性，成为智能制造深度感知的瓶颈问题。

激光诱导击穿光谱技术以其强大的技术优势吸引了众多学界和产业界的关注，在冶金和选矿领域的应用研究一直是该技术的热点研究方向。人们寄希望于 LIBS 技术可以真正解决冶金等流程行业期待已久的瓶颈问题，即化学成分的在线分析。从固态样品，到熔融液态样品，以及固液混合相样品，都有大量研究成果，在测量精度上和测量实施方案上都可以找到很多参考的案例。

然而，在线分析从技术验证到成熟的仪器之间是个艰辛的过程。技术在实验室验证可行只是个前提，成熟可靠的应用需要在实际的工业现场开展环境适应性研究，并不断地迭代。尤其在冶金和选矿流程，生产环境普遍存在高温、粉尘、振动、湿度高等特殊环境，生产环境恶劣不仅加剧了应用上的难度，而且对定量分析结果的影响也非常严重。

在钢铁领域，尽管大量研究验证了 LIBS 分析钢水的可行性，但在线分析钢水中痕量元素 S 和 P 仍然是个应用瓶颈。在有色金属领域，由于生产环境千差万别，如何实现应用的标准化是技术推广的难题。在选矿领域，如何提高模型的适应性，从而适应复杂基体矿物质的多样性，是促进 LIBS 在选矿领域大规模应用的关键。

总之，LIBS 技术在冶金和选矿领域的应用还达不到成熟阶段。目前刚刚有一些原型产品应用于现场，仍然需要现场数据的大量积累和仪器的优化迭代。算法分析要结合实际数据，人工智能算法、模型在线更新、模型迁移和自校正等方法将是算法研究的重要发展方向。

参考文献

[1] Lorenzen C J, Carlhoff C, Hahn U, et al. Applications of laser-induced emission spectral analysis for industrial process and quality control [J]. Journal of Analytical Atomic Spectrometry, 1992, 7(6): 1029–1035.

[2] Peter L, Sturm V, Noll R. Liquid steel analysis with laser-induced breakdown spectrometry in the vacuum ultraviolet [J]. Applied Optics, 2003, 42(30): 6199–6204.

[3] Volker S, Rüdiger F, Martinus D K, et al. Laser-induced breakdown spectroscopy for 24/7 automatic liquid slag analysis at a steel works [J]. Analytical Chemistry, 2014, 86(19): 9687–9692.

[4] Rifai K, Laflamme M, Constantin M, et al. Analysis of gold in rock samples using laser-induced breakdown spectroscopy: Matrix and heterogeneity effects [J]. Spectrochimica

Acta Part B: Atomic Spectroscopy, 2017, 134: 33–41.

[5] Sabsabi M, Cielo P. Quantitative analysis of aluminum alloys by laser-induced breakdown spectroscopy and plasma characterization [J]. Applied Spectroscopy, 1995, 49(4): 499–507.

[6] St-onge L, Sabsabi M, Cielo P. Analysis of solids using laser-induced plasma spectroscopy in double-pulse mode [J]. Spectrochimica Acta Part B: Atomic Spectroscopy, 1998, 53(3): 407–415.

[7] Moreau A, Hamel A, Bouchard P, et al. Laser-induced breakdown spectroscopy of molten matte [J]. CIM Journal, 2018, 9.

[8] Aguilera J A, Aragón C, Campos J. Determination of carbon content in steel using laser-induced breakdown spectroscopy [J]. Applied Spectroscopy, 1992, 46(9): 1382–1387.

[9] Aragón C, Aguilera J A, Campos J. Determination of carbon content in molten steel using laser-induced breakdown spectroscopy [J]. Applied Spectroscopy, 1993, 47(5): 606–608.

[10] Aguilera J A, Aragón C, Peñalba F. Plasma shielding effect in laser ablation of metallic samples and its influence on LIBS analysis [J]. Applied Surface Science, 1998, 127–129: 309–314.

[11] Aragón C, Bengoechea J, Aguilera J A. Influence of the optical depth on spectral line emission from laser-induced plasmas [J]. Spectrochimica Acta Part B: Atomic Spectroscopy, 2001, 56(6): 619–628.

[12] Monge E M, Aragón C, Aguilera J A. Space- and time-resolved measurements of temperatures and electron densities of plasmas formed during laser ablation of metallic samples [J]. Applied Physics A, 1999, 69(1): S691–S694.

[13] Aragón C, Peñalba F, Aguilera J A. Spatial distributions of the number densities of neutral atoms and ions for the different elements in a laser induced plasma generated with a Ni-Fe-Al alloy [J]. Analytical Bioanalytical Chemistry, 2006, 385(2): 295–302.

[14] Aragón C, Aguilera J A. Direct analysis of aluminum alloys by CSigma laser-induced breakdown spectroscopy [J]. Analytica Chimica Acta, 2018, 1009: 12–19.

[15] Gruber J, Heitz J, Arnold N, et al. In situ analysis of metal melts in metallurgic vacuum devices by laser-induced breakdown spectroscopy [J]. 2004, 58(4): 457–462.

[16] Ramaseder N, Gruber J, Heitz J, et al. VAI-CON® Chem—A new continuous chemical analysis system of liquid steel in metallurgical vessels [J]. La Metallurgia Italiana, 2004, 96: 60–63.

[17] 姚宁娟, 陈吉文, 杨志军, 等. 一种用于冶金炉前快速分析的新仪器——激光诱导击穿

光谱仪 [J]. 2007, 27(07): 1452–1454.

[18] Sun L, Yu H. Automatic estimation of varying continuum background emission in laser-induced breakdown spectroscopy [J]. Spectrochimica Acta Part B: Atomic Spectroscopy, 2009, 64(3): 278–287.

[19] Sun L, Yu H. Correction of self-absorption effect in calibration-free laser-induced breakdown spectroscopy by an internal reference method [J]. Talanta, 2009, 79(2): 388–395.

[20] Sun L, Yu H, Cong Z, et al. Applications of laser-induced breakdown spectroscopy in the aluminum electrolysis industry [J]. Spectrochimica Acta Part B: Atomic Spectroscopy, 2018, 142: 29–36.

[21] Zhang B, Sun L, Yu H, et al. A method for improving wavelet threshold denoising in laser-induced breakdown spectroscopy [J]. Spectrochimica Acta Part B: Atomic Spectroscopy, 2015, 107: 32–44.

[22] Zhang P, Sun L, Yu H, et al. An image auxiliary method for quantitative analysis of laser-induced breakdown spectroscopy [J]. Analytical Chemistry, 2018, 90(7): 4686–4694.

[23] Zhang P, Sun L X, Yu H B, et al. An intensity correction method combined with plasma position information for laser-induced breakdown spectroscopy [J]. Journal of Analytical Atomic Spectrometry, 2017, 32(12): 2371–2377.

[24] Sun L, Yu H, Cong Z, et al. In situ analysis of steel melt by double-pulse laser-induced breakdown spectroscopy with a Cassegrain telescope [J]. Spectrochimica Acta Part B: Atomic Spectroscopy, 2015, 112: 40–48.

[25] 辛勇, 李洋, 蔡振荣, 等. 激光诱导击穿光谱液态金属成分在线分析仪在线监测熔融铝液中元素成分 [J]. 2019, 39(1): 15–20.

[26] 辛勇, 孙兰香, 杨志家, 等. 基于一种远程双脉冲激光诱导击穿光谱系统原位分析钢样成分 [J]. 光谱学与光谱分析, 2016, 36(7): 2255–2259.

[27] 辛勇, 孙兰香, 丛智博, 等. 利用激光诱导击穿光谱技术对高合金钢的实验研究 [J]. 冶金分析, 2010, 30(S): 120–123.

[28] Xin Y, Sun L, Cong Z, et al. In deep UV quantitative analysis of multi–element low alloy steel by laser-induced breakdown spectroscopy [J]. Journal of Computer and Communications, 2013: 19–22.

[29] 孙兰香, 于海斌, 丛智博, 等. 激光诱导击穿光谱技术结合神经网络定量分析钢中的 Mn 和 Si [J]. 光学学报, 2010, 30(9): 2757–2765.

[30] 孙兰香, 于海斌, 辛勇, 等. 采用激光诱导击穿光谱技术测定合金钢中锰和硅的含量 [J]. 光谱学与光谱分析, 2010, 30(12): 3186–3190.

[31] 丛智博, 孙兰香, 辛勇, 等. 基于激光诱导击穿光谱的合金钢组分偏最小二乘法定量分

析 [J]. 光谱学与光谱分析, 2014, 34(2): 542–547.

[32] Peng Z, Sun L, Kong H, et al. A method derived from genetic algorithm, principal component analysis and artificial neural networks to enhance classification capability of laser-Induced breakdown spectroscopy[C]//Applied Optics and Photonics China, 2017.

[33] Kong H, Sun L, Hu J, et al. Selection of spectral data for classification of steels using laser-induced breakdown spectroscopy [J]. Plasma Science and Technology, 2015, 17(11): 964–970.

[34] 孔海洋, 孙兰香, 胡静涛, 等. 激光诱导击穿光谱定量化标定谱线自动选择方法 [J]. 光谱学与光谱分析, 2016, 36(5): 1451–1457.

[35] 孙兰香, 于海斌. 利用激光诱导击穿光谱对铝合金成分进行多元素同时定量分析 [J]. 光谱学与光谱分析, 2009, 29(12): 3375–3378.

[36] 周中寒, 田雪咏, 孙兰香, 等. Fiber-LIBS 技术结合 SVM 鉴定铝合金牌号 [J]. 激光与光电子学进展, 2018, 55: 1–7.

[37] Cong Z, Sun L, Xin Y, et al. Comparison of calibration curve method and partial least square method in the laser induced breakdown spectroscopy quantitative analysis [J]. Journal of Computer and Communications, 2013, 1: 14–18.

[38] Qi L, Sun L, Cong Z, et al. Double-pulse remote laser-induced breakdown spectroscopy analysis of magnesium alloys [J]. Journal of Computer and Communications, 2013, 1: 36–39.

[39] Xin Y, Sun L, Yang Z, et al. In situ analysis of magnesium alloy using a standoff and double-pulse laser-induced breakdown spectroscopy system [J]. Frontiers of Physics, 2016, 11(5): 115207.

[40] 孙兰香, 于海斌, 丛智博, 等. 利用 LIBS 技术在线半定量分析液态钢成分 [J]. 仪器仪表学报, 2011, 32(11): 2602–2608.

[41] 孙兰香, 于海斌, 辛勇, 等. 基于激光诱导击穿光谱的钢液成分在线监视 [J]. 中国激光, 2011, 38(9): 215–220.

[42] Rai A K, Fang Y Y, Singh J P, et al. High temperature fiber optic laser-induced breakdown spectroscopy sensor for analysis of molten alloy constituents [J]. Review of Scientific Instruments, 2002, 73(10): 3589–3599.

[43] Xin Y, Yang L, Wei L, et al. 基于 LIBS 技术在线监测熔融铝水中的元素成分 [J]. 光子学报, 2018.

[44] 袁平, 张雪珍. 激光产生等离子体的研究 [J]. 核聚变与等离子体物理, 1995, (2): 47–53.

[45] 刘珊珊, 林思寒, 张俊, 等. 单脉冲激光诱导击穿光谱定量分析猪饲料中铜元素含量 [J]. 激光与光电子学进展, 2017, 5: 336–344.

[46] 钱燕, 钟厦, 何勇, 等. 激光波长对煤激光诱导击穿光谱特性影响的试验研究 [J]. 光谱学与光谱分析, 2017, 37(6): 1890–1895.

[47] 徐送宁, 段文钊, 宁日波, 等. 激光诱导击穿铜特征谱线自吸收特性研究 [J]. 光谱学与光谱分析, 2016, 36(4): 1175–1179.

[48] 余克强, 赵艳茹, 刘飞, 等. 应用激光诱导击穿光谱对土壤中多元素同时定量分析 [J]. 光谱学与光谱分析, 2017, 37(9): 2879–2884.

[49] 章婷婷, 舒嵘, 刘鹏希, 等. 远程激光诱导击穿光谱技术分析岩石元素成分 [J]. 光谱学与光谱分析, 2017, 37(2): 594–598.

[50] NOLL R. Laser-induced breakdown spectroscopy: fundamentals and applications [J]. 2011, 85(2): 640–669.

[51] Miziolek A W, Palleschi V, Schechter I. Laser-induced breakdown spectroscopy (LIBS): fundamentals and applications [J]. Critical Reviews in Analytical Chemistry, 2006, 27(4): 257–290.

[52] Sun L, Wang W, Tian X, et al. Progress in research and application of micro-laser-induced breakdown spectroscopy [J]. Chinese Journal of Analytical Chemistry, 2018, 46(10): 1518–1526.

[53] Denis M, Pascal F, Jean-luc L, et al. Micro-laser-induced breakdown spectroscopy technique: a powerful method for performing quantitative surface mapping on conductive and nonconductive samples [J]. Applied Optics, 2003, 42(30): 6063–6071.

[54] 林庆宇, 段忆翔. 激光诱导击穿光谱: 从实验平台到现场仪器 [J]. 分析化学, 2017, 45(9): 1405–1414.

[55] Menut D, Descostes M, Meier P, et al. Europium migration in argilaceous rocks: On the use of micro laser-induced breakdown spectroscopy (micro LIBS) as a microanalysis tool [J]. Mrs Proceedings, 2006, 932: 201.

[56] Afgan M S, Hou Z, Zhe W. Quantitative analysis of common elements in steel using a handheld μ-LIBS instrument [J]. Journal of Analytical Atomic Spectrometry, 2017, 32(10): 1905–1915.

[57] Nouvellon C, Sallé B, Palianov P. Experimental investigations of laser ablation efficiency of pure metals with femto, pico and nanosecond pulses [J]. Applied Surface Science, 1999, 138(98): 311–314.

[58] Linde D V D, Sokolowski-tinten K, Bialkowski J. Laser–solid interaction in the femtosecond time regime [J]. Applied Surface Science, 1997, 109–110: 1–10.

[59] Momma C, Chichkov B N, Nolte S, et al. Short-pulse laser ablation of solid targets [J]. Optics Communications, 1996, 129(1): 134–142.

[60] Semerok A, Chaléard C, Detalle V, et al. Experimental investigations of laser ablation

efficiency of pure metals with femto, pico and nanosecond pulses [J]. Applied Surface Science, 1999, 138(98): 311–314.

[61] Semerok A, Sallé B, Wagner J F, et al. Femtosecond, picosecond, and nanosecond laser microablation: Laser plasma and crater investigation [J]. Laser Particle Beams, 2002, 20(1): 574–579.

[62] Vadillo J M, Palanco S, Romero M D, et al. Applications of laser-induced breakdown spectrometry (LIBS) in surface analysis [J]. Fresenius Journal of Analytical Chemistry, 1996, 355(7-8): 909–912.

[63] 刘晓娜, 黄建梅, 吴志生, 等. Microanalysis of multi-element in juncus effusus L. by LIBS Technique [J]. 等离子体科学和技术 (英文版), 2015, 17(11): 904–908.

[64] Motto-ros V, Negre E, Pelascini F, et al. Precise alignment of the collection fiber assisted by real-time plasma imaging in laser-induced breakdown spectroscopy [J]. Spectrochimica Acta Part B: Atomic Spectroscopy, 2014, 92(2): 60–69.

[65] Wang W, Sun L, Zhang P, et al. A method of laser focusing control in micro-laser-induced breakdown spectroscopy [J]. Plasma Science Technology, 2019, 21(3): 31–39.

[66] Noll R, Bette H, Brysch A, et al. Laser-induced breakdown spectrometry — applications for production control and quality assurance in the steel industry [J]. Spectrochimica Acta Part B: Atomic Spectroscopy, 2001, 56(6): 637–649.

[67] Bette H, Noll R. High speed laser-induced breakdown spectrometry for scanning microanalysis [J]. Journal of Physics D: Applied Physics, 2004, 37(8): 1281–1288.

[68] Bette H, Noll R, Jansen H W. High-speed scanning laser-induced breakdown spectroscopy at 1000 Hz with single pulse evaluation for the detection of inclusions in steel [J]. Journal of Laser Applications, 2005, 17(3): 183–190.

[69] Mateo M P, Cabalin L M, Baena J M, et al. Surface interaction and chemical imaging in plasma spectrometry induced with a line-focused laser beam [J]. Spectrochimica Acta Part B: Atomic Spectroscopy, 2002, 57(3): 601–608.

[70] Mateo M P, Cabalin L M, Laserna J J. Automated line-focused laser ablation for mapping of inclusions in stainless steel [J]. Applied Spectroscopy, 2003, 57(12): 1461–1467.

[71] Cabalín L M, Mateo M P, Laserna J J. Large area mapping of non-metallic inclusions in stainless steel by an automated system based on laser ablation [J]. Spectrochimica Acta Part B: Atomic Spectroscopy, 2004, 59(4): 567–575.

[72] Kuss H M, Mittelstädt H, Müller G, et al. Fast scanning laser-OES. I. characterization of non-metallic inclusions in steel [J]. Analytical Letters, 2003, 36(3): 659–665.

[73] Kuss H M, Mittelstaedt H, Mueller G. Inclusion mapping and estimation of inclusion contents in ferrous materials by fast scanning laser-induced optical emission spectrom-

etry [J]. Journal of Analytical Atomic Spectrometry, 2005, 20(8): 730–735.

[74] Kuss H M, Mittelstadt H, Muller G, et al. Fast scanning laser-OES. II. Sample material ablation and depth profiling in metals [J]. Analytical Letters, 2003, 36(3): 667–677.

[75] Boué-bigne F. Analysis of oxide inclusions in steel by fast laser-induced breakdown spectroscopy scanning: An approach to quantification [J]. Applied Spectroscopy, 2007, 61(3): 333–337.

[76] Boué-bigne F. Laser-induced breakdown spectroscopy and multivariate statistics for the rapid identification of oxide inclusions in steel products [J]. Spectrochimica Acta Part B: Atomic Spectroscopy, 2016, 119: 25–35.

[77] Boué-bigne F. Laser-induced breakdown spectroscopy applications in the steel industry: Rapid analysis of segregation and decarburization [J]. Spectrochimica Acta Part B: Atomic Spectroscopy, 2008, 63(10): 1122–1129.

[78] Boué-bigne F. Simultaneous characterization of elemental segregation and cementite networks in high carbon steel products by spatially-resolved laser-induced breakdown spectroscopy [J]. Spectrochimica Acta Part B: Atomic Spectroscopy, 2014, 96(6): 21–32.

[79] Nakahata S, Kashiwakura S, Wagatsuma K. Quantitative distribution analysis of alumina inclusion particles in ferritic stainless steels by using laser-induced breakdown optical emission spectrometry: Distribution analysis of alumina inclusions by LIBS [J]. Surface Interface Analysis, 2017, 49(8): 740–749.

[80] Zhang Y, Jia Y, Chen J, et al. Segregation bands analysis of steel sample using laser-induced breakdown spectroscopy [J]. Spectroscopy Spectral Analysis, 2013, 33(12): 3383–3387.

[81] Yang C, Jia Y, Chen J, et al. Characterization of inclusion type in steel by laser-induced breakdown spectroscopy [J]. Chinese Journal of Analytical Chemistry, 2014, 42(11): 1623–1628.

[82] Yang C, Jia Y, Wang H, et al. Statistical analysis of relation of manganese sulfide inclusion area to signal intensity by laser-induced breakdown spectroscopy [J]. Chinese Journal of Analytical Chemistry, 2018, 46(2): 265–272.

[83] Yang C, Jia Y, Zhang Y. Determination of acid-insoluble aluminum content in steel by laser-induced breakdown spectroscopy] [J]. Spectroscopy Spectral Analysis, 2015, 35(3): 777–781.

[84] Zhang Y, Jia Y, Yang C, et al. Characterization of the globular oxide inclusion ratings in steel using laser-induced breakdown spectroscopy [J]. 物理学前沿：英文版, 2016, 11(6): 273–279.

[85] 周春芳, 周占兴. 新型的废金属破碎分选生产线发展设想 [J]. 冶金设备, 2014, S1: 130–

132.

[86] Hahn D W, Omenetto N. Laser-induced breakdown spectroscopy (LIBS), part II: review of instrumental and methodological approaches to material analysis and applications to different fields [J]. Applied Spectroscopy, 2012, 66(4): 347–419.

[87] 孔海洋. 激光诱导击穿光谱数据特征自动提取方法研究 [D]. 沈阳: 中国科学院大学, 2015.

第 11 章 水泥生料检测应用

11.1 引言

水泥是国民经济建设中不可或缺的基础原材料,目前国内外还没有一种建筑材料可以替代水泥的地位。作为国民经济的重要基础产业,水泥工业已成为社会发展水平和综合实力的重要标志。新中国成立 60 多年以来,我国水泥工业经历了跟随、追赶和超越引领 3 个阶段,实现了大发展,特别是在改革开放后的 35 年来,水泥工业发展尤为迅猛,从 1985 年起我国水泥产量已位居世界第一位。作为建筑材料中最基础的成分之一,水泥对建筑结构的安全性和稳定性具有重要影响。其性能直接影响建筑物的强度、耐久性和使用寿命。通过对水泥进行全面的检测和分析,可以评估其物理特性、化学成分、水化程度和力学性能等,为建筑工程设计和材料选择提供可靠依据,可以确保建筑物的质量符合标准要求,预防因水泥质量问题导致的建筑事故和损坏。除此之外,通过水泥检测还可以准确控制原材料的配比和生产过程的参数,实现水泥的高效利用和节能减排,促进可持续发展。

近年来,水泥工业向着规模化、自动化、智能化发展,新型干法水泥生产技术逐渐占据主导地位,水泥生产的产量和质量得到显著提升。在胶凝材料中,化学分析是评估其耐久性、质量和损伤程度的基本程序。这种材料是高度不均匀和多孔的,主要由水泥、骨料和水的混合物组成。随着时间的推移,由于外部环境(如氯化物、碱和硫酸盐的进入)引发的不同破坏过程,这些混凝土结构往往会失去质量并开始开裂。监测和量化这些物质是建筑行业评估结构质量和耐久性的主要关注点之一。硅酸盐水泥熟料中各氧化物并不是以单独状态存在的,而是由各种氧化物化合成的多矿物集合体。因此在水泥生产中不仅要控

---
① 本章由山西大学张雷教授撰写。

制各氧化物含量，还应控制各氧化物之间的比例即率值，保证三率值 [三率值包括饱和比 (KH)、硅率 (SM) 和铝率 (IM)] 的均匀稳定是新型干法水泥生产技术的关键。目前，国内外水泥厂都把率值作为控制生产的主要指标，在一定工艺条件下，率值是质量控制的基本要素。从生料制备-熟料煅烧-水泥制成的生产流程看，入窑生料三率值的均匀稳定是保证水泥窑热工制度稳定的前提，直接影响水泥的质量和产量；从控制的角度看，生料制备也是全流程中最具弹性、可控性最好的环节。因此，水泥生产过程质量控制中，生料质量控制是保证生产优质熟料和确保水泥品质的基础。传统的过程质量控制均为预先控制、事后检验，从而导致调整滞后、水泥产品质量波动大，给生产控制带来被动局面。特别是大型化、自动化的干法水泥生产，对水泥生产过程质量控制提出更高的要求，传统耗时的化学分析方法逐渐显示出它的局限性。应运而生的在线中子活化分析仪，一定程度上改善了这一局面，但是该技术需要用到放射源，使得设备在操作、管理、维护等方面有诸多不便，而且该技术受到皮带上混合物料形状体积不均匀等条件的限制，测量稳定性较差。总之，水泥检测的重要性在于保障建筑安全、评估材料性能、确保节能环保和符合质量标准要求。通过采用准确可靠的检测方法，可以提高水泥工业的生产效率、产品质量和市场竞争力，为可持续发展和建筑行业的发展做出积极贡献。

11.2 传统水泥生料检测方法

水泥检测技术有多种，常用的方法包括化学分析法、物理性能测试、表面分析技术、声学测试、光谱分析技术，具体阐述如下。

1. 化学分析法

国标 GB/T176—2008 中规定的测定常用的水泥生料化学分析方法有：重量分析法、容量分析法、比色分析法、配位滴定法、火焰光度法和原子吸收分光光度法等[1]。表 11.1 中列出了水泥中各成分化学分析方法的对比。化学分析法技术成熟、测量精度均符合国标规定，但是一般从取样到分析完成之间需要消耗数小时，期间会有大量的问题料出现，直接影响煅烧的稳定性。

2. 物理性能测试

物理性能测试是评估水泥质量的重要手段[2]。常见的物理性能测试方法包括抗压强度测试、吸水性测试、凝结时间测试、水化热测试等。这些测试方法通过对水泥样品在特定条件下的性能表现进行评估,来判断其质量和性能。

表 11.1　水泥中各成分化学分析方法

成分	基准法	代用法
CaO	EDTA 滴定法	氢氧化钠熔样–EDTA 滴定法 高锰酸钾滴定法
SiO_2	氯化铵重量法	氟硅酸钾容量法
Al_2O_3	EDTA 直接滴定法	硫酸铜返滴定法
Fe_2O_3	EDTA 直接滴定法	原子吸收光谱法 邻菲罗啉分光光度法
MgO	原子吸收光谱法	EDTA 滴定差减法
TiO_2	二安替比林甲烷分光光度法	—
K_2O	火焰光度法	原子吸收光谱法
Na_2O		
Cl^-	硫氰酸铵容量法	磷酸蒸馏–汞盐滴定法
MnO	高碘酸钾氧化分光光度法	原子吸收光谱法

3. 表面分析技术

在水泥检测中,表面分析技术可以提供关于水泥颗粒的形貌、结构和化学成分的信息。常见的表面分析技术包括扫描电子显微镜 (scanning electron microscope, SEM)、X 射线衍射 (X-ray diffraction, XRD) 和红外光谱 (infrared spectrum, IRS) 分析。

(1) X 射线衍射。XRD 是一种用于分析晶体结构的技术,可用于确定水泥中矿物相的组成和含量[3]。通过照射水泥样品 X 射线束,测量不同角度下的衍射光谱,可以获得水泥中各种矿物的特征衍射峰,从而确定其相对含量和结构特征。XRD 可以提供关于水泥中水化产物和未反应矿物的信息,有助于了解水泥的硬化过程和性能。

(2) 扫描电子显微镜[4]。SEM 是一种高分辨率的显微镜技术,可用于观察水泥表面的形貌和微观结构。通过扫描电子束照射样品表面,检测产生的反射电子、二次电子和散射电子等信号,可以获取水泥颗粒的形状、尺寸、表面纹理和孔隙结构等信息。此外,SEM 还可以与能量色散 X 射线光仪 (energy dispersive X-ray spectroscopy, EDX) 结合使用,以获取水泥中元素的定性和定量分析。

(3) 红外光谱分析[5]。红外光谱分析技术通过测量水泥样品在红外波段内的吸收和散射光谱,提供关于水泥中功能基团和化学键的信息。水泥中的主要成分,如硅酸盐胶体、水合物和无定形物等,都具有特定的红外吸收峰。通过分析红外光谱,可以确定水泥的化学组成、水合程度和结构特征,以及识别其中的杂质和掺合料。

4. 声学测试

声学测试方法可用于评估水泥的质量和强度。常见的声学测试方法包括超声波检测和声发射技术。超声波检测可以通过测量超声波在水泥中的传播速度和衰减来评估其物理性能。声发射技术则是通过监测水泥样品在加载或应力作用下的声波信号来评估其结构完整性和耐久性。

(1) 超声波检测。该方法是利用超声波在材料中传播的特性进行非破坏性检测的方法[6]。通过将超声波传入水泥样品中,可以测量超声波在材料中的传播速度和衰减情况。根据超声波在不同材料中的传播规律,可以推断水泥材料的物理性能,如密度、弹性模量和抗压强度等。此外,超声波检测还可用于评估水泥中的裂缝、空洞和缺陷等。

(2) 声发射技术。该方法是通过监测材料在加载或应力作用下产生的声波信号来评估其结构完整性和耐久性的方法[7]。在水泥材料中,应力或负荷的变化可能会导致裂缝的产生和扩展,从而引起声波的辐射。通过监测和分析这些声波信号,可以判断水泥材料的损伤程度和耐久性。声发射技术对于评估水泥材料在实际使用条件下的性能和寿命具有重要意义。

5. 光谱分析技术

光谱分析技术在水泥检测中被广泛应用,它是利用材料在特定波长范围内吸收、散射或发射的光谱信息来获取关于水泥成分、质量和性能的数据。常见的光谱分析技术包括近红外光谱 (near infrared spectrum, NIRS)、红外光谱 (infrared spectrum, IRS) 和拉曼光谱等。

(1) 近红外光谱[5]。NIRS 分析是一种基于近红外波段的分析技术,通过测量水泥样品在近红外波段内的吸收和散射光谱,来获取水泥中化学成分和性能的信息。近红外光谱与水泥中的主要成分如水化产物、无定形物和掺合料等之间的吸收特征有关,因此可以用于定性和定量分析水泥样品中的成分含量、水化程度、强度等。

(2) 红外光谱[8]。IRS 分析是一种基于材料对红外辐射的吸收和散射进行分析的技术。在水泥检测中，红外光谱可以提供关于水泥样品中功能基团、化学键和晶体结构的信息。水泥中的主要成分如硅酸盐胶体、水合物和无定形物等具有特定的红外吸收峰，通过分析红外光谱可以确定水泥的化学组成、水化程度和结构特征，以及识别其中的杂质和掺合料。

(3) 拉曼光谱。拉曼光谱分析是一种基于光散射现象的技术，通过测量材料在受激激光照射下产生的散射光谱来获取其分子振动信息[9]。在水泥检测中，拉曼光谱可以提供水泥中矿物相、晶体结构和分子振动的信息。通过分析拉曼光谱，可以确定水泥中的矿物组成、相对含量和结构特征。

(4) 激光诱导击穿光谱(laser-induced breakdown spectroscopy, LIBS)。LIBS技术是通过激光脉冲击穿水泥样品，产生等离子体并进行光谱分析，以确定水泥中的元素含量和比例。LIBS技术具有无损、非接触、快速的优点，逐渐在水泥检测领域得到广泛应用。

(5) 中子活化分析法

中子活化分析(neutron activation analysis, NAA)法[10]的原理(如图11.1所示)为：利用中子照射待检测样品，样品产生核反应，一些元素转变为放射性核素，研究这些核素的放射性特点，如射线的种类和能量、半衰期等，来确定样品中某些元素的含量。中子活化分析法属于在线分析方法，克服了传统方法耗时长的缺点，但是该技术需要用到放射源，使得设备在操作、管理、维护等方面有诸多不便。除此之外，中子活化分析技术受到块状样品形状体积不均匀等条件的限制，测量稳定性大大受影响，难以满足指导精确控制的要求。

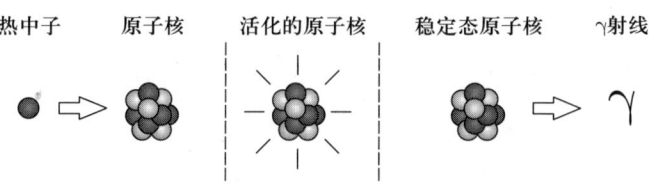

图 11.1 中子活化分析法

11.3 LIBS 水泥检测优势及应用

11.3.1 LIBS 检测优势

LIBS 技术相较于传统的水泥检测技术具有多个优点[11-16]，使其成为一种理想的分析方法。

(1) 快速性。LIBS 技术具有极高的分析速度，通常仅需几秒钟至几分钟即可完成一次分析。这使得在水泥生产和质量控制过程中能够实时监测和快速反馈水泥样品的成分和性能信息，提高生产效率和质量管理的实时性。

(2) 无需预处理。与许多传统的化学分析方法相比，LIBS 技术不需要对水泥样品进行复杂的预处理步骤。传统方法如湿化学分析需要样品的溶解、稀释和前处理等步骤，耗时且容易引入误差。而 LIBS 可以直接对固体或粉末样品进行分析，节省了时间和人力成本，并减少了分析过程中的样品污染和损失。

(3) 非破坏性。LIBS 技术是一种非破坏性的分析方法，仅需要对水泥样品表面进行激光照射即可获取光谱信息，不会对样品造成实质性的损伤。这对于有限样品量的情况下尤为重要，可以保留水泥样品的完整性，进行进一步的分析和测试。

(4) 多元分析能力。LIBS 中包含了丰富的信息，可以获取水泥样品中多个元素的光谱信号。通过结合多元分析方法如主成分分析 (PCA) 和偏最小二乘回归 (PLSR)，可以实现对水泥样品中多个成分的定量分析和快速识别。

(5) 灵敏度高。LIBS 技术可以检测水泥中微量元素的存在，其检测灵敏度可以达到 ppm 级别。

(6) 实验操作简便。LIBS 仪器的操作相对简单，不需要复杂的操作技术和专业知识。这使得 LIBS 技术可以在水泥工业现场或实验室中广泛应用，操作人员可以快速上手并进行分析。

(7) 低成本。相对于传统的检测方法，LIBS 技术的仪器成本和操作成本都较低，因此可以节省成本并提高检测效率。

综上所述，LIBS 技术适用于水泥检测，主要得益于其快速、无需预处理和非破坏性等优点。这使得 LIBS 成为水泥工业中实时监测、质量控制和快速分析的有力工具，促进了水泥行业的发展和质量提升。

11.3.2 LIBS 检测水泥应用范围

LIBS 技术在水泥工业中有广泛的应用领域，包括成分分析、质量控制和强度评估等方面。

(1) 成分分析。LIBS 可用于水泥样品的快速成分分析。通过检测水泥中的主要元素和化合物，如钙、硅、铝、铁、氧化物等，可以确定水泥的组成和含量，以及掺合料的添加情况。这对于检测水泥样品的成分一致性、质量稳定性和产品合规性具有重要意义。

(2) 质量控制。LIBS 技术可用于水泥生产过程中的质量控制。通过对水泥样品的 LIBS 分析，可以实时监测关键成分的含量和比例，以及水化程度等参数。这有助于生产过程中及时调整原材料配比，确保水泥产品的质量一致性和性能稳定性。

(3) 强度评估。水泥的强度是衡量其质量和适用性的关键指标之一。LIBS 技术可以通过分析水泥样品中的成分和结构特征，预测其强度和耐久性。这为建筑工程设计和材料选择提供了重要参考，帮助确保建筑结构的稳定性和安全性。

(4) 掺合料分析。水泥中常常添加掺合料以改善其性能和减少环境影响。LIBS 技术可用于掺合料的快速鉴别和定量分析，例如粉煤灰、矿渣粉等。通过对掺合料成分的准确分析，可以优化水泥配比，提高产品的性能和可持续性。

(5) 环境监测。水泥生产和使用过程中产生的废弃物和排放物可能对环境造成影响。LIBS 技术可以用于监测水泥中的有害元素含量，如重金属元素的检测和分析。这有助于评估水泥工业对环境的影响，指导环境保护和可持续发展。

LIBS 在水泥工业中的应用领域包括成分分析、质量控制、强度评估、掺合料分析和环境监测等。通过利用 LIBS 技术，可以实现快速、准确和非破坏性的水泥分析，促进水泥工业的迅速发展。

11.3.3　LIBS 水泥检测挑战及解决措施

LIBS 作为一种快速、无需样品预处理的化学分析技术，用于水泥检测具有很大的潜力。然而，它也面临一些挑战，包括以下几个方面。

(1) 水泥中的复杂成分。水泥是由多种化合物组成的复杂材料，包括硅酸盐胶体、水化产物、掺合料等，这些成分的光谱特征可能重叠在一起，造成 LIBS 信号的干扰和重叠，使准确的成分分析变得困难。解决措施：通过选择合适的激光参数和光谱分析方法，可以优化 LIBS 信号的分辨率和灵敏度，以准确区分水泥中的不同成分；此外，结合多元分析方法如主成分分析 (PCA) 和偏最小二乘回归 (PLSR) 等，可以进一步提高分析结果的准确性。

(2) 表面形貌和不均匀性。水泥样品表面的不均匀性和粗糙度可能会导致激光与样品的耦合效率不稳定，进而影响 LIBS 信号的强度和稳定性。解决措施:使用合适的光束聚焦方式和采样技术,以确保激光与样品的良好耦合;另外,对于不均匀的样品,可以进行多点或多个位置的测量,并对结果进行统计处理,以获得更可靠的分析结果。

(3) 宏观效应的影响。在 LIBS 分析过程中,激光与水泥样品的相互作用会引发一系列宏观效应,如溅射、颗粒烧蚀和等离子体膨胀等,这些效应可能会对 LIBS 信号的产生和测量造成干扰。解决措施:可以选取合适的探测器或者低能量大光斑方式,同时优化吹风口设置,改善被测样品粉末飞扬。

综上所述,为了解决 LIBS 检测水泥所面临的问题,通常可以通过优化激光参数、控制激光能量和脉冲宽度,以及合理选择探测器和实验条件来提高分析的准确性。此外,对于不同样品类型和水泥成分的分析,还需要针对性地设计实验方案和数据处理方法,以解决特定问题。

11.4 检测方法技术

LIBS 应用于水泥测量主要集中在以下几个方向的发展:元素分析、精度优化以及实验系统的工业化发展。

11.4.1 元素分析

Mansoori 等 [17] 采用 LIBS 技术测定了水泥粉状样品的元素浓度,根据局域热平衡(LTE)假设并与标准水泥样品进行比对,绘制出了水泥样品中各元素的定标曲线,定性和定量地测定了水泥的主量元素和次量元素,包括 Ca、Si、K、Mg、Al、Na、Ti、Mn 和 Sr,如图 11.2 所示为不同元素的谱线图。为了验证 LTE 条件,他们对等离子体参数进行了计算,例如等离子体电子温度和电子数密度。结果表明,所有校准曲线线性回归系数超过 0.96。同时评估了等离子体温度和电子数密度值,证明在实验所用的时间范围内,等离子体处于 LTE 状态。通过计算每个元素的 LOD,表明水泥可以确定元素的浓度检测极限小于 40 ppm。LIBS 技术可作为测定水泥元素组成的合适方法。

Gondal 等 [18] 采用双脉冲 LIBS 装置检测了混凝土中谱线微弱的硫元素,用硫元素的 545.38 nm 离子特征谱线定标了硫元素在混凝土中的含量,双脉冲 LIBS 系统对硫元素的检测限达到 38 mg/g。如图 11.3 为 LIBS 检测混凝土中各元素的光谱图。

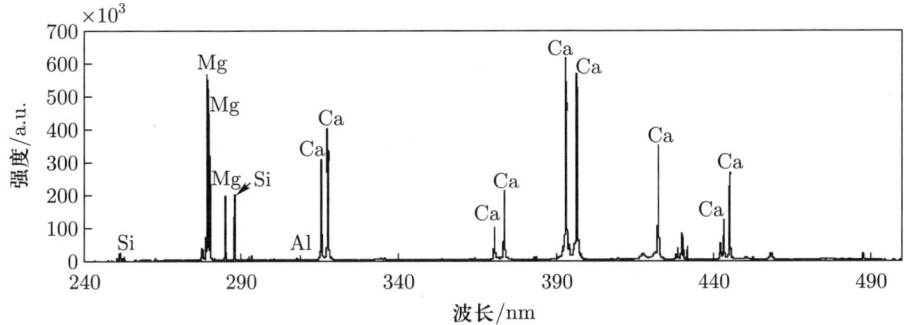

图 11.2 采用 LIBS 检测水泥中不同元素对应的光谱图

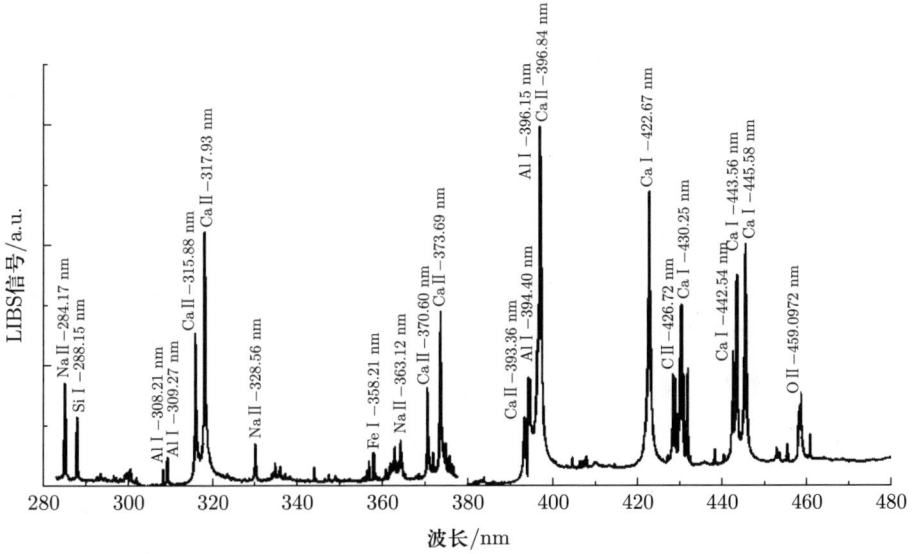

图 11.3 LIBS 光谱显示存在于混凝土中的不同元素

Weritz 等[19]利用 LIBS 技术选取硫 921.3 nm 特征谱线对水泥中的硫含量进行了测定，并且测量了被硫酸盐高度污染的沉淀池中取出的混凝土芯的硫元素含量空间分布，如图 11.4 为水泥中硫含量测定装置。为了检测建筑材料中的硫，LIBS 测量在 889~941 nm 的波长范围内完成。实验可检测到 3 条硫谱线，其中 921.3 nm 处的硫谱线适用于硫含量的测定。环境大气的变化证明了 300 L/h 的氦气氛是最佳的，因为在该气氛下提高了硫谱线的灵敏度，并且消除了空气和蒸发物质的影响。他们还进一步绘制了定标曲线，同时研究了基体效应。主要考虑了不同数量的骨料和胶凝材料对数据的影响，以获得最优结果和最低的误差。骨料胶凝比和水胶凝比对硫谱线和钙谱线强度的影响有待进一步系统研究。

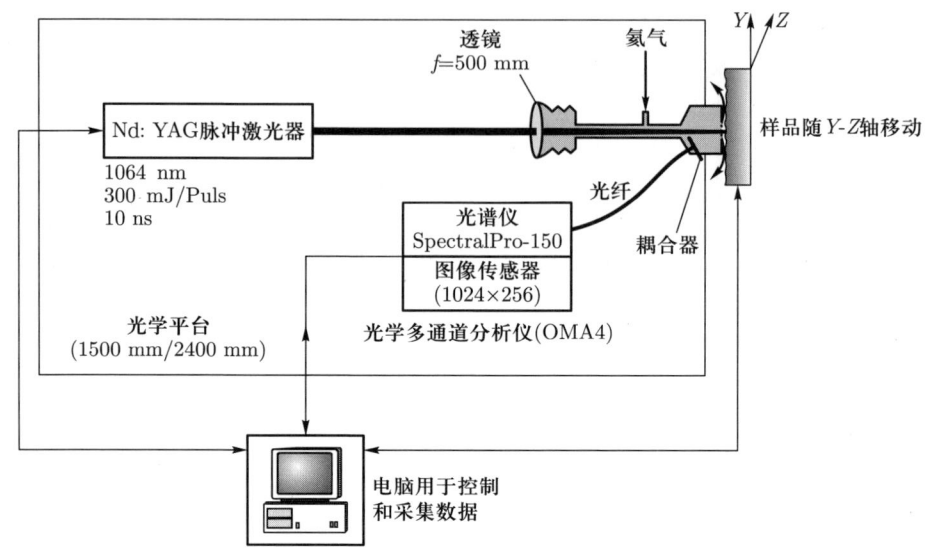

图 11.4 Weritz 等研发的检测水泥中硫元素的装置图

Gehlen 等[20]利用 LIBS 系统并采用激光脉冲扫描岩芯样品表面来分析氯含量，并选取氯的红外和紫外波段的光谱来测定硬化了的水泥样品中的氯含量，如图 11.5 为他们测定水泥中氯含量的装置图。他们采用氯的紫外波段 134.72 nm 特征谱线首次实现了氯的检测限达 0.1%。

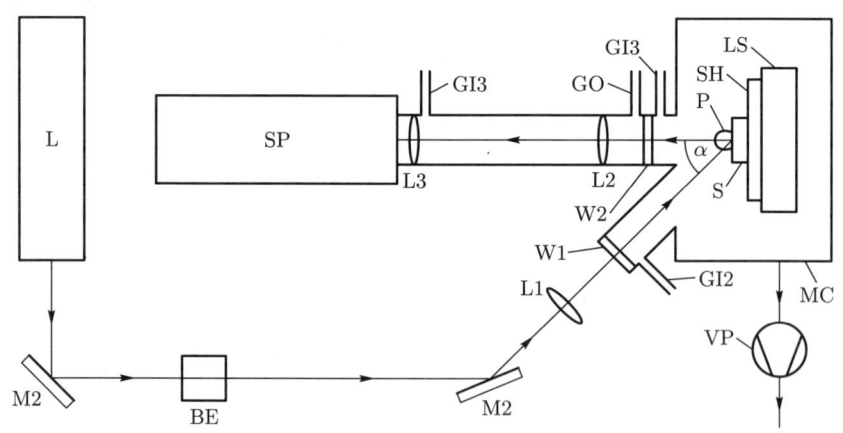

L—激光器；M2—反射镜；BE—扩束镜；SP—光谱仪；L1、L2、L3—透镜组；GI1、GI2、GI3—进气口；GO—出气口；W1、W2—窗口；P—等离子体；SH—样品夹；S—样品；LS—平移台；MC—测样室；VP—真空泵

图 11.5 Gehlen 等研发的测定水泥中氯含量的装置图

11.4.2 检测精度优化

Millar 等[21]研究了 LIBS 在定量水泥浆中总氯含量方面的性能。通过检测验证了 55 个样品和 7 套不同混合成分的样品的组成,探讨了不同混合成分可能产生的影响,包括不同的氯离子、不同的含量比以及用高炉矿渣 (50% BFS) 和石灰石 (30% LS) 部分替代波特兰水泥后产生的影响。此外,他们还将 LIBS 结果与电位滴定法检测的结果进行了比较,确定了 ±0.05wt.%(相对于样品总质量) 的准确度。

Scaffidi 等[22]用纳秒激光和飞秒激光构造了一套正交预烧蚀双脉冲 LIBS 系统,如图 11.6 所示。分别在铜靶和铝靶实验中实现了烧蚀聚焦。通过飞秒和纳秒激光脉冲的组合,观察到铝和铜的双脉冲增强,信号强度和信噪比均有所增强。铝的预烧蚀火花双脉冲增强表明单一增强机制可能不适用于所有报道的双脉冲实验。简单的预电离机制不足以完全解释由纳秒和飞秒激光脉冲组合产生的预烧蚀火花双脉冲结果。

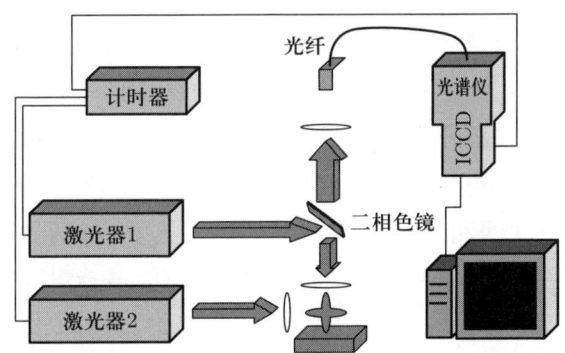

图 11.6 双脉冲 LIBS 水泥检测装置图

Popov 等[23]研制了一种用于空间约束激光等离子体膨胀和增强微量元素发射的小型腔体。如图 11.7 所示,该测试仪器通过在时间分辨上接近 1 ms 的最大强度来提高单脉冲 LIBS 系统在空气中的检测灵敏度。例如,采用该仪器检测金属样品中铁的谱线强度增加 10 倍,土壤中痕量砷的谱线强度增加 3~5 倍。增强的相同数量级的其他非金属微量元素,其特征类似于在这里检测到的动力学演变。该电流室设计简洁、结构紧凑、体积小,并采用双脉冲方法和同轴几何操作可以用于现场分析应用。

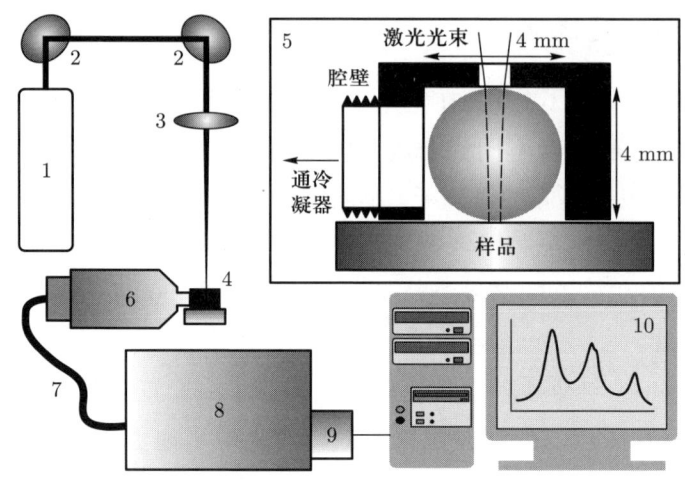

图 11.7 空气中约束激光等离子体装置图

从医药产品到污染空气的有害气体或用作化学武器的有机化合物，在广泛的应用中都需要对卤素进行有效的定量检测。非金属元素，如氟 (F) 和氯 (Cl) 的检测特别困难，因为它们的共振态产生的强发射线位于 VUV 光谱范围内 (110~190 nm)。George 等 [24] 发现存在一个最佳的压力值可以使 LIBS 信号的强度和质量达到最优，在这个压力值下即使不使用内标法也能将定量分析结果的线性度提升两个数量级，并且能够降低检测限。他们在可控的惰性气体环境气氛下，对 F 和 Cl 在可见光和近红外波段 (650 ~ 850 nm) 进行了检测，如图 11.8 为两种氯浓度的测量光谱图。对受控大气效应的研究表明，存在一个使信号强度和质量达到最佳的压力范围。利用 355 nm 波长的紫外激光进行烧蚀和电离，然后利用门控 GaAs 光电阴极探测器进行检测。该方法提高了至少两个数量级的线性定量检测，同时不需要内标法，并提高了检测限。

11.4.3 数据优化

水泥 LIBS 数据的化学计量学分析得到了扩展，引入了比传统单变量方法更稳健的多元统计方法。这些方法使用 LIBS 中包含的全部或大部分化学信息，并将其与样品成分联系起来。用于胶凝 LIBS 数据定性和定量分析的最常用化学计量学方法包括：① 线性方法，如标准校准法、内标 (internal standardization, IS) 法、主成分分析 (principal component analysis, PCA)、主成分回归 (principal component regression, PCR)、偏最小二乘判别分析 (partial least squares

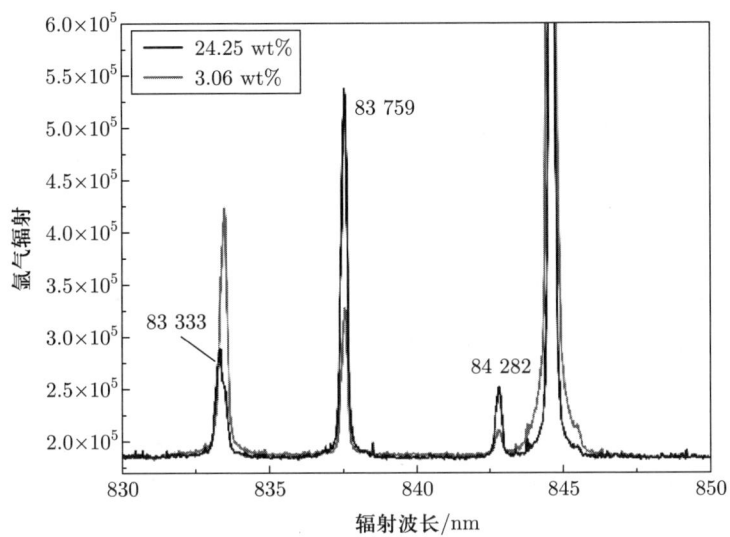

图 11.8 两种氯浓度 (样品中的 24.25wt.%和 3.06wt.%),在 830~850 nm 区域中的氯排放

discriminant analysis, PLS–DA)、偏最小二乘 (partial least squares discriminant analysis, PLS)、偏最小二乘回归 (partial least squares regression, PLSR)、线性判别分析 (linear discriminant analysis, LDA) 和免定标 (calibration free, CF);② 非线性方法,如自组织映射 (self-organizing maps, SOM)、支持向量机 (support vector machine, SVM)、K 最近邻 (k-nearest neighbor, KNN) 等。

侯宗余等[25] 提出了一种基于不同等离子体条件下联合使用原子谱线和离子谱线特征的算法来降低等离子体的温度和电子数密度变化所带来的信号波动,相对标准偏差 (relative standard deviation, RSD) 从 2.93% (Cu I 406.264 nm) 和 2.13%(Cu II 217.941 nm) 降到 1.68% (联合强度)。

尹华亮等[26] 研究了 LIBS 对作为质量控制关键参数的水泥原料的 3 种元素比的分析能力,并提出了一种新的光谱标准化方法,取得了很好的结果。3 种主要氧化物比 (饱和比、硅率和铁率) 的绝对测量误差为 0.01~0.015,相对标准偏差为 0.28%~1.64%。而采用传统偏最小二乘 (PLS) 的绝对测量误差为 0.05~0.14,相对标准偏差为 2.3%~9.24%。该研究证明了 LIBS 在工业水泥生产中应用于原材料质量监测的可行性。

但以上所述工作都仅限于实验室研究,有关水泥样品在线检测的相关报道较少。如果将 LIBS 技术应用于水泥在线检测,由于工业环境条件的复杂性并且缺乏精细的样品制备过程,传统 LIBS 系统的测量稳定性及检测精度很难得到保证。

11.4.4 在线检测装备研发

山西大学张雷课题组[27,28]建立了基于喷射气粉混合物的 LIBS 水泥生料品质在线检测实验装置并进行了多方面的优化,结合自动化控制计算软件,形成了成套可靠精确的检测设备,如图 11.9 所示。首先,通过反馈调节氙灯的电压来校准激光器的输出功率,稳功后激光器连续工作两个月,其输出功率一直保持在设定值 160 mW 附近,而未稳功激光器则下降至 90 mW,降幅为 56%;接着,在传统 LIBS 装置中加入了带中孔的凹面镜和扩束镜用以增大收光立体角和减小激光发散角,等离子体光谱中 Ca II 318 nm 和 Mg II 279.7 nm 谱线强度提升了 30%,而 RSD 降低了 50%;最后,发展了基于料流散射光的光谱归一化及基体稳定技术,即利用连续激光的散射光强对等离子体光谱数据进行归一化,使归一化后的光谱 RSD 由 35%降至 23%,明显优于全谱归一化的 RSD 值 28%,同时将测得的散射光强信号与设定值进行比较后反馈调整真空输送器的驱动气压来纠正料流状态参数偏离,实现喷射料流基体的长期稳定,使料流机体的稳定性由 2.79%降低至 1.63%,稳定性增强。此外,还构建了新的数据处理方法,即通过局域热平衡态判定、光谱筛选、紫外散射光强归一化等一

图 11.9 张雷课题组研发的 LIBS 在线检测工业设备

系列光谱数据预处理后，再用支持向量机进行回归建模和预测分析。

郭志卫等[29]通过 LIBS 直接对水泥粉末表面的不同位置进行激发检测，对得到的光谱数据首先进行归一化和主成分分析等预处理操作，然后针对水泥中 Ca、Si、Al、Fe、Mg 5 种元素，分别建立 PLS 和支持向量回归 SVR 两种定量分析模型，并进行了方法比较，如图 11.10 为水泥检测装置。此外，对比了粉末状水泥与压片式水泥两种测量方式的结果。实验结果表明，采用粉末状水泥直接测量的方式下，针对水泥样品元素浓度与所得到的光谱中特征线强度的关系，SVR 方法比 PLS 方法更具优势，粉末状水泥直接测量的精度接近压片式测量的精度。

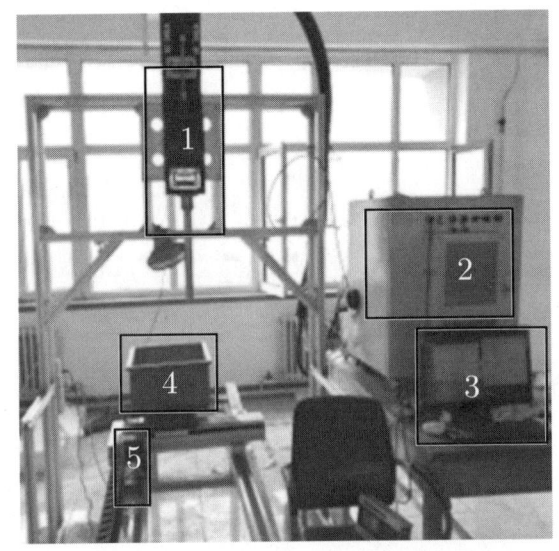

图 11.10　郭志卫等研发的 LIBS 现场水泥检测系统

11.5　本章小结

针对水泥中的元素分析，LIBS 技术被广泛用于检测和定量水泥样品中的元素成分。通过激发水泥样品并分析产生的光谱信号，可以准确测定水泥中的各种元素含量，如硅、铝、钙等。这种元素分析对于评估水泥质量、监测生产过程以及检测掺假或污染物质具有重要意义。

同时，研究人员致力于改善 LIBS 系统在水泥测量中的光谱质量和稳定性。他们通过调整激光参数、优化光谱采集装置以及改进光谱信号处理算法等方法，提高了测量结果的准确性和可靠性。这种光谱优化使得 LIBS 系统能够更好地应对水泥样品的复杂性和特殊性。

为了将 LIBS 技术应用于水泥生产和工业现场中。研究人员进一步努力提升 LIBS 系统的稳定性、可靠性和适应性，以满足工业环境下水泥测量的需求。通过设计和制造可靠且易于操作的实验设备，并结合自动化控制技术，使 LIBS 系统能够在实际生产过程中实现高效、快速和准确的水泥测量。

一套稳定准确的水泥生料品质在线检测设备对水泥工业发展是非常重要的，可以帮助提高工厂经济效益，同时加速设备的产品化进程。结合国内外激光诱导击穿光谱领域的新成果，引入先进的技术完善设备的功能，从而提升整体性能。将检测设备与自动化控制设备相结合形成一套完整的自动化水泥生料配比调控系统，为水泥工业的自动化、智能化发展添砖加瓦。

参考文献

[1] 全国水泥标准化技术委员会. 水泥化学分析方法. 中华人民共和国国家标准: GB/T 176—2008[S]. 北京: 中国标准出版社, 2008: 6.

[2] 黄彩蓉. 水泥物理性能检验能力验证的过程及质量控制研究 [J]. 建筑与预算, 2022, 311(03): 70–72.

[3] 张磊, 王益民, 刘明博, 等. X 射线荧光光谱基本参数法测定水泥生料组分 [J]. 中国建材科技, 2007, 16(4): 12–16.

[4] Li Y, Sui C, Li X. Research on shrinkage and cracking of cement paste based on environmental scanning electron microscope[J]. Advanced Materials Research, 2011, 1270: 250–253.

[5] 黄冰, 王孝红, 蒋萍. 基于近红外光谱检测技术的水泥生料成分含量检测研究 [J]. 光谱学与光谱分析, 2022, 42(03): 737–742.

[6] 马先耀. 水泥混凝土结构检测中超声波技术的应用研究 [J]. 中华建设, 2020(09): 138–139.

[7] 宋浩然, 许家臣, 张庆文, 等. 分级加载浸水泥质粉砂岩声发射分形特征试验研究 [J]. 人民长江, 2023, 54(01): 151–157.

[8] 陈亚菲, 柏秀奎, 农荣, 等. 硅酸盐水泥熟料 Fe 还原态的近红外吸收光谱特性研究 [J]. 硅酸盐通报, 2015, 34(12): 3498–3503.

[9] Marchetti, Mechling M, Michel J, et al. Benefits of chemometric and raman spectroscopy applied to the kinetics of setting and early age hydration of cement paste [J].

Applied spectroscopy, 2022, 77(1): 37–52.

[10] 陈璐, 陈兴. 使用在线中子活化分析仪实现水泥生产质量前馈控制 [J]. 水泥, 2002(2): 54–56.

[11] Noll R, Bette H, Brysch A, et al. Laser-induced breakdown spectrometry applications for production control and quality assurance in the steel industry[J]. Spectrochimica Acta Part B: Atomic Spectroscopy, 2001, 56: 637–649.

[12] Zhang H, Yueh F Y, Singh J P. Laser-induced breakdown spectrometry as a multimetal continuous-emission monitor[J]. Applied Optics, 1999, 38: 1459–1466.

[13] Derome D, Cathelineau M, Fabre C, et al. Paleo-fluid composition determined from individual fluid inclusions by Raman and LIBS: application to mid-proterozoic evaporitic Na-Ca brines (alligator rivers uranium field, northern territories Australia)[J]. Chemical Geology, 2007, 237: 240–254.

[14] Mateo M, Ferrence S C, Betancourt P P, et al. The application of LIBS for the analysis of archaeological ceramic and metal artifacts[J]. Applied Surface Science, 2002, 197: 156–163.

[15] Carranza J E, Fisher B T, Yoder G D, et al. On-line analysis of ambient air aerosols using laser-induced breakdown spectroscopy[J]. Spectrochimica Acta Part B: Atomic Spectroscopy, 2001, 56: 851–864.

[16] Dudragne P L, Amouroux A J. Time-resolved laser-induced breakdown spectroscopy: Application for qualitative and quantitative detection of fluorine, chlorine, sulfur, and carbon in air[J]. Applied Spectroscopy, 1998, 52: 1321–1327.

[17] Mansoori A, Roshanzadeh B, Khalaji M, et al. Quantitative analysis of cement powder by laser induced breakdown spectroscopy[J]. Optics and Lasers in Engineering, 2011, 49: 318–323.

[18] Gondal M A, Dastageer A, Maslehuddin M, et al. Detection of sulfur in the reinforced concrete structures using a dual pulsed LIBS system[J]. Optics and Laser Technology, 2012, 44: 566–571.

[19] Weritz F, Ryahi S, Schaurich D, et al. Quantitative determination of sulfur content in concrete with laser-induced breakdown spectroscopy[J]. Spectrochimica Acta Part B: Atomic Spectroscopy, 2005, 60: 1121–1131.

[20] Gehlen C D, Wiens E, Noll R, et al. Chlorine detection in cement with laser-induced breakdown spectroscopy in the infrared and ultraviolet spectral range[J]. Spectrochimica Acta Part B: Atomic Spectroscopy, 2009, 64: 1135–1140.

[21] Millar S, Kruschwitz S, Wilsch G. Determination of total chloride content in cement pastes with laser-induced breakdown spectroscopy (LIBS)[J]. Cement and Concrete

Research, 2019, 117: 16–22.

[22] Scaffidi J, Pender J, Pearman W, et al. Dual-pulse laser-induced breakdown spectroscopy with combinations of femtosecond and nanosecond laser pulses.[J]. Applied Optics, 2003, 42: 6099–6106.

[23] Popov A M, Colao F, Fantoni R. Enhancement of LIBS signal by spatially confining the laser-induced plasma[J]. Journal of Analytical Atomic Spectrometry, 2009, 24: 602–604.

[24] George A, Stephen H, Aggelos G, et al. Controlled inert gas environment for enhanced chlorine and fluorine detection in the visible and near-infrared by laser-induced breakdown spectroscopy[J]. Spectrochimica Acta Part B: Atomic Spectroscopy, 2005, 60: 1132–1139.

[25] Hou Z, Wang Z, Liu S, et al. Improving data stability and prediction accuracy in laser-induced breakdown spectroscopy by utilizing a combined atomic and ionic line algorithm[J]. Journal of Analytical Atomic Spectrometry, 2013, 28: 107–113.

[26] Yin H, Hou Z, Zhang L, et al. Cement raw material quality analysis using laser-induced breakdown spectroscopy[J]. Journal of Analytical Atomic Spectrometry, 2016, 31(12): 2384–2390.

[27] 弓瑶, 张雷, 李郁芳, 等. 水泥生料品质在线激光检测稳定性的技术研究 [J]. 山西大学学报 (自然科学版), 2016, 39(02): 251–257.

[28] 李郁芳, 张雷, 弓瑶, 等. 水泥生料品质激光在线检测设备研制 [J]. 光谱学与光谱分析, 2016, 36(05): 1494–1499.

[29] 郭志卫, 孙兰香, 张鹏, 等. 基于 LIBS 技术的水泥粉末在线成分分析 [J]. 光谱学与光谱分析, 2019 , 39(01): 278–285.

第 12 章 海洋应用[①]

12.1 引言

地球表面 70%以上为海洋覆盖，大部分仍未被发掘。随着水下潜器实现全海深覆盖，发展可用于装备的海洋探测技术已成为现阶段推进海洋科考与调查的重要任务[1,2]。在海洋科考与调查的诸多方面中，金属元素的原位探测是海洋科学研究的主要方向之一。究其原因在于海洋金属元素的不可替代作用。海水中所富含的金属元素 K、Ca、Na、Mg 等，是维持海水盐度的主要成分[3]，而海水的微量金属元素 Mn、Fe 等则是保证海洋生态循环的重要物质[4]。同时，海洋金属矿藏作为人类的未来资源，多金属结核、富钴锰结壳等的矿区分布与储备调查，已成为各海洋大国的关注焦点[5]。此外，深海热液、深海冷泉等异常区域的金属元素监测，更是揭示海底物质流动和追踪物种起源的重要证据[6,7]。因此，实现海洋原位的快速检测 ("原位"：测量时并没有改变物质的原始条件) 对于 "认识海洋、理解海洋" 意义重大。

在海洋实际应用中，金属元素分析大多依赖于采样后的实验室检测。其中，液态样品的典型分析方法包括：溶出伏安法[8]、生物酶抑制法[9]、电感耦合等离子体法[10,11]等；在固态样品的检测方面，相关技术有[12]：X 射线荧光光谱 (XRFS)、电子显微探针 (EMPA)、激光烧蚀电感耦合等离子体质谱 (LA–ICP–MS)。这些技术与方法能够提供较高的检测灵敏度和分析精度，但通过取样分析或样品预处理很难还原现场情况 (压力、盐度等)，而且所获信息有着明显的滞后性，在海洋实时调查过程中不能发挥出明确的指导作用。尽管如此，在海洋水下的金属元素原位探测中，基于电化学原理的分析技术已获得应用实现，但存在单参量分析、寿命短、定期标定等问题[2]，限制了该类技术的海洋推广。

[①] 本章由中国海洋大学卢渊副教授撰写。

因此，实现原位、快速、多成分的检测，已成为现今海洋探测技术发展的迫切需求。正因为如此，作为一种实用的金属元素检测技术，激光诱导击穿光谱所具备的"原位、实时、多元素分析"技术优势，以及"结构简单、易于维护"的硬件条件，使得该技术能够顺利地成为一种新型的海洋探测技术[2]。

12.2 LIBS 分析的难点和问题

虽然激光诱导击穿光谱 (LIBS) 技术在海洋中的应用前景广阔，但直至 2012 年才首次实现了海洋原位探测[13]。其实，早在 1984 年 Cremers 等即已利用 LIBS 技术对液体进行了分析研究[14]，但 LIBS 的水中探测要比在空气中困难得多，可归咎为水介质造成的影响[15]，具体表现为 3 个方面：① 激光分馏作用，水蒸发会消耗掉部分激光能量[16]，使得激光作用于水的效率下降[15]，表现为冷却效应[17]，造成等离子体的快速湮灭[18]；② 水体约束作用，由于水介质的不可压缩性，等离子体扩张在空间和时间上均受限[18]，大大缩短了等离子体的寿命[19]，实现时间分辨探测难度较大，直接影响了 LIBS 的信号质量[13]；③ 水体的扰动影响，水体的流动会改变激光的聚焦位置，产生"moving breakdown"的现象[16,20]，造成等离子体的不稳定[21]，使得 LIBS 信号的稳定性变差。

在实际海洋应用中，LIBS 技术除了上述水下探测的共性问题之外，海洋因素的影响将更为显著，主要体现在"压力、盐度和温度"方面。压力是 LIBS 海洋探测的主要影响因素。在 LIBS 的水下探测过程中，产生的气泡是等离子体扩张的实际环境。压力作用于气泡，而气泡限制了等离子体的扩张[22]，进而影响到所产生的光谱辐射[23]。同时，静水压力还会压缩等离子体体积，在等离子体内部加剧粒子碰撞，造成谱线加宽和光谱强度降低[24]。在等离子体演化过程中，压力效应将在等离子体后期占据主导，但在等离子体早期，尽管压力作用下的气泡碰撞将受到影响，但对等离子体本身却影响较小[25]。只有当压力升高至 20 MPa 时，气泡才会迅速塌陷压缩，从而影响等离子体的光谱辐射[22]。在水下固体的 LIBS 探测方面，不同于水体的 LIBS 探测情况，高压下等离子体通常会被压缩至物体表面，不再是向外膨胀的三维形态[26]，而且在 30 MPa 压力范围内，等离子体早期的羽辉和气泡受影响并不明显[27,28]，同时相应的线性定量关系也变化不大[28]。因此，压力会对等离子体状态和光谱辐射造成明显影响，但是设置相对短的探测门宽，在水下等离子体有限的发光周期内提升探测占空比，或许是保证 LIBS 探测的前提条件[29]。盐度和温度也是影响 LIBS 水下探测的因素。众所周知，盐度是由溶质及其含量比例决定的。随着溶质的增加，LIBS 的击穿概率会随之增加[16]，而且在一定程度上，随着溶质含量的提升，等离子体温度会有所降低，但电子数密度将有所增加[30]，而且不同溶质的组合同样会影响 LIBS 的探测效果[31]。但是，作为盐度中占据主导的 NaCl 含量 (占海水溶质 85% 以上)，不会对 LIBS 的探测产生明显影响[32-34]，却会改变 LIBS 探测的信噪比和信背比[33-35]，以及抑制离子线、增强原子线的谱线强度[32,35]。对于温度的影响，当水温在高温区间时，LIBS 探测几乎没有变化[32]。但当水温处于低温区间时，LIBS 信号会随着温度的下降而降低，在 2 ℃ 低温情况下 (深海海底温度) 信号减弱尤为明显[36]，反之在升温的情况下，LIBS 强度会随着环境温度的升高而获得提升，对应的等离子体温度和电子数密度也与水温升高呈正比关系，这些现象可能与水体的密度和黏度有关[37]。

12.3 解决思路和方案

从海洋探测应用的角度来看，水体压力相较于盐度和温度，会对 LIBS 探测造成更为明显的影响，这是因为盐度和温度在海洋中变化不大，尤其是在 1000 m 以下的深海区域。因此，压力影响是 LIBS 海洋探测面临的实际问题，但等离子体初期受压力影响不明显，"短延时、小门宽"的探测是保证 LIBS 海洋原位探测的有效方式。与此同时，LIBS 激发的优化也能够在一定程度上起到作用，最具代表性的是"长脉冲"LIBS 激发。长脉冲激光作用的 LIBS 探测能够在水下产生更大的气泡，便于等离子体的膨胀扩张，而且激光与物质的相互作用时间延长，能够形成更强的等离子体辐射[38]。正因为如此，长脉冲 LIBS 技术已经被成功用于深海 LIBS 原位探测[18]。虽然双脉冲能够有效提升水下 LIBS 探测效果，但是运用双激光器会使设备体积增大，不太适合海洋探测仪器的开发。

12.4 探测系统的设计

近年来，国际上已先后成功地实现了多次海洋原位 LIBS 探测，所研制的 LIBS 设备参数已在表 12.1 中进行了总结。可以看出，LIBS 原位探测深度已

表 12.1 LIBS 海洋原位探测系统一览表

机构	马拉加大学（西班牙）		东京大学（日本）		中国海洋大学
LIBS 系统	AQUALAS 1.0[13]	AQUALAS 2.0[39]	I-SEA[40]	ChemiCam[18]	LIBSea[41]
年份	2012 年	2015 年	2012 年	2015 年	2015 年
海试区域	地中海	加地斯湾	鹿儿岛湾	冲绳海槽	帕克马努斯
探测深度	30 m	50 m	200 m	>1000 m	1694 m
目标物	金属钯	金属钯	矿石	海水	海水
探测方式	探头式	探头式	探头式	一体式	一体式
激光器	Nd:YAG/1064 nm	Nd:YAG/1064 nm	Nd:YAG/1064 nm	Nd:YAG/1064 nm	Nd:YAG/1064 nm
脉冲能量	<100 mJ	<32 mJ	5 mJ	30 mJ	20 mJ
脉冲宽度	7 ns	8 ns	8 ns	150~250 ns	10 ns
光谱范围	300~550 nm	300~550 nm	—	400~800 nm 295~550 nm	260~800 nm
光谱分辨率	0.1~0.2 nm	0.1~0.2 nm	0.4 nm	1.6 nm 0.8 nm	0.7 nm
体积	122.5×62.5×77 cm³	81×86×126 cm³	长度：1.3 m；直径：0.3 m	长度：1.3 m；直径：0.3 m	长度：0.8 m；直径：0.258 m
质量	300 kg	150 kg	110 kg	140 kg 160 kg	90 kg
探测设备	光纤光谱仪	光纤光谱仪	ICCD 与光栅光谱仪	ICCD 与光栅光谱仪（自研）	光纤光谱仪
搭载平台	船载	船载	ROV	ROV	ROV

推进至 1694 m 的深海。水体和固体均可完成有效探测，但由于激光聚焦的问题，水下固体探测需要通过 LIBS 光学探头的方式实现，水体分析时则不存在这样的问题。在所研制的海洋 LIBS 设备中，首选的是 1064 nm 的 Nd:YAG 脉冲激光器。由于该激光波长下水体吸收严重，可以选择较短的水下工作距离，保证 LIBS 探测效果。更重要的是，基频的 Nd:YAG 激光器体积更小，有利于系统的集成；与此同时，窄带的单通道光谱仪的运用，同样也是平衡"设备体积"和"光谱分辨率"的权宜之策，但光谱范围取决于探测目标的元素成分。

图 12.1 展示了西班牙马拉加大学所研发的两代 LIBS 海洋探测系统"AQUALAS"。"AQUALAS"均为船载系统设计，主要用于浅海海域的海底考古，结构上分为"甲板主系统"和"水下光学探头"两部分，二者通过脐带缆连接，由潜水员手持探头进行现场探测。特别指出的是，AQUALAS 系统在水下探头中设置了压缩空气喷气装置，可在水下排开水体，在固体表面形成气体环境界面，制造一个类似于空气的环境，便于 LIBS 激发与探测。在实际操作过程中，只有当喷气压力高于水体压力时，LIBS 才能获得较为理想的探测效果。2012 年，AQUALAS 1.0 在 30 m 深度下进行了金属合金的水下探测[13]；2015 年，AQUALAS 2.0 在深度 50 m 的浅海海底对沉船进行了原位探测与分析[39]。应该说，AQUALAS 系统是第一次真正意义上的 LIBS 海洋原位探测应用[13]，但脐带缆长度有限和压缩空气喷射压力是制约该系统迈向深海应用的桎梏。

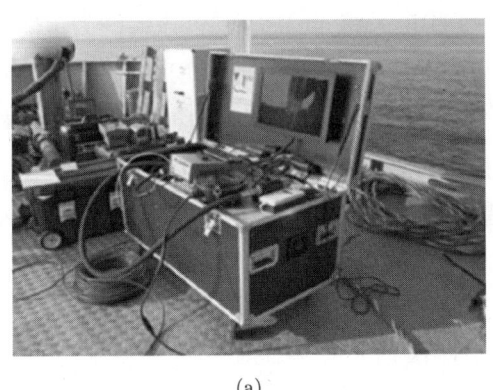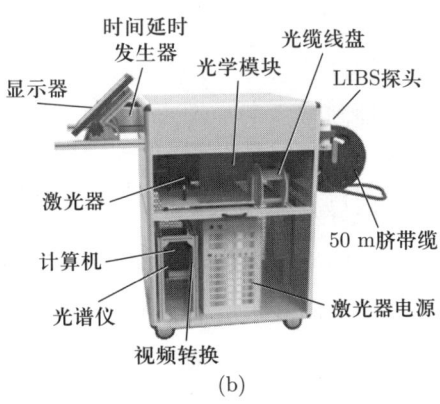

图 12.1 船载式 LIBS 探测系统：(a) AQUALAS 1.0[13]；(b) AQUALAS 2.0[39]

图 12.2 展示了日本东京大学研制的 LIBS 系统：I–SEA[40] 和 ChemiCam[18]，可以看出，系统主体集成于单体耐压舱中，通过脐带缆连接 LIBS 探头。在该

系统中,固体探测和水体探测被分离为两个不同的功能模块,但激光器、光谱仪和探测器均是相同的。对海水水体的分析,主要是通过光学窗口直接探测;对海底矿物的检测,则是通过 ROV 机械手夹持,利用光学探头逼近矿物表面完成原位分析。其中,I–SEA 系统是在浅海 (200 m) 评估了单脉冲和双脉冲下的 LIBS 原位探测,而 ChemiCam 系统则是采用长脉冲方式实现的 LIBS 深海原位调查。特别指出的是,ChemiCam 所获得的原位检测数据获得了 ICP–OES 的验证确认,这也是第一次 LIBS 技术的深海原位探测与分析[18,41]。

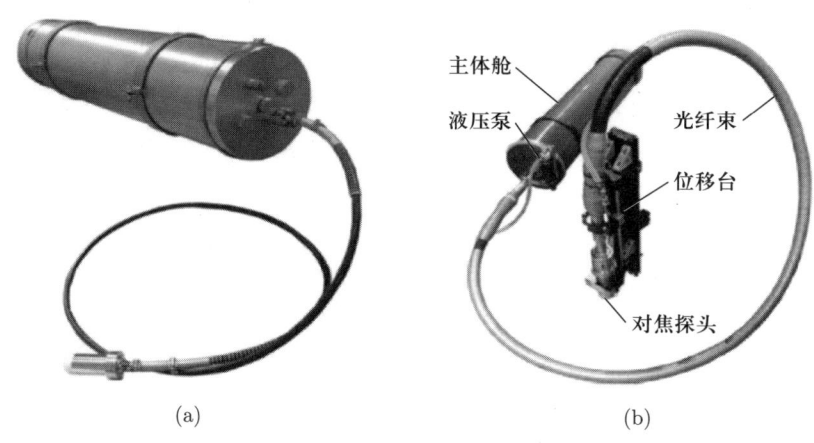

图 12.2 探头式 LIBS 水下系统:(a)I-SEA[40] 和 (b)ChemiCam[18]

图 12.3 是中国海洋大学研发的深海 LIBS 系统 "LIBSea",该系统为单舱紧凑结构设计,可兼容 ROV、AUV 和拖曳系统等不同运载平台。LIBSea 系统能够在远程控制模式下工作,也可以布放后自主运行。该系统的光学、电子和控制模块均集成于单体耐压舱中,通过该耐压舱的光学窗口进行 LIBS 直接探测,主要用于海底异常区域 (热液、冷泉) 的科考调查。2015 年,该系统装载于 ROV 平台,分别用于深海热液和深海冷泉的原位检测与分析,并且第一次报道了金属元素的海洋剖面分布情况 (海面–海底)[42,43],具体结果如图 12.4 所示。

从结果上看,深海 LIBS 光谱信号主要体现为光谱谱线的展宽增加。以 Na 元素的 LIBS 信号为例,在近 1800 m 海深的情况下,谱线展宽是海表处信号展宽的数倍以上,而且谱线的 "自蚀" 现象也更加严重。有意思的是,随着下潜深度的不断加大,LIBS 信号强度并非处于线性变化之中,而是在 500~1000 m 的深度区间出现了 LIBS 强度的极大值,这归咎为高压下等离子体扩张机制改变的原因[22]。与海表 LIBS 信号的对比可以发现，在接近海底热液的区域，Mg、Ca、Li 元素的谱线强度有了较为明显的提升，从侧面证明了深海热液喷发加剧了海底物质的交换，相信 LIBS 未来能够为海洋地质、海洋化学研究提供更多的技术支撑。

图 12.3　LIBSea 系统实物图[42,43]：(a)ROV 搭载；(b) 内部结构

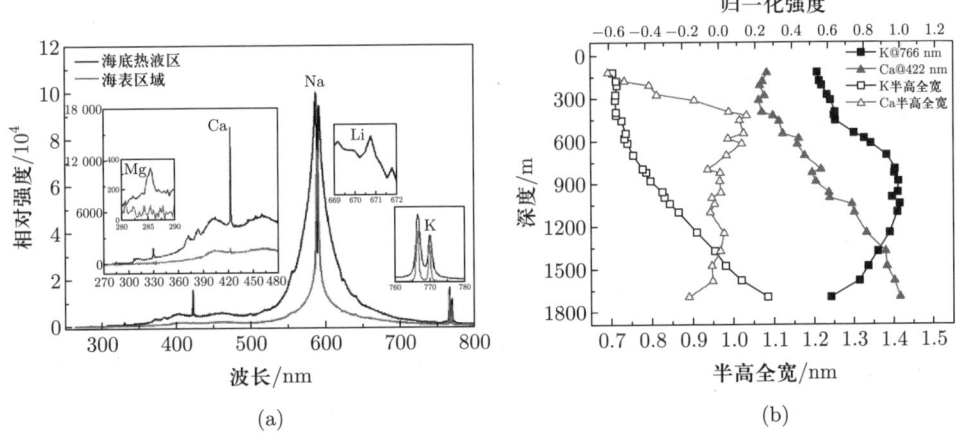

图 12.4　LIBSea 系统水下原位探测结果[42]：(a) 海表与海底热液区的典型元素信号；(b) 不同深度下 K、Ca 元素的归一化光谱强度和谱线半高全宽

12.5　本章小结

与陆地上 LIBS 应用相比，LIBS 海洋应用才刚刚起步，尽管早有海洋样品的 LIBS 分析报道[44-47]，但作为原位探测技术的运用才是彰显 LIBS 本身实

力的"试金石",尽管这是一个挑战,但更是一个很好的机遇。2012 年是 LIBS 技术开启海洋原位探索的元年。截至目前,西班牙、日本、中国多套 LIBS 设备的成功开发与应用,使得 LIBS 技术在天上(火星计划)和地下(海洋探测)相得益彰,尽管这些成就令人鼓舞,但灵敏度和定量分析仍然是制约 LIBS 全面进军海洋的关键问题。接下来的 5~10 年,以下几方面的研究将是可能的方向:① 极端环境应用的 LIBS 半定量探测,从 LIBS 的探测能力和科学研究的关注点来说,深海热液等极端环境的应用可更好地发挥 LIBS 探测的优势,进一步结合数据处理技术,实现 LIBS 极端环境的半定量分析,可更好地与海洋地质、海洋化学等科学需求进行结合;② LIBS 传感器的小型化和实用化。目前报道的深海原位 LIBS 探测系统体积与运载平台的发展不相匹配,随着激光器的小型化、光纤光谱仪的性能提升,发展小型化的水下 LIBS 探测系统,搭载 ROV、HOV、AUV、水下滑翔机等水下运载平台,可更快地推动 LIBS 技术的发展;③ 基于 LIBS 的多技术融合。LIBS 作为金属阳离子传感技术,多局限为元素分析,针对海洋复杂问题,往往需要多种传感技术配合,全面地解释海洋问题及现象,LIBS 技术与 Raman 光谱、荧光光谱乃至质谱等技术的联合,或许是 LIBS 技术未来的持续增长点;④ 水下分子光谱的 LIBS 检测,LIBS 技术长期以来被认为是元素分析手段,其产生的等离子体在后期过程中将产生分子辐射[48],若将该技术用于水下探测,将可以进一步扩大 LIBS 海洋应用的范围。另外,技术的发展离不开机理的研究,水下 LIBS 基础研究的突破将是 LIBS 快速发展的原动力,水下等离子体产生、膨胀、湮灭的演化过程及物理机制的研究,水体压力、温度、盐度等因素对水下 LIBS 特性影响的研究,LIBS 信号增强方法的研究,都将进一步促进 LIBS 技术在海洋中的应用。此外,光电子技术的快速发展也会给 LIBS 技术水下应用注入新的活力,例如飞秒激光器的水下应用就是一个可能的方向。相信未来的技术进步会推动 LIBS 真正成为海洋传感的关键技术之一,现在的 LIBS 技术正在坚定地走在迈向海洋的大路上。

参考文献

[1] 吴有生, 司马灿, 朱忠, 等. 海洋装备技术的重要发展方向 [J]. 前瞻科技, 2022, 1(2): 20–35.

[2] Mills G, Fones G. A review of in situ methods and sensors for monitoring the marine environment[J]. Sensor Review, 2012, 32(1): 17–28.

[3] Turekian K. Oceans (Foundations of Earth Science Series) [M]. Englewood: Prentice Hall Inc, 1968.

[4] Anbar D, Knoll H. Proterozoic ocean chemistry and evolution: A bioinorganic bridge[J]. Science, 2002, 297(5584): 1137–1142.

[5] 杨建民, 刘磊, 吕海宁, 等. 我国深海矿产资源开发装备研发现状与展望 [J]. 中国工程科学, 2020, 22(06): 1–9.

[6] Martin W, Baross J, Kelley D, et al. Hydrothermal vents and the origin of life[J]. Nature Reviews Microbiology, 2008, 6: 805–814.

[7] Linke P, Suess E, Torres M, et al. In situ measurement of fluid flow from cold seeps at active continental margins[J]. Deep Sea Research Part I: Oceanographic Research Papers, 1994, 41(4): 721–739.

[8] Gledhill M, Berg C. Determination of complexation of iron (III) with natural organic complexing ligands in seawater using cathodic stripping voltammetry[J]. Marine Chemistry, 1994, 47(1): 41–54.

[9] Brown R, Galloway T, Lowe D, et al. Differential sensitivity of three marine invertebrates to copper assessed using multiple biomarkers[J]. Aquatic Toxicology, 2004, 66(3): 267–278.

[10] Biller D, Bruland K. Analysis of Mn, Fe, Co, Ni, Cu, Zn, Cd, and Pb in seawater using the Nobias-chelate PA1 resin and magnetic sector inductively coupled plasma mass spectrometry (ICP-MS)[J]. Marine Chemistry, 2012, 130: 12–20.

[11] Hirata S, Ishida Y, Aihara M, et al. Determination of trace metals in seawater by on-line column preconcentration inductively coupled plasma mass spectrometry[J]. Analytica Chimica Acta, 2001, 438(1-2): 205–214.

[12] Piñon V, Mateo M, Nicolas G. Laser-induced breakdown spectroscopy for chemical mapping of materials[J]. Applied Spectroscopy Reviews, 2013, 48(5): 357–383.

[13] Guirado S, Fortes F, Lazic V, et al. Chemical analysis of archeological materials in submarine environments using laser-induced breakdown spectroscopy: on-site trials in the Mediterranean sea[J]. Spectrochimica Acta Part B: Atomic Spectroscopy, 2012, 74: 137–143.

[14] Cremers D, Radziemski L, Loree T. Spectrochemical analysis of liquids using the laser spark[J]. Applied Spectroscopy, 1984, 38(5): 721–729.

[15] Winefordner J, Gornushkin I, Correll T, et al. Comparing several atomic spectrometric methods to the super stars: special emphasis on laser induced breakdown spectrometry,

LIBS, a future super star[J]. Journal of Analytical Atomic Spectrometry, 2004, 19(9): 1061-1083.

[16] Lazic V, Jovicevic S. Laser induced breakdown spectroscopy inside liquids: processes and analytical aspects[J]. Spectrochimica Acta Part B: Atomic Spectroscopy, 2014, 101: 288-311.

[17] Galbács G. A critical review of recent progress in analytical laser-induced breakdown spectroscopy[J]. Analytical and Bioanalytical Chemistry, 2015, 407: 7537-7562.

[18] Thornton B, Takahashi T, Sato T, et al. Development of a deep-sea laser-induced breakdown spectrometer for in situ multi-element chemical analysis[J]. Deep Sea Research Part I: Oceanographic Research Papers, 2015, 95: 20-36.

[19] Hahn D, Omenetto N. Laser-induced breakdown spectroscopy (LIBS) part II: Review of instrumental and methodological approaches to material analysis and applications to different fields[J]. Applied spectroscopy, 2012, 66(4): 347-419.

[20] Kennedy P, Hammer D, Rockwell B. Laser-induced breakdown in aqueous media[J]. Progress in Quantum Electronics, 1997, 21(3): 155-248.

[21] Yu X, Li Y, Gu X, et al. Laser-induced breakdown spectroscopy application in environmental monitoring of water quality: a review[J]. Environmental Monitoring and Assessment, 2014, 186: 8969-8980.

[22] Tian Y, Li Y, Wang L, et al. Laser-induced plasma in water at high pressures up to 40 MPa: a time-resolved study[J]. Optics Express, 2020, 28(12): 18122-18130.

[23] Wang L, Tian Y, Li Y, et al. Spectral characteristics of underwater laser-induced breakdown spectroscopy under high-pressure conditions[J]. Plasma Science and Technology, 2020, 22(7): 074004.

[24] Lawrence-Snyder M, Scaffidi J, Angel S M, et al. Laser-induced breakdown spectroscopy of high-pressure bulk aqueous solutions[J]. Applied spectroscopy, 2006, 60(7): 786-790.

[25] Hou H, Tian Y, Li Y, et al. Study of pressure effects on laser induced plasma in bulk seawater[J]. Journal of Analytical Atomic Spectrometry, 2014, 29(1): 169-175.

[26] Takada N, Nakano T, Sasaki K. Influence of additional external pressure on optical emission intensity in liquid-phase laser ablation[J]. Applied Surface Science, 2009, 255(24): 9572-9575.

[27] Thornton B, Takahashi T, Ura T, et al. Cavity formation and material ablation for single-pulse laser-ablated solids immersed in water at high pressure[J]. Applied Physics Express, 2012, 5(10): 102402.

[28] Masamura T, Thornton B, Ura T. Spectroscopy and imaging of laser-induced plasmas for chemical analysis of bulk aqueous solutions at high pressures[C]//Oceans'11

MTS/IEEE Kona. IEEE, 2011: 1–6.

[29] Michel A, Chave A. Double pulse laser-induced breakdown spectroscopy of bulk aqueous solutions at oceanic pressures: interrelationship of gate delay, pulse energies, interpulse delay, and pressure[J]. Applied Optics, 2008, 47(31): G131–G143.

[30] Rai N, Pandhija S, Rai S, et al. Effect of analyte concentration on the laser-induced plasma temperature and electron density in liquid matrix[J]. Spectroscopy Letters, 2013, 46(3): 218–226.

[31] Goueguel C, McIntyre D, Jain J, et al. Matrix effect of sodium compounds on the determination of metal ions in aqueous solutions by underwater laser-induced breakdown spectroscopy[J]. Applied Optics, 2015, 54(19): 6071–6079.

[32] Michel A, Lawrence-Snyder M, Angel S, et al. Laser-induced breakdown spectroscopy of bulk aqueous solutions at oceanic pressures: Evaluation of key measurement parameters[J]. Applied Optics, 2007, 46(13): 2507–2515.

[33] Goueguel C, Singh J, McIntyre D, et al. Effect of sodium chloride concentration on elemental analysis of brines by laser-induced breakdown spectroscopy (LIBS)[J]. Applied Spectroscopy, 2014, 68(2): 213–221.

[34] Takahashi T, Blair T, Ohki K, et al. Investigation of long-pulse laser-induced breakdown spectroscopy for analysis of the composition of rock and sediment samples submerged in seawater[C]//OCEANS-San Diego, September 23–27, 2013. IEEE, 2014.

[35] Li N, Guo J, Zhang C, et al. Salinity effects on elemental analysis in bulk water by laser-induced breakdown spectroscopy[J]. Applied Optics, 2019, 58(14): 3886–3891.

[36] Fortes F, Guirado S, Metzinger A, et al. A study of underwater stand-off laser-induced breakdown spectroscopy for chemical analysis of objects in the deep ocean[J]. Journal of Analytical Atomic Spectrometry, 2015, 30(5): 1050–1056.

[37] Li N, Guo J, Zhu L, et al. Effects of ambient temperature on laser-induced plasma in bulk water[J]. Applied Spectroscopy, 2019, 73(11): 1277–1283.

[38] Sakka T, Tamura A, Matsumoto A, et al. Effects of pulse width on nascent laser-induced bubbles for underwater laser-induced breakdown spectroscopy[J]. Spectrochimica Acta Part B: Atomic Spectroscopy, 2014, 97: 94–98.

[39] Guirado S, Fortes F J, Laserna J. Elemental analysis of materials in an underwater archeological shipwreck using a novel remote laser-induced breakdown spectroscopy system[J]. Talanta, 2015, 137: 182–188.

[40] Thornton B, Sakka T, Takahashi T, et al. Laser-induced breakdown spectroscopy for in situ chemical analysis at sea[C]//2013 IEEE International Underwater Technology Symposium (UT), March 05–08, 2013. IEEE, 2013.

[41] Takahashi T, Yoshino S, Takaya Y, et al. Quantitative in situ mapping of elements in deep-sea hydrothermal vents using laser-induced breakdown spectroscopy and multivariate analysis[J]. Deep Sea Research Part I: Oceanographic Research Papers, 2020, 158: 103232.

[42] Guo J, Lu Y, Cheng K, et al. Development of a compact underwater laser-induced breakdown spectroscopy (LIBS) system and preliminary results in sea trials[J]. Applied Optics, 2017, 56(29): 8196–8200.

[43] Ye W, Guo J, Li N, et al. Depth profiling investigation of seawater using combined multi-optical spectrometry[J]. Applied Spectroscopy, 2020, 74(5): 563–570.

[44] Barbini R, Colao F, Lazic V, et al. On board LIBS analysis of marine sediments collected during the XVI Italian campaign in Antarctica[J]. Spectrochimica Acta Part B: Atomic Spectroscopy, 2002, 57(7): 1203–1218.

[45] Akpovo C, Martinez J, Lewis D, et al. Regional discrimination of oysters using laser-induced breakdown spectroscopy[J]. Analytical Methods, 2013, 5(16): 3956–3964.

[46] Porizka P, Prochazka D, Pilat Z, et al. Application of laser-induced breakdown spectroscopy to the analysis of algal biomass for industrial biotechnology[J]. Spectrochimica Acta Part B: Atomic Spectroscopy, 2012, 74: 169–176.

[47] Pandhija S, Rai A K. In situ multielemental monitoring in coral skeleton by CF-LIBS[J]. Applied Physics B, 2009, 94: 545–552.

[48] Tian Y, Hou S, Wang L, et al. CaOH molecular emissions in underwater laser-induced breakdown spectroscopy: spatial-temporal characteristics and analytical performances[J]. Analytical Chemistry, 2019, 91(21): 13970–13977.

第 13 章 化生爆危险品检测应用[①]

13.1 引言

爆炸袭击、化学和生物毒剂袭击等都是恐怖分子经常采用的袭击手段，若不能及时对其进行检测和预警，将会造成严重的生命和财产损失。

爆炸物是指含能的纯物质或者混合物，能在极短时间内剧烈燃烧，释放出大量气体和热量，从而发生爆炸[1-3]，已广泛应用于军事、商业及工程建筑等领域。近年来，爆炸袭击事件频频在世界各地发生，各种形式的炸药和爆炸装置被用于恐怖犯罪活动。2016 年 3 月 22 日，布鲁塞尔欧盟总部地铁站附近发生自杀式恐怖袭击爆炸，造成至少 20 人遇难，另有 106 人受伤。2021 年 8 月 26 日，阿富汗喀布尔机场附近发生两起自杀式炸弹袭击事件，造成至少 103 人死亡，另有 155 人受伤。

化学毒剂是指用于战争目的，能大规模毒害或杀伤敌方人畜和植物的各种剧毒化学物质，具有空气流动性和中毒途径多等特点[4]。自第一次世界大战大规模使用以来[5-8]，已在世界范围内造成大量人员伤亡和经济损失。尽管目前全球大部分国家都签署了《禁止化学武器公约》，共同致力于化学武器的销毁，使其应用于战场的可能性日益降低，但在全球化背景以及复杂的国际环境下，世界范围内仍面临着使用化学毒剂的恐怖袭击或有组织犯罪活动的威胁。1995 年 3 月 20 日，东京地铁"沙林"毒气事件，共造成 15 人死亡，50 余人受伤，千余人出现短暂性失明。

生物毒剂是指能在人员或动植物体内繁殖并引起大规模疾病的微生物，具有致病性强、污染面积大、传染途径多、成本低、使用方法简单等特点，多采用提纯细菌等病原体进行释放[9]。尽管 1972 年国际社会签订了《禁止细菌(生

[①] 本章由北京理工大学王茜蒨教授撰写。

物)及毒素武器公约》，但仍有恐怖分子利用生物毒剂对民众进行攻击，借以制造社会危机。2001年9月18日，美国发生了为期数周的生物恐怖袭击事件，即炭疽邮件事件，共导致5人死亡，17人被感染。

此外，近年来如化工设施爆炸、化学危险品泄露等公共安全事件时有发生，给民众生命安全造成了极大威胁。为了确保人民生命和财产安全，世界各国都投入了大量人力和物力研制化生爆危险品检测设备。现有商用检测仪大多需要对待测物进行取样，检测时间长，且检测时需近距离操作，给操作人员带来一定危险。为此，发展化生爆危险品远程实时检测技术，研制能在复杂环境下实现快速预警的检测设备迫在眉睫。

13.2 现有化生爆危险品检测技术

现有化生爆危险品检测技术涉及多种不同的传感技术，主要包括化学发光检测技术、热氧化还原检测技术、离子迁移谱检测技术、色谱检测技术、质谱检测技术、X射线检测技术和拉曼光谱检测技术等。

(1) 化学发光检测技术。有机爆炸物均含有氮，以硝基(—NO_2)或硝酸盐(—NO_3)形式存在。受热后硝基和硝酸盐可分解产生NO，NO与臭氧在真空腔中反应产生激发态NO_2^*分子，NO_2^*分子跃迁回到基态的过程中辐射出波长为1200 nm的红外光[10]。通过探测此红外光强度，即可知真空腔中NO的浓度，可据此判断待测物中是否存在爆炸物。

(2) 热氧化还原检测技术。该技术是基于炸药分子的热分解以及随后的硝基(—NO_2)还原反应。检测时将待测样品导入分析系统并使其穿过浓缩管，爆炸物蒸汽被管壁上涂覆的特殊化学物质吸附，之后被快速地加热分解，释放出可以探测的NO_2分子。通过探测NO_2分子，达到对爆炸物的检测预警[11]。

(3) 离子迁移谱检测技术。该技术主要利用分子离化和迁移技术，通过分析离子的迁移率实现对不同种类分子的高灵敏度探测[12]。检测时，待测样品通过载气口进入电离反应区，其分子在离子源作用下发生离化反应产生离子。离子在内部设定电场的作用下开始移动，在离子门的周期性开启过程中，按照先后顺序进入内部漂移区，由于不同荷质比的离子在电场中的迁移速率不同，从而得到有效分离，最终被探测器收集达到检测的目的。该技术灵敏度高，目前已经被广泛用于毒品、化学战剂和爆炸物检测等领域。

(4) 色谱检测技术。该技术包括气相和液相两种。其中,气相色谱分析技术是对易于挥发而不发生分解的混合物进行分离与分析的层析技术[13]。气相色谱中的流动相是载气,通常使用氦气等惰性气体。液相色谱分析技术是利用不同物质相容性质存在差异性,以液体溶剂为流动相,实现不同物质分离和表征的目的。对于热稳定性比较差、分子量高、熔沸点高等气相色谱难以分离检测的危险品,理论上都能够采用液相色谱技术来进行分离检测。

(5) 质谱检测技术。该技术是一种电离化学物质并根据其质荷比(质量-电荷比)对其进行排序的分析技术。质谱仪主要由离子源、质量分析器和收集器3部分组成。目前应用较为广泛的质谱仪主要有电感耦合等离子体质谱仪、液相色谱-质谱联用仪、气相色谱-质谱联用仪等。质谱分析已被用于许多不同领域,对于单质和复杂的混合物都可以进行定量和定性分析[14,15]。质谱分析技术由于具有较高的灵敏度,样品用量少,被广泛用于化生爆危险品的检测中。

(6) X射线检测技术。该技术发展较早,已经成熟地商用化,是机场和车站等公共场所标配的安检设备[16,17],主要用于检测块状炸药。不同物质组成、不同密度和不同厚度的物品对X射线吸收程度不同,根据透射出的射线强度就能够反映出物品内部结构信息,从而判断是否包含爆炸物。该技术无法对液体、小颗粒和痕量爆炸物进行准确检测,同时设备造价成本相对高昂,体积较大,灵活性和移动性较差。

(7) 拉曼光谱检测技术。该技术是基于印度科学家拉曼所发现的拉曼散射效应[18],对拉曼频移散射光谱进行分析得到分子振动和转动信息,用于分子结构研究的一种分析技术。拉曼光谱(包括峰位和相对强度)具有指纹特性,可以快速对未知物进行判别。拉曼光谱分析技术具有装置简单、检测速度快、分析范围广等优点。但是拉曼散射光强度较低,且易受环境杂散光的影响。

上述危险品检测方法虽然已经达到了相当高的探测灵敏度,但是由于需要复杂的样品预处理或实验室离线分析,难以适用于复杂环境下对化生爆危险品的快速预警。

13.3 化生爆危险品 LIBS 检测的优势及面临挑战

13.3.1 化生爆危险品 LIBS 检测优势

近年来，随着恐怖袭击事件的增加以及新型化生爆危险品的出现，危险品安全管控的形式日益严峻，现有危险品检测技术已经不能满足日益增加的检测需求。LIBS 技术因其具有快速、便捷、现场原位、可多元素同步检测等诸多优势，被视为下一代安防领域潜在的重要替代技术。具体来说，针对化生爆危险品检测的特殊需求，现场检测技术通常需要满足以下要求：

(1) 能够迅速得出检测结果；

(2) 探测灵敏度高；

(3) 现场操作简单，无需专业技术人员操作；

(4) 具备远距离探测能力；

(5) 能够适应不同的温度、湿度、大气压等使用环境；

(6) 能够对不同物质形态 (固态、气态和液态) 的样品进行检测。

相对于其他化生爆危险品检测技术，LIBS 技术因具有以下优势，非常适合危险品的现场检测。

(1) 检测速度快：无需复杂的仪器操作，1~2 s 即可获得检测结果。

(2) 灵敏度高：检测灵敏度可以达到几个 ppm，可以实现对痕量危险品的检测分析。

(3) 无需复杂的样品预处理：脉冲激光直接烧蚀样品即可，不需要复杂、烦琐的样品消解提纯等操作。

(4) 微损检测：样品烧蚀质量为纳克级别，对于检测危险性极高的爆炸物和生化毒剂等具有明显的优势。

(5) 检测范围广：可以检测任意形态的样品，包括固体、液体、气体，以及胶体。

(6) 远距离探测：可在各种恶劣环境条件或者不利地形中开展对于危险品的远距离遥测。

LIBS 与现有化生爆危险品检测技术的对比结果见表 13.1。

表 13.1　LIBS 与现有化生爆危险品检测技术对比

技术参数	测试时间	样品预处理	分析精度	重复性	设备操作	非接触分析
LIBS	快	不需要	高	中	简单	可以
化学发光检测技术	快	需要	中	高	简单	不可以
热氧化还原检测技术	快	需要	高	高	简单	不可以
离子迁移谱检测技术	慢	需要	高	高	复杂	不可以
色谱检测技术	慢	需要	高	高	复杂	不可以
质谱检测技术	慢	需要	高	高	复杂	不可以
X 射线检测技术	快	不需要	低	高	简单	可以
拉曼光谱检测技术	快	不需要	高	高	简单	可以

13.3.2　LIBS 检测危险品面临的挑战和解决措施

虽然 LIBS 技术具有上述诸多优势，但在化生爆危险品检测的实际应用中依然面临诸多挑战和困难，对此国内外的研究人员也提出了相应的解决措施和方案。

(1) 需要发展远程遥测技术。

反恐及公共安全等领域需要对炸药 (特别是痕量炸药) 及生化危险物进行快速、灵敏、非接触检测，目前的离子迁移谱、气相色谱等基于电化学技术的现场检测装置需要和污染物或污染物表面的蒸汽接触，不是真正意义上的非接触测量，在探测速度、距离以及隐蔽性等方面不能完全保证人员与设备的安全，难以满足现代反恐应用的需要。远程 LIBS 技术是一种结合激光远距离传输与控制，以及弱光信号采集来获取目标材料物质成分信息的一种技术手段，可以在极端环境下实现物质的非接触式远距离探测，非常适合于现场快速检测化生爆危险品。但是相比于室内 LIBS 检测系统，远程遥测系统更加复杂，需要有针对性地设计激光光源、光谱探测系统、聚焦系统和收集系统。

远程遥测 LIBS 系统的光学结构分为 3 种：开放路径式、光纤式和便携探针式。其中，开放路径式 LIBS 系统利用透镜组将激光脉冲经空间传输后直接聚焦于目标样品表面形成等离子体，并通过光谱收集系统收集分析等离子体光谱信息。相比其他结构，开放路径式远程 LIBS 系统具有结构简单、可实现完全非接触式测量、适应高温和强辐射等极端环境的测量等优点。不过，开放路径式 LIBS 系统对光学系统设计、光谱探测灵敏度等有较高的要求。而且，探测距离越远，对激光聚焦系统以及光谱收集系统的设计与精确控制要求越高。

目前，使用纳秒激光光源的开放路径式远程LIBS最远探测距离在百米量级[19]。飞秒成丝远程LIBS是开放路径式的另一种形式，可实现公里级样品探测。其基本原理是高峰值功率飞秒激光在空气中传播时，因克尔效应引起自聚焦效应，从而诱导介质电离产生等离子体，而产生的等离子体又会使激光发射散焦效应，这两种效应交替作用形成等离子体通道，使激光能量能够传播 2~5 km 甚至更远距离。因此，飞秒成丝远程LIBS可以极大地提高激光的传输距离，并实现超过百米的远程探测。

根据光路传输路径的不同，开放路径式远程LIBS装置可分为傍轴式和共轴式两种结构。其中，傍轴式远程LIBS装置采用透镜组进行激光远程聚焦，并在与激光光路呈极小夹角的方向上进行光谱收集。当探测距离改变时，需要同时调节激光发射光路和光谱收集光路。2003年，德国柏林自由大学的Rohwetter等[20]搭建了一套傍轴式飞秒LIBS装置对铜和铝样品进行了检测，最大探测距离达到了 25 m。共轴式远程LIBS装置的激光发射光路与光谱收集光路处于同一轴线上，并且可实现光路的连续变焦，易于实现激光靶点与光谱收集系统的耦合。2020年，西班牙Malaga大学的Gaona等[21]采用共轴式远程LIBS装置对建材表面残留的各种放射性物质进行了检测，最大探测距离达到了 30 m。在国内，西安电子科技大学分别研制了傍轴式远程 LIBS 系统和共轴式远程 LIBS 系统，图 13.1 是这两种远程 LIBS 系统的光路示意图，并利用这两种装置实现了合金材料的远距离测量[22]。

光纤式远程 LIBS 系统基本原理如图 13.2 所示，其中烧蚀材料的激光束和等离子体发射的光谱通过光纤传输，减少了大气中对激光的散射、衍射和吸收。光纤具有可弯曲的特性，因此探测光路更加灵活，能够绕开一些障碍物实现视线外探测。不过，需要注意的是光纤本身对光束质量有一定影响，而且由于其抗损伤阈值低，不能传输高能量的脉冲激光，这限制了激发光的强度。

便携探针式 LIBS 通过将激光头放置于待测目标附近，并经过透镜聚焦在样品上，产生等离子体。等离子体光谱随后通过透镜组耦合进光纤，并传输到光谱分析仪器进行成分测量。这种方法能够有效避免激光远距离传输导致的能量损耗和复杂的聚焦系统设计，同时避免光纤式远程 LIBS 中光纤损伤阈值低的限制。便携探针式 LIBS 系统适用于需要产生强等离子体光谱的情况，同时降低了对激光器输出能量的需求。但是,不适合在空间结构复杂或强辐射等环境中应用,因为需要将激光头以及光纤耦合器抵近靶样。

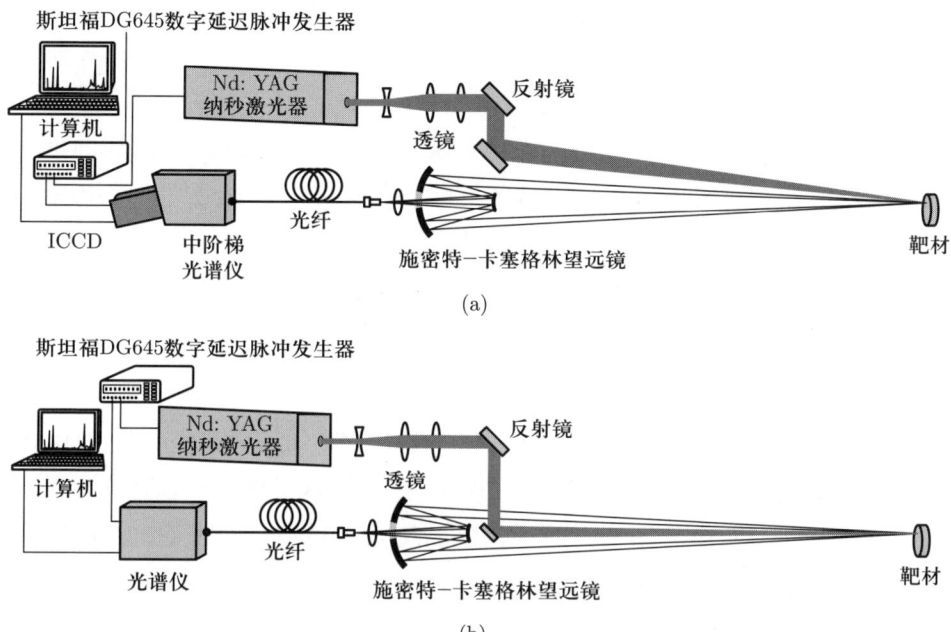

图 13.1　两种不同光路结构的远程 LIBS 系统:(a) 傍轴式系统;(b) 共轴式系统

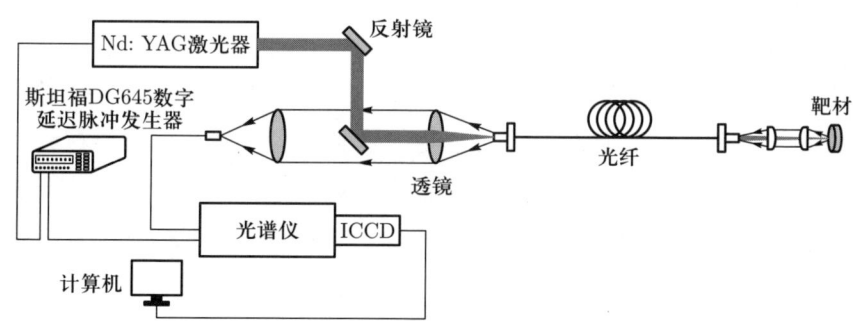

图 13.2　光纤式远程 LIBS 系统

远程 LIBS 需要高功率密度的脉冲激光来激发等离子体,通常要求样品表面的功率密度达到 10^8 W/cm^2 以上。在远程 LIBS 工作中,Nd:YAG 激光器是最常用的光源,具有技术成熟、稳定性好、成本低等特点,基频波长为 1064 nm,可以通过频率转换获得 532 nm 和 355 nm 等倍频输出。Nd:YAG 激光器的脉宽一般在 10 ns 左右，具有较好的光束质量和高峰值功率。对于飞秒成丝远程 LIBS 系统，需要采用峰值功率达到 TW 量级的飞秒激光器，以实现更远距离的物质成分探测。

在远程 LIBS 系统中，采集光学系统是非常重要的组成部分，其主要功能是用于收集远距离处产生的微弱等离子体发射光谱。在开放路径式远程 LIBS 系统中，收集等离子体发射光谱的光学系统主要分为透射式和反射式两种。其中，采用反射式望远镜系统可以有效消除望远镜系统引入的色差，常用的收光系统有卡塞格林式望远镜和牛顿式望远镜。需要注意的是，远程 LIBS 系统中收集的等离子体发射光谱强度与探测距离的平方成反比，因此增加望远镜收光口径是提高 LIBS 远程探测能力的有效方法。

远程 LIBS 探测系统可选用配备光电倍增管 (photomultiplier tube, PMT) 的单色仪、光纤光谱仪或配有增强型电荷耦合器件 (intensified charge-coupled device, ICCD) 探测器的中阶梯光栅光谱仪。在光谱仪发展初期，受限于光谱仪的发展，采用 PMT 作为探测器的单色仪测量效率很低。近些年，配有光纤光谱仪以及 ICCD 探测器的中阶梯光栅光谱仪迅速发展并广泛应用于 LIBS。光纤光谱仪的优点是具有较高的信背比，但在宽波段上分辨率较低，需要多个通道的光纤光谱仪组合才能获得较高的光谱分辨率。ICCD 中阶梯光栅光谱仪采用二维空间光谱解析，兼顾高分辨率和宽光谱，同时 ICCD 探测器使其具有非常高的灵敏度。

2010 年，Alakai Defense Systems 公司的 Ford 等[23]将现有针对爆炸物的远程 LIBS 探测系统扩展到化学、生物、放射性危险品和核辐射材料的检测应用，在 20 m 远的距离上实现了较好的检测效果。2011 年，该团队开发了如图 13.3 所示痕量爆炸物检测装置，命名为"Checkpoint Explosives Detection System"(CPEDS)，该系统采用多波长拉曼光谱和 LIBS 联用模式用于军事检查点的痕量爆炸物检测[24]。

结合室内检测系统和外场遥测系统的优势，开发一种既能适应室内检测又能适应外场遥测的系统可以大大简化现场应用的复杂度，生产推广也更便捷。已经有团队进行该方面的探索，并取得了一些进展。2016 年，意大利的 Almaviva 等[25]采用如图 13.4 所示实验系统，对 LIBS 技术的痕量爆炸物远程探测能力进行了验证，证明了可以利用 LIBS 技术有效检出沉积在白色车外壳和车用黑色塑料上的痕量军用炸药。实验中的残留物是通过人造硅手指按上去的，以模拟恐怖分子准备汽车炸弹时的场景。研究结果表明，在 0.1 m 到几米的距离范围内，该方法可以实现对黑索金 (RDX)、太恩 (PETN)、硝酸铵 (AN) 和硝酸脲 (UN) 的检测。

图 13.3 Ford 等装车测试的远程 LIBS 检测系统

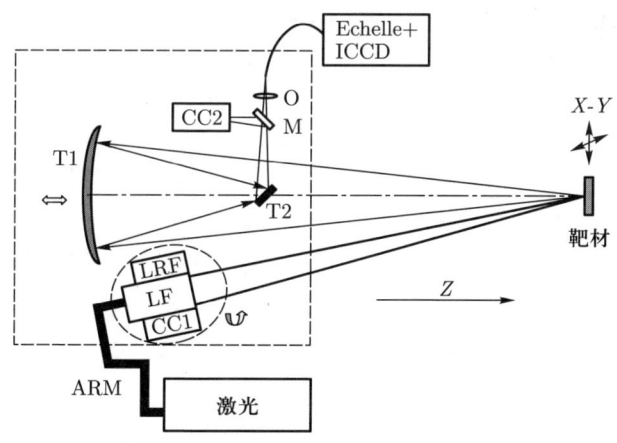

T1—望远镜主镜；T2—可移动望远镜次镜；CC(1/2)—彩色摄像机(1/2)；
M—部分反射镜；O—收集光学元件；LF—电动聚焦单元；LRF—激光测距仪；
ARM—反射镜5；X-Y—目标二维扫描(X-Y方向)

图 13.4 Almaviva 等提出的适应范围为 0.1 m 到几米的 LIBS 检测系统

2018 年，印度 Hyderabad 大学的 kalam 等[26]研究了光谱信号收集装置对飞秒 LIBS 光谱的影响，分别利用两种不同收集装置检测位于不同距离的 5

种硝基咪唑样品。实验装置如图 13.5 所示，其中一种装置采用 Andor 公司生产的 ME–OPT–0007 接收光学元件，口径 ϕ2 in、F 数 f/7，检测距离分别为 10 cm、30 cm、50 cm、100 cm 和 200 cm；另一种装置采用施密特–卡塞格林望远镜，口径 ϕ6 in、F 数 f/10，检测距离为 8.5 m。利用主成分分析 (PCA) 算法对光谱数据进行处理，计算前 3 个主成分在整体方差中的占比。当检测距离由 10 cm 增长至 200 cm 时，对应方差占比从 99% 下降至 52%。采用施密特–卡塞格林望远镜系统收集的距离 8.5 m 处的光谱，其前 3 个主成分在整体方差中的占比为 88%，相当于 ME–OPT–0007 接收光学元件在 50 cm 处的光谱收集结果，说明在远距离检测爆炸物时，大口径的收集装置能够更有效地收集光谱信号。

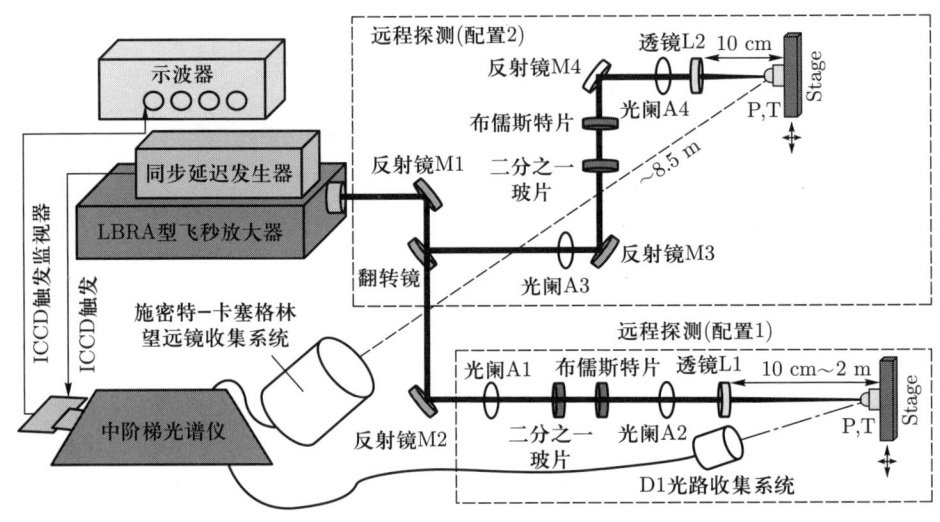

图 13.5 Shaik 等提出的近距离非接触检测系统和远距离探测系统

(2) 化生爆危险品 LIBS 测量信号弱。

相较于钢铁、土壤、煤炭等固体样品，化生爆危险品击穿和电离所需要的激光能量阈值较高。尤其当需要对爆炸物进行远距离探测识别，或者需要对生物/化学战剂检测预警时，要求在生物/化学战剂侵入战区和居民区之前就能远距离检测到生物/化学战剂的存在。对于这些需要远距离遥测的应用场景，随着探测距离的增加，不仅激光脉冲的能量会有一定的衰减，激光聚焦光斑也会变大，造成激光功率密度急剧下降，从而影响激发产生的等离子体密度、温度等。更重要的是，等离子体光谱的收集立体角会随着探测距离的平方而减小，这些因素都会导致远程 LIBS 的探测信号弱。因此，为了提高远程 LIBS 系统的探测灵敏度，需要采取适当措施增强激光诱导等离子体光谱信号。目前，远程遥测 LIBS 技术中常用的光谱信号增强方法包括双脉冲 LIBS 技术和激光诱导荧光辅助增强 LIBS 信号技术。

双脉冲 LIBS(double pulse-LIBS, DP-LIBS) 技术已经被证明可以获得较大的信号强度提升，该技术通常使用两台激光器来激发等离子体，与单脉冲 LIBS(single pulse-LIBS, SP-LIBS) 技术相比，能够得到更强的等离子体光辐射，光谱信号也更加稳定。DP-LIBS 根据两束激光脉冲空间布局关系的不同，可分为同轴型双脉冲、交叉型双脉冲、正交再加热型双脉冲以及正交预烧蚀型双脉冲 4 种结构。其中，共线结构将两束激光脉冲合束后经透镜聚焦，先后作用在样品表面，由于其结构相对简单，是远程测量系统中最常用的 DP-LIBS 形式。2016 年，美国陆军实验室 Gottfried 等 [27] 利用 DP-LIBS 系统对爆炸物进行遥测，在 25 m 远的距离上采用偏最小二乘判别分析 (PLS-DA) 模型对爆炸物黑索金 (RDX) 的识别准确率超过 96%。

LIBS 辅助激光诱导荧光 (LIBS-LIF) 技术是一种可以大幅提高单元素测量灵敏度的有效方法，其工作原理如图 13.6 所示。一束波长固定的高能量脉冲激光器作为等离子体产生的激发光源，另一束波长可调谐的激光器作为第二束激发光源。调谐激光波长，使其单光子能量与目标粒子上下能级差相等。处于下能级的粒子通过吸收激光能量跃迁至上能级，通过测量上能级的粒子在向下能级跃迁时发射的荧光信号，可实现对特定元素的测量。由于采用了共振激发的方式，可实现对等离子体中特定粒子谱线的大幅增强，从而提高对特定元

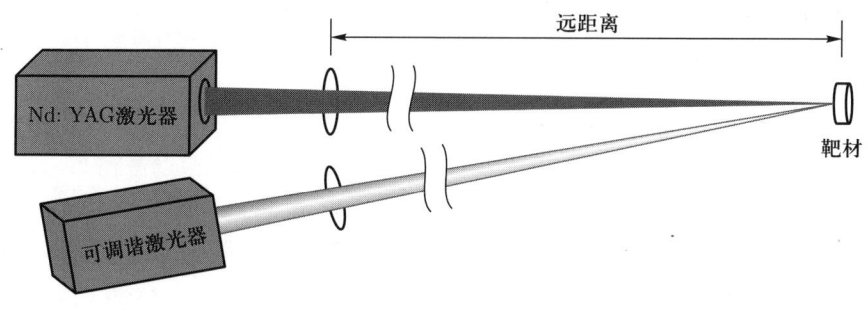

图 13.6　LIBS-LIF 技术原理示意图

(3) LIBS 测量重复性差。

由于 LIBS 测量过程中激光–物质相互作用不可控，以及等离子体辐射光谱受到激光–等离子体、等离子体–环境气体、等离子体–激波等各种物理过程的相互作用的影响，导致测量得到的 LIBS 信号强度的不确定度较高，测量结果的重复性差。通常实验室中采用的 LIBS 测量装置为避免激光反复烧蚀同一个靶点导致光谱强度降低，需要主动控制移动靶材，而在远程 LIBS 测量过程中，一般受条件限制无法主动控制待测目标运动，因此测量重复性会更差。

合适的数据标准化方法可以减小或消除光谱数据波动的影响，从而提高光谱信号分析模型的性能。常用的 LIBS 数据标准化方法如表 13.2 所示，包括自动缩放 (AS)、去中心化 (MC)、面积归一化 (NA)、最大值归一化 (NM)、标准正态变量 (SNV) 等。

表 13.2　常用的数据标准化方法汇总

数据标准化方法	计算方法	
AS	$x_{ij}^* = \dfrac{\left(x_{ij} - \dfrac{1}{m_C}\sum\limits_{x_{ij}\in C} x_{ij}\right)}{\dfrac{1}{m_C}\sqrt{\sum\limits_{x_{ij}\in C}\left(x_{ij} - \dfrac{1}{m_C}\sum\limits_{x_{ij}\in C} x_{ij}\right)^2}}$	$C = 1,2,3,4;$ $i = 1,2,\cdots,m_C;$ $j = 1,2,\cdots,n$
MC	$x_{ij}^* = x_{ij} - \sum\limits_{j=1}^{n} x_{ij}$	$i = 1,2,\cdots,m;$ $j = 1,2,\cdots,n$
NA	$x_{ij}^* = \dfrac{x_{ij}}{\sum\limits_{j=1}^{n} x_{ij}}$	$i = 1,2,\cdots,m;$ $j = 1,2,\cdots,n$
NM	$x_{ij}^* = \dfrac{x_{ij}}{\max(x_{i\cdot})}$	$i = 1,2,\cdots,m;$ $j = 1,2,\cdots,n$
SNV	$x_{ij}^* = \dfrac{x_{ij} - \dfrac{1}{n}\sum\limits_{j=1}^{n} x_{ij}}{\dfrac{1}{n}\sqrt{\sum\limits_{j=1}^{n}\left(x_{ij} - \dfrac{1}{n}\sum\limits_{j=1}^{n} x_{ij}\right)^2}}$	$i = 1,2,\cdots,m;$ $j = 1,2,\cdots,n$

注：x_{ij} 是光谱矩阵中第 i 行、第 j 列中的原始强度；x_{ij}^* 是光谱矩阵中第 i 行、第 j 列中经过标准化后的强度；$x_{i\cdot}$ 是原始光谱矩阵中第 i 行；函数 max() 的功能是求最大值；m_C 是来自第 C 类的光谱的数目；m 是光谱的总数；n 是每个光谱的变量 (谱线) 数目。

(4) LIBS 测量准确性差。

LIBS 技术的检测结果受到样品基体效应、元素自吸收和特征谱线相互干扰等因素的影响，导致最终的测量结果准确性较差。传统单变量定标模型原理相对简单，计算比较简捷，仅建立在元素浓度变化对谱线强度的影响上，而并没有考虑其他因素的影响，比如实验条件和等离子体物理参数 (如激光能量、等离子体温度等) 随着不同样品和不同实验参数的改变。只有在实验条件固定不变的条件下，才能直接得到谱线强度和浓度的定标关系曲线。对于化生爆危险品检测，样品往往是各向异性的物质，这种差异性会使基体效应更加明显。除此之外，用于现场检测时噪声来源多，环境变化等影响对光谱信号干扰大，这些都会降低测量结果的准确性。

针对以上问题，采用基于多变量分析的机器学习算法可以显著提升 LIBS 测量的准确性。机器学习方法可以提取并分析光谱数据中隐含的有效信息，建立样品光谱数据与相应类别信息之间的关系，从而实现对未知样品的分类识别或者待测目标元素的预测。当前，在 LIBS 分析中常用的监督学习算法主要有人工神经网络 (ANN)、分类与回归树 (classification and regression tree, CART)、K 最近邻 (k-nearest neighbor, KNN) 算法、线性判别分析 (LDA)、偏最小二乘判别分析 (PLS–DA)、随机森林 (random forest, RF)、SIMCA、支持向量机 (SVM) 等，无监督学习方法则主要有 PCA、K 均值 (K-means) 聚类等。

13.4 检测方法技术和应用效果

13.4.1 爆炸物检测

13.4.1.1 爆炸物 LIBS 检测机理研究

为了验证 LIBS 技术在爆炸物检测领域的应用可行性，很多研究人员开展了相关机理的研究。2003 年，美国国家陆军实验室的 Lucia 等[28] 首次将 LIBS 技术应用于爆炸物和含能材料的检测，研究了包括黑火药，各种形式的 TNT、PETN、HMX 和 RDX 等纯净炸药，M43 和 JA2 等推进剂以及 C4 和 LX-14 等军用炸药的 LIBS 信号。通过实验证明了 LIBS 检测所需的高能激光，不会引爆这些爆炸物和含能材料，同时经过对比发现不同材料的光谱之间存在差异，进而可以根据光谱数据对爆炸物和含能材料进行识别。

在针对爆炸物的检测中，因为不同种爆炸物的元素组成通常极为类似，只是分子结构不同，因此 LIBS 中分子碎片谱带在识别不同种类爆炸物时往往发挥着重要的作用。2009 年美国中佛罗里达大学 Weidman 等[29]采用飞秒 LIBS 技术对高能爆炸材料进行了检测，研究结果表明，在采集的 LIBS 中，分子光谱特征更加明显，即 C 的原子光谱强度较弱，但是 CN 分子带和 C_2 分子带的信号较强。

2013 年美国陆军实验室的 Lucia 和 Gottfried 等[30]在氩气环境下研究了有机聚合物和军用爆炸物 RDX 的飞秒 LIBS 时间分辨光谱特性，如图 13.7 所示。研究中发现有机材料 C—C 和 C=C 键的百分比与 C_2 分子带强度强烈相关，同时观察到等离子体发射光谱衰变速率差异主要归因于有机聚合物和 RDX 的分子结构差异和等离子体内发生的化学反应的差异。

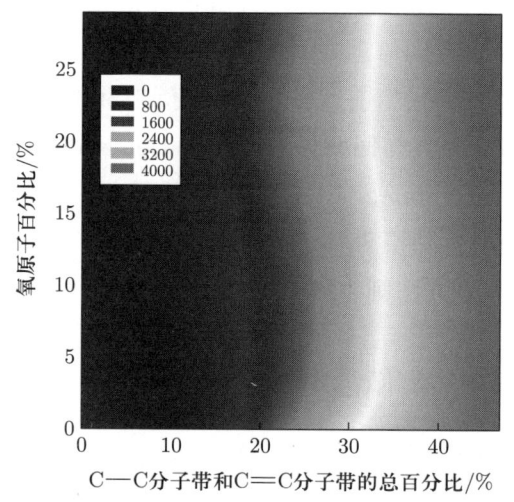

图 13.7　Lucia 和 Gottfried 等测得的 C_2 分子带强度随相对氧含量和 C—C、C=C 键含量的变化关系[30]。（参见书后彩图）

同年，印度 Hyderabad 大学高能材料研究中心的 Rao 等[31]利用飞秒 LIBS 技术分别测量了空气、氮气及氩气环境中的 NTO、TNT、RDX、PETN 和 HMX 等炸药的 LIBS。通过研究亚纳秒状态下的等离子体动力学，发现 385~388 nm 光谱范围的 CN 带在空气和氮气中的强度比在氩气中的强，CN/C 和 CN/N 值随着环境气体中氮气含量的减少而减弱。由此分析 CN 的形成机制，主要是由 C_2 或 C 与环境气体中的 N_2 进行化学反应产生的。2015 年，该课题组[32]还利用飞秒LIBS测量了空气、氮气和氩气环境中7种硝基吡唑的LIBS，研究了分子谱带和原子谱线的发射强度和寿命与硝基数目和分子氧平衡的关系。随着硝基吡唑分子中硝基个数的增加，C_2和CN的总强度均减小，C、N和O的原子谱线强度增强，C_2的寿命缩短；随着分子氧平衡度的增大，O原子谱线强度增强，H原子谱线强度下降，C_2的总强度及516.52 nm处C_2的强度均呈下降趋势。西班牙Malaga大学[33]研究了在N_2和H_2不同气氛下，以及不同气压下TNT和PETN的LIBS光谱。发现，相较于N_2气氛，在H_2气氛下，有利于NH和CH的生成，从而减弱了CN和C_2的谱线强度。气压在10～100 mbar下，C_2和CN谱带的强度较强；气压在1～10 mbar下，谱带的强度显著减弱；气压低于0.1 mbar时，谱带的强度更弱。

尽管LIBS技术已经被诸多研究证明很适合检测爆炸物，但是利用LIBS技术远距离检测爆炸物时，需要考虑人眼安全问题。通常LIBS技术中采用波长为1064 nm的Nd: YAG激光器，其人眼损伤阈值低。2016年，美国Hampton大学Brown等[34]使用人眼安全的1.574 μm波长激光器检测NH_4NO_3、NH_4ClO_4、$KClO_3$、KNO_3等含能材料。结果表明，相较于1.064 μm激发光源，所获得的光谱信号整体上较弱，但是也可以得到较好的LIBS信号。

北京理工大学王茜蒨等[35]针对爆炸物LIBS检测机理方面也进行了系统的研究。通过紫外(UV)和近红外(NIR)激发波长对选定发射谱线的信号峰峰值噪声比(SPPNR)以及对等离子体激发阈值的影响进行了研究，发现近红外激光更能有效加热等离子体获得更强更稳定的信号，而紫外激光则可以减少基底材料对等离子体产生的影响。此外，研究了激光诱导有机炸药TNT等离子体产生的物理机制。对TNT在单光子激发下的LIBS进行了仿真模拟，还模拟了C、H、O和N的原子发射谱线强度随等离子体温度的变化规律。2012年，该团队[36]针对无机爆炸物黑火药及其主要成分硝酸钾进行了研究，并测定了其LIBS时间分辨光谱，分析了O/N谱线强度比随采样延迟时间的变化规律。

13.4.1.2 爆炸物LIBS光谱分析方法研究

最初通过LIBS技术获得的光谱化学信息，主要提供潜在危险品的元素组成信息，因此LIBS似乎不可能区分元素成分相似的危险品。随着科学技术以及制造工艺的不断发展，除了基本的光学器件外，激光器行业也得到了蓬勃的发展，激光器的能量越来越高，其性能越加稳定，对于LIBS技术的发展起到了极大的促进作用。同时，随着光谱仪的灵敏度和分辨力不断提高(目前商用的中阶梯光栅光谱仪的分辨率已经达到 ppm 量级)，LIBS 数据愈加丰富，为后续的光谱分析提供了翔实可靠的信息。尤其近年来随着机器学习和化学计量学方法的飞速发展，通过计算机科学和统计学相关领域算法的辅助，能够从大量数据中准确提取有效信息并进行分析。目前，机器学习方法已在 LIBS 定性分类以及定量检测中得到了广泛的应用。

LIBS 通常含有较为丰富的信息，这是该技术的优势，但也会带来问题。根据所采用的分光检测系统的不同，一张 LIBS 图通常含有几千至几万个数据点。虽然所测物质含有的元素组成不同，但也常常可以获得几十或几百个发射峰。处理高维度光谱数据需要消耗大量的时间，且会带入大量干扰信息，对光谱处理结果造成干扰。因此，需要选取部分特征峰进行后续的分析处理。当前选取特征峰的方法主要有 2 种：

(1) 根据样品化学组成和先验知识选择部分光谱特征峰进行分析；

(2) 采用机器学习算法进行自动挑峰。

根据先验知识挑选特征峰通常需要对样品有清晰的了解，且已通过了一些实验验证，才能选择出对后续分析较为合适的谱峰，同时也需要工作人员具有一定的经验。在实际应用中，这样的要求会限制 LIBS 现场原位自动化检测的优势。因此，采用机器学习算法自动挑选特征峰是今后的主要发展趋势。

2011 年，美国陆军实验室 Lucia 和 Gottfried 等[37] 针对炸药残留物进行 LIBS 检测，研究了光谱变量选择对 PLS-DA 模型的影响，结果表明模型的分类识别性能高度依赖于所选择的变量。2015 年，印度 Hyderabad 大学的 Myakalwar 等[38] 开展了 HMX、NTO、PETN、RDX 和 TNT 5 种爆炸物的 LIBS 分类研究，采用了两种特征谱线选择方法。一种是基于样品化学成分的先验知识，选择覆盖了 C、H 原子谱线和 CN 分子谱带的光谱区间 (246.98~670.04 nm)，该波段占全谱 (199~981 nm) 的 63%；另一种方法是基于遗传算法，选取了 2569 个特征波长，占全谱 (共 25 699 个波长数据) 的 10%。利用 PLS-DA 模型对样品进行分类，基于先验知识进行特征波长选择的正确分类率为 90.42%，低于基于全谱数据输入的正确分类率 92.61%。而基于遗传算法选择的特征波长，正确分类率可达 94.2%。此外，基于 PCA 根据各个主成分的载荷进行特征提取、采用依据方差权重的 IW-PCA[39]、随机森林[39]、F-score[40]、Fisher score

和 SelectKbest[41] 等机器学习方法进行谱线重要性评估,进而根据重要性顺序依次选取特征谱线的方法也在 LIBS 领域有所应用,未来也会是危险品 LIBS 特征提取的重要发展方向。

光谱数据完成特征选择和光谱预处理以后,即可选择合适的机器学习算法来建立分析模型。根据学习方式的不同 (有无标记信息),机器学习方法可以大致分为 3 类,包括监督学习方法、无监督学习方法以及基于两者发展出的半监督学习方法。

2012 年,美国陆军实验室的 Gottfried 等[42] 针对爆炸物残留物的 LIBS 光谱通常受基底组成影响较大的问题,提出了几种基于偏最小二乘判别分析 (PLS-DA) 的改进化学计量学模型,使用选定的发射谱线强度和强度比可以将 RDX 残留物光谱归为一类,在金属基底上最高正确识别率达到 97.5%。2014 年,该实验室的 Miziolek 和 Lucia 等[43] 采用 LIBS 技术对来自不同国家和不同制造商的废旧弹壳进行了检测,如图 13.8 所示,采用 PLS-DA 识别算法可以实现 93.3% 的识别准确率。Sreedhar 等[44] 利用 LIBS 光谱的元素谱线峰值比进行高能材料分类,基于 O/N、N/H 和 O/H 谱线强度比值,分别建立了一维、二维和三维分类模型对高氯酸铵 (AP)、硼/硝酸钾 (BPN) 和硝酸铵 (AN) 进行分类。实验结果表明,分类模型维数越高,分类效果越好。2017 年,Farhadian 等[45] 基于人工神经网络对 TNT、RDX、黑火药、推进剂、石墨、铬镍铁合金、铝和铜 8 种样品的氩气环境 LIBS 进行识别。首先对样品的 LIBS 进行 PCA 分析,获得前 3 个主成分的得分,再依据此得分建立人工神经网络分类模型,实现了 100% 的正确识别率。

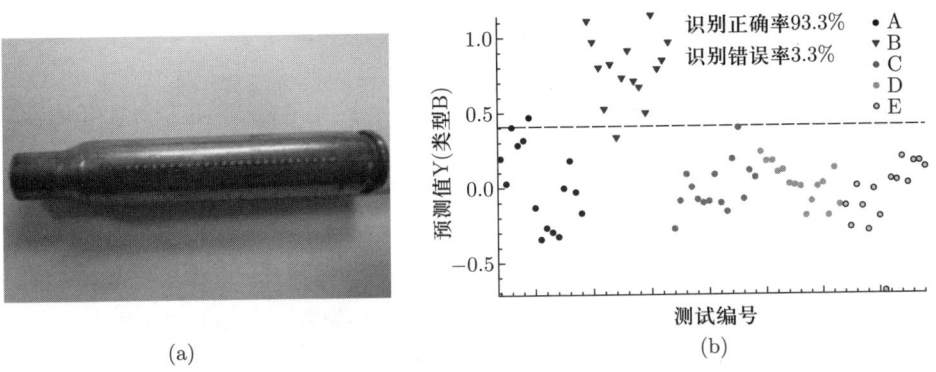

图 **13.8** Miziolek 和 Lucia 等测试的废旧弹壳 (a) 和分类识别结果 (b)

西班牙 Malaga 大学的 Laserna 团队[46,47]在该方面进行了系列研究。2013年,该团队针对快递运输行业可能存在的爆炸物危险品,提出采用 LIBS 技术结合机器学习方法进行识别[46]。如图 13.9 所示,利用决策树算法对 DNT、TNT、RDX 和 PETN 4 种爆炸物和两种自制爆炸物的识别错误率不高于 10%。次年,该团队提出结合 LIBS 和监督学习分类器对聚合物表面的痕量爆炸物进行检测[47],采用特征谱线强度比的散点图聚类算法对复杂光谱中的微小差异进行提取。如图 13.10 所示,基于 CN、C_2、H 和 O 的谱线可以将 DNT、TNT、RDX 和 PETN 4 种爆炸物从聚四氟乙烯、尼龙和聚乙烯表面识别出来,并且识别错误率低于 5%。

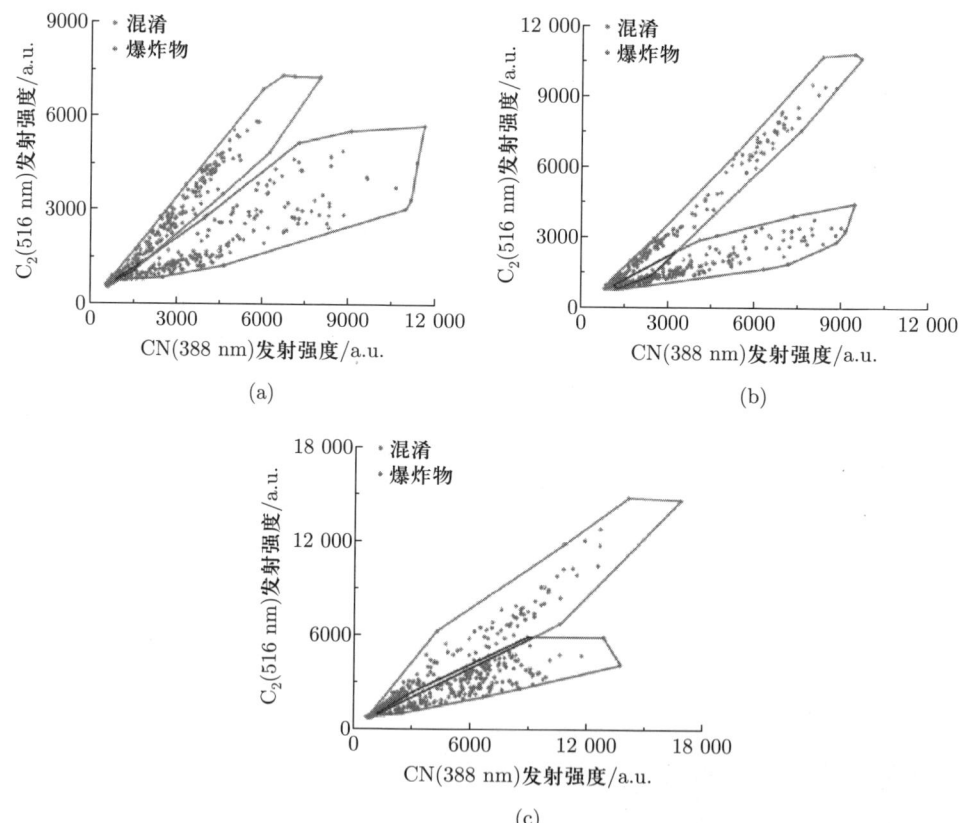

图 13.9 Laserna 团队利用决策树算法对 4 种爆炸物和两种自制爆炸物的识别结果:(a) 在特氟龙上; (b) 在尼龙上; (c) 在低密度聚乙烯塑料上。(参见书后彩图)

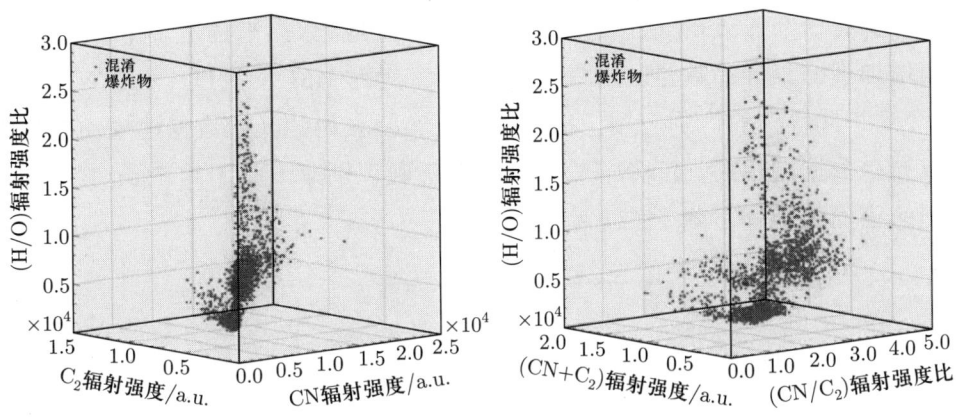

图 13.10 Laserna 团队采用特征谱线强度比对爆炸物和塑料基底的分类识别结果。(参见书后彩图)

监督学习方法是利用训练样品建模后,再利用此模型去对待测光谱进行识别分类,对于不包含在训练样品内的待测样品识别率低。在实际应用中,由于危险品组成成分种类繁多,且可能有混合物,比例各不相同,建模时不可能涵盖所有情况,当遇到不包含在训练样品内的情况时,监督学习方法识别效果差。针对此问题,2013 年美国杜克大学 Morton Jr 等[48]提出了一种多标签 PCA(Multi-Label PCA,MLPCA)方法,通过增加标签信息,将炸药残留物的光谱和基底光谱分开,进而单独分类爆炸物,不会因基底的变化而产生影响。北京理工大学王茜蒨等分别建立了 PLS–DA 等典型监督学习模型和 PCA 等典型非监督聚类算法[49,50],并将非监督学习方法与监督学习方法相结合,采用 PCA 得分作为 PLS–DA 的输入进行识别,达到了较好的分类准确率。

使用监督学习方法要获得较高的识别准确率,往往需要大量的光谱数据用于建模,采集数据的过程需要消耗大量人力和物力,不仅对样品的消耗量大,而且长时间测试对工作人员也存在安全隐患。因此,印度 Hyderabad 大学和北京理工大学等研究机构都在此方面进行了研究,为解决这一问题提出了一些可行方案。目前的方案主要有两种,分别是:① 通过少量实验光谱构建仿真光谱扩充建模数据,在有限实验次数下提升监督学习分类识别正确率;② 通过非监督学习在不经过建模过程的情况下,对样品光谱进行聚类分析。2017 年,印度 Hyderabad 大学的 Anubham 等[51]针对爆炸物样品量较少的情况,提出了构造 LIBS 的方法。假设每个谱线的光谱强度变化都属于正态分布,根据少量数据计算各个波长处的正态分布，然后以正态分布数据来构造多个合成光谱，从而增加训练集样品数量。如图 13.11 所示，针对 HMX、NTO、PETN、RDX 和 TNT 5 种炸药的识别应用，相较于利用实验获得的光谱数据建模，只利用合成光谱数据建模时，KNN–PCA 模型的正确识别率下降了约 7%；PLS–DA 模型的正确识别率下降了约 4%。

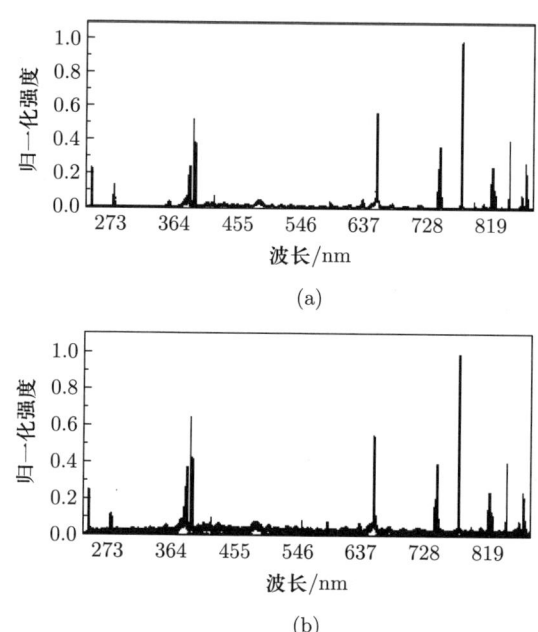

图 13.11 Anubham 等针对典型军用爆炸物 HMX 所获得的实验光谱 (a) 和仿真光谱 (b)

2019 年，北京理工大学王茜蒨等[52]针对爆炸物在建模过程中难以获取大量样品建立数据库且长时间测试可能发生危险的问题，提出了基于生成对抗网络扩展光谱数据库的方法。如图 13.12 所示，根据少量实验测得的光谱生成大量仿真光谱，与实验光谱一起构成建模数据库，可以有效提升模型的识别准确率。

在非监督学习的应用方面，2016 年王茜蒨等[53,54]引入非监督学习方法 (包括层次聚类分析、K 均值和 ISODATA 等) 来解决由于建模数据种类不足导致的监督识别模型难以建立的问题。此后，非监督学习方法在 LIBS 识别领域得到了广泛应用。尽管非监督学习方法无须建模，但仍存在难以获得具体分类识别标签的问题，在危险品种类识别应用方面存在弊端。半监督学习方法是利用少量的已知类别标签样品，来对大量的未知标签样品进行判别分类，适合应

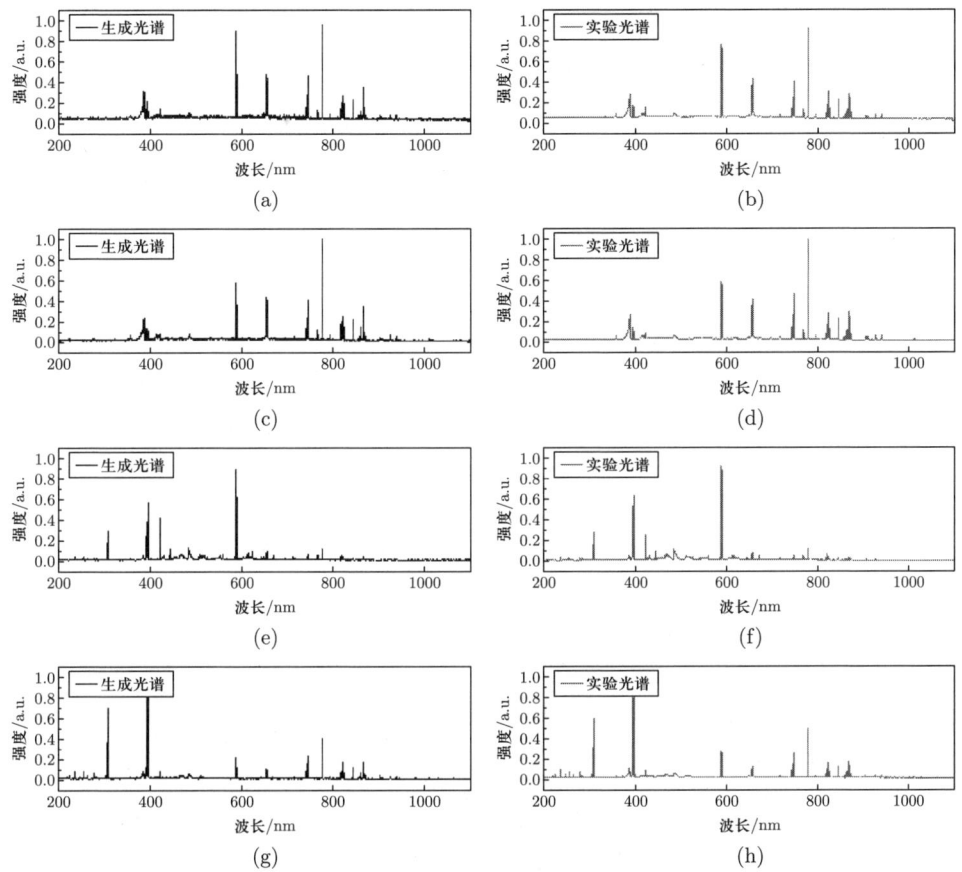

图 13.12 王茜蒨等针对爆炸物和化学危险品的仿真 LIBS 谱 [(a) RDX; (c) HMX; (e) DMMP; (g) TEP] 和实测 LIBS 谱 [(b) RDX; (d) HMX; (f) DMMP; (h) TEP]

用于化生爆危险品的识别分类中。但半监督学习中所采用的很多分类算法,也是通过监督学习来获取必要的监督信息。2019 年,该团队在爆炸物检测过程中,针对难以获取大量建模数据进行监督学习识别模型训练的问题,提出了基于标签扩散的半监督学习方法进行光谱识别分类[55]。该方法只需少量已知标签数据,即可完成对爆炸物和成分相似的干扰物的识别分类。识别效果如图 13.13 所示,不仅对参与建模的典型爆炸物 RDX(黑索金,化学名称为环三亚甲基三硝胺)、HMX(奥克托金,化学名称为环四亚甲基四硝胺) 和 CL-20(六硝基六氮杂异伍兹烷) 的识别准确率达到 100%,对未参与建模的待测爆炸物 TNT(三硝基甲苯) 也实现了准确识别。识别结果优于监督学习方法 KNN、软独立建模聚类分析 (SIMCA) 和非监督学习方法 PCA 等。

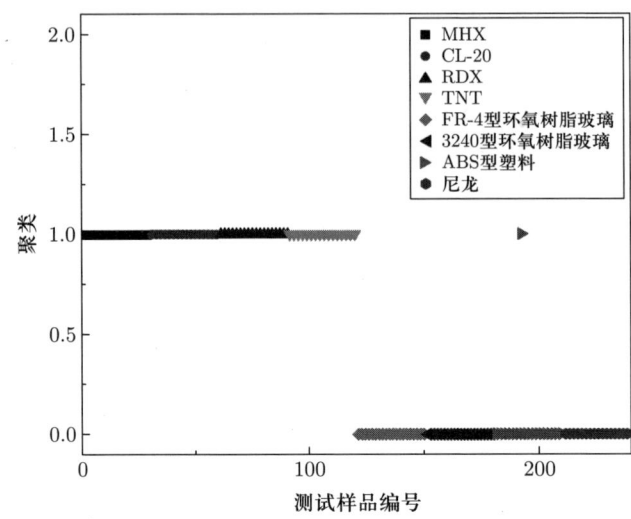

图 13.13　王茜蒨等采用半监督学习方法对 4 种爆炸物和 4 种塑料的分类识别结果。(参见书后彩图)

13.4.1.3　爆炸物性能参数 LIBS 检测研究

除安检之外,爆炸物的爆速、爆压等爆轰参数是进行爆炸物分子设计时必须考虑的重要性能参数,其老化性能是预测爆炸物贮存寿命及制定相应防老化措施的依据。事先了解爆炸物的爆轰参数、老化程度等对操作人员正确处理爆炸物具有重要意义。LIBS 技术无需复杂的样品制备过程、所需样品量少、检测灵敏度高且能够实现实时原位检测,用于爆炸物性能参数评估可有效避免样品的大量消耗。2015 年,美国陆军实验室 Gottfried 等[56]针对 DNAN、TNT、HNS、TATB、NTO、PETN、RDX、HMX 和 CL-20 等爆炸物,分析了其残留物的激光诱导等离子体在空气中形成的冲击波的纹影成像,建立了冲击速度和爆轰参数之间的关系。可以在大规模爆炸测试之前对新开发的爆炸物及配方进行筛选,无须引爆炸药即可估算炸药性能,且仅需要 15~20 mg 样品就可以完成检测。2016 年,伊朗 Malek–Ashtar 科技大学的 Rezaei 等[57]针对含有铝粉的高能有害化合物检测进行了研究,在空气和氩气中进行铝基 RDX 炸药的 LIBS 检测,并记录了等离子体发射光谱,可以识别其中 Al、C、H、N 和 O 的原子线以及 AlO 和 CN 的分子带。AlO 和 CN 分子带的形成机理受组合物和等离子体中存在的铝含量和氧含量的影响,如图 13.14 所示。还可以用 Al/O 的相对强度确定 RDX/Al 样品的爆轰速度和压力,这在该团队的后续研究中得到了进一步验证[58]。

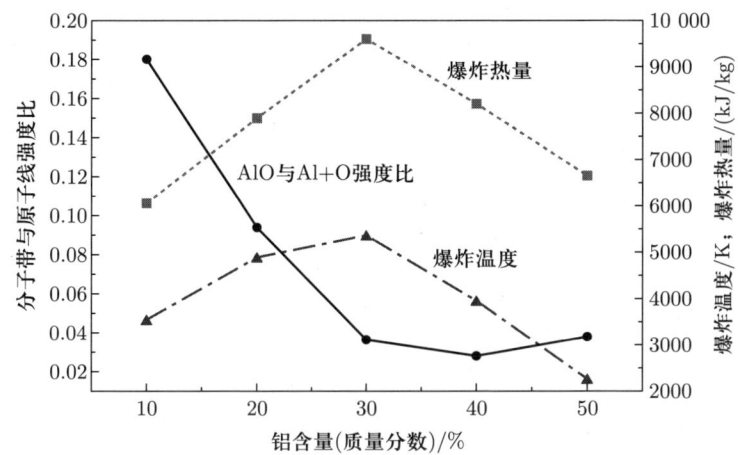

图 13.14 Rezaei 等测得的爆炸物分子谱线强度比与爆轰速度和压力的关系

2017 年，印度 Hyderabad 大学的 Kalam 等[59]研究了三唑取代的硝基芳烃衍生物的爆轰参数 (氧平衡度、爆速、爆压和爆热) 与飞秒 LIBS 光谱之间的关系。发现在空气环境中，所得到的 $(CN+C_2)/(C+H+N+O)$ 比值与样品的氧平衡度、爆速、爆压和爆热等具有良好的线性相关性，预测结果的最大误差为 10%~15%。

在存储过程中，热或潮湿等因素可能导致爆炸物性能变化，而性能的不良变化将影响爆炸物的使用，因此对爆炸物的老化过程进行分析具有重要意义[60,61]。用于爆炸物老化作用过程分析的传统方法有力学性能法、凝胶含量法和傅里叶变换红外光谱法等，这些方法存在准确性差、实验周期长等缺点[62]。由于 LIBS 技术在爆炸物检测及元素分析方面表现出良好性能，因此，将 LIBS 应用于爆炸物老化过程分析得到了人们的关注。

2018 年，伊朗 Malek–Ashtar 科技大学的 Ahmadi 等[63]采用 LIBS 技术研究了塑料黏结炸药 (PBX) 老化过程中机械性能的变化。在 60 ℃、70 ℃ 和 80 ℃ 3 种不同温度下使用加速老化方法获得不同的老化样品，对其 LIBS 的 CN 和 C_2 分子带进行分析，发现爆炸物样品在老化过程中，随着时间和温度的变化，其化学结构发生了改变，从而影响爆炸物性能。该团队将 LIBS 与表征材料化学物理变化的差示扫描量热法 (differential scanning calorimetry, DSC) 的测量结果进行比较[64]，发现随老化程度的增加，样品 LIBS 中 CN 带强度与 DSC 曲线峰值所对应的温度表现出相同的下降趋势。同时发现 PBX 的 CN 带和 AlO 分子带 LIBS 谱线强度随着老化进程的增加分别减弱和增强，利用 PCA 得分图可大致区分不同程度的老化样品。CN 分子带强度减弱是由于聚合物之间的交联作用使得 C 元素的释放量减少而导致的，表明了交联作用随老化程度的增加而增强。交联作用会增强聚合物的硬度，通过对 PBX 的应力、延伸率和肖氏硬度参数进行分析发现，随着老化程度的增加，样品的断裂点应力增大，延伸率减小，肖氏硬度增强，与 LIBS 分析得出的交联变化具有良好的一致性。

13.4.2 化学危险品检测

化学危险品是安防领域主要的危险物之一，在公众场合携带化学毒剂，会对社会安全造成重大威胁。在国防军事领域更是如此，化学战剂的释放往往悄无声息，却会对前线官兵的生命安全造成重大的威胁。因此对化学危险品进行有效的检测和预警在安防领域尤其重要。LIBS 技术由于具有远距离探测、灵敏度高的优势，成为近年来对化学危险品检测的研究热点。

2005 年，美国陆军实验室 Munson 和 Lucia 等[65]也将 LIBS 技术应用于化学危险品和生物危险品的探测。首先测量了细菌孢子、霉菌、花粉和神经毒剂模拟物的 LIBS 光谱，然后利用化学计量学方法评估了特征谱线的相关性，最后利用 PCA 和 SIMCA 模型对化学战剂模拟剂 (DMMP、DIMP、DEEP、DEMP 和 TEP) 以及生物战剂模拟剂实现了较好的识别效果。2010 年，美国陆军 Edgewood 化学生物研究中心 Fountain 等[66]分析比较了 LIBS 技术、荧光技术和 Raman 光谱技术在探测化学生物危险品及爆炸物危险品方面的优缺点。2011 年，该团队利用 LIBS 技术在多个基底上区分生物和化学战剂模拟剂的残留物，采用 PLS-DA 识别方法，对利用全谱分析和选择特征谱线进行分析做了比较。结果表明全谱分析受基底影响严重，选取特征谱线分析识别效果较好[67]。2016 年，美国 Brimrose 公司 Jin 等[68]针对区分化学危险品和爆炸物危险品等样品，提出了长波红外波段的 LIBS 可以提供更为丰富的分子信息，如图 13.15 所示，并与多家机构合作开发了用于化学/爆炸/药物材料检测的 LWIR LIBS 系统。

大部分化学和生物战剂在释放后都是气体形态，因此需对 LIBS 系统进行改进以适应气体的检测。2013 年，瑞典国防研究局的 Tjärnhage 等[69]提出了一种原型系统，利用一个连续激光器和光电倍增管 (PMT) 探测气溶胶颗粒，用于触发一个 Nd:YAG 激光器输出激光脉冲激发气溶胶颗粒产生 LIBS 信号，对于尺寸为 3.0 μm 和 7.0 μm 的 NaCl 颗粒，命中率分别为 40%和 70%。若只是采用固定重复频率的脉冲激光进行激发，对这两种尺寸的颗粒命中率仅为 1%和 2%。2014 年，该团队 Landström 等 [70] 应用图 13.16 所示的检测装置，利用两级触发单元以提高采样气溶胶颗粒的命中率，在简单的乙醇净化之后再次进行 LIBS 分析，仍然可以观察到 P 发射线，结合化学计量学方法，这可以用作预警。

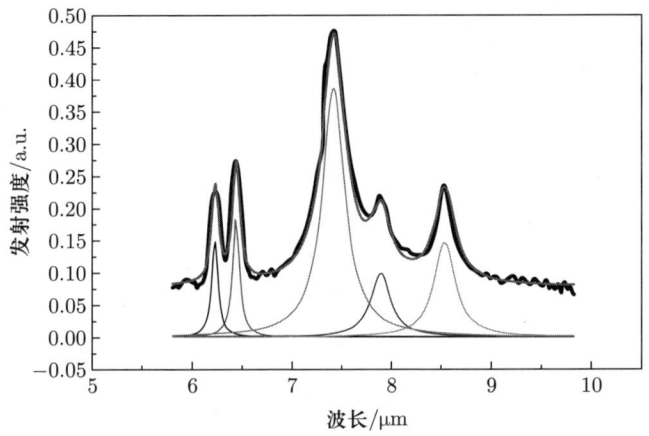

图 13.15 Jin 等测得的长波红外波段 LIBS

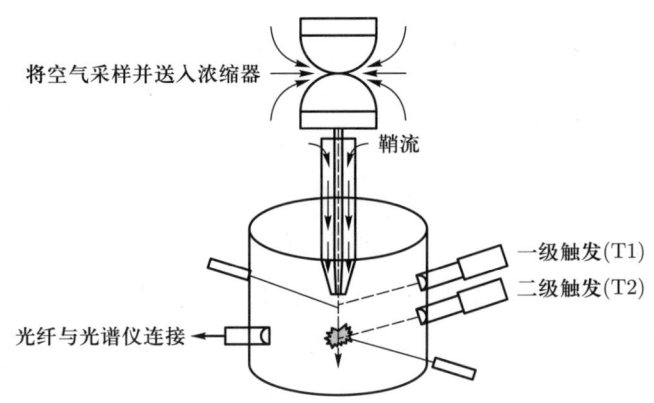

图 13.16 Landström 等采用的两级触发 LIBS 气体检测装置

LIBS 技术现场应用的一个重要前提条件是开发小型化便携 LIBS 系统，已经有部分单位和研究人员对此进行了探索，但距离达到实际应用的性能效果仍有不小差距。2016 年，法国原子能委员会 Hermite 等 [71] 开发了适合现场应用的小型化便携 LIBS 装置，并应用于化学战剂的检测。在具有 4 种化学战剂 (CWA)[沙林 (GB)、路易斯 (L1)、芥子气 (HD) 和维埃克斯 (VX)] 的设施中进行表面污染检测，结果表明便携式 LIBS 仪器可用于检测表面浓度高于 15 μg/cm² 的 CWA。

13.4.3 生物危险品检测

生物战剂的检测是安防领域另一个重要的需求方面，实时快速检测生物战剂对于保护人民生命安全具有重要意义。生物战剂在空气中通过气溶胶粒子传播，是能够引发大规模疾病并导致物质恶化的微生物，它们可以大致可分为细菌、病毒、真菌和毒素 4 类。LIBS 由于其快速、准确、实时的检测优势已经成为检测生物战剂的一项十分具有前途的技术。近年来，研究人员对生物战剂模拟剂、细菌、真菌和花粉等多种微生物开展了研究。

2003 年，加拿大拉瓦尔大学的 Xu 等 [72] 首次报道了采用飞秒 LIBS 技术远程检测空气中的生物材料，结果表明可以在 3.5 m 的距离上成功检出蛋清和酵母粉，证实了飞秒 LIBS 可以对有害生物制剂进行远程探测。同年，美国麻省理工大学林肯实验室的 Hybl 等 [73] 提出 LIBS 可以作为检测空气传播的生物战剂的潜在方法。他们测量了一些常见的生物战剂模拟剂——球形芽孢杆菌 (多黏芽孢杆菌、枯草芽孢杆菌和短芽孢杆菌) 的 LIBS，与天然生物气溶胶组分 (花粉和真菌孢子) 的 LIBS 进行比较，确定了 LIBS 用于区分生物战剂与天然气溶胶的潜力。在后续的研究中还将 LIBS 和激光诱导荧光联用以提高检测精度 [74]。

虽然目前有很多研究成果发表，但是 LIBS 在检测生物样品中依然存在挑战。生物样品极易变质，但并不一定就会失去危害性，且生物战剂释放后通常也是气态或气溶胶形式，扩散速度极快。LIBS 检测效果和待测物浓度有很大的关系，如何准确检测出毒剂颗粒有待进一步研究。

针对上述挑战，已经有一些单位开展了探索研究。2005 年，美国空军实验室 Kiel 等 [75] 的研究表明，通过 LIBS、热化学发光、质谱、聚合酶链反应等方法的结合，即使生物战剂中生物成分已经遭到破坏，也可以确定生物战剂的存在。应对生物危险品可能释放的环境，主要有室外空气扩散的检测和室内物体附着的检测。在城市等人口密集区域，恐怖袭击释放生物危险品后，必然会兼具这两种情况。

2006 年，美国环境保护局 Gibb-Snyder 等 [76] 研究了生物战剂气溶胶混合物的 LIBS 检测方法。选用炭疽芽孢杆菌替代孢子 (萎缩芽孢杆菌、短小芽孢杆菌和嗜热脂肪芽孢杆菌) 作为实验样品,分析了孢子气溶胶和普通气溶胶的粒径分布,采用微孔均匀沉积式两级碰撞采样器对孢子气溶胶进行采样,提高了孢子颗粒的 LIBS 命中率,降低了其他气溶胶颗粒的干扰。对掺杂有大约 1.13×10^5 个孢子的 0.75 m³ 城市室外空气的气溶胶混合物进行 LIBS 测量,单次激发能够检测约 4%的孢子,识别结果的假阴性率为 0.04。对于不含孢子的相同体积的城市空气样品,识别结果的假阳性率为 0.08。2007 年,美国陆军实验室 Gottfried 等[77]证明了 LIBS 可以在 20 m 处,区分生物战剂模拟剂枯草芽孢杆菌和卵清蛋白,以及 5 种具有相似化学式的有机磷酸盐神经毒剂模拟剂 (DMMP、DEMP、DEEP、TEP 和 DIMP),并且建立了一种可用于化学、生物和爆炸物危险品检测的 PLS–DA 组合模型,为室外远距离探测奠定了基础。但是空气扩散速度快,探测距离还有待进一步增加。

2008 年,美国陆军实验室 Munson 和 Gottfried 等将便携式 LIBS 系统用于检测办公室室内表面和擦拭材料上的生物粉末[78,79]。通过线性相关分析将含有生物制剂替代物和混淆材料 (例如灰尘、柴油烟灰、天然和人造甜味剂及饮料粉末) 的光谱库进行分类鉴别。成功地在擦拭材料和办公室家具表面上检测出了枯草芽孢杆菌 (BG) 孢子,为将 LIBS 技术用于检测室内生物危险品残留奠定了基础。此后又将该技术用于辨别两种生物战剂替代物 (萎缩芽孢杆菌和卵清蛋白) 和潜在的干扰物 (霉菌孢子、腐殖酸、屋尘和亚利桑那州道路粉尘),结合多元线性回归和神经网络分析模型,萎缩芽孢杆菌 (100 个菌落形成单位) 孢子 LIBS 光谱的假阴性率为 0。

此外,多种技术相互融合也是当前探测生物危险品的一个重要发展方向。2006 年,美国 Edgewood 化学生物研究中心 Samuels 等[80]提出了拉曼、红外和 LIBS 多光谱融合技术,并在生物气溶胶检测中取得了较好的效果。同年,美国麻省理工大学林肯实验室的 Hybl 等[74]将单粒子荧光分析与 LIBS 技术相结合用于测定多种生物战剂模拟物 (萎缩芽孢杆菌、成团泛菌和卵清蛋白),结果表明该方法可提高识别准确率,降低虚警率。2016 年,瑞典国防研究局的 Larsson 等[81]开发了一种原型 LIBS 系统,结合 405 nm 激光诱导的荧光,通过测量空气中的单个气溶胶颗粒以实现对生物战剂的监测。该系统可识别烟酰胺腺嘌呤二核苷酸 (NADH) 和 NaCl 的 1~7 μm 范围内的单分散气溶胶,以及各种生物战剂气溶胶模拟物和干扰物的单分散体。表 13.3 是化生爆危险品 LIBS 检测相关研究汇总。

表 13.3 化生爆危险品 LIBS 检测相关研究结果汇总

类别	方法	样品	结果	参考文献
爆炸物	LIBS 技术	黑火药，TNT，PETN，HMX 和 RDX 等纯净炸药，M43 和 JA2 等推进剂，C4 和 LX-14 等军用炸药	LIBS 检测所需的高能激光，不会引爆爆炸物和含能材料，经过对比发现不同材料的光谱之间存在差异，可以根据光谱数据对爆炸物和含能材料进行识别	[28]
	飞秒 LIBS 技术	PMMA 和 NR7-1000PY	采集的 LIBS 光谱中分子光谱特征更加明显，C 的原子光谱强度较弱，但是 CN 和 C_2 分子带的强度较强	[29]
	飞秒 LIBS 技术	NTO, TNT, RDX, PETN 和 HMX	在空气、氮气及氩气环境中研究 385~388 nm 光谱范围的 CN 等离子体动力学，发现 CN 带在空气和氮气中的强度比在氩气中的强，CN/C 和 CN/N 值随着环境气体中氮气的含量减少而减弱	[31]
	LIBS 技术	TNT	对 TNT 在单光子激发下的 LIBS 光谱进行了仿真模拟，还模拟了 C, H, O 和 N 的原子发射谱线强度随等离子体温度的变化规律	[35]
	LIBS 技术	高氮含能材料、常规军用炸药和有机材料	采用不同的输入变量建立了多个 PLS-DA 模型，使用全谱得到了最好的分类结果	[37]
	LIBS 技术	RDX, NTO, PETN, HMX, TNT 等	采用遗传算法进行特征提取，识别准确率从 92%提升到 94%	[38]
	LIBS 技术	5 种不同的废弹壳	PLS-DA 区分来自不同制造商和国家的废弹壳，分类结果真阳性为 93.3%，假阳性为 5.3%	[43]

续表

类别	方法	样品	结果	参考文献
爆炸物	LIBS技术	高氯酸铵、硼/硝酸钾和硝酸铵	基于O/N、N/H和O/H谱线强度比值，分别建立一维、二维和三维分类模型，分类模型维数越高，分类效果越好	[44]
爆炸物	LIBS技术	TNT、RDX、黑火药、推进剂、石墨、铬镍铁合金、铝和铜	对样品的LIBS光谱进行PCA分析，获得前3个主成分的得分，再依据得分建立人工神经网络分类模型，实现了100%的正确识别率	[45]
爆炸物	LIBS技术	DNT、TNT、RDX和PETN	采用特征谱线强度比的散点图聚类算法对复杂光谱中的微小差异进行提取，爆炸物识别准确率大于95%	[47]
爆炸物	构造LIBS光谱	HMX、NTO、PETN、RDX和TNT	相较于利用实验获得的光谱数据建模，只利用合成光谱数据建模时，KNN-PCA模型的正确识别率下降了约7%；PLS-DA模型的正确识别率下降了约4%	[51]
爆炸物	生成对抗网络	RDX、HMX、DMMP和TEP	根据少量实验测得的光谱生成大量仿真光谱，与实验光谱一起模成建模数据库，可以有效提升模型的识别准确率	[52]
爆炸物	半监督学习方法	RDX、TNT、HMX和CL-20	提出了基于标签扩散的半监督学习方法进行光谱识别分类，对参与建模的典型爆炸物RDX、HMX和CL-20的识别准确率达到100%，对未参与建模的待测爆炸物TNT也实现了准确识别	[55]
爆炸物	LIBS技术	DNAN、TNT、HNS、TATB、NTO、PETN、RDX、HMX和CL-20	建立了激光诱导等离子体冲击波冲击速度和爆参数之间的关系，可用于大规模爆炸测试之前对新开发的含能材料及爆配方进行筛选	[56]

续表

类别	方法	样品	结果	参考文献
爆炸物	LIBS 技术	铝基 RDX	可以用 Al/O 的相对强度确定 RDX/Al 样品的爆轰速度和压力	[58]
	飞秒 LIBS 技术	硝基芳烃衍生物	发现在空气环境中，所得到 $(CN+C_2)/(C+H+N+O)$ 比值与样品的氧平衡度、爆压、爆速和爆热等参数具有良好的线性相关性，预测结果的最大误差为 $10\%\sim15\%$	[59]
	LIBS 技术	塑料黏结炸药	样品的 CN、C_2 和 AlO 分子带的 LIBS 谱线强度随老化过程发生变化，可用于样品老化性能分析	[63, 64]
	LIBS 技术	细菌孢子、霉菌、花粉和神经剂模拟物	采用化学计量学方法评估了特征谱线的相关性，利用 PCA 和 SIMCA 模型实现了对多种生物和化学战剂模拟剂的识别分类	[65]
	LIBS 技术	生物和化学战剂模拟剂残留物	采用 PLS-DA 识别方法对利用全谱分析和选择特征谱线进行分析做了比较，结果表明全谱分析受基底影响严重，选取特征谱线分析识别效果较好	[67]
化学危险品	长波红外波段的 LIBS	化学危险品和爆炸物	开发用于化学/爆炸物药物材料检测识别的 LWIR LIBS 系统，可以实现更宽采样范围的 LIBS 光谱检测	[68]
	LIBS 技术	液态磷酸三丁酯 (TBP) 和沙林 (GB)	两级触发单元以提高采样气溶胶颗粒的命中率，观察到 P 发射线，结合化学计量学方法，可以用作预警	[69]
	便携 LIBS 装置	沙林、路易斯、芥子气和 VX 神经毒剂	便携式 LIBS 仪器可检测表面浓度高于 $15~\mu g/cm^2$ 的化学战剂	[71]
生物危险品	飞秒 LIBS 技术	蛋清和酵母粉	可以在 3.5 m 的距离上成功检出蛋清和酵母粉，证实了飞秒 LIBS 可用于远程检测和鉴定含有生物制剂	[72]

续表

类别	方法	样品	结果	参考文献
生物危险品	宽带光谱 LIBS 系统	生物战剂模拟物三种球形芽孢杆菌（多黏芽孢杆菌、枯草芽孢杆菌和苏芽孢杆菌）	证明 LIBS 用于区分生物战剂与天然气溶胶的潜力	[73,74]
	远程 LIBS 系统	枯草芽孢杆菌、卵清蛋白和磷酸盐神经毒剂模拟物（DMMP、DEMP、DEEP、TEP 和 DIMP）	LIBS 可以在 20 m 处识别生物战剂模拟剂以及化学战剂模拟剂，为室外远距离探测奠定了基础	[77]
	便携式 LIBS 系统	枯草芽孢杆菌	成功地在擦拭材料和办公家具表面鉴定了枯草芽孢杆菌孢子，为 LIBS 技术用于检测室内生物危险品残留奠定了基础	[78]
	便携式 LIBS 系统	萎缩芽孢杆菌和卵清蛋白	结合多元线性回归神经网络分析模型，萎缩芽孢杆菌（100 个菌落形成单位）孢子光谱的假阴性率为 0	[79]
	单粒子荧光分析与 LIBS 相结合	萎缩芽孢杆菌、成团泛菌和卵清蛋白	单粒子荧光分析与 LIBS 相结合可提高识别效果，有效降低虚警率	[74]
	LIBS 结合 405 nm 激光诱导的荧光系统	模拟生物气溶胶	可识别 1~7 μm 范围内 NADH 和 NaCl 单分散气溶胶，以及各种生物战剂模拟物和干扰物的单分散体	[81]

13.5　本章小结

在化生爆危险品检测领域，LIBS 技术已经发挥了重要作用。不论是从定性的安检应用，还是定量的爆炸物性能参数分析，都表现出了卓越的检测能力。这项技术因其可以检测固、液、气等各种形态的物质，十分适用于对样品种类繁多、物质形态纷繁的化生爆危险品的检测。在技术应用的探索中，国内外研究团队已经从多方面展开研究，揭示了 LIBS 原子谱线和分子谱带的形成机制，探究了基底、环境等因素对 LIBS 产生的影响，这对 LIBS 技术在安防领域的大规模应用提供了理论支撑。目前，仍存在诸如液体样品信号强度低、LIBS 检测限不够高等诸多有待进一步解决的问题，制约着 LIBS 技术的落地应用。

总的来说，LIBS 技术是安防检测领域的未来之星，面向落地应用，未来在该领域的研究需要从硬件系统设计和处理算法优化两方面着重解决以下问题：

(1) 远距离、便携式检测系统的进一步开发；

(2) 针对气态、液态物质检测的信号灵敏度提高；

(3) 反映各种危险品本质特性的特征光谱选择；

(4) 定性、定量算法的进一步优化，达到更低检测限、更低差异度的可识别性；

(5) 通过与其他技术联用，取长补短发挥各自优势。

LIBS 技术在化生爆危险品检测领域的研究方兴未艾，随着制约其发展的关键技术问题的解决，必将发挥其更大的作用。

参考文献

[1] 阎滨. 看似愚蠢的"排队枪毙"为何独步世界　当步兵加火枪成为战场主角 [J]. 国家人文历史, 2016(8): 64–71.

[2] 张振彪, 吴志奇. 古代战争中的化学手段运用 [J]. 佳木斯教育学院学报, 2012(5): 433–435.

[3] 青文. 在战争中使用毒剂渊远流长 [J]. 军事历史, 1993(02): 33.

[4] 娄霞, 商宏伟, 毛志勇. 华北某区域海上处理日遗化武卫勤保障实践体会 [J]. 中华灾害救援医学, 2018, 006(006): 343–345.

[5] 何民. 全球化学战剂介绍 [J]. 中外医疗, 2001, 000(008): 40–42.

[6] 高晓燕. 第二次世界大战时期日本化学战的准备 [J]. 社会科学战线, 1995(05): 85–91.

[7] 王忠田. 化学武器纵横谈 [J]. 国际展望, 1989, 000(021): 26–27.

[8] 徐炽焕. 伊拉克的王牌化学武器和生物武器 [J]. 现代兵器, 1993(08): 14–15.

[9] 段振斋. 免疫对抗生物战 [J]. 大众健康, 2006, 000(003): 14–15.

[10] 黄魁, 林远斌, 吴腾芳, 等. 国外爆炸物探测与识别技术综述 [J]. 爆破器材, 2007(03): 34–38.

[11] 聂涛, 杨金柱. 国外爆炸物检测技术综述 (一)——痕量爆炸物检测技术 [J]. 国防技术基础, 2009(01): 34–37.

[12] 初凤红. 微痕量爆炸物检测技术研究进展 [J]. 激光与光电子学进展, 2010, 47(02): 46–52.

[13] 宣宇, 孙楠, 傅得锋, 等. 用 LC/APCI/MS 方法检测粉尘中的炸药成分 [J]. 火炸药学报, 2012(02): 27–31.

[14] 梁永磊, 黄寅生, 钮雪冰, 等. 典型爆炸物探测技术研究现状与发展 [J]. 中国安防, 2015(22): 74–78.

[15] Gaurav, Kaur V, Kumar A, et al. SPME-HPLC: A new approach to the analysis of explosives.[J]. Journal of Hazardous Materials, 2007, 147(3): 691–697.

[16] 李文博. 低剂量双能 X 射线物品检查与液态危险品识别技术的研究 [D]. 沈阳: 东北大学, 2010.

[17] 陈国瑞, 胡忆梁. 毒品/炸药快速无损探测技术在安检中的应用 [J]. 警察技术, 2004(01): 27–29.

[18] 杨秋宝. 基于拉曼光谱的易燃易爆品检测技术的研究 [D]. 沈阳: 沈阳理工大学, 2012.

[19] Sallé B, Mauchien P, Maurice S. Laser-induced breakdown spectroscopy in open-path configuration for the analysis of distant objects[J]. Spectrochimica Acta Part B: Atomic Spectroscopy, 2007, 62(8): 739–768.

[20] Rohwetter P, Yu J, Mejcan G, et al. Remote LIBS with ultrashort pulses: Characteristics in picosecond and femtosecond regimes[J]. Journal of Analytical Atomic Spectrometry, 2004, 19(4): 437–444.

[21] Gaona I, Serrano J, Moros J, et al. Evaluation of laser-induced breakdown spectroscopy analysis potential for addressing radiological threats from a distance [J]. Spectrochimica Acta Part B: Atomic Spectroscopy, 2014, 96(6): 12–20.

[22] 张大成, 冯中琦, 魏宽, 等. 远程激光诱导击穿光谱技术与应用 (特邀)[J]. 光子学报, 2021, 50(10): 145–157.

[23] Ford A, Waterbury R, Rose J, et al. Extension of a standoff explosive detection system to CBRN threats[C]//Proc. SPIE 7665, Chemical, Biological, Radiological, Nuclear, and Explosives (CBRNE) Sensing XI, 76650Y, 2010.

[24] Waterbury R, Rose J, Vunck D, et al. Fabrication and testing of a standoff trace

explosives detection system[C]//Proc. SPIE 8018, Chemical, Biological, Radiological, Nuclear, and Explosives (CBRNE) Sensing XII, 801818, 2011.

[25] Almaviva S, Palucci A, Lazic V, et al. Laser-induced breakdown spectroscopy for the remote detection of explosives at level of fingerprints[C]//Proc. SPIE 9899, Optical Sensing and Detection IV, 98990R, 2016.

[26] Kalam S A, Rao E N, Hamad S, et al. Femtosecond laser induced breakdown spectroscopy based standoff detection of explosives and discrimination using principal component analysis[J]. Optics Express, 2018, 26(7): 8069–8083.

[27] Almaviva S, Palucci A, Lazic V, et al. Laser-induced breakdown spectroscopy for the remote detection of explosives at level of fingerprints[C]//Proc. SPIE 9899, Optical Sensing and Detection IV, 98990R, 2016.

[28] Lucia F C D, Harmon R S, Mcnesby K L, et al. Laser-induced breakdown spectroscopy analysis of energetic materials[J]. Applied Optics, 2003, 42(30): 6148–6152.

[29] Weidman M, Baudelet M, Fisher M, et al. Molecular signal as a signature for detection of energetic materials in filament-induced breakdown spectroscopy[C]//Proc. SPIE 7304, Chemical, Biological, Radiological, Nuclear, and Explosives (CBRNE) Sensing X, 73041G, 2009.

[30] De Lucia F C, Gottfried J L. Influence of molecular structure on the laser-induced plasma emission of the explosive RDX and organic polymers[J]. Journal of Physical Chemistry A, 2013, 117(39): 9555–9563.

[31] Rao E N, Sunku S, Tewari S P, et al. Investigation of molecular and elemental species dynamics in NTO, TNT, and ANTA using femtosecond LIBS technique[C]//Proc. SPIE 8710, Chemical, Biological, Radiological, Nuclear, and Explosives (CBRNE) Sensing XIV, 871012, 2013.

[32] Rao E N, Sunku S, Rao S V. Femtosecond laser-induced breakdown spectroscopy studies of nitropyrazoles: The effect of varying nitro groups[J]. Applied Spectroscopy: Society for Applied Spectroscopy, 2015, 69(11): 1342–1354.

[33] Delgado T, Vadillo J M, Laserna J J. Primary and recombined emitting species in laser-induced plasmas of organic explosives in controlled atmospheres[J]. Journal of Analytical Atomic Spectrometry, 2014, 29(9): 1675–1685.

[34] Brown E E, Hömmerich U, Yang C C, et al. Eye-safe infrared laser-induced breakdown spectroscopy (LIBS) emissions from energetic materials[C]//Proc. SPIE 9824, Chemical, Biological, Radiological, Nuclear, and Explosives (CBRNE) Sensing XVII, 98241B, 2016.

[35] Wang Q Q, Jander P, Fricke-Begemann C, et al. Comparison of 1064 nm and 266 nm

excitation of laser-induced plasmas for several types of plastics and one explosive[J]. Spectrochimica Acta Part B: Atomic Spectroscopy, 2008, 63(10): 1011–1015.

[36] 赵华, 王茜蒨, 刘凯, 等. 无机爆炸物及其主要成分的激光诱导击穿光谱实验研究 [J]. 光谱学与光谱分析, 2012, 032(003): 577–581.

[37] Lucia F C D, Gottfried J L. Influence of variable selection on partial least squares discriminant analysis models for explosive residue classification[J]. Spectrochimica Acta Part B: Atomic Spectroscopy, 2011, 66(2): 122–128.

[38] Kumar Myakalwar A, Spegazzini N, Zhang C, et al. Less is more: Avoiding the LIBS dimensionality curse through judicious feature selection for explosive detection[J]. Scientific Reports, 2015, 5: 13169.

[39] Wang Q Q, Teng G E, Qiao X L, et al. Importance evaluation of spectral lines in Laser-induced breakdown spectroscopy for classification of pathogenic bacteria[J]. Biomedical Optics Express, 2018, 9(11): 5837–5850.

[40] 乔晓磊. 激光诱导击穿光谱特征选择与提取方法研究 [D]. 北京: 北京理工大学, 2018.

[41] Sun Chen, Tian Y, Gao L, et al. Machine learning allows calibration models to predict trace element concentration in soil with generalized LIBS spectra[J]. Scientific Reports, 2019, 9: 11363.

[42] Gottfried J L. Influence of metal substrates on the detection of explosive residues with laser-induced breakdown spectroscopy[J]. Applied Optics, 2013, 52(4): B10–B19.

[43] Miziolek A W, Lucia F C D. A spectroscopic tool for identifying sources of origin for materials of military interest[C]//Proc. SPIE 9101, Next-Generation Spectroscopic Technologies VII, 91010J, 2014.

[44] Sreedhar S, Gundawar M K, Rao S V. Laser induced breakdown spectroscopy for classification of high energy materials using elemental intensity ratios[J]. Defence Science Journal, 2014, 64(4): 332–338.

[45] Farhadian A H, Tehrani M K, Keshavarz M H, et al. Energetic materials identification by laser-induced breakdown spectroscopy combined with artificial neural network[J]. Applied Optics, 2017, 56(12): 3372–3377.

[46] Moros J, Serrano J, Gallego F J, et al. Recognition of explosives fingerprints on objects for courier services using machine learning methods and laser-induced breakdown spectroscopy[J]. Talanta, 2013, 110: 108–117.

[47] Serrano J, Moros J, Sánchez C, et al. Advanced recognition of explosives in traces on polymer surfaces using LIBS and supervised learning classifiers[J]. Analytica Chimica Acta, 2014, 806: 107–116.

[48] Morton Jr K D, Torrione P A, Collins L. Signal processing for the detection of explo-

sive residues on varying substrates using laser-induced breakdown spectroscopy[C]// Chemical, Biological, Radiological, Nuclear, and Explosives (CBRNE) Sensing XII. SPIE, 2011, 8018: 335–346.

[49] Wang Q Q, Liu K, Zhao H, et al. Detection of explosives with laser-induced breakdown spectroscopy[J]. Frontiers in Physics, 2012, 7(6): 701–707.

[50] Wang Q Q, Liu K, Zhao H. Multivariate analysis of laser-induced breakdown spectroscopy for discrimination between explosives and plastics[J]. Chinese Physics Letters, 2012, 29(4): 44206–44208.

[51] Anubham S K, Junjuri R, Myakalwar A K, et al. An approach to reduce the sample consumption for LIBS based Identification of explosive materials[J]. Defence Science Journal, 2017, 67(3): 254–259.

[52] Teng G E, Wang Q Q, Kong J L, et al. Extending the spectral database of laser-induced breakdown spectroscopy with generative adversarial nets[J]. Optics Express, 2019, 27(5): 6958–6969.

[53] Wang Q Q, He L A, Zhao Y, et al. Study of cluster analysis used in explosives classification with laser-induced breakdown spectroscopy[J]. Laser Physics, 2016, 26(6): 065605.

[54] He L, Wang Q Q, Zhao Y, et al. Study on cluster analysis used with laser-induced breakdown spectroscopy[J]. Plasma Science and Technology, 2016, 18(6): 647–653.

[55] Wang Q Q, Teng G E, Li Ch Y, et al. Identification and classification of explosives using semi-supervised learning and laser-induced breakdown spectroscopy[J]. Journal of Hazardous Materials, 2019, 369: 423–439.

[56] Gottfried J L. Laboratory-scale method for estimating explosive performance from laser-induced shock waves[J]. Propellants Explosives Pyrotechnics, 2015, 40(5): 674–681.

[57] Rezaei A H, Keshavarz M H, Tehrani M K, et al. Approach for determination of detonation performance and aluminum percentage of aluminized-based explosives by laser-induced breakdown spectroscopy[J]. Applied Optics, 2016, 55(12): 3233–3240.

[58] Keshavarz M, Rezaei A H, Tehrani M K, et al. Assessment of detonation performance and characteristics of 2,4,6-trinitrotoluene based melt cast explosives containing aluminum by laser induced breakdown spectroscopy[J]. Central European Journal of Energetic Materials, 2019, 16(1): 3–20.

[59] Kalam S A, Murthy N L, Mathi P, et al. Correlation of molecular, atomic emissions with detonation parameters in femtosecond and nanosecond LIBS plasma of high energy materials[J]. Journal of Analytical Atomic Spectrometry, 2017, 32(8): 1535–1547.

[60] Rezaei A H, Keshavarz M H, Tehrani M K, et al. Approach for determination of

detonation performance and aluminum percentage of aluminized-based explosives by laser-induced breakdown spectroscopy[J]. Applied Optics, 2016, 55(12): 3233–3240.

[61] 刘子如. 火炸药老化失效模式及机理 [J]. 火炸药学报,2018,41(05): 425–433.

[62] 秦浩, 杜仕国, 闫军, 李洪广. 固体推进剂老化性能研究进展 [J]. 化工进展,2013,32(08): 1862–1865.

[63] Ahmadi S H, Keshavarz M H, Atabak H R H. Correlations between laser induced breakdown spectroscopy (LIBS) and dynamical mechanical analysis (DMA) for assessment of aging effect on plastic bonded explosives (PBX)[J]. Zeitschrift Für Anorganische Und Allgemeine Chemie, 2018, 645: 120–125.

[64] Ahmadi S H, Keshavarz M H, Atabak H R H. Introducing laser induced breakdown spectroscopy (LIBS) as a novel, cheap and non-destructive method to study the changes of mechanical properties of plastic bonded explosives (PBX)[J]. Zeitschrift für anorganische und allgemeine Chemie, 2018, 644: 1667–1673.

[65] Munson C A, Lucia F C D, Piehler T, et al. Investigation of statistics strategies for improving the discriminating power of laser-induced breakdown spectroscopy for chemical and biological warfare agent simulants[J]. Spectrochimica Acta Part B: Atomic Spectroscopy, 2005, 60(7-8): 1217–1224.

[66] Fountain A W, Christesen S D, Guicheteau J A, et al. Long range standoff detection of chemical and explosive hazards on surfaces[C]//Proc. SPIE 7484, Optically Based Biological and Chemical Detection for Defence V, 748403, 2009.

[67] Gottfried J L. Discrimination of biological and chemical threat simulants in residue mixtures on multiple substrates[J]. Analytical & Bioanalytical Chemistry, 2011, 400(10): 3289–3301.

[68] Jin F, Trivedi S B, Yang C S, et al. Chemical and explosive detection with longwave infrared laser induced breakdown spectroscopy[C]//Proc. SPIE 9824, Chemical, Biological, Radiological, Nuclear, and Explosives (CBRNE) Sensing XVII, 98240Q, 2016.

[69] Tjärnhage T, Gradmark P Å, Larsson A, et al. Development of a laser-induced breakdown spectroscopy instrument for detection and classification of singleparticle aerosols in real-time[J]. Optics Communications, 2013, 296: 106–108.

[70] Landström L, Larsson A, Gradmark P-Å, et al. Detection and monitoring of CWA and BWA using LIBS[C]//Proc. SPIE 9073, Chemical, Biological, Radiological, Nuclear, and Explosives (CBRNE) Sensing XV, 907312, 2014.

[71] Hermite, D, Vors E, Vercouter T, et al. Evaluation of the efficacy of a portable LIBS system for detection of CWA on surfaces[J]. Environmental Science & Pollution Re-

search, 2016, 23(9): 8219–8226.

[72] Xu H L, Liu W, Chin S L. Remote time-resolved filament-induced breakdown spectroscopy of biological materials[J]. Optics Letters, 2006, 31(10): 1540–1542.

[73] Hybl J D, Lithgow G A, Buckley S G. Laser-induced breakdown spectroscopy detection and classification of biological aerosols[J]. Applied Spectroscopy, 2003, 57(10): 1207–1215.

[74] Hybl J D, Tysk S M, Berry S R, et al. Laser-induced fluorescence-cued, laser-induced breakdown spectroscopy biological-agent detection[J]. Applied Optics, 2006, 45(34): 8806–8814.

[75] Kiel J L, Holwitt E A, Parker J E, et al. Specific biological agent taggants, Proc. SPIE 5795, Chemical and Biological Sensing VI, 2005.

[76] Gibb-Snyder E, Gullett B, Ryan S, et al. Development of size-selective sampling of bacillus anthracis surrogate spores from simulated building air intake mixtures for analysis via laser-induced breakdown spectroscopy[J]. Applied Spectroscopy, 2006, 60(8): 860–870.

[77] Gottfried J L, Lucia F C D, Munson C A, et al. Standoff detection of chemical and biological threats using laser-induced breakdown spectroscopy[J]. Applied Spectroscopy, 2008, 62(4): 353–363.

[78] Munson C A, Gottfried J L, Snyder E G, et al. Detection of indoor biological hazards using the man-portable laser induced breakdown spectrometer[J]. Applied Optics, 2008, 47(31): G48–G57.

[79] Snyder E G, Munson C A, Gottfried J L, et al. Laser-induced breakdown spectroscopy for the classification of unknown powders[J]. Applied Optics, 2008, 47(31): G80–G87.

[80] Samuels A C, Santarpia J L, Bottiger J R, et al. Test methodology development for biological agent detection systems [C]//Proc. SPIE 6378, Chemical and Biological Sensors for Industrial and Environmental Monitoring II, 637802, 2006.

[81] Larsson A, Karlsson A, Gradmark P-Å, et al. Bioaerosol detection using single particle triggered LIBS[C]//Proc. SPIE 9824, Chemical, Biological, Radiological, Nuclear, and Explosives (CBRNE) Sensing XVII, 98240S, 2016.

第 14 章 生物医学应用[①]

14.1 引言

疾病是人类健康最大的威胁，对疾病成因、预防、诊断及治疗方法的研究一直是大众关注的焦点。由于诊断是采取治疗方法的先决条件，因此许多研究人员致力于开发准确、高效的诊断技术，实现对疾病的早期筛查，对疾病症状和不同发病阶段的分析和判定。

全球范围内以癌症为主的非传染性疾病是大多数国家和地区疾病死亡的罪魁祸首，尤其是近年来，癌症出现低龄化发病趋势。2019 年，全球青少年人群中约有 1 335 100 例新发癌症病例和 397 583 例癌症相关死亡[1]。预计癌症和恶性肿瘤预计将成为 21 世纪世界各国的主要死亡原因[2]。

因此，癌症的早期筛查，癌变组织的快速、原位识别至关重要。早期筛查可基于影像学检查或体液中的生物标志物检测，但早期恶性肿瘤、癌前病变及良性肿瘤很难区分，最终临床确诊的金标准仍是活检组织的病理学分析。传统病理检测需对切除的组织样本进行固定、切片和染色，等待时间较长，并且病理学分析对医生专业知识和经验依赖性极高。目前，基于脱氧核糖核酸、蛋白质检测的免疫学和分子生物学方法也被关注，但这些方法存在提取过程复杂、依赖专业人员操作、分析时间较长等缺陷。

经诊断并确诊后，肿瘤的主要治疗方法是手术切除。通常手术切除的关键在于移除所有病变组织的同时保留重要的健康组织，避免重要组织的意外切除或病变组织残留导致的额外治疗或复发。目前，术中切除组织性质的判别依赖于影像学检查、术中触觉、视觉检查，以及快速冷冻切片病理学评估，这些技术存在切除不充分、手术中断、手术时间延长等问题，尚缺乏一种广泛使用的

---
① 本章由北京理工大学王茜蒨教授撰写。

术中指导手段。

  LIBS技术能够检测各种形态的物质，同时探测多种元素，无需样品预处理，无需注射标记物，仅产生微米级/纳米级的样品烧蚀，可以实现原位、实时、快速分析，具有强大的应用潜力。人体不同组织的元素组成和丰度存在差异，病变组织和体液相对健康组织和体液同样存在元素差异，这为基于LIBS的检测和识别提供了理论基础。除癌症和恶性肿瘤的诊断外，糖尿病、骨质疏松、结石、牙齿疾病等其他影响健康的疾病也可以通过LIBS技术分析诊断。

  此外，由于生活环境、日常摄入、服用药物、诊断或治疗目的的注射、治疗目的植入外部材料的泄露，以及放射性环境等，会导致一些外源性元素被引入人体。这些外源性元素可能会威胁健康或影响疾病的诊断，监测其分布和含量对人体健康至关重要。LIBS技术能够实现元素成像和深度剖面分析，是进行人体健康和疾病相关组织及体液元素监测的有力工具。

  生物医学领域是LIBS技术发展速度最快的应用领域之一，涉及基于元素差异的生物组织及体液的检测和分析。针对疾病诊断、元素成像、元素测定及术中指导与反馈等方面，使用器官等软组织样本，血液、尿液等液体样本，毛发、结石、牙齿、骨头等硬组织样本，LIBS技术可以原位实时地提供这些复杂生物样本的化学元素组成，有望成为生物医学领域潜在的辅助分析工具。

14.2 现有生物医学检测技术分析

  活体组织检查，简称活检，是大多数肿瘤疾病检测的金标准，分为术前活检和术中活检两种。

  (1) 术前活检：在治疗性手术或其他治疗前，取小部分病变组织送病理活检，经甲醛固定、石蜡包埋、切片和染色后，由病理医师在光学显微镜下进行观察、分析和识别，3～7天得到诊断报告。其优点是创伤较小，准确率高；缺点是一些内在部位的病变难以取材，取材技术要求高，等待时间长等。

  (2) 术中活检：治疗性手术或探查性手术中，在 20～30 min 内，用不经固定的新鲜标本，快速冷冻至 $-18\ ℃$ 以下进行切片和染色，完成定性观察分析。其优点是能在手术进行当中对性质不明的病变予以确诊，协助临床立即确定手术方案；缺点是只适用于体表器官或内部器官手术探查，对一些病变复杂的疾病和需要辨认细胞细微结构的肿瘤，比如淋巴瘤等均不适用。同时，其受取材限制常出现假阴性，由于观察分析时间短，诊断难度大，极大依赖于病理医师经验。

目前，医学影像诊断技术也是发展较为成熟的医学检测技术，主要基于组织结构的图像对疾病进行分析，包括核磁共振成像(nuclear magnetic resonance imaging, MRI)、计算机体层扫描(computed tomography, CT)及超声检查等。

(1) MRI：根据质子在不同化合物中的信号差异对组织进行成像。MRI特别适合对人体的非骨性部位或软组织成像，也可用于动脉瘤和肿瘤的诊断。但MRI设备费用昂贵、检查费用高，其作为一种对操作经验需求较高的技术手段，使用前需要对工作人员进行大量培训来确保其安全性。此外，较长的设置时间和扫描时间也是MRI的缺点之一，即使是经验丰富的团队操作，往往也至少需要45 min。

(2) CT：使用X线束围绕人体的某一部位进行连续断面扫描。CT具有扫描时间快、图像清晰、可用于多种疾病检查等优点，但其存在检查费用较高、对某些部位的诊断价值有限、辐射剂量大不适于孕妇检查等缺点。

(3) 超声检查：是一种基于超声波的医学影像学诊断技术。它是胆道系统疾病首选的检查方法，其设备易于移动，对患者无创，价格较低。但其受成像原理限制，在清晰度和分辨率方面，明显弱于CT和MRI，检查结果易受医师临床技能水平影响。

近年来，光学技术在生物医疗诊断中发挥越来越重要的作用，其中荧光光谱(fluorescent spectrum, FS)、光学相干断层扫描(optical coherence tomography, OCT)、拉曼光谱(Raman spectrum, RS)、高光谱成像(hyperspectral imaging, HSI)等技术逐渐兴起。

(1) FS：对激发出的荧光辐射强度进行定量分析的一种发射光谱分析方法。目前应用最为广泛的是荧光素钠荧光(黄荧光)，其可以反映血流信息，但在边界探测中灵敏度较低，其荧光效果会随着手术时长的增加而显著降低。同时，荧光标记物的使用给人体引入了外源性物质，其产生的影响和代谢需要的时间等会受到个体差异影响，并不完全可控。

(2) OCT：利用生物结构的透光性，重构出生物组织图像结构。因眼睛结构对光的透明性，其特别适用于眼底病诊断领域。整个过程无损伤、非入侵，与MRI和CT相比价格便宜。但在其他组织的不同病灶区域，其信号差异较小不利于明确判断,诊断不具有普适性。

(3) RS:光与物质相互作用时,少数光子以拉曼频移发生散射,可以反映物质的分子结构等。由于 RS 是一个非常弱的效应,应用中常采用表面增强拉曼散射 (surface enhanced Raman scattering, SERS),即将待测物质吸附在粗糙的纳米金属材料表面进行检测以增强 RS 信号强度。RS 检测不需对样品进行前处理,操作简单,但其散射强度易受光学系统参数等影响。同时,SERS 会引入金属纳米颗粒等外源性物质,产生的影响和代谢不完全可控,这点类似于 FS。

(4) HSI:一种光谱学与成像相结合的技术。可以在无损条件下短时间内获取不同波段下大量丰富的光谱图像信息,但是其诊断易受图像采集角度及血流干扰的影响,其图像数据庞大,分析运算量巨大,不仅所需的硬件存储空间要求高,而且建模时间长。因此,这些光学技术的临床大规模应用仍需要进行更多的论证和实验。

医学检测技术对于人体健康的防护发挥着至关重要的作用,但目前仍存在检测不准确、检测范围受限、检测时间长、费用昂贵等问题。在生物医学领域,亟需发展一种原位、快速、准确、操作简便、成本合适的检测技术,以辅助疾病的预防、监测、诊断和治疗。

14.3 生物医学 LIBS 检测的优势及面临的挑战

相对于其他生物医学检测手段,LIBS 检测具有以下优势。

(1) 诊断迅速,操作便捷。LIBS 检测样本预处理简单,甚至无需样本预处理,无需注射生物标记物,因此检测速度快。

(2) 检测范围广。其检测不受样本大小和物理形态的限制,可检测涵盖软组织、硬组织、血液、体液、生物气体在内的固体、液体及气体样本。

(3) 多元素同时探测。LIBS 检测中高能量密度的激光几乎可以激发所有元素,通过光谱仪分光,可以同时检测多种元素。其针对人体和其他生物体组织中特定微量元素具有较低的检测限。

(4) 微损检测。其烧蚀坑大小在 $1 \sim 500$ μm,烧蚀质量低至纳克级别,对生物体的损伤可忽略不计。

(5) 元素分布成像。LIBS 可以进行单点光谱采集，通过面扫描将生物组织的位置与元素信息相对应，从而实现组织的元素分布成像。

虽然 LIBS 技术具有上述优势，但在临床应用中依然面临诸多挑战和困难有待研究人员去解决。

(1) 光谱信号弱。

新鲜的生物样本 (如软组织、血液、体液等) 通常具有含水量大、表面柔软等特点，会限制等离子体的激发效率，导致 LIBS 信号强度较弱。

为了增强 LIBS 信号，研究人员分别从 LIBS 测量系统和样本预处理两方面开展研究。LIBS 测量系统可改进为双脉冲 LIBS、共振 LIBS、外加磁场等方式。样本预处理涵盖切片处理、烘干处理、直接液滴法、液固转化、基板雕刻、纳米颗粒增强等。

针对样本预处理的研究，韩国国立木浦大学的 Nam 团队[3]使用激光雕刻的硅片作为基板测量胆汁的 LIBS，胆汁在经过雕刻和未经过雕刻的硅片上的对比如图 14.1 所示。该研究以 LiCl 溶液中的 Li 元素对 LIBS 进行内标，同时结合激光雕刻硅片基板的毛细力作用，使液体样本均匀分布，K、Ca、Na、Mg 等谱峰面积比值的波动性明显降低。基底的增强与改善为临床 LIBS 检测提供了更加灵活的条件。

(2) 光谱波动大。

由于年龄性别、遗传因素、生活习性、环境变化等因素，生物个体之间具有异质性，即使是同一生物个体，其组织也存在非匀质性。因此，健康或者患同一种疾病的生物个体的光谱必然存在波动。需要研究年龄、性别、生活环境等因素对不同状态的生物体 LIBS 的影响。同时在数据处理方面，研究采用相关数据预处理方法降低 LIBS 的波动性。

Hosseinimakarem 等[4]利用 LIBS 技术探讨了指甲中微量元素与年龄、性别的关系[16]。他们对指甲采集者的性别、年龄、营养和疾病等方面进行了问卷调查。不同性别的元素含量对比显示，男性样本的 Al、CN、Fe、H、K、Mg、Na、O 和 Si 含量较高，而女性样本的 Ca 和 Ti 含量较高。不同年龄指甲的元素含量显示，随着年龄的增长，指甲中的整体 C 含量会增加。同时，他们使用判别函数分析 (discriminant function analysis, DFA) 方法对不同年龄和性别的甲亢患者指甲进行了区分，分类准确率可达到 100%。

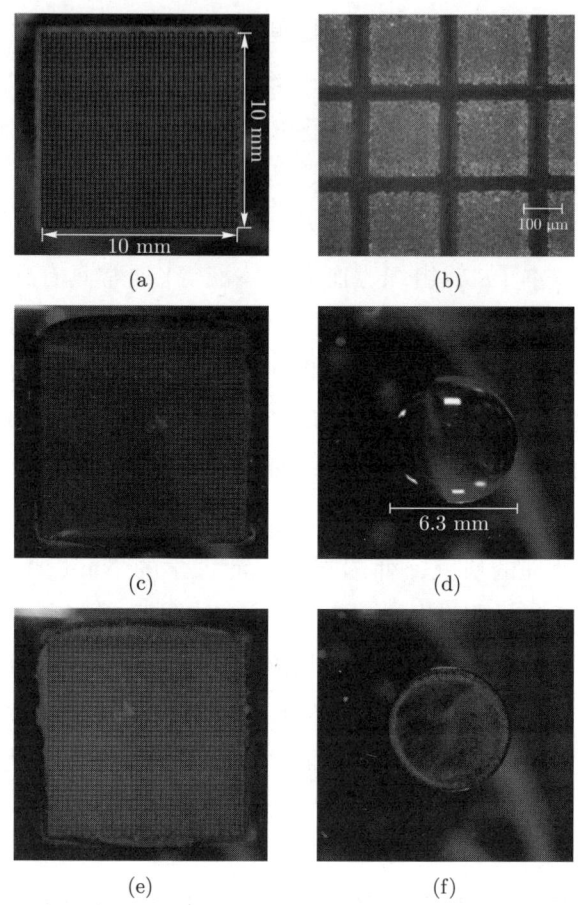

图 14.1 胆汁在经过雕刻和未经过雕刻的硅片上的对比：(a)、(b) 雕刻硅片上沟槽的完整 (a) 和放大 (b) 图像；(c)、(d) 将胆汁和 LiCl 的混合物滴到雕刻硅片的图形区域 (c) 和裸硅片表面 (d) 上的图像；(e)、(f) 在雕刻基板区域 (e) 和裸硅片表面 (f) 上干燥的胆汁和 LiCl 的混合物的图像[3]

(3) 特殊医疗 LIBS 器械缺乏。

目前的生物医学检测研究多使用常规台式 LIBS 测量系统，仅适用于实验室，特别是物理实验室，供医学实验室、手术室或术中使用的特殊医疗 LIBS 器械比较缺乏。未来开发合适的 LIBS 探针仪器，与其他光学技术多模态融合或成为新的趋势。

Sasazawa 等[5]建立了基于光纤的 LIBS 系统，用于牙科 Er:YAG 激光治疗过程中牙釉质的活体实时分析。图 14.2 展示了检测系统原理示意图。激发光源是工作波长为 1064 nm, 脉冲宽度为 7~8 ns 的调 Q Nd:YAG 激光器。激光脉冲通过焦距为 250 mm 的凸透镜耦合到芯径为 ϕ700 μm 的光纤中, 将激光传输到样本表面。该光纤同时也为牙齿消融提供高功率的红外激光, 因此该系统能够基于 LIBS 对龋齿手术进行实时诊断。图 14.3 为光纤探针远端示意图。利用芯径为 ϕ400 μm、数值孔径为 0.22 的纯石英光纤收集激发的等离子体发射, 传送到光谱仪 (Optics HR2000+, 1800 线数/mm, 光谱范围为 200~340 nm, 分辨率为 0.14 nm) 进行探测。检测时在样本表面吹扫氩气, 以增强低浓度元素的发射等离子体强度。

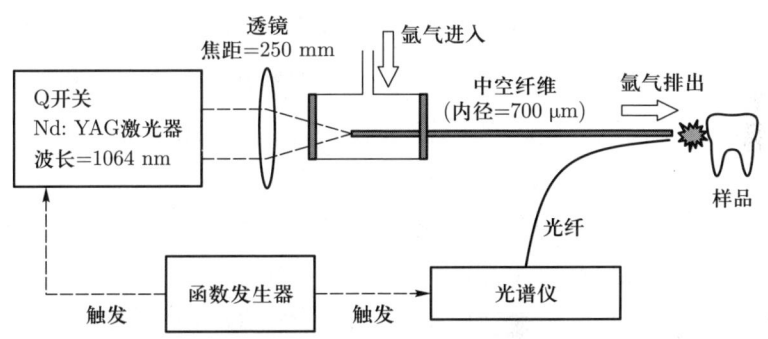

图 14.2　LIBS 龋齿手术实时检测系统原理示意图 [5]

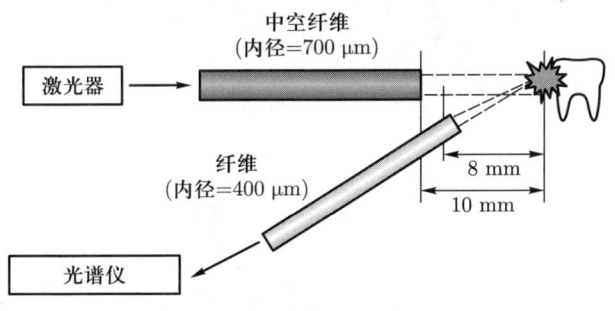

图 14.3　光纤探针远端示意图 [5]

14.4　检测方法技术和应用效果

14.4.1　疾病诊断

　　LIBS 的疾病诊断研究主要是基于临床医学中的活检样本, 对所采集的组织或液体样本的 LIBS 进行测量, 通过分析光谱特征寻找病变组织或液体与正常对照组的差异，并结合化学计量学方法实现对样本的判别分析。作为一种低侵入、原位、快速、准确的光学诊断工具，LIBS 有望成为组织病理学分析的辅助或替代技术，在基于液体活检的大规模早期筛查中也具有潜在的应用前景。下面介绍基于软组织、硬组织及液体 3 种常见的样本类别开展的具体研究工作。

14.4.1.1 软组织样本

由于软组织的密度低、硬度小、含水量大且具有不均质性，直接激发鲜活样本得到的 LIBS 信号较弱且波动大，因此在 LIBS 研究中多采用石蜡包埋、冷冻或染色切片样本。

基于软组织样本的疾病诊断，主要是围绕癌症诊断开展研究的。随着疾病的发展，相应组织的元素组成会发生变化，人体中的常见元素都可以在 LIBS 中得到反映，研究人员首先研究了癌变组织和正常组织的 LIBS 差异。2004 年，美国密西西比州立大学的 Kumar 等[6]首次利用 LIBS 技术对犬肝脏血管肉瘤和正常切片样本进行了元素分析。发现病变组织中 Cu 和 Fe 谱线的发射强度比正常组织弱，而 Ca、Na、Al 和 Mg 谱线的发射强度比正常组织高。同时，病变组织中 Ca/K 和 Na/K 的强度比高于正常组织。这些结果与电感耦合等离子体发射光谱 (inductively coupled plasma-optical emission spectrum，ICP–OES) 的结果一致，初步证明了基于 LIBS 技术可以区分病变与正常组织。

El-Hussein 等[7]测量了乳腺癌和结直肠癌及周围正常组织在液氮冷冻下的 LIBS，进一步证明了恶性肿瘤组织与正常组织 LIBS 的差异。如图 14.4 所

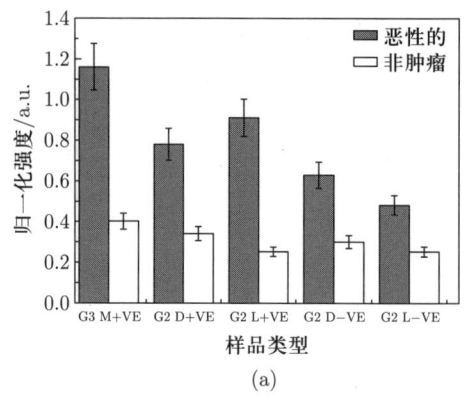
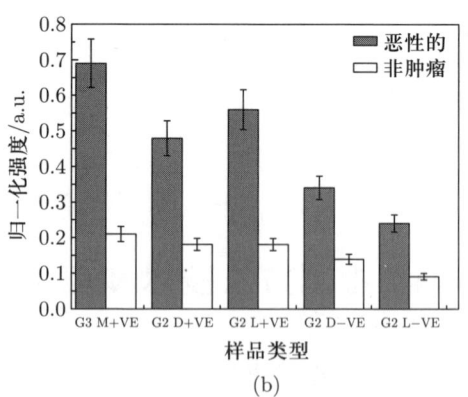

图 14.4 不同程度乳腺癌组织中 Ca II (373.6 nm) (a) 和 Mg I (285.2 nm) (b) 归一化强度比较[7]

示,前者 LIBS 中 Ca 和 Mg 的发射强度明显强于后者,并且病情严重程度 (转移及分级) 与 Ca 和 Mg 的含量存在半定量的相关性。Imam 等 [8] 同样检测乳腺癌组织,发现恶性肿瘤组织中微量元素 Ca、Zn、Cu、Mn 和 Fe 的 LIBS 谱线发射强度均高于正常组织。Ghasemi 等 [9] 进一步对 120 例乳腺癌、结肠癌、喉癌和舌癌的组织切片进行了 LIBS 检测,统计结果表明,4 种恶性组织中 Ca、Mg 和 Na 等元素的谱线发射强度及元素标准化强度比均高于正常组织。此后,许多报告指出,癌组织 LIBS 比正常组织具有更强的 Ca 元素发射强度,这表明病变组织可能发生了钙化。

基于 LIBS 如何快速准确地区分癌变组织与正常组织是实现癌症诊断的关键,分析速度和准确性对 LIBS 技术医学临床应用至关重要。化学计量学和机器学习算法通常被用于 LIBS 数据的处理,有助于简化分析过程,获得高灵敏度和特异性。Sherbini 等 [10] 利用反向传播人工神经网络 (artificial neural network, ANN) 区分了 26 个恶性肝癌组织和 4 个正常肝样本,准确率达到 80% 以上。韩国光州科学技术院的研究团队 [11] 首次利用 LIBS 技术鉴定了小鼠黑色素瘤组织和周围真皮组织。研究发现黑色素瘤中 Mg 和 Ca 谱线的发射强度明显高于正常皮肤组织,以主成分分析 (principal component analysis, PCA) 的前 15 个主成分的得分作为线性判别分析 (linear discriminate analysis, LDA) 模型的输入,得到针对组织切片的分类灵敏度和特异性分别为 96.7% 和 99.7%。Srivastava 等 [12] 采用联合互信息估计 (mutual information estimation, MIE) 方法对黑色素瘤与正常组织的 LIBS 特征谱线进行评价和选择,采用列高斯加权平均法对二维光谱图像进行处理,采用支持向量机 (support vector machine, SVM) 分类器对黑色素瘤与正常组织进行区分,获得了接近 100% 的准确率。Gondal 等 [13] 利用免定标 LIBS (calibration-free LIBS, CF–LIBS) 方法定量分析了结肠癌患者的癌组织和正常结肠组织中的重金属元素含量,发现结肠癌组织中 Pb、Cr 和 Hg 的含量分别为 3.1 μg/L、13.4 μg/L 和 7.1 μg/L,而正常结肠组织中没有这些元素。这一结果与 ICP-OES 的检测结果一致。由于人类结肠中积累的重金属与核蛋白有很强的相互作用,可抑制受损 DNA 的修复,从而导致癌症的发生。因此,LIBS 分析有助于快速、准确、高灵敏检测结肠癌组织中的重金属元素,辅助结肠癌的预防及早期诊断。

华中科技大学李祥友团队 [14] 采用 LIBS 技术结合 PCA 和 SVM 模型区分

宫颈癌和正常宫颈组织切片，准确率达到94.44%。研究发现宫颈癌组织中Na、Mg和K的归一化峰强度显著高于正常组织，Ca的归一化峰强度则低于正常组织。北京理工大学王茜蒨团队[15]则首次开展LIBS技术在脑胶质瘤浸润边界判别中的应用研究。对4例患者石蜡包埋脑胶质瘤样本和1例鲜活脑胶质瘤及浸润边界组织样本进行了元素分析。鲜活样本中的元素 (Mg、Ca、Na、H、N、K、O、C) 及分子带 (CN 和 C_2) 与石蜡包埋样本中的相似，但谱线的数目和强度明显下降。通过随机森林 (random forest, RF) 的基尼指数评价各谱线对分类的重要性，实现特征谱线的选择。采用SVM和K最近邻 (k-nearest neighbor, KNN) 分类器对胶质瘤和浸润性边界组织进行识别。图14.5展示了两种分类器的分类结果随输入特征谱线数量的变化，基于SVM的分类准确率最高达到95%，表明LIBS是一种极具潜力的脑胶质瘤浸润边界识别工具。该团队后续使用LIBS技术诊断胃肠道间质瘤 (gastrointestinal stromal tumor, GIST)[16]，发现GIST组织的Ca元素谱线信号强度高于正常组织。使用7条Ca元素的发射谱线，结合偏最小二乘判别分析 (partial least squares-discriminant analysis,

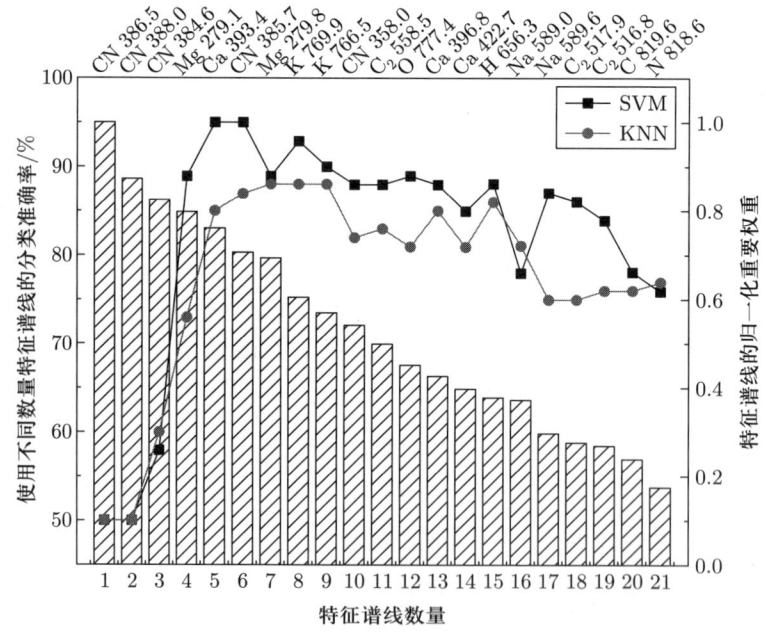

图 14.5　特征谱线的权重及不同数量特征谱线对应的 SVM 和 KNN 分类器的分类准确率[15]

PLS–DA)、KNN、SVM 等化学计量学方法，分类准确率均能达到 100%。长春理工大学高勋等 [17] 采用 PCA、RF、Boosting–Tree 等方法判别了肺肿瘤组织和边界组织，RF–Boosting 方法表现效果最好，准确率为 98.9%。

除癌症外，也开展了 LIBS 用于其他疾病组织检测的研究。Terán–Hinojosa 等 [18] 利用 LIBS 技术对不同肝纤维化阶段 (F0～F4) 的大鼠肝组织进行了定性研究，并监测了 Mg、P、K、Fe、Cu 和 Ca 元素发射强度的变化。其中，Ca 的强度随肝纤维化严重程度呈上升趋势，被认为是肝纤维化的主要参与者。最终，采用 PCA 方法成功区分了肝硬化和不同纤维化阶段肝组织。Huffman 等 [19] 进一步采用 t 检验对不同肝纤维化阶段 (F0～F4) 大鼠肝组织样本的 LIBS 谱线进行统计检验，选择与分类相关的 LIBS 光谱特征。采用核密度估计归一化和梯度推进机 (gradient boosting machine, GBM) 分类器对不同纤维化阶段 (F0～F4) 大鼠肝组织样本 LIBS 光谱进行了分类，光谱识别的准确率达到 84%。

14.4.1.2 硬组织样本

相比软组织样本，硬组织样本，如牙齿、指甲等，更容易获得和保存，其密度和硬度相对较大，更容易被激发产生等离子体光谱信号。一些研究认为指甲中的元素含量能够反映人体的一些代谢过程，与某些病理现象相关。Hamzaoui 等 [20] 首先利用 LIBS 检测了真菌指甲和正常指甲，发现真菌指甲 LIBS 中 Ca 和 Na 的发射强度均高于正常指甲，而 K 的发射强度则低于正常指甲。通过 LIBS 技术分析不同病理状态下的指甲元素组成及含量，能够提供疾病相关诊断信息。Bahreini 等 [21] 对糖尿病患者和对照组指甲的 LIBS 进行研究，发现两者的 C、Mg、Si 和 K 等元素强度，以及 CN 谱带强度有显著差异，基于 DFA 方法的诊断准确率为 85.9%。之后，Tavalinskaya 等 [22] 也探讨了 LIBS 作为人指甲真菌疾病诊断的可能性，观察真菌指甲和健康指甲的元素特征谱线存在种类和强度差异，实现早期快速诊断指甲真菌是可能的，但需要克服指甲表面浮雕度、曲率和纯度等因素的影响。

Cherni 等 [23] 将头发 LIBS 中 Ca 和 Na 的谱线强度作为检测骨质疏松症病理的生物标志物。分析健康对照组、骨质减少和骨质疏松等女性患者头发的 LIBS，发现随疾病水平程度的增加，Ca 元素谱线的强度降低，而 Na 元素谱线的强度升高。结合 Ca 和 Na 的元素谱线，使用 PCA 能很好区分健康对照组、骨质减少和骨质疏松组，实现对骨质疏松症的快速和廉价筛查。

14.4.1.3 液体样本

除了组织样本外，LIBS 还被应用于血液、体液等液体样本检测，以实现对疾病的诊断，即基于 LIBS 的液体活检。液体活检是疾病大规模早期筛查最有希望的发展方向，通过该方法或许可以实现对一些早期难以诊断的癌症的筛查。液体样本虽然容易获取，但其具有复杂的化学生物组分，个体之间存在各向异性，其 LIBS 波动性大、特征复杂，分析较为困难。寻找合适的生物液体样本制备方法以及特定算法，对实现样本的正确分类识别是极为关键的。

从 2008 年开始，美国麻省大学的 Melikechi 团队针对上皮性卵巢癌 (epithelial ovarian cancer，EOC) 的血液 LIBS 诊断进行了一系列研究[24-27]。瘦素、胰岛素生长因子 II (insulin-like growth factor II，IGF-II) 和骨桥蛋白 (osteopontin，OPN) 被认为是 EOC 潜在的生物标志物。该团队首先对小鼠血液以及血液中含有的蛋白质冷冻样本 [瘦素、IGF-II 及牛血清白蛋白 (bovine serum albumin，BSA)] 的 LIBS 光谱进行研究[24]。之后，基于 PCA 进行特征提取，在最优主成分数量下，分别采用 SVM 和自适应局部超平面 (adaptive local hyperplane，ALH) 方法识别 BSA、OPN、瘦素及 IGF-II 4 种蛋白质，准确率分别为 98.49% 和 99.24%[25]。在进一步的研究中，使用不同数量的主成分对比分析了 SVM、ALH、LDA、KNN、决策树和 ANN 等分类器对上述生物标志物蛋白质的识别效果[26]。使用 21～31 个主成分结合 LDA 分类器时识别效果最好，准确率在 98% 以上。在此基础上，该团队首次基于小鼠模型实现了 EOC 血浆和健康血浆样本的区分[27]。其用于 LIBS 检测的血浆样本制备步骤如图 14.6 所示，将 5 μL 血浆沉积在聚合物过滤器内，干燥后作为检测样本。使用 250～680 nm 和 220～850 nm 两个波段的 LIBS，采用 LDA 和 RF 两种分类方法，分别识别连续出血 8 周、12 周及 16 周的 EOC 小鼠和健康小鼠。使用 RF 对 220～850 nm 波段光谱的识别效果最好，3 个阶段 EOC 小鼠与对照组小鼠的识别准确率分别是 81.0%、80.4% 和 79.6%。尽管分类结果与病程相关，且准确率最高只能达到 80% 左右，但该研究证明了 LIBS 结合多元分析技术检测 EOC 的潜力。

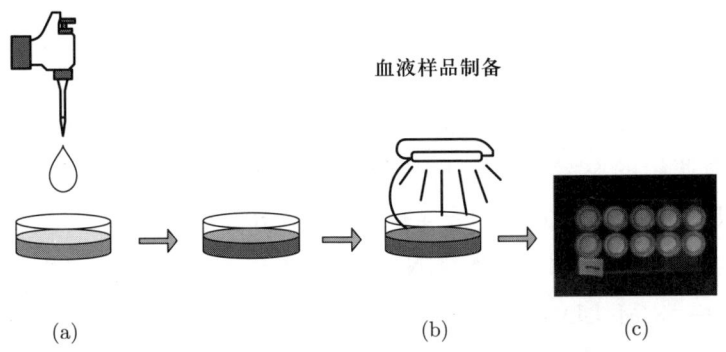

图 14.6 用于 LIBS 分析的血浆样本制备步骤示意图：(a) 约 5 μL 血浆样本液滴沉积在过滤器上；(b) 干燥过滤器；(c) 将样本及作为对照的空过滤器放在塑料支架上[27]

在液体检测分析中，基底和分类算法的选择至关重要。同团队的 Gaudiuso 等[28] 测量了黑色素瘤小鼠和正常小鼠血清和肺、淋巴结、脾脏 3 种组织提纯悬液的 LIBS 光谱。与常用的载玻片基底不同，该研究中分别采用了聚偏二氟乙烯、Cu、Al 和 Si 4 种不同材质基底，通过 LDA、Fisher 判别分析 (fisher discriminant analysis, FDA)、SVM 和梯度增强 4 种分类模型来区分黑色素瘤小鼠和正常小鼠。其中，使用 Cu 基底的识别效果最好，结合梯度增强算法，对血清样本的分类准确率达到 96%，证实了黑色素瘤 LIBS 液体活检早期诊断的可行性。

哈尔滨医科大学与哈尔滨工业大学的研究人员[29] 利用 LIBS 和化学计量学算法，对淋巴瘤、多发性骨髓瘤和正常对照组血清样本进行了分析，获得了极高的识别准确率。研究中选用滤纸作为基底，应用 PCA 结合 LDA、二次判别分析 (quadratic discriminant analysis, QDA) 和 KNN 分别建立诊断判别模型。图 14.7(a) 展示了 3 种方法诊断淋巴瘤的 ROC 曲线。其中，KNN 模型表现出最佳的性能，总体判别准确率为 96.0%。此外，他们还对淋巴瘤患者和正常对照组的全血样本进行分析，PCA 结合 LDA 和 KNN 分类识别准确率超过 99%[30]。

华中科技大学郭连波团队[31] 首次将 LIBS 液体检测技术引入鼻咽癌的早期筛查，对鼻咽癌患者血清和正常对照组的血清进行分析。比较了 KNN、极限学习机 (extreme learning machine, ELM)、RF 结合 ELM 3 种分类方法，ROC 曲线如图 14.7(b) 所示。其中，RF-ELM 模型诊断准确率最高达到 98.33%。之后，该团队使用血清的 LIBS 来识别不同种类的血癌[32]。采集 4 种血癌患者 [急性髓系白血病 (acute myeloid leukemia, AML)、慢性髓系白血病 (chronic myelogenous leukemia, CML)、多发性骨髓瘤 (multiple myeloma, MM) 和淋巴瘤] 和健康对照组的血清在硼酸压片基底上的 LIBS，分别使用单个 LDA、KNN 以及与随机子空间 (random subspace method, RSM) 集成方法进行识别。针对血癌患者与健康对照组的识别，KNN 和 LDA 的平均准确率分别为 88.14% 和 94.45%，采用 RSM–LDA 可将准确率从 94.45% 提高到 98.34%。针对血癌类型的识别，相较于 LDA 模型，RSM–LDA 模型可将准确率从 80.4% 提高到 91.0%。

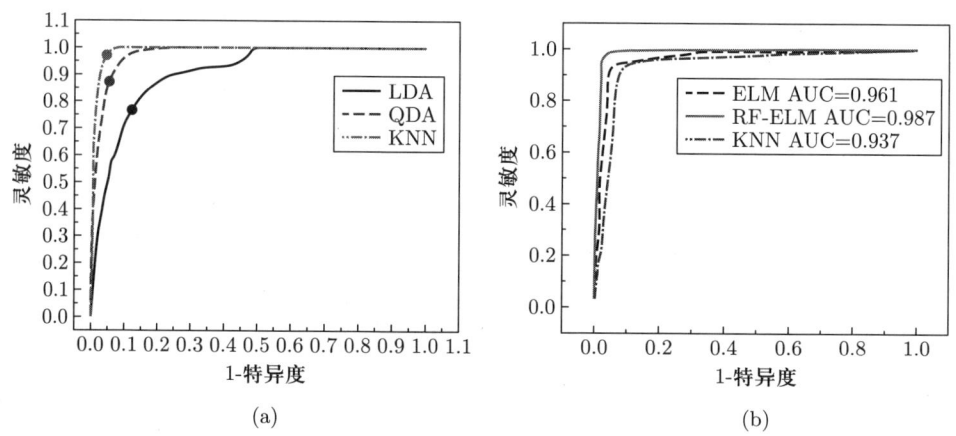

图 14.7 (a) 不同淋巴瘤诊断模型下的 ROC 曲线[29]；(b) 不同鼻咽癌诊断模型下的 ROC 曲线[30]

上海交通大学俞进团队[33] 使用 SelectKBest 和反向传播神经网络 (back propagation neural network, BPNN) 方法对卵巢囊肿、卵巢癌患者与健康对照组血浆的 LIBS 光谱进行识别。首先区分患者 (包含卵巢囊肿和卵巢癌) 与健康对照组血浆，之后，针对患者血浆进一步区分卵巢囊肿和卵巢癌血浆，最终的识别灵敏度和特异性分别为 71.4% 和 86.5%。

北京理工大学王茜蒨团队[34] 首次将 LIBS 技术引入炎症患者血清样本鉴别。使用不同基底 (滤纸、载玻片及硼酸压片) 对比分析发炎患者 (肺炎、肝脓肿和脓毒血症) 和健康对照组血清的识别效果。在研究过程中，使用 Wilcoxon 检验分析了训练集和测试集划分 (division of training and test sets, DTT) 的合理性，并随机选择 10 组合理的 DTT 验证识别效果。基于 BPNN 模型的识别结果表明,由于载玻片具有透光性、良好的亲水性和高硬度,在3种基底中识别效果最好。结合多元散射校正(multiplicative scatter correction,MSC)和平均影响值(mean impact value,MIV)等方法,针对不同的DTT,识别准确率提高了 4.67%～16.33%,在 86.33%～93.00%范围内波动。

表 14.1 是 LIBS 技术在疾病诊断中的相关研究工作总结。

表 14.1 疾病诊断方法与效果总结

类别	方法	样品	结果	参考文献
软组织	光谱强度对比	犬肝脏血管肉瘤和正常组织切片	病变组织 Cu、Fe 谱线发射强度比正常组织弱,而 Ca、Na、Al、Mg 谱线发射强度比正常组织高;病变组织中 Ca/K 和 Na/K 的强度高于正常组织	[6]
		乳腺癌、结直肠癌、周围正常组织的冷冻样本	恶性肿瘤组织中 Ca 和 Mg 的谱线发射强度高于正常组织,并且病情严重程度与 Ca 和 Mg 的含量存在半定量相关性	[7]
		乳腺癌和正常组织	恶性肿瘤组织中 Ca、Zn、Cu、Mn、Fe 等元素的谱线发射强度均高于正常组织	[8]
		乳腺癌、结肠癌、喉癌、舌癌的组织切片	恶性组织中 Ca、Mg、Na 等元素的谱线发射强度及元素标准化强度比均高于正常组织	[9]
	ANN	肝癌和正常组织	识别准确率达到80%以上	[10]
	PCA、LDA	小鼠黑色素瘤和周围真皮组织切片和压片	组织切片分类灵敏度和特异性分别为 96.7%和 99.7%,而压片样本的则为 99.4%和 100%。压片样本的光谱波动较低,其分类结果优于组织切片	[11]
	MIE、WA、SVM	小鼠黑色素瘤和正常样本	准确率接近100%	[12]
	CF-LIBS	结肠癌组织和正常结肠组织	结肠组织中 Pb、Cr、Hg 的含量分别为 3.1 μg/L、13.4 μg/L 和 7.1 μg/L,而正常结肠组织中没有这些元素	[13]

续表

类别	方法	样品	结果	参考文献
软组织	PCA、SVM	宫颈癌和正常宫颈组织切片	宫颈癌组织中 Na、Mg 和 K 的归一化峰强度显著高于正常组织，Ca 的归一化峰强度则低于正常组织，诊断准确率达到 94.44%	[14]
	RF、SVM、KNN	脑胶质瘤石蜡包埋组织，鲜活脑胶质瘤组织及浸润边界组织	石蜡包埋组织中光谱线数量多、强度高。最优特征谱线数量下基于 SVM 的分类准确率达到 95%	[15]
	PLS-DA、KNN、SVM	胃肠道间质瘤和正常组织石蜡包埋组织切片	使用 7 条 Ca 元素的发射谱线，准确率均可达到 100%	[16]
	PCA、RF、boosting-tree	肺肿瘤组织和边界组织	RF-Boosting 表现效果最好，准确率为 98.9%	[17]
	PCA	不同肝纤维化程度的大鼠肝组织	Ca 的强度随肝纤维化严重程度呈上升趋势，被认为是肝纤维化的主要参与者。成功地区分了肝硬化和不同纤维化阶段肝组织	[18]
	t 检验、核密度估计、GBM	不同肝纤维化程度的大鼠肝组织	光谱识别的准确率为 84%	[19]
硬组织	光谱强度比值、DFA	甲亢患者和健康对照组的指甲	甲亢患者指甲 LIBS 中的 Na 和 K 的发射强度高于对照组	[4]
	光谱强度对比	真菌指甲和健康指甲	真菌指甲 LIBS 中 Ca、Na 发射强度均高于健康指甲，而 K 的发射强度则低于健康指甲	[20]
	光谱强度比值 DFA	糖尿病患者和健康对照组的指甲	两种指甲 LIBS 的 C、Mg、Si 和 K 等元素强度，以及 CN 谱带强度有显著差异，诊断准确率为 85.9%	[21]
	光谱强度对比	真菌指甲和健康指甲	实现早期快速诊断指甲真菌是可能的，但需要克服指甲表面浮雕度、曲率和纯度等因素的影响	[22]
	光谱强度对比	骨质疏松症患者、骨质减少症患者、健康女性的头发	Ca 和 Na 可以作为检测骨质疏松症病理的生物标志物	[23]

续表

类别	方法	样品	结果	参考文献
液体	谱峰面积比值	胆汁	激光雕刻的硅片作为基底可以提高实验结果的重复性，证实了胆囊癌 LIBS 筛查的可行性	[1]
	观察 LIBS 光谱	瘦素、IGF-II、BSA 及健康小鼠血液	分析了血液中含有的蛋白质冷冻样本的 LIBS	[24]
	PCA、SVM、ALH	BSA、OPN、瘦素及 IGF-II	采用 SVM 和 ALH 识别 BSA、OPN、瘦素及 IGF-II 4 种蛋白质的准确率分别为 98.49%和 99.24%	[25]
	PCA、SVM、ALH、LDA、KNN 决策树和 ANN	BSA、OPN、瘦素及 IGF-II	所有算法均能达到较好的分类结果，使用 21～31 个主成分结合 LDA 准确率在 98%以上	[26]
	LDA、RF	3 个 EOC 患病阶段和健康小鼠的血液	使用 RF 对 220～850 nm 波段光谱的识别效果最好，3 个阶段 EOC 小鼠的识别准确率分别是 81.0%、80.4%和 79.6%	[27]
	LDA、FDA、SVM、梯度增强	小鼠血清和肺、淋巴结、脾脏的提纯悬液	结合 Cu 基底，梯度增强和 SVM 分类模型分类结果较好，血清分类准确率达到 96%	[28]
	PCA、LDA、QDA、KNN	淋巴瘤、多发性骨髓瘤和健康对照组的血清	KNN 模型表现出最佳的性能，总体判别准确率为 96.0%	[29]
	PCA、KNN、LDA	淋巴瘤患者和健康对照组的全血	识别准确率超过 99%	[30]
	KNN、ELM、RF	鼻咽癌和正常对照组的血清	RF-ELM 模型诊断准确率最高达到 98.33%	[31]
	RSM-LDA、RSM-KNN、LDA、KNN	AML、CML、MM、淋巴瘤及健康人的血清	RSM-LDA 对血癌患者的识别准确率为 98.34%，对血癌类型的识别准确率为 91.0%	[32]
	SelectKBest、BPNN	健康人、卵巢囊肿和卵巢癌患者的血浆	灵敏度和特异性分别为 71.4%和 86.5%	[33]

续表

类别	方法	样品	结果	参考文献
液体	Wilcoxon 检验、MSC、MIV、BPNN	肺炎、肝脓肿和脓毒血症患者的血清	载玻片在 3 种基底中识别效果最好，结合 MSC、MIV 及 BPNN 等方法，对不同 DTT 的识别准确率在 86.33%～93.00%范围内波动	[34]

14.4.2 元素分布成像

基于 LIBS 技术的元素分布成像是近年关注的热点。在扫描样本表面采集不同位置处的 LIBS，从中提取原子、离子或分子带的发射强度，即可获得样本表面的元素分布图。LIBS 测量系统能够与光学显微镜完全兼容，实现对大多数金属元素的高灵敏度检测，提供微米量级分辨率的元素空间分布信息。目前，LIBS 元素分布成像在生物组织中的应用主要涉及临床纳米颗粒给药分析以及辅助组织病理学诊断。

14.4.2.1 系统结构

开发能够与现有光学显微镜完全兼容的 LIBS 成像系统，对于将 LIBS 技术应用于生物组织成像是至关重要的。法国里昂第一大学的研究团队[35]设计了一种全光学 LIBS 组织成像装置，如图 14.8 所示，可与传统光学显微镜完全融合且互补。激发源是 1064 nm 的 Nd:YAG 激光器，重复频率为 10 Hz，脉冲宽度为 5 ns。激光脉冲通过 15× 的反射型显微镜物镜 (LMM–15X–P01, Thorlabs) 垂直聚焦到样本表面。样本被放置于 x–y–z 三维移动台上，可通过控制三维平台移动，对样本进行扫描检测。等离子体发射由收集系统收集，通过光纤耦合到配备 ICCD 的光谱仪进行采集和处理。通过设置合适的采集时间，防止激光束烧蚀材料溅射造成的表面污染，采用补偿软组织烧蚀效率低的等离子体限制等措施来获取更高的检测灵敏度。记录的光谱具有所检测样本独有的特征。每个元素对应不同的发射线，且元素的发射强度与样本中该元素的含量和丰度直接相关。从记录的每一点的光谱中提取元素的原子、分子、离子发射线，通过扫描检测区域的样本表面，可以逐像素地获得元素信息，从而获取生物组织的元素分布图。

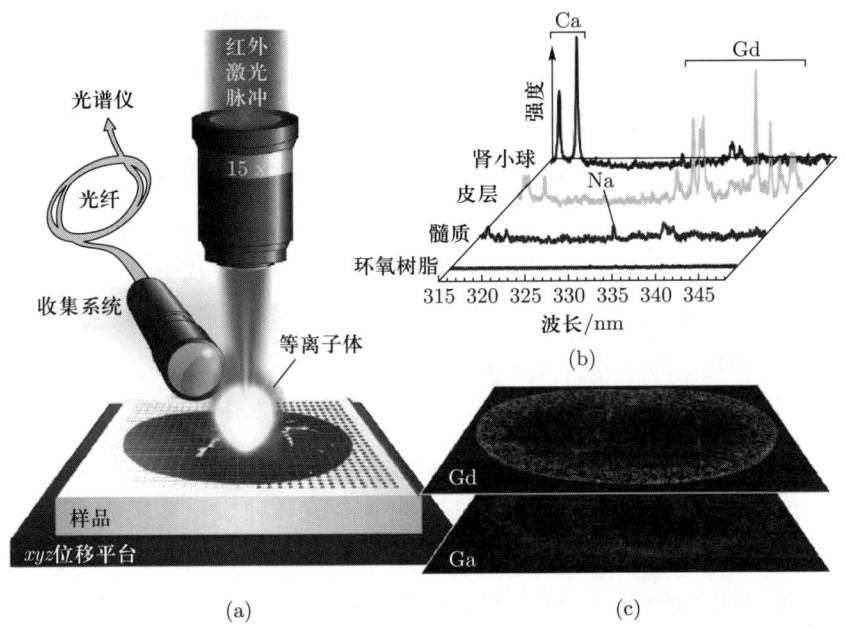

图 14.8 (a) LIBS 成像系统示意图，包括显微镜物镜、电动样品台和通过光纤连接到光谱仪的光学检测系统；(b) 小鼠肾脏不同区域记录的单次 LIBS；(c) Gd 和 Ca 的相对丰度元素图像[35]

14.4.2.2 应用实例

从 2012 年开始，法国里昂大学团队开展了一系列生物组织 LIBS 成像研究。Motto–Ros 等[36] 利用 LIBS 技术检测到了小鼠冷冻肾脏组织中的内源或以 Gd 基纳米粒子形式注射的 Na、Ca、Cu 和 Gd 等无机元素，证明了 LIBS 技术对生物组织中纳米药物分布成像的可行性。

LIBS 二维扫描可以获得具有亚毫米分辨率的器官元素定量分布图，可用于生物医学领域的诸多方面。其中，金属纳米颗粒 (nano particle, NP) 的监测无疑是最受关注的热点之一。在 NP 给药后，通过 LIBS 元素成像，可分析肾脏等器官中 NP 的停留时间、位置及其代谢降解过程相关的信息。Sancey 等[37] 利用 LIBS 研究肾脏中的 Gd–NP 分布及其清除动力学过程，以 100 μm 的空间分辨率对小鼠肾脏切片进行 Gd、Si、Ca、Fe 等金属元素的定位。LIBS 能够直接检测 NP 而不需要任何标记物、染料的注射，并且能够实现高细胞分辨率的 2D 和 3D 成像。2016 年，Gimenez 等[35] 首次提供了在小鼠整个肾脏器官尺度上的三维无标签 NP 成像。在研究中，既对同一个肾脏切片进行 LIBS 二维扫描，也对整个肾脏的连续切片分别进行 LIBS 二维扫描，获得单个切片和整个肾脏的三维元素信息，实现了基于 LIBS 的元素三维分布的高分辨率成像。

除此之外，在病理医师进行组织病理学分析时可能会涉及金属元素，需要一种能够与现有光学显微镜兼容的辅助分析工具，获得生物组织的元素分布信息为病理医师提供诊断辅助。2017 年，Moncayo 等 [38] 对皮肤黑色素瘤、Merkel 细胞癌和鳞状细胞癌组织进行了 LIBS 元素成像，获得了 3 种皮肤癌组织内源元素 P、Al、Mg、Na、Zn、Si、Fe 和 Cu 的分布图像。研究结果表明不同元素在不同种类皮肤癌中的分布具有明显区别。同时，皮肤切片 LIBS 元素成像可以可视化并识别皮肤组织的 3 个生理层 (表皮、真皮和皮下)，与苏木精–伊红 (hematoxylin and eosin, HE) 染色后的显微镜病理检查结果相符合。Busser 等 [39] 则针对多种石蜡包埋病理组织进行 LIBS 成像，以探究外源金属元素的分布。结果表明 LIBS 可以检测到皮肤肉芽肿和皮肤假性淋巴瘤中的 Al 元素分布，以及腹股沟淋巴结 (有黑色素瘤病史) 和皮肤瘢痕 (乳腺切除术后) 中的 Ti、W、Cr 和 Cu 元素分布。其中，Al 和 Ti 等元素可能来自外部环境的引入。外源元素的存在会导致组织病理学评估的复杂性，如淋巴结可能含有异常外源黑色素，这会与黑色素瘤转移产生混淆，病理学家需要更多的研究以排除这种影响。

LIBS 获得的元素图像与用于组织病理学评估的显微组织学图像是一致的，这为两者之间的融合提供了基础。LIBS 与常规组织病理学分析相结合，辅助病理诊断，将推动生物医学领域的进步发展。Kaiser 团队 [40] 对黑色素瘤、鳞状细胞癌、皮肤肿瘤基底细胞癌和血管瘤等几种典型的皮肤肿瘤切片进行元素成像，获得了组织内 Mg、Ca、Na 和 K 元素的分布图像，分析了元素分布图像与肿瘤进展、肿瘤边界及不同肿瘤组织之间差异的相关性。四川大学段忆翔团队 [41] 研究了乳腺癌小鼠在 4 种给药 [生理盐水、DNA 纳米水凝胶药物载体、阿霉素 (doxorubicin, DOX)、DNA 纳米水凝胶药物载体/DOX] 情况下，肿瘤组织中 Ca、Na、Cu 和 Mg 4 种元素的相对富集程度和空间分布。研究发现，载药复合物 (DNA 纳米水凝胶药物载体/DOX) 治疗组的小鼠瘤体缩小最多，组织中 Ca 元素含量增加，Mg 元素含量降低。瘤体内相关元素的含量与抗肿瘤的疗效相关，元素成像可以作为辅助诊断的工具。

表 14.2 是生物组织 LIBS 元素成像的相关研究工作总结。

表 14.2 元素成像方法与效果总结

作用	激光参数	成像分辨率	样本	结果	参考文献
纳米颗粒分布监测	Nd:YAG 激光器，1064 nm, 500 μJ	10 μm	小鼠肾脏切片	通过对单个和整个肾脏切片的扫描成像，实现小鼠肾脏元素的三维高分辨率成像	[35]
	Nd:YAG 激光器，1064 nm, 15 mJ	100 μm		检测到肾脏中的内源或以 Gd 基纳米粒子形式人工注射的无机元素 Na、Ca、Cu 和 Gd	[36]
	Nd:YAG 激光器，1064 nm, 5 mJ	100 μm		小鼠肾脏切片进行 Gd、Si、Ca、Fe 等金属元素的定位	[37]
病理组织切片元素分布成像	Nd:YAG 激光器，1064 nm, 12 mJ	50 μm	皮肤黑色素瘤、Merkel 细胞癌和鳞状细胞癌组织切片	获取了 3 种皮肤癌组织内源元素 P、Al、Mg、Na、Zn、Si、Fe 和 Cu 的分布，可识别皮肤组织的 3 个生理层	[38]
	Nd:YAG 激光器，1064 nm, 4 mJ	66 μm	皮肤肉芽肿、皮肤假性淋巴瘤、腹股沟淋巴结、皮肤瘢痕石蜡包埋组织切片	Ti、W、Cr、Cu 元素分布	[39]
	Nd:YAG 激光器，532 nm, 4 mJ	深度 150 μm	黑色素瘤、鳞状细胞癌、皮肤肿瘤基底细胞癌和血管瘤切片	K、Ca、Na 和 Mg 元素分布	[40]
	Nd:YAG 激光器，1064 mJ, 6 mJ	100 μm	小鼠乳腺肿瘤石蜡包埋组织切片	载药复合物治疗组肿瘤组织中 Ca 元素含量增加，Mg 元素含量降低	[41]

14.4.3 元素测定

由于感染、外界影响、病理变化等因素，人体某些部位的元素含量可能发生变化。同时，饮食、服药、注射、环境辐射、材料植入等也可能引入外源元素。作为一种元素分析技术，LIBS 技术可用于测定外来物质或植入物元素向原有组织的扩散，研究各种组织和生物体液中内源与外源元素的存在。

14.4.3.1 软组织样本

由于人体相关软组织难以分离获得，且信号波动大，相关报道多采用模拟实物组织的方式开展研究。Adamson 等 [42] 用掺有 Al_2O_3 纳米粒子悬浮液的 2%琼脂糖明胶模拟人眼组织，采用 LIBS 技术对其中的 Al 元素进行分析，探讨 LIBS 检测蓝宝石视网膜植入物 Al 和 Al_2O_3 纳米颗粒泄漏的可行性。使用已知铝浓度的标准参考样本创建整个浓度范围内的定标曲线，确定检测限小于 1 ppm。结果表明 LIBS 可以作为人体软组织中金属污染实时活体检测的候选方法。Santos 等 [43] 则利用飞秒 LIBS (fs-LIBS) 检测动物组织微量元素含量。对 6 种动物组织 (牡蛎、牛肝、鳕鱼肌、猪肾、角鲨肝和龙虾肝胰脏) 的 Ca、Cu、Fe、K、Mg、Na 和 P 等元素进行了测定。然而，Al、Sr 和 Zn 元素无法在生理水平下检测到，必须采用更复杂的技术手段才能获得。同时，fs-LIBS 虽具有烧蚀量小、背景辐射低等优点，但最佳试验参数还需要进一步研究确定。Ahmed 等 [44] 则研究了不同天数碘摄入和空白对照组大鼠的甲状腺的 LIBS 光谱中 I、Ca、Na 和 K 元素强度的变化，如图 14.9 所示。其中，I 元素发射强度变化与摄入天数的关系证实了 Wolff-Chaikoff 效应，即摄入过量碘会降低甲

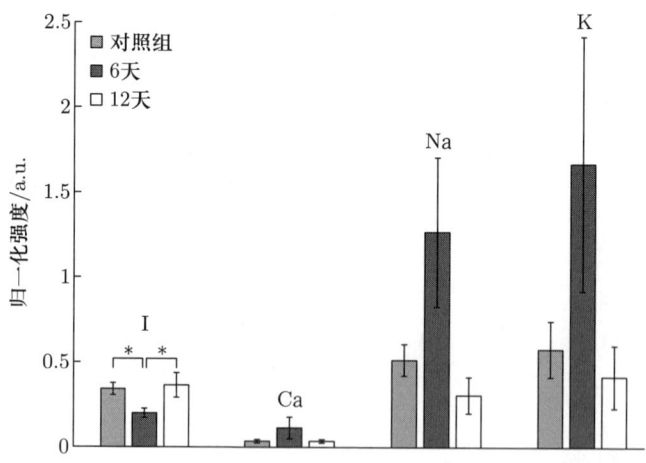

图 14.9 空白对照组、6 天和 12 天碘处理组甲状腺的 I、Ca、Na 和 K 的平均值 ± 标准偏差统计图，其中 * 表示 p① < 0.05[44]

---

① 统计学中的 p 值，用来判定假设检验结果的一个参数。如果 p 值很小，说明原假设情况发生的概率很小，根据小概率原理，就有理由拒绝原假设。

状腺碘含量，从而影响甲状腺的功能。Winnand 团队 [45] 通过分析患者口腔区域横纹肌组织的 LIBS，来确定人体组织中的电解质组成。发现洛伦兹峰拟合结合谱线峰面积的计算可以降低人体生物材料 LIBS 的方差。通过建立 KCl 和 NaCl 的定标曲线，测定两例患者肌肉组织内的钠钾比，其结果符合患者血清中的电解质组成。

14.4.3.2 硬组织样本

相比软组织，牙齿和指甲等硬组织能在更长的时间内保留外源扩散的元素。Samek 等 [46] 利用 LIBS 技术检测牙膏和牙齿填充物在牙齿中的扩散。定量分析了牙齿中的微量元素，对婴儿、儿童、成人不同年龄组的牙齿进行检测，从而追踪环境因素对牙齿中元素积累的影响。发现牙齿中存在的 Al 元素大多可能是来自含有美白添加剂的牙膏，以及牙齿填充物的扩散所导致的。Alhasmi 等 [47] 利用 LIBS 技术检测吸烟者和非吸烟者拔除的牙根中 Pb、Cd 和 As 等有毒元素的含量。结合 LIBS 定标曲线，慢性牙周炎病史的非吸烟者 Pb、Cd 和 As 元素浓度分别为 23 ppm ∼ 29 ppm、0.26 ppm ∼ 0.31 ppm 和 0.64 ppm ∼ 11 ppm，吸烟者则为 35 ppm ∼ 55 ppm、0.33 ppm ∼ 0.51 ppm 和 0.91 ppm ∼ 1.5 ppm，无慢性牙周炎病史的对照组三者浓度为 0.17 ppm ∼ 0.31 ppm、0.01 ppm ∼ 0.05 ppm 和 0.05 ppm ∼ 0.09 ppm。吸烟者的 Pb、Cd 和 As 元素浓度显著增加。Shadman 等 [48] 则利用 LIBS 技术鉴别了 30 例鸦片依赖者和 30 例健康成人指甲元素组成的差异。鸦片成瘾者指甲 LIBS 中 Al、C、Ti、Si 含量高于健康成人指甲，Ca、Fe 则低于健康成人。以 Fe、C、Ti、Mg、Si、Al、Ca、H、K、O 及 Na 谱线强度作为输入，应用 DFA 对两组进行区分，鉴别准确率大约为 70%。Bahreini 等 [49] 采用同样的方法研究了酒精中毒和兴奋剂对受试者指甲元素组成的影响，采用 DFA 方法区分两组受试者 (8 例兴奋剂受试者与 9 例正常人；8 例酒精中毒受试者和 11 例正常人)。在两组分类计算中，训练集所使用的占方差 100% 的标准判别函数得分如图 14.10 所示，最终两组测试集的分类准确率分别为 76.5% 和 73.7%。

LIBS 技术同样可以用于检测硬组织的内源元素，分析的样本主要是各类结石，包括肾结石、尿路结石和胆结石等。结石是一种坚硬的矿化物质，由于病理和饮食等影响，在人体不同的位置产生。微量元素在结石的形成过程中起着重要的作用，每种结石有几个亚类，对其化学元素成分进行分析将有助于确定结石形成的原因和形成的过程，预防结石的产生和复发。印度阿拉哈巴德大学 Singh 的团队贡献了有关肾结石和胆结石的一系列研究[50-53]。利用 LIBS 技术检测了胆结石的表面、中心和外层元素含量[50]。发现中心和壳层含有 Ca、C、Cu、H、Mg、N、Na 等元素，而表面没有 Cu 元素。与壳层相比，中心的 Ca、Cu、Mg 的含量更高。结果表明，Ca 是胆结石主要成分，证明了 LIBS 是一种无需任何样本制备即可用于胆结石分析的技术。他们采用 CF-LIBS 测定了 3 种不同胆结石中主要和次要元素含量[51]，并与 ICP-OES 的结果对比，后者没有测到 Fe 和 Mg 元素，同时测量的 Ca 元素含量低于 LIBS 测量值。还测量了胆结石横截面上不同点的单次激发 LIBS，研究了成分从中心到表面的变化。同团队的 Pathak 等[52]记录了胆结石不同层（横截面）200～900 nm 光谱范围内的 LIBS，研究了大气和氩气环境中胆结石 LIBS 谱中 C_2 和 CN 分子带的演变。根据 C、H、N、O 和 Cu 谱线强度，区分了胆结石的暗层和亮层。结果表明，Ca 和 K 等元素分布均匀，Cu 和 Na 等元素在横截面上分布不均匀。胆结石的表面暗层比亮层中的 Cu、Na、Fe、C、O 等元素含量更高，而 H 元素含量更低。

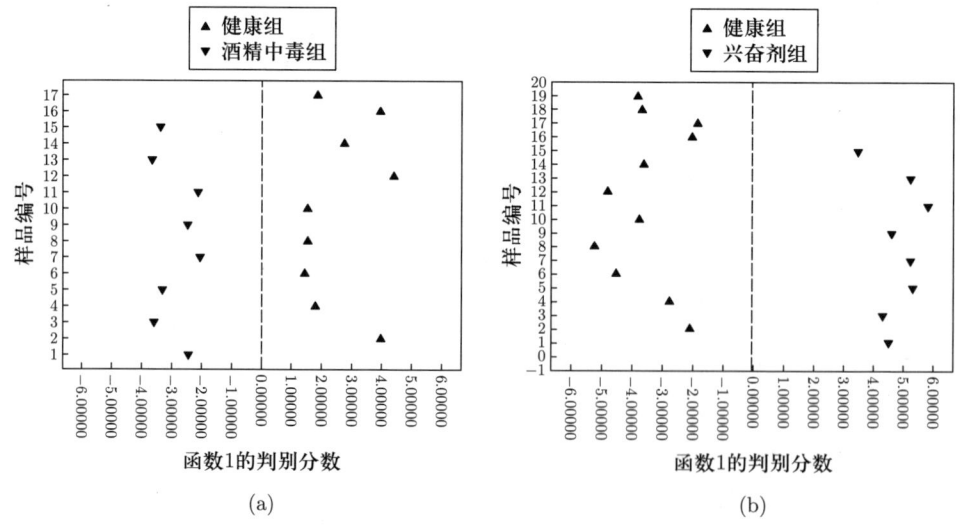

图 14.10 训练集样品 DFA 分析图，从两种不同健康状态指甲获得的 LIBS 的判别函数得分：(a) 健康组及酒精中毒组；(b) 健康组和兴奋剂组[49]

该团队还利用 LIBS 技术对手术获得的肾结石中心、外壳和表面元素成分进行了原位定量分析[53]。通过与标准样本中元素绝对浓度相比照，估算了结石中 Mg、Cu、Sr、Zn 等元素的含量。结果表明，不同年龄组患者结石中的元素浓度差异很大，元素浓度随着患者年龄的增长而增加。Cu 元素含量较高的结石也含有较高的 Zn。从肾结石中心到外壳和表面，其微量元素浓度普遍降低。Oztoprak 等[54]对 5 个患者不同成分的肾结石 { 患者 1，水草酸钙石 ($CaC_2O_4H_2O$)；患者 2,羟磷灰石 [$Ca_{10}(PO_4)6(OH)_2$]；患者 3，$CaC_2O_4H_2O$、二水草酸钙石 ($CaC_2O_42H_2O$)、尿酸 ($C_5H_4N_4O_3$)；患者 4，$CaC_2O_4H_2O$、$CaC_2O_42H_2O$、$C_5H_4N_4O_3$；患者 5，$CaC_2O_4H_2O$、$CaC_2O_42H_2O$、$Ca_{10}(PO_4)6(OH)_2$} 进行了 LIBS 检测，采用 PCA 和 PLS–DA 的识别准确率为 98.42%。此研究结果有助于了解肾结石的形成过程。

Jaswal 等[55] 使用 LIBS 检测胆固醇结石 (G1，G2) 和胆色素结石 (G3)。所有样本中常见的元素有 C、Ca、Na、Cr、Fe 和 K。其中，G3 中矿物元素的 LIBS 信号强度大于 G1、G2。即 G3 中富含矿物质和重金属。元素 Br、Ti 和 Si 只在 G1 和 G3 中检测到。G1、G2 中检测到 Na 和 Cl 元素，可能是由于患者胆汁中存在 NaCl 所致。Mutlu 等[56] 讨论了 LIBS 分析尿路结石化学成分的潜力。测量得到 65 例患者结石的 LIBS 光谱，分析其金属元素及有机元素含量，鉴定出其中有 40 块单组分纯石，20 块两组分石，5 块三组分石。经 Kappa (k) 和 Spearman 相关系数 (rho) 检验比较可知，LIBS 对结石成分的检测结果与 XRD 的检测结果有很强的相关性 (Spearman rho，0.866；$p<0.001$)。表明 LIBS 技术是一种低成本、有效、可靠的尿路结石成分测定方法，在积累更多样本数据的基础上，可安全地用于日常检测。

华中科技大学郭连波团队[57] 提出利用超声辅助碱溶 (ultrasound-assisted alkali dissolution, UAAD) 法结合 LIBS 技术，测定头发中微量元素含量。使用 3 种不同溶剂 (去离子水、硝酸混合物和氢氧化钠) 在超声辅助下溶解头发，并把头发溶液滴到滤纸上，进一步分析碱溶解对 Zn 和 Cu 光谱强度增强的影响。结果表明，UAAD–LIBS 测定 Zn 和 Cu 元素的检测限分别可达 0.351 7 μg/g 和 0.014 6 μg/g。其对头发样本中 Zn 和 Cu 元素浓度的检测结果与 ICP–OES 的检测结果的相对误差分别小于 7.6%和 4.9%。之后，该团队使用 CF–LIBS 辅助标准参考线法，定量测定头发和指甲中 Ca、Na 含量比和 Mg、Na 含量比，与 ICP–OES 定量结果的相对误差小于 10%[58]。

14.4.3.3 液体样本

LIBS 同样可以对生物液体样本，如血液、尿液等进行元素检测分析。虽然生物液体容易从个体中获得，但其具有流动性和不均匀性，产生的 LIBS 信号弱。因此，降低检测限和提高检测结果的稳定性至关重要。Metzinger 等[59]通过 LIBS 技术检测尿液和血液中放射性同位素 ^{137}Cs 的含量，来筛选可能的放射性炸弹受害者。该研究基于液-固转换的制备方法，用尖端直径为 $\phi 1$ mm（略大于激光光斑直径）的圆尖凿子状工具，在 Zn 板上开凿体积约为 1 μL 的小坑，将液体在小坑中沉积干燥来改善样本分布的均匀性，从而增强 LIBS 信号。通过标准加入法，尿液和血液中 Cs I 852.1 nm 谱线的检测限分别为 6 μg/ml 和 27 μg/ml，可以检测出由于放射性污染导致的 Cs 含量增加。结果表明 LIBS 技术可用于检测暴露于非自然来源 Cs 激增条件下的生物液体样本中的 Cs。

Mokhbat 和 Hahn[60]则探讨了利用 LIBS 技术对人工膝关节在人体内产生的单个钴铬磨损颗粒绝对质量的定量分析。Co 和 Cr 是骨科金属植入物中常用合金的主要成分，骨科植入物磨损形成的微粒可能进入患者假体周围的组织，产生炎症、毒性或者骨溶解等不利影响，使假体松动。研究中分析了取自膝关节置换手术患者的滑液样本，建立 Co 和 Cr 混合溶液的定标曲线，Co 和 Cr 元素绝对质量的检出线分别低至为 40 fg 和 20 fg。

表 14.3 是 LIBS 技术用于生物体元素测定的相关研究工作总结。

表 14.3 生物体元素测定方法与效果总结

类别	方法	样本	结果	参考文献
软组织	标准加入法	掺有 Al$_2$O$_3$ 纳米粒子悬浮液的琼脂糖明胶	Al 检测限小于 1 ppm，LIBS 可作为人体软组织中金属污染实时活体检测的候选方法	[42]
	fs–LIBS	牡蛎、牛肝、鳕鱼肌、猪肾、角鲨肝和龙虾肝胰脏	可以测定 Ca、Cu、Fe、K、Mg、Na 和 P 等元素，但 Al、Sr 和 Zn 元素无法在生理水平下检测到	[43]
	元素强度对比	不同天数碘摄入和空白对照组大鼠的甲状腺	碘元素发射强度变化与摄入天数的关系证实了 Wolff-Chaikoff 效应	[44]
	内标法	口腔区域横纹肌组织	肌肉组织内的 Na/K 比符合患者血清中的电解质组成	[45]

续表

类别	方法	样本	结果	参考文献
硬组织	元素强度观察	婴儿、儿童、成人不同年龄组的牙齿	牙齿中存在较多的 Al 元素,可能来自含有美白添加剂的牙膏和牙齿填充物的扩散	[46]
	标准加入法	吸烟者和非吸烟者拔除的牙根,Ca、Mg、Na、As、Cd 和 Pb 的标准溶液	慢性牙周炎病史的非吸烟者 Pb、Cd 和 As 元素浓度分别为 23 ppm ~ 29 ppm、0.26 ppm ~ 0.31 ppm 和 0.64 ppm ~ 11 ppm,吸烟者为 35 ppm ~ 55 ppm、0.33 ppm ~ 0.51 ppm 和 0.91 ppm ~ 1.5 ppm,无慢性牙周炎病史的对照组为 0.17 ppm ~ 0.31 ppm、0.01 ppm ~ 0.05 ppm 和 0.05 ppm ~ 0.09 ppm	[47]
	DFA	鸦片依赖者和健康成人的指甲	鉴别准确率大约为 70%	[48]
		酒精中毒、兴奋剂受试者及正常人的指甲	区分兴奋剂受试者与正常人,酒精中毒受试者与正常人的分类准确率分别为 76.5% 和 73.7%	[49]
	元素强度对比	肾结石和胆结石	中心和壳层含有 Ca、C、Cu、H、Mg、N、Na 等元素,表面没有 Cu 元素。Ca 是胆结石主要成分;与壳层相比,中心的 Ca、Cu、Mg 的含量更高	[50]
	CF-LIBS	3 种不同的胆结石	LIBS 与 ICP-OES 的结果对比,后者没有显现出 Fe 和 Mg 元素,同时测量的 Ca 元素含量低于 LIBS 测量值	[51]
	元素强度观察	胆结石	Ca 和 K 等元素分布均匀,Cu 和 Na 等元素在横截面上分布不均匀。胆结石表面暗层比亮层中的 Cu、Na、Fe、C、O 等元素含量高,而 H 元素含量较低	[52]

续表

类别	方法	样本	结果	参考文献
硬组织	定标曲线法	肾结石	结石中的元素浓度随患者年龄增长而增加。Cu 元素含量较高的结石也 Zn 也较高。从中心移到外壳和表面时，肾结石中微量元素浓度普遍降低	[53]
	PCA、PLS-DA		识别准确率为 98.42%	[54]
	光谱对比	胆固醇结石 (G1, G2) 和胆色素结石 (G3)	G3 中矿物元素的 LIBS 信号强度大于 G1、G2，元素 Br、Ti 和 Si 只在 G1 和 G3 中检测到。G1、G2 中检测到 Na 和 Cl 元素，这来自患者胆汁中的 NaCl	[55]
	kappa 和 Spearmanrho 检验	尿路结石	LIBS 与 XRD 对结石成分的检测有很强的相关性 (Spearman rho, 0.866；$p<0.001$)	[56]
	超声辅助碱溶法	头发	Zn 和 Cu 的检测限分别可达 0.351 7 μg/g 和 0.014 6 μg/g，与 ICP-OES 检测结果的相对误差分别小于 7.6% 和 4.9%	[57]
	CF-LIBS	头发和指甲	头发和指甲中的 Ca、Na 含量比和 Mg、Na 含量比与 ICP-OES 定量结果的相对误差小于 10%	[58]
液体	标准加入法	尿液和血液	将液体沉积在直径 ϕ1 mm、体积约为 1 μL 的小坑里干燥，来增强 LIBS 信号，尿液和血液中 Cs I 852.1 nm 谱线的检测限分别为 6 μg/ml 和 27 μg/ml	[59]
	标准加入法	膝关节滑液	单颗粒 Co 和 Cr 元素绝对质量检测限分别低至为 40 fg 和 20 fg	[60]

14.4.4 术中指导与在线反馈

LIBS 在生物医学领域最有前景的应用是在活体内实现原位在线诊断,从而可以在手术过程中提供实时判别与切除指导。

14.4.4.1 系统结构

面向现场检测、活体应用或术中应用的 LIBS 生物组织检测系统,其探测头应满足小型、便携和操作使用方便等要求,使用单根光纤束传输激光和收集等离子体光辐射是一种最具潜力的方案。

Samek 等 [61] 开发了一种采用单根光纤实现激发/收集的 LIBS 检测系统,如图 14.11 所示。激发光源是脉冲 Nd:YAG 激光器 (quantel brilliant 或 BigSky),工作波长为 1064 nm,重复频率为 20 Hz,脉冲宽度为 4~8 ns,脉冲能量 10~30 mJ。激光脉冲经焦距为 250 mm 的聚焦透镜聚焦,穿过银反射镜中心直径 ϕ2 mm 的孔,汇聚到位于透镜焦点处的光纤端面上。经长度为 5 m、芯径为 ϕ550 μm 的光纤 (Ensign Bicford HCG550) 传输后,直接照射到距光纤出射端面 1.5~2 mm 处的待测物上。激发产生的等离子体发射光经过同一根光纤

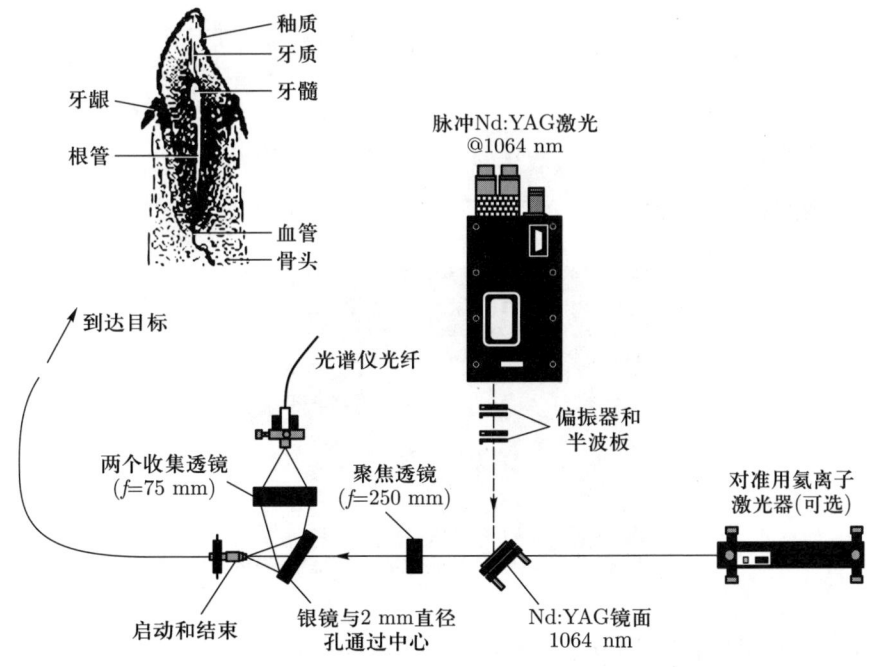

图 14.11 单根光纤实现激发/收集的 LIBS 检测系统原理图 [61]

收集并反向传输,经银反射镜反射后被收集透镜聚焦到连接光谱仪的光纤束中。考虑到体内应用,为了将激光精确地引导至目标区域,使用 633 nm 高透过率光束控制镜将 He–Ne 激光器发出的红光共线引入,以定位检测位置。

Myers 等[62]则开发了一种人眼安全的便携式 LIBS 系统,如图 14.12 所示,用于病变皮肤组织的微创原位检测。激发源选用波长为 1.54 μm 的便携式调 Q 铒玻璃激光器 (Kigre MK-88,峰值功率为 0.7 MW),对人眼的损伤阈值相比可见光和近红外激光设备高出 8000 倍,工作时无须佩戴护目镜。激光器输出端装有集成的发射/接收光学系统,可将激光脉冲聚焦到待测皮肤表面,并收集产生的等离子体辐射耦合到传导光纤中。经光纤传输至光纤光谱仪

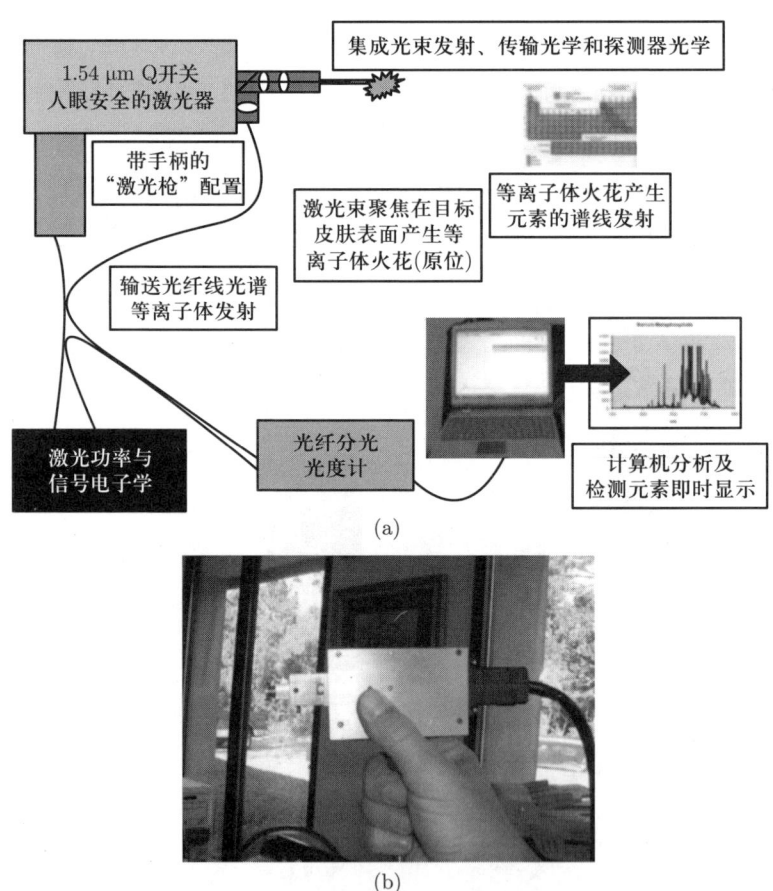

图 14.12 人眼安全便携式 LIBS 检测系统:(a) 系统组成示意图;(b) 激光端和部分传输系统实物图[62]

(Stellarnet-EPP2000-UV2-14，光谱范围为 200 ~ 400 nm) 采集得到 LIBS，最后输入计算机中进行分析处理。

Abbasi 等[63]开发了一种光纤激光诱导击穿光谱 (FO–LIBS) 装置，如图 14.13 所示，用于微创手术中骨骼与周围软组织的实时区分。由于光纤的低损伤阈值和低激光束质量，样本只能接收有限的光辐照度。此外，为了适应内窥镜的狭窄通道，透镜在光纤尖端的尺寸受到限制，只有一小部分等离子体发射光可以被收集。为此，他们研制了一种高光学通量 Echelle 中阶梯光栅光谱仪 (光谱范围为 330 ~ 830 nm，分辨率 <0.6 nm)，如图 14.14 所示，使用离轴抛物柱面镜减小光谱仪的像散，应用两个反平行结构的准直器来消除彗差，通过摄像机倾斜补偿纵向色差。为了满足内窥镜手术系统小型化和灵活性的需求，将 800 根光纤集成一根光纤束 (最小弯曲半径为 15 mm)，并在光纤束的尖端安装了一个微小的半球透镜，用于激光束的聚焦和等离子体发射光收集。

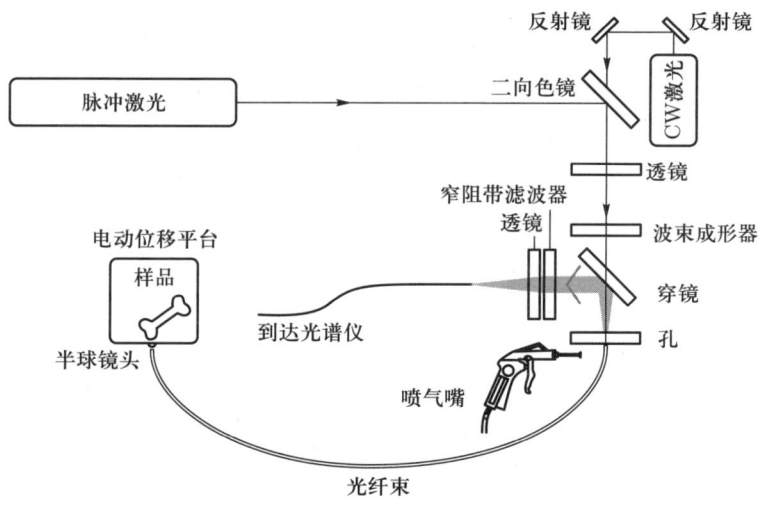

图 14.13　光纤激光诱导击穿光谱 (FO–LIBS) 装置原理图[63]

14.4.4.2　激光手术控制与反馈

激光手术因其具有消融精确、止血效果好、能减轻炎症和疼痛等术后不良反应等优点，在临床得到了广泛应用。然而，由于使用激光消融时缺乏视觉和触觉感知，医生无法获得消融穿透深度和切口底部被消融的组织类型等信息，会导致发生医源性损伤或解剖结构和组织的破坏，亟须发展一种能够在术中实时反馈并控制激光消融的工具。LIBS 可以提供组织识别，受杂散光干扰小，激

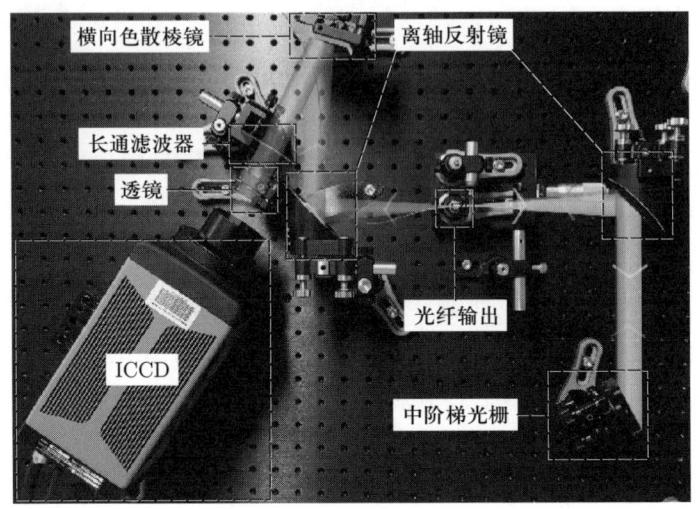

图 14.14　定制的 Echelle 中阶梯光栅光谱仪的光路布局 [63]

发光的传输和 LIBS 信号的收集可通过单根光纤束实现，激光在激发产生 LIBS 信号的同时也可用于激光消融。因此，LIBS 技术是用于激光消融控制反馈的首选工具。

1998 年，Kim 等 [64] 首次探讨了 LIBS 技术在激光手术中的应用，研究了超短激光脉冲消融组织中的光反馈信号，并根据强度比的差异区分组织类型。研究结果表明一个激发光源能同时满足手术和检测的要求。

2013 年开始，德国埃尔朗根–纽伦堡大学 Kanawade 等 [65-68] 基于猪动物模型，开展了一系列 LIBS 应用于面部激光手术实时反馈和保护的研究。神经是面部激光手术中可能被意外损伤的重要组织之一，其与周围软组织的鉴别是一个值得关注的问题。参考文献 [65] 中分析了从 4 种组织（脂肪、肌肉、神经和皮肤）收集的 LIBS 光谱，初步结果表明可通过 PCA 和 LDA 实现对 4 种组织的分类。然而，神经和脂肪组织的元素组成十分相似，区分结果相对较差。参考文献 [66] 和 [67] 使用高分辨率光谱仪（0.089 nm）进一步研究了两种组织的区分。在参考文献 [66] 中，利用原子发射强度比来区分神经和脂肪组织，Na/C 的强度比分别在 5.49～8.19 和 2.08～4.57 之间，可通过设定一定的阈值实现神经和脂肪组织的成功分类。参考文献 [67] 中则采用 PCA–LDA 算法组合，对比了原始数据、多对谱线强度比和单对谱线强度比作为输入时对神经和脂肪组织的分类灵敏度，如图 14.15(a) 所示。其中，基于 CN/O 强度比，PCA–LDA

能够提供最佳的分类性能。参考文献[68]利用以往研究中的分析方法对腮腺切除手术中可能遇到的三叉神经和腮腺组织进行了鉴别,获得了100%灵敏度和特异性。Rohde等[69]则对口腔手术中可能遇到的一些组织的LIBS进行分析。如图14.15(b),基于发射谱线强度比,采用PCA-LDA模型可以区分神经组织、口腔黏膜和牙髓等成分相似的软组织。此外,参考文献[63]使用定制的FO-LIBS设置,加上多变量数据分析,对猪的骨骼、肌肉、脂肪和骨髓进行分类,其灵敏度和特异性分别为90.2%和96.7%。该研究开发了第一台柔性FO-LIBS系统,为智能内窥镜激光手术刀的发展提供了有力支持。

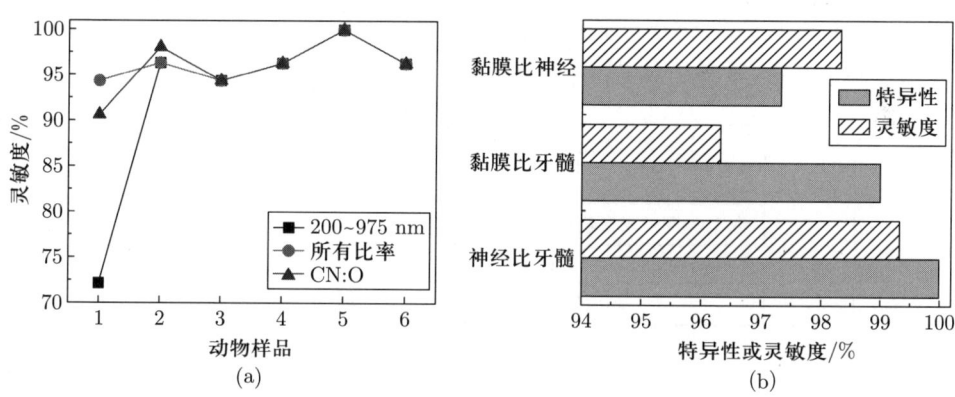

图 14.15 (a) 基于3种输入条件下的PCA-LDA模型分类猪神经和脂肪的灵敏度[67];
(b) 口腔黏膜、牙髓、神经组织分类的灵敏度和特异性[68]

Gill等[70]则证实fs-LIBS可以区分不同的组织样本。该小组分析了牛骨和鸡软骨等多种组织,研究了样本类型、激光能量、扫描速度和聚焦深度等参数对fs-LIBS强度的影响,证明了LIBS在骨科激光手术中可用于识别和保护软组织。在随后的一项研究中,该团队特别探讨了不同激光重复频率对fs-LIBS信号的影响[71]。尽管仍然是离体组织的区分,但这些初步研究证实了LIBS在激光手术反馈与控制中的潜在应用前景。

Jeong等[72]首次开展了动物模拟手术验证。开发了飞秒激光引导的自动化机器人骨外科手术系统,其中包含LIBS模块,作为反馈识别工具保护软组织。用超短激光脉冲消融在小鼠颅骨上切一个开口,并通过计算机控制三轴电动平移台移动动物头部。术中连续监测LIBS光谱,当遇到软组织时关闭光束。结果充分表明,LIBS可以被纳入激光手术的操作程序中作为反馈和控制工具。

Huang等[73]开发了一种LIBS引导的飞秒光纤激光智能手术工具,利用

LIBS信号反馈控制激光参数和消融开始/结束时间，以保护骨科激光手术中的软组织。图14.16给出了LIBS指导下激光手术术中反馈的流程。该研究虽然是在实验室环境下完成的，但成功开发了检测系统和控制软件，验证了激光手术中LIBS反馈机制的整体程序。当单独使用飞秒激光器对样本进行激光切割时，激光参数不会发生改变。一旦启用所开发的LIBS反馈控制，就会根据样本的类型和预先优化的参数来调整激光束移动速度、脉冲能量和重复频率，响应时间为几十毫秒。使用扫描电镜检测牛骨切割和钻孔的深度和口径，在其周围没有观察到裂纹或热损伤，表明该系统能为骨科激光手术提供实时精确控制。图14.17展示了实验中所用的铝、铜、牛骨及牛皮等样本、各样本对应的光谱界面、实验装置及等离子体图像等。

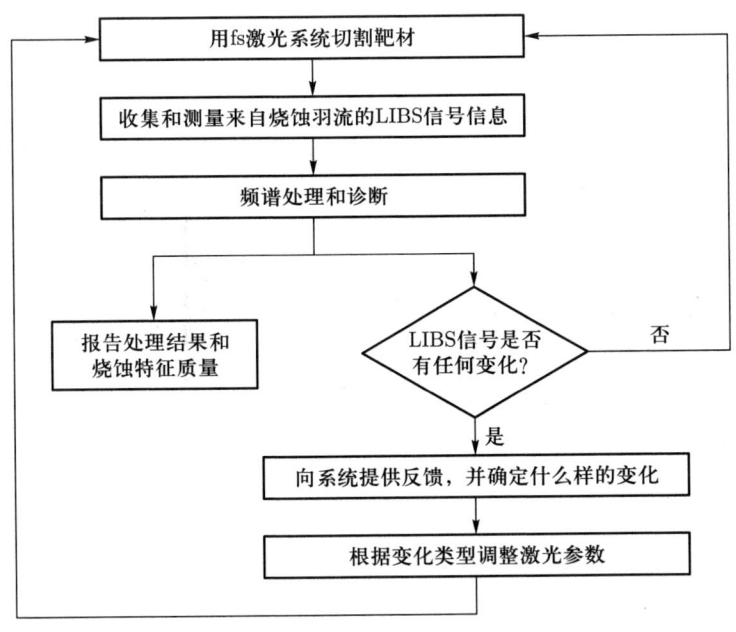

图 14.16　LIBS指导下激光手术术中实时反馈系统控制流程图[73]

14.4.4.3　牙科手术在线识别

相比软组织，牙齿的最基本元素为Ca，硬度和密度较大，且具有较低的水分含量，采用LIBS检测牙齿可以获得较强的光谱信号。常见的牙科疾病，如龋齿，其元素组成相比健康牙齿会发生一定的变化，存在Ca元素的流失，Mg、Cu等元素含量也会发生变化。可以通过LIBS元素分析技术检测这种差异，从

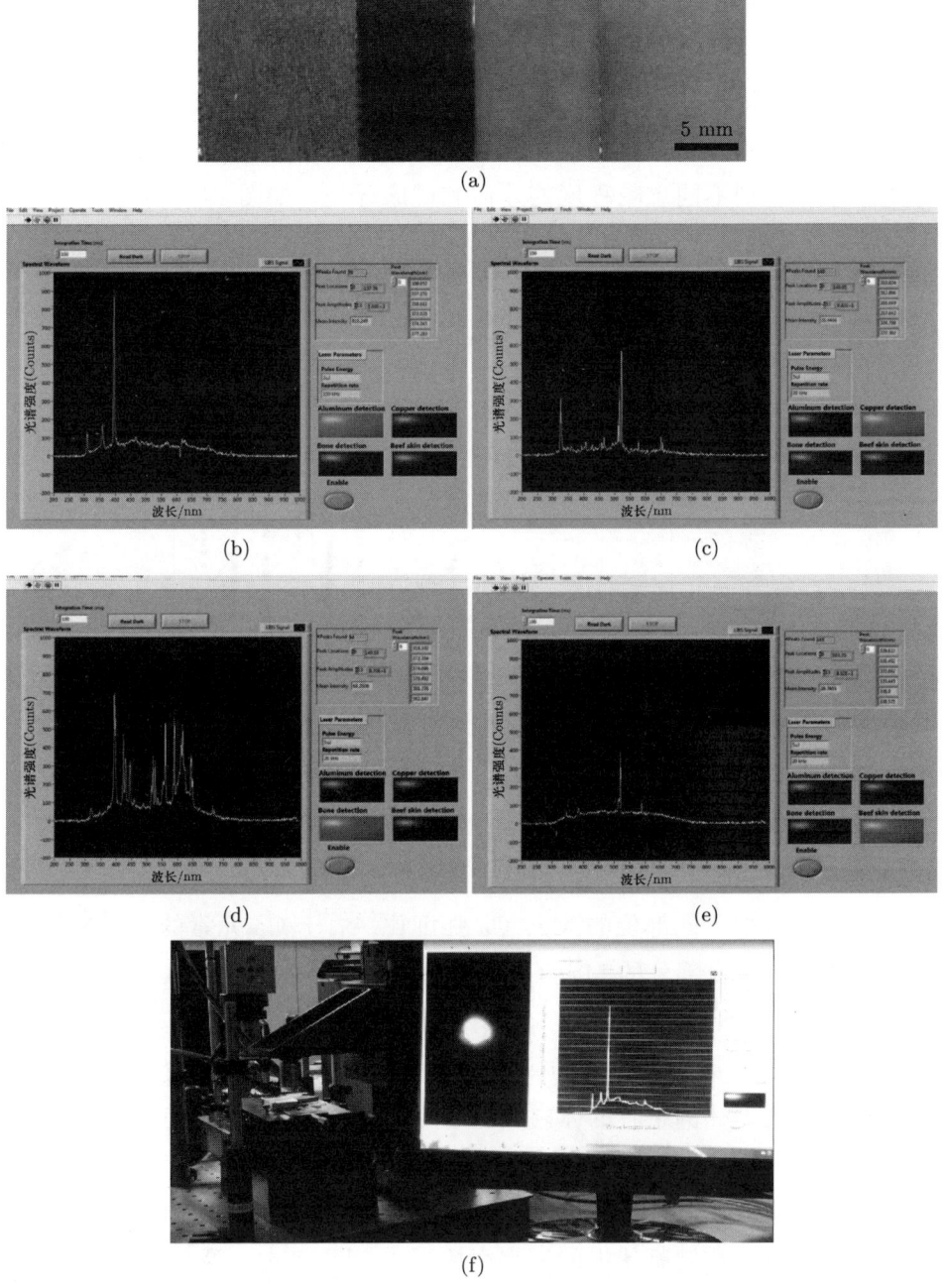

图 14.17　使用扫描电镜对铝、铜、牛骨及牛皮等样本切割和钻孔的深度和口径的检测实验：(a) 实验所用样本；(b) ~ (e) 检测不同样本时对应的显示界面，红色指示器显示了光谱的变化；(f) 实验装置和等离子体图像[73]。(参见书后彩图)

而区分健康组织和龋齿。LIBS 可被应用于龋齿治疗的牙科手术中，提供在线反馈以避免在手术过程中健康组织的误切除。

Sasazawa 等使用参考文献 [5] 中开发的 LIBS 系统，研究了在龋齿激光治疗过程中，对牙釉质实时分析的可行性。研究中以 Zn 和 Ca 的谱线强度比作为诊断标准，鉴别不同患龋程度的牙齿和健康牙齿。如图 14.18 所示，通过设定 0.008 5 左右的阈值界限，可以明显区分健康牙齿和早期龋齿。使用 5 个以上的样本反复测试，早期龋病的诊断准确率在 80% 以上。表明 LIBS 技术可以在激光烧蚀过程中向医生反馈龋齿区域的移除信息。

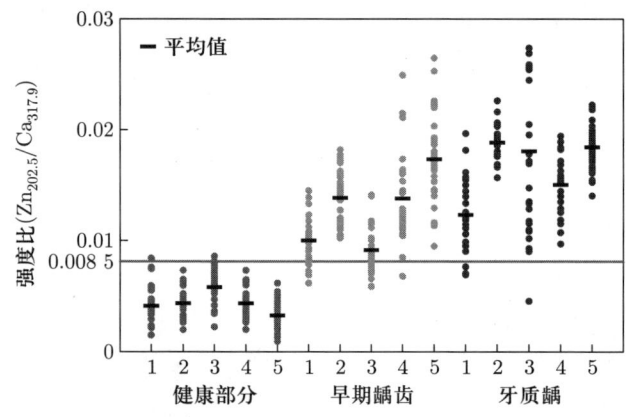

图 14.18 健康牙齿和龋齿 Zn 202.5 nm 与 Ca 317.9 nm 的强度比 [5]

Samek 等 [61,74] 贡献了一系列关于 LIBS 牙齿检测的研究。参考文献 [74] 中，测定了龋齿中不同部位的 Mg、Ca 强度比，由于 Ca 元素的流失过程，与健康牙齿相比，病变部分的 Mg、Ca 比值显著增加。基于 Mg、Ca 比值半定量方法，可利用 LIBS 原位、实时、在线识别健康部位和龋齿。基于同一根光纤进行激光传输和等离子体发射的接收，分析了 159 颗不同病情程度的拔除龋齿，并首次开展了一例患者的体内检测 [61]。Thareja 等 [75] 则使用工作波长为 355 nm 的纳秒 Nd:YAG 激光脉冲，通过 Na、Ca 和 Sr、Ca 谱线强度比来识别龋齿。对一颗龋齿表面的不同部位进行了消融处理，并与健康牙齿的光谱库进行了比较，龋齿和健康牙齿的识别率接近 100%。Singh 等 [76] 利用 LIBS 技术分析了龋齿和健康牙齿的元素含量差异。结果表明，患龋部位 Ca 和 P 含量较健康部位低，而 Mg、Cu、Zn、Sr、C、Na 和 K 含量较高。其中，Cu 和 C 可能来源于食品的残留。患龋部位的 Ca、P 密度低于健康部位，证实龋齿中

Ca 和 P 元素的流失。同时观察到健康牙齿的 H 和 O 含量以及电子数密度低于龋齿样本。

Gómez 等[77]利用 LIBS 实现口腔正畸牙齿黏合剂去除的精确控制，在不造成牙釉质医源性损伤的情况下，完全去除牙齿表面的黏合剂。研究中将 10 颗拔除的牙齿与托槽黏合，保存两个月后进行实验。355 nm 的紫外激光辐射产生的黏合剂和牙釉质的 LIBS 存在差异，当黏合剂的光谱特征消失，即将出现牙釉质特征时，立即停止激光消融。扫描电镜分析显示，此时能够完全去除牙齿上的黏着物，且不会对牙齿造成任何损伤。研究结果证明了 LIBS 技术可以在线精确控制胶黏剂的去除。

de Menezes[78]等则研究了飞秒激光消融治疗龋齿的热效应，并通过 fs-LIBS 来识别不同的牙齿组织，探讨了 LIBS 作为临床激光牙科手术中反馈工具的可行性。他们对 12 颗拔除的牙齿进行了光谱分析，牙齿不同部位，以及健康牙齿和龋齿的 fs-LIBS 之间的差异明显，如图 14.19 所示，采用 PCA 和二次判别分析可以实现正确分类。结果证实在飞秒激光消融手术中，利用 LIBS 技术作为反馈保护工具是可行的。

表 14.4 是 LIBS 技术用于术中指导与在线反馈的相关研究工作总结。

表 14.4 LIBS 术中指导与在线反馈方法及效果总结

系统参数	方法	样本	结果	参考文献
Nd:YAG 激光器，1064 nm；Optics HR2000 + 光谱仪，200～340 nm，分辨率 0.14 nm	光谱强度对比	健康牙齿和早期龋齿	以 Zn 和 Ca 的强度作为诊断标准，可以清楚地区分健康牙齿和早期龋齿，早期龋病的诊断准确率在 80%以上	[5]
Nd:YAG 激光器，1064 nm,10～30 mJ；ACR500 光谱仪	马氏距离	不同程度的龋齿，一名成年志愿者的臼齿	健康牙齿和龋齿的识别率接近 100%	[61]

续表

系统参数	方法	样本	结果	参考文献
1.54 μm 调 Q 铒玻璃激光器,峰值功率为 0.7 MW;Stellarnet–EPP 2000–UV2–14 光纤光谱仪,光谱范围为 200～400 nm	光谱强度对比	癌变和正常皮肤	LIBS 可以分析人类皮肤元素组成的相对变化,以区分癌变和正常组织	[62]
Nd:YAG 激光器,1064 nm;定制的 Echelle 光谱仪	PCA、SVM	猪骨、骨髓、脂肪和肌肉	所有组织间识别的灵敏度和特异性分别为 90.2%和 96.7%	[63]
超短脉冲激光器 (<1 ps)	光谱强度分析	骨头和脊髓组织	一种实时控制的超短脉冲激光消融系统正在组装	[64]
准分子激光器,193 nm,38 mJ;QE65000 光谱仪		猪脂肪、肌肉、神经和皮肤组织	成功地区分了 4 种高性能的组织类型	[65]
		猪脂肪、肌肉、神经和皮肤组织	证明了在离体条件下成功应用简单的 LIBS 设置进行组织分类	[66]
Nd:YAG 激光器 532 nm,80 mJ;Mechelle Me 5000 Echelle 光谱仪	PCA 和 LDA	猪神经和脂肪组织	使用比率变量统计方法或比率值比较的方法改进了分类性能。最突出的发射线产生的多个比率的分析方法被证明是最稳定的	[67]
		猪三叉神经和腮腺组织	获得 100%灵敏度和特异性	[68]
		神经组织、口腔黏膜和牙髓	比率的统计区分方法产生的灵敏度和特异性范围为 65%至 100%	[69]

续表

系统参数	方法	样本	结果	参考文献
飞秒激光器，800 nm，40 fs，123 μJ；Acton Spec-traPro 2300i 光谱仪，分辨率 0.7 nm	fs–LIBS	蛋壳、牛骨、牛软组织和鸡软骨	同一焦点区域上存在重叠脉冲，会由于焦点光斑大小的变化而导致 fs-LIBS 强度的降低。我们还证明了 fs-LIBS 可以区分不同的生物组织样本	[70]
飞秒激光器，1030 nm，320 fs，50 μJ；Acton Spec-traPro 2300i 光谱仪	fs–LIBS	干牛骨和新鲜牛肌肉软组织	为飞秒激光器用于高精度骨切除的成功临床转化奠定基础	[71]
超短激光脉冲激光器	fs–LIBS	小鼠颅骨	当遇到软组织时关闭光束，LIBS 可以被纳入激光手术的工作程序中作为反馈和控制工具	[72]
飞秒激光器，1030 nm，750 fs，0.5 mJ；	fs–LIBS	铝、铜、牛骨、牛皮、牛肌肉等	钻孔边缘周围没有明显的裂纹或热损伤，为精确的显微手术提供强大的智能引导工具	[73]
Nd:YAG 激光器，1064 nm，10～30 mJ	光谱强度对比	龋齿	由于 Ca 元素的流失作用，与健康牙齿相比，病变部分的 Mg、Ca 比值显著增加	[74]
Nd:YAG 激光器，355 nm,10 mJ；ACR500 光谱仪	光谱强度对比	健康牙齿和龋齿	识别率接近 100%	[75]
Nd:YAG 激光器，532 nm；海洋光学 2000+ 光谱仪	光谱强度对比	健康牙齿和龋齿	通过利用 Ca 和 P 的光谱线强度比的变化，可以明确区分龋齿组织和健康组织	[76]
Nd:YAG 激光器，355 nm,6.2 mJ	光谱强度分析	黏合剂和牙釉质	通过 LIBS 技术监测 355 nm 的烧蚀过程，可以有效去除牙齿上的黏着物	[77]

续表

系统参数	方法	样本	结果	参考文献
飞秒激光器，1030 nm，320 fs；SpectraPro 2500i 光谱仪	fs–LIBS	人的健康和龋齿、干牛骨	激光消融过程中，在 40 J/cm^2 的激光通量下，重复频率应保持在 10 kHz 或以下，这些重复率可以在临床环境中提供足够的龋齿病变去除率	[78]

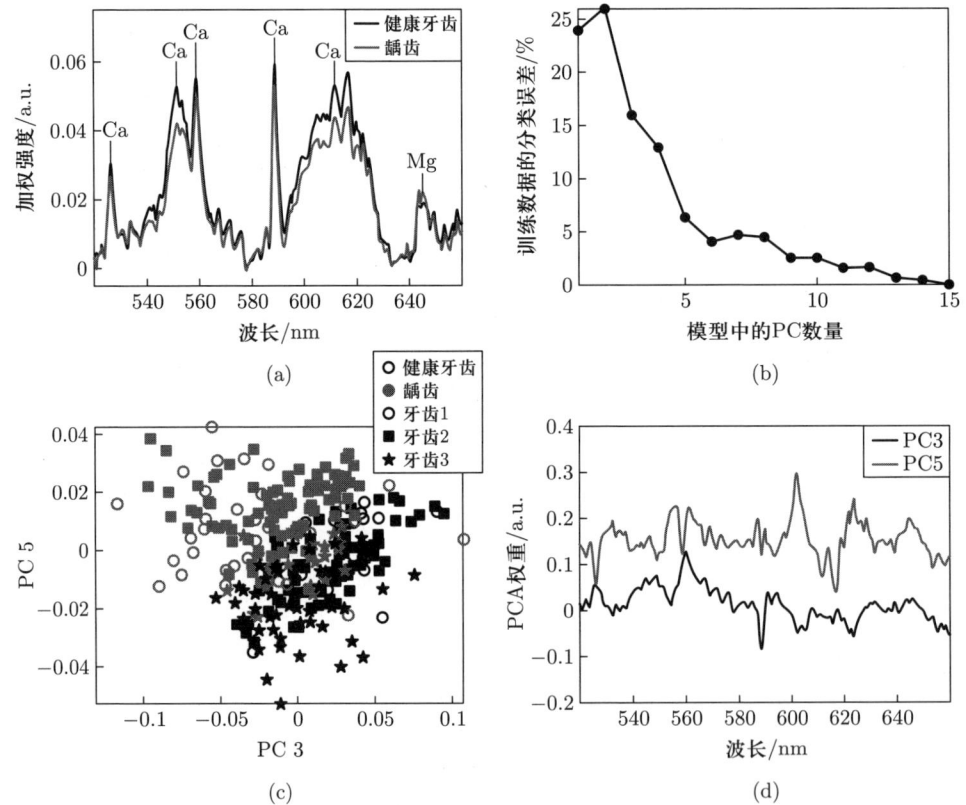

图 14.19 牙齿不同部位，以及健康牙齿和龋齿的 fs–LIBS 光谱分析结果：(a) 健康牙齿和龋齿的 LIBS；(b) 分类误差随 PC 数量的变化；(c) PC3 和 PC5 二维散点图；(d) PC3 和 PC5 的载荷图[78]

14.5　本章小结

在生物医学领域，尽管 LIBS 技术尚没有在临床取得大规模应用，但已经表现出了强大的潜力，在疾病诊断、病理成因分析和术中诊断及指导等方面都具有技术优势。

在疾病诊断方面，LIBS 技术无需现有病理诊断所涉及的复杂样本制备过程，应用更为便捷，且针对软组织、硬组织和液体均可实现诊断，为今后医院各科室设备共用提供了可能性，也为简化医学生的技能培训提供了可能性。在元素成像领域，LIBS 技术可以同时检测多种元素，通过一次扫描成像获取多种元素的分布图像，对未来生物组织分析和病理成因分析提供了更为便捷的手段。在元素含量测定方面，LIBS 技术结合化学计量学方法，不断实现检测限的降低，未来有望将元素含量变化作为病理检测的新指标，且可以在尚未有症状表现时，实现疾病的早筛。在手术指导中，随着系统的进一步小型化，LIBS 技术有望在手术室内规模化装备，实现手术信息实时反馈，完成诊断判别的同时也对部分自动化手术装置形成闭环控制。

但是在生物医学领域的应用中，仍有制约 LIBS 技术发展的瓶颈。生物体中微量元素含量极低，变化范围小，但微量改变即可对生物体各个系统功能有重大影响。因此，降低检测限，实现高灵敏诊断分析至关重要。同时，在实时检测应用中，生物组织样本多具有湿润和质地柔软的特性，不利于激光能量耦合进入组织，等离子体激发受限，严重制约了 LIBS 技术的推广应用。目前只能通过对样本进行处理或采用其他信号增强技术手段实现检测，这在很大程度上影响了 LIBS 的检测时效和系统便捷性，也增加了检测成本。因此，针对各种生物组织的原位诊断技术研究和系统开发仍将是 LIBS 在生物医学领域的重要发展方向。

通过研发适合临床应用的系统和相应的数据处理方法，LIBS 技术终将在生物医学领域发挥越来越重要的作用。

参考文献

[1] You L, Lv Z, Li C, et al. Worldwide cancer statistics of adolescents and young adults in 2019: A systematic analysis of the Global Burden of Disease Study 2019[J]. EMSO Open, 2021, 6(5): 100255.

[2] World Health Organization. Global Health Observatory. Official website of World Health Organization. Accessed June 21, 2018.

[3] Eum C, Park J, Kumar S, et al. Feasibility of laser-induced breakdown spectroscopy as a direct raw bile analysis tool for screening of gallbladder cancer[J]. Journal of Analytical Atomic Spectrometry, 2022, 37(4): 823–832.

[4] Hosseinimakarem Z, Tavassoli S H. Analysis of human nails by laser-induced breakdown spectroscopy[J]. Journal of Biomedical Optics, 2011, 16(5): 057002.

[5] Sasazawa S, Kakino S, Matsuura Y. Optical-fiber-based laser-induced breakdown spectroscopy for detection of early caries[J]. Journal of Biomedical Optics, 2015, 20(6): 065002.

[6] Kumar A, Yueh F Y, Singh J P, et al. Characterization of malignant tissue cells by laser-induced breakdown spectroscopy[J]. Applied Optics, 2004, 43(28): 5399–5403.

[7] El-Hussein A, Kassem A K, Ismail H, et al. Exploiting LIBS as a spectrochemical analytical technique in diagnosis of some types of human malignancies[J]. Talanta, 2010, 82(2): 495–501.

[8] Imam H, Mohamed R, Eldakrouri A A. Primary study of the use of laser-induced plasma spectroscopy for the diagnosis of breast cancer[J]. Optics and Photonics Journal, 2012, 2: 193–199.

[9] Ghasemi F, Parvin P, Reif J, et al. Laser induced breakdown spectroscopy for the diagnosis of several malignant tissue samples[J]. Journal of Laser Applications, 2017, 29(4): 042005.

[10] Sherbini A M, Hagras M M, Farag H H, et al. Diagnosis and classification of liver cancer using LIBS technique and artificial neural network[J]. International Journal of Science and Research, 2015, 5(4): 1153–1158.

[11] Han J H, Moon Y, Lee J J, et al. Differentiation of cutaneous melanoma from surrounding skin using laser-induced breakdown spectroscopy[J]. Biomedical Optics Express, 2015, 7(1): 57–66.

[12] Srivastava E, Jang H, Shin S, et al. Weighted-averaging-based classification of laser-induced breakdown spectroscopy measurements using most informative spectral lines[J]. Plasma Science and Technology, 2020, 22: 015501.

[13] Gondal M A, Aldakheel R K, Almessiere M A, et al. Determination of heavy metals in cancerous and healthy colon tissues using laser induced breakdown spectroscopy and its cross-validation with ICP-AES method[J]. Journal of Pharmaceutical and Biomedical Analysis, 2020, 183:113153.

[14] Wang J, Li L, Yang P, et al. Identification of cervical cancer using laser-induced

breakdown spectroscopy coupled with principal component analysis and support vector machine[J]. Lasers in Medical Science, 2018, 33(6): 1381–1386.

[15] Teng G, Wang Q Q, Zhang H W, et al. Discrimination of infiltrative glioma boundary based on laser-induced breakdown spectroscopy[J]. Spectrochimica Acta Part B: Atomic Spectroscopy, 2020, 165: 105787.

[16] Idrees B S, Wang Q, Nouman Khan M, et al. In-vitro study on the identification of gastrointestinal stromal tumor tissues using laser-induced breakdown spectroscopy with chemometric methods. Biomed[J]. Optics Express, 2022, 13: 26–38.

[17] Lin X, Sun H, Gao X, et al. Discrimination of lung tumor and boundary tissues based on laser-induced breakdown spectroscopy and machine learning[J]. Spectrochimica Acta Part B: Atomic Spectroscopy, 2021, 180: 106200.

[18] Terán-Hinojosa E, Sobral H, Sánchez-Pérez C, et al. Differentiation of fibrotic liver tissue using laser-induced breakdown spectroscopy[J]. Biomedical Optics Express, 2017, 8 (8): 3816–3827.

[19] Huffman C, Sobral H, Terán-Hinojosa E. Laser-induced breakdown spectroscopy spectral feature selection to enhance classification capabilities: a t-test filter approach[J]. Spectrochimica Acta Part B: Atomic Spectroscopy, 2020, 162: 105721.

[20] Hamzaoui S, Khleifia R, Jadane N, et al. Quantitative analysis of pathological nails using laser-induced breakdown spectroscopy (LIBS) technique[J]. Lasers in Medical Science, 2011, 26(1): 79–83.

[21] Bahreini M, Ashrafkhani B, Tavassoli S H. Discrimination of patients with diabetes mellitus and healthy subjects based on laser-induced breakdown spectroscopy of their fingernails[J]. Journal of Biomedical Optics, 2013, 18(10): 107006.

[22] Belikov A V, Smirnov S N, Tavalinskaya A D, et al. 1540 nm LIBS Investigation of Healthy and Pathological Human Nails[J]. Journal of Biomedical Photonics & Engineering, 2021, 7(1): 020310.

[23] Cherni I, Nouir R, Daoud F, et al. Fast diagnostic of osteoporosis based on hair analysis using LIBS technique[J]. Medical Engineering & Physics, 2022, 103: 103798.

[24] Melikechi N, Ding H, Rock S, et al. Laser-induced breakdown spectroscopy of whole blood and other liquid organic compounds[C]// Optical Diagnostics and Sensing VIII. International Society for Optics and Photonics, 2008.

[25] Vance T, Reljin N, Lazarevic A, et al. Classification of LIBS protein spectra using support vector machines and adaptive local hyperplanes[C]// International Joint Conference on Neural Networks, IEEE, 2010.

[26] Pokrajac D, Lazarevic A, Kecman V, et al. Automatic classification of laser-induced

breakdown spectroscopy (LIBS) data of protein biomarker solutions[J]. Applied Spectroscocy, 2014, 68(9): 1067–1075.

[27] Melikechi N, Markushin Y, Connolly D C. Age-specific discrimination of blood plasma samples of healthy and ovarian cancer prone mice using laser-induced breakdown spectroscopy[J]. Spectrochimica Acta Part B: Atomic Spectroscopy, 2016, 123: 33–41.

[28] Gaudiuso R, Ewusi-Annan E, Melikechi N, et al. Using LIBS to diagnose melanoma in biomedical fluids deposited on solid substrates: limits of direct spectral analysis and capability of machine learning[J]. Spectrochimica Acta Part B: Atomic Spectroscopy, 2018, 146: 160–114.

[29] Chen X, Li X, Yu X, et al. Diagnosis of human malignancies using laser-induced breakdown spectroscopy in combination with chemometric methods[J]. Spectrochimica Acta Part B: Atomic Spectroscopy, 2018, 139: 63–69.

[30] Chen X, Li X, Yang S, et al. Discrimination of lymphoma using laser-induced breakdown spectroscopy conducted on whole blood samples[J]. Biomedical Optics Express, 2018, 9(3): 1057–1068.

[31] Chu Y, Chen T, Chen F, et al. Discrimination of nasopharyngeal carcinoma serum using laser-induced breakdown spectroscopy combined with an extreme learning machine and random forest method[J]. Journal of Analytical Atomic Spectrometry, 2018, 33(12): 2083–2088.

[32] Chu Y, Chen F, Sheng Z, et al. Blood cancer diagnosis using ensemble learning based on a random subspace method in laser-induced breakdown spectroscopy[J]. Biomedical Optics Express, 2020, 11(8): 4191–4202.

[33] Yue Z, Sun C, Chen F, et al. Machine learning-based LIBS spectrum analysis of human blood plasma allows ovarian cancer diagnosis[J]. Biomedical Optics Express, 2021,12(5): 2559–2574.

[34] Zhao Z, Xu W, Teng G, et al. Accurate identification of inflammation in blood based on laser-induced breakdown spectroscopy using chemometric methods[J]. Spectrochimica Acta Part B: Atomic Spectroscopy, 2023: 106644.

[35] Gimenez Y, Busser B, Trichard F, et al. 3D Imaging of Nanoparticle Distribution in Biological Tissue by Laser-Induced Breakdown Spectroscopy[J]. Scientific Reports, 2016, 6: 29936.

[36] Motto-Ros V, Sancey L, Ma Q L, et al. Mapping of native inorganic elements and injected nanoparticles in a biological organ with laser-induced plasma[J]. Applied Physics Letters, 2012, 101(22): 223702.

[37] Motto-Ros V, Sancey L, Wang X C, et al. Mapping nanoparticles injected into a

biological tissue using laser-induced breakdown spectroscopy[J]. Spectrochimica Acta Part B: Atomic Spectroscopy, 2013, 87: 168–174.

[38] Moncayo S, Trichard F, Busser B, et al. Multi-elemental imaging of paraffin-embedded human samples by laser-induced breakdown spectroscopy[J]. Spectrochimica Acta Part B: Atomic Spectroscopy, 2017, 133: 40–44.

[39] Busser B, Moncayo S, Trichard F, et al. Characterization of foreign materials in paraffin-embedded pathological specimens using in situ multi-elemental imaging with laser spectroscopy[J]. Modern Pathology, 2018, 31: 378–384.

[40] Kiss K, Šindelářová A, Krbal L, et al. Imaging margins of skin tumors using laser-induced breakdown spectroscopy and machine learning[J]. Journal of Analytical Atomic Spectrometry, 2021, 36(5): 909–916.

[41] Wei H, Zhao Z, Lin Q, et al. Study on the molecular mechanisms against human breast cancer from insight of elemental distribution in tissue based on laser-induced breakdown spectroscopy (LIBS) [J]. Biological Trace Element Research, 2021, 199: 1686–1692.

[42] Adamson M D, Rehse S J. Detection of trace Al in model biological tissue with laser-induced breakdown spectroscopy[J]. Applied Optics, 2007, 46(23): 5844–5852.

[43] Santos D, Samad R E, Trevizan A Z, et al. Evaluation of femtosecond laser-induced breakdown spectroscopy for analysis of animal tissues[J]. Applied Spectroscopy, 2008, 62(10): 1137–1143.

[44] Ahmed I, Ahmed R, Yang J, et al. Elemental analysis of the thyroid by laser induced breakdown spectroscopy[J]. Biomedical Optics Express, 2017, 8(11): 4865–4871.

[45] Winnand P, Boernsen K O, Bodurov G, et al. Evaluation of electrolyte element composition in human tissue by laser-induced breakdown spectroscopy (LIBS) [J]. Scientific Reports, 2022, 12(1): 16391.

[46] Samek O, Beddows D C S, Telle H H, et al. Quantitative analysis of trace metal accumulation in teeth using laser-induced breakdown spectroscopy[J]. Applied Physics A: Materials Science & Processing, 1999, 69: 179–S82.

[47] Alhasmi A M, Gondal M A, Nasr M M, et al. Detection of toxic elements using laser-induced breakdown spectroscopy in smokers' and nonsmokers' teeth and investigation of periodontal parameters[J]. Applied Optics, 2015, 54(24): 7342–7349.

[48] Shadman S, Bahreini M, Tavassoli S H. Comparison between elemental composition of human fingernails of healthy and opium-addicted subjects by laser-induced breakdown spectroscopy[J]. Applied Optics, 2012, 51(12): 2004–2011.

[49] Bahreini M, Ashrafkhani B, Tavassoli S H. Elemental analysis of fingernail of alcoholic and doping subjects by laser-induced breakdown spectroscopy[J]. Applied Physics B:

Lasers and Optics, 2014, 114(3): 439–447.

[50] Singh V K, Rai V, Rai A K. Variational study of the constituents of cholesterol stones by laser-induced breakdown spectroscopy[J]. Lasers in Medical Science, 2009, 24(1): 27–33.

[51] Singh V K, Singh V, Rai A K, et al. Quantitative analysis of gallstones using laser-induced breakdown spectroscopy[J]. Applied Optics, 2008, 47(31): 38–47.

[52] Pathak A K, Singh V K, Rai N K, et al. Study of different concentric rings inside gallstones with LIBS[J]. Lasers in Medical Science, 2011, 26(4): 531–537.

[53] Singh V K, Rai A K, Rai P K, et al. Cross-sectional study of kidney stones by laser-induced breakdown spectroscopy[J]. Lasers in Medical Science, 2009, 24(5): 749–759.

[54] Oztoprak B G, Gonzalez J, Yoo J, et al. Analysis and classification of heterogeneous kidney stones using laser-induced breakdown spectroscopy (LIBS) [J]. Applied Spectroscopy, 2012, 66(11): 1353–1361.

[55] Jaswal B B S, Kumar V, Sharma J, et al. Analysis of heterogeneous gallstones using laser-induced breakdown spectroscopy (LIBS) and wavelength dispersive X-ray fluorescence (WD-XRF) [J]. Lasers in Medical Science, 2016, 31(3): 573–579.

[56] Mutlu N, Ciftci S, Gulecen T, et al. Laser-induced breakdown spectroscopy is a reliable method for urinary stone analysis[J]. Turkish Journal of Urology, 2016, 42(1): 21–26.

[57] Zhang S, Chu Y, Ma S, et al. Highly accurate determination of Zn and Cu in human hair by ultrasound-assisted alkali dissolution combined with laser-induced breakdown spectroscopy[J]. Microchemical Journal, 2020, 157: 105018.

[58] Zhang S, Hu Z, Zhao Z, et al. Quantitative analysis of mineral elements in hair and nails using calibration-free laser-induced breakdown spectroscopy[J]. Optik, 2021, 242: 167067.

[59] Metzinger A, Kovács-Széles É, Almási I, et al. An assessment of the potential of laser-induced breakdown spectroscopy (LIBS) for the analysis of cesium in liquid samples of biological origin[J]. Applied Spectroscopy, 2014, 68(7): 789–793.

[60] Mokhbat E A, Hahn D W. Laser-induced breakdown spectroscopy for the analysis of cobalt-chromium orthopaedic wear debris particles[J]. Applied Spectroscopy, 2002, 56(8): 984–993.

[61] Samek O, Telle H H, Beddows D C. Laser-induced breakdown spectroscopy: a tool for real-time, in vitro and in vivo identification of carious teeth[J]. BMC Oral Health, 2001, 1: 1–9.

[62] Myers M J, Myers J D, Guo B, et al. Non-invasive in-situ detection of malignant skin tissue and other abnormalities using portable LIBS system with fiber spectrometer and

eye-safe erbium glass laser[C]// Conference on Optical Diagnostics and Sensing, 2008.

[63] Abbasi H, Guzman R, Cattin P C, et al. All-fiber-optic LIBS system for tissue differentiation: a prospect for endoscopic smart laser osteotomy[J]. Optics and Lasers in Engineering, 2022, 148: 106765.

[64] Kim B M, Feit M D, Rubenchik A M, et al. Optical feedback signal for ultrashort laser pulse ablation of tissue[J]. Applied Surface Science, 1998, 127: 857–862.

[65] Kanawade R, Mehari F, Knipfer C, et al. Pilot study of laser induced breakdown spectroscopy for tissue differentiation by monitoring the plume created during laser surgery-An approach on a feedback Laser control mechanism[J]. Spectrochimica Acta Part B: Atomic Spectroscopy, 2013, 87: 175–181.

[66] Kanawade R, Mahari F, Klampfl F, et al. Qualitative tissue differentiation by analysing the intensity ratios of atomic emission lines using laser induced breakdown spectroscopy (LIBS): prospects for a feedback mechanism for surgical laser systems[J]. Journal of Biophotonics, 2015, 8(1-2): 153–161.

[67] Mehari F, Rohde M, Kanawade R, et al. Investigation of the differentiation of ex vivo nerve and fat tissues using laser-induced breakdown spectroscopy (LIBS): prospects for tissue-specific laser surgery[J]. Journal of Biophotonics, 2016, 9: 1021–1032.

[68] Mehari F, Rohde M, Knipfer C, et al. Investigation of laser induced breakdown spectroscopy (LIBS) for the differentiation of Nerve and Gland Tissue: a possible application for a laser surgery feedback control mechanism[J]. Plasma Science and Technology, 2016, 18(6): 654–660.

[69] Rohde M, Mehari F, Klampfl F, et al. The differentiation of oral soft- and hard tissues using laser induced breakdown spectroscopy: a prospect for tissue specific laser surgery[J]. Journal of Biophotonics, 2017, 10(10): 1250–1261.

[70] Gill R K, Knorr F, Smith Z J, et al. Characterization of femtosecond laser-induced breakdown spectroscopy (fsLIBS) and applications for biological samples[J]. Applied Spectroscopy, 2014, 68(9): 949–954.

[71] Gill R K, Smith Z J, Lee C, et al. The effects of laser repetition rate on femtosecond laser ablation of dry bone: a thermal and LIBS study[J]. Journal of Biophotonics, 2016, 9(1-2): 171–180.

[72] Jeong D C, Tsai P S, Kleinfeld D. Prospect for feedback guided surgery with ultra-short pulsed laser light[J]. Current Opinion in Neurobiology, 2012, 22(1): 24–33.

[73] Huang H, Yang L M, Bai S, et al. Smart surgical tool[J]. Journal of Biomedical Optics, 2015, 20(2): 28001.

[74] Samek O, Beddows D C S, Telle H H, et al. Quantitative laser-induced breakdown

spectroscopy analysis of calcified tissue samples[J]. Spectrochimica Acta Part B: Atomic Spectroscopy, 2001, 56(6): 865–875.

[75] Thareja R K, Sharma A K, Shukla S. Spectroscopic investigations of carious tooth decay[J]. Medical Engineering & Physics, 2008, 30(9): 1143–1148.

[76] Singh V K, Rai A K. Potential of laser-induced breakdown spectroscopy for the rapid identification of carious teeth[J]. Lasers in Medical science, 2011, 26(3): 307–315.

[77] Gómez C, Palma J C, Costela A. On-line laser radiation controlled to the removal of adhesive on teeth after bracket debonding[J]. Laser therapy, 2017, 26(1): 25–30.

[78] de Menezes R F, Harvey C M, de Martinez Gerbi M E M, et al. Fs–laser ablation of teeth is temperature limited and provides information about the ablated components[J]. Journal of Biophotonics, 2017, 10(10): 1292–1304.

第 15 章 文化遗产应用[①]

15.1 引言

经过近 60 年的发展，LIBS 技术已成功应用于工业诊断、环境测评、生物医药等各个领域。正如本书前面章节所述，LIBS 的快速、便携、原位、远程、无需制样和复杂的样品预处理及实验设备便于操作等特点使得该技术成为过去几十年发展最快的元素检测手段之一。根据 Web of Science 的调查数据，与 LIBS 技术有关的研究论文发文数量从 2010 年的 226 篇发展到 2023 年的 674 篇，增加了 2 倍。LIBS 的诸多特点吸引了考古学、文物保护及与文化遗产有关其他领域人员的极大兴趣。但是，截至目前，与 LIBS 相关的研究中，仅有不足 2% (6736 余篇中仅有 125 篇) 的论文从事 LIBS 在文化遗产方面的应用研究。

文化遗产是历史留给人类的宝贵财富，文化遗产和考古学研究对象的主要特点是唯一性和不可再生性，其弥足珍贵。因此，在非必要情况下，很少使用损伤性的分析技术，即使该技术是微损的，也必须慎之又慎。LIBS 技术本质上需要烧蚀微量的样品，这种微损的内禀缺陷极大地阻碍了该技术在文化遗产领域的推广应用。此外，由于文化遗产的特殊性，其相关行业相对"封闭"，从事文化遗产与检测技术研究之间的人员交流存在一定的壁垒，这就进一步阻碍了 LIBS 技术在文化遗产相关研究中的推广应用[1-7]。诚然，正如 Palleschi[8] 所指出的一样，LIBS 技术自身的优势曾经被过度地夸大，比如"无损""定量"等。由于这些被过度夸大的优势，从事文化遗产研究的人员想一蹴而就地用 LIBS 技术来解决其面临的元素检测问题，却发现很难达到预期的目的，这在很大程度上打击了文化遗产领域人员对该技术的信心。但是随着研究人员对 LIBS 技术

[①] 本章由西北师范大学孙对兄副教授、苏茂根教授和董晨钟教授联合敦煌研究院殷耀鹏副研究馆员撰写。

认识的逐渐深入，其在文物检测方面的潜能也被逐渐发掘，在文化遗产领域应用的优缺点重新被人们进行了认识和定位。LIBS 技术可以进行一些其他分析技术难以完成的工作，例如，在多层壁画原位分析中，特别是在非均匀材料的层位分析中，LIBS 具有其他技术无法比拟的优势，通过激光在同一点的连续烧蚀，根据特征谱线的强度变化可以确定壁画的层位关系，这不但能够在实验室进行，还可以在原位进行测量[9]。LIBS 是代替传统光学相干断层扫描 (optical coherence tomography, OCT) 技术最可靠的方法，并且 LIBS 对壁画的损伤与 OCT 的取样方法相比，损伤程度完全可以忽略不计[10]。在对深海水下文物的原位探测中，LIBS 表现出了优越的性能，其对样品的损伤几乎可以忽略[11]。事实上，LIBS 在文化遗产领域的应用就是如何在降低 LIBS 损伤性的同时提高信号强度的 LIBS 技术发展史。

本章主要对国际上已开展的 LIBS 技术在文化遗产领域 (主要指壁画、陶瓷、青铜器和石质文物建筑等) 的应用进行总结和回顾，重点介绍 LIBS 技术在分析不同材料文物对象时面临的问题和采用的研究方法。事实上，由于文物对象基体的复杂性，单独利用 LIBS 技术并不能完全解决材料和成分分析中面临的问题，本章也将对 LIBS 和其他诸如拉曼光谱 (Raman Spectrum, RS)、X 射线荧光 (X-ray fluorescence, XRF) 和质谱 (mass spectrum, MS) 结合联用的方法进行简要的叙述。在本章最后，将对 LIBS 在文化遗产和考古学应用的新趋势和发展前景进行展望[1]。

15.2 文化遗产的特点及常用分析方法

对考古学、历史学、艺术品和文物保护人员来说，深入地分析研究对象的化学成分是开展科学保护和修复的前提，也是深度挖掘其文化和艺术价值及古代科技发展的主要途径。精准的分析方法和技术是获得制作材料、制作方法、制作时间、产地溯源及所有权等关键问题的最直接工具。因此，开展无损、准确、快速测量文物化学组成的分析方法和技术研究，已经成为文化遗产研究体系必不可少的一部分。经过多年的发展，20 世纪 90 年代，考古科学与分析化学已经深度融合形成了一门新的交叉学科：考古测量学，也称科技考古学。

通常情况下，文化遗产具有极高的文化和艺术价值，无论从历史研究、保护研究还是管理角度来说，都面临着一系列的问题。图 15.1 给出了文化遗产对象研究方向及其特点。从研究方向来分，文化遗产研究可以分为保护研究、历史研究和管理研究。其中，保护研究是文化遗产研究的核心，是确保文化遗产的完整性和可持续发展的基础。其主要研究内容是对材料进行分析，确定文化遗产存在的病害及其演变机制，然后寻找合适的修复方法，进而制定相应的保护方案。历史研究是探究文化遗产的文化价值、特点、历史背景和演变过程，是文化遗产研究的主要目的。其研究内容主要包括断代、溯源、工艺技法探究等。管理研究是指对文化遗产保护管理进行研究和探讨，是推动文化遗产保护和高效利用的主要动力。其研究内容主要包括数据库的建设、数字模型的重建、科学数据档案的建设等。

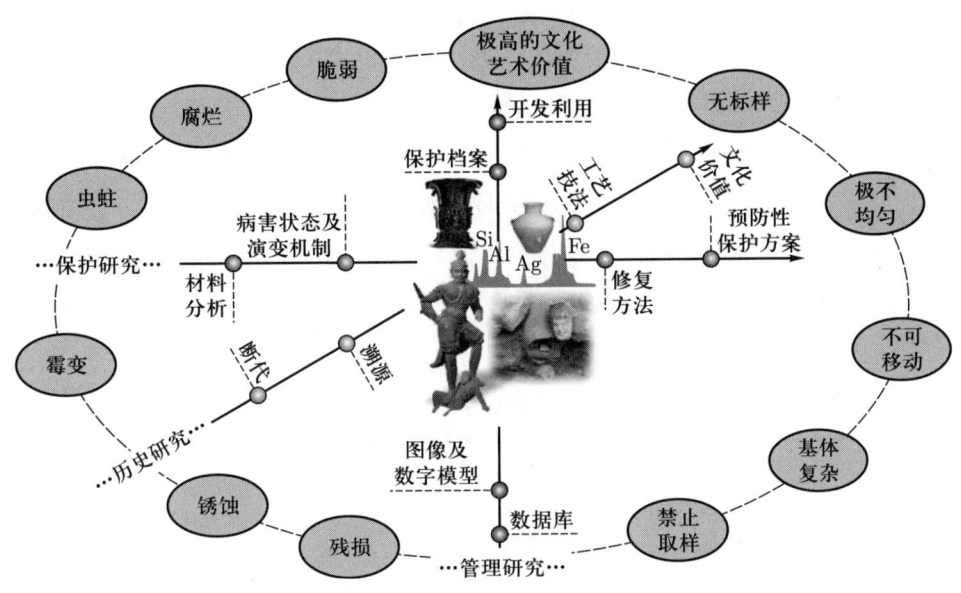

图 15.1 文化遗产分析对象研究方向及其特点

由于受到自然及人为等因素的影响，文化遗产分析对象通常面临一系列问题，对于漆、木、竹器类文物，其主要由纤维素、半纤维素和木质素组成，在长期地下水浸泡及菌类纤维素酶的作用下，往往使一部分纤维分子逐渐降解，最终使木材中的微纤维消失，木材纤维素含量降低，导致木材的空隙增加或扩大，空隙率大为增高，一些薄壁组织导致穿孔破损，造成木材细胞壁的机械强度显著降低；对于纸质、纺织品类文物，经过长期与水和空气的相互接触，其组织结构变得非常的脆弱；对于金属类文物，在地下会受到潮湿土壤中酸碱盐分的侵蚀，在表面会附着一层生锈层；对于陶瓷和地质类文物，其胎体基体非常复杂；对于壁画彩塑类文物，由于壁画上胶结材料的老化，壁画绘画层会出现起甲、脱落、粉化等一系列的病害。总之，每种文物都有自身的特点，分析方法在不同样品之间的移植性比较差。对于文物类样品，要进行定量或者半定量分析，在不取样的情况下几乎不可能实现，因为很难制备文物类样品的标样。文物的这些特点对分析方法和分析技术提出了极高的要求，也限制了很多传统分析方法的应用。相比较而言，X 射线荧光 (X-ray fluorescence, XRF) 光谱、激光诱导荧光 (laser-induced fluorescence, LIF) 光谱、高光谱 (hyperspectrum) 和拉曼光谱 (Raman spectroscopy) 等无损分析技术似乎更适合于文物分析。表 15.1 列出了文化遗产分析中常用的检测技术。这些相对成熟的分析技术很多在文化遗产领域都取得了比较理想的结果。但是，对于一些不可移动的大型文物，这些技术在进行原位分析时，其检测效果很不理想。例如，在对敦煌壁画上的颜料进行原位分析时，由于制作工艺的需要，会在壁画表面涂一层保护油或者保护胶，采用 LIF 或者 Raman 技术测量时，光谱信号会受到严重干扰，很难获得期望的测量结果[9]。再比如利用 XRF 进行元素检测时，对于原子序数 $Z < 10$ 的元素则很难进行检测。其他的一些分析方法也无法对不可移动的文物进行原位分析，需要取样后在实验室进行分析。

表 15.1 文化遗产分析中常用的检测技术

分析方法	应用目标	参考文献
红外-可见吸收/反射光谱	无机颜料	[12, 13]
荧光光谱	颜料	[14-17]
傅里叶红外光谱	颜料、胶	[18]
拉曼光谱	颜料、胶、釉	[19-21]
电感耦合等离子体发射光谱 (ICP-OES)	金属和矿物中的宏量和痕量元素	[22]
电感耦合等离子体质谱 (ICP-MS)	金属和矿物中的痕量和同位素	[23]
扫描电子显微镜	颜料、陶瓷、金属和矿物的成像和元素	[24, 25]
X 射线荧光 (XRF) 光谱	颜料、金属和矿物中的元素	[25, 26]
X 射线衍射 (XRD)	颜料	[24, 27, 28]
质子 X 射线荧光分析 (PIXE)	颜料、陶瓷、金属和矿物中的元素	[29, 30]
中子活化分析 (NAA)	颜料、陶瓷、金属中的元素、溯源	[31]

续表

分析方法	应用目标	参考文献
二次离子质谱 (SIMS)	颜料、陶瓷、金属、合金和矿物中的元素	[32]
气相色谱–质谱 (GC–MS)	有机成分分析，比如胶、漆等	[33,34]
热释光谱	陶瓷断代	[35]
电子自旋共振谱	断代、溯源	[36]
碳同位素	断代、溯源	[37-39]
同位素分析	断代、溯源	[39]

15.3　LIBS 在文化遗产分析中的可行性

LIBS 技术是基于激光等离子体中原子/离子发射谱线的元素分析技术，操作简单，检测人员甚至不需要经过专业培训就可以直接使用，结合相应的分析软件，可以达到"即检即得"的快速测量目的。最重要是，LIBS 无需取样和制样，能够对待测样品进行实时原位测量，这对一些大型不可移动文物显得尤为重要。但是，即便 LIBS 对于文物分析非常便捷，由于其侵入性取样的特点，LIBS 在该领域的被接受程度仍然不高。对所有的文化遗产分析对象，如果单从"无损"分析的角度一概而论，LIBS 技术并不能满足要求。然而，当深入对文化遗产分析的对象进行剖析时就可以发现，LIBS 技术"微损"的特点在大多数情况下不但可以接受，某些情况下更是一种优势。例如，考古发掘现场有时候要面对大量的出土文物，通常情况下，这些文物都会受到周围土壤中水分的侵蚀，出现大面积的残损和锈蚀，这就需要及时分析和分类以便进行快速保护处理。原位分析技术不需要取样，LIBS 微米尺度的烧蚀量相比较于文物自身的残损部位则完全可以忽略不计，这就节约了大量取样和制样的时间，从这一点来讲，LIBS 技术能够比其他复杂的分析技术更满足文物的元素检测需求。

通过深度挖掘 LIBS 技术的特点，可以发现，其在以下几方面的能力使得该技术在文化遗产领域具有非常大的应用潜力和前景：① 无需采样和制样，能够进行原位分析，特别适合不可移动文物的原位检测；② 与样品仅通过光学接触，无机械作用，测量的自由度非常大，不受空间的约束；③ 显微 LIBS 测量对样品表面损伤极小，裸眼几乎看不到激光烧蚀坑点，可以看作是一种"准无损"的分析技术；④ 单个激光脉冲测量可在不到一秒的时间内完成，具有其他分析方法无法比拟的分析速度，特别适合考古现场快速检测的需求；⑤ 在表面分析中的空间分辨率可以达到微米量级，非常适合作指纹图谱成像；⑥ 可以通过在同一位置连续烧蚀进行剖面和层位分析，适合壁画层位结构的分析；⑦ LIBS 仪器可以根据需求进行紧凑性和便携性的设计，还可以与其他技术组成联用方式，比如激光清洗 LIBS 联用、LIBS-Raman 联用、LIBS-LIF 联用等。

15.4 文化遗产分析中的 LIBS 实验装置

前面章节对 LIBS 技术的基本原理和仪器进行了详细的介绍，本章不再赘述，仅介绍文化遗产分析中 LIBS 仪器与其他应用场景中的区别。常用的激光器为调 Q 的 Nd:YAG 激光器，工作波长为 1064 nm、532 nm、355 nm 或 266 nm，当 LIBS 和激光清洗联用时，也可以用波长为 193 nm、248 nm 或 308 nm 的准分子激光。对于文物类样品，激光能量的调整原则是：在获得满足最低要求的光谱强度情况下，激光能量越小越好，从而降低激光对文物的损伤。此外，强的激光辐照也会对文物产生不利的影响。Bruder 等[40]的研究发现，采用 LIBS 技术分析铅丹时会导致颜料变色。他们发现 LIBS 测量后的颜料暴露在空气环境中几天后就会褪色。研究表明，这主要是由于等离子羽中的铅与氧气发生化学反应生成了氧化铅(PbO)所致[41]，他们还发现，如果 LIBS 测量时的总能量 (每个脉冲的能量密度 × 脉冲数) 小于 35 $J\cdot cm^{-2}$，这些颜料则不会发生变色。

激光波长是激光与物质相互作用中非常重要的参数之一，在相同激光能量和聚焦条件下，采用不同波长的激光产生的烧蚀坑以及等离子体发射光谱会有很大的差异，因此，在对不同文化遗产研究对象进行分析时，需要综合考虑损伤、信号强度等因素，合理地选择激光波长[42]。为了减小激光对文物的损伤，高重频激光在文化遗产分析中很少采用，通常选择单脉冲模式进行测量。但是在对层位信息进行分析时，可以适当采用重频稍高的模式测量，从而提高分析效率。特别要注意的是，在利用 LIBS 进行层位分析时，由于不同层位信息元素组成的差异，LIBS 一般不采用光谱累积的模式，而采用单光谱模式测量，形成光谱与激光脉冲的一一对应关系，也就是激光脉冲与烧蚀深度的一一对应关系[43,44]。激光焦斑的大小是 LIBS 测量的另一个重要参数，通常情况下，在获得足够信噪比的情况下，激光能量和焦斑尺寸越小越好，以减少对文物的损伤。一般情况下，普通透镜聚焦的焦斑尺寸最小可以控制在 100 μm 左右[45,46]，显微 LIBS 系统采用显微物镜对激光进行聚焦，能够将焦斑控制到几微米的量级[47]，从而实现微区元素成像。在实际操作中，根据检测文物对象的大小和特征，要合理选择激光聚焦系统，其基本原则是：① LIBS 的损伤程度要远小于传统取样方法；② LIBS 测量后，在裸眼视距下要分辨不出烧蚀坑，从而不影响文物的艺术价值。例如，图 15.2 给出了敦煌莫高窟第 98 窟壁画 LIBS 测量后烧蚀坑在不同视距下的效果，烧蚀坑的直径约 200 μm，壁画的最佳观测距离一般在 1.5 m 开外，因此，在该尺度上，烧蚀坑对壁画的影响非常小。此外，为了进一步减小激光对文物的损伤，同时提高测量灵敏度，LIBS 测量中还可以选用 Ar 气或者 He 作为背景气体[48]。光谱测量系统与其他应用场景中的可以完全相同，一般选用中阶梯光栅光谱仪或 C–T 型的光纤光谱仪。紧凑和便携型的 LIBS 仪器对于考古现场和大型文物分析则更具优势[49]。

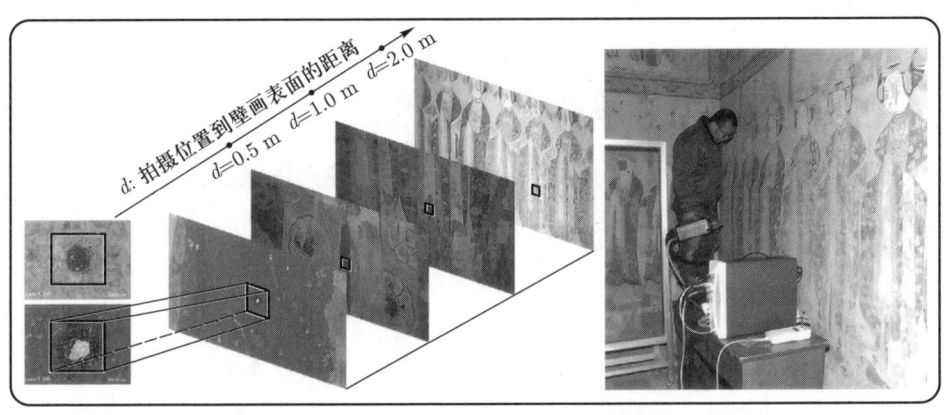

图 15.2　敦煌莫高窟第 98 窟壁画 LIBS 测量后烧蚀坑在不同视距下的效果。(参见书后彩图)

15.5　LIBS 在文化遗产中的定性和定量分析

一种分析技术能否获得准确的定量信息是评价该技术好坏的重要指标。LIBS 本质上是一种定量分析技术，围绕 LIBS 定量研究已经开展了大量的工作，为了提高准确度和分析精度，提出了很多定量方法[5,50-54]。这些方法中最主要的是定标曲线法。原则上来说，该方法也可以用于分析文物，但由于文化遗产对象的物理化学性质复杂多变、基体千差万别，定标曲线需要大量的标准样品来满足各种可能情况，而大部分文物材料事先不知道其基体组成，标样的制备又非常困难,这导致定量分析亦非常复杂,甚至完全不可能。此外,为了降低材料非均匀性和其他基体效应对分析结果的影响,需要多点测量进行平均,这对于文物分析几乎是不可能的,尤其是对于特别珍贵和易碎类文物。因此,LIBS 技术在文物分析中除了少量金属类文物可以进行定量分析外,其他类型的文物主要还是以定性分析为主。相比较而言,免定标 LIBS (CF–LIBS) 方法在文化遗产的定量分析方面更具有优势,严格意义上来说,CF–LIBS 为一种半定量分析方法,该方法无须提前进行定标曲线的绘制,从而可以达到元素定量分析的目的。CF–LIBS 的物理基础及基本原理在前面章节中已经有详细的介绍,这里不再赘述。然而,需要强调的是,CF–LIBS 对于宏量元素的分析,可以达到半定量乃至定量分析的目的,对于微量和痕量元素,其定量分析的误差非常大,分析结果仅能作为参考[55]。此外,由于文化遗产待分析物基体的高度非均匀性 (例如颜料混合物),CF–LIBS 的结果仅能代表测量点的信息。

15.6 LIBS 在文化遗产中的应用

下面结合艺术历史、文物保护和考古中的一些具体例子来说明 LIBS 在文化遗产分析方面的应用、遇到的各种问题及解决方法。

15.6.1 颜料分析

从古到今,绘画是人们各种愿景和想法的最直接艺术表达形式。无论是架上绘画、木质和金属上的彩绘、陶/瓷器上的绘画,还是石窟寺壁画乃至墓葬壁画等都是颜料使用的主要对象。颜料的快速识别和成分检测在以下几个方面具有重要意义: ① 可以帮助研究人员科学认识艺术品的创作过程,并深入理解创作者在作品中为实现艺术效果所采用的创作技法;② 就古代陶瓷和壁画而言,颜料的特性可以加深工匠对材料和技术的理解;③ 由于不同颜料的产地不同,通过绘画作品中颜料产地的溯源,能够为古代商贸往来和交通情况提供重要的佐证;④ 根据人造颜料的发展历史,颜料识别可以进行辅助断代,还可以评估艺术品的真伪和保存的状态,从而为制定保护方案提供科学依据。

除了数量有限的有机颜料外,从古代到近现代绘画中使用的颜料大多是无机矿物颜料。其主要原因是无机颜料比有机颜料具有更高的化学和光化学稳定性,而且大多数无机颜料来自天然矿物或以相对简单的化工工艺合成,因而容易获得。从物理性质来说，无机矿物颜料一般不溶于水，以小颗粒（～μm）的形式分散在通常称为胶结材料的基质中，形成具有黏性的糊状物，即颜料。通常使用的胶结材料为动物胶或植物胶。动物胶一般用牛、马、驴等的皮、筋、骨、角等加工而成；植物胶是植物的杆、茎等分泌的树脂。胶里面通常还会加入明矾，明矾不直接起胶结作用，起固定胶中蛋白质的作用，从而间接起到固定颜料的作用。在绘画时，通常是将石膏或白垩和胶结材料混合，涂上厚为 0.5～2 mm 的一层作为底层，然后开始作画，待完成后涂上一层透明的清漆作为保护层。清漆是一种天然或合成的有机树脂，以挥发性有机溶液的形式涂在绘画层表面，溶剂蒸发后在油漆表面形成一层坚硬的透明玻璃状保护薄膜。此外，由于清漆具有较高的反射率，这也提高了画面色彩的饱和度和光泽度。

当在绘画层表面进行 LIBS 测量时，在光谱中很容易识别出无机颜料中的特征元素谱线。例如，红色朱砂（HgS，又称天然矿物朱砂）中 Hg 的特征谱线为 253.65 nm、365.02 nm 和 435.83 nm，很容易在光谱中被识别出；铅白 $[Pb(OH)_2PbCO_3]$ 中 Pb 的特征谱线 357.27 nm、363.96 nm 等也很容易在 LIBS 光谱中被识别。这使得人们能够根据记录的特征谱线进行颜料快速鉴别，建立光谱数据与各种颜料的关联性。然而，在实际情况中，绘画时经常要通过各种颜料的混合使用达到色彩和灰度的表达效果，例如，通常要将绿色颜料与白色颜料或黄色颜料与蓝色颜料混合以达到不同的绿色色调。混合颜料的 LIBS 光谱特征谱线则比较复杂，再加之胶结材料和基体的影响，真实绘画层的 LIBS 光谱要远比实验室纯颜料的 LIBS 光谱复杂得多，有时需要借助机器学习的方法来进行颜料识别[56]。

利用光谱法测量绘画上的颜料最早要追溯到 1924 年，法国的 Bayle 和 George 首次提出利用火花放电技术产生发射光谱来分析颜料。该方法在当时被认为非常具有前瞻性，在 1971 年之前，除此之外再也没有出现过利用发射光谱来测量颜料的例子。事实上，由于激光探针在 20 世纪的发明和光电探测技术的发展，基于光谱化学方法的微样品分析取得了长足的进步。在 1971 年，Petrakiev[57] 等利用 LMAL 蔡斯激光显微光谱分析仪对一个非常古老的多层壁画进行了颜料识别；1979 年，Roy[58] 在国家美术馆技术公报上发表了关于"一种多用途高灵敏分析工具"的论文，提出定性检测颜料的特征元素和微量元素，该研究可以认为是 LIBS 技术在绘画分析中的雏形。直到 1997 年，Anglos[59]

才第一次明确提出 LIBS 技术能够用于文化遗产分析。他利用 LIBS 技术对多种颜料的粉末和油性染料进行了测量，标定出了适用于一些颜料识别的 LIBS 中的特征谱线，并对实验参数进行了讨论，认为 LIBS 技术在绘画作品颜料分析领域具有巨大的潜力。Corsi[60] 在 2000 年对公元二世纪英国圣奥尔本斯的古罗马壁画进行了分析，完成了文物上首张基于 LIBS 数据的元素二维分布图，如图 15.3 所示。

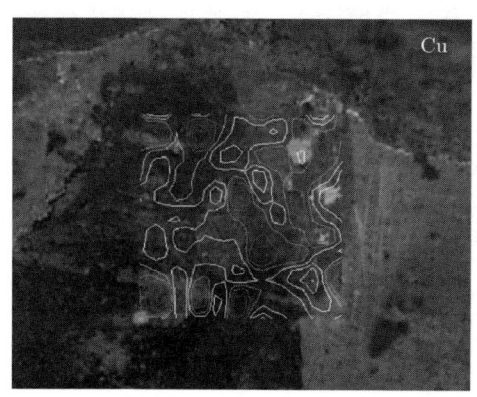

图 15.3 古罗马壁画上 Cu 和 Fe 元素分布，红色为高浓度，蓝色为低浓度。(参见书后彩图)

2001 年 Burgio 等 [61] 分别对木板和象牙上绘制的微型画作 (如图 15.4 所示) 进行了研究，并利用拉曼光谱技术对 LIBS 检测的结果进行了对比性验证。由于微型画的尺寸小、绘画层的厚度薄且颜料的黏附性差，他们控制激光在同一测量点不超过 3 个脉冲，从而最大程度减小了对颜料层的损伤。通过 LIBS 分析，发现绿色位置的 LIBS 中有非常强 Cu 的特征谱线和较弱 As 的特征谱线，这说明绿色颜料中含有 Cu 和 As 的成分。根据这些谱线他们推测绿色颜料可能是翡翠绿 $[Cu(CH_3COO)_2 3Cu(AsO_2)_2]$ 或者舍勒绿 $[Cu(AsO_2)_2]$，但是也不排除蓝色颜料 (蓝铜矿 Cu 的成分) 和黄色颜料 (雄黄 As 的成分) 混合使用的情况。他们进一步在光学显微镜下对颜料颗粒的形状特征进行了观测，通过微观颗粒的结构特征确认这些绿色颜料为翡翠绿。由于当时光谱分辨率的限制，LIBS 对化学成分相似颜料的分析还需要借助其他方法来辅助测量。

| 第 15 章 | 文化遗产应用 |

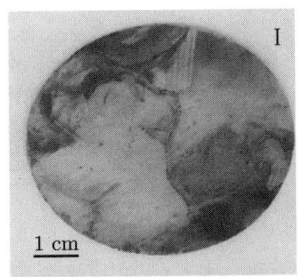
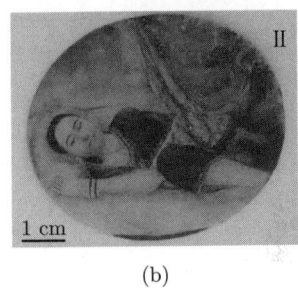

图 15.4 (a) 19 世纪前木板上绘制的"天使报喜"图；(b) 18～19 世纪在象牙上绘制的微型画

但是对于元素组成差异较大的颜料，LIBS 技术具有很好的识别能力。例如，Anglos 等[62]利用 LIBS 技术成功地对 150 年前达盖尔银版画 (19 世纪，美国) 上使用的白色颜料进行了分析，LIBS 光谱中出现了 Ba 的发射谱线，这表明白色颜料为立德粉。由于常用白色颜料主要有铅白 [$Pb(OH)_2 \cdot 2PbCO_3$]、钛白 (TiO_2)、锌白 (ZnO)、石膏 ($CaSO_4 \cdot 2H_2O$) 和立德粉 ($ZnS \cdot BaSO_4$) 等，这些颜料中特征元素完全不同，因此很容易通过 LIBS 技术进行识别。表 15.2 给出了常见颜料的基本信息及 LIBS 中特征元素的 3 条主要谱线，以便于 LIBS 分析时进行快速查找。

通过颜料特征谱线的分析，LIBS 技术还可以对绘画的修复情况进行鉴别。在一些情况下，能够根据颜料的历史间接进行粗略断代。例如，Anglos 等[6]对一幅 18 世纪后期的油画进行了分析，如图 15.5 所示。他们发现油画中人物胸部白色位置不同测量点的 LIBS 差异较大，通过光谱分析发现，一些位置的白色颜料为钛白粉，而其他位置的颜料主要是铅白。根据颜料的发展历史，钛白粉在 1920 年后才开始被广泛使用，这说明该幅油画曾经被修复过，且时间不早于 1920 年。类似的例子，Clark 等[63]采用 LIBS 技术对 17 世纪的拜占

表 15.2 常见颜料信息及 LIBS 特征谱线

颜料中文名称	英文名称	化学成分	特征元素及谱线	起源和出现时间	主要产地
铅白	lead white	Pb(OH)$_2$·2PbCO$_3$	Pb(405.78 nm, 368.34 nm, 283.30 nm)	合成，公元前 500 年	荷兰，中国
钛白	titanium white	TiO$_2$	Ti(399.86 nm, 364.26 nm, 334.94 nm)	合成，1920 年	美国，澳大利亚，中国
锌白	zinc white	ZnO	Zn(213.85 nm, 206.20 nm, 209.99 nm), Ba(553.54 nm, 455.40 nm, 493.40 nm)	合成，1834 年	
立德粉/锌钡白	lithopone	ZnS·BaSO$_4$	Zn(213.85 nm, 206.20 nm, 209.99 nm), Ca(422.67 nm, 393.36 nm, 396.84 nm)	合成，1874 年	
白垩	chalk	CaCO$_3$	Ca(422.67 nm, 393.36 nm, 396.84 nm)	矿物（方解石）	英国，中国
重晶石（硫酸钡）		BaSO$_4$	Ba(553.54 nm, 455.40 nm, 493.40 nm)	合成，早于 19 世纪	美国
石膏	gypsum	CaSO$_4$·2H$_2$O	Ca(422.67 nm, 393.36 nm, 396.84 nm)	矿物	法国，加拿大，中国
镉黄	cadmium yellow	CdS 或 CdS(ZnS·BaSO$_4$)	Cd(643.84 nm, 231.27 nm, 274.85 nm), Zn(213.85 nm, 206.20 nm, 209.99 nm), Ba(553.54 nm, 455.40 nm, 493.40 nm)	合成，1829 年	

续表

颜料中文名称	英文名称	化学成分	特征元素及谱线	起源和出现时间	主要产地
铬黄色	chrome yellow	PbCrO$_4$	Cr(425.43 nm, 205.55 nm, 357.86 nm), Pb(405.78 nm, 368.34 nm, 283.30 nm), Ca(422.67 nm, 393.36 nm, 396.84 nm)	合成, 1818 年	
钴黄色	cobalt yellow	2K$_3$(Co(NO$_2$)$_6$)·3H$_2$O	Co(345.35 nm, 228.61 nm, 350.22 nm)	合成, 1861 年	
雌黄	orpiment	As$_2$S$_3$	As(286.04 nm, 278.02 nm, 245.65 nm)	矿物	中国罗马尼亚
鹅黄	naples yellow	Pb$_2$Sb$_2$O$_7$	Pb(405.78 nm, 368.34 nm, 283.30 nm), Sb(231.14 nm, 252.85 nm, 259.80 nm)	合成, 埃及, 大约公元前 1500 年	
铅锡黄	lead tin yellow	Pb$_2$SnO$_4$(Type I)	Pb(405.78 nm, 368.34 nm, 283.30 nm), Sn(283.99 nm, 286.33 nm, 242.94 nm)	合成大约 1300 年	
锶黄	strontium yellow	SrCrO$_4$	Sr(460.73 nm, 407.77 nm, 421.55 nm), Cr(425.43 nm, 205.55 nm, 357.86 nm)	合成, 早于 19 世纪	德国
钡黄	barium yellow	BaCrO$_4$	Ba(553.54 nm, 455.40 nm, 493.40 nm), Cr(425.43 nm, 205.55 nm, 357.86 nm)	合成, 早于 19 世纪	
土黄	yellow ochre	Fe$_2$O$_3$·nH$_2$O, SiO$_2$, Al$_2$O$_3$	Fe(248.32 nm, 238.20 nm, 373.48 nm), Si(288.15 nm, 205.81 nm, 221.66 nm), Al(396.15 nm, 309.27 nm, 394.40 nm)	矿物	
橙红	cadmium red	CdS$_x$Se$_{(1-x)}$	Cd(643.84 nm, 231.27 nm, 274.85 nm)	合成, 大约 1910 年	

续表

颜料中文名称	英文名称	化学成分	特征元素及谱线	起源和出现时间	主要产地
朱砂	cinnabar/vermilion	HgS	Hg(253.65 nm, 435.83 nm, 398.39 nm)	矿物/合成，8世纪	中国 西班牙 意大利
赭石	red ochre	$Fe_2O_3(Al_2O_3)$	Fe(248.32 nm, 238.20 nm, 373.48 nm), Al(396.15 nm, 309.27 nm, 394.40 nm)	矿物	中国
雄黄	realgar	As_2S_2	As(286.04 nm, 278.02 nm, 245.65 nm)	矿物	美国 中国
赤铁矿	mars red(hematite)	Fe_2O_3	Fe(248.32 nm, 238.20 nm, 373.48 nm)	合成，19世纪中叶	美国
丹红	red lead(minium)	$Pb_3O_4(2PbO \cdot PbO_2)$	Pb(405.78 nm, 368.34 nm, 283.30 nm), Al(396.15 nm, 309.27 nm, 394.40 nm)	合成	法国 中国
天青石	lapis lazuli/ultra marine	$Na_7Al_6Si_6O_{24}S_3$	Si(288.15 nm, 205.81 nm, 221.66 nm), Na(588.99 nm, 589.59 nm, 328.56 nm)	矿物/合成，1828年	墨西哥 西班牙 伊朗
深蓝色	egyptian blue	$CaCuSi_4O_{10}$	Cu(324.75 nm, 327.39 nm, 224.70 nm), Si(288.15 nm, 205.81 nm, 221.66 nm), Ca(422.67 nm, 393.36 nm, 396.84 nm)	合成，埃及，大约公元前3100年	
艳蓝色	cobalt blue	$CoO \cdot Al_2O_3$	Co(345.35 nm, 228.61 nm, 350.22 nm), Al(396.15 nm, 309.27 nm, 394.40 nm), Na(588.99 nm, 589.59 nm, 328.56 nm)	合成，1802年	

续表

颜料中文名称	英文名称	化学成分	特征元素及谱线	起源和出现时间	主要产地
青天蓝	cerulean blue	$CoO \cdot nSnO_2$	Co(345.35 nm, 228.61 nm, 350.22 nm), Sn(283.99 nm, 286.33 nm, 242.94 nm)	合成,1860年	
中国蓝	prussian blue	$Fe_4[Fe(CN)_6]_3 \cdot nH_2O$	Fe(248.32 nm, 238.20 nm, 373.48 nm), Ca(422.67 nm, 393.36 nm, 396.84 nm)	合成,1704年	
蓝铜矿	azurite	$2CuCO_3 \cdot Cu(OH)_2$	Cu(324.75 nm, 327.39 nm, 224.70 nm), Si(288.15 nm, 205.81 nm, 221.66 nm)	矿物	俄罗斯罗马尼亚巴西赞比亚澳大利亚
孔雀石	malachite	$CuCO_3 \cdot Cu(OH)_2$	Cu(324.75 nm, 327.39 nm, 224.70 nm), Si(288.15 nm, 205.81 nm, 221.66 nm)	矿物	纳米比亚俄罗斯扎伊尔美国
翠绿	viridian green	$Cr_2O_3 \cdot 2H_2O$	Cr(425.43 nm, 205.55 nm, 357.86 nm)	合成,1838年	
鲜绿	emerald green	$Cu(CH_3COO)_2 \cdot 3Cu(AsO_2)_2$	Cu(324.75 nm, 327.39 nm, 224.70 nm), As(286.04 nm, 278.02 nm, 245.65 nm)	合成,1814年	
铜绿	verdigris	$Cu(CH_3COO)_2$	Cu(324.75 nm, 327.39 nm, 224.70 nm)	合成,非常古老	
骨黑色	ivory black (bone black)	$C + Ca_3(PO_4)_2$	Ca(422.67nm, 393.36nm, 396.84nm), P(253.56 nm, 253.39 nm, 255.32 nm)	烧焦的象牙	
二氧化锰	manganese black	MnO	Mn(403.07 nm, 403.30 nm, 257.61 nm)	矿物	

续表

颜料中文名称	英文名称	化学成分	特征元素及谱线	起源和出现时间	主要产地
火星黑	magnetite/mars black	Fe$_3$O$_4$	Fe(248.32 nm, 238.20 nm, 373.48 nm)	矿物，合成，19 世纪中叶	
蛤粉	clam powder	CaO	Ca(422.67 nm, 393.36 nm, 396.84 nm)		中国
黄金	gold		Au(201.20 nm, 282.25 nm, 226.36 nm)		美国
白银	silver		Ag(328.06 nm, 241.31 nm, 243.77 nm)		澳大利亚墨西哥
朱磦		HgS	Hg(253.65 nm, 435.83 nm, 398.39 nm)		俄罗斯

庭圣像画上使用的金黄色背景进行了分析。根据 LIBS 中 Ag 的特征发射谱线,发现原来被认为的"金"箔实际上是银箔[64],只不过在上面涂了一层金黄色的油漆,并且部分位置的 LIBS 光谱中出现了 Cu 的谱线,通过仔细分析,发现圣像画上损坏的部分采用 Cu 箔修复过。之后,LIBS 技术被广泛用于各种图标[64,65]、彩绘石膏[66]、罗马壁画[67,68]、油画[69]、岩石壁画[70]、彩陶[71] 和彩釉[72] 上的颜料分析。大量研究结果表明,LIBS 技术不但可以准确进行矿物颜料识别,还可以对胶结材料进行分析,比如壁画上保护层的有机胶等[73]。

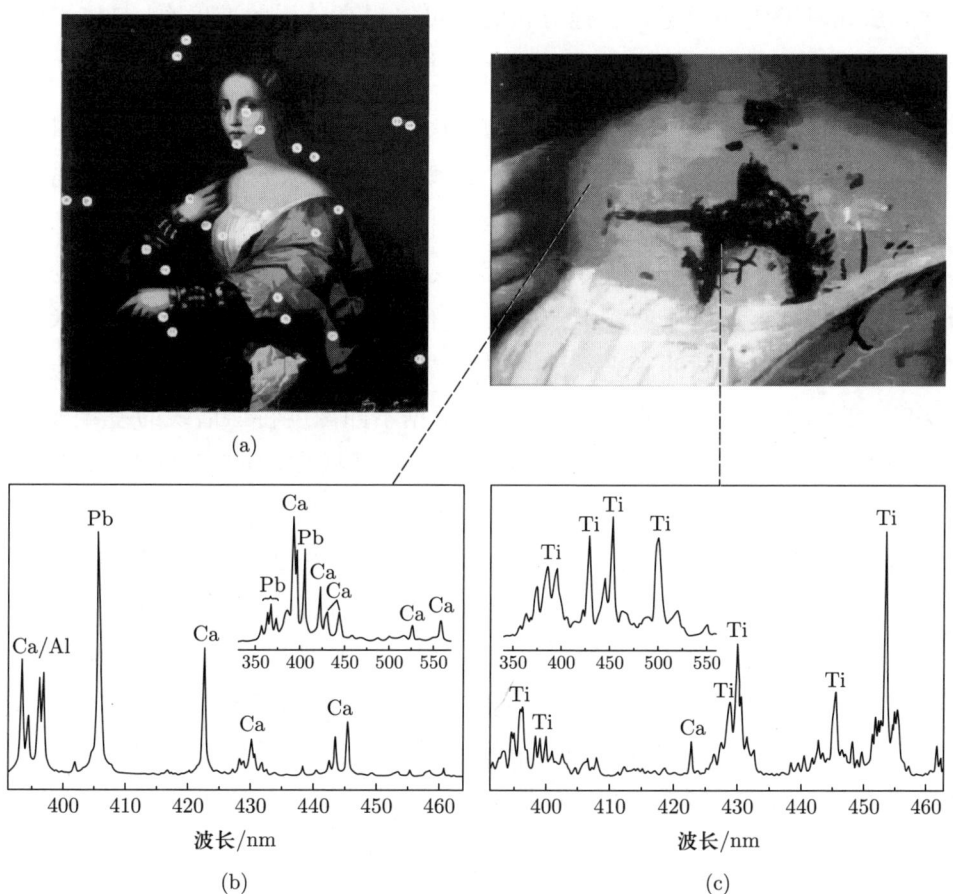

图 15.5 18 世纪后期的油画上的 LIBS 光谱:(a) 一幅 18 世纪后期的油画;(b) 修复前的颜料主要为铅白;(c) 修复后的颜料主要为钛白粉

事实上,真实壁画上的矿物颜料为颗粒状分布,表面并不平整,对于无显微自聚焦设计的常规 LIBS 检测来说,每次 LIBS 测量谱线强度的 RSD 值会非常大,这种情况与实验室矿物颜料粉末以及模拟壁画上的 LIBS 实验数据存在较大的差异,因此,很难直接通过实验室建立的数据库对真实壁画上未知颜料的成分进行精准分析。Syvilay 等[74]采用标准正态变量 (standard normal variate, SNV) 方法对光谱数据进行了处理,克服了 LIBS 信号稳定性差的问题,在对壁画颜料进行原位分析时获得了比较好的结果。虽然 SNV 方法能够更好地突显出波长强度的变化,从而更好地识别峰值,但 SNV 转换取决于所有光谱的平均值和标准偏差,所以识别效率严重依赖于材料自身的属性。其他的化学计量学方法在对壁画颜料进行快速分析时也可以提高分析的准确率,具体采用哪种方法则需要根据测量的光谱情况合理选择。

在绘画艺术品中,由于绘制工艺和技法的区别,不同绘画作品上颜料的厚度和层位信息也有较大的差异。例如,中国传统壁画从绘画方式来分,属于干壁画,它是将颜料逐层绘制而成,因此具有非常清晰的层位结构;而西方的壁画多为湿壁画,湿壁画绘制时是将颜料和石灰水调和后涂在基底未干新鲜的石灰地仗上,颜料会渗入到地仗层中,因此,层位结构不明显。利用 LIBS 技术对材料进行分析时,采用脉冲激光在同一点连续烧蚀的模式,则每个脉冲对应一定的深度,记录其相对应的光谱后,就能够根据不同深度特征谱线的差异来进行层位分析。深度剖面测量不仅可以用于绘画颜料层位结构信息的分析,对于石质类文物表面环境沉积物或金属表面的锈蚀物研究也具有重要意义。对壁画类文物,传统的层位分析需要从样品上取样,进行线切割制备剖面,然后在光学或电子显微镜下进行分析,这会对样品造成不可逆的损伤。LIBS 是进行层位分析的另一种可靠方法,它避免了取样且可以直接进行原位分析。在绘画类文物中,颜料层的典型厚度为 $5\sim50~\mu m$,单个脉冲激光的烧蚀深度为 $0.5\sim2.0~\mu m$。但是,在颜料层内存在局部缺陷或裂隙的情况下,激光烧蚀过程中产生的冲击波通常会导致更多的物质被移除,在这种情况下,单脉冲烧蚀深度可达到约 $10~\mu m$[6]。因此,在进行定量分析时,需要提前对烧蚀深度进行定标。采用 LIBS 技术进行层位分析时,通常情况下需要选择"平顶"模式的光束,以确保每个脉冲的所有能量都集中在烧蚀坑的底部。然而,典型激光的光斑模式大部分为高斯型,并且可能具有不规则的能量"热点"。在这种情况下,除了坑底之外,激光脉冲会对烧蚀坑的坑壁进行采样,烧蚀坑的孔径会随着脉冲数的增加而变大。因此,记录的光谱将是不同深度信号的叠加,根据光谱强度的变化进行层位分析时需要根据谱线强度严格定标。通常采用光学相干断层扫描(optical coherence tomography, OCT)技术对激光烧蚀深度进行定标，从而获得每个激光脉冲的烧蚀深度[75,76]。Kaszewska 等[10] 采用 LIBS 技术对油画上颜料层的厚度进行了分析，他们利用 OCT 技术对每次激光烧蚀后的深度进行了测量，建立了特征谱线强度与烧蚀坑深度的关系，并估算了激光对材料的烧蚀速率，LIBS 技术测量得到的烧蚀坑的深度与 OCT 的结果相差仅为 4 μm。他们的研究表明，LIBS 技术能够用于壁画颜料层位的准确分析。

敦煌壁画是目前世界上规模最宏大，内容最丰富，保存最完整的佛教艺术圣地，被誉为"墙壁上的图书馆"。敦煌壁画历史上经历了漫长的自然侵蚀，后来又遭受了人为的劫掠和破坏，天灾人祸的蹂躏使壁画面临严重损坏的危险。敦煌壁画的修复和保护需要精准获得壁画绘画层的结构和成分信息，但在对壁画检测的过程中却面临着多重困难：① 壁画本身非常珍贵且不可移动；② 壁画出现的起甲、变形、破损和酥碱等病害使得其质地非常脆弱；③ 壁画表面包含了颜料、胶结材料和浮尘等物质，并且有些洞窟还存在多层壁画，基体非常复杂。图 15.6 给出了敦煌壁画上的典型病害案例，这些病害决定了绘画层测量时必须选用原位分析技术，且对壁画的损伤要尽可能小或者完全无损，而 LIBS 技术刚好满足壁画分析的这些需求。

2019 年，西北师范大学研究人员将 LIBS 技术应用到敦煌壁画的分析研究中，建立了基于 LIBS 技术系统检测敦煌壁画颜料的方法。针对颜料粉末压片样品和模拟壁画试块两种类型样品的 LIBS 特征光谱，建立了以光谱相似度为基础的壁画矿物颜料的 LIBS 数据库，实现了未知种类颜料的识别[56,77]；利用主成分分析(principal component analysis, PCA)方法，建立了红、黄、蓝、绿 4 色颜料的聚类模型，重点研究了石绿和绿铜矿的聚类方法，实现了壁画残块表面颜料层种类的聚类分析识别[9]；他们还研究了绿色颜料颗粒度对光谱信号的影响，建立了基于 PCA 方法的颜料颗粒度评估模型，实现了壁画残块上绿色颜料层颜料颗粒度的准确评估[78]；研究了不同背景气体下 LIBS 对壁画的损伤效应，发现 He 作为背景气体时，可以减小烧蚀坑的尺寸[48]；利用烧蚀深度与激光脉冲数的拟合关系，实现了壁画绿色颜料层厚度的定量化分析；他们利用便携式 LIBS 分析仪器，原位分析了洞窟壁画颜料种类、局部绿色颜料颗粒度和颜料层厚度及层位关系[79]，如图 15.7 所示。

图 15.6 敦煌壁画中的典型病害：(a) 起甲；(b) 酥碱；(c) 盐析；(d) 霉变；(e) 疱疹；(f) 烟熏

图 15.7 敦煌莫高窟中 LIBS 现场实验

15.6.2 陶瓷、大理石、玻璃和地质相关文化遗产的分析

陶瓷器物是古代生活中主要的储藏容器、餐具和宗教祭祀器具，它们的胎体主要由黏土制成，根据物体的用途和审美需求，通常都会用颜料进行一定的绘制

装饰。在对陶瓷碎片进行分析时,主要需要解决的问题是表面颜料的特性、黏土的元素组成以及表面结垢的特性等。如果黏土中的元素能够表征黏土的来源或当时的制作工艺,则对黏土的分析亦具有非常重要的意义。陶瓷碎片中元素的定量分析对于区分发掘地点的黏土类型、帮助考古学家对文物进行分类以及探究人口社会经济地位与材料和技术应用的相关性具有至关重要的意义。Lasheras等[80]采用LIBS技术对罗马出土的一些陶器碎片进行了分析,他们以Zn作为内标元素,利用实验室制作的标样,采用内标法对Fe、Ca和Mg 3种元素进行了定量分析,在陶片样品中测量到Fe的质量百分含量最低为5.36%,Mg和Ca的质量百分含量均为2.76%,LIBS的分析结果与火焰原子吸收光谱的结果符合得比较好。他们通过在陶片上取样研磨,然后在其中加入其他内标元素物质从而降低了基体效应,因此获得了与AAS符合得比较好的结果。但是他们的这种方法不适用于原位分析,并且取样对于一些珍贵的陶器也不适用。

各种石质类文物主要包括纪念碑、雕塑、古建筑和古代工具等,这些石质类文物中与地质学相关的元素分析有助于文物的溯源。纪念碑、雕塑和大型古建筑通常都裸露于外界大气环境中,大气污染以及气候因素引起的物理和化学作用会导致这些石质类文物表面形成黑色结垢,环境中不同的污染物会产生不同类型的结垢,这些结垢的厚度通常在0.5~3 mm之间,主要包括已经发生化学变化的岩石表面和来自环境中的颗粒物。对这些石质类文物表面结垢的分析是研究气候和环境变化的主要途径之一[81]。LIBS技术能够对这些结垢中的元素进行原位分析,同时还能获得一些与结垢厚度相关的元素分布信息。Maravelaki-Kalaitzaki等[82]采用LIBS技术对古希腊彭忒利科斯山大理石纪念碑上的结垢进行了分析,他们利用Ca元素作为参考,发现Fe/Ca、Al/Ca、Si/Ca和Ti/Ca的谱线强度随着测量深度的增加逐渐减弱,这表明,结垢中检测到的Fe、Al、Si和Ti主要来自环境中的污染物。Gaona等[83]首次利用远程LIBS技术对马拉加教堂上建筑石材的表面及其污染物进行了原位、远程测量,他们利用自行设计的远程LIBS仪器在35 m的距离上测量了教堂建筑石材的正面和表面的结垢;基于LIBS光谱数据对大理石的种类进行了区分,并在结垢中发现了来自海洋气溶胶带来的Si、Ca、Mg、Fe、Al、Ba和Sr等污染元素和来自燃料中的Ti、Pb、和Mn等元素。对于大型石质类不可移动文物,LIBS原位测量技术的需求促进了便携式和遥测LIBS仪器的快速发展。

采用 LIBS 技术对古老玻璃进行分析的主要目的是通过一些特征元素如 Na、K 或 Pb 来鉴别玻璃的类型，或通过玻璃表面的元素与玻璃体中的元素对比成像来研究玻璃表面的风化及老化程度。Carmona 等[84]利用 LIBS 技术对中世纪和文艺复兴时期的仿制玻璃进行了分析，通过不同深度谱线强度的比值，研究了玻璃的风化情况，并与 SEM 和 XRF 的结果进行了比较，他们的研究表明，LIBS 技术能够用于玻璃的分析，研究玻璃的风化和老化问题。

15.6.3 金属类文物的分析

冶金技术出现以后，原来由陶器和石器制作的雕塑、工具、兵器、生活用具和珠宝等物品快速地被金属所代替，其使用的主要材料包括铜、青铜和铁，以及铅和锡，而贵金属主要用于珠宝、贵重物品的饰件及货币。对于金属类文物，进行元素分析的主要目的是确定金属或金属合金的类型。此外，测定各种金属中微量元素的含量，能够为研究冶金技术的发展及溯源提供重要的信息。在所有的文物类型中，LIBS 对金属类文物的分析效果最为理想，也能够进行相对精确的定量分析。事实上，在金属类文物的元素分析方面，使用最广泛的是 X 射线荧光(XRF) 技术，它是一种无需样品预处理，并且完全无损的元素分析技术。但是 XRF 对于轻元素 ($Z<15$) 很难测量，并且由于 XRF 技术很难控制 X 射线的穿透深度，因此，该技术无法进行空间分辨测量，很难区分来自文物表面及不同深度的元素光谱信息。然而，对于考古发掘的金属类文物，通常表面都会出现锈蚀层(如图 15.8)，这更需要具有空间分辨能力的测量技术，XRF 则很难满足这一点要求。而 LIBS 技术在深度剖面分析中具有很好的优势，恰好可以弥补 XRF 的不足。

Corsi 等[86]在 2005 年利用 LIBS 技术对公元前 2500 到 2000 年"方蒂诺"墓穴中发掘的 12 件铜器进行了分析，他们首次采用 CF-LIBS 对铜器中的主要元素进行了定量分析，共测定了 11 种元素的含量，基于这 11 种元素，利用主成分分析法对测试样品进行了分类。为了降低激光对样品的损伤，他们利用显微物镜将激光焦斑聚焦到 10 μm，在这种聚焦尺寸下，裸眼很难看到测量后的激光烧蚀焦斑。同年，Fortes 等[85]利用 LIBS 技术对青铜考古文物进行了断代分析，他们根据文物中金属的含量，对伊比利亚半岛东南部不同地区的 37 件金属进行了分类，研究发现，金属中砷的浓度可以很好地用来区分青铜和铁

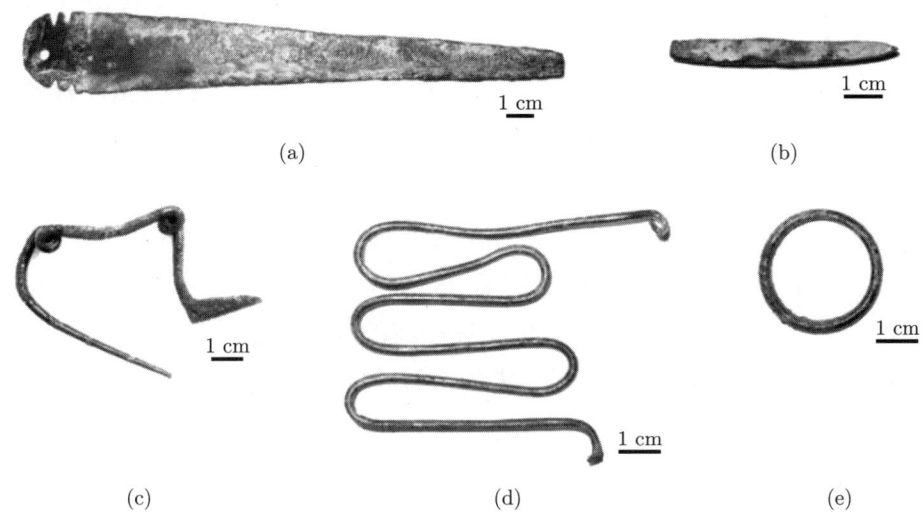

图 15.8　LIBS 技术分析的部分青铜器物：(a) 匕首；(b) 凿子；(c) 腓骨；(d) 密封件；(e) 金属环 [85]

器时代，LIBS 进行的年代学排序与考古年代标准吻合较好。Bugio 等 [87] 利用 CF–LIBS 技术对意大利比萨市的"大力神"雕像样品进行了定量分析，他们利用博物馆标定过的标准青铜样品进行了比较分析，发现定标曲线与 CF–LIBS 测定的结果误差较大，主要是由于标准物与测量的青铜样品的基体差异较大而引起的，他们提出 CF–LIBS 是基体未知文物定量分析的唯一可靠方法，对于宏量元素，其误差在 1% 左右，但是微量元素的测量误差则比较大。Foresta 等 [88] 利用移动式双脉冲 LIBS 技术对西班牙克罗托纳博物馆的 12 尊铜像进行了原位检测，基于 LIBS，利用 Cu 元素之外的 Fe、Sn、Bi、Ag 等其他微量元素对这些文物进行了准确的分类。在这些定量分析的例子中，金属类文物表面通常都存在着不同程度的锈蚀层，LIBS 技术的层位分析能力刚好可以解决该问题，实现合金成分的原位测定 [89]。Abdelhamid 等 [90] 利用 LIBS 技术对一件考古发掘的镀金铜器进行了层位分析，他们不但测量到镀金层的厚度，同时也获得了胎体中的其他微量元素，实现了层位深度与元素成分的同时测量。

Agresti 等 [91] 研发了用于金属类文物分析的便携式 LIBS 系统，采用一组标样对系统进行了离线标定，并与火焰原子吸收光谱 (flame atomic absorption spectrometry, FAAS) 以及电感耦合等离子体发射光谱 (ICP–OES) 检测方法进行了比较,对系统层位分析的准确性进行了评估;Siano 等[92]利用便携的 LIBS 系统,结合三维数字成像技术对青铜类文物进行了层位分析,他们还将 LIBS 技术与太赫兹成像技术[93]、中子活化技术[94]、XRF 技术以及 XRD 技术[95]相结合分析了一些考古样品。De Giacomo 等[96]在对公元前 7 世纪意大利米尼尔维诺考古遗址中的铜基合金进行了研究,他们分别采用纳秒激光和飞秒激光对样品进行了检测,通过定标曲线法,发现飞秒和纳秒 LIBS 技术都能对铜基合金中的 Pb 和 Sn 进行准确的定量分析,对痕量元素 Pb 的最低检测质量百分含量为 0.17 wt%。在激光能量超过一定的阈值后,无论激光与靶材料的相互作用机制如何,等离子体中元素的组分将完全满足化学计量烧蚀。

由于文物基体的复杂性,准确的定量分析和定性分类除了精确的实验测量之外,更需要数据处理方法上的创新。除了前面反复提及的 CF-LIBS 方法[51,97],Fornarini 等[98]在 2009 年提出了一种定量分析四元青铜合金样品的理论模型,在他们的模型中,对于激光与金属靶相互作用的过程采用双温度进行描述,从而提高了分析的准确性;2012 年,Gaudiuso 等[99]利用 LIBS 对意大利南部考古遗址发掘的铜基合金进行分析时,提出了一种基于少量标样的定量分析方法,称为逆 CF-LIBS 方法,在该方法中,基于局域热动平衡方程,通过人为调整不同实验参数下的等离子体温度来模拟成分已知标样中元素的含量,从而建立定量分析模型,最后将该温度用于成分未知铜基合金的元素测量中,取得了较好的结果;2014 年,D'Andrea 等[100,101]介绍了基于人工神经网络对青铜文物进行定量分析的方法,机器学习辅助的 LIBS 技术在文化遗产定量分析方面发挥了重要的作用;2015 年,Pagnotta 等[102]利用自组织映射网络方法对两件黄铜文物进行了比较分析;同年,Agresti 等[103]发展了烧蚀深度依赖的定标曲线方法,用来对青铜样品进行更精准的层位分析。

15.6.4 生物遗骸的分析

生物遗骸是考古学中一类非常重要的研究对象,这类文物主要是指人或动植物遗骸,在地下经过长期的化学反应过程后,发生了严重的钙化。对该类文物分析的主要目的是确定某些疾病、当时的饮食习惯以及由于中毒而引起的动植物死亡原因探究等。Samek 等[104]利用 LIBS 技术研究了人类牙齿遗骸中的 Al、Sr 和 Pb 等元素,并利用碳酸钙作为基体建立了标样,对 3 种元素进行了定量分析及元素分布成像,他们的研究表明 LIBS 在生物考古样品分析中也具有巨大的优势。关于生物遗骸的研究方法与前面其他类型文物的研究基本类似,这里不再赘述。

15.6.5 文物清洗

在过去的 20 年里,激光清洗技术在对石质类文物、金属类文物以及绘画艺术品保护方面取得了重要进展。文物清洗的目的主要是从文物表面除去污染物或锈蚀层。激光清洗效率与被除物材料的特性(吸收率、表面粗糙度、机械稳定性)和激光的辐照参数(波长、能量密度、脉冲持续时间)密切相关。然而,激光清洗已经有很多的基础和应用研究,这已经超出了本书的范畴,这里只对文物激光清洗中与 LIBS 相关的内容进行讨论。采用激光清洗文物时,激光烧蚀过程该何时停止非常重要,既要保证清洗干净,同时还需要确保文物不被损伤,也就是说,在激光进行清洗时,需要精准地评估去除层被清除的深浅程度。从本质上来说,LIBS 测量就是激光清洗时的同步光谱测量。在激光清洗的过程中,根据实时测量的 LIBS,可以利用计算机来控制清洗过程的开始与终止。基于 LIBS 技术控制激光清洗文物的可行性已经被广泛的研究所证明。Gobernado-Mitre 等 [105] 在利用激光清洗石质古建筑表面的石灰岩时,使用 LIBS 技术来控制清洗过程,达到了很好的清洗效果;Maravelaki 等 [106] 在利用激光清洗大理石文物表面的黑色硬壳时,通过 LIBS 的变化监控清洗过程,实时获得了清洗过程中的厚度信息,防止过度清洗的发生;Klein 等 [107] 使用 LIBS 技术控制古玻璃表面污染物的激光清洗过程,也取得了很好的效果。需要注意的是,对于石质基材文物的清洗一般选用基频为 1064 nm 的 Nd:YAG 激光器来进行,而对于绘画作品,其表面污染物的类型和结合方式与石质材料的硬度、密度以及击穿阈值有很大的差别。由于红外激光器波长较长,单光子能量较低,不能达到去除表面污染物的效果,且热效应非常明显,而增加激光功率会对绘画的基底造成损伤。所以在对绘画作品清洗时一般选用波长较短的可见或者紫外激光器进行。因此,在采用 LIBS 技术对清洗过程进行控制时,特别需要注意不同波长激光与材料相互作用时产生等离子体辐射特性的差异。

15.7 本章小结

通过本章介绍的案例可以看出，LIBS 技术独特的优势使得其在文物和艺术品分析中表现出了很好的潜力。从文化遗产艺术价值角度分析，由于激光烧蚀光斑可以控制在裸眼不可见的程度，LIBS 技术可以被认为是一种近乎无损的技术。此外，LIBS 独特的层位分析能力使得其在文化遗产分析中，特别是在对大型不可移动文物进行原位分析时，具有其他分析方法无法替代的作用。未来 LIBS 在文化遗产研究中的主要方向是开发更便宜、性能更高的微型 LIBS 系统，使得其能更好地满足文物对原位、无损分析的需求。

参考文献

[1] Botto A, Campanella B, Legnaioli S, et al. Applications of laser-induced breakdown spectroscopy in cultural heritage and archaeology: a critical review[J]. Journal of Analytical Atomic Spectrometry, 2019, 34 (1): 81–103.

[2] Salimbeni R, Lazic V, Pezzati L, et al. Quantitative elemental analyses of archaeological materials by laser-induced breakdown spectroscopy (LIBS). An overview[C]//Society of Photo-optical Instrumentation Engineers Conference on Optical Methods for Arts and Archaeology, 2005.

[3] Nevin A, Spoto G, Anglos D, et al. Laser spectroscopies for elemental and molecular analysis in art and archaeology[J]. Applied Physics, 2011, 106 (2): 339–361.

[4] Giakoumaki A, Melessanaki K, Anglos D, et al. Laser-induced breakdown spectroscopy (LIBS) in archaeological science—applications and prospects[J]. Analytical & Bioanalytical Chemistry, 2007, 387 (3): 749–760.

[5] Gaudiuso R, Dell'Aglio M, De Pascale O, et al. Laser induced breakdown spectroscopy for elemental analysis in environmental, cultural heritage and space applications: a review of methods and results[J]. Sensors, 2010, 10 (8): 7434–7468.

[6] Anglos D. Laser-induced breakdown spectroscopy in art and archaeology[J]. Applied Spectroscopy, 2001, 55 (6): 186A-205A.

[7] Valeria Spizzichino R F. Laser induced breakdown spectroscopy in archeometry: a review of its application and future perspectives[J]. Spectrochimica Acta Part B: Atomic Spectroscopy, 2014, 99: 201–209.

[8] Palleschi V. If laser-induced breakdown spectroscopy was a brand: some market considerations[J]. Spectroscopy Asia, 2017, 29 (2): 6–9.

[9] Yin Y, Sun D, Su M, et al. Investigation of ancient wall paintings in Mogao Grottoes at Dunhuang using laser-induced breakdown spectroscopy[J]. Optics & Laser Technology, 2019, 120: 105689.

[10] Kaszewska E A, Sylwestrzak M, Marczak J, et al. Depth-resolved multilayer pigment identification in paintings: combined use of laser-induced breakdown spectroscopy (LIBS) and optical coherence tomography (OCT)[J]. Applied Spectroscopy, 2013, 67(8): 960–972.

[11] Lopez-Claros M, Fortes F J, Laserna J J, et al. Subsea spectral identification of shipwreck objects using laser-induced breakdown spectroscopy and linear discriminant analysis[J]. Journal of Cultural Heritage, 2018, 29: 75–81.

[12] Best S P, Clark R J R, Daniels M A M, et al. Identification by Raman microscopy and visible reflectance spectroscopy of pigments on an icelandic manuscript[J]. Studies in Conservation, 1995, 40(1): 31–40.

[13] Casini A, Lotti F, Picollo M, et al. Image spectroscopy mapping technique for noninvasive analysis of paintings studies in conservation[J]. Studies in Conservation, 1999, 44(1): 39–48.

[14] Rie E R d l. The influence of varnishes on the appearance of paintings[J]. Studies in Conservation, 1987, 32: 1–13.

[15] Miyoshi T, Ikeya M, Kinoshita S, et al. Laser-induced fluorescence of oil colours and its application to the identification of pigments in oil paintings[J]. Japanese Journal of Applied Physics. Pt.1 Regular Papers & Short Notes, 1982, 21(7): 1032–1036.

[16] Anglos D, Solomidou M, Zergioti I, et al. Laser-induced fluorescence in artwork diagnostics: an application in pigment analysis[J]. Applied Spectroscopy, 1996, 50(10): 1331–1334.

[17] Borgia I, Fantoni R, Flamini C, et al. Aldo Mele Luminescence from pigments and resins for oil paintings induced by laser excitation[J]. Applied Surface Science, 1998, 127-129: 95–100.

[18] Meilunas R J, Bentsen J G, Steinberg A. Analysis of aged paint binders by FTIR spectroscopy[J]. Studies in Conservation, 1990, 35(1): 33–51.

[19] Clark R J H. Raman microscopy: application to the identification of pigments on medieval manuscripts[J]. Chemical Society Reviews, 1995, 24(3): 187–196.

[20] Burgio L, Clark R J H, Toftlund H, et al. The identification of pigments used on illuminated plates from 'Flora Danica' by Raman microscopy[J]. Acta Chemica Scandinavica, 1999, 53(3): 181–187.

[21] Vandenabeele P, Wehling B, Moens L, et al. Analysis with micro-Raman spectroscopy of natural organic binding media and varnishes used in art[J]. Analytica Chimica Acta,

2000, 407(1-2): 261–274.

[22] Casoli A, Mirti P. The analysis of archaeological glass by inductively coupled plasma optical emission spectroscopy[J]. Analytical and Bioanalytical Chemistry, 1992, 344(3): 104–108.

[23] Gratuze B. Obsidian characterization by laser ablation ICP-MS and its application to prehistoric trade in the Mediterranean and the near east: sources and distribution of obsidian within the aegean and anatolia[J]. Journal of Archaeological Science, 1999, 26: 869–881.

[24] Noll W, Holm R, Born L. Painting of ancient ceramics[J]. Angewandte Chemie International Edition, 1975, 14(9): 602–613.

[25] Lindgren E S. X-Ray Microanalysis discloses the secrets of ancient Greek and Roman potters[J]. X-Ray Spectrometry, 2000, 29(1): 63–72.

[26] Hanson V F. Quantitative elemental analysis of art objects by energy-dispersive X-ray fluorescence spectroscopy[J]. Applied Spectroscopy, 1973, 27: 309–333.

[27] Filippakis S E, Perdikatsis B, Assimenos K. X-ray analysis of pigments from Vergina, Greece (Second Tomb) [J]. Studies in Conservation, 1979, 24 (2): 54–58.

[28] Filippakis S E, Perdikatsis B, Paradellis T. An analysis of blue pigments from the Greek bronze age[J]. Studies in Conservation, 1976, 21 (3): 143–153.

[29] Swann C P, Ferrence S, Betancourt P P. Analysis of Minoan white pigments used on pottery from Palaikastro[J]. Nuclear Instruments and Methods in Physics Research Section B, 2000, 161-163: 714–717.

[30] Kallithrakas-Kontos N, Katsanos A A, Potiriadis C, et al. PIXE analysis of ancient Greek copper coins minted in Epirus, Illyria, Macedonia and Thessaly[J]. Nuclear Instruments and Methods in Physics Research Section B: Beam Interactions with Materials and Atoms, 1996, 109: 662–666.

[31] Kilikoglou V, Bassiakos Y, Grimanis A P, et al. Carpathian obsidian in Macedonia, Greece[J]. Journal of Archaeological Science, 1996, 23(3): 343–349.

[32] Spoto G. Secondary ion mass spectrometry in art and archaeology[J]. Thermaochimica Acta, 2000, 365(1-2): 157–166.

[33] Hampton H H, Hairfield E M. Identification of a late Bronze Age resin[J]. Analytical Chemistry, 1990, 62: 41–45.

[34] van der Doelen G A, van den Berg K J, Boon J J. Comparative chromatographic and mass-spectrometric studies of triterpenoid varnishes: fresh material and aged samples from paintings[J]. Studies in Conservation, 1998, 43(4): 249–264.

[35] Martini M, Sibilia E, Croci S, Thermoluminescence (TL) dating of burnt flints: problems, perspectives and some examples of application[J]. Journal of Cultural Heritage,

2001, 2(3): 179–190.

[36] Kodama Y, Rodrigues Jr O, Garcia R H L, et al. Study of free radicals in gamma irradiated cellulose of cultural heritage materials using electron paramagnetic resonance[J]. Radiation Physics and Chemistry, 2016, 124: 169–173.

[37] Nord A G, Billström K. Isotopes in cultural heritage: present and future possibilities[J]. Heritage Science, 2018, 6: 1–13.

[38] Hajdas I, Jull A J T, Huysecom E, et al. Radiocarbon dating and the protection of cultural heritage[J]. Radiocarbon, 2019, 61(5): 1133–1134.

[39] Hajdas I, Ascough P, Garnett M H, et al. Radiocarbon dating[J]. Nature Reviews Methods Primers, 2021, 1(1): 62.

[40] Bruder R, L'Hermite D, Semerok A, et al. Near-crater discoloration of white lead in wall paintings during laser induced breakdown spectroscopy analysis[J]. Spectrochimica Acta Part B: Atomic Spectroscopy, 2007, 62(12): 1590–1596.

[41] Aze S, Vallet J M, Baronnet A, et al. The fading of red lead pigment in wall paintings: tracking the physico-chemical transformations by means of complementary microanalysis techniques[J]. European journal of mineralogy, 2006, 18(6): 835–843.

[42] Bai X S, Syvilay D, Wilkie-Chancellier N, et al. Influence of ns-laser wavelength in laser-induced breakdown spectroscopy for discrimination of painting techniques[J]. Spectrochimica Acta Part B: Atomic Spectroscopy, 2017, 134: 81–90.

[43] Poggialini F, Fiocco G, Campanella B, et al. Stratigraphic analysis of historical wooden samples from ancient bowed string instruments by laser induced breakdown spectroscopy[J]. Journal of Cultural Heritage, 2020, 44: 275–284.

[44] Lazic V, Fantoni R, Falzone S, et al. Stratigraphic characterization of ancient Roman frescos by laser induced breakdown spectroscopy and importance of a proper choice of the normalizing lines[J]. Spectrochimica Acta Part B: Atomic Spectroscopy, 2020, 168: 105853.

[45] Kim T, Lin C T, Yoon Y. Compositional mapping by laser-induced breakdown spectroscopy[J]. The Journal of Physical Chemistry B, 1998, 102(22): 4284–4287.

[46] Romero D, Laserna J J. Surface and tomographic distribution of carbon impurities in photonic-grade silicon using laser-induced breakdown spectrometry[J]. Journal of Analytical Atomic Spectrometry, 1998, 13(6): 557–560.

[47] Gornushkin I B, Smith B W, Nasajpour H, et al. Identification of solid materials by correlation analysis using a microscopic laser-induced plasma spectrometer[J]. Analytical Chemistry, 1999, 71(22): 5157–5164.

[48] Sun D, Li X, Yin Y, et al. Effect of buffer gas on the analysis of Dunhuang murals by laser-induced breakdown spectroscopy technology[J]. Journal of Cultural Heritage,

2022, 55: 399–408.

[49] Senesi G S, Harmon R S, Hark R R. Field-portable and handheld laser-induced breakdown spectroscopy: historical review, current status and future prospects[J]. Spectrochimica Acta Part B: Atomic Spectroscopy, 2021, 175: 106013.

[50] Cavalcanti G H, Teixeira D V, Legnaioli S, et al. One-point calibration for calibration-free laser-induced breakdown spectroscopy quantitative analysis[J]. Spectrochimica Acta Part B: Atomic Spectroscopy, 2013, 87: 51–56.

[51] Grifoni E, Legnaioli S, Lorenzetti G, et al. From calibration-free to fundamental parameters analysis: a comparison of three recently proposed approaches[J]. Spectrochimica Acta Part B: Atomic Spectroscopy, 2016, 124: 40–46.

[52] D'Andrea E, Pagnotta S, Grifoni E, et al. A hybrid calibration-free/artificial neural networks approach to the quantitative analysis of LIBS spectra[J]. Applied Physics B, 2015, 118: 353–360.

[53] Gaudiuso R, Dell'Aglio M, De Pascale O, et al. Laser-induced breakdown spectroscopy of archaeological findings with calibration-free inverse method: comparison with classical laser-induced breakdown spectroscopy and conventional techniques[J]. Analytica Chimica Acta, 2014, 813: 15–24.

[54] Tognoni E, Cristoforetti G, Legnaioli S, et al. Calibration-free laser-induced breakdown spectroscopy: state of the art[J]. Spectrochimica Acta Part B: Atomic Spectroscopy, 2010, 65(1): 1–14.

[55] Tognoni E, Cristoforetti G, Legnaioli S, et al. A numerical study of expected accuracy and precision in calibration-free laser-induced breakdown spectroscopy in the assumption of ideal analytical plasma[J]. Spectrochimica Acta Part B: Atomic Spectroscopy, 2007, 62(12): 1287–1302.

[56] Zhang Y, Duixiong S, Yaopeng Y, et al. Fast identification of mural pigments at Mogao Grottoes using a LIBS-based spectral matching algorithm[J]. Plasma Science and Technology, 2022, 24(8): 084003.

[57] Petrakiev A, Samov A, Dimitrov G. Application of LMA1 Zeiss laser microspectral analyser to identification pigments in old multilayer wall paintings[J]. Jena Rev., 1971, 16: 251.

[58] Roy A. The laser microspectral analysis of paint[J]. National Gallery Technical Bulletin, 1979, 3: 43–50.

[59] Anglos D, Couris S, Fotakis C. Laser diagnostics of painted artworks: laser-induced breakdown spectroscopy in pigment identification[J]. Applied spectroscopy, 1997, 51(7): 1025–1030.

[60] Corsi M, Cristoforetti G, Palleschi V, et al. Surface compositional mapping of pigments

on a roman fresco by CF-LIBS[C]//Proceedings of the First International Conference on Laser-Induced Breakdown and Applications, 2000: 74.

[61] Burgio L, Melessanaki K, Doulgeridis M, et al. Pigment identification in paintings employing laser induced breakdown spectroscopy and Raman microscopy[J]. Spectrochimica Acta Part B: Atomic Spectroscopy, 2001, 56(6): 905–913.

[62] Anglos D, Melesanaki K, Zafiropulos V, et al. Laser-induced breakdown spectroscopy for the analysis of 150-year-old daguerreotypes[J]. Applied spectroscopy, 2002, 56(4): 423–432.

[63] Burgio L, Clark R J H, Stratoudaki T, et al. Pigment identification in painted artworks: a dual analytical approach employing laser-induced breakdown spectroscopy and Raman microscopy[J]. Applied Spectroscopy, 2000, 54(4): 463–469.

[64] Henry C. Taking a closer look at art[J]. Chemical & Engineering News, 2000, 78(23): 74.

[65] Bicchieri M, Nardone M, Russo P A, et al. Characterization of azurite and lazurite based pigments by laser induced breakdown spectroscopy and micro-Raman spectroscopy[J]. Spectrochimica Acta Part B: Atomic Spectroscopy, 2001, 56(6): 915–922.

[66] Brysbaert A, Melessanaki K, Anglos D. Pigment analysis in Bronze Age Aegean and Eastern Mediterranean painted plaster by laser-induced breakdown spectroscopy (LIBS)[J]. Journal of Archaeological Science, 2006, 33(8): 1095–1104.

[67] Al Ali B, Bulajic D, Corsi M, et al. U-LIBS/u-Raman spectroscopic analysis of pigments in a Roman fresco[C]//Laser Techniques and Systems in Art Conservation. SPIE, 2001, 4402: 25–31.

[68] Caneve L, Diamanti A, Grimaldi F, et al. Analysis of fresco by laser induced breakdown spectroscopy[J]. Spectrochimica Acta Part B: Atomic Spectroscopy, 2010, 65(8): 702–706.

[69] Şerifaki K, Böke H, Yalçin Ş, et al. Characterization of materials used in the execution of historic oil paintings by XRD, SEM-EDS, TGA and LIBS analysis[J]. Materials characterization, 2009, 60(4): 303–311.

[70] Lofrumento C, Ricci M, Bachechi L, et al. The first spectroscopic analysis of Ethiopian prehistoric rock painting[J]. Journal of Raman Spectroscopy, 2012, 43(6): 809–816.

[71] Angeli L, Arias C, Cristoforetti G, et al. Spectroscopic techniques applied to the study of Italian painted neolithic potteries[J]. Laser Chemistry, 2006: 1–7.

[72] Qu L, Zhang X, Duan H, et al. The application of LIBS and other techniques on Chinese low temperature glaze[J]. MRS Advances, 2017, 2: 2081–2094.

[73] Grégoire S, Boudinet M, Pelascini F, et al. Laser-induced breakdown spectroscopy for polymer identification[J]. Analytical and Bioanalytical Chemistry, 2011, 400: 3331–

3340.

[74] Syvilay D, Wilkie-Chancellier N, Trichereau B, et al. Evaluation of the standard normal variate method for laser-induced breakdown spectroscopy data treatment applied to the discrimination of painting layers[J]. Spectrochimica Acta Part B: Atomic Spectroscopy, 2015, 114: 38–45.

[75] Mendes N F C, Osticioli I, Striova J, et al. Versatile pulsed laser setup for depth profiling analysis of multilayered samples in the field of cultural heritage[J]. Journal of Molecular Structure, 2009, 924: 420–426.

[76] Amaral M M, Raele M P, De Freitas A Z, et al. Laser induced breakdown spectroscopy (LIBS) applied to stratigrafic elemental analysis and optical coherence tomography (OCT) to damage determination of cultural heritage Brazilian coins[C]//O3A: Optics for Arts, Architecture, and Archaeology II. SPIE, 2009, 7391: 163–174.

[77] Sun D, Zhang Y, Yin Y, et al. A comparative study of the method to rapid identification of the mural pigments by combining LIBS-based dataset and machine learning methods[J]. Chemosensors, 2022, 10(10): 389.

[78] Yin Y, Yu Z, Sun D, et al. A potential method to determine pigment particle size on ancient murals using laser induced breakdown spectroscopy and chemometric analysis[J]. Analytical Methods, 2021, 13(11): 1381–1391.

[79] Yin Y, Yu Z, Sun D, et al. In situ study of Cave 98 murals on Dunhuang Grottoes using portable laser-induced breakdown spectroscopy[J]. Frontiers in Physics, 2022, 10: 847036.

[80] Lasheras R J, Anzano J, Bello-Gálvez C, et al. Quantitative analysis of roman archeological ceramics by laser-induced breakdown spectroscopy[J]. Analytical Letters, 2017, 50(8): 1325–1334.

[81] 张可, 詹长法. 石质表面黑色结垢与大气污染的关系 [C]// 2005 年云冈国际学术研讨会论文集 (保护卷), 2005: 209–219.

[82] Maravelaki-Kalaitzaki P, Anglos D, Kilikoglou V, et al. Compositional characterization of encrustation on marble with laser induced breakdown spectroscopy[J]. Spectrochimica Acta Part B: Atomic Spectroscopy, 2001, 56(6): 887–903.

[83] Gaona I, Lucena P, Moros J, et al. Evaluating the use of standoff LIBS in architectural heritage: surveying the Cathedral of Málaga[J]. Journal of Analytical Atomic Spectrometry, 2013, 28(6): 810–820.

[84] Carmona N, Oujja M, Rebollar E, et al. Analysis of corroded glasses by laser induced breakdown spectroscopy[J]. Spectrochimica Acta Part B: Atomic Spectroscopy, 2005, 60(7-8): 1155–1162.

[85] Fortes F J, Cortés M, Simón M D, et al. Chronocultural sorting of archaeological bronze

objects using laser-induced breakdown spectrometry[J]. Analytica Chimica Acta, 2005, 554(1-2): 136–143.

[86] Corsi M, Cristoforetti G, Giuffrida M, et al. Archaeometric analysis of ancient copper artefacts by laser-induced breakdown spectroscopy technique[J]. Microchimica Acta, 2005, 152: 105–111.

[87] Bugio L, Cristoforetti G, Legnaioli S, et al. Quantitative LIBS analysis of samples from a le Sueur bronze[C]//International Conference on Lasers, Applications, and Technologies 2005. Laser Sensing, Imaging, and Information Technologies. SPIE, 2006, 6162: 54–60.

[88] Foresta A, García F A, Legnaioli S, et al. LIBS analysis of twelve bronze statues displayed in the National Archaeological Museum of Crotone[J]. Optica Pura Y Aplicada, 2012, 45 (3): 277–286.

[89] Abdel Harith M. Analysis of corroded metallic heritage artefacts using laser-induced breakdown spectroscopy (LIBS)[J]. Corrosion and Conservation of Cultural Heritage Metallic Artefacts, 2013: 100–125.

[90] Abdelhamid M, Grassini S, Angelini E, et al. Depth profiling of coated metallic artifacts adopting laser-induced breakdown spectrometry[J]. Spectrochimica Acta Part B: Atomic Spectroscopy, 2010, 65(8): 695–701.

[91] Agresti J, Mencaglia A A, Siano S. Development and application of a portable LIPS system for characterising copper alloy artefacts[J]. Analytical and Bioanalytical Chemistry, 2009, 395(7): 2255–2262.

[92] Siano S, Cacciari I, Mencaglia, et al. A spatially calibrated elemental depth profiling using LIPS and 3D digital microscopy[J]. The European Physical Journal Plus, 2011, 126(12):120.

[93] Cacciari I, Agresti J, Siano S. Combined THz and LIPS analysis of corroded archaeological bronzes[J]. Microchemical Journal, 2016, 126: 76–82.

[94] Agresti J, Osticioli I, Guidotti M C, et al. Combined neutron and laser techniques for technological and compositional investigations of hollow bronze figurines[J]. Journal of Analytical Atomic Spectrometry, 2015, 30(3): 713–720.

[95] Agresti J, Osticioli I, Guidotti M C, et al. Non-invasive archaeometallurgical approach to the investigations of bronze figurines using neutron, laser, and X-ray techniques[J]. Microchemical Journal, 2016, 124: 765–774.

[96] De Giacomo A, Dell'Aglio M, De Pascale O, et al. Laser induced breakdown spectroscopy methodology for the analysis of copper-based-alloys used in ancient artworks[J]. Spectrochimica Acta Part B: Atomic Spectroscopy, 2008, 63(5): 585–590.

[97] Ciucci A, Corsi M, Palleschi V, et al. New procedure for quantitative elemental analysis by laser-induced plasma spectroscopy[J]. Applied Spectroscopy, 1999, 53(8): 960–964.

[98] Fornarini L, Fantoni R, Colao F, et al. Theoretical modeling of laser ablation of quaternary bronze alloys: case studies comparing femtosecond and nanosecond LIBS experimental data[J]. The Journal of Physical Chemistry A, 2009, 113 (52): 14364–14374.

[99] Gaudiuso R, Dell'Aglio M, De Pascale O, et al. Laser-induced plasma analysis of copper alloys based on local thermodynamic equilibrium: an alternative approach to plasma temperature determination and archeometric applications[J]. Spectrochimica Acta Part B: Atomic Spectroscopy, 2012, 74: 38–45.

[100] D'Andrea E, Pagnotta S, Grifoni E, et al. An artificial neural network approach to laser-induced breakdown spectroscopy quantitative analysis[J]. Spectrochimica Acta Part B: Atomic Spectroscopy, 2014, 99: 52–58.

[101] D'Andrea E, Lazzerini B, Palleschi V. Combining multiple neural networks to predict bronze alloy elemental composition[C]//Advances in Neural Networks: Computational Intelligence for ICT. Springer International Publishing, 2016: 345–352.

[102] Pagnotta S, Grifoni E, Legnaioli S, et al. Comparison of brass alloys composition by laser-induced breakdown spectroscopy and self-organizing maps[J]. Spectrochimica Acta Part B: Atomic Spectroscopy, 2015, 103-104: 70–75.

[103] Agresti J, Siano S. Depth-dependent calibration for quantitative elemental depth profiling of copper alloys using laser-induced plasma spectroscopy[J]. Applied Physics A, 2014, 117(1): 217–221.

[104] Samek O, Beddows D C S, Telle H H, et al. Quantitative laser-induced breakdown spectroscopy analysis of calcified tissue samples[J]. Spectrochimica Acta Part B: Atomic Spectroscopy, 2001, 56(6): 865–875.

[105] Gobernado-Mitre I, Prieto A C, Zafiropulos V, et al. On-line monitoring of laser cleaning of limestone by laser-induced breakdown spectroscopy and laser-induced fluorescence[J]. Applied Spectroscopy, 1997, 51(8): 1125–1129.

[106] Maravelaki P V, Zafiropulos V, Kilikoglou V, et al. Laser-induced breakdown spectroscopy as a diagnostic technique for the laser cleaning of marble[J]. Spectrochimica Acta Part B: Atomic Spectroscopy, 1997, 52: 41–53.

[107] Klein S, Stratoudaki T, Zafiropulos V, et al. Laser-induced breakdown spectroscopy for on-line control of laser cleaning of sandstone and stained glass[J]. Applied Physics A: Materials Science & Processing, 1999, 69: 441–444.

第 16 章 农业应用[①]

16.1 引言

农业生产的本质是可持续发展地生产出高产量、高品质的农产品,随着科技的发展,人们对农业生产提出了更高的要求。特别是智慧农业的提出,使得传感技术得到了快速发展。而智慧农业的发展依赖于农业生产中相关信息(如土壤、肥料、植物和农产品等)的快速获取和感知,因此,如何实时高效且准确地获得农业生产中所需的各种传感信息,对于农业的发展至关重要。在农业生产中,土壤质量、肥料使用量、作物长势以及农产品品质等都是十分关键的信息,而如何实时且精准地获得上述信息则对现代传感技术的发展提出了更高的要求和考验。

16.2 其他分析技术在农业生产应用中的现状

农业的安全高质量生产离不开检测技术的发展,如红外光谱、拉曼光谱、荧光光谱和质谱等技术在农业安全中都起到了至关重要的作用。红外光谱技术(特别是近红外和中红外光谱)和拉曼光谱技术具有互补性,在农产品安全检测中得到了广泛的应用,如小麦等作物灰分、水分和颗粒度等测定;果实探伤、果实识别以及植物生长信息测定;农药残留、病虫害分析;水果糖度、成分分析等。荧光光谱常用于植物长势检测、植物病害检测以及作物胁迫监测等方面。此外,X 射线荧光光谱、原子吸收光谱、电子探针以及激光诱导击穿光谱(LIBS)等技术在农业元素检测中也起到了至关重要的作用,如土壤及农业中重金属污染、农产品微量元素及营养元素测定等。然而,原子吸收光谱技术及电子探针技术在农业生产中常常仅能在实验室条件下使用,难以真正应用于农业现场测

[①] 本章由国家农业智能装备工程技术研究中心董大明研究员撰写。

量。X 射线荧光光谱虽然具备设备小型化和对使用环境无特殊要求的优势，但由于 X 射线存在辐射，因此在使用的过程中通常对样品形式有一定的要求，且无法用于元素周期表中原子序号低于钠 (Na) 的轻元素分析，这在一定程度上限制了其应用场景。激光诱导击穿光谱技术采用高能脉冲激光作为激发源，不仅能够适用于不同样品的分析，还可以实现快速、全元素和远程测量，在农业生产检测中具有独特的优势。近些年来，LIBS 在农业生产中得到了广泛的应用，特别是在土壤、肥料、作物、食品以及中药等产品的快速检测中。

16.3 LIBS 技术在农业生产应用中的难点

LIBS 技术直接探测的灵敏度较低、稳定性较差，应用在农业生产检测中仍存在一系列的问题。首先，农业生产中样品常常均匀性差且形状不规则，极大地限制了 LIBS 技术的应用。此外，农业环境具有高度的复杂性和不确定性，如不同地区土壤的差异性和土壤本身的不均匀性等问题，使得 LIBS 在进行元素定量分析时的准确度难以满足检测需求。因此，如何解决上述问题对于促进 LIBS 技术在农业生产中的应用至关重要。

16.4 LIBS 技术在农业生产中的实际应用

16.4.1 环境类

16.4.1.1 土壤

土壤作为作物生长的载体，土壤中营养元素 (钾、钙、镁等大量元素，铜、锌、锰等微量元素) 以及重金属元素 (铅、镉、汞等) 的含量对于作物的生长影响巨大。土壤中的营养元素能够促进作物的生长以及提高作物的品质，而重金属则会在作物体内富集，最终进入人或动物体内，对健康造成严重的危害。因此，对土壤中营养元素以及重金属的有害元素的检测至关重要。

1. 营养元素

(1) 碳元素测量。

土壤中碳 (C) 元素作为生物循环的主要元素，其含量对于作物生长至关重要。土壤中碳元素主要可以分为有机碳 (organic carbon, OC) 和无机碳 (inorganic carbon, IC) 两种，其中有机碳是碳元素存在的主要形式，主要来源于动植物及微生物，而无机碳则主要以碳酸盐的形式存在。在碳元素的测量中，非弹性中子散射 (inelastic neutron scattering, INS)、伽马射线光谱、中红外或近红外光谱以及 LIBS 等均得到了广泛的应用。然而，INS 和伽马射线光谱虽然能够在大尺度上分析土壤样品，但仪器成本高，存在辐射，需专业人员操作，制约了该技术的应用。红外光谱作为一种低成本、无损且快速的技术，虽然在土壤碳元素检测中有一定的应用，但会受到土壤湿度和碳酸盐的影响而导致模型普适性较差。LIBS 作为新兴的元素分析技术，在土壤碳元素测量中也得到广泛的应用。例如，Glumac 等[1]利用 LIBS 分析了土壤中的 OC 含量，并提出了一种基于高色散和适当延时的优化组合策略以减少铁 (Fe) 的谱线对 C I 247.8 nm 谱线的干扰。结果显示，LIBS 测得的光谱强度与干式燃烧法测定的 OC 含量具有较高的相关性。由于在 LIBS 的发射光谱中，C 的主要发射谱线为 193 nm 和 247.8 nm，于是 Nguyen 等[2]比较了这 2 条谱线对 LIBS 测量土壤中 C 含量的效率，发现 C 在 247.8 nm 处的峰面积与 Fe 在 248.28 nm 处的峰面积之比和 C 的参考浓度具有较好的相关性 ($R^2=0.988$)。同时，C 在 193 nm 处的峰强与铝 (Al) 在 198.9 nm 和硅 (Si) 在 212.4 nm 处的峰强之和的比值与实际 C 浓度建立的定标曲线同样得到了较好相关性 ($R^2=0.993$)。由此可见，两种 C 的谱线都适合预测土壤中的 C 含量，但采用 C I 193 nm 谱线时结果更准确，在低碳含量的土壤中效果更明显。进一步地，Martin 等[3]采用 LIBS 实现了土壤中的全碳 (total carbon, TC)、IC 和 OC 的含量，通过采用多变量分析方法对获得的 200~800 nm 波段的全谱数据进行了分析，结果表明，建模集和预测的 TC 的 R^2 分别为 0.96 和 0.91，IC 的 R^2 分别为 0.94 和 0.87，OC 的 R^2 分别为 0.98 和 0.91；建模集和预测集的均方根误差 (root mean square error, RMSE) 如下，TC 分别为 4.1% 和 7.5%，IC 分别为 5.4% 和 8.3%，OC 分别为 3.9% 和 8.4%。同时作者还提出了采用镁 (Mg) 谱线和钙 (Ca) 谱线的强度比区分 IC 丰富和 OC 丰富的土壤，计算得到 OC 和 IC 丰富的土壤中 Mg/Ca 值分别为 0.263 和 0.148。与此类似的研究中，Bricklemyer 等[4]也采用 LIBS 对实际土壤样品进行分析，区分其中的 TC、IC 和 OC 并定量。结果显示只达到了对 TC 和 IC 的半定量，对 OC 的定量精度较差，具体地，TC、OC 和 IC 的验证集的 R^2 分别为 0.63、0.22 和 0.66。在后续的一项研究中，他们利用预测多响应偏最小二乘 (predictive multi-response partial least squares)、最小绝对收敛和

选择算子 (least absolute shrinkage and selection operator, LASSO) 和带协方差估计的稀疏多元回归 (sparse multivariate regression with covariance estimation, SMRCE) 3 种方法分别利用全光谱数据和紫外波段数据进行建模分析, 探索了不同建模方法和光谱波段对预测土壤中 C 的性能。结果表明, 采用 PLS2 建模分析时, 使用全波段光谱的结果优于使用紫外波段的结果。此外, 相比于紫外波段的 PLS 模型, LASSO 和 MRCE 方法的预测精度更好, 校正标准误差降低了 32%～55%[5]。由此可见, LIBS 结合化学计量学在一定程度上能够实现对于不同形式碳的检测。此外, Bricklemyer 等 [6] 还比较了可见光–近红外光谱 (visible-near infrared spectrometry, Vis–NIRS)、LIBS 和 Vis–NIRS–LIBS 结合三种技术用于土壤剖面中 TC、IC 和 OC 的原位分析。实验结果显示, 由 LIBS 技术得到 IC 的预测结果是最好的, Vis–NIRS 技术得到的 OC 的预测结果最好, 而最好的 TC 的预测结果是通过 Vis–NIRS–LIBS 结合技术得到的。由此可见, LIBS 在土壤 C 元素检测方面具有十分广阔的应用前景。

(2) 氮元素测量。

在氮 (N) 元素测量方面, 由于空气中 N 含量高, 会对土壤中低浓度 N 的检测存在干扰, 因此, 通常采用引入惰性气体保护的方法排除空气中 N 的干扰。Dong 等 [7] 采用氩气去除大气 N 的干扰, 检测了土壤中 N 的三条 LIBS 特征谱线, 证实了 LIBS 法是测定农田土壤中 N 含量的有效方法。Lu 等 [8] 将 LIBS 与合适的校准模型相结合, 确定了 10 个土壤样品的总 N 含量和 7 个土壤样品的总磷含量, 结果表明, LIBS 数据与标准化学分析方法测定的总 N 和总 P 含量呈现较好的线性相关性。

(3) 钾元素测量。

钾 (K) 元素是植物生长的重要营养元素之一, LIBS 技术已被用于土壤中 K 元素的测量, 如表 16.1 所示。在早期的研究中, Hussain 等 [9] 使用激光诱导击穿光谱用于测定温室土壤样品的营养素含量, 对 K 元素的检测限为 9 mg/kg, 精密度约为 2%。董大明等 [10] 对 K 元素含量在 8.74～34.56 g/kg 之间的农田土壤样品进行分析, 选取 K I 766.49 nm 为分析谱线。以农田土壤中含量相对稳定的硅元素为参照元素, 建立 K 和 Si 元素光谱强度比值与土壤中 K 元素含量关系的内定标模型, 定标曲线拟合相关系数为 0.935, 定标模型对预测集样品的预测均方根误差 (root mean square error of prediction, RMSEP) 为 9.26%。Meng

表 16.1 LIBS 测量土壤中 K 元素

测量方法	测量元素	算法	结果	参考文献
LIBS	Ca、K、P、Mg、Fe、S、Ni、Ba	线性回归	其中钾 LOD=9 mg/kg，精密度=2%	[9]
LIBS	K	内标-线性回归	R^2=0.935，RMSEP=9.26%	[10]
LIBS	K	线性回归	预测值与真实值的相对误差小于 5%	[11]
液-固转换 LIBS	AK	线性回归	R^2=0.99，LOQ=0.8 mg/kg	[12]
气泵-LIBS	AK	线性回归	R^2 为 0.99，LOD=2.2 mg/kg，LOQ=7.3 mg/kg	[13]
DP-LIBS	Na、K	—	SBR 增加到 300，RSD 降低到小于 5%	[14]
LIBS	K、Ca、Mg、Fe、Mn、Na	线性回归，PLSR	PLSR 效果优于线性回归	[15]
LIBS	Si、Fe、Mg、Ca、Al、Na、K	RSM、PLSR	优化后参数：激光能量：103.09 mJ；延迟时间：2.92 μs；透镜到样品距离：97.69 mm	[16]
LIBS	Si、Al、Mg、Ca、Na、K、Mn、Ba、Ti、Cr、Cu、Sr、P	PLSR、SVR	训练数据：SVR 模型优于 PLSR 模型；外部预测数据：PLSR 模型优于 SVR	[17]
LIBS	Ca、K、Mg、N、P、Mn、Fe	PLSR、LASSO、GPR	使用全谱和特征谱线预测对全态元素预测效果高，对有效态 K、P 预测效果差	[18]
LIBS	K	CNN	R^2=0.996 8，RMSEP=0.078 5	[19]

等[11]用 769.9 nm 谱线作为钾的分析谱线,在最佳检测时延为 1 μs、最佳门宽为 5.2 μs 下得到了土壤钾的预测曲线,预测值与真实值的相对误差 (relative error, RE) 小于 5%。

由于传统 LIBS 无法区分土壤中 K 元素的不同形式,因此无法确定土壤有效钾 (available kalium, AK) 含量。Li 等[12]缩短土壤中有效钾的萃取时间到 2 min,通过液–固转换方法测量,定标曲线决定系数 R^2 为 0.99,定量限 (limit of quantitation, LOQ) 为 0.8 mg/kg。Fu 等[13]开发了一种用于测定 AK 的阳离子交换膜吸附集合 LIBS,吸附时间仅为 10 min,光谱强度与 AK 浓度有较好的相关性。定标曲线的 R^2 为 0.99,检测限 (limit of detection, LOD) 为 2.2 mg/kg,定量限 (LOQ) 为 7.3 mg/kg。

利用改进的 LIBS 系统和相关技术获取和采集具有元素信息的等离子体信号,可以提高土壤养分检测精度。Yi 等[14]提出了一种基于环境压力和时间序列控制的方法来提高土壤样品中 K 和 Na 的 LIBS 质量,信背比 (signal to background ratio, SBR) 由 20 增加到 300 左右,相对标准偏差 (relative standard deviation, RSD) 由大于 30% 降低到小于 5% 以下。He 等[15]采用共线双脉冲 LIBS(double pulse-LIBS, DP–LIBS) 结合偏最小二乘回归 (partial least squares regression, PLSR) 增强了土壤养分元素 (K、Ca、Mg、Fe、Mn、Na) 的检测能力。

采用先进的校准模型和改进的化学计量分析方法,可以显著提高 LIBS 的分析性能。Yu 等[16]采用 LIBS 和响应面法 (response surface methodology, RSM) 研究了不同 LIBS 测试参数对土壤中主要元素 (如 Si、Fe、Mg、Ca、Al、Na、K) 光谱特征的影响。引入 PLSR 来预测主要元素含量。结果表明,PLSR 模型可以良好地预测样品土壤中的元素。Guo 等[17]报道了利用 LIBS 分析不同标准土壤 Si、Al、Mg、Ca、Na、K、Mn、Ba、Ti、Cr、Cu、Sr 和 P 的方法,并对比了 PLSR 和支持向量回归 (support vector regression, SVR) 两种回归方法的定量分析结果。SVR 对训练数据和测试数据均具有更好的预测能力和较低的相对标准偏差,而用作外部验证的预测数据集,则 PLSR 效果更好。Erler 等[18]用 PLSR、LASSO 和高斯过程回归 (gaussian process regression, GPR) 评估了手持 LIBS 在确定 Ca、K、Mg、N、P、Mn、Fe 和土壤参数 (如腐殖质含量、土壤 pH 和植物有效磷含量) 方面的潜力。Lu 等[19]研究了时间分辨 LIBS(包含波长和时间维度的信息)和卷积神经网络(convolutional neural network,CNN)的组合,以改进土壤中 K 的测定,验证集 R^2 达到 0.9968,RMSEP 达到 0.0785。

2. 其他微量元素

在土壤微量元素的检测中,LIBS 技术也得到了广泛的研究和应用,如图 16.1 所示。如表 16.2 所示,Herrera 等[20]采用 LIBS 定量分析了土壤中的 Al、Ca、Fe、Mg、Si 和 Ti 元素。通过免定标 LIBS (calibration-free LIBS, CF-LIBS)技术得到了各元素的相对误差在 20%~120%范围内。此外,在 Yongcheng 等[21,22]的两项连续的研究中分别采用 LIBS 测定了土壤中 Mn 和 Mg 元素的含量。在他们的第一项研究中,采用 LIBS 对土壤中的 Mn 进行了定量分析。研究中得到了最佳的延迟时间和激光能量分别为 1.88 ms 和 90 mJ。通过内标法将 R^2 从 0.934 提高到 0.984,RE 仅为 3.42%,Mn 的 LOD 为 86.7 mg/kg。在他们的第二项研究中,他们评价了 LIBS 结合线性和非线性多元回归模型对土壤中 Mg 的定量测量的性能。结果表明,采用线性回归分析没有得到满意的定量分析结果,而非线性多元回归分析可以将 R^2 提高到 0.987,建模集和预测集的 RMSE 分别降低至 0.017% 和 0.014%,且验证样品的 RE 小于 1.21%。此外,Ruhlmann 等[23]将 LIBS 用于检测土壤中的 Ca 含量,并讨论了单变量和多变量校准方法对定量的影响。结果表明,尽管土壤基质的非均匀性很高,但通过主成分分析(principal component analysis, PCA)可以对 Ca 含量分别为小于 1%、1%~3% 和大于 3% 的 3 类土壤进行粗略的分类,应用 PLSR 对 60 种不同土壤的 Ca 含量进行验证的结果优于单变量分析。Díaz 等[24]评估了 LIBS

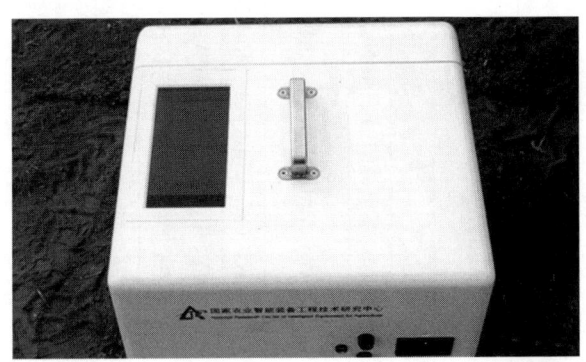

图 16.1　土壤中养分元素测量 LIBS 仪器

表 16.2 LIBS 测量土壤中微量元素

测量方法	测量元素	算法	结果	参考文献
CF-LIBS	Al、Ca、Fe、Mg、Si、Ti	线性回归	相对误差在 20%~120%范围内	[20]
LIBS	Mn	内标法，线性回归	R^2 为 0.984，平均相对误差为 3.42%，Mn 的 LOD 为 86.7 mg/kg	[21]
LIBS	Mg	线性和非线性多元回归	R^2=0.987，RMSEP=0.014%，AREP<1.21%	[22]
LIBS	Ca	PLSR	R^2=0.99，RMSECV=0.314%	[23]
LIBS	Ca、Mg、P、Fe 和 Na	线性回归	R^2>0.85	[24]
DP-LIBS	Fe、Mn、Mg、Na、Al	信号强度比较	共线：信号强度提高 5 倍正交：信号最大增强 155 倍	[25, 26]
DP-LIBS	K、Ca、Mg、Fe、Mn、Na	线性回归，PLSR	PLSR>线性回归，DP-LIBS>SP-LIBSS	[15]
LA-LIBS	Fe、Si、Mg、Pb、As、Al、Co、Ca、Ti、Sr、V、Ba	—	RSD 和 SBR 提高 2~3 倍	[27]
LA-LIBS	Fe、Mn、Mg、Ca、Na、K	线性回归	具有更好的拟合效果	[28]
LIBS	Cu、Ba、Cr、Mg 和 Ca	iPLS, mIPW-PLS	LOD: Cu 为 11.4 mg/kg, Ba 为 4.3 mg/kg, Cr 为 3.6 mg/kg, Mg 为 529.5 mg/kg, Ca 为 307.6 mg/kg	[29]
LIBS	Ba、Co、Cu、Mn、Ni、V、Zn	MLP	LOD: Ba 为 8.01 mg/kg, Co 为 9.33 mg/kg, Cu 为 9.94 mg/kg, Mn 为 114 mg/kg, Ni 为 7.86 mg/kg, V 为 46.9 mg/kg, Zn 为 30.7 mg/kg	[30]

在实验室控制条件下对土壤中总元素浓度进行在线、实时定量的潜力和缺陷，试验中分析了两种商用肥料和 4 种不同浓度的土壤和肥料混合物。结果表明，Ca、Mg、P、Fe 和 Na 的 R^2 都大于 0.85。虽然定量精度是可以接受的，但是不同的基体效应需要对每一种元素和每一种土壤/肥料混合物建立定标曲线。

由于土壤中微量元素的含量较低，采用传统的 LIBS 进行检测，分析误差偏大。为了提高 LIBS 对微量元素的检测灵敏度，Nicolodelli 课题组先后使用了共线 DP-LIBS 和正交 DP-LIBS 增强土壤中元素的信号强度。研究结果显示，与传统的单脉冲 LIBS(single pulse-LIBS, SP-LIBS) 系统相比，共线 DP-LIBS 系统使得元素发射谱线的强度提高了约 5 倍[25]，而正交 DP-LIBS 系统使得信号的最大增强倍数达到了 155 倍，且离子发射谱线的增强始终高于原子发射谱线[26]。另外 He 等[15] 也采用 DP-LIBS 分析了 63 个土壤样品中的大量营养素 (K、Ca、Mg) 和微量营养素 (Fe、Mn、Na)，研究结果表明，DP-LIBS 结合 PLSR 分析是定量测定土壤中营养元素的最佳方法。此外，为了提高 LIBS 对土壤微量元素的分析性能，Li 等[27] 利用激光烧蚀-火花诱导击穿光谱 (laser ablation–spark induced breakdown spectroscopy, LA–SIBS) 法对土壤标准样品进行了检测。相对于 SP-LIBS，LA–SIBS 对 Fe、Si、Mg、Pb、As、Al、Co、Ca、Ti、Sr、V、Ba 等元素有显著的信号增强，且 RSD 和 SBR 提高了 2～3 倍。在 Pareja 等[28] 的研究中也得到了相同的结论，与传统 LIBS 方法相比，LA–LIBS 方法具有更好的线性度。此外，为了解决传统 LIBS 数据分析中变量太多且信息量大，导致运行时间长、建模不可靠和预测结果差的问题，Fu 等[29] 提出了一种区间偏最小二乘 (interval partial least square, iPLS) 和改进的迭代预测加权偏最小二乘 (modified iterative predictor weighting-partial least square, mIPW-PLS) 的快速变量选择方法，并将其应用于 LIBS 的土壤元素定量分析。实验中检测了不同土壤样品中 Cu、Ba、Cr、Mg 和 Ca 的浓度，验证了该方法的有效性。结果表明，与其他方法相比，他们的方法不仅显著减少了计算的变量数量，且具有较高的准确性和鲁棒性。具体地，得到了 Cu、Ba、Cr、Mg 和 Ca 的 LOD 分别为 11.4 mg/kg、4.3 mg/kg、3.6 mg/kg、529.5 mg/kg 和 307.6 mg/kg。在类似的研究中，Ferreira 等[30] 比较了传统线性拟合方法与多层感知机 (multilayer perceptron, MLP) 模型用于 LIBS 数据校准和验证的分析性能。实验中测试了 28 个不同基质的热带土壤样品，其中 19 个样品用于建模，剩余的 9 个样品用于验证。结果表明，与线性拟合方法相比，MLP 模型得到的结果降低了基体效应的影响，预测误差更低，且与电感耦合等离子体发射光谱 (inductively coupled plasma optical emission spectrometry, ICP–OES) 测得的值具有 98% 的相关关系。

3. 重金属元素

土壤中的有毒和重金属污染物的分析一直受到人们的关注，但是由于土壤中的有毒金属污染存在较长的潜伏期、呈面源污染和早期含量较低等情况，因此大量的研究致力于提高 LIBS 的检测灵敏度和探索其在现场原位测量的潜力。部分主要研究工作如表 16.3 所示。例如 Srungaram 等[31] 对比了 LIBS 和火花诱导击穿光谱 (spark indnced breakdown spectroscopy, SIBS) 测量土壤中汞 (Hg) 的性能，使用 LIBS 和 SIBS 建立线性回归模型，计算得到的 Hg 的 LOD 分别为 483 μg/g 和 20 μg/g。Liu 等[32] 使用微波辅助 LIBS(microwave assisted-LIBS, MA–LIBS) 系统检测了土壤中的 Cu 元素，与传统 LIBS 相比，MA-LIBS 使得检测灵敏度提高了 23 倍，并且 MA-LIBS 可以探测到 30 mg/kg 以下浓度 Cu 的谱线。此外，Yi 等[33] 采用 LIBS 结合标准加入法并采用小波变换算法去除背景的干扰，最终检测 Pb 的准确性提高了约 11 倍。在后续的研究中，为了提高 LIBS 对土壤 Pb 的检测灵敏度，他们利用激光诱导荧光辅助激光诱导击穿光谱 (LIBS–LIF)，选择性地增强 Pb 在 405.78 nm 处的谱线跃迁。结果显示 Pb 的发射谱线得到了增强，从而降低了 Mn 在 405.89 nm 处的特征谱线的干扰。通过该方法 Pb 的 LOD 从 24 mg/kg 下降到 0.6 mg/kg[34]。此外，他们还提出了一种固液固转换的预处理方法结合 LIBS 测定土壤中的有效 Cd 和 Pb 含量。结果表明，土壤中有效 Cd 和 Pb 的 LOD 分别可以达到 0.067 和 0.94 mg/kg[35]。为了解决传统 LIBS 检测土壤 Sb 的谱线强度微弱且易受到其他元素干扰的问题，Gao 等[36] 利用 LIBS–LIF 选择性地增强 Sb 的发射谱线。在优化的参数条件下，土壤中 Sb 的测量精度得到了显著改善，R^2 可以达到 0.991，LOD 为 0.221 mg/kg，且交叉验证的 RMSE 为 3.592 mg/kg。Nicolodelli 等[37] 研制了一种可调谐连续波二极管激光器 (continuum wave-diode laser, CW–DL) 与 DP–LIBS 系统耦合，该方法使得 Pb I 405.78 nm 的发射强度增加了约 100%，这为提高 LIBS 的分析灵敏度开辟了一个新的研究方向。Akhtar 等[38] 采用一个 0.3 T 的外部磁场辅助 LIBS，在磁场的约束作用下，信号增强因子达到了 8，Cr 的 LOD 由

表 16.3 LIBS 用于土壤中重金属测量

测量方法	测量元素	算法	结果	参考文献
SIBS	Hg	线性回归	LOD: Hg=0.02 mg/kg	[31]
MA-LIBS	Cu	线性回归	LOD: Cu=30 mg/kg	[32]
SLST-LIBS	Cd、Pb	线性回归	R^2>0.98, LOD: Cd=0.067 mg/kg, Pb=0.94 mg/kg	[33-35]
LIBS-LIF	Sb	线性回归	R^2=0.991, LOD: 0.221 mg/kg	[36]
DP-LIBS-CW-DL-LIF	Pb	线性回归	Pb I 405.78 nm 处的跃迁增强了约 1 倍	[37]
磁场约束-LIBS	Cr	线性回归	Cr I 425.43 nm 处跃迁增强了 8 倍, LOD: 7.7 mg/kg	[38]
LIBS	Cu、Ni、Cr、Pb	LASSO、PCR	RMS 分别为 6.84%、8.87%、9.71%和 10.76%	[39]
树脂富集-LIBS	Cd	线性回归	R^2=0.971 5, LOD: 0.132 mg/kg	[40]

18.2 mg/kg 提高到 7.7 mg/kg。Wang 等 [39] 在使用 LIBS 对 169 种农业土壤中 Cu、Ni、Cr 和 Pb 进行了快速定量，通过 LASSO 和主成分回归 (principal components regression, PCR) 两种多变量方法有效降低了基体的干扰，且 4 种元素的 RMSE 均低于 11%。此外，Fu 等 [40] 提出了一种 LIBS 结合树脂富集和空间约束的新方法提高 LIBS 分析土壤 Cd 的灵敏度。与传统的压片法相比，该方法显著增强了 Cd 在 214.4 nm、226.5 nm 和 228.76 nm 处的 3 条发射谱线，并简化了样品预处理，避免了分析过程中出现的土壤溅射问题。基于该方法，以 Cd II 226.5 nm 处的特征谱线建立的定标曲线的 R^2 为 0.971 5，LOD 为 0.132 mg/kg。

4. 土壤中其他指标测量

除了对土壤元素的检测方面，Ferreira 课题组还尝试将 LIBS 应用于测试土壤中有机质的腐殖化程度和土壤 PH。Ferreira 等 [41] 结合 K 最近邻 (k-nearest neighbor, KNN)，探讨了 LIBS 在判断土壤有机质 (soil organic matter, SOM) 腐殖化程度方面的潜力。结果显示 LIBS 的检测结果与荧光法检测的结果具有较好的相关性 (R^2=0.884)。在另外的一项研究中，他们探索了 LIBS 测量不同质地土壤 pH 的可能性。他们采用 PLS 方法对 50 个土壤样品的 Al、Ca、H 和 O 元素 (主要影响土壤 pH) 的 32 条发射线强度建立了预测模型，并对 10 个验证土壤样品的 pH 进行预测。结果显示，预测的平均绝对误差为 0.3 pH，RMSE 为 0.4 pH[42]。

据报道，还有研究证实了 LIBS 适合于快速、简单地分析土壤质地。例如 Kim 等 [43] 将 LIBS 与化学计量方法结合区分干净的、重金属污染的和油污染的土壤，同时他们还研究了土壤水分和颗粒大小对 LIBS 发射谱线的基体效应。研究结果表明，土壤含水率从 1.2% 增加到 7.8% 时，LIBS 信号强度被降低了 59%~75%；土壤颗粒尺寸小于 75 μm 比土壤颗粒尺寸小于 2 mm 具有更好的线性度和更低的 RSD。此外，LIBS 信号强度受含水率的影响比受粒径的影响更大。通过 PCA，利用光谱数据的前 3 个主成分可以清晰地鉴别出这 3 种类型的土壤样品，并通过偏最小二乘判别分析 (partial least squares discriminant analysis, PLS-DA) 模型对重金属污染土壤、油污土壤和未污染土壤的预测率分别为 100%、100% 和 95%。Villas-Boas 等 [44] 结合 PLSR 和 LIBS 来估计不同质地的不同土壤样品中的砂、粉砂和黏土的比例。结果表明，LIBS 测量值与参考值之间具有较强的相关系数 ($R^2>0.723$)，平均不确定度为 6%。另外一项十分有趣的研究中，Ilhardt 等 [45] 使用 LIBS 对柳枝稷植物的根-根际-土壤连续介质系统中的有机和无机成分进行快速、高分辨率和多元素的成像。结果显示，LIBS 能够实时成像复杂的根-土壤系统，同时获得多种元素的信息，这为评估施肥影响和现场监测废物污染场地的环境修复提供了可能。进一步地，研究中还讨论了将这种图像分析方法扩展到其他根-土壤的研究，例如跟踪活性生物根系内的养分流动。此外，Tadini 等 [46] 应用 LIBS 和火焰原子吸收光谱 (flame atomic absorption spectrometry, FAAS) 法技术监测了两种土壤有机质组分，腐殖酸 (humic acid, HA) 和富里酸 (fulvic acid, FA)，在亚马逊土壤灰化过程中向更深层土壤输送 Al 和 Fe 的作用。实验结果表明，FA 在 Fe 和 Al 的转运中起主导作用。

5. 用于土壤检测的 LIBS 设备研制

在 LIBS 技术不断应用于土壤分析的发展中，土壤的现场原位检测始终是大家关注的重点之一，于是诸多的研究人员投身于便携式 LIBS 设备的应用和研发中。例如 Ismaël 等 [47] 利用可移动的 LIBS 装置对法国西北部不同地区的污染土壤中的 Fe、Pb 和 Cu 进行定量分析，虽然 LIBS 的测量结果与电感耦合等离子体-原子发射光谱 (inductively coupled plasma-optical emission spectrometry, ICP-OES) 结果具有较好的相关性，但是由于不同地理区域的土壤基体效应不同，仅实现了 3 种元素的半定量分析。同年，Barbafieri 等 [48] 开发了一种可移动 LIBS 仪器用于土壤中 Pb 污染的快速现场分析，结果显示 LIBS 检测结果和原子吸收光谱 (atomic absorption spectroscopy, AAS) 测量值之间具有良好相关性。这表明了 LIBS 是一种很有前途的工具，可以直接在野外对受污染的土壤进行测量。同时该技术不仅可以节约时间从而增加分析样品的数量，还可以避免样品的收集和运送从而降低分析成本。Meng 等 [49] 使用自制的 LIBS 系统检测了土壤中的重金属。该系统既可以作为实验室的移动设备，也可以作为现场的手持仪器。在实验室条件下，该设备获得了土壤中 Cu、Pb 和 Zn 的 LOD 均低于 10 mg/kg，然而在野外现场应用时，光谱的稳定性却很差。此外，Izaurralde 等 [50] 比较了 3 种基于 LIBS、漫反射红外的傅里叶变换光谱 (diffuse reflectance fourier transform infrared spectroscopy, DRFTIS) 法和 INS 的便携式仪器对野外土壤 C 密度分析的性能，并以传统的实验室干燃烧法作为参考。

结果显示，LIBS 的测量值 ($R^2=0.921$) 比 DRIFTS 的测量值 ($R^2=0.772$) 与参考值的相关性要高，但这两种技术都需要土壤采样和土壤容重信息，才能将测得的土壤 C 浓度转换成土壤 C 密度。同年，El Haddad 等[51]使用便携式商用 LIBS 仪器 (MobilLIBS III IVEA SAS) 对土壤中的 Al、Ca、Cu、Fe 元素进行了现场测量。然而，由于土壤基质的复杂性和自吸收效应，各元素的定量分析结果并不理想。于是作者采用了 3 层人工神经网络 (artificial neural network, ANN) 方法对 LIBS 数据进行处理，降低了校正和预测的相对误差，较好地定量了 4 种元素。在后续的研究中[52]，他们使用相同的便携式 LIBS 仪器测定了各种土壤中的 Pb 含量。同样使用了 3 层 ANN 方法对 LIBS 数据进行分析。结果表明，LIBS 预测的 Pb 含量与 ICP-OES 测定的 Pb 含量具有较好的一致性，且所有现场 LIBS 数据的 RMSE 值均低于 10%。Gu 等[53]证明了配套有 SVM 装置的移动式 LIBS 设备可以实现土壤中 Cr 的快速定量分析。研究发现使用分段光谱数据结合支持向量回归 (support vector regression, SVR) 建立的回归模型效果优于全光谱结合 SVR 建立的模型，可以将预测的 RMSE 从 3.18%降低至 2.61%，并且分段光谱作为输入变量减少了变量的输入，节省了运行的时间。

16.4.1.2 肥料

近年来，化肥的使用量不断增加，实现了农产品的高增长。但随着肥料的过度使用，农业活动对环境的化学污染也在加剧。在过去的几十年里，各种肥料中养分和污染物的在线常规 LIBS 和 DP-LIBS 分析已取得了重大进展。例如 Groisman 等[54]通过 LIBS 在线分析了钾肥中存在的杂质，研究发现 Na 和 Mg 杂质的测定准确度分别为 84%和 86%。Farooq 等[55]采用 LIBS 检测了磷酸氢二铵肥料中的 P、Mg、Mn、Fe、Ti、钼 (Mo)、镍 (Ni)、钴 (Co)、Al、Cr 和锡 (Sn) 等元素，证实了 LIBS 应用于肥料元素分析的有效性。Nunes 等[56]也采用 LIBS 技术定量分析了磷肥中的 Cd、Cr 和 Pb，结果表明 Cd、Cr 和 Pb 的 LOD 分别为 1 mg/kg、2 mg/kg 和 15 mg/kg。此外，Nicolodelli 课题组对不同来源的几种磷酸盐肥料进行了广泛的研究。他们通过 LIBS 分析了 26 种有机、矿物和有机矿物磷肥中的 P 含量，结果表明 LIBS 数据的预测结果与参考浓度的相关性从 0.76 增加到 0.95，且交叉验证的平均误差为 15%，P 的 LOD

为 0.5%[57]。在后续的研究中,他们对比了 SP-LIBS 和 DP-LIBS 对几种有机矿质肥料中大量元素 (Ca、Mg、K、P)、微量元素 (Cu、Fe、Na、Mn、Zn) 和 Cr 元素污染的分析性能。研究表明,与 SP-LIBS 相比,使用 DP-LIBS 获得的 R 值更高,且 LOD 值提高了 7 倍 [58]。在他们的另外一项研究中也证实了利用 SP-LIBS 和 DP-LIBS 结合化学计量学方法 (如 PCA 和 PLSR) 对一些磷肥和有机矿质肥料检测结果与参考浓度具有很好的一致性 [59]。

Andrade 的团队使用 LIBS 直接测定了固体和悬浮肥料样品中的主要、次要养分和污染物。他们通过采用对肥料压片进行处理,然后采用 LIBS 进行测量,在最后测量结果中,ICP-OES 测得的参考值具有较好的相关性,得到的待测元素 Cd 的 LOD 为 2 mg/kg,Zn 为 1% 不等 [60]。在后续的工作中,他们提出了一种液-固基质转换的样品处理新方法测定了肥料悬浮液中的元素,LIBS 测得的 Cu、K、Mn、Mg 和 Zn 元素的测量值与 ICP-OES 参考值具有较好的相关性,各元素的 R^2 分别为 0.995 8、0.948 9、0.999 2、0.996 8 和 0.980 9[61]。Morais 等 [62] 使用 LIBS 分析了生物炭肥料中 Ca 和 K 的含量,并提出了内标法和添加一种易电离元素的方法来提高 LIBS 对生物炭肥料的分析性能。他们尝试了各种光谱处理方法以提高 LIBS 对各种来源的生物炭肥料中 Ca 的分析精度和准确性,特别是以 Na 作为内标元素使得 LIBS 测定的 Ca 含量和参考技术测量的 Ca 含量产生了较好的一致性,线性回归曲线的 R^2 达到了 0.989,Ca 的 LOD 和 LOQ 分别为 0.45% 和 1.51%。进一步,他们尝试通过添加一种易于电离的元素 (K、Li 和 Na) 来改善 LIBS 的性能,结果表明当添加 Li 元素时,K 的 LOD 和 LOQ 分别为 0.2% 和 0.8%[63]。

16.4.2 生命类

16.4.2.1 植物叶片

植物叶片器官是一个复杂的系统,其大量和微量营养元素及潜在的植物毒性元素的组成在物种和品种之间有很大的差异。因此,如图 16.2 所示,用 LIBS 直接分析新鲜的、完整的或粉末状和成粒的叶片,对评估整株植物的营养状况和潜在的污染是非常重要的。

在大量、微量和毒理元素检测方面,De Carvalho 等 [64] 研究了 LIBS 技术应用于植物叶片元素分析的性能,特别是用在甘蔗叶片检测上。Braga 等 [65]

利用 LIBS 对 20 种不同植物的不同叶片部位中的硼 (B)、Cu、Fe、Mn 等元素进行分析，通过对比单变量和 PLSR 法的建模效果，结果显示，相比于单变量建模分析，使用 PLSR 进行分析，Cu 和锌 (Zn) 元素的异常值被显著降低了。Nunes 等[66]使用 LIBS 分析了甘蔗叶片 (经干燥、研磨、过筛和压片预处理) 中的大量营养元素 (P、K、Ca 和 Mg) 和微量营养元素 (B、Cu、Fe、Mn 和 Zn)，发现单变量建模分析的精度在 1.3%～20%，而多变量建模分析可以将精度提高至 0.7%～15%。De Carvalho 等[67]通过 LIBS 对波尔多叶片和 23 个品种的甘蔗叶片进行分析，发现叶片中的 Ca、K、Mg、P、Al、B、Cu、Fe、Mn 和 Zn 等大量和微量元素的光谱强度随激光光斑尺寸和激光能量的增大而增大。在后续的一项研究中，De Carvalho 等[68]在分析波尔多叶片中的 Ca、K、Mg、P、B 和 Mn 元素时，研究了叶片的颗粒大小对 LIBS 信号和基体的影响，发现颗粒大小对发射线强度和基体效应均有显著影响。同时，他们首次利用飞秒 LIBS (femtosecond–LIBS，fs–LIBS) 系统测定了 31 种不同作物叶片中的大量营养元

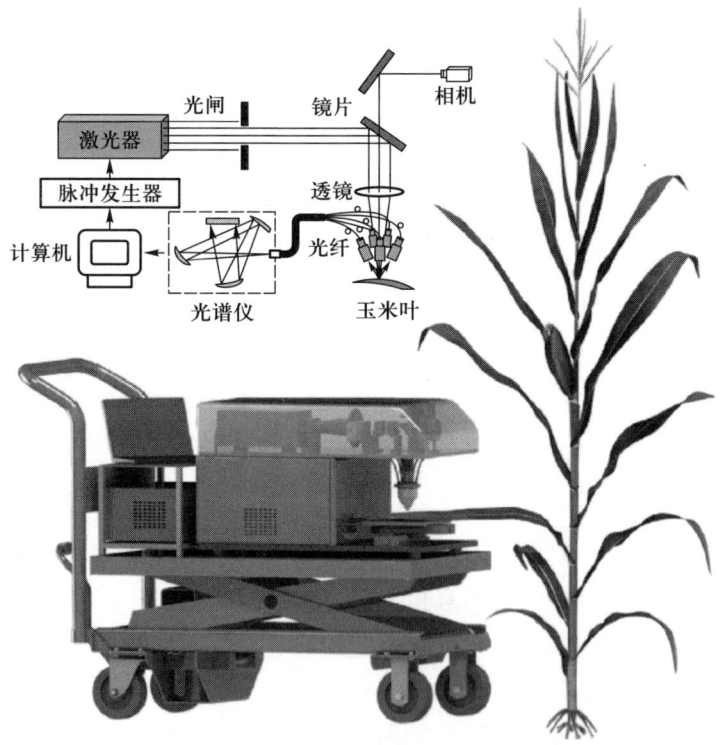

图 16.2　LIBS 用于测量植物叶片中的元素含量

素 (Ca、Mg 和 P) 以及微量营养元素 (Cu、Fe、Mn 和 Zn) 的含量。结果表明，对比纳秒 LIBS(nanosecond–LIBS，ns–LIBS) 系统，fs–LIBS 对基体的依赖性较小，准确度较好 (误差低于 20%)，不确定性也较低，具有更好地量化植物叶片中的养分的性能。这主要是由于高功率和低能量的飞秒脉冲可以减少烧蚀引起的样品损伤，减少与产生的等离子体的相互作用，从而降低了连续背景[69]。Kunz 等[70] 同样采用 fs–LIBS 技术监测了小麦叶片中 Na、K、Ca 和 Fe 浓度的日变化，以期实现小麦植株在 30 天内遭受的干旱胁迫的快速估计。这些标记元素获得的光谱和时间响应可以区分小麦轻度和重度干旱胁迫，也可探明小麦存在的不同抗旱性机制。在提高作物的产量和抗病虫害能力方面，Si 元素具有重要作用，然而甘蔗、玉米和小麦等植物叶片中 Si 含量的传统测定方法的程序烦琐和操作复杂。针对此，Souza 等[71] 尝试使用 LIBS 直接测定 24 个 Si 浓度在 2~10 g/kg 的甘蔗品种的叶片中的 Si 含量，得到 Si 的 LOD 为 0.02 g/kg。此外，Bueno Guerra 等[72] 提出了一种新颖的微采样方法结合 LIBS 技术可以直接快速地同时测定甘蔗干叶片中 P、K、Ca、Mg、Fe、Cu、Mn、Zn、B、Si 的含量，并与能量色散 X 射线荧光 (energy dispersive X-ray fluorescence，EDXRF) 光谱法进行了比较。交叉验证结果显示，EDXRF 和 LIBS 的回归曲线的 R^2 可以达到 0.956。此外，Gomes 等[73] 还提出用酸提取磨碎的叶子，将获得的溶液进行干燥，然后以适当的比例均匀地与原来的叶子混合，用于减少基体的干扰。通过对甘蔗品种的叶片中 Ca、Mg、K、P、Cr、Mn、Zn 的含量进行了分析，结果表明进行叶片处理后测量的 LIBS 结果与 ICP-OES 具有良好的相关性。

另外，研究者们将化学计量学方法与 LIBS 结合，以期提高 LIBS 对植物叶片的检测灵敏度。如 Kim 等[74] 提出结合 LIBS 和 PLS–DA 对菠菜叶片中 Mg、Ca、Na 和 K 的营养成分进行定量，并实现未受污染和农药污染的菠菜叶片的区分。实验得到了 Mg、Ca、Na 和 K 的 LOD 分别为 29.63 mg/kg、102.65 mg/kg、36.36 mg/kg 和 44.46 mg/kg。Han 等[75] 利用 CF–LIBS 研究了卷烟烟叶和烟灰中的 Fe、Ca、Al、Cu、K、Li、Mg、Mn、Na、Sr、钛 (Ti) 和 Zn 等微量元素，发现灰烬中的金属元素浓度相对于叶片的有所下降，这表明 Fe 等微量元素可能转移到香烟烟雾中，会对人体健康产生相应的有害影响。此外，Jull 等[76] 使用 LIBS 对黑麦草和三叶草混合的新鲜和干燥的叶片中的一些营养物质进行分析，通过 PLSR 建模分析得到了 K、Na 和 Mn 的最优的

RMSE 分别为 0.20、0.029 和 0.0008%，R^2 分别为 0.92、0.93 和 0.9，LOD 分别为 0.99、0.11 和 0.0027%，精度分别为 0.30、0.042 和 0.0012%。后续的研究中，他们团队还研究了不同化学计量学方法对提高 LIBS 定量分析新鲜和干燥的压片牧草样品中微量和大量营养元素的性能。通过对比不同的算法模型，发现 PLS 结合高斯回归得到的 K、Na 和 Mn 的 R^2 分别为 0.93、0.95 和 0.92；PCA 结合 ANN 得到的 Fe、Ca 和 Mg 的 R^2 分别为 0.94、0.83 和 0.90；PLS 结合 ANN 得到的 B 的 R^2 为 0.77[77]。此外，Bhatt 等[78] 使用 LIBS 鉴定和比较了有机和常规种植的花椰菜、花椰菜的顶部和茎部的主要营养元素 Ca、Na、K 和 Mg 的含量，发现有机蔬菜和常规蔬菜之间没有显著差异。Rehan 等[79] 应用 LIBS 系统测量了槟榔叶子中的 Al、Ba、Ca、Cr、Cu、Fe、K、Mg、Mn、Na、P、S、Sr 和 Zn 元素的浓度，得到了 Cr、Cu 和 Zn 的 LOD 分别为 1 mg/kg、4 mg/kg 和 6 mg/kg。

在植物叶片的毒性元素（如 Cr、Pb、Cd 等）检测方面，研究者也通过试验证实了 LIBS 具有可靠的分析性能。例如 Barbafieri 等[48] 采用便携式 LIBS 仪器快速现场测量了芥菜植物叶片中 Pb 元素的积累以期实现这些污染场地的植物修复和恢复的监测。研究发现 LIBS 和 AAS 数据之间具有很高的相关性（R^2=0.97）。Galiová 等[80] 应用 LIBS 和激光剥蚀电感耦合等离子体质谱 (laser ablation inductively coupled plasma mass spectrometry, LA–ICP–MS) 构建了生长期辣椒植株的新鲜和干燥叶片中 Pb 的高分辨率的和二维的分布图。Peng 等[81] 发现水稻叶片中水分对重金属特别是 Cr 的 LIBS 信号强度和稳定性有显著影响。为了降低水分的影响，在对样品进行快速干燥的基础上，提出了采用基于背景强度的指数模型来修正分析物中元素的实际浓度，最终分析结果预测集的相关系数 R^2 达到 0.966 9，RMSE 为 4.75 mg/kg。Yao 等[82] 将 LIBS 和 PLS 相结合测定了人工污染鲜叶蔬菜中 Cd 的浓度，得到 Cd 含量测定范围在 (0.8±0.2) mg/kg 到 (28.20±0.04) mg/kg 之间，并且 PLSR 方法增强了定量分析的鲁棒性。Zhao 等[83] 通过采用纳米增强 LIBS(nanoparticle-enhanced LIBS, NE-LIBS) 方法对生菜叶片中 Cd 含量的检测性能。发现在生菜叶片上滴加 80 nm 的银纳米颗粒进行测量时，可以显著增强 Cd II 214.4 nm 处的特征峰强度，得到 Cd 的 LOD 为 1.6 ng/g，比标准 LIBS 低两个数量级。研究还发现生菜叶片中 Cd 分布不均匀，主要表现在叶脉，特别是主叶脉和叶脉交点处的 Cd 浓度高于侧叶脉和叶肉中 Cd 的浓度。

此外,LIBS 还成功用于对柑橘、大豆、烟草等植物病害的早期诊断。在早期的研究中,Pereira 等[84]将 LIBS 与软独立建模聚类分析(soft independent modeling of class analogy,SIMCA)结合直接测量没有进行任何预处理的柑橘植株叶片,以鉴别健康的叶片和接种了 CLas 杆菌的叶片。结果显示,在接种后的第一个月内,柑橘样品的识别正确率可以达到 97%。Sankaran 等[85]将 LIBS 应用于柑橘叶片的各种疾病以及 Fe、Mn、Mg 和 Zn 等营养元素缺乏的快速实时检测中,利用支持向量机(support vector machine,SVM)模型获得了较高的平均分类准确率(97.5%)。Ranulfi 等[86]将 LIBS 用于探测柑橘叶片可能存在的柑橘黄龙病(HLB),对健康叶片、有 HLB 症状和无 HLB 症状叶片 3 种样品的 LIBS 分析显示,3 种样品的 Ca、Mg 和 K 的变化最大,因此可以作为 HLB 诊断的相关元素。在此基础上,构建了基于 PLSR 分析的分类器,3 类叶片的识别准确率为 73%,对 1 000 片以上叶片进行交叉验证的准确率为 75%。Peng 等[87]将 LIBS 应用于鉴别烟草花叶病毒叶片与健康叶片中,并采用 PLS-DA 对新鲜叶片和干燥叶片上获得的 LIBS 数据构建分类模型,结果显示干燥叶片的分类效果优于新鲜叶片。

Tripathi 的研究团队将 LIBS 技术用于监测小麦植株中的营养元素的分布和毒性元素(Cr 和 Pb)的胁迫作用,还进一步地探索了 Si 元素对毒性元素产生的缓解作用。在初步研究中,他们使用 LIBS 测定了小麦不同部位 Si 和矿物质元素的分布和沉积规律,发现 Si 元素会优先在小麦植株的叶片中积累[88]。相继地研究中,他们应用 LIBS 研究了生长在存在和不存在 Cr 的溶液中的小麦幼苗的根、茎和叶中 Cr 的分布规律和积累,发现小麦在根、叶和茎中的 Cr 浓度呈下降的趋势[89]。进一步地,他们还研究了 Cr 的吸收对 Ca、Mg、Na、K 分布规律的影响,结果表明 Cr 具有很强的毒性,对小麦植株的生长和生理参数有不利影响。在之后的一项研究中,他们探明了在有营养元素 Ca、Mg、K 和 Na 存在的情况下,小麦幼苗中的 Cr(VI) 水平降低,并且证实了当添加 Si 元素时,Cr 元素的积累也会减少[90]。基于此,他们进一步研究了 Si 元素的添加对小麦幼苗根和芽中 Pb 元素毒性的影响,研究结果显示,Si 元素的添加降低了 Pb 元素在 363.9 nm 和 368.3 nm 处的 LIBS 信号强度,这表明 Si 元素会降低小麦植株对 Pb 元素的吸收[91]。

16.4.2.2 植物果实

LIBS 也被应用于分析各种谷物和种子，如小麦、玉米、大米和咖啡以及它们的一些衍生品并取得了不错的效果。如 Ferreira 等 [92] 使用 LIBS 来评估商业谷物早餐的营养分布，发现 Ca 元素光谱强度与 ICP-OES 测定的浓度之间有较好的相关性 (99%)。为了确定 LIBS 的性能，他们还对一种玉米麸皮进行了分析，结果表明 LIBS 测得的 Ca 含量为 (418±48) mg/kg，接近于美国国家标准与技术研究院的认证值 420±38 mg/kg。Martelli 等 [93,94] 通过实验证实了将 LIBS 和化学计量学方法相结合可以用于鉴别小麦颗粒外部组织 (果皮、种皮、珠心表皮、糊粉素和胚乳)，并且利用 LIBS 测量的 Mg II 279.55 nm、Mg I 285.22 nm、Ca II 396.85 nm 和 Ca I 422.67 nm 谱线的强度比值可以估算小麦籽粒的组织凝聚力。相比于手工分离小麦组织的困难，使用 LIBS 可以直接测量种皮组织，具有极大的优势。Kim 等 [74] 还通过 LIBS 分析了未精加工米粉的标准样品，发现样品中营养元素 Mg、Ca、Na 和 K 的发射谱线的 LIBS 强度与 ICP-OES 测定的浓度之间存在较好的一致性。得到了 Mg、Ca、Na 和 K 的 LOD 分别为 7.54 mg/kg、1.76 mg/kg、4.19 mg/kg 和 6.70 mg/kg。

Bilge 等 [95] 研究发现将 LIBS 技术与 PLS 法相结合不仅可以用于对小麦粉样品进行快速常规灰分分析，也为小麦粉的品质控制提供了一种简单、可靠和快速的分析工具。他们结合 LIBS 和 PLS 分析了小麦粉样品中的灰分含量，发现 LIBS 测量结果与 AAS 测量结果具有良好的相关性 ($R^2=0.992$)，且 LIBS 所获得的 LOD 为 0.026%。他们还应用 LIBS 结合 PLS 分析了小麦粉中碳酸钙的掺杂，发现 LIBS 测得的 Ca 的光谱强度和 Ca/K 的光谱强度比与 AAS 得到的相应数据线性度良好 ($R^2=0.999$)，Ca 和 Ca/K 的 LOD 分别为 25.9 mg/kg 和 0.013 mg/kg[96]。Liu 等 [97] 将 LIBS 应用于玉米的鉴别和大米中的 Cu 污染检测，他们利用 LIBS 测定了 3 种大米 270 份样品的 Cu 污染水平，发现 Cu 在 324.7nm 处的光谱强度与 AAS 测得的参考浓度具有较好的线性关系 ($R^2>0.97$)，RSD 小于 15%，且 Cu 的 LOD 为 5 mg/kg。随后，他们将 LIBS 应用于鉴别转基因和非转基因的玉米，利用 PLS-DA、SIMCA 聚类分析和极限学习机 (extreme learning machines, ELM) 3 种方法建立了分类模型。结果表明，所有模型的识别率都很好，而 ELM 方法在校准集和预测集上对转基因玉米的识别准确率均为 100%[98]。Yang 等 [99] 也利用 LIBS 结合化学计量学方法实现了大米的掺假、产地鉴别和有毒金属污染的测定。为了发现大米食品行业可能存在的掺假或标签错误，他们采集了中国和泰国不同地理区域的 20 种大米的 LIBS 光谱，并采用 PCA、PLS–DA、线性判别分析 (linear discriminant analysis, LDA)、决策树 (decision tree, DT)、随机森林 (random forest, RF) 和 SVM 等方法对数据进行处理。结果表明，所采用的方法分类准确率均大于 80%，其中 SVM 分类准确率最高，可以达到 99.20%，但操作时间最长 (约 10 min)。LDA 被证明是最有效、快速、实时和现场应用的方法，其运行时间为 2.09 s (89 个输入变量) 和 0.36 s (30 个输入变量)。此外，他们将 LIBS 与 PCA 和 SVM 方法相结合，尝试根据水稻样品的地理来源对其进行分类。结果表明，对水稻进行压片处理的样品的分类准确率最高为 99.20%，且压片时间仅需 1 min[100]。随后，他们提出了一种简单、低成本的样品前处理方法，即固–液–固转化 (solid-liquid-solid transformation, SLST) 方法结合 LIBS 分析大米中的 Cd 和 Pb 污染，通过超声辅助盐酸 (HCl) 提取大米中的 Pb 和 Cd，然后将提取液滴加在载玻片进行干燥和富集后进行 LIBS 测量。与传统的压片法相比，Cd 和 Pb 的光谱强度均得到了显著的增强，同时也提高了 LIBS 的分析灵敏度。其中 Cd 和 Pb 的 LOD 分别为 2.8 mg/kg 和 43.7 mg/kg，LOQ 分别为 9.3 mg/kg 和 145.7 mg/kg[101]。Sezer 等[102] 研究了 LIBS 应用于鉴别掺有鹰嘴豆、玉米和小麦的咖啡的可行性。研究发现纯咖啡样品的 K、Ca、Mg、Na、P、Zn 和 Fe 浓度与其他掺杂了其他物质的样品之间存在显著差异。并且实验中得到了鹰嘴豆、玉米和小麦掺假咖啡的 R^2 和 LOD 分别为 0.996、0.995、0.995 和 0.56%、0.52%和 0.45%。为了尽可能地利用瓜类 (如瓜类、南瓜类、黄瓜类等) 的种子作为零食或不同食物的配料，测定种子中的营养元素是十分重要。Singh 等[103] 通过 LIBS 分析了不同瓜类脱脂籽粒中的营养元素，发现 LIBS 测得的 Mg、Ca、Na 和 K 元素的数据和 AAS 数据之间有很好的一致性 (r>0.95)。

在农作物的检测中，对农作物的果实的营养元素、品质、有害物质残留等方面的检测也备受大家的关注，如表 16.4 所示。Beldjilali 等[104] 用 LIBS 定量分析了新鲜土豆果肉和表皮中的 11 种微量元素，发现它们与 ICP-OES、ICP-MS 和 AAS 技术测量的相应浓度具有良好的一致性。Chen 等[105] 利用 LIBS 结合多元线性回归分析了马铃薯中 Cr 的含量。结果表明，LIBS 的预测值与 AAS 数据之间的 R^2 为 0.987，验证样品的相对误差在 5.5%以下。Rehan 等[106]

表 16.4 LIBS 用于植物果实检测主要文献

年份	检测对象	检测元素	样品处理方式	测量结果	参考文献
2010	马铃薯	Al、Mn、Ti、Li、Si	新鲜样品切片	可实现 Li 0.02%到 Si 39%之间的元素测量	[104]
2011	大米	Mg、Ca、Na、K	压片	LOD: Mg 7.54 mg/kg, Ca 1.76 mg/kg, Na 4.19 mg/kg, K 6.70 mg/kg	[74]
2015	脐橙	Cu	新鲜水果	LIBS 测量结果与 AAS 之间具有很好的相关性，预测相对误差小于 6.5%	[109]
2017	葫芦籽粒	C、O、N、Mg、Ca、Na、K	干燥压片	LIBS 测量结果与 AAS 结果一致	[103]
2016	面粉	灰分	压片	测得小麦灰分含量 0.48%, LOD 为 0.026%	[95]
2019	大米	Cd、Pb	消解后测量	LOD: Cd 2.8 μg/kg, Pb 43.7 μg/kg	[101]

利用 LIBS 测定了红皮和白皮马铃薯果肉中存在的 11 种元素 [C、Ca、氯 (Cl)、Fe、H、K、锂 (Li)、Mg、N、Na 和氧 (O)]。结果显示，在红皮马铃薯中，11 种元素均存在，而白皮土豆中仅能够查到除了 Li 和 Cl 外的其他 9 种元素。实验中还发现 Fe 的浓度从马铃薯果肉的顶部到中心呈下降趋势，而其他元素的浓度则随机变化。此外，也有研究者将 LIBS 应用于果实的有害物质检测，并取得了较好的效果。如 Dong 等[107]将 LIBS 用于检测苹果表面毒死蜱的残留。实验中检测到了毒死蜱中 P (213.62 nm 和 214.91 nm)、硫 (S, 393.33 nm 和 396.89 nm) 和 Cl (837.594 nm) 的光谱特征，并采用 PCA 实现了干净的苹果和喷洒了不同浓度毒死蜱的苹果的有效区分。Du 等[108]进一步探索了 LIBS 在分析苹果和梨表面毒死蜱和氧乐果残留时的性能，发现不同水果表面农药残留均在一定的差异。Hu 等[109]应用 LIBS 测定了脐橙果皮中的 Cu 残留，发现 Cu 光谱信号与 AAS 测量结果之间存在很好的相关性 ($R^2=0.95$)，且预测浓度与实际浓度的 RE 小于 6.5%。此外，Rao 等[110]采用基于连续小波变换 (continuous wavelet transform, CWT) 和 PCA 的 RF 模型对 HLB 脐橙进行识别。结果表明，PCA-RF 和 CWT-RF 模型结合适当的预处理数据方法可以识别感染 HLB 的脐橙，两种模型在训练集和验证集的平均准确率均高于 96%。此外，Ponce 等[111]也采用 LIBS 结合 PCA 实现了健康柑橘和受 HLB 感染的柑橘的快速鉴别。结果表明，通过 PCA 可以从 HLB 感染的样品中鉴别出健康的样品，准确率约为 90%。

16.5 本章小结

综上所述，LIBS 在农作物及食品检测领域得到了广泛的研究，但是距离实际应用仍有很长的路，一方面主要受农作物及植物本身基体的影响，当 LIBS 直接用于农作物及植物测量时，作物本身不均匀性、作物含水量不同、表面不平整等因素使 LIBS 在检测过程中稳定性、普适性差；另一方面，由于农作物及食品中重金属等有害元素检测标准高，含量往往在十亿分之一 (part per billion, ppb) 级别，LIBS 在直接测量时往往检测限难以达到，从而难以直接用于农作物及食品直接测量。在之后的研究中，如何消除植物本身的影响，建立普适性的模型，同时提高 LIBS 的灵敏度，仍是 LIBS 面向实际应用的研究的重点。

参考文献

[1] Glumac N G, Dong W K, Jarrell W M. Quantitative analysis of soil organic carbon using laser-induced breakdown spectroscopy: an improved method [J]. Soil Science Society of America Journal, 2010, 74(6): 1922–1928.

[2] Nguyen H V, Moon S-J, Choi J H. Improving the application of laser-induced breakdown spectroscopy for the determination of total carbon in soils [J]. Environmental Monitoring and Assessment, 2015, 187: 1–11.

[3] Martin M Z, Mayes M A, Heal K R, et al. Investigation of laser-induced breakdown spectroscopy and multivariate analysis for differentiating inorganic and organic c in a variety of soils [J]. Spectrochimica Acta Part B: Atomic Spectroscopy, 2013, 87: 100–107.

[4] Bricklemyer R S, Brown D J, Barefield J E, et al. Intact soil core total, inorganic, and organic carbon measurement using laser-induced breakdown spectroscopy [J]. Soil Science Society of America Journal, 2011, 75(3): 1006–1018.

[5] Bricklemyer R S, Brown D J, Turk P J, et al. Improved intact soil-core carbon determination applying regression shrinkage and variable selection techniques to complete spectrum laser-induced breakdown spectroscopy (libs) [J]. Applied Spectroscopy, 2013, 67(10): 1185–1199.

[6] Bricklemyer R S, Brown D J, Turk P J, et al. Comparing vis–nirs, libs, and combined vis–nirs-libs for intact soil core soil carbon measurement [J]. Soil Science Society of America Journal, 2018, 82(6): 1482–1496.

[7] Dong D M, Zhao C J, Zheng W G, et al. Spectral characterization of nitrogen in farmland soil by laser-induced breakdown spectroscopy [J]. Spectroscopy Letters, 2013, 46(6): 421–426.

[8] Lu C, Wang L, Hu H, et al. Analysis of total nitrogen and total phosphorus in soil using laser-induced breakdown spectroscopy [J]. Chinese Optics Letters, 2013, 11(5): 053004.

[9] Hussain T, Gondal M, Yamani Z, et al. Measurement of nutrients in green house soil with laser induced breakdown spectroscopy [J]. Environmental monitoring and assessment, 2007, 124(1): 131–139.

[10] 董大明, 郑文刚, 赵春江, 等. 农田土壤中钾元素含量的激光诱导击穿光谱测量方法 [J]. 光谱学与光谱分析, 2013, 33(03): 785–789.

[11] Meng D, Zhao N, Liu W, et al. Quantitative measurement and analysis of potassium in soil using laser-induced breakdown spectroscopy [J]. Chinese Journal of Lasers, 2014,

41(5): 0515003.

[12] Li X, Chen R, You Z, et al. Chitosan homogenizing coffee ring effect for soil available potassium determination using laser-induced breakdown spectroscopy [J]. Chemosensors, 2022, 10(9): 374.

[13] Fu X, Zhao C, Ma S, et al. Determining available potassium in soil by laser-induced breakdown spectroscopy combined with cation exchange membrane adsorption [J]. Journal of Analytical Atomic Spectrometry, 2020, 35(11): 2697–2703.

[14] Yi R, Yang X, Lin F, et al. Improving the spectral qualities of major elements in soil by controlling the ambient pressure in time-resolved laser-induced breakdown spectroscopy [J]. Applied Optics, 2019, 58(32): 8824–8828.

[15] He Y, Liu X, Lv Y, et al. Quantitative analysis of nutrient elements in soil using single and double-pulse laser-induced breakdown spectroscopy [J]. Sensors (Basel), 2018, 18(5): 1526.

[16] Yu K, Zhao Y, He Y, et al. Response surface methodology for optimizing libs testing parameters: a case to conduct the elemental contents analysis in soil [J]. Chemometrics and Intelligent Laboratory Systems, 2019, 195: 103891.

[17] Guo G, Niu G, Shi Q, et al. Multi-element quantitative analysis of soils by laser induced breakdown spectroscopy (libs) coupled with univariate and multivariate regression methods [J]. Analytical Methods, 2019, 11(23): 3006–3013.

[18] Erler A, Riebe D, Beitz T, et al. Soil nutrient detection for precision agriculture using handheld laser-induced breakdown spectroscopy (libs) and multivariate regression methods (plsr, lasso and gpr) [J]. Sensors, 2020, 20(2): 418.

[19] Lu C, Wang B, Jiang X, et al. Detection of k in soil using time-resolved laser-induced breakdown spectroscopy based on convolutional neural networks [J]. Plasma Science and Technology, 2018, 21(3): 034014.

[20] Herrera K K, Tognoni E, Omenetto N, et al. Semi-quantitative analysis of metal alloys, brass and soil samples by calibration-free laser-induced breakdown spectroscopy: recent results and considerations [J]. Journal of Analytical Atomic Spectrometry, 2009, 24(4): 413–425.

[21] Yongcheng J, Jiang H, Benchi J, et al. Analysis of manganese in soil using laser-induced breakdown spectroscopy [J]. Journal of Applied Spectroscopy, 2017, 84(1): 103–108.

[22] Yongcheng J, Wen S, Baohua Z, et al. Quantitative analysis of magnesium in soil by laser-induced breakdown spectroscopy coupled with nonlinear multivariate calibration [J]. Journal of Applied Spectroscopy, 2017, 84(4): 731–737.

[23] Rühlmann M, Büchele D, Ostermann M, et al. Challenges in the quantification of nu-

[24] Díaz D, Hahn D W, Molina A. Evaluation of laser-induced breakdown spectroscopy (libs) as a measurement technique for evaluation of total elemental concentration in soils [J]. Applied Spectroscopy, 2012, 66(1): 99–106.

[25] Nicolodelli G, Senesi G S, Romano R A, et al. Signal enhancement in collinear double-pulse laser-induced breakdown spectroscopy applied to different soils [J]. Spectrochimica Acta Part B: Atomic Spectroscopy, 2015, 111: 23–29.

[26] Nicolodelli G, Senesi G S, Ranulfi A C, et al. Double-pulse laser induced breakdown spectroscopy in orthogonal beam geometry to enhance line emission intensity from agricultural samples [J]. Microchemical Journal, 2017, 133: 272–278.

[27] Li K, Zhou W, Shen Q, et al. Laser ablation assisted spark induced breakdown spectroscopy on soil samples [J]. Journal of Analytical Atomic Spectrometry, 2010, 25(9): 1475–1481.

[28] Pareja J, López S, Jaramillo D, et al. Laser ablation-laser induced breakdown spectroscopy for the measurement of total elemental concentration in soils [J]. Applied Optics, 2013, 52(11): 2470–2477.

[29] Fu X, Duan F J, Huang T T, et al. A fast variable selection method for quantitative analysis of soils using laser-induced breakdown spectroscopy [J]. Journal of Analytical Atomic Spectrometry, 2017, 32(6): 1166–1176.

[30] Ferreira E C, Milori D M B P, Ferreira E J, et al. Evaluation of laser induced breakdown spectroscopy for multielemental determination in soils under sewage sludge application [J]. Talanta, 2011, 85(1): 435–440.

[31] Srungaram P K, Ayyalasomayajula K K, Yu-Yueh F, et al. Comparison of laser induced breakdown spectroscopy and spark induced breakdown spectroscopy for determination of mercury in soils [J]. Spectrochimica Acta Part B: Atomic Spectroscopy, 2013, 87: 108–113.

[32] Liu Y, Bousquet B, Baudelet M, et al. Improvement of the sensitivity for the measurement of copper concentrations in soil by microwave-assisted laser-induced breakdown spectroscopy [J]. Spectrochimica Acta Part B: Atomic Spectroscopy, 2012, 73: 89–92.

[33] Yi R X, Guo L B, Zou X H, et al. Background removal in soil analysis using laser-induced breakdown spectroscopy combined with standard addition method [J]. Optics Express, 2016, 24(3): 2607–2618.

[34] Yi R, Li J, Yang X, et al. Spectral interference elimination in soil analysis using laser-induced breakdown spectroscopy assisted by laser-induced fluorescence [J]. Analytical

Chemistry, 2017, 89(4): 2334–2337.

[35] Yi R, Yang X, Zhou R, et al. Determination of trace available heavy metals in soil using laser-induced breakdown spectroscopy assisted with phase transformation method [J]. Analytical Chemistry, 2018, 90(11): 7080–7085.

[36] Gao P, Yang P, Zhou R, et al. Determination of antimony in soil using laser-induced breakdown spectroscopy assisted with laser-induced fluorescence [J]. Applied Optics, 2018, 57(30): 8942–8946.

[37] Nicolodelli G, Villas-Boas P R, Menegatti C R, et al. Determination of pb in soils by double-pulse laser-induced breakdown spectroscopy assisted by continuum wave-diode laser-induced fluorescence [J]. Applied Optics, 2018, 57(28): 8366–8372.

[38] Akhtar M, Jabbar A, Mehmood S, et al. Magnetic field enhanced detection of heavy metals in soil using laser induced breakdown spectroscopy [J]. Spectrochimica Acta Part B: Atomic Spectroscopy, 2018, 148: 143–151.

[39] Wang T, He M, Shen T, et al. Multi-element analysis of heavy metal content in soils using laser-induced breakdown spectroscopy: a case study in eastern china [J]. Spectrochimica Acta Part B: Atomic Spectroscopy, 2018, 149: 300–312.

[40] Fu X, Li G, Tian H, et al. Detection of cadmium in soils using laser-induced breakdown spectroscopy combined with spatial confinement and resin enrichment [J]. RSC Advances, 2018, 8(69): 39635–39640.

[41] Ferreira E C, Ferreira E J, Villas-Boas P R, et al. Novel estimation of the humification degree of soil organic matter by laser-induced breakdown spectroscopy [J]. Spectrochimica Acta Part B: Atomic Spectroscopy, 2014, 99: 76–81.

[42] Ferreira E C, Gomes Neto J A, Milori D M B P, et al. Laser-induced breakdown spectroscopy: extending its application to soil ph measurements [J]. Spectrochimica Acta Part B: Atomic Spectroscopy, 2015, 110: 96–99.

[43] Kim G, Kwak J, Kim K-R, et al. Rapid detection of soils contaminated with heavy metals and oils by laser induced breakdown spectroscopy (libs) [J]. Journal of Hazardous Materials, 2013, 263: 754–760.

[44] Villas-Boas P R, Romano R A, De Menezes Franco M A, et al. Laser-induced breakdown spectroscopy to determine soil texture: a fast analytical technique [J]. Geoderma, 2016, 263: 195–202.

[45] Ilhardt P D, Nuñez J R, Denis E H, et al. High-resolution elemental mapping of the root-rhizosphere-soil continuum using laser-induced breakdown spectroscopy (libs) [J]. Soil Biology and Biochemistry, 2019, 131: 119–132.

[46] Tadini A M, Nicolodelli G, Marangoni B S, et al. Evaluation of the roles of metals

and humic fractions in the podzolization of soils from the amazon region using two analytical spectroscopy techniques [J]. Microchemical Journal, 2019, 144: 454–460.

[47] Ismaël A, Bousquet B, Pierrès K M-L, et al. In situ semi-quantitative analysis of polluted soils by laser-induced breakdown spectroscopy (libs) [J]. Applied Spectroscopy, 2011, 65(5): 467–473.

[48] Barbafieri M, Pini R, Ciucci A, et al. Field assessment of Pb in contaminated soils and in leaf mustard (brassica juncea): the libs technique [J]. Chemistry and Ecology, 2011, 27(sup1): 161–169.

[49] Meng D, Zhao N, Ma M, et al. Application of a mobile laser-induced breakdown spectroscopy system to detect heavy metal elements in soil [J]. Applied Optics, 2017, 56(18): 5204–5210.

[50] Izaurralde R C, Rice C W, Wielopolski L, et al. Evaluation of three field-based methods for quantifying soil carbon [J]. PLOS ONE, 2013, 8(1): e55560.

[51] El Haddad J, Villot-Kadri M, Ismaël A, et al. Artificial neural network for on-site quantitative analysis of soils using laser induced breakdown spectroscopy [J]. Spectrochimica Acta Part B: Atomic Spectroscopy, 2013, 79–80: 51–57.

[52] El Haddad J, Bruyère D, Ismaël A, et al. Application of a series of artificial neural networks to on-site quantitative analysis of lead into real soil samples by laser induced breakdown spectroscopy [J]. Spectrochimica Acta Part B: Atomic Spectroscopy, 2014, 97: 57–64.

[53] Gu Y H, Zhao N J, Ma M J, et al. Monitoring the heavy element of Cr in agricultural soils using a mobile laser-induced breakdown spectroscopy system with support vector machine [J]. Chinese Physics Letters, 2016, 33(8): 085201.

[54] Groisman Y, Gaft M. Online analysis of potassium fertilizers by laser-induced breakdown spectroscopy [J]. Spectrochimica Acta Part B: Atomic Spectroscopy, 2010, 65(8): 744–749.

[55] Farooq W A, Al-Mutairi F N, Khater A E M, et al. Elemental analysis of fertilizer using laser induced breakdown spectroscopy [J]. Optics and Spectroscopy, 2012, 112: 874–880.

[56] Nunes L C, De Carvalho G G A, Santos D, et al. Determination of Cd, Cr and Pb in phosphate fertilizers by laser-induced breakdown spectroscopy [J]. Spectrochimica Acta Part B: Atomic Spectroscopy, 2014, 97: 42–48.

[57] Marangoni B S, Silva K S G, Nicolodelli G, et al. Phosphorus quantification in fertilizers using laser induced breakdown spectroscopy (libs): a methodology of analysis to correct physical matrix effects [J]. Analytical Methods, 2016, 8(1): 78–82.

[58] Nicolodelli G, Senesi G S, De Oliveira Perazzoli I L, et al. Double pulse laser induced breakdown spectroscopy: a potential tool for the analysis of contaminants and macro/micronutrients in organic mineral fertilizers [J]. Science of the Total Environment, 2016, 565: 1116–1123.

[59] Senesi G S, Romano R A, Marangoni B S, et al. Laser-induced breakdown spectroscopy associated with multivariate analysis applied to discriminate fertilizers of different nature [J]. Journal of Applied Spectroscopy, 2017, 84(5): 923–928.

[60] Andrade D F, Pereira-Filho E R. Direct determination of contaminants and major and minor nutrients in solid fertilizers using laser-induced breakdown spectroscopy (libs) [J]. Journal of Agricultural and Food Chemistry, 2016, 64(41): 7890–7898.

[61] Andrade D F, Sperança M A, Pereira-Filho E R. Different sample preparation methods for the analysis of suspension fertilizers combining libs and liquid-to-solid matrix conversion: determination of essential and toxic elements [J]. Analytical Methods, 2017, 9(35): 5156–5164.

[62] Morais C P d, Barros A I, Santos Júnior D, et al. Calcium determination in biochar-based fertilizers by laser-induced breakdown spectroscopy using sodium as internal standard [J]. Microchemical Journal, 2017, 134: 370–373.

[63] Morais C P d, Barros A I, Bechlin M A, et al. Laser-induced breakdown spectroscopy determination of K in biochar-based fertilizers in the presence of easily ionizable element [J]. Talanta, 2018, 188: 199–202.

[64] De Carvalho G G A, Bueno Guerra M B, Adame A, et al. Recent advances in libs and xrf for the analysis of plants [J]. Journal of Analytical Atomic Spectrometry, 2018, 33(6): 919–944.

[65] Braga J W B, Trevizan L C, Nunes L C, et al. Comparison of univariate and multivariate calibration for the determination of micronutrients in pellets of plant materials by laser induced breakdown spectrometry [J]. Spectrochimica Acta Part B: Atomic Spectroscopy, 2010, 65: 66–74.

[66] Nunes L C, Batista Braga J W, Trevizan L C, et al. Optimization and validation of a libs method for the determination of macro and micronutrients in sugar cane leaves [J]. Journal of Analytical Atomic Spectrometry, 2010, 25(9): 1453–1460.

[67] De Carvalho G G A, Santos J D, Nunes L C, et al. Effects of laser focusing and fluence on the analysis of pellets of plant materials by laser-induced breakdown spectroscopy [J]. Spectrochimica Acta Part B: Atomic Spectroscopy, 2012, 74–75(Complete): 162–168.

[68] De Carvalho G G A, Santos J D, Silva Gomes M d, et al. Influence of particle size distribution on the analysis of pellets of plant materials by laser-induced breakdown

spectroscopy [J]. Spectrochimica Acta Part B: Atomic Spectroscopy, 2015, 105: 130–135.

[69] De Carvalho G G A, Moros J, Santos J D, et al. Direct determination of the nutrient profile in plant materials by femtosecond laser-induced breakdown spectroscopy [J]. Analytica Chimica Acta, 2015, 876: 26–38.

[70] Kunz J N, Voronine D V, Lee H W, et al. Rapid detection of drought stress in plants using femtosecond laser-induced breakdown spectroscopy [J]. Optics Express, 2017, 25(7): 7251–7262.

[71] Souza P F d, Santos J D, De Carvalho G G A, et al. Determination of silicon in plant materials by laser-induced breakdown spectroscopy [J]. Spectrochimica Acta Part B: Atomic Spectroscopy, 2013, 83–84: 61–65.

[72] Bueno Guerra M B, Adame A, De Almeida E, et al. Direct analysis of plant leaves by edxrf and libs: Microsampling strategies and cross-validation [J]. Journal of Analytical Atomic Spectrometry, 2015, 30(7): 1646–1654.

[73] Silva Gomes M d, De Carvalho G G A, Santos J D, et al. A novel strategy for preparing calibration standards for the analysis of plant materials by laser-induced breakdown spectroscopy: a case study with pellets of sugar cane leaves [J]. Spectrochimica Acta Part B: Atomic Spectroscopy, 2013, 86: 137–141.

[74] Kim G, Kwak J, Choi J, et al. Detection of nutrient elements and contamination by pesticides in spinach and rice samples using laser-induced breakdown spectroscopy (libs) [J]. Journal of Agricultural & Food Chemistry, 2011, 60(3): 718–724.

[75] Han J, Sun D, Su M, et al. Quantitative analysis of metallic elements in tobacco and tobacco ash by calibration free laser-induced breakdown spectroscopy [J]. Analytical Letters, 2012, 45(13): 1936–1945.

[76] Jull H, Künnemeyer R, Schaare P. Nutrient quantification in fresh and dried mixtures of ryegrass and clover leaves using laser-induced breakdown spectroscopy [J]. Precision Agriculture, 2018, 19(5): 823–839.

[77] Jull H, Künnemeyer R, Schaare P. Considerations needed for sensing mineral nutrient levels in pasture using a benchtop laser-induced breakdown spectroscopy system [M]//Modern sensing technologies. Springer, Cham, 2019: 387–421.

[78] Bhatt C R, Alfarraj B, Ghany C T, et al. Comparative study of elemental nutrients in organic and conventional vegetables using laser-induced breakdown spectroscopy (libs) [J]. Applied Spectroscopy, 2017, 71(4): 686–698.

[79] Rehan I, Rehan K, Sultana S, et al. Libs coupled with icp/oes for the spectral analysis of betel leaves [J]. Applied Physics B, 2018, 124(5): 76.

[80] Galiová M, Kaiser J, Novotny K, et al. Utilization of laser-assisted analytical methods for monitoring of lead and nutrition elements distribution in fresh and dried capsicum annuum I. leaves [J]. Microscopy Research & Technique, 2011, 74(9): 845–852.

[81] Peng J, He Y, Ye L, et al. Moisture influence reducing method for heavy metals detection in plant materials using laser-induced breakdown spectroscopy: a case study for chromium content detection in rice leaves [J]. Analytical Chemistry, 2017, 89(14): 7593–7600.

[82] Yao M, Yang H, Huang L, et al. Detection of heavy metal Cd in polluted fresh leafy vegetables by laser-induced breakdown spectroscopy [J]. Applied Optics, 2017, 56(14): 4070–4075.

[83] Zhao X, Zhao C, Du X, et al. Detecting and mapping harmful chemicals in fruit and vegetables using nanoparticle-enhanced laser-induced breakdown spectroscopy [J]. Scientific Reports, 2019, 9(1): 906.

[84] Pereira V, Manhas F, Milori B P, et al. Evaluation of the effects of candidatus liberibacter asiaticus on inoculated citrus plants using laser-induced breakdown spectroscopy (libs) and chemometrics tools [J]. Talanta, 2011, 83(2): 351–356.

[85] Sankaran S, Ehsani R, Morgan K T, et al. Detection of anomalies in citrus leaves using laser-induced breakdown spectroscopy (libs) [J]. Applied Spectroscopy, 2015, 69(8): 913–919.

[86] Ranulfi A C, Romano R A, Bebeachibuli Magalhães A, et al. Evaluation of the nutritional changes caused by huanglongbing (hlb) to citrus plants using laser-induced breakdown spectroscopy [J]. Applied Spectroscopy, 2017, 71(7): 1471–1480.

[87] Peng J, Song K, Zhu H, et al. Fast detection of tobacco mosaic virus infected tobacco using laser-induced breakdown spectroscopy [J]. Scientific Reports, 2017, 7(1): 44551.

[88] Tripathi D K, Kumar R, Pathak A K, et al. Laser-induced breakdown spectroscopy and phytolith analysis: an approach to study the deposition and distribution pattern of silicon in different parts of wheat (triticum aestivum l.) plant [J]. Agricultural Research, 2012, 1(4): 352–361.

[89] Kumar R, Tripathi D K, Devanathan A, et al. In-situ monitoring of chromium uptake in different parts of the wheat seedling (triticum aestivum) using laser-induced breakdown spectroscopy [J]. Spectroscopy Letters, 2014, 47(7): 554–563.

[90] Tripathi D K, Singh V P, Prasad S M, et al. Silicon-mediated alleviation of Cr(vi) toxicity in wheat seedlings as evidenced by chlorophyll florescence, laser induced breakdown spectroscopy and anatomical changes [J]. Ecotoxicology Environmental Safety, 2015, 113: 133–144.

[91] Tripathi D K, Singh V P, Prasad S M, et al. Lib spectroscopic and biochemical analysis to characterize lead toxicity alleviative nature of silicon in wheat (triticum aestivum l.) seedlings [J]. Journal of Photochemistry Photobiology B Biology, 2016, 154: 89–98.

[92] Ferreira E C, Menezes E A, Matos W O, et al. Determination of Ca in breakfast cereals by laser induced breakdown spectroscopy [J]. Food Control, 2010, 21(10): 1327–1330.

[93] Martelli M R, Brygo F O, Sadoudi A, et al. Laser-induced breakdown spectroscopy and chemometrics: A novel potential method to analyze wheat grains [J]. Journal of Agricultural Food Chemistry, 2010, 58(12): 7126–7134.

[94] Martelli M R, Brygo F, Delaporte P, et al. Estimation of wheat grain tissue cohesion via laser induced breakdown spectroscopy [J]. Food Biophysics, 2011, 6(4): 433.

[95] Bilge G, Sezer B, Eseller K E, et al. Ash analysis of flour sample by using laser-induced breakdown spectroscopy [J]. Spectrochimica Acta Part B: Atomic Spectroscopy, 2016, 124: 74–78.

[96] Bilge G, Sezer B, Eseller K E, et al. Determination of Ca addition to the wheat flour by using laser-induced breakdown spectroscopy (libs) [J]. European Food Research and Technology, 2016, 242(10): 1685–1692.

[97] Liu F, Ye L, Peng J, et al. Fast detection of copper content in rice by laser-induced breakdown spectroscopy with uni- and multivariate analysis [J]. Sensors, 2018, 18(3): 705.

[98] Liu X, Feng X, Liu F, et al. Rapid identification of genetically modified maize using laser-induced breakdown spectroscopy [J]. Food and Bioprocess Technology, 2019, 12(2): 347–357.

[99] Yang P, Zhou R, Zhang W, et al. Laser-induced breakdown spectroscopy assisted chemometric methods for rice geographic origin classification [J]. Applied Optics, 2018, 57(28): 8297–8302.

[100] Yang P, Zhu Y, Yang X, et al. Evaluation of sample preparation methods for rice geographic origin classification using laser-induced breakdown spectroscopy [J]. Journal of Cereal Science, 2018, 80: 111–118.

[101] Yang P, Zhou R, Zhang W, et al. High-sensitivity determination of cadmium and lead in rice using laser-induced breakdown spectroscopy [J]. Food Chemistry, 2019, 272: 323–328.

[102] Sezer B, Apaydin H, Bilge G, et al. Coffee arabica adulteration: detection of wheat, corn and chickpea [J]. Food Chemistry, 2018, 264: 142–148.

[103] Singh J, Kumar R, Awasthi S, et al. Laser induced breakdown spectroscopy: a rapid tool for the identification and quantification of minerals in cucurbit seeds [J]. Food

Chemistry, 2017, 221: 1778-1783.

[104] Beldjilali S, Borivent D, Mercadier L, et al. Evaluation of minor element concentrations in potatoes using laser-induced breakdown spectroscopy [J]. Spectrochimica Acta Part B: Atomic Spectroscopy, 2010, 65(8): 727-733.

[105] Chen T, Huang L, Yao M, et al. Quantitative analysis of chromium in potatoes by laser-induced breakdown spectroscopy coupled with linear multivariate calibration [J]. Applied Optics, 2015, 54(25): 7807-7812.

[106] Rehan I, Rehan K, Sultana S, et al. Spatial characterization of red and white skin potatoes using nano-second laser induced breakdown in air [J]. European Physical Journal Applied Physics, 2016, 73(1): 10701.

[107] Ma F, Dong D. A measurement method on pesticide residues of apple surface based on laser-induced breakdown spectroscopy [J]. Food Analytical Methods, 2014, 7(9): 1858-1865.

[108] Du X, Dong D, Zhao X, et al. Detection of pesticide residues on fruit surfaces using laser induced breakdown spectroscopy [J]. RSC Advances, 2015, 5(97): 79956-79963.

[109] Hu H, Huang L, Liu M, et al. Nondestructive determination of Cu residue in orange peel by laser induced breakdown spectroscopy [J]. Plasma Science and Technology, 2015, 17(8): 711-715.

[110] Rao G, Huang L, Liu M, et al. Identification of huanglongbing-infected navel oranges based on laser-induced breakdown spectroscopy combined with different chemometric methods [J]. Applied Optics, 2018, 57(29): 8738-8742.

[111] Ponce L, Etxeberria E, Gonzalez P, et al. Rapid identification of huanlongbing-infected citrus plants using laser-induced breakdown spectroscopy of phloem samples [J]. Applied Optics, 2018, 57(30): 8841-8844.

第 17 章 其他应用[①]

由于 LIBS 具有快速直接分析,无需或仅需简单样品预处理等优势,除了在先前章节概述的核心应用领域外,还被广泛应用于诸多其他领域,涵盖了诸如地质材料、气溶胶、聚合物材料、同位素以及化妆品等的定性与定量分析研究。在如此广泛的研究背景下,科研人员已发表了大量的相关科技文献,这使得全面详述 LIBS 的所有应用场景不切实际。因此,本章旨在基于已发表的综述文献,简要概述 LIBS 在这些领域的应用情况,并提供了相应参考文献,以供感兴趣的读者进一步探索和研究。

17.1 地质材料

LIBS 具有实时原位测量地质材料中的所有元素而几乎不需要样品制备的优势,特别是能够分析 H、Li、B、C、N 和 O 等轻元素,并且随着激光脉冲数的累加可以实现样品不同深度的分析。一些研究人员已经对 LIBS 在地质方面的应用进行了综述[1-9]。依据样品所处环境的不同,LIBS 对地质材料的分析主要可以分为两大类,即地球大气环境以及真实或模拟太空环境下的地质材料分析。

17.1.1 地球大气环境下的地质材料分析

岩石是由一种或几种矿物和天然玻璃组成的,具有稳定外形的固态集合体。根据成因不同,其可分成岩浆岩、沉积岩和变质岩 3 大类,而组成岩石的矿物有 4000 多种。正确识别、分类矿物和岩石可以阐明其成因及在不同地质作用下的变化,进而为了解地球的形成和演化历史、寻找矿产和油气资源、解决地

[①] 本章由中国科学院合肥物质科学研究院付洪波副研究员撰写。

质灾害提供重要依据。LIBS 结合 PCA 已用于原位分析和鉴别上述 3 大类岩石 [10,11]。除此之外，LIBS 还用于包括硫化物矿物 [12]、石榴石 [13]、石灰石床 [14]、黑曜石 [15]、气相页岩 [16] 等矿物或岩石的定性或定量分析。

矿石是指可从中提取有用组分或其本身具有某种可被利用的性能的矿物集合体。矿石的化学成分往往会随着开采进度发生显著的变化。传统的矿石分析往往是通过钻芯获取岩心和岩屑样品，继而进行实验室分析，因此分析结果往往是滞后的，严重制约了生产效率。目前，已有研究团队致力于 LIBS 技术对各种性质和来源的矿石进行在线、快速和原位分析 [17]，例如铁矿石 [18,19]、铜矿石 [20,21]、磷矿石 [22]、钽铌矿石 [23]、镍矿石 [24]、铝锰矿石 [25]、稀土矿石 [26]，以及矿浆 [27,28] 的分析。

随着全球石油资源的逐渐枯竭，煤层气、页岩气、天然气水合物 (可燃冰) 等非常规油气资源的开发日益受到世界的关注，并逐渐成为能源开发的主攻方向。LIBS 也被应用于化石能源的探测和检验。除了本书前文所述 LIBS 在煤质方面的应用，还包括沥青 [29-31]、石油 [32-34]、页岩气 [16,35-37]、油砂 [29]、油页岩 [38,39] 等。

珠宝玉石的价格与其产地和是否经过人类加工息息相关，LIBS 已经应用于软玉 [40]、绿柱石 [41] 的产地分析，以及蓝宝石和红宝石是否经过人为处理 [42] 及其产地的判别 [43]。冲突矿物是在武装冲突和侵犯人权的条件下开采的矿石的术语，Hark 等 [44,45] 已将 LIBS 应用于铌钽矿物来源的判别。

17.1.2 地外环境下的地质材料分析

陨石是目前可供直接研究的较大量地外物质，对陨石分析可以提供有关外太空的直观地质科学信息。LIBS 已经应用于陨石的识别和分类 [8,46,47]。在 LIBS 定量分析陨石中，科研人员大多采用的是免定标 LIBS (calibration-free LIBS, CF-LIBS)[48,49] 方法。2007 年 De Giacomo 等 [50] 首次应用 CF-LIBS 定量分析了 Dofhar 461 (月球陨石)、Chondrite L6 (石质陨石)、Dofhar 019 (火星陨石) 和 Sikhote Alin (铁质陨石) 等 4 种陨石中的主要元素含量，测量结果与其他文献给出的结果比较符合。目前，LIBS 已被应用于不同类型陨石的检测，包括铁陨石 [48,51]、球粒陨石 [52]、科希策陨石 [53,54] 等。化学计量学方法也被引入陨石分析中。Motto-ros 等 [55] 基于人工神经网络提出了一种用于自动识别元素及浓度的分析算法,并将其应用于 4 种埃及陨石撞击地点附近天然岩石的自动定量分析。结果表明,该方法可以有效克服物理和化学基体效应以及重叠峰造成的不利影响,提升了定量分析的精确度。

为了评估 LIBS 在外太空的分析能力,21 世纪以来众多研究人员开始在实验室模拟不同的大气环境,并对玄武岩[56]、白云岩[57]、火山岩[58]等进行定性和定量分析。2006 年加州大学洛斯阿拉莫斯国家实验室的 Thompson 等[59]在模拟火星大气环境下首次采用 LIBS 定标曲线法在 5.4 m 距离处分析了两个成分、质地和粒度略有不同的火星玄武岩陨石。一些对行星地质 (如 Br、C、Cl、P、S) 和人类探索火星 (如有毒元素 As) 很重要的元素在真空紫外光谱区域 (100~200 nm) 具有很强的发射谱线,Radziemski 等[60]在模拟火星环境下评估了时间延迟和激光能量对该区域的光谱信号及定标曲线检测限和精度的影响。Lazic 等[61]通过模拟火星的冷却和加热循环,研究了不同类型的安山岩和玄武岩表面粗糙度和环境温度 (25 ~ −60 ℃ 范围内) 对 LIBS 信号的影响。LIBS 可以获取样品的元素信息,而 Raman 光谱可以得到样品的分子信息,并且两者可以共享相似的仪器配置。部分研究人员[62-64]在模拟火星环境下开展了 LIBS 与 Raman 联用研究。

美国在 2011 年发射的火星科学实验室 (MSL) 好奇号上的 Chemcam 仪器套件[65]是第一台用于地外的 LIBS 仪器。Wiens 等[66]全面介绍了 Chemcam 的主体单元、光纤和校准靶材,以及进行了发射前仪器的组装、测试和验证实验。自 2012 年 8 月火星车着陆以来,它已经成功地分析了 Gale 火山口中的物质[67]。美国宇航局开发的 SuperCam[68-70] 探测器继续搭载了 LIBS 及其他光谱学方法[71],并于 2021 年 2 月成功登陆火星。2021 年 5 月 15 日,中国首次火星探测任务"天问一号"[72]着陆器在火星乌托邦平原南部预选着陆区着陆,在火星上首次留下印迹,迈出了星际探测的重要一步。由中国科学院上海技术物理研究所负责研制的火星表面成分探测仪 MarSCoDe[73-75] (mars surface composition detector) 是我国首台 LIBS 行星物质成分分析仪,搭载在"祝融"号火星车成功着陆并开展科学任务。此外,LIBS 已被提议用于具有稀薄或无大气的行星体任务,包括小行星、彗星、金星[76]、木星[77]、火星的卫星和月球[78]等。

17.2 气溶胶

由于气溶胶样品存在形式特殊，LIBS 分析气溶胶主要受光谱信号的稳定性差和采样率低的局限，因此不同的采样方式被用于 LIBS 气溶胶成分检测。2012 年 Diwakar 等[79]总结了 LIBS 用于气溶胶分析时几种常见的采样方法。直接测量[80]是将脉冲激光直接聚焦于载有气溶胶的气流上，并收集等离子体信号用于分析[81]，其优点在于实时性强、能够区分不同粒子化学成分的多样性，而缺点在于样品取样率低，定量分析结果精度不高。曾有文献报道称，20 000 幅光谱信号中可提取出 37 幅含有气溶胶粒子信息的光谱，取样率仅为千分之几[82]。为了保留直接分析的优势，研究人员开发了基于粒子散射触发的检测系统和鞘流聚焦喷嘴的气溶胶单粒子检测系统[83]及其与空气动力学透镜的组合[84]。此外，Fortes 等开发了光学弹射检测方法[85]，后期还将其与光镊进行了有效结合[86]。2021 年 Wang 等[87]综述了空气中单个粒子的光学捕获和激光光谱测量。Diwakar 等[88]通过使气溶胶颗粒带电，将其聚焦到金属电极上，然后再进行 LIBS 测量，从而提高了气溶胶测量的采样率，降低了测量检测限。另一种采样方式是将气溶胶粒子富集在不含干扰元素的滤网或基底材料上，然后激发样品进行测量。Gallou 等[89]对比了上述两类采样方法的优劣，结果表明富集测量方法的采样率更高，而直接测量方法的检测限更低。Soo 等[90]研究了超细粒径范围内常用膜空气取样过滤器的收集效率。Mclaughlin 等[91]通过使用真空系统收集和沉积空气中的颗粒物质到可平移的卷轴滤带上，开发了 LIBS 近实时测量含硅气溶胶的便携式仪器。

目前 LIBS 在气溶胶方面应用主要集中在大气环境监测[92]领域。近年来，随着经济规模的迅速扩大和城市化进程的加快，大气污染，特别是气溶胶污染日趋严重。由灰霾天气引发的环境问题和气候效应已经引起科学界、政府部门和社会公众的广泛关注，而且越来越多的研究表明，颗粒物污染的危害远远超出了人们最初的预想。2011 年 Monkhouse 等[93]综述了工业环境下产生的金属颗粒物包含 LIBS 在内的光谱测量方法。LIBS 分析大气气溶胶已经应用于炼钢厂大气中进行原位和实时检测以及气溶胶组成表征[94]，铸造厂排气管中重金属颗粒[95]、有毒金属排放的连续监测[96]，固体推进剂燃烧过程中释放到空气中的金属颗粒检测[97]，气溶胶的远程同步成像和发射光谱采集[98]，核工业的熔盐气溶胶分析[99,100]和北冰洋大气气溶胶的元素组成[101]等方面。除了大气气溶胶以外，LIBS还被应用于火焰气溶胶[102]、水性气溶胶[103,104]和生物气溶胶的分析，如花粉[105]、生物制剂[106]、细菌[107]以及各种生物气溶胶粒子类型[108]。

17.3 聚合物

聚合物是由组成(或结构)重复单元通过共价键连接起来的高分子量化合物，也被称为高分子化合物或高聚物，按性能可分成塑料、橡胶和纤维3大类。2021年Zeng等[109]综述了LIBS在塑料分析领域的研究进展和前景，强调了LIBS在塑料回收方面的固有优势。2014年Anzano等[110]总结了LIBS在聚合物鉴别方面的应用。2018年Costa等[111]综述了LIBS在废弃电气和电子设备中聚合物的分析。不同类型和品名塑料的准确判别对于回收再利用有着显著的经济和环境保护价值。2019年Liu等[112]综述了LIBS在塑料分析中的应用。此外，LIBS结合不同的判别分析算法已经成功应用于塑料的分类识别[113,114]。为了改善塑料制品的机械、电气和化学性能，生产厂商往往在其中添加部分添加剂。LIBS已被应用于塑料玩具中重金属的检测[115]。LIBS还被应用于纤维和橡胶的分析，如纺织纤维中碳、钛[116]和银[117]，工业轮胎橡胶[118]，老化的硅橡胶材料[119,120]，石墨与橡胶复合材料的硬度[121]等。

17.4 同位素

质子数相同而中子数不同的同一元素的不同核素互称为同位素，LIBS在同位素方面的应用主要集中于核燃料的分析。2015年Han等[122]综述了激光诱导等离子体光谱技术在核材料分析与检测中的应用。2018年Harilal等[123]综述了激光诱导等离子体光谱远程分析同位素。氚是现代核武器的重要组成部分，同时也是基于磁约束或惯性约束聚变的首选燃料。大量的氚进入人体可能对健康产生不利影响，增加癌症、发育异常或生殖缺陷的发生概率。2018年Burger等[124]通过单脉冲和双脉冲LIBS对氚化水进行同位素分析。基于LIBS的原位在线分析优势，其被应用于ITER内壁的氚沉积[125,126]分析。对于裂变反应中的核燃料，主要的研究集中于铀[127]和钚[128]的分析。使用过的核燃料在热化学分离过程中，裂变产物、稀土和锕系氯化物随着时间的推移将会积聚在熔融盐电解质中。LIBS 已被应用于分析液态氯化锂盐[100,129]。氯化物会引起奥氏体不锈钢应力腐蚀开裂，从而导致废核燃料泄露。LIBS 已应用于干燥储存罐表面氯化物的检测[130-133]。LIBS 对其他的同位素分析大多涉及激光烧蚀分子同位素光谱[134,135]，例如硼[136]、碳[137]、铝[138] 等。

17.5 化妆品

化妆品，即反复直接应用于人体皮肤、黏膜、头发和指甲的制剂。理论上，它们对于人体健康应该是安全的，然而在某些情况下这些产品可能会存在危害人体健康的化学物质 (包括有毒金属)[139]。LIBS 在化妆品方面的应用主要集中在有毒有害重金属的检测，例如口红[140] 或唇膏[141]、眼影[142]、非药物洗发水、爽身粉[143]、面霜[144]、防晒霜[145]、牙膏[146]。此外 LIBS 也用于眼影和口红的判别分析[147]，以及评估皮肤防护霜的屏蔽性能[148]。

17.6 无机非金属材料

无机非金属材料是以某些元素的氧化物、碳化物、氮化物、卤化物、硼化物以及硅酸盐、铝酸盐、磷酸盐、硼酸盐等物质所组成的材料，是与有机高分子材料和金属材料并列的 3 大材料之一，常见材料是水泥、玻璃、陶瓷。LIBS 在水泥[149] 方面的应用已在本书前面章节进行了详细介绍。在玻璃方面，包括定量核废料玻璃中的铀[150]、表征稀土掺杂磷酸盐玻璃[151]、判别不同类别的玻璃[152,153] 等。在陶瓷分析方面，包括分类不同朝代的陶瓷[154]、透明陶瓷的质量控制[155,156]、测定生物陶瓷硬度[157]，以及考古学方面的应用[158] 等。

17.7 本章小结

LIBS 作为一种无接触的原位分析技术，擅长快速、精确且无损地分析样品的内在元素构成。近年来，得益于激光技术与光谱学的不断进步，LIBS 技术已在地质勘查、材料科学及环境监测等多个领域崭露头角，广泛应用于科学研究、工业生产及文化遗产保护等领域，展现出其重要价值。目前，市场上已有多种成熟的商业化 LIBS 设备，特别是便携式及手持分析仪，受到了国内外用户的青睐。

尽管 LIBS 技术已经在多个领域取得了重要进展，但仍需克服若干挑战与难题。其发展受阻主要归因于 LIBS 信号的不稳定性、较高的检测限，以及定性与定量分析的精确度欠佳，这些因素共同限制了其在大规模应用与商业化推广方面的步伐。然而，随着基础科学研究的持续深化，科研人员正不断探索更加高效优化的激光激发与光信号采集系统设计，同时，更加先进的机器学习及深度学习算法被引入并广泛验证于 LIBS 领域，预示着 LIBS 技术有望在未来更多的领域实现突破性应用与发展。

参考文献

[1] Qiao S J, Ding Y, Tian D, et al. A Review of laser-induced breakdown spectroscopy for analysis of geological materials [J]. Applied Spectroscopy Reviews, 2015, 50(1): 1–26.

[2] Senesi G S. Laser-induced breakdown spectroscopy (LIBS) applied to terrestrial and extraterrestrial analogue geomaterials with emphasis to minerals and rocks [J]. Earth-Science Reviews, 2014, 139: 231–267.

[3] Harmon R S, Russo R E, Hark R R. Applications of laser-induced breakdown spectroscopy for geochemical and environmental analysis: a comprehensive review [J]. Spectrochim Acta B, 2013, 87: 11–26.

[4] Fabre C. Advances in laser-induced breakdown spectroscopy analysis for geology: a critical review [J]. Spectrochim Acta B, 2020, 166: 105799.

[5] Gardette V, Motto-ros V, Alvarez-llamas C, et al. Laser-induced breakdown spectroscopy imaging for material and biomedical applications: recent advances and future perspectives [J]. Analytical Chemistry, 2023, 95(1): 49–69.

[6] Al-najjar O A, Wudil Y S, Ahmad U F, et al. Applications of laser induced breakdown spectroscopy in geotechnical engineering: a critical review of recent developments, perspectives and challenges [J]. Applied Spectroscopy Reviews, 2022: 1–37.

[7] Harmon R S, Senesi G S. Laser-induced breakdown spectroscopy: a geochemical tool for the 21st century [J]. Applied Geochemistry, 2021, 128: 104929.

[8] Senesi G S. Handheld laser-induced breakdown spectroscopy (hLIBS): a valuable tool for terrestrial and extraterrestrial recognition of meteorites in the Field [J]. Spectroscopy-Us, 2022, 37(2): 38–41.

[9] Sharma V, Chauhan R, Kumar R. Spectral characteristics of organic soil matter: a comprehensive review [J]. Microchemical Journal, 2021, 171: 106836.

[10] Rai A K, Maurya G S, Kumar R, et al. Analysis and discrimination of sedimentary, metamorphic, and igneous rocks using laser-induced breakdown spectroscopy [J]. Journal of Applied Spectroscopy, 2017, 83(6): 1089–1095.

[11] Huang J Z, Zhou W T, Zhu J Y, et al. Rapid detection and identification of rocks and minerals by laser-induced breakdown spectroscopy [J]. Microware and Optical Technology Letters, 2023, 65(5): 1439–1447.

[12] Kaski S, Hakkanen H, Korppi-tommola J. Sulfide mineral identification using laser-induced plasma spectroscopy [J]. Minerals Engineering, 2003, 16(11): 1239–1243.

[13] Alvey D C, Morton K, Harmon R S, et al. Laser-induced breakdown spectroscopy-based geochemical fingerprinting for the rapid analysis and discrimination of minerals: the example of garnet [J]. Applied Optics, 2010, 49(13): C168–C180.

[14] Mcmillan N J, Montoya C, Chesner W H. Correlation of limestone beds using laser-induced breakdown spectroscopy and chemometric analysis [J]. Applied Optics, 2012, 51(7): B213–B222.

[15] Remus J J, Harmon R S, Hark R R, et al. Advanced signal processing analysis of laser-induced breakdown spectroscopy data for the discrimination of obsidian sources [J]. Applied Optics, 2012, 51(7): B65–B73.

[16] Xu T, Zhang Y, Zhang M, et al. Temporal-resolved characterization of laser-induced plasma for spectrochemical analysis of gas shales [J]. Spectrochim Acta B: Atomic Spectroscopy, 2016, 121: 28–37.

[17] Luo X P, He K Z, Zhang Y, et al. A review of intelligent ore sorting technology and equipment development [J]. International Journal of Minerals Metallurgy and Materials, 2022, 29(9): 1647–1655.

[18] Grant K J, Paul G L, O'neill J A. Quantitative elemental analysis of iron ore by laser-induced breakdown spectroscopy [J]. Applied Spectroscopy, 1991, 45(4): 701–705.

[19] 杨雅雯, 严承琳, 徐鼎, 等. 激光诱导击穿光谱检测铁矿石应用进展 [J]. 冶金分析, 2020, 40(12): 14–20.

[20] Ahmad N, Ahmed R, Umar Z A, et al. Qualitative and quantitative analyses of copper ores collected from Baluchistan, Pakistan using LIBS and LA-TOF-MS [J]. Applied Physics B, 2018, 124(8): 160.

[21] Velásquez M, Myakalwar A K, Manzoor S, et al. Progress in arsenic determination at low levels in copper ores by laser-induced breakdown spectroscopy [J]. Spectrochimica Acta Part B: Atomic Spectroscopy, 2022, 195: 106501.

[22] Rosenwasser S, Asimellis G, Bromley B, et al. Development of a method for automated quantitative analysis of ores using LIBS [J]. Spectrochim Acta B: Atomic Spectroscopy, 2001, 56(6): 707–714.

[23] Liu L, Hao Z Q. Quantitative determination of tantalum and niobium in tantalum-niobium ore using laser-induced breakdown spectroscopy [J]. Applied Optics, 2019, 58(2): 461–465.

[24] Fortunato F M, Catelani T A, Pomares-alfonso M S, et al. Application of multi-energy calibration for determination of chromium and nickel in nickeliferous ores by laser-induced breakdown spectroscopy [J]. Analytical Sciences: The International Journal of Japan, 2019, 35(2): 165–168.

[25] Thiem T L, Wolf P J. Analysis of national institute of standards and technology ore and United States geological survey samples by inductively coupled plasma spectroscopy laser-induced breakdown spectroscopy [J]. Microchemical Journal, 1994, 50(3): 244–252.

[26] Romppanen S, Hakkanen H, Kaski S. Singular value decomposition approach to the yttrium occurrence in mineral maps of rare earth element ores using laser-induced breakdown spectroscopy [J]. Spectrochim Acta B, 2017, 134: 69–74.

[27] Khajehzadeh N, Haavisto O, Koresaar L. On-stream mineral identification of tailing slurries of an iron ore concentrator using data fusion of LIBS, reflectance spectroscopy and XRF measurement techniques [J]. Minerals Engineering, 2017, 113: 83–94.

[28] Cheng X, Yang X Y, Zhu Z H, et al. On-stream analysis of iron ore slurry using laser-induced breakdown spectroscopy [J]. Applied Optics, 2017, 56(33): 9144–9149.

[29] Harhira A, El Haddad J, Blouin A, et al. Rapid determination of bitumen content in Athabasca oil Sands by laser-induced breakdown spectroscopy [J]. Energy & Fuels, 2018, 32(3): 3189–3193.

[30] Martin H, Durand G. LIBS: an innovative laboratory technique for the characterisation of bituminous material [M]//Canestrari F, Partl M N. 8th Rilem International Symposium on Testing and Characterization of Sustainable and Innovative Bituminous Materials, 2016: 115–127.

[31] Gondal M A, Siddiqui M N, Nasr M M. Detection of trace metals in asphaltenes using an advanced laser-induced breakdown spectroscopy (LIBS) technique [J]. Energy & Fuels, 2010, 24(2): 1099–1105.

[32] Trichard F, Gilon N, Lienemann C P, et al. Evaluation of laser induced breakdown spectroscopy in view of nickel and vanadium on-line determination in petroleum products [J]. Journal of Analytical Atomic Spectrometry, 2016, 31(3): 712–721.

[33] Trichard F, Forquet V, Gilon N, et al. Detection and quantification of sulfur in oil products by laser-induced breakdown spectroscopy for on-line analysis [J]. Spectrochim Acta B, 2016, 118: 72–80.

[34] Gondal M A, Hussain T, Yamani Z H. Optimization of the LIBS parameters for detection of trace metals in petroleum products [J]. Energy Sources Part A, 2008, 30(5): 441–451.

[35] Jain J, Quarles C D, Moore J, et al. Elemental mapping and geochemical characterization of gas producing shales by laser induced breakdown spectroscopy [J]. Spectrochim Acta B, 2018, 150: 1–8.

[36] Xu T, Liu J, Shi Q, et al. Multi-elemental surface mapping and analysis of carbonaceous shale by laser-induced breakdown spectroscopy [J]. Spectrochim Acta B, 2016, 115: 31–39.

[37] Sanghapi H K, Jain J, Bol'shakov A, et al. Determination of elemental composition of shale rocks by laser induced breakdown spectroscopy [J]. Spectrochim Acta B, 2016, 122: 9–14.

[38] Aints M, Paris P, Tufail I, et al. Determination of the calorific value and moisture content of crushed oil shale by libs [J]. Oil Shale, 2018, 35(4): 339–355.

[39] Aints M, Paris P, Laan M, et al. Determination of heating value of estonian oil shale by laser-induced breakdown spectroscopy [J]. Journal of Spectroscopy, 2018, 2018(pt.1): 1–10.

[40] Yu J L, Hou Z Y, Sheta S, et al. Provenance classification of nephrite jades using multivariate LIBS: a comparative study [J]. Analytical Methods, 2018, 10(3): 281–289.

[41] Mcmillan N J, Mcmanus C E, Harmon R S, et al. Laser-induced breakdown spectroscopy analysis of complex silicate minerals-beryl [J]. Analytical and Bioanalytical Chemistry, 2006, 385(2): 263–271.

[42] Krzemnicki M S, Hanni H A, Walters R A. A new method for detecting be diffusion-treated sapphires: laser-induced breakdown spectroscopy (LIBS) [J]. Gems & Gemology, 2004, 40(4): 314–322.

[43] Kochelek K A, Mcmillan N J, Mcmanus C E, et al. Provenance determination of sapphires and rubies using laser-induced breakdown spectroscopy and multivariate analysis [J]. American Mineralogist, 2015, 100(8-9): 1921–1931.

[44] Hark R R, Remus J J, East L J, et al. Geographical analysis of "conflict minerals" utilizing laser-induced breakdown spectroscopy [J]. Spectrochim Acta B, 2012, 74–75: 131–136.

[45] Harmon R S, Shughrue K M, Remus J J, et al. Can the provenance of the conflict min-

erals columbite and tantalite be ascertained by laser-induced breakdown spectroscopy? [J]. Analytical and Bioanalytical Chemistry, 2011, 400(10): 3377–3382.

[46] Senesi G S, Manzari P, Consiglio A, et al. Identification and classification of meteorites using a handheld LIBS instrument coupled with a fuzzy logic-based method [J]. Journal of Analytical Atomic Spectrometry, 2018, 33(10): 1664–1675.

[47] Harikrishnan S, Ananthachar A, Choudhari K S, et al. Laser-induced breakdown spectroscopy (LIBS) for the detection of rare earth elements (REEs) in meteorites [J]. Minerals-Basel, 2023, 13(2): 182.

[48] Tempesta G, Senesi G S, Manzari P, et al. New insights on the dronino iron meteorite by double-pulse micro-laser-induced breakdown spectroscopy [J]. Spectrochim Acta B, 2018, 144: 75–81.

[49] Senesi G S, Manzari P, Tempesta G, et al. Handheld laser induced breakdown spectroscopy instrumentation applied to the rapid discrimination between iron meteorites and meteor-wrongs [J]. Geostandards and Geoanalytical Research, 2018, 42(4): 607–614.

[50] De Giacomo A, Dell'aglio M, De Pascale O, et al. Laser induced breakdown spectroscopy on meteorites [J]. Spectrochimica Acta Part B: Atomic Spectroscopy, 2007, 62(12): 1606–1611.

[51] Dell'aglio M, De Giacomo A, Gaudiuso R, et al. Laser induced breakdown spectroscopy of meteorites as a probe of the early solar system [J]. Spectrochimica Acta Part B: Atomic Spectroscopy, 2014, 101: 68–75.

[52] Dell'aglio M, Lopez-claros M, Laserna J J, et al. Stand-off laser induced breakdown spectroscopy on meteorites: calibration-free approach [J]. Spectrochim Acta B, 2018, 147: 87–92.

[53] Ozdin D, Plavcan J, Hornackova M, et al. Mineralogy, petrography, geochemistry, and classification of the Kosice meteorite [J]. Meteoritics & Planetary Science, 2015, 50(5): 864–879.

[54] Hornackova M, Plavcan J, Rakovsky J, et al. Calibration-free laser induced breakdown spectroscopy as an alternative method for found meteorite fragments analysis [J]. European Physical Journal Applied Physics, 2014, 66(1): 10702.

[55] Motto-ros V, Koujelev A S, Osinski G R, et al. Quantitative multi-elemental laser-induced breakdown spectroscopy using artificial neural networks [J]. Journal of the European Optical Society Rapid, 2008, 3: 08011.

[56] Lanza N L, Ollila A M, Cousin A, et al. Understanding the signature of rock coatings in laser-induced breakdown spectroscopy data [J]. Icarus, 2015, 249: 62–73.

[57] Salle B, Cremers D A, Maurice S, et al. Evaluation of a compact spectrograph for in-situ and stand-off laser-induced breakdown spectroscopy analyses of geological samples on Mars missions [J]. Spectrochim Acta B, 2005, 60(6): 805–815.

[58] Colao F, Fantoni R, Lazic V, et al. Investigation of LIBS feasibility for in situ planetary exploration: an analysis on Martian rock analogues [J]. Planetary and Space Science, 2004, 52(1): 117–123.

[59] Thompson J R, Wiens R C, Barefield J E, et al. Remote laser-induced breakdown spectroscopy analyses of Dar al Gani 476 and Zagami Martian meteorites [J]. Journal of Geophysical Research, 2006, 111(E5): E05006.

[60] Radziemski L, Cremers D A, Benelli K, et al. Use of the vacuum ultraviolet spectral region for laser-induced breakdown spectroscopy-based Martian geology and exploration [J]. Spectrochim Acta B, 2005, 60(2): 237–248.

[61] Lazic V, Rauschenbach I, Jovicevic S, et al. Laser induced breakdown spectroscopy of soils, rocks and ice at subzero temperatures in simulated martian conditions [J]. Spectrochim Acta B, 2007, 62(12): 1546–1556.

[62] Sharma S K, Misra A K, Lucey P G, et al. Combined remote LIBS and Raman spectroscopy at 8.6 m of sulfur-containing minerals, and minerals coated with hematite or covered with basaltic dust [J]. Spectrochim Acta A, 2007, 68(4): 1036–1045.

[63] Dreyer C B, Mungas G S, Thanh P, et al. Study of sub-mJ-excited laser-induced plasma combined with Raman spectroscopy under Mars atmosphere-simulated conditions [J]. Spectrochim Acta B, 2007, 62(12): 1448–1459.

[64] Sobron P, Lefebvre C, Leveille R, et al. Geochemical profile of a layered outcrop in the Atacama analogue using laser-induced breakdown spectroscopy: implications for Curiosity investigations in Gale [J]. Geophysical Research Letters, 2013, 40(10): 1965–1970.

[65] Maurice S, Wiens R C, Saccoccio M, et al. The ChemCam instrument suite on the mars science laboratory (MSL) rover: science objectives and mast unit description [J]. Space Science Reviews, 2012, 170(1–4): 95–166.

[66] Wiens R C, Maurice S, Barraclough B, et al. The ChemCam instrument suite on the mars science laboratory (MSL) rover: body unit and combined system tests [J]. Space Science Reviews, 2012, 170(1–4): 167–227.

[67] Maurice S, Clegg S M, Wiens R C, et al. ChemCam activities and discoveries during the nominal mission of the mars science laboratory in gale crater, mars [J]. Journal of Analytical Atomic Spectrometry, 2016, 31(4): 863–889.

[68] Wiens R C, Maurice S, Robinson S H, et al. The SuperCam instrument suite on

the NASA mars 2020 rover: body unit and combined system tests [J]. Space Science Reviews, 2021, 217(1): 4.

[69] Maurice S, Wiens R C, Bernardi P, et al. The SuperCam instrument suite on the mars 2020 rover: science objectives and mast-unit description [J]. Space Science Reviews, 2021, 217(3): 47.

[70] Nelson T, Wiens R, Clegg S, et al. The SuperCam instrument for the mars 2020 rover [C]//2020 IEEE Aerospace Conference, Big Sky, MT, USA, 2020: 1–12.

[71] Wiens R C, Maurice S, Perez F R. The SuperCam remote sensing instrument suite for the mars 2020 rover: a preview [J]. Spectroscopy, 2017, 32(5): 50–55.

[72] Zou Y L, Zhu Y, Bai Y F, et al. Scientific objectives and payloads of Tianwen-1, China's first mars exploration mission [J]. Advances in Space Research, 2021, 67(2): 812–823.

[73] Yang Y C, Yan Z X, Shen J Y, et al. Design and material selection of optomechanical systems for the extreme environment on Mars [J]. Journal of Astronomical Telescopes Instruments and Systems, 2021, 7(3): 034003.

[74] Xu W M, Liu X F, Yan Z X, et al. The MarSCoDe instrument suite on the mars rover of China's Tianwen-1 mission [J]. Space Science Reviews, 2021, 217(5): 64.

[75] Wan X, Li C H, Wang H P, et al. Design, function, and implementation of China's first LIBS instrument (MarSCoDe) on the Zhurong mars rover [J]. Atomic Spectroscopy, 2021, 42(6): 294–298.

[76] Arp Z A, Cremers D A, Harris R D, et al. Feasibility of generating a useful laser-induced breakdown spectroscopy plasma on rocks at high pressure: preliminary study for a Venus mission [J]. Spectrochim Acta B, 2004, 59(7): 987–999.

[77] Pavlov S G, Jessberger E K, Hubers H W, et al. Miniaturized laser-induced plasma spectrometry for planetary in situ analysis: the case for Jupiter's moon Europa [J]. Advances in Space Research, 2011, 48(4): 764–778.

[78] Lasue J, Wiens R C, Clegg S M, et al. Remote laser-induced breakdown spectroscopy (LIBS) for lunar exploration [J]. Journal of Geophysical Research, 2012, 117: E01002.

[79] Diwakar P K, Loper K H, Matiaske A M, et al. Laser-induced breakdown spectroscopy for analysis of micro and nanoparticles [J]. Journal of Analytical Atomic Spectrometry, 2012, 27(7): 1110–1119.

[80] Hahn D W. Laser-induced breakdown spectroscopy for analysis of aerosol particles: The path toward quantitative analysis [J]. Spectroscopy, 2010: 23–28.

[81] Hahn D W, Lunden M M. Detection and analysis of aerosol particles by laser-induced breakdown spectroscopy [J]. Aerosol Science and Technology, 2000, 33(1-2): 30–48.

[82] Hettinger B, Hohreiter V, Swingle M, et al. Laser-induced breakdown spectroscopy for

ambient air particulate monitoring: correlation of total and speciated aerosol particle counts [J]. Applied Spectroscopy: Society for Applied, 2006, 60(3): 237–245.

[83] Jarvinen S T, Saarela J, Toivonen J. Detection of zinc and lead in water using evaporative preconcentration and single-particle laser-induced breakdown spectroscopy [J]. Spectrochim Acta B, 2013, 86: 55–59.

[84] Park K, Cho G, Kwak J H. Development of an aerosol focusing-laser induced breakdown spectroscopy (aerosol focusing-LIBS) for determination of fine and ultrafine metal aerosols [J]. Aerosol Science and Technology, 2009, 43(5): 375–386.

[85] Fortes F J, Cabalin L M, Laserna J J. Laser-induced breakdown spectroscopy of solid aerosols produced by optical catapulting [J]. Spectrochim Acta B, 2009, 64(7): 642–648.

[86] Purohit P, Fortes F J, Laserna J J. Atomization efficiency and photon yield in laser-induced breakdown spectroscopy analysis of single nanoparticles in an optical trap [J]. Spectrochim Acta B, 2017, 130: 75–81.

[87] Wang C J, Pan Y L, Videen G. Optical trapping and laser-spectroscopy measurements of single particles in air: a review [J]. Measurement Science and Technology, 2021, 32(10): 102005.

[88] Diwakar P, Kulkarni P, Birch M E. New approach for near-real-time measurement of elemental composition of aerosol using laser-induced breakdown spectroscopy [J]. Aerosol Science and Technology, 2012, 46(3): 316–332.

[89] Gallou G, Sirven J B, Dutouquet C, et al. Aerosols analysis by LIBS for monitoring of air pollution by industrial sources [J]. Aerosol Science and Technology, 2011, 45(8): 918–926.

[90] Soo J C, Monaghan K, Lee T, et al. Air sampling filtration media: collection efficiency for respirable size-selective sampling [J]. Aerosol Science and Technology, 2016, 50(1): 76–87.

[91] Mclaughlin R P, Mason G S, Miller A L, et al. Note: a portable laser induced breakdown spectroscopy instrument for rapid sampling and analysis of silicon-containing aerosols [J]. The Review of scientific instruments, 2016, 87(5): 056103.

[92] Zhang Q H, Liu Y Z. Review of in-situ online LIBS detection in the atmospheric environment [J]. Atomic Spectroscopy, 2022, 43(2): 174–185.

[93] Monkhouse P. On-line spectroscopic and spectrometric methods for the determination of metal species in industrial processes [J]. Progress in Energy and Combustion Science, 2011, 37(2): 125–171.

[94] Giron D, Delgado T, Ruiz J, et al. In-situ monitoring and characterization of airborne solid particles in the hostile environment of a steel industry using stand-off LIBS [J].

Measurement, 2018, 115: 1–10.

[95] Dutouquet C, Gallou G, Le Bihan O, et al. Monitoring of heavy metal particle emission in the exhaust duct of a foundry using LIBS [J]. Talanta, 2014, 127(Supplement C): 75–81.

[96] Buckley S G, Johnsen H A, Hencken K R, et al. Implementation of laser-induced breakdown spectroscopy as a continuous emissions monitor for toxic metals [J]. Waste Management, 2000, 20(5–6): 455–462.

[97] O'neil M, Niemiec N A, Demko A R, et al. Laser induced breakdown spectroscopy based detection of metal particles released into the air during combustion of solid propellants [J]. Applied Optics, 2018, 57(8): 1910–1917.

[98] Alvarez-Trujillo L A, Lazic V, Moros J, et al. Simultaneous imaging and emission spectroscopy for the laser-based remote probing of polydisperse saline aerosols [J]. Journal of Aerosol Science, 2018, 123: 52–62.

[99] Williams A, Phongikaroon S. Laser-induced breakdown spectroscopy (LIBS) measurement of uranium in molten salt [J]. Applied Spectroscopy, 2018, 72(7): 1029–1039.

[100] Williams A N, Phongikaroon S. Laser-induced breakdown spectroscopy (LIBS) in a novel molten salt aerosol system [J]. Applied Spectroscopy, 2017, 71(4): 744–749.

[101] Kim G, Yoon Y J, Kim H A, et al. Elemental composition of Arctic soils and aerosols in Ny-angstrom lesund measured using laser -induced breakdown spectroscopy [J]. Spectrochim Acta B, 2017, 134: 17–24.

[102] Li S Q, Ren Y H, Biswas P, et al. Flame aerosol synthesis of nanostructured materials and functional devices: processing, modeling, and diagnostics [J]. Progress in Energy & Combustion Science, 2016, 55: 1–59.

[103] Alvarez-Trujillo L A, Lazic V, Moros J, et al. Standoff monitoring of aqueous aerosols using nanosecond laser-induced breakdown spectroscopy: droplet size and matrix effects [J]. Applied Optics, 2017, 56(13): 3773–3782.

[104] Williams A N, Phongikaroon S. Elemental detection of cerium and gadolinium in aqueous aerosol via laser-induced breakdown spectroscopy [J]. Applied Spectroscopy, 2016, 70(10): 1700–1708.

[105] Boyain-goitia A R, Beddows D C, Griffiths B C, et al. Single-pollen analysis by laser-induced breakdown spectroscopy and Raman microscopy [J]. Applied Optics, 2003, 42(30): 6119–6132.

[106] Hybl J D, Lithgow G A, Buckley S G. Laser-induced breakdown spectroscopy detection and classification of biological aerosols [J]. Applied Spectroscopy, 2003, 57(10): 1207–1215.

[107] Morel S, Leone N, Adam P, et al. Detection of bacteria by time-resolved laser-induced breakdown spectroscopy [J]. Applied Optics, 2003, 42(30): 6184–6191.

[108] Samuels A C, Delucia F C, Mcnesby K L, et al. Laser-induced breakdown spectroscopy of bacterial spores, molds, pollens, and protein: initial studies of discrimination potential [J]. Applied Optics, 2003, 42(30): 6205–6209.

[109] Zeng Q, Sirven J B, Gabriel J C P, et al. Laser induced breakdown spectroscopy for plastic analysis [J]. TrAC-Trend Analytical Chemistry, 2021, 140: 116280.

[110] Anzano J M, Bello-gálvez C, Lasheras R J. Identification of polymers by means of LIBS [M]//Musazzi S, Perini U. Laser-induced breakdown spectroscopy. Berlin, Heidelberg: Springer Berlin Heidelberg, 2014: 421–438.

[111] Costa V C, Castro J P, Andrade D F, et al. Laser-induced breakdown spectroscopy (LIBS) applications in the chemical analysis of waste electrical and electronic equipment (WEEE) [J]. TrAC-Trend Analytical Chemistry, 2018, 108: 65–73.

[112] Liu K, Tian D, Li C, et al. A review of laser-induced breakdown spectroscopy for plastic analysis [J]. TrAC-Trend Analytical Chemistry, 2019, 110: 327–334.

[113] Yu Y, Guo L B, Hao Z Q, et al. Accuracy improvement on polymer identification using laser-induced breakdown spectroscopy with adjusting spectral weightings [J]. Optics Express, 2014, 22(4): 3895–3901.

[114] Anzano J, Bonilla B, Montull-ibor B, et al. Classifications of plastic polymers based on spectral data analysis with leaser induced breakdown spectroscopy [J]. Journal of Polymer Engineering, 2010, 30(3–4): 177–188.

[115] Godoi Q, Leme F O, Trevizan L C, et al. Laser-induced breakdown spectroscopy and chemometrics for classification of toys relying on toxic elements [J]. Spectrochim Acta B, 2011, 66(2): 138–143.

[116] Prusova M, Wiener J. Application of the laser-induced breakdown spectroscopy method in the analysis of carbon and titanium in textile structures [J]. Textile Research Journal, 2012, 82(11): 1092–1098.

[117] Filipowska B, Rybicki E, Walawska A, et al. New method for the antibacterial and antifungal modification of silver finished textiles [J]. Fibres and Textiles in Eastern Europe, 2011, 19(4): 124–128.

[118] Trautner S, Lackner J, Spendelhofer W, et al. Quantification of the vulcanizing system of rubber in industrial tire rubber production by laser-induced breakdown spectroscopy (LIBS) [J]. Analytical Chemistry, 2019, 91(8): 5200–5206.

[119] Wang X L, Hong X, Chen P, et al. In-situ and quantitative analysis of aged silicone rubber materials with laser-induced breakdown spectroscopy [J]. High Voltage, 2018,

3(2): 140–146.

[120] Wang X L, Hong X, Wang H, et al. Analysis of the silicone polymer surface aging profile with laser-induced breakdown spectroscopy [J]. Journal of Physics D Applied Physics, 2017, 50(41): 415601.

[121] Elfaham M M, Alnozahy A M, Ashmawy A. Comparative study of LIBS and mechanically evaluated hardness of graphite/rubber composites [J]. Materials Chemistry and Physics, 2018, 207: 30–35.

[122] Han L X, Ma C H, Gao Z X, et al. Application of laser induced plasma spectroscopy for nuclear material analysis and detection: a comprehensive review [C]//2014 年光子与光学工程国际会议暨西部光子学学术会议, 中国西安, 2014-10-13.

[123] Harilal S S, Brumfield B E, Lahaye N L, et al. Optical spectroscopy of laser-produced plasmas for standoff isotopic analysis [J]. Applied Physics Reviews, 2018, 5(2): 021301.

[124] Burger M, Skrodzki P J, Finney L A, et al. Isotopic analysis of deuterated water via single- and double-pulse laser-induced breakdown spectroscopy [J]. Physics of Plasmas, 2018, 25(8): 083115.

[125] Paris P, Butikova J, Laan M, et al. Detection of deuterium retention by LIBS at different background pressures [J]. Physica Scripta, 2017, T170: 014003.

[126] Fantoni R, Almaviva S, Caneve L, et al. Hydrogen isotope detection in metal matrix using double-pulse laser-induced breakdown-spectroscopy [J]. Spectrochim Acta B, 2017, 129: 8–13.

[127] Sarkar A, Alamelu D, Aggarwal S K. Laser-induced breakdown spectroscopy for determination of uranium in thorium-uranium mixed oxide fuel materials [J]. Talanta, 2009, 78(3): 800–804.

[128] Smith C A, Martinez M A, Veirs D K. Plutonium isotopic ratios determined using laser induced breakdown spectroscopy (LIBS). [J]. ACS National Meeting Book of Abstracts, 2000, 220: U23–U23.

[129] Williams A, Bryce K, Phongikaroon S. Measurement of cerium and gadolinium in solid lithium chloride-potassium chloride salt using laser-induced breakdown spectroscopy (LIBS) [J]. Applied Spectroscopy, 2017, 71(10): 2302–2312.

[130] Xiao X, Le Berre S, Fobar D G, et al. Measurement of chlorine concentration on steel surfaces via fiber-optic laser-induced breakdown spectroscopy in double-pulse configuration [J]. Spectrochim Acta B, 2018, 141: 44–52.

[131] Lissenden C J, Jovanovic I, Motta A T, et al. Remote detection of stress corrosion cracking: Surface composition and crack detection [J]. AIP Conference Proceedings, 2018, 1949: 110003.

[132] Fobar D G, Xiao X, Burger M, et al. Robotic delivery of laser-induced breakdown spectroscopy for sensitive chlorine measurement in dry cask storage systems [J]. Progress in Nuclear Energy, 2018, 109: 188–194.

[133] Xiao X, Le Berre S, Hartig K C, et al. Surrogate measurement of chlorine concentration on steel surfaces by alkali element detection via laser-induced breakdown spectroscopy [J]. Spectrochim Acta B, 2017, 130: 67–74.

[134] Russo R E, Bol'shakov A A, Mao X, et al. Laser ablation molecular isotopic spectrometry [J]. Spectrochimica Acta Part B: Atomic Spectroscopy, 2011, 66(2): 99–104.

[135] Bol'shakov A A, Mao X L, Gonzalez J J, et al. Laser ablation molecular isotopic spectrometry (LAMIS): current state of the art [J]. Journal of Analytical Atomic Spectrometry, 2016, 31(1): 119–134.

[136] Niki H, Yasuda T, Kitazima I. Measurement technique of boron isotopic ratio by laser-induced breakdown spectroscopy [J]. Journal of Nuclear Science and Technology, 1998, 35(1): 34–39.

[137] Dong M, Chan G C Y, Mao X, et al. Elucidation of C2 and CN formation mechanisms in laser-induced plasmas through correlation analysis of carbon isotopic ratio [J]. Spectrochimica Acta Part B: Atomic Spectroscopy, 2014, 100: 62–69.

[138] Hou H M, Mao X L, Zorba V, et al. Laser ablation molecular isotopic spectrometry for molecules formation chemistry in femtosecond-laser ablated plasmas [J]. Analytical Chemistry, 2017, 89(14): 7750–7757.

[139] Borowska S, Brzoska M M. Metals in cosmetics: implications for human health [J]. Journal of Applied Toxicology, 2015, 35(6): 551–572.

[140] Gondal M A, Seddigi Z S, Nasr M M, et al. Spectroscopic detection of health hazardous contaminants in lipstick using laser induced breakdown spectroscopy [J]. Journal of Hazardous Materials, 2010, 175(1–3): 726–732.

[141] Abrar M, Iqbal T, Fahad M, et al. Determination of hazardous ingredients in personal care products using laser-induced breakdown spectroscopy [J]. Laser Physics: An International Journal devoted to Theoretical and Experimental Laser Research and Application, 2018, 28(5): 056002.

[142] Haider A F, Lubna R S, Abedin K M. Elemental analyses and determination of lead content in kohl (stone) by laser-induced breakdown spectroscopy [J]. Applied Spectroscopy, 2012, 66(4): 420–425.

[143] Gondal M A, Dastageer M A, Naqvi A A, et al. Detection of toxic metals (lead and chromium) in talcum powder using laser induced breakdown spectroscopy [J]. Applied Optics, 2012, 51(30): 7395–7401.

[144] Ullah H, Noreen S, Fozia, et al. Comparative study of heavy metals content in cosmetic products of different countries marketed in Khyber Pakhtunkhwa, Pakistan [J]. Arabian Journal of Chemistry, 2017, 10(1): 10–18.

[145] Menneveux J, Wang F, Lu S, et al. Direct determination of Ti content in sunscreens with laser-induced breakdown spectroscopy: line selection method for high TiO_2 nanoparticle concentration [J]. Spectrochim Acta B, 2015, 109: 9–15.

[146] Gondal M A, Maganda Y W, Dastageer M A, et al. Detection of the level of fluoride in the commercially available toothpaste sing laser induced breakdown spectroscopy with the marker atomic transition line of neutral fluorine at 731.1 nm [J]. Optics and Laser Technology, 2014, 57: 32–38.

[147] Augusto A D, Batista E F, Pereira E R. Direct chemical inspection of eye shadow and lipstick solid samples using laser-induced breakdown spectroscopy (LIBS) and chemometrics: proposition of classification models [J]. Anal Methods, 2016, 8(29): 5851–5860.

[148] Sun Q, Tran M, Smith B, et al. In-situ evaluation of barrier-cream performance on human skin using laser-induced breakdown spectroscopy [J]. Contact Dermatitis, 2000, 43(5): 259–263.

[149] Cabral J S, Menegatti C R, Nicolodelli G. Laser-induced breakdown spectroscopy in cementitious materials: a chronological review of cement and concrete from the last 20 years [J]. TrAC-Trends in Analytical Chemistry, 2023, 160: 116948.

[150] Singh M, Mishra R K, Kumar A, et al. Comparison of univariate and multivariate data analysis models for uranium quantification in Trombay historical nuclear waste glass [J]. Radiochim Acta, 2018, 106(6): 453–463.

[151] Devangad P, Tamboli M, Shameem K M M, et al. Spectroscopic identification of rare earth elements in phosphate glass [J]. Laser Physics: An International Journal devoted to Theoretical and Experimental Laser Research and Application, 2018, 28(1): 015703.

[152] Rodriguez-celis E M, Gornushkin I B, Heitmann U M, et al. Laser induced breakdown spectroscopy as a tool for discrimination of glass for forensic applications [J]. Analytical and Bioanalytical Chemistry, 2008, 391(5): 1961–1968.

[153] Bridge C M, Powell J, Steele K L, et al. Forensic comparative glass analysis by laser-induced breakdown spectroscopy [J]. Spectrochim Acta B, 2007, 62(12): 1419–1425.

[154] Qi J, Zhang T L, Tang H S, et al. Rapid classification of archaeological ceramics via laser-induced breakdown spectroscopy coupled with random forest [J]. Spectrochim Acta B, 2018, 149: 288–293.

[155] Pandey S J, Martinez M, Pelascini F, et al. Quantification of non-stoichiometry in YAG ceramics using laser-induced breakdown spectroscopy [J]. Optical Materials Express,

2017, 7(2): 627–632.

[156] Pandey S J, Martinez M, Hostasa J, et al. Quantification of SiO_2 sintering additive in YAG transparent ceramics by laser-induced breakdown spectroscopy (LIBS) [J]. Optical Materials Express, 2017, 7(5): 1666–1671.

[157] Cowpe J S, Moorehead R D, Moser D, et al. Hardness determination of bio-ceramics using laser-induced breakdown spectroscopy [J]. Spectrochim Acta B, 2011, 66(3–4): 290–294.

[158] Lasheras R J, Anzano J, Bello-galvez C, et al. Quantitative analysis of Roman archeological ceramics by laser-induced breakdown spectroscopy [J]. Analytical Letters, 2017, 50(8): 1325–1334.

第 18 章 光谱联用技术[①]

18.1 引言

近年来,激光诱导击穿光谱(laser-induced breakdown spectroscopy,LIBS)技术在多个领域得到了广泛的应用和研究。针对 LIBS 检测中存在的基体效应干扰、难以检测分子信息等问题,国内外学者采取了优化实验设计、利用机器学习算法处理光谱数据等方法,一定程度上提高了 LIBS 测量精确度和可测量范围。然而,受限于仪器的检测能力和 LIBS 作为原子发射光谱分析技术的客观局限性,LIBS 技术难以满足不同领域的检测需求。为了克服 LIBS 技术的局限性,使 LIBS 技术能攻克更多的检测难题,国内外研究团队围绕 LIBS 与其他技术联用开展了大量的研究。

"联用"是指利用不同的检测技术组成一套系统,以解决单一检测技术无法满足实际应用需求的问题。LIBS 联用可以是数据层面的"联用",通过两种技术的同步测量和光谱数据的融合,完善测量信息。比如 LIBS 和拉曼光谱的联用可以实现元素成分和分子组分的同步测量,适用于地质分析、环境空气污染检测等领域;LIBS 联用也可以是对"等离子调制"的"联用",比如 LIBS 和火花诱导击穿光谱(spark-induced breakdown spectroscopy,SIBS)的联用,LIBS 和 SIBS 共同作用于等离子体,可以增强等离子体中原子发射强度,从而增强光谱信号,适用于痕量元素检测;LIBS 联用还可以是技术融合层面的"联用",比如 LIBS 技术与分子同位素光谱联用,将 LIBS 技术的远程分析等优点拓展至同位素分析领域。

LIBS 联用有诸多优势,但我们认为,"联用"并非制胜的"万能法宝"。在针对具体的检测需求时,需要考虑不同检测技术本身的特点,权衡技术联用带

[①] 本章由西安交通大学王珍珍副教授和华南理工大学姚顺春教授撰写。

来的优势和缺点,设计出最合理的检测系统,才能避免为了联用而联用,使检测技术更好地服务于实际需求。

18.2 LIBS 与拉曼光谱技术联用

18.2.1 拉曼光谱技术简介

拉曼光谱是基于拉曼散射效应,对与入射光频率不同的散射光谱进行分析以得到分子振动和转动方面的信息,并应用于分子结构研究的一种分析方法。1928 年,印度物理学家拉曼 (Raman) 首次发现拉曼散射效应。当光线照射到分子,并且和分子中的电子云及键结相互作用时,就会发生拉曼散射,其原理如图 18.1 所示。对于自发拉曼散射,光子将分子从基态激发到激发虚态。处于激发态的分子放出一个光子后返回到一个不同于基态的旋转或振动状态,基态与新状态间的能量差使得释放光子的频率与激发光线的波长不同。如果最终振动状态的分子比初始状态时的能量高,所激发出来的光子频率则较低,以确保系统的总能量守恒。这一频率的改变被命名为 Stokes 散射。如果最终振动状态的分子比初始状态时的能量低,所激发出来的光子频率则较高,这一频率的改变被命名为 Anti-Stokes 散射。

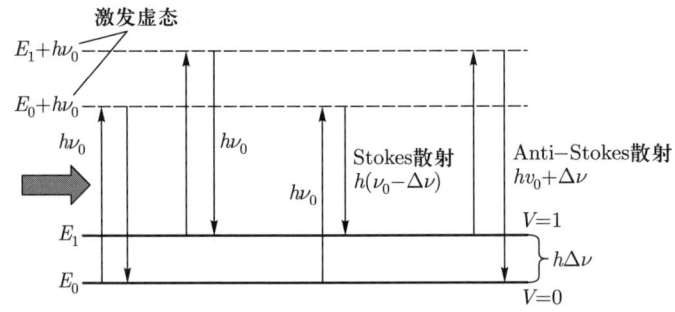

图 18.1 拉曼散射原理图

频率与入射光不同,但在 ν_0 两侧形成 $\nu_0 \pm \Delta\nu$ 光谱的部分被称为拉曼散射光谱,极性分子和非极性分子都能够产生拉曼光谱信号。拉曼光谱中与介质分子转动能级有关的谱线称为"小拉曼光谱";与介质分子振动和转动能级有关的谱线则称为"大拉曼光谱"。在研究拉曼光谱信号时,需要引入一个非常重要的物理量——拉曼频移,它是指发射的拉曼光信号和激发拉曼信号的光信号之间的波数差。这个频率差只与被测物质的分子结构有关，也就是不同分子的拉曼频移不同，且相同分子结构产生的拉曼频移相互独立。因此可以说，拉曼频移是物质的光谱指纹。通过计算样品的拉曼频移，可以反馈物质的振动和转动能级情况，进而分析出被测物质的分子结构，实现物质分子状态的检测。拉曼光谱覆盖的波数非常宽广，范围可达到 $50\sim4000\ cm^{-1}$，对有机物和无机物都能够进行分析，是研究水溶液中生物样品和化学物质分子结构的理想工具。拉曼光谱技术的主要优点是可以进行简单快速、无损可重复的定量定性分析，而且和 LIBS 技术一样不需要过多的样品前处理，目前已经广泛应用于有机物、无机物和生物样品分子结构的研究中。

18.2.2 LIBS 与拉曼光谱技术联用

众所周知，LIBS 是通过激发样品产生等离子体，根据发射光谱中特征谱线的波长及强度进行物质元素的定性和定量分析的技术，其缺点在于不能对样品分子结构进行分析。相对地，拉曼光谱可以通过研究分子的振动和转动检测物质的结构信息，其缺点是不能识别组成样品的元素。也就是说，拉曼光谱注重物质分子构成的分析，而 LIBS 则注重物质元素构成的分析，二者具有信息互补的特点。通过 LIBS 和拉曼光谱的有机结合和互补，可获得样品更准确、全面的元素组成和分子结构信息。

除了信息互补之外，两种技术还有很多相似之处。二者都适用于物质检测，对于样品处理没有特殊要求，在系统构成上都有结构简单、容易操作的优势。同时，两种技术均可使用脉冲激光，通过光谱仪分光收集光谱信号，而且硬件也大都相同。LIBS 一般使用 Nd: YAG 激光器产生纳秒脉冲激光作为激发源，通过透镜组聚焦的方式激发样品，这种激光器的功率密度很高，脉冲宽度很窄，完全满足拉曼光谱的激发要求。探测系统一般使用光谱仪、光电倍增管或者 CCD 探测器。为了容纳大多数元素的原子发射谱线，并与 CCD 等探测器的响应范围配合，一般选取 $170\sim1100\ nm$ 的光谱仪，完全满足拉曼信号的收集需求。可以说在实验装置上实现两种技术的结合并不困难，LIBS 系统可以很好地兼容拉曼光谱技术。

正因为 LIBS 和拉曼光谱技术结合具有诸多优点，LIBS–Raman 技术已经在航空航天、危险物品探测、环境空气污染检测、工业应用检测、生物医学以及文物的结构检查和清洁处理等方面得到了广泛应用[1-11]。

18.2.3 典型实验台架

一个典型的 LIBS-Raman 台架如图 18.2 所示[8]，在激光器前放置一个倍频晶体，将出射的波长为 1064 nm 的激光部分转换为波长为 532 nm 的激光，1064 nm 与 532 nm 混合光经过谐波分束镜后，反射波长为 532 nm 的激光用于拉曼光谱激发，透射波长为 1064 nm 的激光用于 LIBS 检测。波长为 1064 nm 的激光穿过 400~800 nm 宽带反射镜 1 并经透镜 1 后聚焦于样品表面，产生等离子体。等离子体光经透镜 1 后变成平行光，由宽带反射镜 1 和 2 反射后，经透镜 2 耦合输入光纤光谱仪。经过谐波分束镜的 532 nm 激光由二向色镜反射后，经过透镜 1 聚焦于样品上，激光作用于样品产生的拉曼信号经长通滤光片消除瑞利散射干扰后，由透镜 3 聚焦进入光谱仪。

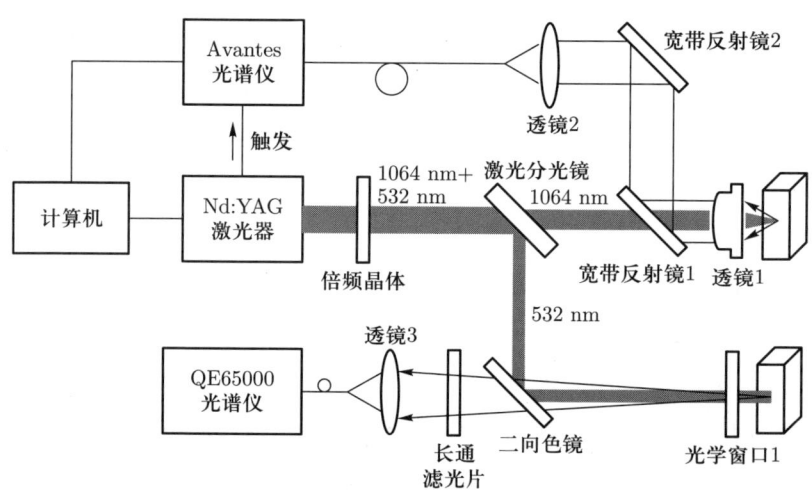

图 18.2 LIBS-Raman 联合装置系统图

虽然拉曼光谱和入射光频率无关，但激光器发射光的波长和频率需要与光谱仪的响应范围匹配。对于已经装备 1064 nm 激光器的实验室，通常选择通过倍频装置将其转换为波长为 532 nm 的激光。而对于 LIBS 而言，波长为 1064 nm 和 532 nm 的发射光都是可行的，如果 LIBS 采用 532 nm 的激光器，那么上述台架可进一步简化，即可以去掉激光器前的倍频晶体。

18.2.4 LIBS 与拉曼光谱技术联用的应用及展望

针对水下原位 LIBS–Raman 光谱联合探测需求，郭金家等[7] 搭建了一套可以同时获得 SO_4^{2-} 拉曼信号和钠 (Na) 元素 LIBS 信号的实验装置，初步证明了 LIBS–Raman 技术水下联合探测的可行性。LIBS–Raman 联合探测实验系统如图 18.3 所示。激光器采用 Nd: YAG 脉冲激光器，激光脉宽为 10 ns，重复频率为 10 Hz。激光器同时输出 1064 nm 和 532 nm 波长的激光，经 532 nm 全反镜后分为两束，532 nm 激光经二向色镜和透镜入射到样品，该路径作为后向散射同时采集拉曼和激光诱导击穿光谱信号。波长为 1064 nm 的激光从样品池侧面入射并聚焦于样品，击穿样品产生等离子体，光谱信号从样品池上方收集耦合进入光纤，收集光纤采用 Y 形结构，同时采集两路光谱信号。光谱信号经光纤进入 Acton SP500 光谱仪，光栅刻痕为 $1\,200\,G\cdot mm^{-1}$，探测器为 1340×400 背照式面阵电荷耦合检测器 (charge coupled detector，CCD)。在探测过程中，为防止 LIBS 击穿对拉曼信号产生影响，LIBS 聚焦点和拉曼光谱的聚焦点有一定距离。另外，Y 形光纤收集到的拉曼和 LIBS 信号分别照射到面阵 CCD 的不同区域。

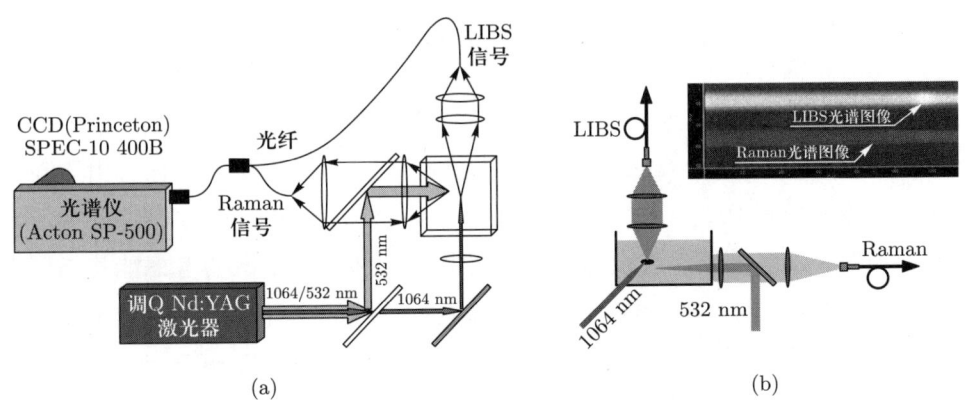

图 18.3 (a) LIBS–Raman 实验装置示意图；(b) LIBS–Raman 收光示意图[7]

采用上述实验装置对 Na_2SO_4 溶液探测，可以同时获得 Na 元素的 LIBS 信号和 SO_4^{2-} 的拉曼信号。拉曼光谱采用 532 nm 脉冲光作为激发光源，同样存在击穿的可能。图 18.4 显示了采用低能量脉冲进行激发所得到的信号。当增大脉冲能量时，在拉曼探测通道可以很明显地探测到击穿产生的 LIBS 信号。脉冲能量为 3.0 mJ 时，没有明显的 LIBS 信号。脉冲能量为 3.6 mJ 时，产生

LIBS 击穿，探测到 Na 元素的 LIBS 信号，击穿产生的韧致辐射导致整体背景增强。脉冲能量进一步增强到 4.8 mJ 时，Na 元素的 LIBS 信号非常明显，整体背景明显增大并出现起伏和干扰谱线。在改变能量的过程中，拉曼信号受能量变化的影响不大，随能量增加略有增强，而激光诱导击穿光谱信号受激光能量的影响较大。

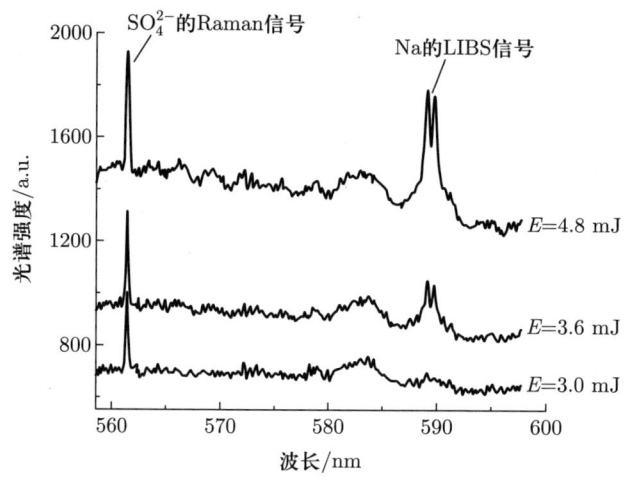

图 18.4 SO_4^{2-} 拉曼信号和 Na 元素 LIBS 信号[7]

为保证拉曼探测通道不受 LIBS 击穿的影响，必须采用低能量进行激发，此时拉曼信号的信噪比 (signal to noise ratio, SNR) 比较低。然而，由于拉曼光谱信号本身比较弱，这种工作方式不利于实际应用中的拉曼探测。因此，在联合探测时，如果采用双波长脉冲激光器作为激发光源，就要考虑能量增强时 LIBS 击穿对拉曼信号的影响。在实际探测中，如果采用波长为 532 nm 的脉冲激光作为激发光源，拉曼光谱的测量范围大多集中为 532~676 nm。LIBS 光谱范围一般来说需要 250~800 nm，同时 LIBS 探测也需要比较高的分辨率 (<0.5 nm)。为满足这样的要求，国际上通常采用中阶梯光栅光谱仪或多通道光纤光谱仪。这两类光谱仪虽然在光谱范围和光谱分辨率上同时满足拉曼和 LIBS 探测需求，但灵敏度不适合拉曼光谱探测。因此，要实现真正的拉曼和 LIBS 联合，选取合适的光谱仪也是关键问题之一。

此外，激光诱导击穿光谱通常选用增强型电荷耦合器件 (intensified charge coupled device, ICCD) 作为探测器。但根据前期研究结果来看，具有快速延时功能的 CCD 与 ICCD 相比，具有更高的量子效率和更低的噪声，更有利于拉曼光谱的测量。

刘春昊等[8]搭建了一套 LIBS-Raman 联合光谱探测样机并进行了验证实验。如图 18.5 所示，该样机长为 790 mm、直径为 270 mm，在甲板上利用水密电缆进行供电与信号传输。内部采用一台双波长脉冲激光器同时作为 LIBS 和拉曼光谱的激发光源。其中，波长为 1064 nm 的激光激发获得 LIBS，波长为 532 nm 的激光激发获得拉曼光谱。双波长激光器发出的光束经分光镜分为两路，经过后向散射光路收集的两路信号分别进入两个小型光纤光谱仪进行分光探测。该样机在青岛近海开展现场试验，获得了青岛近海海水样品的 LIBS 和拉曼光谱信号，如图 18.6 所示，实验结果证明了 LIBS-Raman 联合光谱探测系统的可行性。

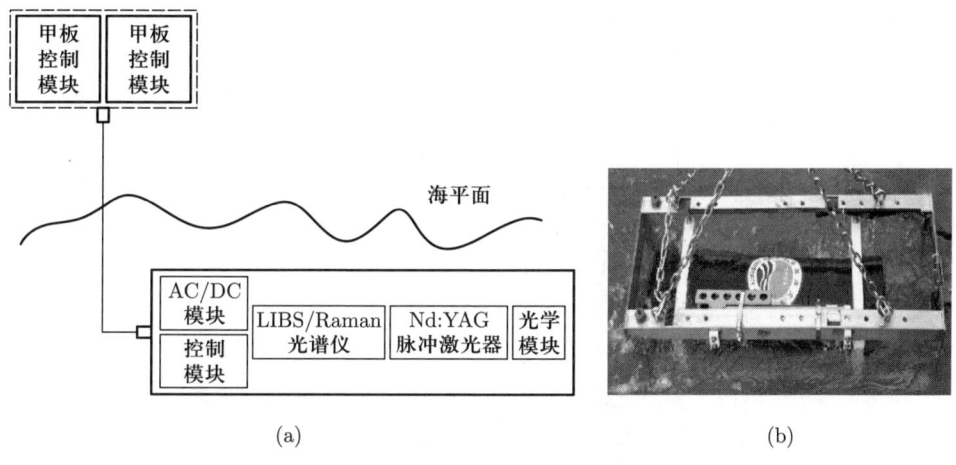

图 18.5　LIBS-Raman 联合光谱水下原位探测系统：(a) 结构框图；(b) 系统现场照片[8]

挥发性有机物 (volatile organic compound, VOC) 作为一种主要的大气污染物，对大气环境具有极强的破坏性，受到了广泛关注。在线探测大气中的 VOC 是一个极具挑战性的工作。陈庚胤等[10]将 LIBS 与拉曼光谱技术相结合，分别从原子发射光谱和分子结构信息角度对 VOC 进行了分析。如图 18.7 所示，实验观测到了 Br 元素特征谱线及 N、O 和 H 等空气所含元素的特征谱线。此外，实验成功探测到挥发在空气中的邻氟溴苯。实验表明利用 LIBS-Raman 技术能够在较短时间内实现 VOC 准确高效的探测与分析，为相关探测工作提供了一种很有应用前景的探测方法。

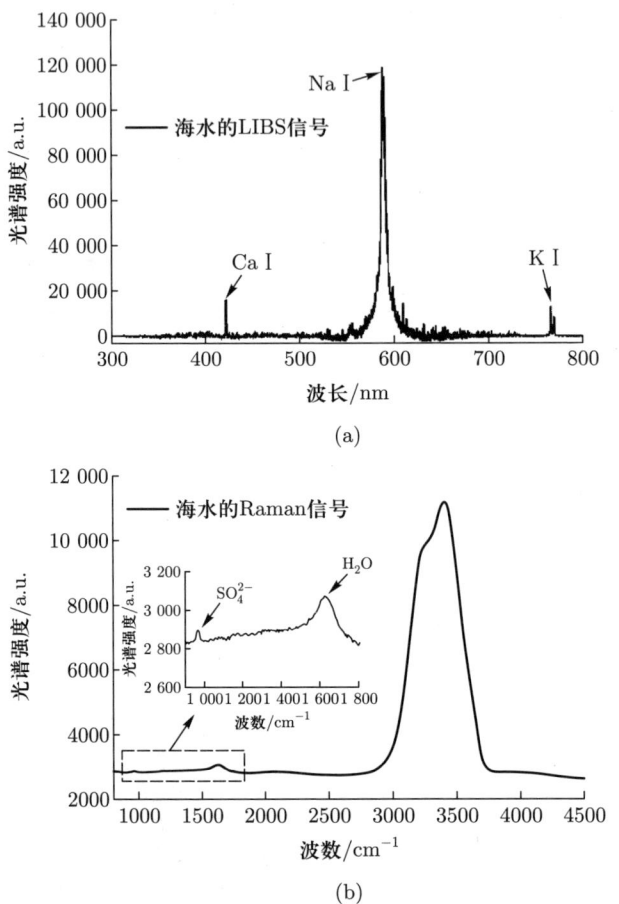

图 18.6 青岛近海海水样品光谱信号：(a) 波长为 1064 nm 的激光激发获得的 LIBS；(b) 波长为 532 nm 的激光激发获得的拉曼光谱[8]

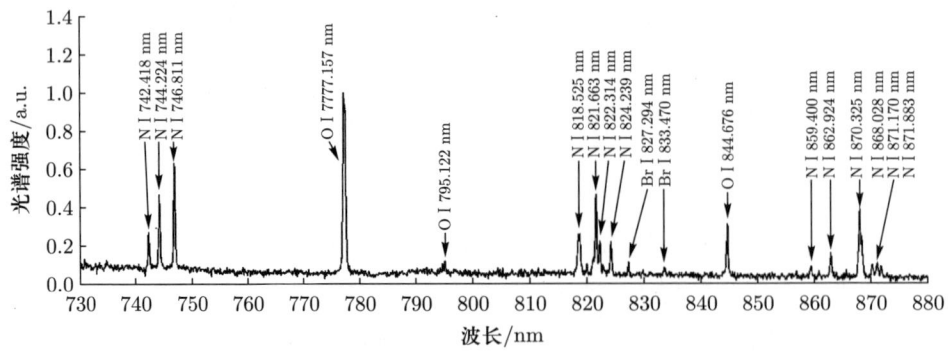

图 18.7 邻氟溴苯在 730～880 nm 波段的特征光谱图[10]

LIBS–Raman 技术还可用于分析火星的矿物元素成分和分子结构。袁汝俊等[11]搭建了一套实验室环境下的 LIBS–Raman 测试系统，验证了 LIBS–Raman 技术在模拟火星环境下对矿物样品的综合检测能力。实验系统的光学结构及测试样品如图 18.8 所示。

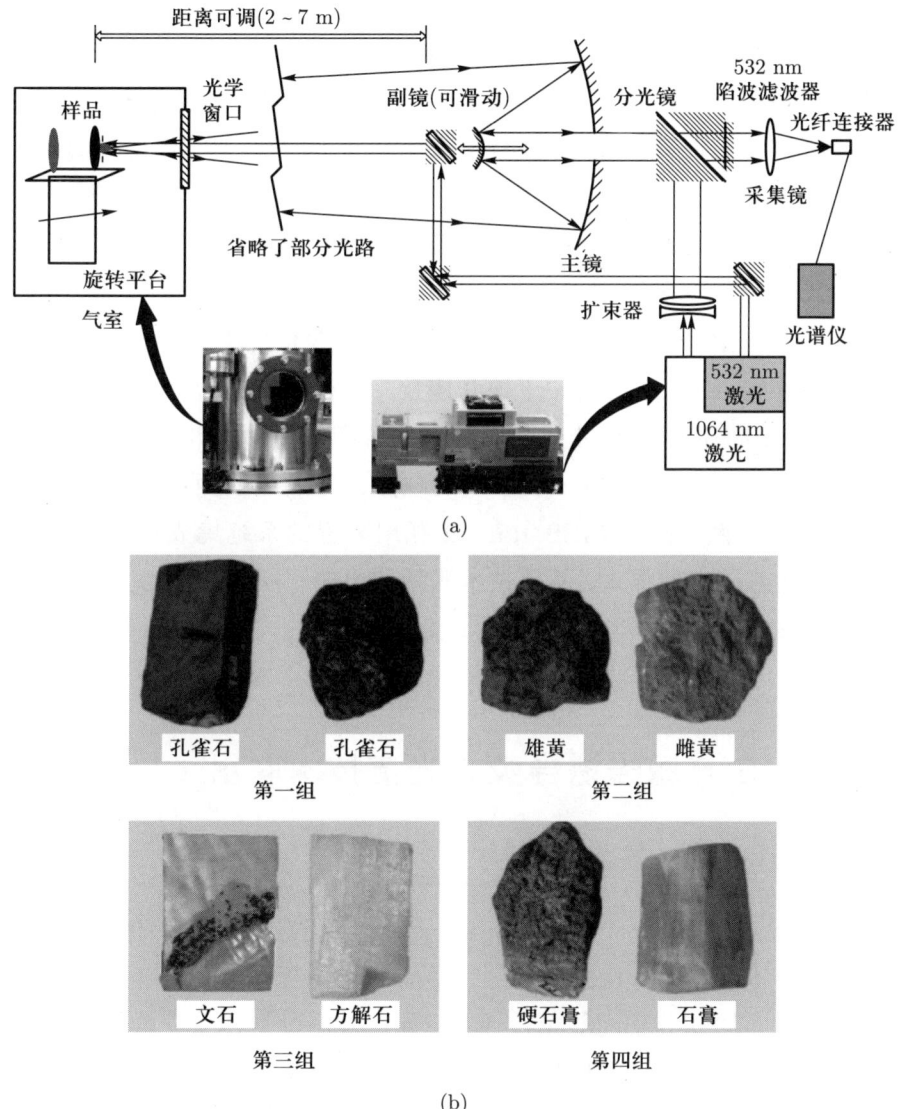

图 18.8　(a) LIBS–Raman 联用光谱实验系统；(b) 测试样品[11]

该系统分别使用卡塞格林望远镜结构和旁路反射光路进行远程的 LIBS 和脉冲 Raman 激发，其激发光源的波长分别为 1064 nm 和 532 nm，并采用卡塞格林望远镜进行光谱信号的收集。为了充分模拟火星表面矿物所处的物理条件，将样品放置在特殊设计的气体舱中，以实现对火星表面环境最大程度的模拟。实验采用 8 种典型矿物 (孔雀石、蓝铜矿、雄黄、雌黄、文石、方解石、硬石膏和石膏) 验证了 LIBS-Raman 系统分析火星矿物的能力，这些样品在元素成分和分子结构上差异明显。实验结果表明，该系统能够在火星环境模拟条件下有效分析矿物的种类和成分。在分析火星物质中的特定矿物元素组成这一问题上，拉曼光谱技术可以在一定程度上补充 LIBS 技术在分子信息探测方面的局限性。所以，LIBS-Raman 技术可以有效提高极端条件下 LIBS 对矿物元素组成和分子信息的识别能力，为进一步探测火星提供了可能性。

和传统的光谱分析技术相比，LIBS-Raman 技术可以实现样品元素和物质种类的同时在线分析。但目前关于该联用技术的研究大多数仍然处于实验室阶段，通常采用的平台式结构测量装置存在系统布线复杂、体积庞大、测试时需要分别操作 LIBS 系统和 Raman 系统的缺点，造成过程烦琐耗时等问题，推广应用的价值较低。提高 LIBS-Raman 联用装置的系统集成化程度是亟待解决的问题。随着研究的深入，两项技术联用的最终目标在于研究出能够实现现场在线测量的实际易操作的分析仪器，为地质勘探、电力生产、深空探测等领域提供便携的分析检测设备。

18.3 LIBS 与激光诱导荧光光谱技术联用

18.3.1 LIBS-LIF 技术简介

激光诱导荧光 (laser-induced fluorescence，LIF) 是光谱研究中最常用的技术之一，具有高灵敏度、检测时间短、样品用量少等优点，可以测量原子和分子浓度、能态布居和分子间能量传递，目前已被广泛应用于化学、生物和医学等领域。在激光技术、材料科学以及微电子技术等相关领域的推动下，LIF 技术发展迅速，应用前景十分广阔。

LIF 技术的基本原理是激光激发待测粒子，使其电子吸收能量从基态或低激发态跃迁至高激发态，由于激发态不稳定，随即向低能级跃迁，通过采集并分析高激发态向基态或其他低激发态跃迁过程发射出的荧光光谱，从而实现对待测粒子的测量。荧光是一种光致发光现象，待测粒子对激光选择性吸收，不同波长的入射光具有不同的激发效率，产生的荧光信号也是在一定波长范围内的荧光。因此，荧光光谱可分为"激发谱"和"发射谱"。若固定测量荧光波长，不断改变激发光波长，得到的荧光强度对激发波长的光谱图即为荧光激发谱；若固定激发光波长，而测量荧光波长不断变化，得到的荧光强度相对发射波长的光谱图则为荧光的发射谱。根据特定波长的荧光强度与受激物质中荧光团浓度之间直接相关这一原理，通过光谱仪采集激光照射样品所激发的荧光光谱，并对其进行光谱分析即可获取待测样品组分信息。

LIBS-LIF 技术是将 LIBS 与 LIF 技术结合使用的一种技术[12,13]，LIBS 脉冲激光烧蚀样品并产生等离子体，而等离子体中含有大量基态或较低能级的原子。另外一束特定波长的 LIF 激光共振激发等离子体中的特定粒子，当 LIF 激光的单光子能量与等离子体中特定粒子的内部电子能级跃迁所需能量相等时，等离子体中特定粒子的内部电子将吸收 LIF 激光能量，从某一低能级跃迁至某一较高能级，处于高能级的电子跃迁至基态或者较低能级时，辐射出相应的荧光光谱。通过分析采集到的光谱即可实现对待测元素的测量。

LIBS-LIF 技术保持了 LIBS 技术原有的快速测量的优势，同时又兼具 LIF 技术灵敏度检测高、背景干扰小的优点。在传统 LIBS 技术中，样品中微量元素含量较低导致特征谱线强度微弱，甚至会被其他主量元素特征谱线干扰，所以其定量分析效果仍有待提高。而 LIBS-LIF 技术通过调整 LIF 激光波长可选择性的增强光谱中微量元素的特征谱线，可消除谱线干扰，从而显著地改善了微量元素测量的灵敏度和准确性。因此，在土壤[14-16]、合金[17-19]、水体[20-22]等样品微量元素的测量方面展现出极大的潜力，进一步拓展了 LIBS 的应用。

18.3.2 典型实验台架

典型的 LIBS-LIF 实验装置如图 18.9 所示，实验系统主要由 LIBS 激光器、LIF 激光器、光谱检测系统、脉冲信号发生器以及光学元件组成。LIBS 激光器一般采用 Nd: YAG 激光器 (波长通常为 532 nm 或 1064 nm)，激光器输出一束脉冲激光，经透镜聚焦至样品表面，样品被激光烧蚀产生等离子体。LIF

激光器通常采用波长可调的光学参量振荡激光器(optical parametric oscillator,OPO),可以输出特定波长的 LIF 激光,LIF 激光照射在样品表面或等离子体上,激发等离子体中特定粒子并产生荧光光谱。等离子体中辐射出的原子发射光谱以及荧光光谱由光纤耦合器采集,经光纤传送至光谱仪和 ICCD 摄像机中进行分析。脉冲信号发生器则用于时序控制 LIBS 激光和 LIF 激光脉冲间延时和光谱仪的收光延时,以获得高质量的光谱信号。

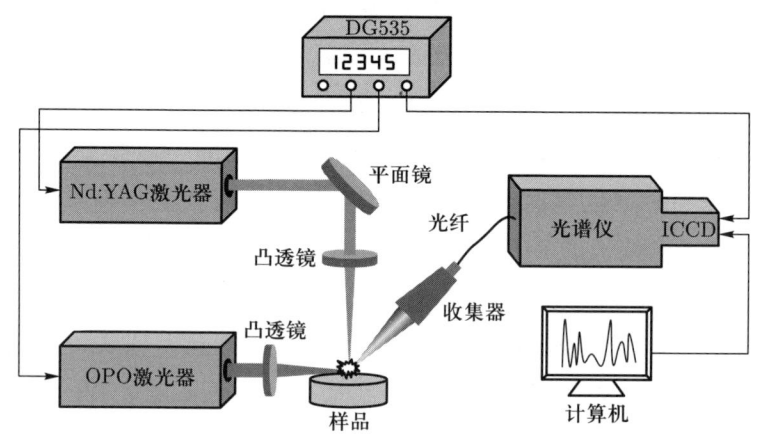

图 18.9　典型 LIBS–LIF 实验装置示意图[23]

18.3.3　LIBS–LIF 技术关键测量参数优化

基于 LIF 技术的原理可知,影响 LIBS–LIF 技术测量效果的实验条件主要有 LIF 激光能量、LIBS 激光能量以及两脉冲激光之间的延时。此外,LIF 的激光波长和聚焦位置等因素也会影响光谱信号质量,实验时通常以 LIF 光谱中谱线的信号强度或 SNR 作为参考来优化实验条件。

LIF 激光作为等离子体中待测元素原子的激发源,其能量显著影响着 LIF 信号的强度。国内外多项研究表明,随着 LIF 激光能量的增大,LIF 信号强度先是近似线性地增强,然后逐渐趋向饱和[16,22,23]。当激光能量较小时,LIF 激光不足以激发等离子体中所有位于基态(或低能级)的待测元素原子;随着能量的增大,LIF 激光激发的待测元素原子数增加,信号强度呈近似线性增强的变化趋势;当 LIF 激光能量增大到一定程度,等离子体中所有目标原子都被激发时,LIF 信号强度达到饱和。此时进一步增大激光能量不仅不会提高 LIF 信号强度,反而会因激光能量的不稳定而引入更大的噪声波动,导致谱线 SNR 出现略微下降的趋势。因而实验中需选择合适的 LIF 激光能量,既保证激光能量足以激发所有待测元素原子,获得较大的 LIF 信号强度,又不会因激光能量过大而引入较大的光谱波动,从而保证良好的 SNR。

在 LIBS–LIF 技术中,LIBS 激光烧蚀样品产生等离子体。LIBS 激光能量大小决定了样品的烧蚀量,从而决定了等离子体中目标原子数量,进而影响光谱信号强度。国内外研究表明,在 LIF 激光能量已饱和、脉冲间延时固定的实验条件下,信号强度或 SNR 会随着 LIBS 激光能量的增大而增大[22]。当 LIBS 激光能量较小,特别是接近样品烧蚀阈值时,烧蚀出来的待测元素原子数少,因此 LIF 信号强度较弱;随着 LIBS 激光能量逐渐增大,烧蚀产生的待测元素原子数量增加,被 LIF 激光激发的原子数量也增加,从而使得 LIF 信号强度增加,同时 SNR 获得提升。一般而言,实验中的 LIBS 激光能量只要保证能够烧蚀样品产生等离子体即可,无须采用较大的激光能量。

除两束激光的能量外,两激光脉冲间的延时也是影响 LIF 光谱信号的重要因素。实验研究表明,在一般情况下 LIF 光谱信号随着脉冲间延时的增加,其强度呈现先增加至最大值,然后逐渐减小的变化规律[22]。出现这种变化规律的主要原因与激光诱导等离子体时间演化特性相关。由 LIBS–LIF 技术的原理可知,实验中 LIBS 激光先烧蚀样品产生等离子体,经过短暂延时后,LIF 激光再照射在等离子体上。当脉冲间延时较小时,等离子体处于初始阶段,其温度和电子数密度较大,等离子体中的大部分原子处于激发态或者被电离了,而处于基态的原子数量稀少,并且因为电子数密度及其运动速度较快,淬火碰撞概率也较大,由此导致 LIF 光谱信号较弱。随着脉冲延时增加,等离子体逐渐向外膨胀发展,使等离子体温度降低,基态和较低能级的原子数量增加,淬火碰撞率减小,导致更多基态(较低能级)的原子吸收 LIF 激光进而发出荧光光谱,从而提高了 LIF 光谱信号。然而,随着脉冲延时的进一步增加,LIF 激光与等离子体的相互作用效率降低,等离子体中基态原子被 LIF 激光激发的数量减少,导致 LIF 光谱信号减弱。值得注意的是,由于 LIBS 激光能量会影响等离子体状态,故而不同 LIBS 激光能量条件下的最佳脉冲间的延时会出现差别。通常情况下,越大的 LIBS 激光能量产生等离子体的初始温度越高,往往需要更长的时间让等离子体冷却到一定状态,以满足其内部基态原子数量最大的条件，这样才能获得良好的光谱信号。

18.3.4 LIBS–LIF 技术的应用及展望

基于 LIBS-LIF 技术高灵敏度测量的优点，国内外已开展了多项关于 LIBS–LIF 技术在痕量元素测量方面的研究，土壤中痕量重金属元素检测便是研究热点之一[14,16,23-25]。由于土壤中重金属元素如铅(Pb)、锑(Sb)、镉(Cd)等元素含量低，这些元素的特征谱线在 LIBS 中谱线强度微弱。而且土壤具有复杂的基体，主量元素特征谱线会对痕量元素特征谱线产生严重的干扰，传统 LIBS 测量土壤痕量元素的定量分析效果仍有待改善。图 18.10 展示了土壤样品的 LIBS 图，从图中可以看出，痕量元素 Pb 的特征谱线 Pb 405.78 nm 自身信号强度较弱，且明显受到其他谱线的干扰，在光谱中无法显示出明显的特征峰形状。图 18.11 则比较了土壤的 LIBS–LIF 光谱与 LIBS，基于 LIBS–LIF 技术选择性增强的特点，LIBS–LIF 技术不仅显著增强了 Pb 405.78 nm 谱线的强度，还有效消除了其他谱线如 Mn 405.89 nm 对它的干扰。LIBS–LIF 技术进一步提高了土壤中重金属元素检测效果，研究成果表明 LIBS–LIF 技术对土壤中的痕量重金属元素检测限(limit of detection, LOD)可达到 0.1ppm 数量级[16]，相比于 LIBS 的 LOD 有了显著提升。

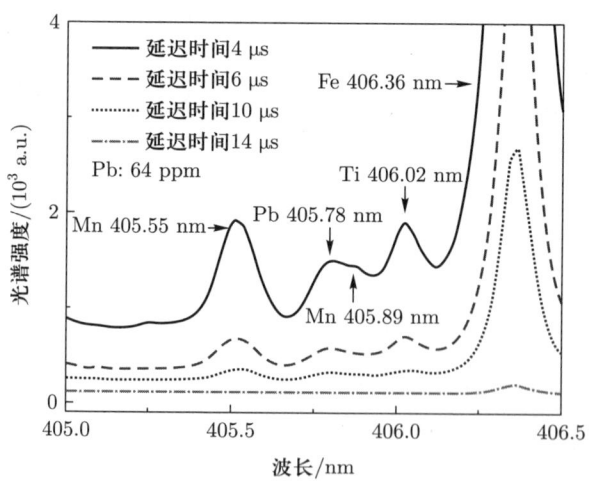

图 18.10　土壤的 LIBS 光谱[16]

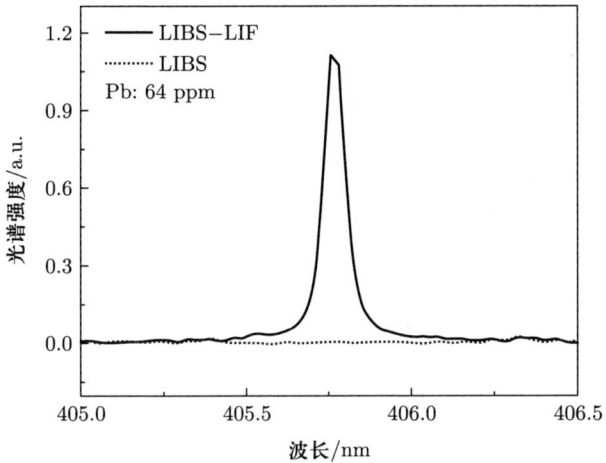

图 18.11　土壤的 LIBS–LIF 光谱与 LIBS 对比 [16]

除了用于土壤中重金属元素的检测外，LIBS–LIF 技术也被广泛应用于合金样品的痕量元素测量 [15,17-19,26-30]，例如合金中痕量元素 B 的测量。图 18.12 为在 LIBS 激光能量 10 mJ、LIF 激光能量 1.2 mJ、脉冲间延时为 4 μs 的实验条件下钢铁中痕量元素 B 的定标曲线以及光谱图。由图 18.12(a) 可知，LIBS–LIF 技术定量分析效果良好，特征谱线强度与元素含量之间具有良好的线性关系，定量分析模型交叉验证均方根误差 (root mean square error of corss validation, RMSECV) 仅为 5.3 ppm，测量准确度可满足实际应用需求。经计算 B 元素的 LOD 可达到 0.5 ppm，表现出较高的测量灵敏度。Li 等 [15,26,28,29] 针对 LIBS–LIF 技术测定合金中痕量元素的应用开展了多项研究，其内容主要包括：分别采用基于基态原子激发的 LIBS-LIF 方法和基于激发态原子激发的 LIBS–LIF 方法测量合金中钴元素，并对比两种方法的测量效果，结果表明基于基态原子激发的 LIBS–LIF 方法实际测量效果更佳；基于激发态原子激发的 LIBS–LIF 方法提高了 LIBS–LIF 对钢铁中铬 (Cr) 元素和镍 (Ni) 元素的激发效率，该方法为进一步改善 LIBS–LIF 分析性能提供了有效途径；采用 μLIBS–LIF 技术检测合金钢中痕量硅 (Si) 元素，结果表明该技术测量钢基体中 Si 元素 LOD 首次优于 10 μg/g；采用 LIBS–LIF 技术检测滑石陶瓷中的铝 (Al) 元素，研究了激光能量、激光器功率以及激光脉冲间隔 3 个实验变量的影响，结果表明 60 mJ 的激光能量和 4 μs 的激光脉冲间隔对荧光强度水平的提升最为有利，且该项研究提高了两种技术联用时光谱信号的稳定性，这证明了 LIBS-LIF 技术作为 LIBS 的一种改进形式对于陶瓷成分分析是可行且有效的。Li 等[30] 在建立 LIBS 及 LIBS-LIF 技术测量的定标曲线后，观察到相对吸收强度值较小、受激发过程中干扰较轻微的 Cr 谱线能够提供更准确的定量分析结果，这与理论推测是一致的。此外，对合金中其他痕量元素如 Pb、钇 (Y)、磷 (P) 等元素也开展了相关研究，结果表明，LIBS-LIF 技术可显著提高合金中痕量元素检测的灵敏度，LOD 均可低至亚 ppm 量级。

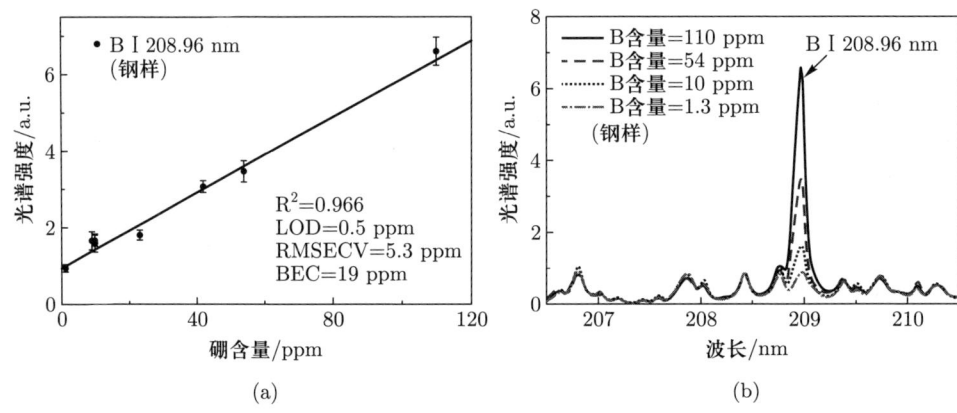

图 18.12 LIBS-LIF 技术测量镍基高温合金中 B 元素：(a) 定标曲线；(b) 光谱图[19]

在检测水体中重金属元素方面，李润华团队[31-33] 针对 LIBS-LIF 技术的应用进行了多项研究，具体阐述如下。杨宇翔[31] 基于木片吸附法，通过 LIBS-LIF 技术联用实现了水中 Pb 元素的高灵敏度检测分析，在最优的实验条件下得到水中 Pb 元素的定标曲线和最低 LOD (0.32 ppb)，达到国家生活饮用水标准的检测水平和水环境中痕量 Pb 元素分析的要求，较使用 LIBS 技术直接分析水中 Pb 元素的 LOD 提高了两个数量级，并可实际应用于对生活水样中 Pb 元素含量的分析检测。康娟[32] 提出了一种采用 LIBS-LIF 技术实现高空间分辨率的新方法，基于 LIBS-LIF 技术的高灵敏度检测以及两束激光共同激发的特点，首次实现了在亚微米空间分辨率下的铜合金表面 Pb 元素的微量分析。王亚蕊[33] 以木片作吸水基底将液体样品转化为固体样品，通过搭建 LIBS-LIF 实验系统对水中铜 (Cu) 元素和面粉中 Pb 元素作定量分析。在优化后的实验条件下建立了水中 Cu 元素的定标曲线，得到 LOD 为 3.6 ppb，相比于采用 LIBS 直接分析，探测灵敏度提高了 3 个数量级；采用压片法制备饼状面粉样品，采用较低能量的 266 nm 激光作为 LIBS 激光烧蚀源，在优化后的实验条件下建立面粉中 Pb 元素的定标曲线，得到 LOD 为 73.8 ppb，对未知样品分析的相对误差小于 4.07%，并讨论了采用多模光纤传输脉冲激光实现两激光束间的脉冲延时，从而实现了由一台 Nd: YAG 激光器搭建简化版的 LIBS-LIF 实验系统。

此外，在其他领域也有关于 LIBS-LIF 技术的诸多研究。例如，Zhu 等[34]应用 LIBS-LIF 技术测定了杜鹃花叶中的 Pb 元素，分别采用粉末法和固液固转化法进行样品制备。结果表明，Pb I 405.78 nm 这一谱线的信号显著增强。采用固液固转化法制备的 3 组样品，其 LOD 分别为 0.054 mg/kg、0.059 mg/kg、0.062 mg/kg，拟合度 (R^2) 为 0.997、0.996、0.997，其灵敏度和准确度略高于粉末法。两种方法的 RMSECV 值都较小，范围为 0.538~2.117 mg/kg，检测到的 3 种样品的 Pb 含量在 1.5~2.8 mg/kg。测量结果通过电感耦合等离子体发射光谱 (inductively coupled plasma optical emission spectrometer, ICP-OES) 技术得到了验证。Li 等[35]采用 LIBS-LIF 技术提高了矿石中铀的光谱强度并消除了其他光谱干扰，同时比较了 LIBS 和 LIBS-LIF 技术测定矿石中铀元素的分析性能，结果表明采用 LIBS-LIF 技术后所有指标都有显著改善，R^2、LOD、RMSECV、平均相对误差 (average relative error, ARE)、平均相对偏差 (average relative standard deviation, ARSD) 的值分别为 0.998、35 μg/g、0.05wt%、6.69%、6.37%。

综上，LIBS-LIF 技术通过对目标元素进行选择性激发，可以大幅提高分析的灵敏度，极大地拓展了 LIBS 技术在痕量元素检测领域的应用。随着 LIBS-LIF 技术的发展，该技术已经成为提高 LIBS 技术分析灵敏度最有效的方法之一。关于该技术的增强原理和定性分析方面的研究已经十分成熟，未来可以将研究重点集中于提高其定量分析的准确度和稳定性等方面。

18.4　LIBS 与红外光谱技术联用

18.4.1　红外光谱技术简介

红外光谱的测量原理是当一束红外光照射到物质时，物质内非谐振分子的振动会选择性地吸收部分红外光的能量，导致分子振动状态发生改变，红外光被选择性吸收后就产生携带有分子结构信息的红外光谱[36]。其中，分子吸收红外辐射从基态振动能级 ($n=0$) 跃迁至第一振动激发态 ($n=1$) 产生的吸收峰为基频峰，振动能级从基态跃迁到第二激发态 ($n=2$)、第三激发态 ($n=3$)……的吸收峰为倍频峰。除此之外，还有合频峰 ($n1+n2, n1+2n2, \cdots\cdots$)、差频峰 ($n1-n2, 2n1-n2$) 等。倍频峰、合频峰和差频峰统称为泛频峰[37]。根据对应的红外光谱区域，红外光谱通常可以分为：中红外 (mid infrared, MIR) 光谱技术和近红外 (near infrared, NIR) 光谱技术。MIR 对应的光谱范围为 2500~25000 nm (波数为 400~4000 cm^{-1})，物质在该范围内的吸收峰为基频峰、倍频峰或者合频峰；NIR 对应的光谱范围为 780~2500 nm (波数为 4000~12 820 cm^{-1})，NIR 光谱主要反映 C—H、O—H、N—H 等含氢基团的倍频和合频吸收。

在红外光谱检测技术中，主要有透射、漫反射和透反射 3 种检测方式[38,39]。红外透射光谱通常用于检测透明样品，当一束红外光透过样品时，样品会对不同波长的红外光选择性吸收，使透射光强度弱于入射光。而且不同波长的红外光衰减程度也会不同。对某一波长的红外光，透射光强度 I 和入射光强度 I_0 间的比值，用透射率 T 来表示，则根据朗伯-比尔定律[40]可以得到式 (18.1)：

$$T = I/I_0 = 10^{-\varepsilon LC} \tag{18.1}$$

式中，ε 为摩尔吸收系数；L 为透射光在样品中经历的光程；C 为样品中待测组分浓度。取透射率 T 的负对数来表示某一波长红外光的吸光度 A_{ab}，则式 (18.1) 可转换为

$$A_{ab} = \varepsilon LC \tag{18.2}$$

因此，红外透射的吸光度只与光透过的厚度以及待测组分的浓度有关，与入射光强度无关。在透射测量中，光程一般保持不变，每一波长红外光的吸光度只与待测组分的浓度成正比，这就是红外光谱透射检测技术实现定量分析的理论基础。

红外漫反射光谱通常用于检测不透明的样品，在采集红外漫反射光谱的过程中，红外光检测器通常会接收到两种反射回来的光，一种是入射光在物体表面发生镜面反射回来的光，这部分光没有被分子吸收，因而它不携带关于物质分子的结构组成信息；另一种反射光是射入物体表面或内部，被物体内分子选择性吸收后，光的传播方向不断发生变化，最后反射出物体表面而被检测器接

收的光，这部分漫反射光与物体内分子发生了相互作用，因此携带有物质分子的结构组成信息。在近红外光谱中，发生漫反射后的反射光强度和入射光强度的比例关系通常用漫反射率 R 表示，计算公式如式 (18.3) 所示[41]：

$$R = 1 + \frac{\varepsilon}{S} - \sqrt{\left(\frac{\varepsilon}{S}\right)^2 + 2\left(\frac{\varepsilon}{S}\right)} \tag{18.3}$$

式中，S 为物体的散射系数。式 (18.3) 适用于足够厚的物体 (一般要求大于 5 mm)，ε 和样品组分浓度成正比，所以在 S 不变的情况下，样品对红外光的漫反射率 R 与样品组分浓度呈比例关系。在红外漫反射光谱中，对漫反射率 R 的倒数取对数得到样品对入射光的吸光度为

$$A_{\text{ref}} = \lg(1/R) \tag{18.4}$$

由以上分析可知，当散射系数 S 固定时，样品对漫反射光的吸光度 A_{ref} 与样品中组分浓度存在比例关系，这是红外漫反射光谱进行定量分析的理论基础。

红外透反射光谱本质上属于透射光谱，入射光穿透样品后射到探头底部的反射镜上，经过反射后又再次透过样品，因而光程为样品厚度的两倍。与红外透射光谱相比，透反射光谱可以用插入式探头插入样品中直接测量。与其他传统检测技术相比，红外光谱技术具有分析速度快、制样简单、无污染、对样品无损、可实现在线分析等优点，在农业生产、食品安全、医疗制药、矿物化工等领域发挥着巨大作用[42-45]。

18.4.2 红外分析仪

红外分析仪一般由光学系统、机械系统、电子系统和计算机系统组成。其中，光学系统最为核心，一般由光源、分光器、固定样品附件以及检测器组成，如图 18.13 所示。

光源通常采用卤钨灯，它具有体积小、坚固耐用的优点。分光器有固定波长滤光片、光栅色散、快速傅里叶变换和声光可调滤光器 (acousto-optic tunable filter, AOTF) 4 种类型。固定波长滤光片型分光器主要用于专用分析仪器，通常装有多组滤光片以供选择，可以提高检测精度。光栅色散型分光器根据检测器不同可以分为扫描式和固定光路式两种。其中，最常用的是光栅扫描式，相应的检测器采用全息光栅、硫化铅 (PbS) 或其他光敏元件，仪器的 SNR 较高；然而

由于存在可动部件(光栅轴),持续高强度运行时可能造成磨损,从而影响采集光谱的可靠性,不适用于在线分析。快速傅里叶变换型仪器是目前红外分析仪的主导产品,具有分辨率高、扫描速度快等优点,但是同样存在移动性部件,对工作环境要求严格,针对这一缺陷,最新推出的傅里叶变换红外分析仪使用两个双折射棱镜使两束光产生相差,实现光的干涉,取代原来使用的干涉仪,从而移除了仪器中的移动性部件,降低了仪器对振动、温度、湿度的敏感性。AOTF 是一种新型分光器,它采用双折射晶体并通过调整射频频率来改变扫描的波长,由于 AOTF 型仪器具有无运动部件、扫描效率高、稳定性好等优点,特别适用于在线分析,检测器类型包括硅、PbS 和铟镓砷化物(InGaAs)3 种类型,硅检测器对可见光至 1100 nm 波段红外光高度敏感,具有检测快速、噪声低、体积小等优点;PbS 检测器检测速度较慢,但是它对 1100~2500 nm 波段红外光高度敏感而且具有较高的 SNR,所以使用比较广泛;InGaAs 检测器价格比较昂贵,但是它综合了硅检测器检测速度快、体积小和 PbS 检测器对 1100~2500 nm 波段红外光高度敏感的优点,所以 InGaAs 检测器的性能最好[46,47]。

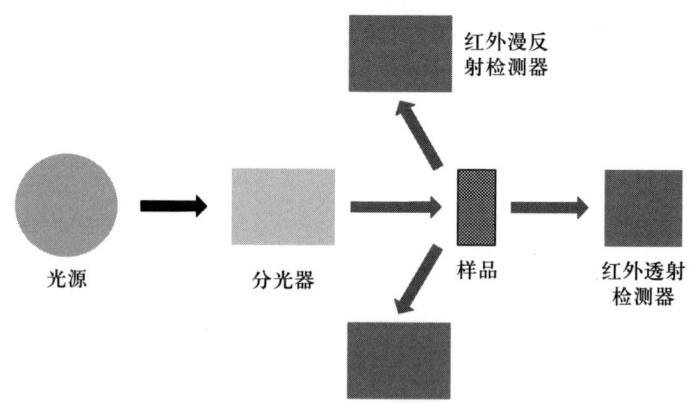

图 18.13　红外分析仪构成示意图 [46]

18.4.3　LIBS 与红外光谱联用的应用及展望

红外光谱携带物质的分子种类和浓度信息,而 LIBS 光谱则包含物质元素种类和浓度信息。物质组分通常是由物质中的组成元素按照一定的结构连接成的一种或者几种分子的集合,因此,LIBS 技术和红外光谱技术联用可同时获取物质的 LIBS 和红外光谱,再将两种光谱信息融合,利用两种光谱特性的优势互补来分析物质组分，与单一技术相比，对分析结果有显著的提升作用。Qin 等[48]基于煤质既和煤炭的元素组成相关又和分子结构相关的特点，利用 LIBS 光谱和傅里叶变换红外光谱 (fourier transform infrared spectroscopy，FTIR) 信息融合的方法提高了煤炭挥发分和发热量的定量分析精度，其分析流程如图 18.14 所示。

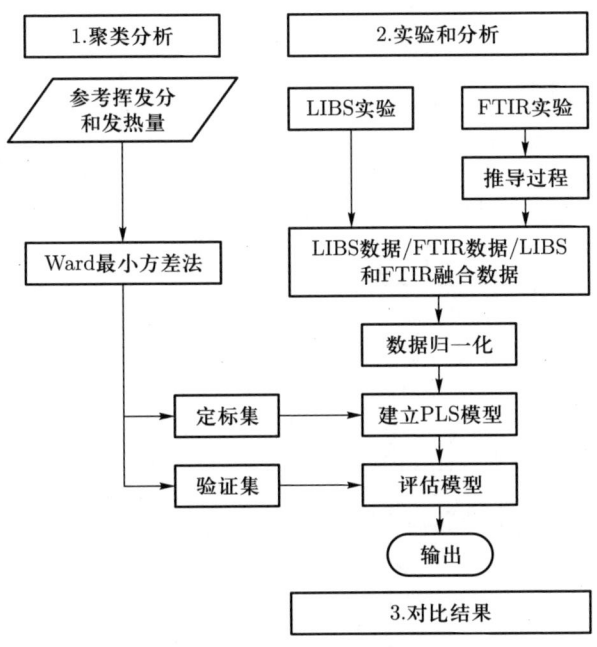

图 18.14　联用 LIBS 和 FTIR 分析煤质流程图[48]

首先，对用于实验的 47 个煤样进行聚类分析，并根据聚类分析结果确定用于训练模型的定标集和用于检验模型的验证集；然后，分别进行 LIBS 实验和 FTIR 中红外透射实验获得煤炭的 LIBS 和 FTIR 如图 18.15 所示。

为了降低 FTIR 的基线偏移和高频噪声对定量分析的影响，用基线校准、平滑和求二阶导数等方法对光谱进行预处理。此外，由于 LIBS 数据和 FTIR 数据量级相差较大，需要对两者作归一化处理，然后分别以归一化后的 LIBS 数据、FTIR 数据以及 LIBS 和 FTIR 融合 (LIBS&FTIR) 数据作为输入变量，采用偏最小二乘 (partial least square，PLS) 法对挥发分和发热量进行定量分析，并对比了 3 种不同输入变量对挥发分和发热量的分析结果，如图 18.16 和

图 18.17 所示。

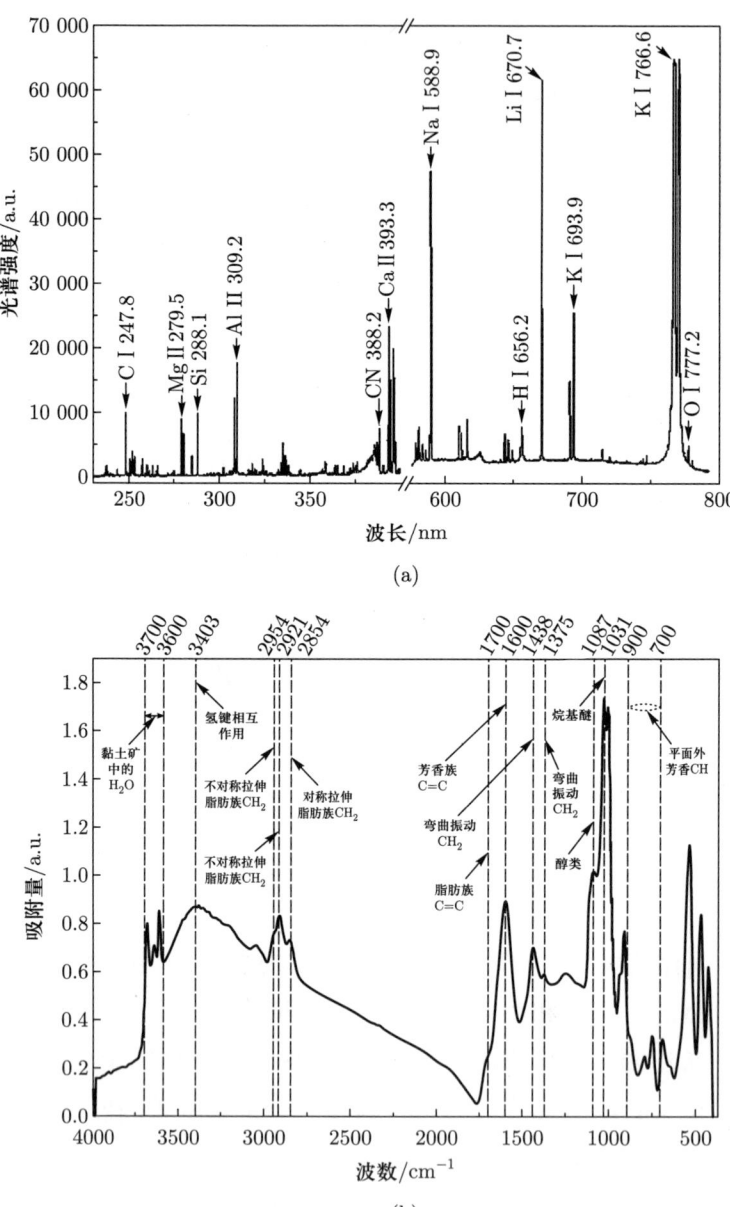

图 18.15 (a) 煤样 LIBS 图；(b) 煤样 FTIR 图[48]

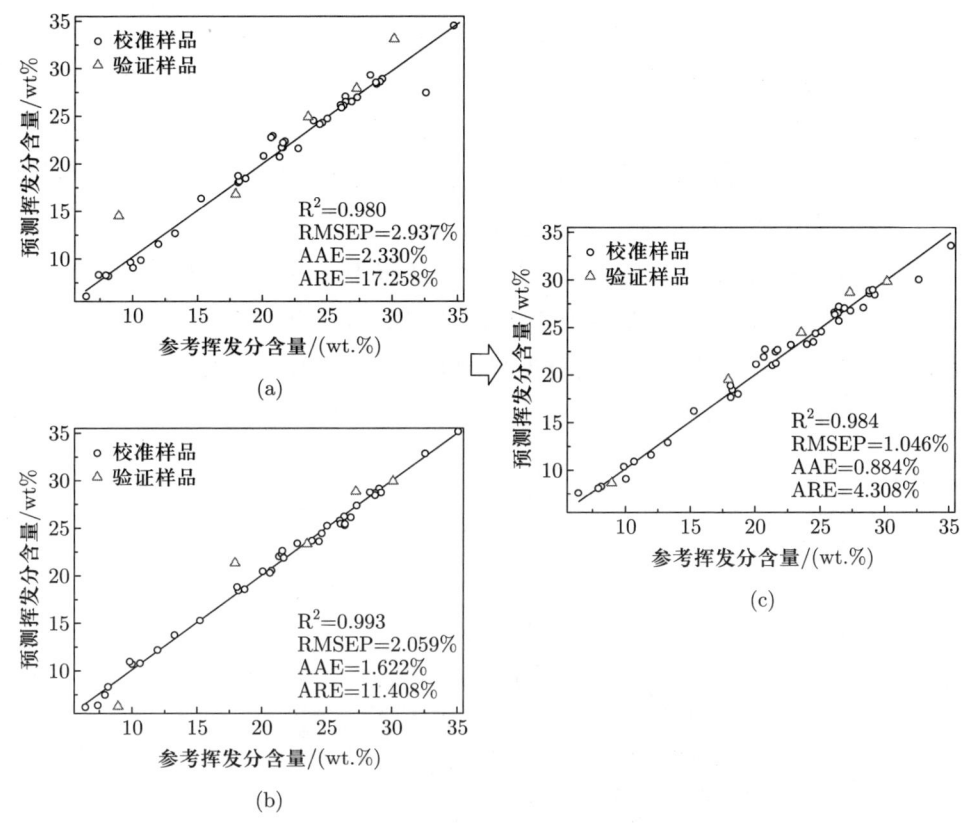

图 18.16 对比 3 种光谱数据对挥发分的定量分析结果[48]：
(a) FTIR; (b) LIBS; (c) LIBS&FTIR

表 18.1 则列出了 LIBS、FTIR 和 LIBS&FTIR 作为输入变量情况下，对挥发分和发热量定量分析结果的定标集的 R^2 以及验证集的预测均方根误差 (root mean square error of prediction, RMSEP)、平均绝对误差 (average absolute error, AAE) 和平均相对误差 (average relative error, ARE)。可以看出，LIBS 和 FTIR 光谱信息融合对煤炭挥发分和发热量的定量分析精度有显著提升作用，其中 RMSEP、AAE 和 ARE 均明显降低，验证了 LIBS 和 FTIR 光谱信息融合优化煤质分析的可行性。

Yao 等[49,50] 提出一种利用 LIBS 和近红外光谱 (near infrared spectroscopy, NIRS) 相结合的优化煤性质分析的方法。利用 LIBS、NIRS 以及 LIBS 和 NIRS 的光谱融合 (LIBS&NIRS) 数据作为输入变量，建立了基于 PLS 的煤质定量分析模型。通过测定系数 R^2、RMSEP、AAE 和 ARE，比较了基于不同光谱信息的定量分析模型的性能。结果表明，基于 LIBS 和 NIRS 的发热量和挥发分模型的预测性能最好，RMSEP 分别为 0.192 MJ/kg 和 0.672%。灰分含量的最佳分析结果来自基于 LIBS 光谱的模型，基于近红外光谱的模型则得到了最佳的水分含量分析结果。在此基础上，利用煤质指标与发热量之间的相关性，提出了利用煤质指标和光谱信息混合建模方法。将前述最优的灰分和水分预测结果与 LIBS 和 NIRS 的融合数据相结合，建立了发热量和挥发分的预测模型。实验表明，该方法对发热量和挥发分的检测有效，结果优于仅使用 LIBS 和近红外融合数据的传统方法。

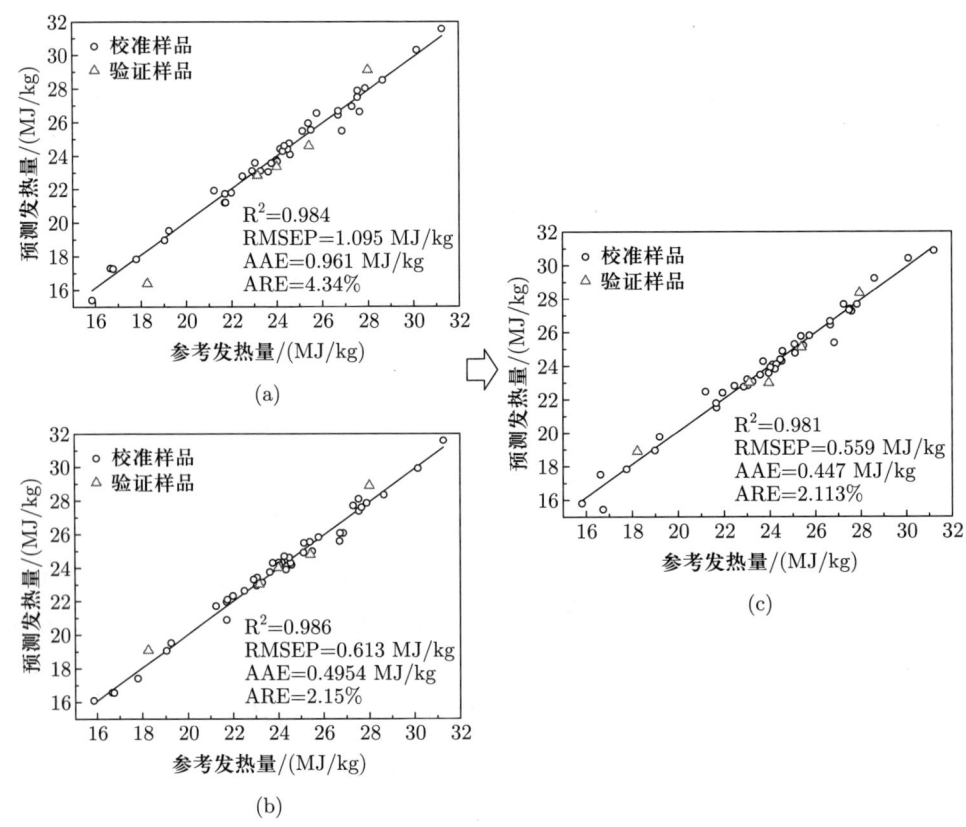

图 18.17 对比 3 种光谱数据对发热量的定量分析结果 [48]：(a) FTIR；(b) LIBS；(c) LIBS&FTIR

表 18.1　LIBS、FTIR 和 LIBS&FTIR 作为输入变量的挥发分和发热量定量分析结果 [48]

	输入变量	R^2	RMSEP/%	AAE/%	ARE/%
挥发分	FTIR	0.980	2.937	2.330	17.258
	LIBS	0.993	2.059	1.622	11.408
	LIBS&FTIR	0.984	1.046	0.884	4.308
发热量	FTIR	0.984	1.059	0.961	4.340
	LIBS	0.986	0.613	0.495	2.150
	LIBS&FTIR	0.981	0.559	0.447	2.113

在冶金工业领域，曾强[51]在 LIBS 技术与红外光谱测温技术的联合应用研究中，提出利用同一光学系统来实现冶金过程中元素成分和冶炼温度的同时在线检测，并设计搭建了两套光学测量系统。其一是基于同一探测光路的 LIBS-红外测温实验系统，该系统一方面对熔融钢样做成分和温度的实时测量，所得到的成分测量误差低于 10%，温度相对均方根误差低于 1%；另一方面对金属的熔蚀行为进行了监测，在固定冶炼温度 (1000 ℃) 下，检测溶解于液态铝中的铁 (Fe)、Mn、Cr 等元素的浓度变化。结果表明，相比于传统分析技术，LIBS-红外测温技术在线分析具有显著优势。其二是针对中频冶炼炉进行设计并搭建了基于 Schwarzschild 望远镜的 LIBS-红外测温接触式探测系统。该系统在铸铝现场进行了工业现场测试，初步实现了铝液成分及温度的同时在线检测。其中利用内标法获得的成分检测误差低于 6.25%，利用比色法获得的温度测量误差为 7.2%，相对标准偏差 (relative standard deviation，RSD) 为 0.8%，成分和温度测量精度水平基本能满足现场测量需求。Qiang 等[52]将近红外光谱仪添加到 LIBS 系统中。在这套联合系统中，LIBS 信号和温度信息由同一光学系统和光纤记录，可同时测量熔融金属的温度和元素含量。为验证系统性能，对熔融碳钢进行了检测，实测温度与商用高温计测得的温度一致性较好，相对均方根误差为 0.95%。Cr、Mn 成分检测的 RSD 低于 10%，这证明了 LIBS 系统联合红外光谱技术同时监测金属熔融过程中成分和温度变化的可行性。

在农业领域，赵明静[53]建立了一套 LIBS-MIR 光谱数据融合技术结合随机森林 (random forest，RF) 算法的土壤 pH 测定方法。饶刚福[54]提出了一种基于 LIBS-NIR 联合光谱的检测方法，结合一定的数据预处理方法和分类模型对脐橙受黄龙病的影响程度进行了鉴别。该 LIBS-NIR 联合光谱基于 LIBS、

NIR全谱数据，采用主成分分析(principal component analysis，PCA)分别结合Fisher判别分析(fisher discriminant analysis，FDA)模型和多层感知机神经网络(multilayer perception neural network，MLPNN)模型实现了对黄龙病脐橙叶片的准确识别。实验结果表明，LIBS-NIR联合光谱相较于单种光谱具有更好的识别效果，联合光谱结合PCA-MLP分类模型训练集准确率达到89.5%，预测集准确率达到95.7%，证明了这一光学测量方法在农作物病虫害检测中的潜力。

在中药材检测领域，Wang等[55]提出联用LIBS和红外光谱并结合RF算法进行数据融合以识别生长于不同地理区域的黄芪。首先，收集了19个黄芪样品的LIBS及红外光谱信息，结合一种基于PCA的无监督判别模型来进行黄芪样品鉴别，结果显示有3种黄芪样品无法被准确鉴别。为得到准确的鉴别结果，又采用了基于RF算法的监督判别模型对黄芪进行鉴别。结果表明，采用RF进行数据融合形成的预测模型优于采用单一的LIBS或红外光谱信息进行分析的预测性能。综合一系列实验结果，基于LIBS和红外光谱信息应用RF进行数据融合可以为黄芪鉴别提供一种快速且准确的方法。Sharma等[56]采用LIBS、FTIR和紫外可见(UV-VIS)光谱对姜黄(curcuma caesia)根茎进行研究，以了解其化学成分。其中，FTIR和UV-VIS光谱用于分子成分分析，LIBS用于元素分析。LIBS检测证明了根茎样品中钡(Ba)、Si、碳(C)、镁(Mg)和氯(Cl)等矿物元素的存在。

综上，一系列实验结果表明，相比于传统的检测方法，FTIR和LIBS联用在煤质分析和冶金工业等领域都可以获得更高的检测精度，在研究具有重要生物学意义的植物材料时，具备简便、准确以及微损等优势，有着广泛的应用前景。

18.5 LIBS与高光谱技术联用

18.5.1 高光谱技术简介

高光谱成像(hyperspectral imaging，HSI)技术是一种新兴的快速无损检测技术，结合了光谱技术和图像处理技术的优点，具有连续多波段、光谱分辨率高和图谱合一的特点。HSI技术可同时获取空间信息和光谱信息，高光谱图像由包含光谱信息的矢量像素以及二维空间信息构成。利用单个像素点的连续光谱信息可分析出相应的化学成分含量，从而生成化学成分含量分布图，实现空间上对样品多元化指标信息的定量可视化表达。鉴于快速无损检测、可视化的优点，HSI 技术已成功应用在众多农产品质量监控和分类中 [57-59]。

近年来提出的 LIBS 与 HSI 技术联用方法，将 LIBS 数据和高光谱数据融合，进一步提高了定量分析模型的准确性 [60-62]。LIBS 为原子发射光谱，光谱中的特征峰对应的是样品中的元素组成信息。而高光谱为可见光和近红外波段的有机物质化学键以及官能团对应的吸收光谱，反映的是样品中的物质组成。因此，LIBS 或高光谱单独用于定量分析时存在一定的局限性。对 LIBS 和高光谱数据进行光谱预处理、特征变量筛选和标准化等一系列处理，将两光谱数据有效融合，从而实现两者光谱信息相互补充，进而提高定量分析模型的准确性。

LIBS 与 HSI 技术联用的另一种重要方法是，LIBS 激光以扫描方式获取样品表面多个位置的 LIBS，形成 LIBS 高光谱图像 [63-65]。类似于一般高光谱图像，LIBS 高光谱图像也是一个三维的立方体，由二维空间信息和包含光谱信息的矢量像素构成，但是两者的区别在于一般高光谱图像上像素点的光谱为吸收光谱，而 LIBS 高光谱图像上像素点的光谱为 LIBS 光谱。因为 LIBS 高光谱图像仅含有 LIBS 一类光谱并且不涉及光谱数据融合，所以 LIBS 高光谱图像这种联用方法不同于 LIBS 与高光谱数据融合的联用方法。在 LIBS 高光谱图像中，通过对 LIBS 光谱数据预处理、特征变量筛选并结合 PCA，最终获得主成分的得分分布图和载荷因子图，进而分析出样品当中的元素分布或化学组成的空间分布信息。这种联用形式继承了 HSI 技术可实现每个像素点上含有一个光谱信息的特点，为 LIBS 分析样品化学组成空间分布提供了思路。

18.5.2 高光谱成像实验系统

一套典型的高光谱成像系统如图 18.18 所示，主要由光源、CCD 成像摄像机以及光谱仪构成。通常由一套对称布局的线光源持续提供稳定的光照并投射至样品表面，光照经样品吸收后，由样品表面反射，经过镜头进入光谱仪和 CCD 摄像机，由计算机分析处理获得高光谱数据。

实验采集到原始高光谱图像后，需要进行一系列图像处理，从而提取出光谱数据用于后续分析模型的建立 [57,66]。首先需要对原始高光谱图像校准，以消除外界光源、摄像机暗噪声等因素对图像准确性的影响。一般采用全白和全黑的标定图像进行校准，在相同实验参数下，对反射率为 99% 的标准白色校正板进行采样，获得全白标定图像 (W)，然后完全封闭镜头盖进行采样，获得全黑标定图像 (D)，根据式 (18.5) 对原始光谱图像 (R_0) 进行校准，获得校准后的高光谱图像 (R_{HSI})。

$$R_{\mathrm{HSI}} = (R_0 - D)/(W - D) \tag{18.5}$$

对校准后的高光谱图像去除背景，将图像转化为灰度图像，经过二值化处理和掩模处理后，得到去除背景的高光谱图像，保留待测区域的图像，从该区域中提取每个像素点的光谱数据，并求取平均光谱用于后续处理与分析。

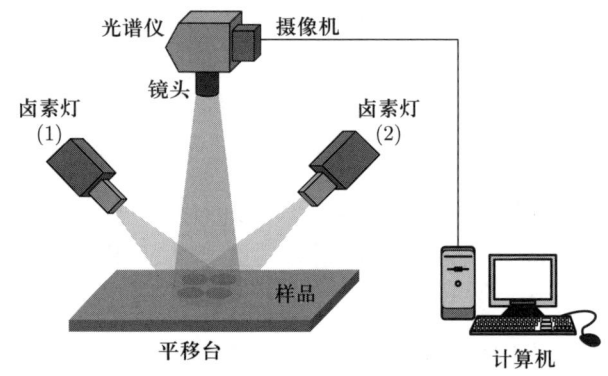

图 18.18　高光谱实验系统示意图 [57]

18.5.3　LIBS 与高光谱技术联用的应用及展望

LIBS 与高光谱联用的应用之一是将 LIBS 数据与高光谱数据融合以提高分析模型的准确性。LIBS 为原子光谱，高光谱为振动光谱，以两类光谱数据融合为输入变量所建立的分析模型可以从元素原子和分子键两个角度来反映样品的特征信息。但是，LIBS 和高光谱在光谱波长范围、特征峰形状等方面存在较大差异，实现两类光谱的有效融合是 LIBS 与高光谱联用首要解决的问题。通常的做法是先对光谱进行预处理，然后从两类光谱中提取出各自特征变量，经标准化后最终一起输入分析模型。

不论是 LIBS 还是高光谱，光谱预处理都是建立分析模型前非常重要的一步，通过合适的光谱预处理方法，可以减少原始光谱中因背景信息和杂散光干扰导致的噪声信号，进而提高分析模型的准确性。一般采用的降噪方法包括多元散射校正 (multiplicative scatter correction, MSC)、标准正态变量 (standard normal variate, SNV)、小波变换 (wavelet transform, WT) 和导数变换法等。采用不同的光谱预处理方法对分析模型准确性提升的效果存在差异，Yu 等[57]采用支持向量机 (support vector machine, SVM) 建立了分析模型，并对比了 SNV、MSC、Piece-wise MSC(PMSC)、一阶和二阶导数变换法对分析模型效果的影响。结果表明，PMSC 方法在上述 5 种光谱预处理方法中对模型分析性能提升效果最优。因此，选择合适的光谱预处理方法可有效提升分析模型的准确性。

  LIBS 和高光谱覆盖的波长范围较大，一般来说 LIBS 覆盖了 200~1000 nm 波段的光谱，而高光谱则覆盖了可见光波段与近红外波段，两者数据均具有较高维度。为了确保 LIBS 和 HSI 两类光谱的有效融合，需要合适的变量选择方法从中选择出最佳变量用于建立分析模型，从而简化模型计算并提高模型的准确性。Di 等[61]研究了 LIBS 和 HSI 融合技术快速检测水果中甲基托布津残留的可行性，采用 SNV 方法对光谱数据进行预处理，首先建立了以 LIBS 光谱、高光谱以及 LIBS–HSI 光谱为输入变量的偏最小二乘回归 (partial least squares regression, PLSR) 分析模型。对比结果表明采用单一 HSI 数据建模结果不如采用 LIBS 数据建模，而采用融合 LIBS 和 HSI 数据建立的模型具有更准确的预测结果。为进一步改善模型的预测结果，采用竞争自适应重加权采样 (competitive adaptive reweighted sampling, CARS) 从 LIBS 光谱和 LIBS–HSI 光谱数据中选择最优变量，并以这些最优变量建立了各自的 PLSR 分析模型。结果表明，使用最佳 LIBS 变量的 PLSR 模型预测结果反而不如使用全部 LIBS 变量的 PLSR 模型，而以最优 LIBS–HSI 变量输入的 PLSR 模型要优于全部 LIBS–HSI 变量输入的 PLSR 模型。叶蓝韩[60]用 LIBS 与高光谱融合技术研究了油菜鲜叶中重金属元素胁迫程度，分别采用 7 点平滑处理和基线校正方法对高光谱数据和 LIBS 数据进行处理，对两光谱全谱进行 PCA。根据 PCA 结果，高光谱数据选取前 4 个主成分，LIBS 数据选择前 9 个主成分。两者数据分别进行标准化处理后融合数据，并利用线性判别式分析方法对样品进行判别分析。根据建模集和预测集的分类结果可知，利用 LIBS–HSI 光谱数据对样品是否受重金属胁迫判别结果明显优于两种光谱单独进行分类时的结果，对不同重金属胁迫程度的判别结果又有了一定提升。由此可见，采用光谱预处理方法和适当的变量选择方法可以有效地将 LIBS 和高光谱数据融合，以 LIBS–HSI 光谱数据建立的分析模型结果要优于采用单一 LIBS 数据或高光谱数据的分析模型。

基于 LIBS 的高光谱图像分析样品中的元素分布也是 LIBS 与高光谱联用的应用之一。LIBS 的高光谱图像是由三维数据构成的图像，包含两个空间维度以及一个光谱维度，两个空间维度对应一个像素点，光谱维度对应的是像素点上的 LIBS。图 18.19 为 PCA 方法分析 LIBS 高光谱图像流程，首先 LIBS 高光谱图像展开为光谱数据矩阵，该矩阵经 PCA 后拆分为得分矩阵和载荷因子矩阵，再复原得到各个主成分的得分图和载荷因子图。

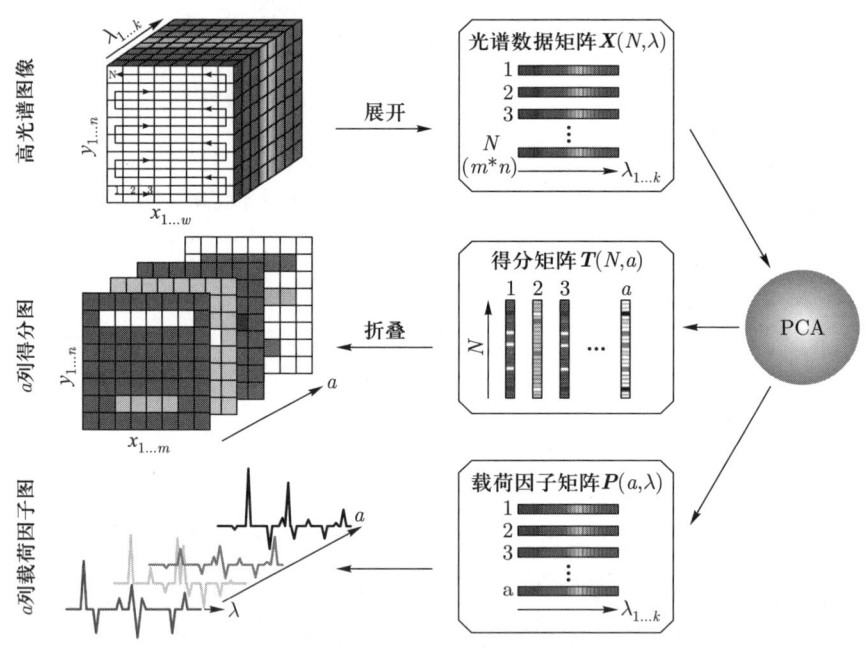

图 18.19　PCA 方法分析 LIBS 高光谱图像流程图[64] (参见书后彩图)

图 18.20 为 Moncayo 等[64]分析绿松石样品获得的得分图和载荷因子图。从绿松石样品化学组分来看，主要包含绿松石、黄铁矿和石英砂，其中绿松石含有 Al 和 Cu 元素，而黄铁矿中则含有 Fe 元素。图中 PC1 表示由 PCA 方法分析光谱数据所得的第一个主成分，其代表了总方差的 95.45%，即几乎所有原始数据的变化都由该主成分解释。从载荷因子图中可知，Fe 元素谱线对 PC1 的贡献为正，而 Al 元素和 Cu 元素谱线的贡献为负。因此根据载荷因子

和各像素点上 LIBS 计算得到的得分图中,得分高的区域 (橙色所示) 分布趋向于黄铁矿,而得分低的区域 (蓝色所示) 分布则趋向于绿松石。由此获得了样品中化学成分分布信息。

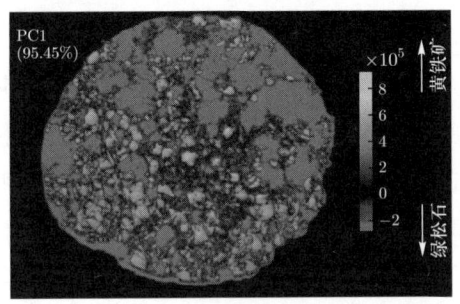 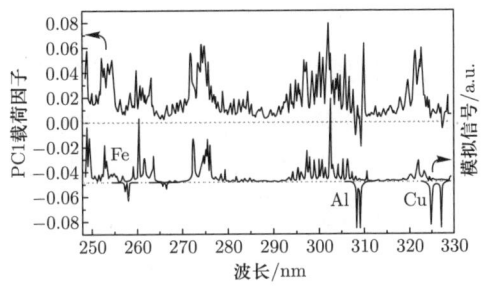

图 18.20　绿松石样品得分图与载荷因子图 [64] (参见书后彩图)

图 18.21 为 Speranca 等 [65] 分析粪化石样品中获得的得分图和载荷因子图。不同于 Moncayo 等采用全谱进行 PCA,实验中首先利用 PCA 方法从 LIBS 中选择出了 11 个元素的特征谱线作为变量,再通过 PCA 方法计算得分图和载荷因子图。类似地,从图中可以看出粪化石样品中的特征元素钙 (Ca)、P 和 Na 元素对 PC1 的贡献为负,因此得分图中得分低的区域 (蓝色所示) 分布的是粪化石样品;而岩石中特征元素 Al、Fe 和 Si 对 PC1 的贡献为正,因此得分高的区域 (黄色所示) 分布的是岩石样品。经同一样品的 ICP-OES 分析结果显示 Ca、P 和 Na 元素在粪化石中的含量要高于岩石中的含量,而 Al、Fe、钾

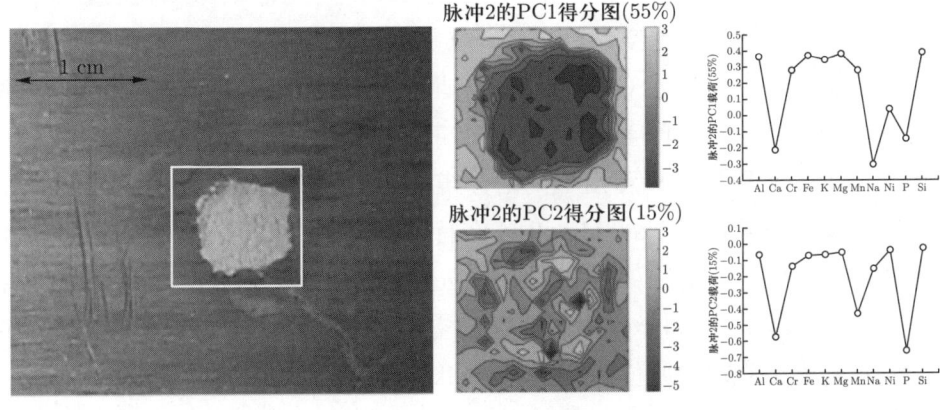

图 18.21　粪化石-岩石样品得分图与载荷因子图 [65] (参见书后彩图)

(K) 和 Mg 在岩石中的含量要高于粪化石中的含量。因此 LIBS 的高光谱分析结果与 ICP-OES 结果显示出相同的趋势。因此，LIBS 的高光谱图像可有效反映样品元素的分布情况，并且通过分析同一像素点上多次激发的 LIBS，可探究样品内部元素分布的变化规律。

此外，LIBS 与高光谱技术联用的研究还涉及很多其他领域。申婷婷[67]以水稻叶片为研究对象，通过高光谱成像技术和激光诱导击穿光谱技术的综合应用，探明了重金属 (Cd、Cu) 污染的不同胁迫浓度、生长周期对水稻叶片逆境生理信息和重金属积累的互作影响规律，建立了水稻叶片逆境生理 (AsA、GSH 和 FP 含量) 高光谱成像快速定量检测模型和分布可视化方法，系统研究了 3 种激光波长下 LIBS 最优系统参量，提出了基于氩气环境调控和热解处理的 LIBS 信号增强方法，构建了水稻叶片 Cd 和 Cu 等重金属检测的元素特征指数系统，实现了重金属早期胁迫逆境生理信息和重金属含量的快速定量检测。张贤龙[68]以野外水体污染物为研究对象，对其定性和定量分析方法做了探究，尝试引入加权组合和人工神经网络两种组合预测模型，将不同预测模型进行有效组合，从而提高水质参数反演的精度和效率。结果表明，相比于单一的基于 LIBS 特征峰基线面积、高光谱遥感影像和实测高光谱所构建的单一总磷总氮浓度估算模型，基于 LIBS 特征峰基线面积和高光谱遥感影像构建的组合预测模型，或是基于 LIBS 特征峰基线面积和实测高光谱构建的组合预测模型，均能有效提升总磷总氮浓度估算模型的预测精度，这证明了组合预测模型方法的可行性。组合模型在充分利用各个模型优势的同时，又能使预测误差最小化，预测模型更加平稳，适应性更强。Smith 等[69]通过 LIBS 高光谱成像来确定复杂样品中元素种类的二维和三维空间分布，研究了片剂中的微量元素种类，收集了 4 个成分复杂的不同片剂的 LIBS 光谱。结果显示片剂包衣中的 Ti 浓度均较高，Na、Mg 和 K 的丰度较低且各自相异。由于 Na、Mg 和 K 元素丰度的差异，采用 PCA 法时，4 种片剂显示出不同的分辨率。在片剂包衣处，采用二维 LIBS 高光谱成像方法得到了 Na、Mg 和 K 在特定的 x 和 y 区域内的空间分布。随后的三维 LIBS 高光谱成像进一步阐明了这些微量元素在片剂表面、片剂包衣处以及片剂内部 x、y 和 z 方向上完整的空间分布，完成了对每个片剂内的微量元素种类及其分布的原位深度剖析。Nikonow 等[70]为确定深成岩内所含矿物种类并得到定量分析结果，采用了一种光谱学综合分析方法，将能量色散 X

射线荧光(energy-dispersive X-ray fluorescence, EDXRF)光谱、LIBS 和 HSI 3 种技术结合在一起用于深成岩的岩相分析，分别得到化学、矿物学和结构方面的信息。尽管 3 种技术各自受到空间分辨率或元素检测灵敏度等的限制，但在其检测范围内依然提供了有价值的信息，且无需样品制备、测量时间短。研究结果表明，这是一种客观的、可重复性好且可量化的矿物学和岩相图像分析方法。

综上，LIBS 与高光谱联用技术具有快速、准确等优点，在生物检测以及矿物分析等领域有很好的应用前景。此外，LIBS 高光谱图像结合 PCA 等分析方法可有效获取样品中元素和化学组分的分布情况，进一步拓展了 LIBS 技术的应用。

18.6　LIBS 与火花诱导击穿光谱技术联用

18.6.1　火花诱导击穿光谱技术简介

火花诱导击穿光谱(spark induced breakdown spectroscopy, SIBS)是一种与 LIBS 类似的光谱分析技术，由传统火花光谱法发展而来。SIBS 技术利用高压脉冲电源在电极间形成强电场从而击穿空气，样品吸收放电能量后烧蚀气化。与激光作为激发源的光致电离不同，强电场形成的场致电离产生的初始电子可以在电场作用下加速撞击样品中的中性粒子产生新的电子。该过程不断重复形成雪崩式电离，在短时间内产生大量电离的粒子，最终形成电火花诱导击穿等离子体。同激光诱导等离子体一样，电火花诱导等离子体前期由韧致辐射和复合辐射形成的连续光谱占主导，后期由激发辐射形成的特征光谱占主导。但在电火花强电场的作用下，初始的自由电子更多，形成的等离子体更强。

SIBS 技术中的高压电源比 LIBS 中的激光器更简单、便宜，这使得 SIBS 系统比 LIBS 系统更经济、实用。但是 SIBS 技术也有其缺点，高电压和大电流火花放电产生的背景光很强，主要来源于韧致电子辐射和电极材料的原子辐射，放电的稳定性受样品表面粗糙度的影响，以及高电压和大电流的电源对于工作人员的危害很大等。

18.6.2　LIBS 与电火花诱导击穿光谱技术联用

考虑到 LIBS 和 SIBS 技术各自的特点，将 LIBS 与 SIBS 技术有机结合在一起，先用脉冲激光剥离待测样品，再用火花放电对激光等离子体进行进一步击穿和特征谱线的增强。将两种技术结合，一方面由两套实验装置来分别完成剥离样品和击穿等离子体，可以同时提高元素分析时的分析灵敏度和空间分辨率；另一方面可以同时降低对激光光源和高压电源相关性能的要求，进而降低了系统成本。此外，激光点火可以有效降低火花放电所需要的电压，降低了高压电源对人体的危害，提高了火花放电的稳定性；同时还可以将放电区间限制在一个很小的范围，有利于改善 SIBS 技术在样品分析上的空间分辨能力。

在 LIBS 与 SIBS 联用的光谱技术中，激光主要起到剥离样品兼点火的作用，而样品的进一步击穿和谱线增强主要由火花放电来完成，故一般称为激光烧蚀–火花诱导击穿光谱 (laser ablation–spark induced breakdown spectroscopy, LA–SIBS) 或激光点火辅助–火花诱导击穿光谱 (laser ignition assisted spark induced breakdown spectroscopy, LI–SIBS)。为方便起见，以下统称为 LA–SIBS 技术。

LA–SIBS 技术可显著增强等离子体中的原子发射强度，其增强机理主要包括等离子体的重新加热和电子碰撞激发概率的增加。首先，放电过程中等离子体有大量的电子注入，这些电子与等离子体中的原子或者其他物质高速碰撞，引发原子碰撞激发效应。第二，电脉冲的宽度可以达到几百个微秒且容易调整，而这对于调 Q 激光或者超快激光脉冲来说是不可能的。如果采用时间积分探测器，如 CCD 或者光子计数技术，宽的激发脉冲可以增强原子发射的时间积分强度。因此，与 LIBS 相比，LA–SIBS 技术在理论上可以获得更大的增强因子。如图 18.22 所示，在相同激光能量下对比二者对单质 Si 的激发效果，可以看出 LA–SIBS 技术能够获得远大于 LIBS 的谱线强度[71]。同时，如图 18.23 所示，LIBS 与 LA–SIBS 技术在同等条件下形成烧蚀坑的大小和形状相似，有放电火花和无放电火花时烧蚀坑的烧蚀量无显著差异。因此，信号的增强不能归因于烧蚀材料的增多。

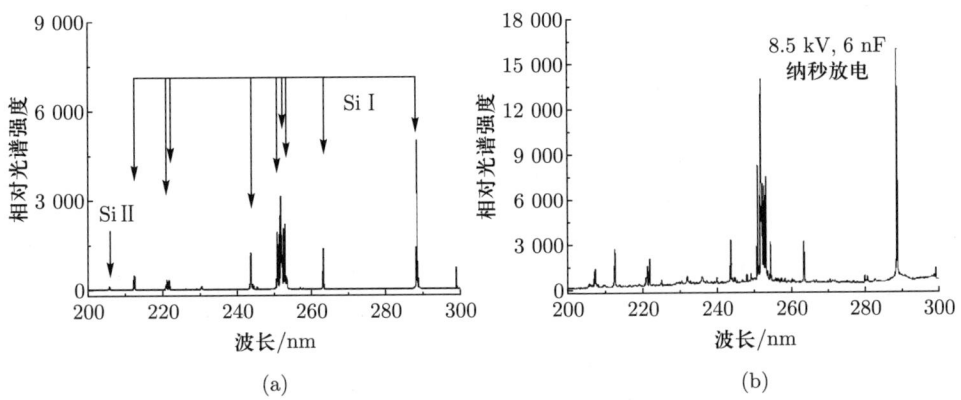

图 18.22 采用不同激发技术的硅等离子体发射光谱(两次测量激光能量相同)[71]：
(a) LIBS；(b) LA–SIBS

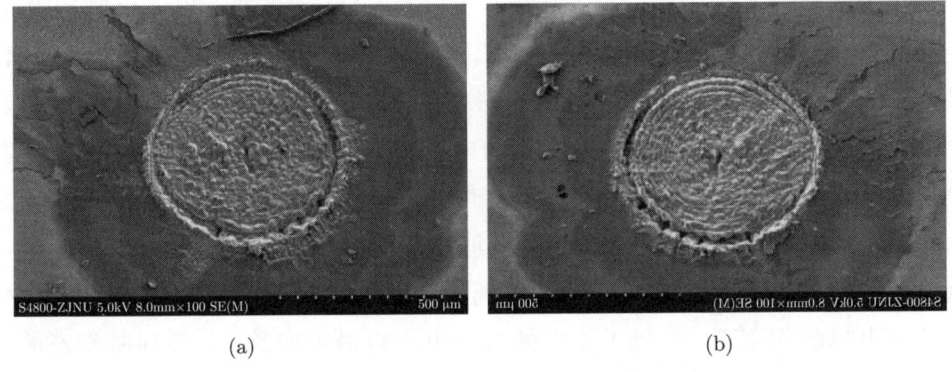

图 18.23 硅样品连续 50 次数据采集后烧蚀坑扫描电镜图像(两次测量激光能量相同)[72]：
(a) LIBS；(b) LA–SIBS

18.6.3 典型实验台架

一个典型 LA–SIBS 技术的台架如图 18.24 所示[73]。整个实验系统主要由 Nd: YAG 激光器、高压放电电路和收光系统组成。高压放电电路的主要组成有直流高压电源、高压二极管、电感、电容和两个放电电极。电极材料要求易获取、对待测元素无干扰且具有一定熔点及硬度，一般选择钨 (W)、Cu 等纯金属或铈钨等合金作为电极，电极间距一般不大于 5 mm，原因是电极间距太大会形成电弧，不利于等离子体稳定。将电极置于样品上方，与样品保持一定的距离以防止高压直接击穿样品表面。高压直流电源经高压二极管和电感与两个放电电极相连，在电极两端并联一个电容，电路负极接地。

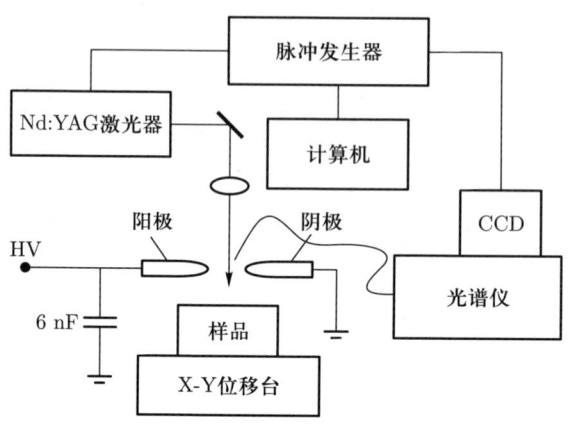

图 18.24 LA-SIBS 典型实验装置图 [73]

电容器通过二极管和电感充电，然后 Nd: YAG 激光器发出一束脉冲激光，经透镜垂直聚焦到样品表面，样品会被聚焦后的激光束烧蚀产生初始等离子体。等离子体从烧蚀点沿着激光方向迅速膨胀，一部分被电离的粒子进入两电极和烧蚀点之间的空隙。等离子体羽流中的电子和离子起着初始电离源的作用，其数量由于电子的雪崩效应迅速增加。这时已充电的电容器对两电极与烧蚀点之间的路径(电极–烧蚀点–电极)放电，膨胀中的等离子体羽流截断了电极与烧蚀点之间的路径，从而使放电能量沉积到等离子体中，并且重新加热等离子体。在外加电场的作用下，等离子体中的自由电子将做定向移动，并和激发态原子发生非弹性碰撞，增强已形成的激光等离子体。

18.6.4　LIBS 与电火花诱导击穿光谱技术联用的应用及展望

鉴于 LIBS 与 SIBS 技术结合能够极大地提升谱线强度，已有很多文献研究了 LA-SIBS 技术用于固体样品中元素的测量 [73-91]。其中，最为成熟的应用是土壤中痕量重金属元素的检测。如图 18.25 所示，经过火花放电增强后，光谱强度有了极大的提升，使许多 LIBS 技术无法检测到的谱线变得明显。

LIBS 光谱中很多原本强度很低的痕量元素谱线在 LA-SIBS 技术中得到了极大的增强，表 18.2 列出了放电电压为 11 kV 时，LA-SIBS 中一些谱线强度以及同样激光能量条件下 LIBS 中相同谱线的强度，并据此定义了增强因子为具有相同激光能量的 LA-SIBS 谱线强度与 LIBS 谱线强度的比值。可以看到，LIBS 中不明显的谱线均有较大增强 [73]。

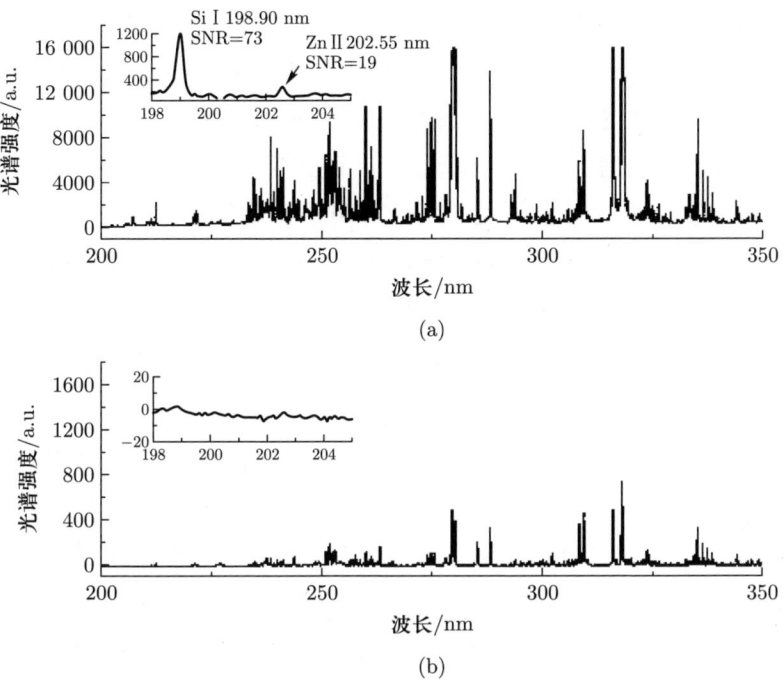

图 18.25 LA–SIBS 与 LIBS 谱线强度对比 (两次测量激光能量相同)[73]：
(a) LA–SIBS；(b) LIBS

表 18.2 LA–SIBS 对土壤样品中元素的增强效果 [73]

元素	波长/nm	强度		增强因子
		LIBS	LA–SIBS	
Fe(II)	238.20	66.2	7528.6	114
Fe(I)	248.33	40.1	1476.5	36.8
Pb(I)	283.31	16.6	637.5	38.5
As(I)	286.04	-	653.6	-
Co(I)	345.35	-	537.1	-
Ti(II)	334.94	333.6	9229.0	27.7
Sr(II)	407.77	750.5	12 695.0	16.9
V(I)	437.92	41.5	2066.4	49.8
Ba(II)	455.40	390.5	6267.0	7.5
Sr(I)	460.73	316.7	5717.0	18.1

在传统的 LIBS 或其他相关技术中，由于低占空比和连续背景的影响，等离

子体发射信号不能用锁定放大器处理，因此这些技术的分析灵敏度相对较低。Kang 等[86]开发了结合锁定信号检测的高重复频率激光烧蚀火花诱导击穿光谱技术。首先增加激光脉冲的重复频率，然后在火花放电的辅助下增强峰值强度、增加等离子体发射的持续时间，通过门控前置放大器减少连续背景对信号检测的影响，最后通过锁定放大器处理等离子体的发射信号。在实验上，成功地将 LA-SIBS 技术与锁定信号检测相结合，并应用于直接分析黄铜和铝合金样品中的微量元素。结果表明，黄铜中的 Pb 和 Al 元素，以及铝合金中的 Cr 和 Mn 元素的 LOD 分别为 112 ppb、178 ppb、235 ppb 和 202 ppb。与常规 LIBS 相比，该技术分析的灵敏度明显提高。

除了固体样品中重金属元素的检测，LA-SIBS 技术还被应用于水中重金属元素的检测。李关等[92]利用 LA-SIBS 技术对水中的汞元素进行测量。汞在激光等离子体中的辐射比较弱，主要原因有：① 在有氧的环境下，氧及其化合物对汞最强主分析线 253.65 nm 的上能级存在猝灭效应，降低了该波长下汞的原子辐射；② 在有氧的环境下，氧会降低等离子体的温度和电子的激发能，而对于汞 253.65 nm 的跃迁，电子激发截面在 4.5~6.5 eV 之间呈现出一个很窄的尖峰，电子激发能的微小降低会大幅降低其激发截面；③ 在激光等离子体中汞的复合速率远高于其他原子，传统的 LIBS 技术很难实现水环境中痕量汞的检测。但是用 LA-SIBS 技术搭配电沉积技术即可实现水环境中汞元素的高灵敏度检测。

图 18.26 给出了水溶液中的 Hg^{2+} 质量浓度为 10 mg/L，电脉冲相对激光脉冲延时为 10 μs 时，汞原子 (253.65 nm) 和背景 (254.2 nm) 辐射随时间演化的情况。可以看出，与 LIBS 产生的汞信号相比，在整个放电持续范围内，火花放电大幅增强了激光等离子体中汞原子的辐射强度，延长了其辐射时间，显著增强了汞的信号与背景之比。

图 18.27 是富集电压为 7.5 V，富集时间为 10 min 时从 LA-SIBS 信号 (时间积分强度) 中得到的 Hg 元素定标曲线，其中拟合参数为 $s = 897.7 \pm 12.7$，$a = 5.7 \pm 0.4$。通过此定标曲线可以采用相同的分析流程和实验条件来测定未知环境水样品中汞的信号强度，从而推算出其浓度，达到定量分析的目的。结果表明，LA-SIBS 技术能有效克服 LIBS 在水溶液汞含量测定中灵敏度低的缺陷。采用 LA-SIBS 技术时，Hg 元素的 LOD 为 1 μg/L。

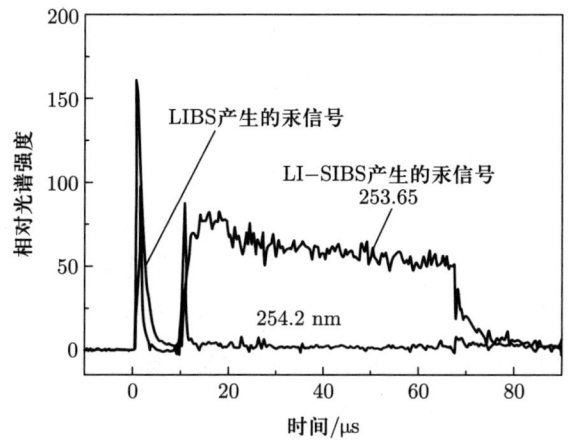

图 18.26 LA-SIBS 中汞原子和背景辐射的时域图 [92]

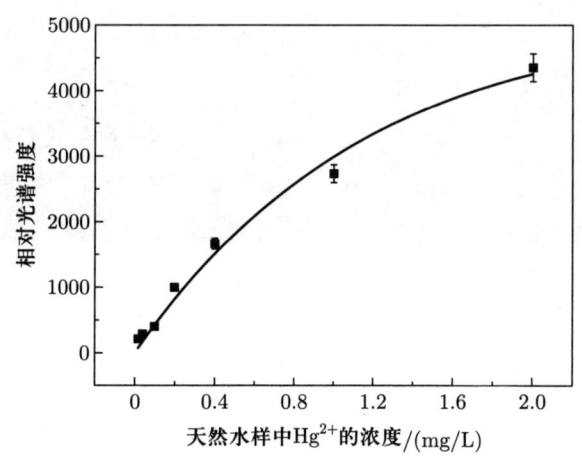

图 18.27 汞元素定标曲线 [92]

在 LA-SIBS 技术中，影响分析精度的因素众多，许多学者对此展开了深入研究。通常认为放电通道是影响样品表面分析灵敏度和横向分辨率的重要因素。为了研究这种因素的影响，Wang 等 [87] 采用门控脉冲高压电源作为火花放电的电源，研究了放电通道与高压脉冲、激光脉冲之间时间延迟的相关性。实验结果表明，在合适的激光脉冲能量和电极几何排布下，增加延迟时间可以将 V 型放电变为平行放电。在平行放电条件下，火花放电不会烧蚀新的样品表面，此时空间分辨率可以通过激光烧蚀确定。在 LA-SIBS 技术中实现平行放电有助于在不降低横向分辨率的情况下增强信号，这也适用于在低重复率和高重复率下运行的 LA-SIBS 系统，可以有效提高分析速度。

需要注意的是，SIBS 技术虽能够极大地增强 LIBS 的信号，但是火花与激光脉冲之间存在复杂的耦合关系，会导致等离子体形态差异在等离子体初始膨胀阶段被放电过程放大，造成光谱信号的不稳定。Hou 等[77]提出空间约束与 LA-SIBS 技术相结合提升 LA-SIBS 技术的效果，并与单纯的空间约束和 LA-SIBS 技术进行了比较。如图 18.28 所示，由于上述原因，仅使用火花放电增强时，等离子体形态比常规 LIBS 更加不稳定，信号的不确定性更大。同时可以看到，腔体约束可以稳定等离子体的形态及其膨胀过程。特别是图 18.28(c) 和图 18.28(d)，采用腔体约束后，放电过程和等离子体更加稳定，这可能是因为腔体约束减小了脉冲间空气电导率波动的作用。

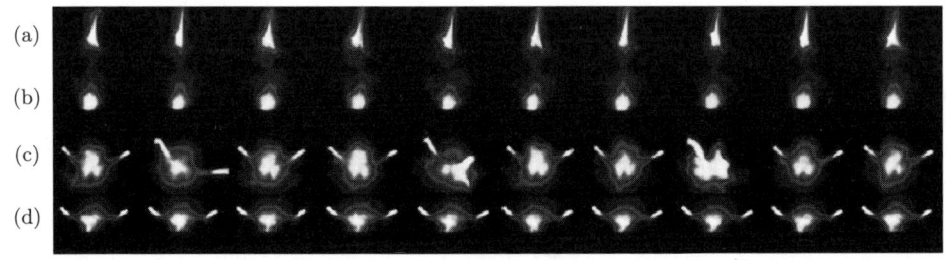

图 18.28 不同构型的等离子体图像：(a) 常规 LIBS；(b) LIBS 结合腔体约束；(c) LIBS 结合放电增强；(d) LIBS 结合腔体增强和放电。激光能量 =65 mJ，延迟时间 =1 μs，门宽 =1 ms[77]。（参见书后彩图）

空间约束能够显著提升激光诱导等离子体的温度，如图 18.29 所示。这是因为反射冲击波给等离子体增加了额外能量，进而增强了特征谱线强度。除此之外，将腔体约束与火花放电相结合，可以大大降低 LA-SIBS 脉冲间的 RSD 和谱线强度的波动性，增强信号的 SNR。因此，腔体约束对于 LA-SIBS 技术有着非常好的辅助作用。

综上，LIBS 和 SIBS 技术相结合可以很好地发挥二者的优势，增强光谱信号，在痕量元素检测领域有广阔的应用前景。此外，当使用高重复频率激光器作为激光光源时，LA-SIBS 技术可以很好地克服高重频激光脉冲能量较低的缺点，在提高分析速度的同时保证较高的分析灵敏度。在未来研究中，可探索 LA-SIBS 技术与其他光谱增强技术的配合，进一步提高分析速度以及分析灵敏度。

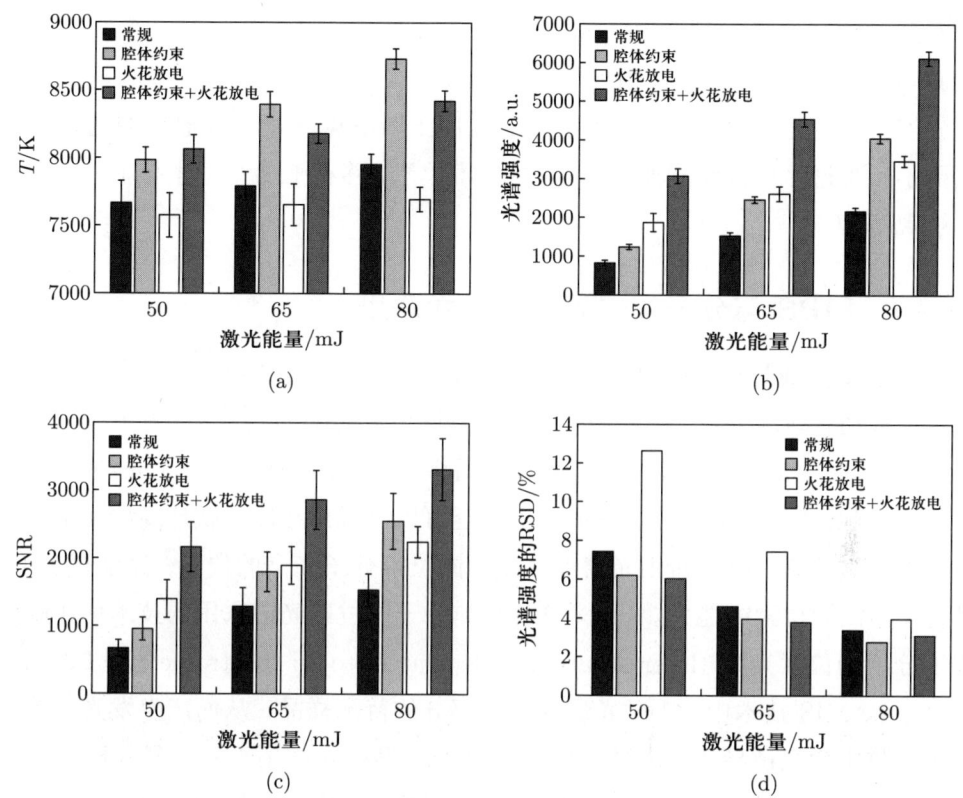

图 18.29 不同激光能量下的等离子体温度 (a)、C 193.09 nm 谱线强度 (b)、C 193.09 nm 谱线 SNR (c)、C 193.09 nm 谱线 RSD (d)[77]

18.7 LIBS 与分子同位素光谱技术联用

18.7.1 LIBS 检测同位素困境

同位素分析在医学、化学、材料科学、放射学、考古学和核物理等领域中不可或缺，同位素数据能够为解答这些学科研究和发展的基本问题提供依据。LIBS 技术能够在大气压力下进行多元素实时同步分析，且无需复杂的样品制备，因而可用于实验室或现场条件下的远程测量。然而，LIBS 一般不用于同位素检测，因为原子的同位素位移相对较小，并且斯塔克效应和多普勒效应会导致 LIBS 谱线变宽[93]。例如，硼 (B) 同位素 ^{10}B 和 ^{11}B 原子共振跃迁在 208.9 nm 处的同位素位移仅为 2.5 pm，而在典型的 LIBS 等离子体中，这条线的斯塔克展宽可能大于 100 pm。铀 (U) 同位素 ^{235}U 和 ^{238}U 在 424.4 nm 处离子发射线的同位素位移为 25 pm，钚 (Pu) 同位素 ^{239}Pu 和 ^{240}Pu 在 594.5 nm 处的同位素位移为 5 pm。由此可见，想要将 LIBS 用于同位素检测就需要更高分辨率的光谱。理论上，这些同位素位移比斯塔克展宽和其他类型的谱线展宽更小，因此大多数元素原子光谱中的同位素位移在 LIBS 发射光谱中根本无法被观测到。

18.7.2 LIBS 与分子同位素光谱技术联用

研究发现，同位素分子具有比原子大得多的同位素光谱位移。分子量子能级，特别是振动和转动分量，很大程度上取决于同位素之间的质量差。电子能主要由库仑场决定，对原子核质量的依赖性要小得多，而原子跃迁在本质上是纯电子的。因此，涉及振动和转动状态变化的分子跃迁可以表现出比原子跃迁高出几个数量级的同位素位移。故而通用光谱仪可测量同位素分子光谱的位移，这使得 LIBS 具备了检测同位素的能力。一般将 LIBS 与分子同位素光谱联用的技术称作激光烧蚀分子同位素光谱 (laser ablation molecular isotopic spectrometry，LAMIS) 法。在 LAMIS 技术中，用激光烧蚀一小部分的待测样品，从而产生发光的等离子体，收集激光诱导等离子体冷却阶段的分子发射光谱用于同位素分析。

LAMIS 技术可以将 LIBS 技术的优点扩展到同位素分析领域。适用于 LIBS 技术的分辨率适中的光谱仪，同样也适用于 LAMIS 技术，因此，可以在同一台仪器上完成元素和同位素的测量。LAMIS 技术是一种直接、快速测量激光等离子体发射光谱，并进行同位素分析的技术，无需样品制备，可以在空气或惰性缓冲气体中进行，并且能在常压下实时进行高分辨率的测量。基于以上优点，LAMIS 作为一种新兴的同位素检测方法得到了学者的重视。

18.7.3 典型实验台架

一个典型的 LAMIS 台架如图 18.30 所示[94]，与典型的 LIBS 台架基本一致，区别仅在于 LAMIS 技术测量的是分子光谱，故选取的收光延时与 LIBS 相比相对靠后。实验系统由脉冲激光器、光学镜片组件、光栅光谱仪、ICCD、三维移动平台及计算机组成。使用一台波长为 1064 nm、激光脉冲宽度为 4 ns 的 Nd:YAG 调 Q 脉冲激光器作为激光光源。激光器发出的脉冲激光经平凸透镜聚焦至样品表面，形成百微米直径的光斑并烧蚀样品产生等离子体，等离子体的光谱信号经过成像透镜导入光谱仪进行分光。实验一般采用高分辨率的光谱仪，配备不同刻度的光栅以满足不同检测波段和分辨率的需求。光谱仪侧边安装 ICCD 探测器以记录等离子体光谱信号进行探测成像。光谱仪和 ICCD 的探测结果通过数据线传输至计算机中进行后续分析处理。该系统中为研究等离子体空间分布加入了线阵光纤，采用传统光纤束和线性布置的光纤相结合，通过不同空间高度的光纤可以观察不同位置的等离子体。

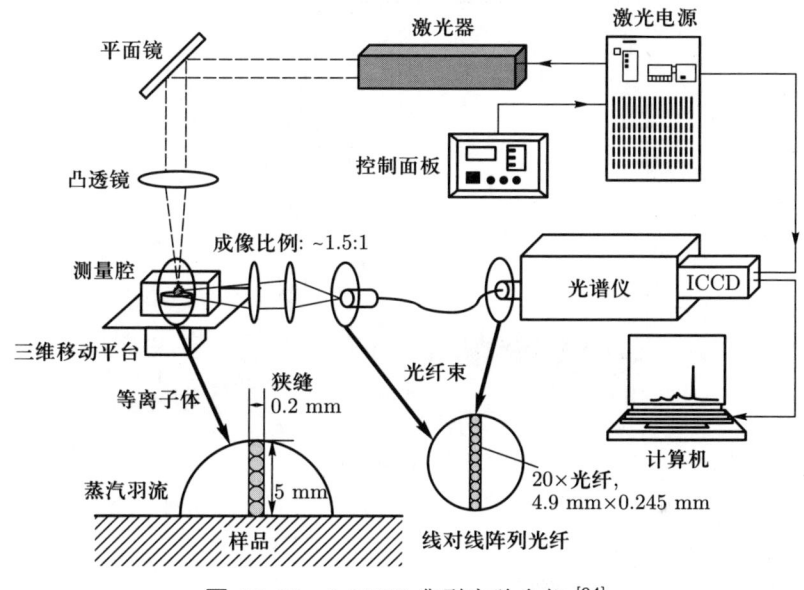

图 18.30 LAMIS 典型实验台架 [94]

18.7.4 LAMIS 技术的应用及展望

对于同位素分析而言，最重要的一个指标便是同位素丰度 (isotopic abundance)，又称同位素相对丰度，指的是自然界中存在的某一元素的各种同位素的相对含量 (以原子百分比计)。迄今为止，已经利用 LAMIS 技术实现了多种同位素的测量 [93-103]，通常可以利用多种方法对 LAMIS 光谱数据进行定量标定，得到同位素的丰度。一种常用的经验方法是测量一组已知丰度的标准样品的光谱，建立 PLSR 模型，实现光谱信息与样品同位素丰度的关联。将处理后的待测样品光谱代入该模型，即可得到待测样品中同位素的丰度。这种方法可降低烧蚀羽流中同位素分馏可能引起的误差。Bol'shakov 等 [95] 利用该方法建立了 C 同位素丰度的预测模型。利用 CN 分子带的 LAMIS 光谱结合多元 PLSR 方

法对固体样品中的 ^{13}C 进行定量分析。标准样品由癸酸的天然粉末和富含 ^{13}C 的粉末按不同比例混合制成。假设天然馏分中 ^{13}C 原子的含量为 1.07%，另外 5 个混合样品的含量则分别为 1.2%、1.5%、2.0%、5.0% 和 9.9%。用于分析的 CN 谱带如图 18.31(a) 所示。图 18.31(b) 中的误差棒对应于 10 次重复测量的标准偏差，从这些测量值重新计算的天然馏分中 ^{13}C 原子含量为 (1.09±0.14)%，RSD 为 12.8%。

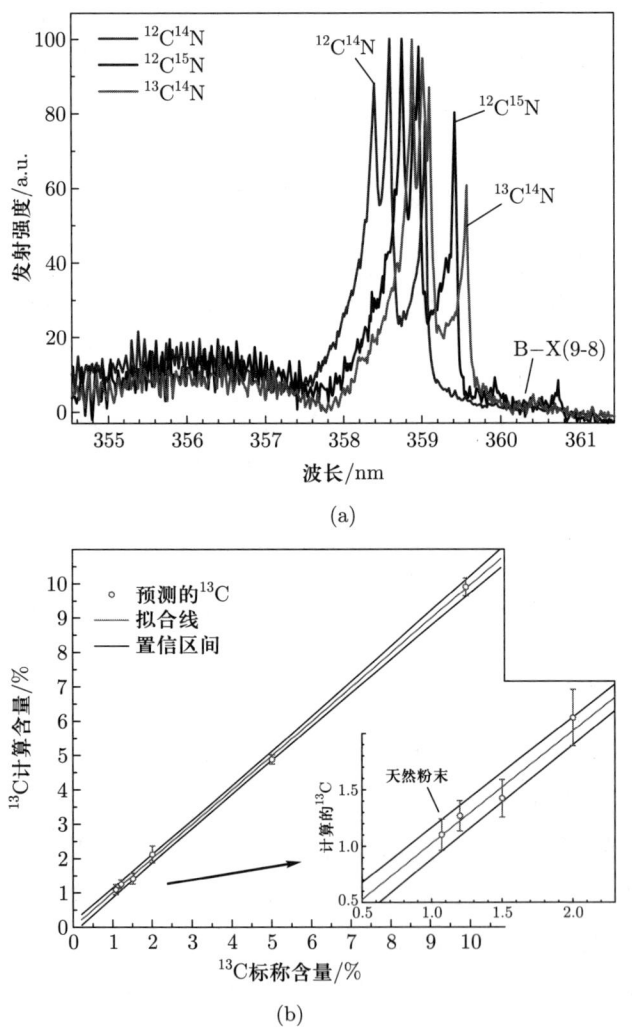

图 18.31 (a) 天然石墨和苯甲酰胺颗粒消融过程中形成的 CN 振动带 (B→X；$\Delta\nu = 1$)，门宽与延时分别为 40 μs、2 μs，光谱为 100 个激光脉冲平均所得；(b) 使用 CN 光谱带计算 ^{13}C 同位素含量所得 PLSR 模型 (95% 置信区间)[95]

Mao 等[96]同样利用激光烧蚀由 B 同位素组成的固体样品以定量测定 B 同位素的丰度。利用 $^{10}B_2O_3$ 和 $^{11}B_2O_3$(99% ^{10}B 和 95% ^{11}B) 这两种浓缩样品配制了几种混合物,并作为定量分析的标准样品。这些已知 B 同位素丰度的混合物为 $(^{10}B_{0.99}{}^{11}B_{0.01})_2O_3$, $(^{10}B_{0.8}{}^{11}B_{0.2})_2O_3$, $(^{10}B_{0.52}{}^{11}B_{0.48})_2O_3$ 和 $(^{10}B_{0.05}{}^{11}B_{0.95})_2O_3$。此外,天然同位素丰度 $(^{10}B_{0.2}{}^{11}B_{0.8})N$ 也被用作标准样品之一。图 18.32 所示为不同 B 同位素浓度样品的 BO 谱。

在使用 PLSR 时,考虑了 579~585 nm 波长区域内每个像素点的谱线强度。与单变量标定方法相比,这种多变量标定方法更加准确、可靠。最终结果如图 18.33 所示,其 R^2 达到了 0.999 3。随后采用激光烧蚀未知样品以采集其光谱,代入预先计算好的 PLS 系数矩阵,最终得到未知样品中的 ^{11}B 浓度,实现了对未知样品的测定。使用自然丰度 BN 样品作为"未知样品",收集 100 个光谱,最终经 PLS 预测得到的自然丰度 BN 样品中 ^{11}B 浓度为 (78±3.7)%,非常接近已知的平均同位素丰度 (80.2%)。总的来说,这种同位素测定方法是完全基于经验的,不需要模拟光谱或作出等离子体状态假设。

Dos Santos 等[97]采用 LAMIS 技术的 PLS 定量分析方法测定了富集尿素中的 ^{15}N 含量。浓缩尿素含有 ^{15}N,占总氮的 5%~98%,被广泛应用于农业研究。为了解和改善农作物对氮元素的吸收,需要更直接、更经济的方法替代传统的质谱法进行元素测定。结果表明,基于 LAMIS 技术的 PLS 多变量分析方法可以确定 5%~50%范围内的 ^{15}N 含量,RMSEP 等于 0.5% (以质量计算),比质谱法获得的参考结果更加精准。实验中所有 PLS 模型在测定富集尿素中 ^{15}N 含量方面均表现出优于单变量模型的性能,证明了多元分析方法在 LAMIS 的定量分析方面的优势。

LAMIS 技术应用的另一种定量方法是通过计算得到单一同位素分子的模拟光谱,在此基础上,通过改变不同同位素分子谱线强度比例,与实验所得发射光谱进行匹配。同位素比值作为拟合参数输入,由最佳拟合结果反演得到未知样品的同位素丰度。这种方法不需要已知同位素丰度的标准样品,但最终效果取决于计算过程中参数的选取和等离子体局域热平衡 (local thermal equilibrium, LTE) 的假设。对于单一同位素分子光谱的模拟,其具体方法如下所述[99]。

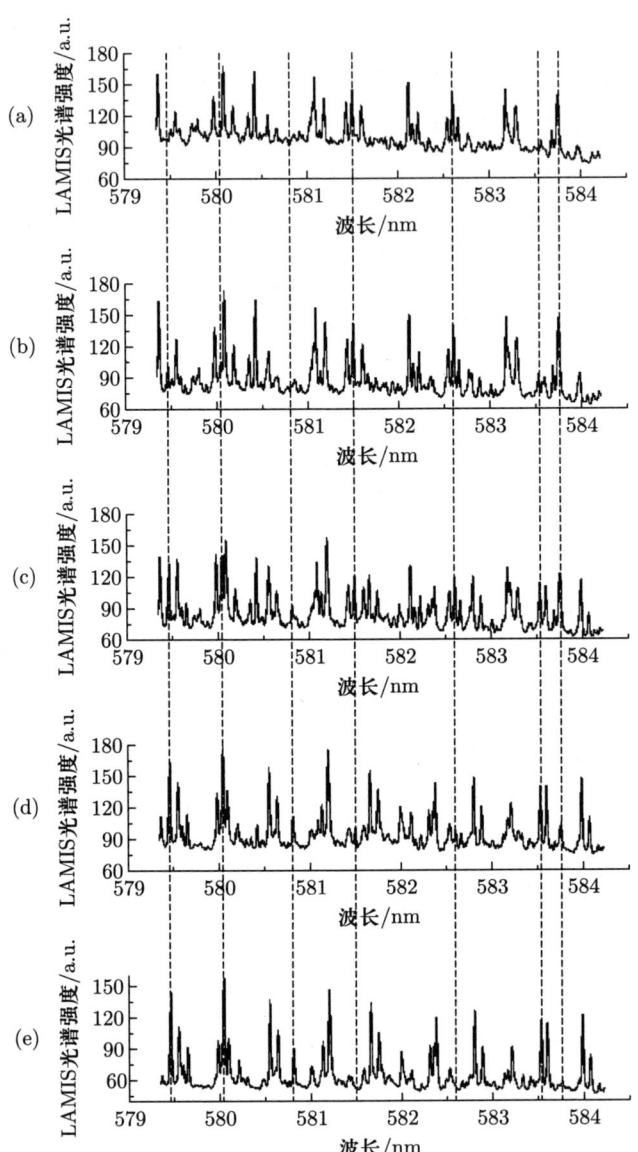

图 18.32 不同 B 同位素浓度样品的 BO 谱：(a) $^{10}B_{0.99}^{11}B_{0.01}O$；(b) $^{10}B_{0.8}^{11}B_{0.2}O$；(c) $^{10}B_{0.52}^{11}B_{0.48}O$；(d) $^{10}B_{0.2}^{11}B_{0.8}O$；(e) $^{10}B_{0.05}^{11}B_{0.95}O$。垂直虚线表示 ^{10}BO 和 ^{11}BO 光谱差异最为明显的波长位置 [96]

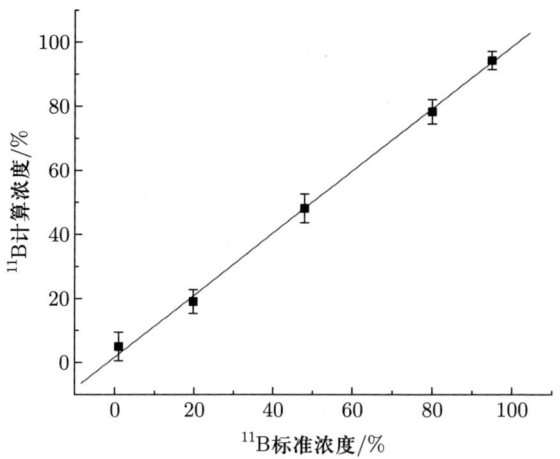

图 18.33 PLS 校准 LAMIS 光谱预测的 ^{11}B 浓度与参考样品中已知的 ^{11}B 参考浓度拟合[96]

正如前文所述，原子同位素的位移取决于跃迁，而分子同位素的位移涉及两种不同电子状态之间的旋转和振动能级：

$$v = T' - T'' = (T'_e - T''_e) + (G'_v - G''_v) + (F'_J - F''_J) \tag{18.6}$$

式中，单撇号代表上能级，双撇号代表下能级；T_e 是电子能量；G_v 代表振动能量；F_J 是转动能。G 和 F 的表达式可在参考文献 [102-104] 中找到。分子谱线发射强度是温度的函数：

$$I = C_{em}\frac{q_{v'v''}S_{J'J''}}{Qv'}\nu^4 e^{-E/k_B T} \tag{18.7}$$

式中，C_{em} 是发射系数；$q_{v'v''}$ 是 Franck–Condon 因子；$S_{J'J''}$ 是 Hönl–London 因子；Q 是配分函数；ν 是发射光频率；E 是上能级；k_B 是玻尔兹曼常数。

同位素间质量差异的影响主要表现为 G_v 和 F_J 对振动跃迁的影响，而 T_e 的影响则明显较小。因此，涉及振动和旋转状态变化的分子跃迁表现出比纯电子性质的原子跃迁更大的同位素位移。根据式 (18.6) 和 (18.7)，可以计算得到模拟光谱，然后将其与实验所得光谱进行拟合，进而计算得到同位素丰度。以 B 元素同位素为例，图 18.34(b) 中的黑色谱线为 BO 发生 $B^2\Sigma^+(v=0) \rightarrow X^2\Sigma^+(v=2)$ 转变时在 255~259 nm 波段的发射光谱。图 18.34(a) 中黑色光谱和红色光谱分别为通过式 (18.6) 和式 (18.7) 计算得到的 ^{11}BO 和 ^{10}BO 模拟发射光谱。采用

最小二乘法对 ^{11}BO 和 ^{10}BO 的实验光谱及计算光谱进行拟合。拟合结果表明，当实验所得光谱与计算所得光谱拟合效果最好时，^{10}B 的浓度为 20.2%，这与 ^{10}B 的自然丰度 19.8% 非常接近，证明了 LAMIS 技术在同位素检测上有较高的精度。

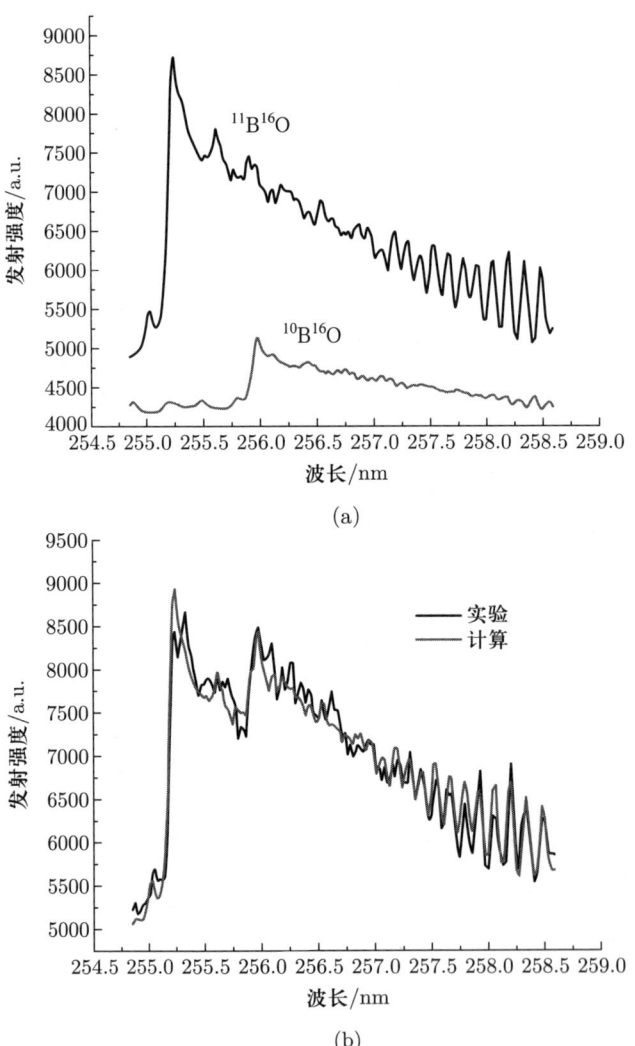

图 18.34 实验和模拟所得 BO 的发射光谱：(a) 黑色光谱和红色光谱分别代表 ^{11}BO 和 ^{10}BO 模拟所得发射光谱；(b) 黑色光谱表示从 100 个激光脉冲累加所得 B 的天然同位素丰度的测量光谱；红色光谱是图 (a) 中 ^{11}BO 和 ^{10}BO 模拟光谱拟合所得，最佳拟合结果条件下 ^{10}BO 的丰度为 20.24%，光谱分辨率为 70 pm[99]。(参见书后彩图)

目前，大部分有关 LAMIS 技术的研究使用的是纳秒激光器。与相同激光辐照下的纳秒烧蚀相比，飞秒烧蚀在较弱背景下产生的分子发射明显更强。除此以外，采用飞秒激光器可以显著减少样品的烧蚀量，同时减少了基体效应，提高了 LAMIS 技术的分析精度。最为重要的是，飞秒激光"光丝"和空气分子存在相互作用，因此在等离子体上部会形成细长的低空气密度区域。激光烧蚀等离子体可以部分或者全部进入该区域，从而使等离子体脱离样品表面，实现远程检测。在此基础上，研究者们提出一种用于实时同位素分析的遥感新技术：飞秒丝状诱导激光烧蚀分子同位素光谱 (femtosecond filament-induced laser ablation molecular isotopic spectrometry, F^2–LAMIS) 分析法 [105-107]。该技术结合了飞秒激光成丝和基于烧蚀的分子同位素光谱学，从而能够实现对样品的远距离同位素分析。结合上述第二种无需定标样品的定量分析方法，F^2–LAMIS 技术可实现真正意义上的远程定量分析。其实验装置原理图如图 18.35 所示。

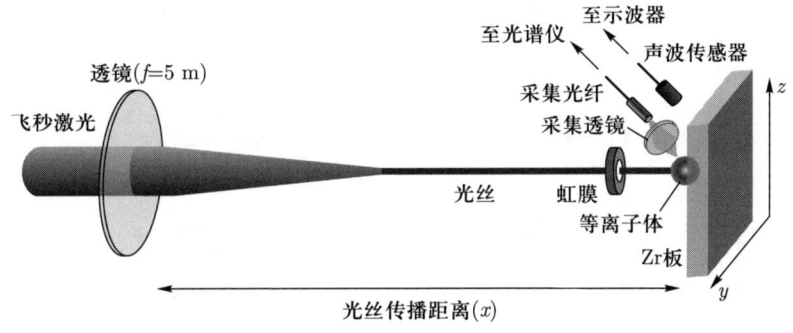

图 18.35 F^2–LAMIS 实验装置原理图 [105]

Hou 等 [105] 利用 F^2–LAMIS 技术对锆 (Zr) 样品中的同位素进行了定量分析，同时研究了不同丝束传播距离下的等离子体的分子和原子发射强度及其性质。Zr 金属为核工业中重要的金属元素，对 Zr 元素的同位素分析具有重要意义。Zr 元素具有 4 个稳定的同位素，分别为 ^{90}Zr、^{91}Zr、^{92}Zr、^{94}Zr，同位素丰度分别为 51.54%、11.22%、17.15%、17.38%。选用具有天然丰度的 Zr 样品进行试验，最终分析结果如图 18.36(a) 所示。图 18.36(b) 所展示的推导同位素比值分别为 ^{90}Zr/^{94}Zr、^{91}Zr/^{94}Zr 和 ^{92}Zr/^{94}Zr。由于分子谱结构复杂，实验选用的 (0, 0) 谱带对 (0, 1) 谱带存在干扰，实验测量结果和实际同位素丰度存在一定的偏差。虽然这些同位素比值偏离了样品的真实同位素组成，但每一个同位素比值基本不受丝状等离子体传播距离变化的影响，保持了一定水平的恒定。与其他分析技术一样，如果使用标准样品进行定标，可以得到更精确的定量分析。实验结果表明，长丝传播距离对定量分析的结果影响很小，证明 F^2–LAMIS 技术有潜力成为一种功能强大、用途广泛的远程同位素分析技术。

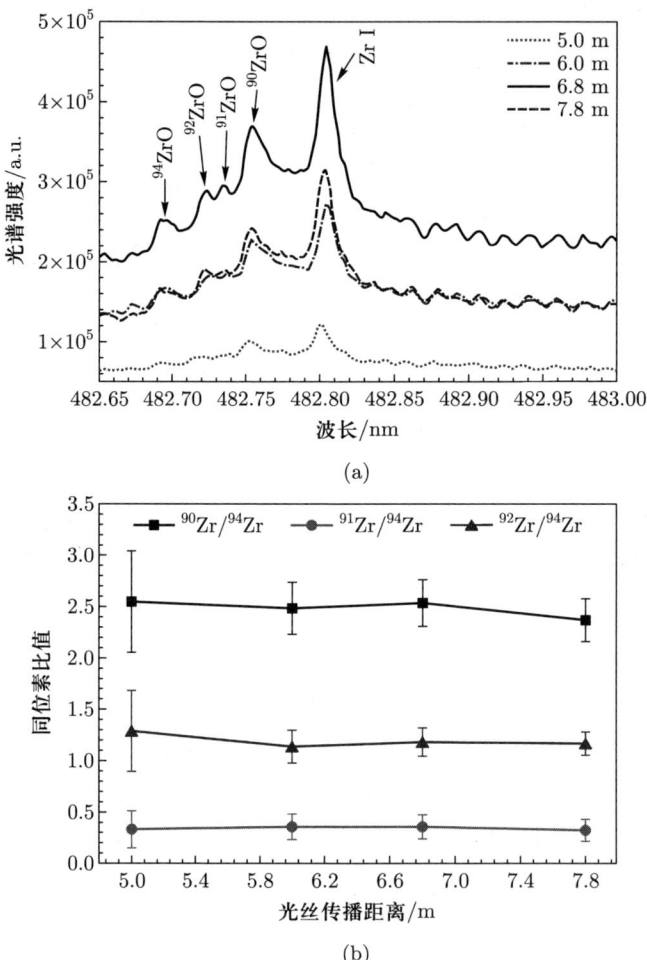

图 18.36　(a) ZrO $\alpha(0,1)$ 谱带 $d^3\Delta_3$-$a^3\Delta_3$ 在不同丝状等离子体传播距离上的典型光谱，ICCD 延迟 3 μs，门宽 20 μs。每个光谱为 500 次激发的平均光谱；(b) 推导的原子比分别为 $^{90}Zr/^{94}Zr$、$^{91}Zr/^{94}Zr$ 和 $^{92}Zr/^{94}Zr$。误差棒表示 10 个测量值的标准差[105]

LAMIS 技术的优点是可以快速、直接地对浓缩样品进行化学表征，具有良好的灵敏度和分辨率，并且使用该技术可以将实验人员与放射性样品隔离，保障实验人员的安全。LAMIS 技术通过利用不同同位素双原子分子的分子发射谱带具有较大位移的特点，可以更简单地对同位素发射峰进行分辨，虽然对于双原子分子中单同位素原子的选择有着苛刻的条件，并且有潜在的化学和光谱干扰，但这一技术的应用研究说明光谱法在同位素分析领域有很大的潜力，同时也为其他光谱方法分析同位素提供了重要的参考。对 LAMIS 技术的相关工作已经表明，通过寻找稳定的双原子分子可以拓展该技术的可分析元素种类，进一步拓展分子光谱同位素分析在金属同位素领域的应用。

18.8 本章小结

近年来，随着 LIBS 技术的不断发展，该技术已在多个领域得到了广泛的应用和研究，但是由于 LIBS 技术具有一些局限性，其难以满足不同领域的检测需求。将 LIBS 技术与其他技术联用，进而发挥各种技术的优势，成为一种新的趋势。例如，将 LIBS 和拉曼技术相结合，可以发挥 LIBS 的多元素检测能力和拉曼技术的分子层面检测能力，进而得到更加全面的物质成分信息。

LIBS 技术与其他技术的联用已经发展多年，在许多检测领域取得重大进展，但是一些联用技术系统较为复杂，目前仍然处于实验室阶段，所以如何提高技术联用系统的集成性是未来的一大研究方向。同时，在提高系统集成性时，如何保持 LIBS 与其他技术联用的稳定性与准确性也是急需考虑的问题。此外，将 LIBS 技术与其他技术联用之后，再结合一些信号增强技术，进一步提高检测的灵敏度，也是 LIBS 研究工作中一个重要的研究方向。总之，在满足不同领域具体检测需求的同时，充分发挥各种技术的优点，设计出最合理的检测系统，是目前 LIBS 与其他技术联用的主要发展方向，这样才能使检测技术更好地服务于实际需求。

参考文献

[1] Allen A, Angel S M. Miniature spatial heterodyne spectrometer for remote laser induced breakdown and Raman spectroscopy using Fresnel collection optics[J]. Spectrochimica Acta Part B: Atomic Spectroscopy, 2018, 149: 91-98.

[2] Shameem K M M, Choudhari K S, Bankapur A, et al. A hybrid LIBS-Raman system combined with chemometrics: an efficient tool for plastic identification and sorting[J].

Analytical and Bioanalytical Chemistry, 2017, 409(13): 3299–3308.

[3] Bi Y F, Zhang Y, Yan J W, et al. Classification and discrimination of minerals using laser induced breakdown spectroscopy and Raman spectroscopy[J]. Classification and Discrimination of Minerals Using Laser Induced Breakdown Spectroscopy and Raman Spectroscopy, 2015, 17(11): 923–927.

[4] Aaron S A, Harshini M, Rhonda E M, et al. Combined LIBS-Raman for remote detection and characterization of biological samples[J]. Biophysical Journal, 2015, 9328: 932811–932816.

[5] Syvilay D, Bai X S, Wilkie-Chancellier N, et al. Laser-induced emission, fluorescence and Raman hybrid setup: a versatile instrument to analyze materials from cultural heritage[J]. Spectrochimica Acta Part B: Atomic Spectroscopy, 2018, 140: 44–53.

[6] Yang J-H, Yoh J J. Reconstruction of chemical fingerprints from an individual's time-delayed, overlapped fingerprints via laser-induced breakdown spectrometry (LIBS) and Raman spectroscopy[J]. Microchemical Journal, 2018, 139: 386–393.

[7] 郭金家, 卢渊, 刘春昊, 等. Na_2SO_4 溶液激光拉曼/激光诱导击穿光谱联合探测 [J]. 光谱学与光谱分析, 2016, 36(1): 259–261.

[8] 刘春昊, 郭金家, 叶旺全, 等. LIBS-Raman 光谱联合水下探测系统及初步试验 [J]. 光谱学与光谱分析, 2018, 38(12): 3753–3757.

[9] 刘丰奎, 张翠, 黄志轩, 等. 基于多光谱特征融合技术的面粉掺杂定量分析方法 [J]. 分析测试学报, 2019, 38(4): 390–395.

[10] 陈庚胤, 张启航, 刘玉柱, 等. LIBS 和 Raman 光谱的 VOCs 在线探测 [J]. 光谱学与光谱分析, 2021, 41(9): 2729–2733.

[11] 袁汝俊, 万雄, 王泓鹏. 基于远程 LIBS-Raman 光谱的火星矿物成分分析方法研究 [J]. 光谱学与光谱分析. 2021, 041(004): 1265–1270.

[12] Kwong H S, Measures R M. Trace element laser microanalyzer with freedom from chemical matrix effect[J]. Analytical Chemistry, 1979, 51(3): 428–432.

[13] Measures R M, Kwong H S. Tablaser: trace (element) analyzer based on laser ablation and selectively excited radiation[J]. Applied Optics, 1979, 18(3): 281–286.

[14] Hilbk-Kortenbruck F, Noll R, Wintjens P, et al. Analysis of heavy metals in soils using laser-induced breakdown spectrometry combined with laser-induced fluorescence[J]. Spectrochimica Acta Part B: Atomic Spectroscopy, 2001, 56(6): 933–945.

[15] Li J, Guo L, Zhao N, et al. Determination of cobalt in low-alloy steels using laser-induced breakdown spectroscopy combined with laser-induced fluorescence[J]. Talanta, 2016, 151: 234–238.

[16] Yi R, Li J, Yang X, et al. Spectral interference elimination in soil analysis using laser-

induced breakdown spectroscopy assisted by laser-induced fluorescence[J]. Analytical Chemistry, 2017, 89(4): 2334–2337.

[17] Gornushkin I B, Baker S A, Smith B W, et al. Determination of lead in metallic reference materials by laser ablation combined with laser excited atomic fluorescence[J]. Spectrochimica Acta Part B: Atomic Spectroscopy, 1997, 52(11): 1653–1662.

[18] Shen X K, Wang H, Xie Z Q, et al. Detection of trace phosphorus in steel using laser-induced breakdown spectroscopy combined with laser-induced fluorescence[J]. Applied Optics, 2009, 48(13): 2551–2558.

[19] Li C, Hao Z, Zhou R, et al. Determinations of trace boron in superalloys and steels using laser-induced breakdown spectroscopy assisted with laser-induced fluorescence[J]. Optics Express, 2016, 24(8): 7850–7857.

[20] Godwal Y, Lui S L, Taschuk M T, et al. Determination of lead in water using laser ablation–laser induced fluorescence[J]. Spectrochimica Acta Part B: Atomic Spectroscopy, 2007, 62(12): 1443–1447.

[21] Lui S L, Godwal Y, Taschuk M T, et al. Detection of lead in water using laser-induced breakdown spectroscopy and laser-induced fluorescence[J]. Analytical Chemistry, 2008, 80(6): 1995–2000.

[22] Loudyi H, Rifaï K, Vidal F, et al. Improving laser-induced breakdown spectroscopy (LIBS) performance for iron and lead determination in aqueous solutions with laser-induced fluorescence (LIF)[J]. Journal of Analytical Atomic Spectrometry, 2009, 24(10): 1421–1428.

[23] Gao P, Yang P, Zhou R, et al. Determination of antimony in soil using laser-induced breakdown spectroscopy assisted with laser-induced fluorescence[J]. Applied Optics, 2018, 57(30): 8942–8946.

[24] Nicolodelli G, Marangoni B S, Villas-Boas P R, et al. Determination of Pb in soils by double-pulse laser-induced breakdown spectroscopy assisted by continuum wave-diode laser-induced fluorescence[J]. Applied Optics, 2018, 57(28): 8366–8372.

[25] Zhou R, Liu K, Tang Z, et al. Determination of micronutrient elements in soil using laser-induced breakdown spectroscopy assisted by laser-induced fluorescence[J]. Journal of Analytical Atomic Spectrometry, 2021, 36(3): 614–621.

[26] Li J, Hao Z, Zhao N, et al. Spatially selective excitation in laser-induced breakdown spectroscopy combined with laser-induced fluorescence[J]. Optics Express, 2017, 25(5): 4945–4951.

[27] Shen M, Hao Z Q, Li X Y, et al. Determination of yttrium in titanium alloys using laser-induced breakdown spectroscopy assisted with laser-induced fluorescence[J]. Journal of

Analytical Atomic Spectrometry, 2018, 33(4): 658–662.

[28] Li J, Xu M, Ma Q, et al. Sensitive determination of silicon contents in low-alloy steels using micro laser-induced breakdown spectroscopy assisted with laser-induced fluorescence[J]. Talanta, 2019, 194: 697–702.

[29] Zhao N, Lei D, Li J, et al. Experimental investigation of laser-induced breakdown spectroscopy assisted with laser-induced fluorescence for trace aluminum detection in steatite ceramics[J]. Applied Optics, 2019, 58(8): 1895–1899.

[30] Li J, Liu X, Li X, et al. Investigation of excitation interference in laser-induced breakdown spectroscopy assisted with laser-induced fluorescence for chromium determination in low-alloy steels[J]. Optics and Lasers in Engineering, 2020, 124: 105834.

[31] 杨宇翔. 水中痕量有害重金属的 LIBS-LIF 超灵敏检测 [D]. 广州：华南理工大学, 2018.

[32] 康娟. 基于激光剥离的物质元素高分辨高灵敏分析的新技术研究 [D]. 广州：华南理工大学, 2020.

[33] 王亚蕊. 基于新型等离子体光谱技术的物质元素高灵敏高准确分析 [D]. 广州：华南理工大学, 2021.

[34] Zhu C, Tang Z, Li Q, et al. Lead of detection in rhododendron leaves using laser-induced breakdown spectroscopy assisted by laser-induced fluorescence[J]. Science of the Total Environment, 2020, 738: 139402.

[35] Li Q, Zhang W, Tang Z, et al. Determination of uranium in ores using laser-induced breakdown spectroscopy combined with laser-induced fluorescence[J]. Journal of Analytical Atomic Spectrometry, 2020, 35(3): 626–631.

[36] 严衍禄. 近红外光谱分析基础与应用 [M]. 北京: 中国轻工业出版社, 2005.

[37] 常敏. 应用红外光谱技术进行牛奶成分检测的研究 [D]. 天津：天津大学, 2004.

[38] Chen Y, Zou C, Maria M, et al. Applications of micro-fourier transform infrared spectroscopy (FTIR) in the geological sciences-A review[J]. International Journal of Molecular Sciences, 2015, 16(12): 30223–30250.

[39] 张红光. 近红外光谱新型建模方法与应用基础研究 [D]. 杭州：浙江大学, 2015.

[40] 陆婉珍. 现代近红外光谱分析技术 [M]. 北京: 中国石化出版社, 2007.

[41] 蔡晨波. 近红外基础研究：在线分析、多组份分析和空间效应 [D]. 长沙：湖南大学, 2008.

[42] Nawrocka A, Krekora M, Niewiadomski Z, et al. FTIR studies of gluten matrix dehydration after fibre polysaccharide addition[J]. Food Chemistry, 2018, 252: 198–206.

[43] Madejová J. FTIR techniques in clay mineral studies[J]. Vibrational Spectroscopy, 2003, 31(1): 1–10.

[44] Ma Y, He H, Wang C, et al. Assessment of polysaccharides from mycelia of genus

Ganoderma by mid-infrared and near-infrared spectroscopy[J]. Scientific Reports, 2018, 8(1): 10.

[45] 严衍禄, 陈斌, 朱大洲. 近红外光谱分析的原理、技术与应用 [M]. 北京: 中国轻工业出版社, 2013: 303.

[46] Reich G. Near-infrared spectroscopy and imaging: basic principles and pharmaceutical applications[J]. Advanced Drug Delivery Reviews, 2005, 57(8): 1109–1143.

[47] 张宽. EXPEC 1230 便携式近红外分析仪设计及分析 [D]. 杭州: 浙江理工大学, 2018.

[48] Qin H, Lu Z, Yao S, et al. Combining laser-induced breakdown spectroscopy and Fourier-transform infrared spectroscopy for the analysis of coal properties[J]. Journal of Analytical Atomic Spectrometry, 2019, 34(2): 347–355.

[49] Yao S, Qin H, Wang Q, et al. Optimizing analysis of coal property using laser-induced breakdown and near-infrared reflectance spectroscopies[J]. Spectrochimica Acta Part A: Molecular and Biomolecular Spectroscopy, 2020, 239: 118492.

[50] Yao S, Qin H, Xu S, et al. Coal proximate analysis based on synergistic use of LIBS and NIRS[J]. Applied Spectroscopy, 2022, 43(2): 154–163.

[51] 曾静. 冶金成分和温度的在线检测联用技术研究 [D]. 合肥: 中国科学技术大学, 2019.

[52] Qiang Z, Congyuan P, Teng F, et al. Composition and temperature monitoring of molten metal by a combined LIBS-IR thermometry system[J]. Journal of Applied Spectroscopy, 2018, 85(5): 817–822.

[53] 赵明静. 基于 LIBS、MIR 及光谱数据融合技术结合随机森林的土壤 pH 快速测定方法研究 [D]. 西安: 西北大学, 2020.

[54] 饶刚福. 基于 LIBS-NIR 联合光谱的脐橙黄龙病鉴别研究 [D]. 南昌: 江西农业大学, 2019.

[55] Wang Y, Li M, Feng T, et al. Discrimination of Radix Astragali according to geographical regions by data fusion of laser induced breakdown spectroscopy (LIBS) and infrared spectroscopy (IR) combined with random forest (RF)[J]. Chinese Journal of Analytical Chemistry, 2022, 50(3): 100057.

[56] Sharma N, Khajuria Y, Sharma J, et al. Spectroscopic analysis of rhizomes of black turmeric (Curcuma caesia)[C]. National Conference on Recent Advances in Experimental and Theoretical Physics (RAETP), 2018.

[57] Yu Y, Yu H, Guo L, et al. Accuracy and stability improvement in detecting Wuchang rice adulteration by piece-wise multiplicative scatter correction in the hyperspectral imaging system[J]. Analytical Methods, 2018, 10(26): 3224–3231.

[58] Kamruzzaman M, Makino Y, Oshita S. Non-invasive analytical technology for the detection of contamination, adulteration, and authenticity of meat, poultry, and fish: a

review[J]. Analytica Chimica Acta, 2015, 853: 19–29.

[59] Eksi-Kocak H, Mentes-Yilmaz O, Boyaci I H. Detection of green pea adulteration in pistachio nut granules by using Raman hyperspectral imaging[J]. European Food Research and Technology, 2016, 242(2): 271–277.

[60] 叶蓝韩. 重金属胁迫下油菜生理指标变化和金属元素快速检测方法研究 [D]. 杭州: 浙江大学, 2018.

[61] Wu D, Meng L, Yang L, et al. Feasibility of laser-induced breakdown spectroscopy and hyperspectral imaging for rapid detection of thiophanate-methyl residue on mulberry fruit[J]. International Journal of Molecular Sciences, 2019, 20(8): 2017.

[62] Lin L Li M, Zhu M, et al. Combination of hyperspectral imaging and laser-induced breakdown spectroscopy for biomedical applications[C]//Conference on Lasers and Electro-Optics Pacific Rim (CLEO-PR), 2017.

[63] Carvalho R R V, Coelho J A O, Santos J M, et al. Laser-induced breakdown spectroscopy (LIBS) combined with hyperspectral imaging for the evaluation of printed circuit board composition[J]. Talanta, 2015, 134: 278–283.

[64] Moncayo S, Mousavipak N, Panczer G, et al. Exploration of megapixel hyperspectral LIBS images using principal component analysis[J]. Journal of Analytical Atomic Spectrometry, 2018, 33(2): 210–220.

[65] Sperança M A, De Aquino F W B, Lopez-Castillo A, et al. Application of laser-induced breakdown spectroscopy and hyperspectral images for direct evaluation of chemical elemental profiles of coprolites[J]. Geostandards and Geoanalytical Research, 2017, 41(2): 273–282.

[66] 杨东. 基于高光谱成像技术熟牛肉新鲜度快速检测方法研究 [D]. 沈阳: 沈阳农业大学, 2018.

[67] 申婷婷. 水稻叶片逆境胁迫生理与重金属信息快速检测方法研究 [D]. 杭州: 浙江大学, 2020.

[68] 张贤龙. 基于激光诱导击穿光谱和高光谱技术的水质指标定量研究 [D]. 乌鲁木齐: 新疆大学, 2019.

[69] Smith J P, Zou L, Liu Y, et al. Investigation of minor elemental species within tablets using in situ depth profiling via laser-induced breakdown spectroscopy hyperspectral imaging[J]. Spectrochimica Acta Part B: Atomic Spectroscopy, 2020, 165: 105769.

[70] Nikonow W, Rammlmair D, Meima J A, et al. Advanced mineral characterization and petrographic analysis by μ-EDXRF, LIBS, HSI and hyperspectral data merging[J]. Mineralogy and Petrology, 2019, 113(3): 417–431.

[71] Zhou W, Su X, Qian H, et al. Discharge character and optical emission in a laser

ablation nanosecond discharge enhanced silicon plasma[J]. Journal of Analytical Atomic Spectrometry, 2013, 28(5): 702–710.

[72] Zhou W, Li K, Shen Q, et al. Optical emission enhancement using laser ablation combined with fast pulse discharge[J]. Optics Express, 2010, 18(3): 2573–2578.

[73] Li K, Zhou W, Shen Q, et al. Laser ablation assisted spark induced breakdown spectroscopy on soil samples[J]. Journal of Analytical Atomic Spectrometry, 2010, 25(9): 1475–1481.

[74] Belkov M V, Burakov V S, De Giacomo A, et al. Comparison of two laser-induced breakdown spectroscopy techniques for total carbon measurement in soils[J]. Spectrochimica Acta Part B: Atomic Spectroscopy, 2009, 64(9): 899–904.

[75] Doucet F R, Belliveau T F, Fortier J L, et al. Comparative study of laser induced plasma spectroscopy and spark-optical emission spectroscopy for quantitative analysis of aluminium alloys[J]. Journal of Analytical Atomic Spectrometry, 2004, 19(4): 499–501.

[76] He X, Dong B, Chen Y, et al. Analysis of magnesium and copper in aluminum alloys with high repetition rate laser-ablation spark-induced breakdown spectroscopy[J]. Spectrochimica Acta Part B: Atomic Spectroscopy, 2018, 141: 34–43.

[77] Hou Z, Wang Z, Ni W, et al. Combination of cylindrical confinement and spark discharge for signal improvement using laser induced breakdown spectroscopy[J]. Optics Express, 2014, 22(11): 12909–12914.

[78] Li X, Zhou W, Li K, et al. Laser ablation fast pulse discharge plasma spectroscopy analysis of Pb, Mg and Sn in soil[J]. Optics Communications, 2012, 285(1): 54–58.

[79] Sobral H, Robledo-Martinez A. Signal enhancement in laser-induced breakdown spectroscopy using fast square-pulse discharges[J]. Spectrochimica Acta Part B: Atomic Spectroscopy, 2016, 124: 67–73.

[80] Zhou W, Li K, Li X, et al. Development of a nanosecond discharge-enhanced laser plasma spectroscopy[J]. Optics Letters, 2011, 36(15): 2961–2963.

[81] Kang J, Chen Y, Li R. Calibration-free elemental analysis combined with high repetition rate laser-ablation spark-induced breakdown spectroscopy[J]. Spectrochimica Acta Part B: Atomic Spectroscopy, 2019, 161: 105711.

[82] He X, Li R, Wang F. Elemental analysis of copper alloy by high repetition rate LA-SIBS using compact fiber spectrometer[J]. Plasma Science and Technology, 2019, 21(3): 034005.

[83] Wang Y, Chen Y, Li R, et al. Quantitative elemental analysis of aluminum alloys with one-point calibration high repetition rate laser-ablation spark-induced breakdown

spectroscopy[J]. Journal of Analytical Atomic Spectrometry, 2021, 36(2): 314–321.

[84] Gao J, Kang J, Li R, et al. Application of calibration-free high repetition rate laser-ablation spark-induced breakdown spectroscopy for the quantitative elemental analysis of a silver alloy[J]. Applied Optics, 2020, 59(13): 4091–4096.

[85] He X, Li R, Chen Y. Application of fiber optic high repetition rate laser-ablation spark-induced breakdown spectroscopy on the elemental analysis of aluminum alloys[J]. Applied Optics, 2019, 58(31): 8522–8528.

[86] Kang J, Jiang Y, Li R, et al. Sensitive elemental analysis with high repetition rate laser-ablation spark-induced breakdown spectroscopy combined with lock-in signal detection[J]. Spectrochimica Acta Part B: Atomic Spectroscopy, 2019, 155: 50–55.

[87] Wang Y, Jiang Y, He X, et al. Triggered parallel discharge in laser-ablation spark-induced breakdown spectroscopy and studies on its analytical performance for aluminum and brass samples[J]. Spectrochimica Acta Part B: Atomic Spectroscopy, 2018, 150: 9–17.

[88] 李科学, 周卫东, 钱惠国, 等. 激光消融-快脉冲放电等离子体光谱定量检测铝合金中元素 [J]. 激光与光电子学进展, 2012, 49(1): 133–136.

[89] 彭飞飞, 周奇, 陈钰琦, 等. 用激光点火辅助火花诱导击穿光谱技术实现铝合金的高灵敏元素分析 [J]. 光谱学与光谱分析, 2013, 33(9): 2558–2561.

[90] 黄梅婷, 姜银花, 陈钰琦, 等. 铋黄铜中微量元素的高重复频率激光剥离-火花诱导击穿光谱定量分析 [J]. 物理学报, 2021, 70(10): 165–172.

[91] 曹宇, 康娟, 陈钰琦, 等. 高重复频率激光剥离–火花诱导击穿光谱中原子辐射的时域特性研究 [J]. 中国激光, 2020, 47(6): 315–321.

[92] 李关, 姜杰, 张谦, 等. 水环境中痕量汞的激光点火辅助火花诱导击穿光谱高灵敏检测 [J]. 中国激光, 2011, 38(7): 235–239.

[93] Bol'shakov A A, Mao X, Gonzalez J J, et al. Laser ablation molecular isotopic spectrometry (LAMIS): Current state of the art[J]. Journal of Analytical Atomic Spectrometry, 2016, 31(1): 119–134.

[94] Dong M, Lu J, Mao X, et al. Carbon isotope separation and molecular formation in laser-induced plasmas by laser ablation molecular isotopic spectrometry[J]. Analytical Chemistry, 2013, 85(5): 2899–2906.

[95] Bol'shakov A A, Mao X, Jain J, et al. Laser ablation molecular isotopic spectrometry of carbon isotopes[J]. Spectrochimica Acta Part B: Atomic Spectroscopy, 2015, 113: 106–112.

[96] Mao X, Bol'shakov A A, Choi I, et al. Laser ablation molecular isotopic spectrometry: Parameter influence on born isotope measurements[J]. Spectrochimica Acta Part B:

Atomic Spectroscopy, 2011, 66(11): 767–775.

[97] Dos Santos M S R, Pasquini C. Determination of the isotopic composition of enriched materials using laser ablation molecular isotopic spectrometry: partial least squares and multivariate curve resolution for the determination of 15N content in enriched urea[J]. Analytical and Bioanalytical Chemistry, 2020, 412(17): 4173–4182.

[98] Mao X, Bol'shakov A A, Perry D L, et al. Laser ablation molecular isotopic spectrometry: Parameter influence on boron isotope measurements[J]. Spectrochimica Acta Part B: Atomic Spectroscopy, 2011, 66(8): 604–609.

[99] Russo R E, Bol'shakov A A, Mao X, et al. Laser ablation molecular isotopic spectrometry[J]. Spectrochimica Acta Part B: Atomic Spectroscopy, 2011, 66(2): 99–104.

[100] Choi S-U, Han S-C, Lee J-Y, et al. Isotope analysis of iron on structural materials of nuclear power plants using double-pulse laser ablation molecular isotopic spectrometry[J]. Journal of Analytical Atomic Spectrometry, 2021, 36(6): 1287–1296.

[101] Ran P, Li G, Hou H. Laser ablation molecular isotopic spectrometry for analysis of OD/OH isotopologues in plasma[J]. Spectrochimica Acta Part B: Atomic Spectroscopy, 2021, 179: 106093.

[102] Herzberg G. Molecular spectra and molecular structure. I. Spectra of diatomic molecules [J]. American Journal of Physics, 1951, 19(6): 390–391.

[103] Van Vleck J H. On σ-type doubling and electron spin in the spectra of diatomic molecules[J]. Physical Review, 1929, 33(4): 467–506.

[104] Van Vleck J H. The coupling of angular momentum vectors in molecules[J]. Reviews of Modern Physics, 1951, 23(3): 213.

[105] Hou H, Chan G C Y, Mao X, et al. Femtosecond filament-laser ablation molecular isotopic spectrometry[J]. Spectrochimica Acta Part B: Atomic Spectroscopy, 2015, 113: 113–118.

[106] Hou H, Mao X, Zorba V, et al. Laser ablation molecular isotopic spectrometry for molecules formation chemistry in femtosecond-laser ablated plasmas[J]. Analytical Chemistry, 2017, 89(14): 7750–7757.

[107] Chirinos J, Spiliotis A, Mao X, et al. Remote isotope detection and quantification using femtosecond filament-laser ablation molecular isotopic spectrometry[J]. Spectrochimica Acta Part B: Atomic Spectroscopy, 2021, 179: 106117.

第 19 章 结论与展望[①]

长期以来，激光诱导击穿光谱 (LIBS) 技术因为其定量性能相对不足而一直未能实现大规模应用。本专著围绕 LIBS 精确定量这一核心问题展开，详细介绍了 LIBS 技术基础理论及硬件系统、基于等离子体时空演化的不确定性产生机理、基于调制等离子体时空演化过程改进光谱信号质量的等离子体调制方法，以及精确定性定量数据处理方法，还介绍了 LIBS 在多个领域的应用现状。特别地，基于对阻碍 LIBS 精确定量的两大关键瓶颈问题 (即测量不确定性和基体效应) 的产生机理和对定量性能的影响规律的理解，提出了控制机制及方法，形成了 LIBS 精确定量初步理论框架。应该说，这个理论框架还比较初步，仍然需要在机理机制的认识及数据处理的方法等方面做进一步深入的阐述，部分认识很可能还存在错误，需要更多的研究来进一步完善和改进。

迄今为止，由于 LIBS 领域的研究者具有不同的学科背景，聚焦的关键问题和研究思路各有不同，尚未形成精确定量技术路线共识，这延缓了 LIBS 技术的发展及大规模应用。如何实现 LIBS 精确定量，发挥 LIBS 技术在线、原位实时分析的独特优势，并推广 LIBS 在不同领域广泛应用，是 LIBS 领域的科研工作者、设备制造商以及用户共同关心的问题。鉴于实现 LIBS 精确定量及大规模应用意义重大，作者总结了几点未来需要关注的焦点，具体阐述如下。

(1) 深入理解硬件设备性能和机理对于提升 LIBS 原始信号质量至关重要，这是实现精确定量分析的基础。

众多研究表明，在短期测量中，LIBS 已在多个应用领域展现了良好的定标和预测精度，表明其定量性能在这些领域似乎已达到工业应用所需的精度标准。换言之，LIBS 在多个领域的精确定量可行性已得到初步验证。然而，LIBS 的工业应用要求实现长期的稳定精确测量。遗憾的是，迄今为止，仅有极少数研

[①] 本章由清华大学王哲教授撰写。

究者涉足 LIBS 长期稳定性的研究。根据这些研究的结果,许多在短期测量中表现优异的 LIBS 应用,很可能难以满足长期稳定性的要求。因此,提升 LIBS 的长期稳定性和重复性精度,对于其推广应用具有至关重要的意义,甚至可能成为未来 LIBS 大规模推广的最大挑战。为了克服这一难题,必须全面提升 LIBS 技术。这要求我们必须深入理解 LIBS 的机理和机制,从而有针对性地提高 LIBS 原始信号的质量,最终实现长期的稳定测量。具体而言,提升 LIBS 原始信号质量是实现其精确定量分析及大规模应用的前提和基础。只有通过持续的技术创新和机理研究,才能为 LIBS 技术的广泛应用铺平道路。

(2) 进一步依托机器学习与大数据技术,是提升 LIBS 定量性能的关键所在。

大数据与人工智能已成为新时代鲜明的特征,并在 LIBS 领域的精确定量分析方面已取得了显著的进展,展现出巨大的应用潜力。作者认为,单纯依赖机器学习模型可能会陷入过拟合的困境,导致模型的样品适应性受限。因此,目前 LIBS 精确定量的主要发展方向并非单纯依赖机器学习模型,而是应该将机器学习模型与物理模型相结合,形成混合模型。在这种模型中,物理模型为机器学习提供了坚实的物理基础,增强了模型的样品适应性;而机器学习模型则能够充分利用 LIBS 信号中丰富的光谱信息,进一步提升定标效果和定量性能。另一方面,人工智能技术的发展也为 LIBS 机理分析开辟了新的视角。通过收集大量在相似条件下的 LIBS 测试结果,并运用人工智能算法,有望揭示其中的影响规律和模式,为深入理解 LIBS 的机理和机制提供更为深入的指导。尽管 LIBS 光谱信号因其时空分辨的灵敏性,在构建大数据集方面面临一定的挑战,但通过将机器学习模型与物理模型相结合,并借助人工智能技术的智能分析能力,我们能够更深入地理解 LIBS 的相关影响机理,进而提升 LIBS 技术的定量分析能力。

(3) 充分利用多光谱联用技术,能够极大地拓展 LIBS 技术的应用前景。

LIBS 技术以其高灵敏度和多元素同时分析的能力著称,能够在极短时间内揭示样品的元素组成信息。然而,LIBS 信号源的时空演化的复杂性却在一定程度上制约了其精确定量的能力。为了突破这一局限,科学家们将 LIBS 与其他光谱技术相结合,打造了一种强大的联用分析技术。这种技术不仅融合了多种光谱技术的优势,还实现了光谱信息的互补。例如,LIBS 与拉曼光谱的联用便是一个典型的例子。通过利用同一套激光系统,不但可以实现 LIBS 信号和拉曼信号的激发，还可以同时获取原子和分子的光谱信息，从而极大地拓宽了测量的范围。此外，将 LIBS 的测量结果与具有高重复性的拉曼信号相结合，还可以有效弥补 LIBS 在重复性精度方面的不足，进一步提升 LIBS 测量的精确度。另一方面，LIBS 与高光谱成像 (hyperspectral imaging, HSI) 技术的联用也展现出了巨大的潜力。HSI 技术以其卓越的空间分辨能力而著称，而 LIBS 则以其高元素分析灵敏度见长。将这两者相结合，可以快速实现高灵敏度高空间分辨的表面分析，从而显著提升 LIBS 和 HSI 的分析能力。综上所述，通过充分利用多光谱联用技术，可以进一步挖掘 LIBS 技术的潜力，推动其在各个领域的应用和发展。

  作者相信，经过学术界和产业界的共同努力，LIBS 的定量化性能将会持续提升，产品成本也会不断下降。此外，LIBS 与其他光谱技术，如拉曼光谱的深度融合与联合应用，以及大数据与人工智能技术的蓬勃发展，均为 LIBS 技术带来了前所未有的新机遇。在市场需求持续高涨的推动下，LIBS 技术有望从"未来的分析化学巨星"逐步成长为满足各应用领域核心需求的真正巨星。

索　引

Boltzmann 分布, 26, 43, 116
Czerny–Turner 平面光栅光谱仪, 58
DP–LIBS, 3
Echelle 中阶梯光栅光谱仪, 58
K 均值, 220, 375, 382
K 最近邻, 224, 345, 375
McWhirter 判据, 41
PCA–SVM, 265
Saha 电离平衡方程, 44
Stark 展宽, 38, 40, 120, 125
X 射线荧光光谱, 2, 5, 256, 291, 313, 452

B

半峰全宽, 39, 111, 120, 125
标准正态变量, 216, 374, 466, 565
表面增强, 179

C

磁约束, 162, 164, 185
重复性, 35, 71

D

等离子体调制, 11, 153
等离子体时空演化, 6, 75, 80
等离子体温度, 5, 18, 32
电感耦合等离子体发射光谱, 5, 256, 291, 492
电荷耦合器件, 49, 60
电子数密度, 5, 18, 32, 38

多光子电离, 20–22
多普勒展宽, 39
多元线性回归, 230, 389, 503

F

飞秒 LIBS, 4, 368, 388, 498

G

高光谱, 452
高光谱成像, 403, 562
高斯线型, 40
光电倍增管, 49, 60, 370
光谱标准化, 216, 238, 261
光束整形, 184, 186
光学薄, 36, 40, 72, 111
光学深度, 37, 116
归一化, 214, 240, 346, 557

H

化学计量学, 200, 217, 316
环境气体, 5, 18, 91, 181
火花放电, 170, 187, 569
火花诱导击穿光谱, 171, 492, 569

J

机器学习, 9, 199, 204
基体效应, 5, 6, 36, 71, 72, 258
基线, 208, 210, 557

601

激波, 158
激光烧蚀分子同位素光谱, 578
激光诱导击穿光谱, 1
激光诱导荧光, 59, 373, 546
激光诱导荧光光谱, 452
极限学习机, 233, 413
检测限, 34, 51, 441
简并度, 37, 117, 134
交叉验证, 205, 229, 261
近红外光谱, 256, 336, 554
精密度, 34, 71, 72
局域热平衡, 3, 26, 40, 41, 116
决定系数, 201, 240
均方根误差, 72, 201, 232

K

可重复性, 6
空间约束, 154, 185, 265, 343, 494

L

拉曼光谱, 5, 403, 452, 538
连续辐射, 27, 53, 105
灵敏度, 33, 50, 59
岭回归, 231
洛伦兹线型, 40

M

免定标, 228, 345
免定标 LIBS, 3, 32

N

纳米粒子辅助, 177
纳米粒子增强, 188
内标法, 215, 277, 469
能级, 26, 36, 40, 117
逆轫致辐射, 19, 22

P

配分函数, 26, 43, 117, 142, 583
碰撞电离, 21, 22, 55
偏最小二乘回归, 231, 345, 488, 565
偏最小二乘判别分析, 221, 344, 373, 375, 410, 494
平均绝对误差, 72, 201

Q

气氛保护, 181, 187

R

人工神经网络, 225, 234, 236, 409
轫致辐射, 24, 25, 82

S

萨哈方程, 40
烧蚀, 1, 18, 20
生长曲线, 37, 72, 133
双/多脉冲, 186
双脉冲, 167
双脉冲 LIBS, 50
瞬发 γ 射线中子活化分析, 2, 256

T

同位素, 60, 453, 521, 577

W

微波辅助, 139, 173, 188, 492

X

线性判别分析, 222, 345, 375, 409
相对标准偏差, 34, 72, 202
小波变换, 209, 210, 274, 492, 565
信背比, 28, 51
信号不确定性, 5, 71, 72

信噪比, 28, 53
选择算子, 231
雪崩电离, 21, 22

Y

仪器展宽, 39, 128
远程飞秒成丝 LIBS, 4
跃迁概率, 24, 117

Z

再现性, 35, 270
增强型电荷耦合器件, 3, 49, 60
振子强度, 37, 117, 134
支持向量回归, 232, 261, 347, 488
支持向量机, 223, 300, 345, 375, 409, 565
中阶梯光栅光谱仪, 83, 127, 370
主成分分析, 218, 300, 409, 467, 489
主成分回归, 344
主导因素 PLS 模型, 236, 265, 267
准确度, 35, 72
自然展宽, 38
自蚀, 37, 112, 356
自吸收系数, 37, 116
自吸收效应, 36, 111, 113
最小绝对收敛和选择算子, 231, 486

郑重声明

高等教育出版社依法对本书享有专有出版权。任何未经许可的复制、销售行为均违反《中华人民共和国著作权法》，其行为人将承担相应的民事责任和行政责任；构成犯罪的，将被依法追究刑事责任。为了维护市场秩序，保护读者的合法权益，避免读者误用盗版书造成不良后果，我社将配合行政执法部门和司法机关对违法犯罪的单位和个人进行严厉打击。社会各界人士如发现上述侵权行为，希望及时举报，我社将奖励举报有功人员。

反盗版举报电话 （010）58581999　58582371

反盗版举报邮箱 dd@hep.com.cn

通信地址 北京市西城区德外大街 4 号　高等教育出版社知识产权与法律事务部

邮政编码 100120

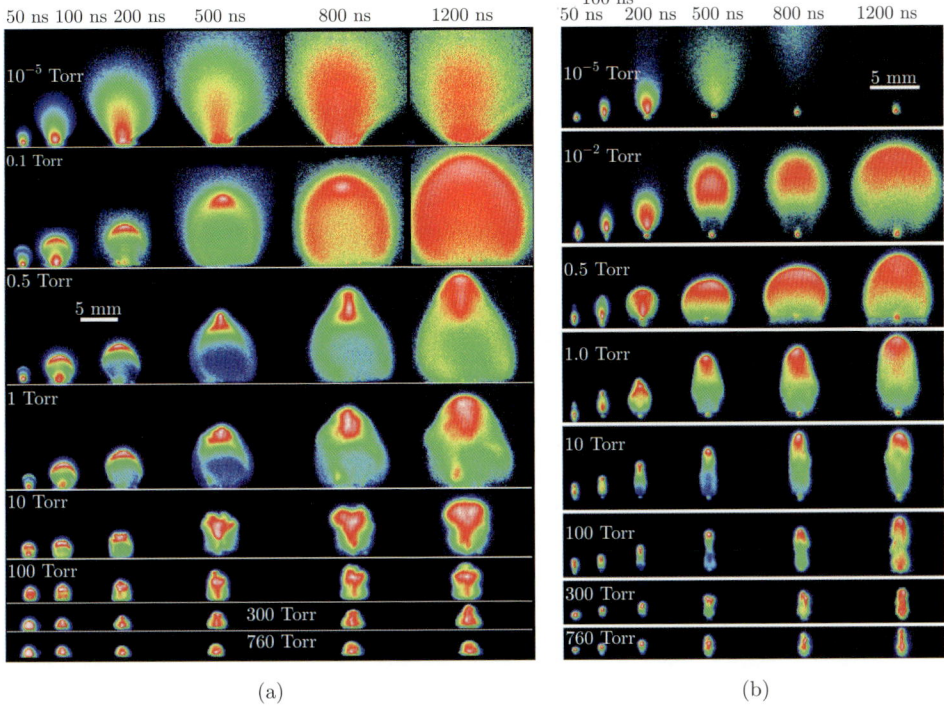

图 2.7　不同气压环境下，纳秒激光脉冲 (5×10^9 W/cm², 1064 nm)(a) 和飞秒激光脉冲 (3.5×10^{14} W/cm², 800 nm)(b) 烧蚀纯铜样品所产生的等离子体时空演化对比图像

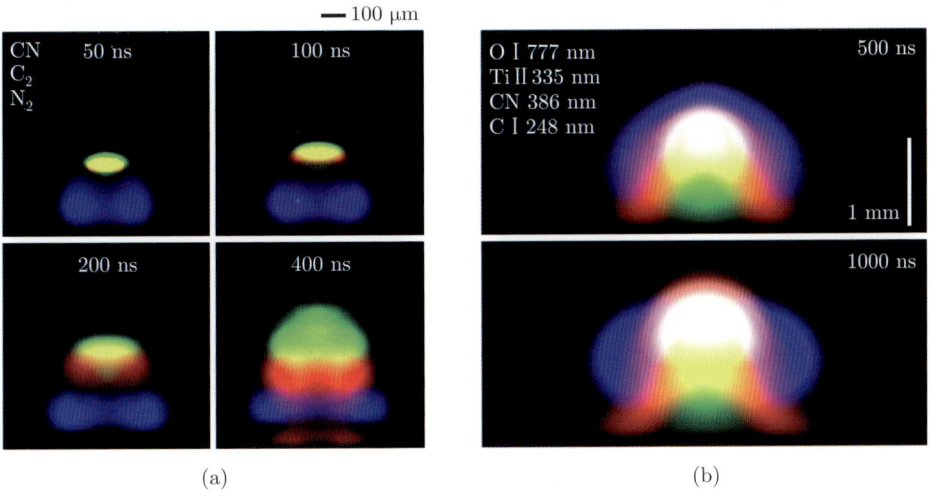

图 3.12　激光诱导等离子体中粒子分布图：(a) 聚乙烯塑料[45]；(b) 纤维素[46]

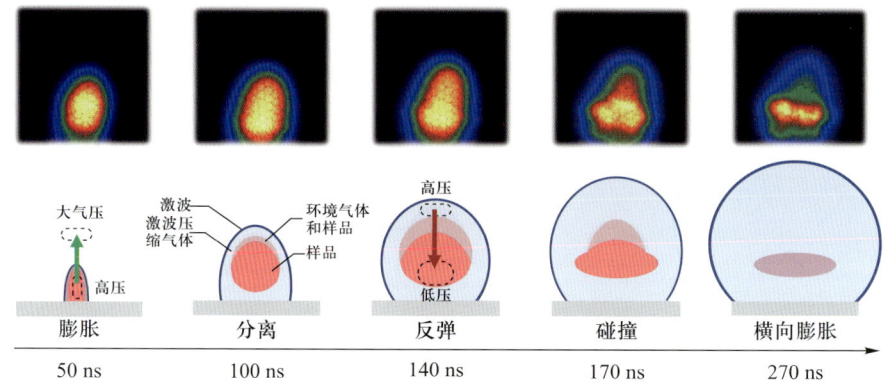

图 4.14 等离子体形态波动关键产生过程示意图

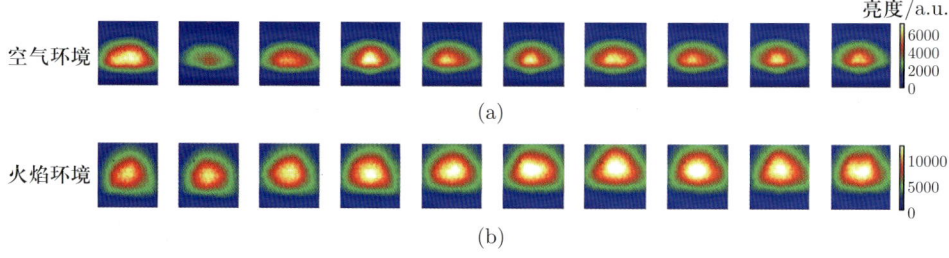

图 5.12 空气 (a) 和火焰 (b) 环境中等离子体的形态波动 (延迟时间为 1000 ns)[15]

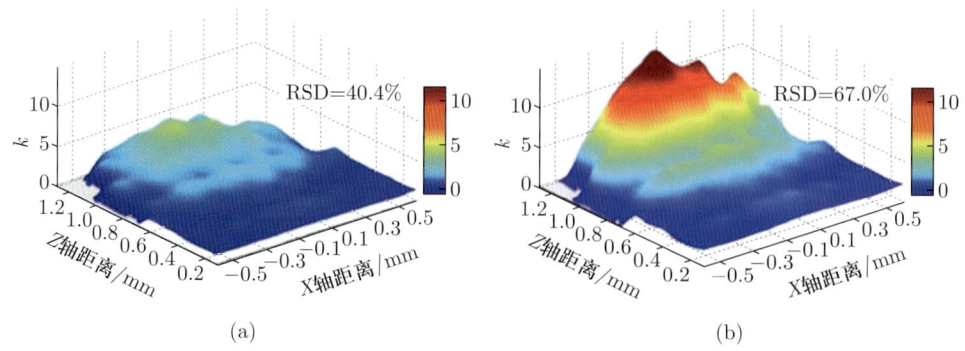

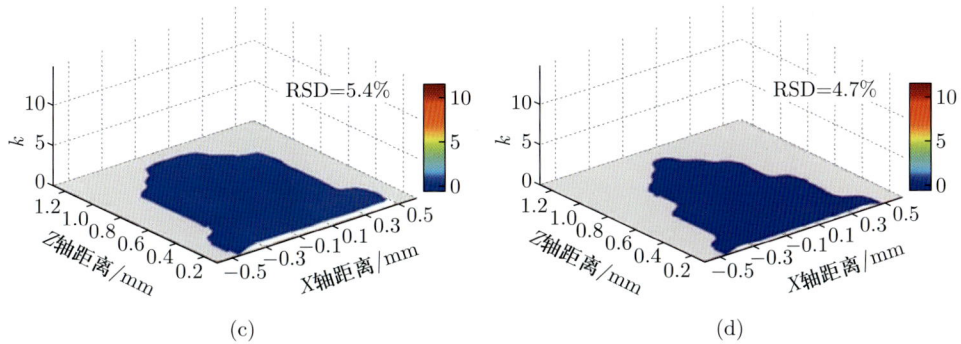

图 **6.4** 土壤等离子体中 Na I 589.7 nm(a)、K I 769.9 nm (b)、Pb I 405.8 nm (c)、Cu I 327.4 nm (d) 谱线的自吸收系数分布

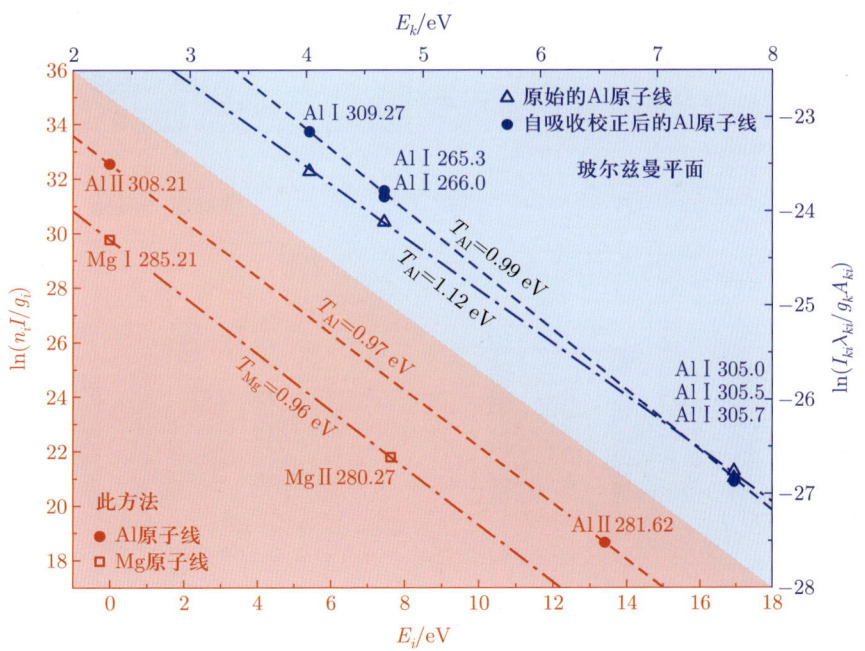

图 **6.13** 铝锂合金样品中 Mg 和 Al 元素的改进 Saha–Boltzmann 平面图

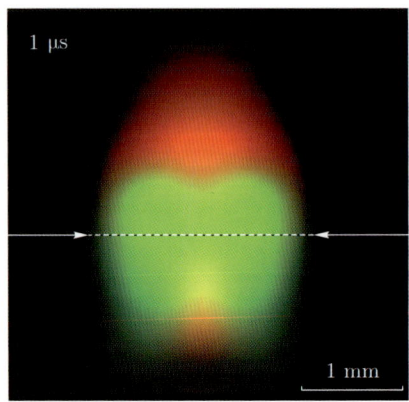

图 6.14 Al 原子和 Al 离子在 1 μs 延迟时间下的双波长差分发射图像

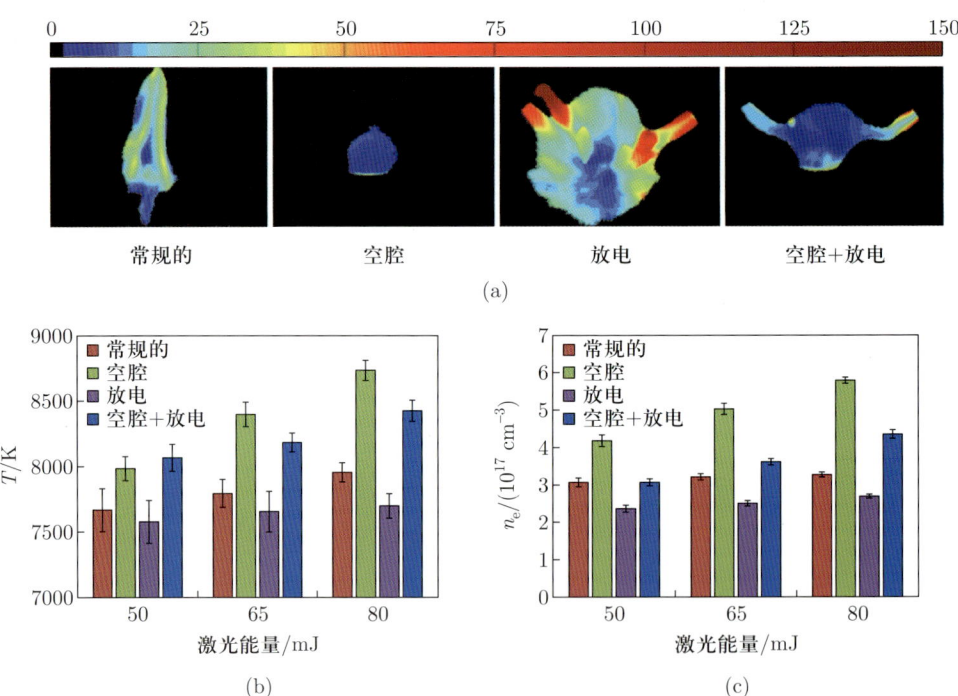

图 7.6 空间约束结合火花放电技术用于提高信号强度及改善光谱稳定性[14]：(a) 不同构型下的等离子形态，RSD 平均值依次为 20.8%、7.8%、30.3%、12.6%，激光能量为 65 mJ，延迟时间为 1 μs，门宽为 1 ms；(b) 不同激光能量下 C I 193.09 nm 的等离子体温度；(c) 不同激光能量下 C I 193.09 nm 的等离子体电子数密度

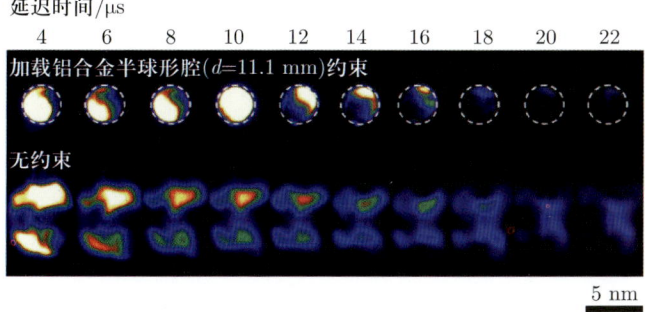

图 7.7 半球形腔空间约束和无约束条件下等离子体时间演变规律

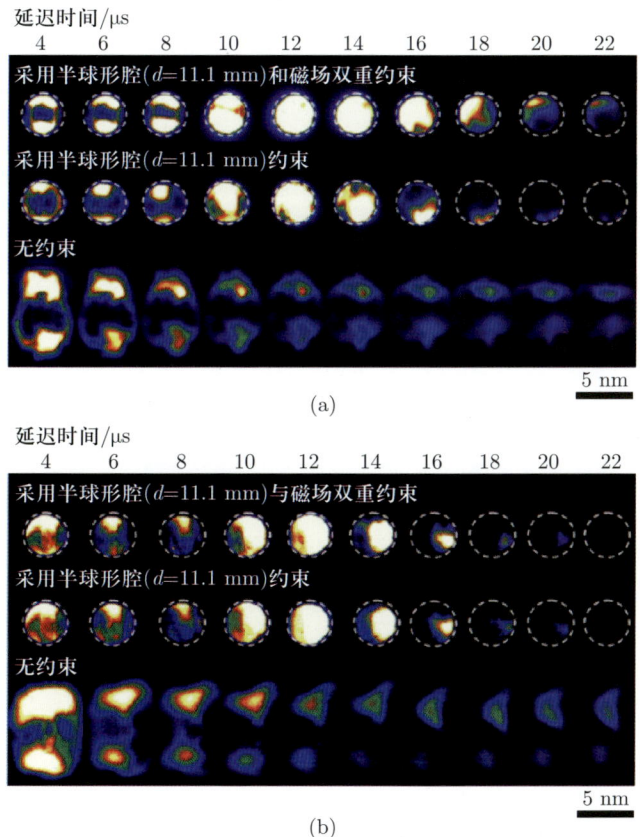

图 7.12 磁-空双重约束、仅空间约束及无约束条件下等离子体演变规律：(a) Cr 等离子体演变；(b) Si 等离子体演变

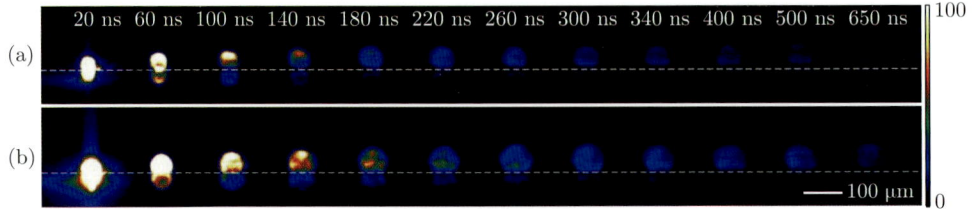

图 7.15 单脉冲和双脉冲条件下等离子体形貌演变规律对比

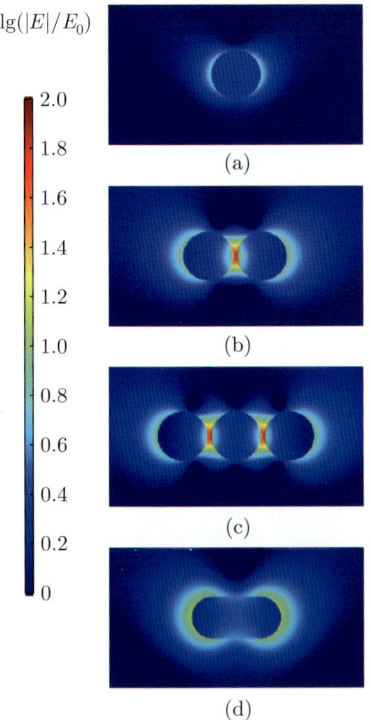

图 7.26 电磁场增强仿真结果：(a) 直径为 25 nm 的球形金纳米粒子；(b) 二聚体；(c) 三聚体；(d) 纳米棒[38]

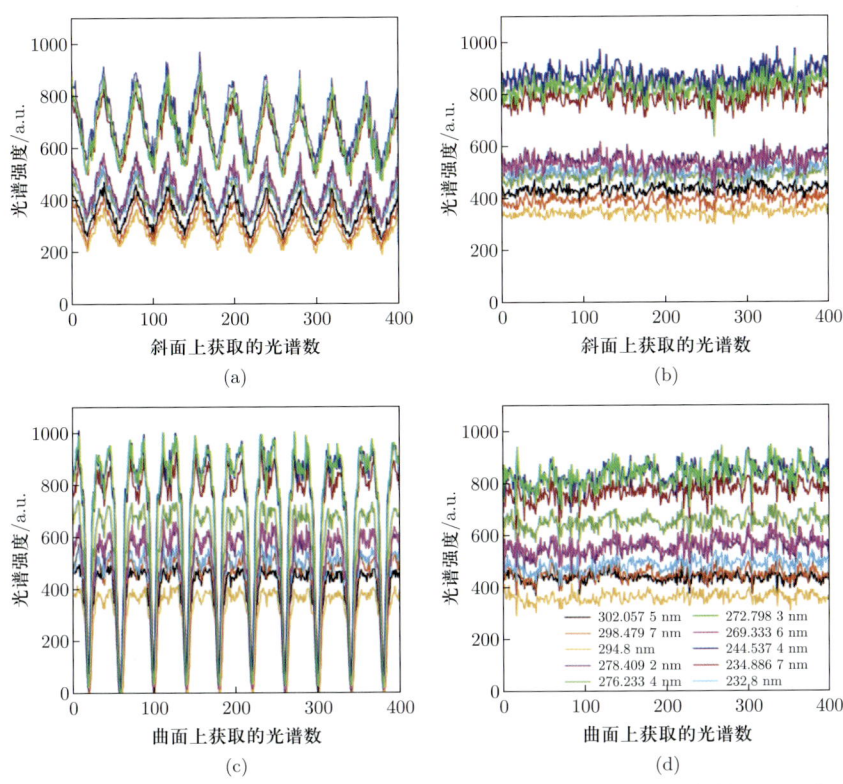

图 10.19 调焦前后谱线波动对比：(a)、(b) 在图 10.18(a) 斜面上调焦前 (a)、后 (b) 的谱线波动图；(c)、(d) 在图 10.18(b) 曲面上调焦前 (a)、后 (b) 的谱线波动图

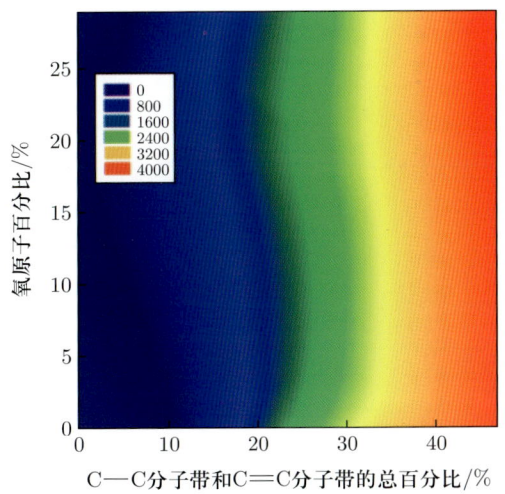

图 13.7 Lucia 和 Gottfried 等测得的 C_2 分子带强度随相对氧含量和 C—C、C=C 键含量的变化关系[30]

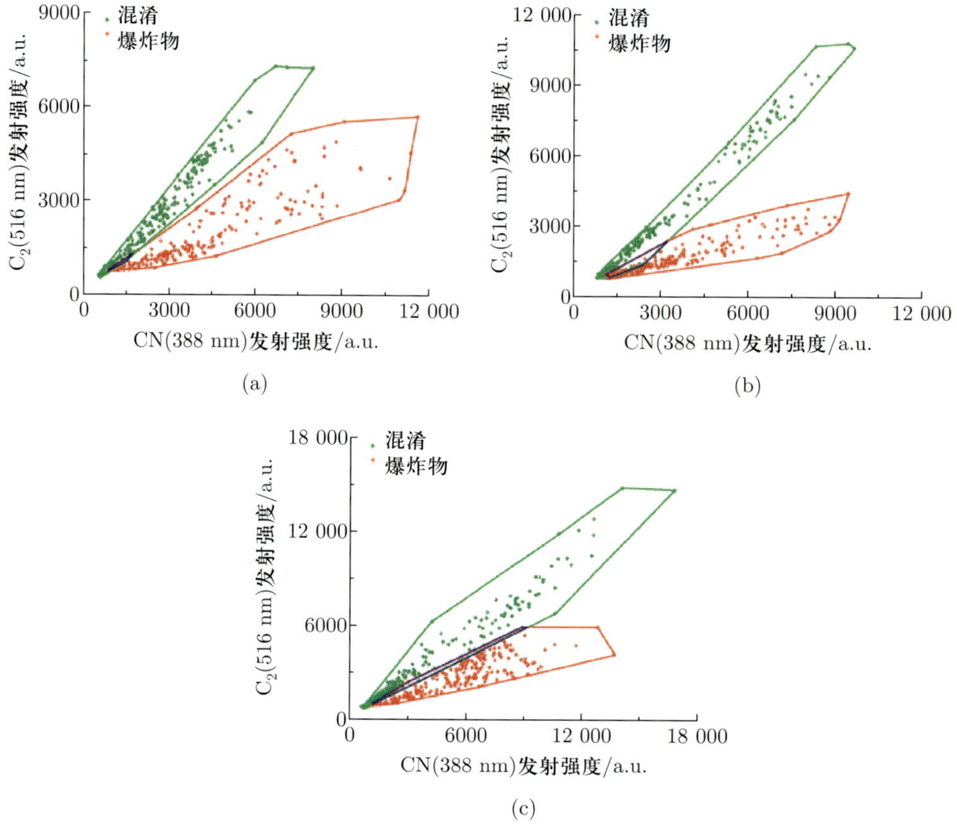

图 13.9 Laserna 等利用决策树算法对 4 种爆炸物和两种自制爆炸物的识别结果：(a) 在特氟龙上；(b) 在尼龙上；(c) 在低密度聚乙烯塑料上

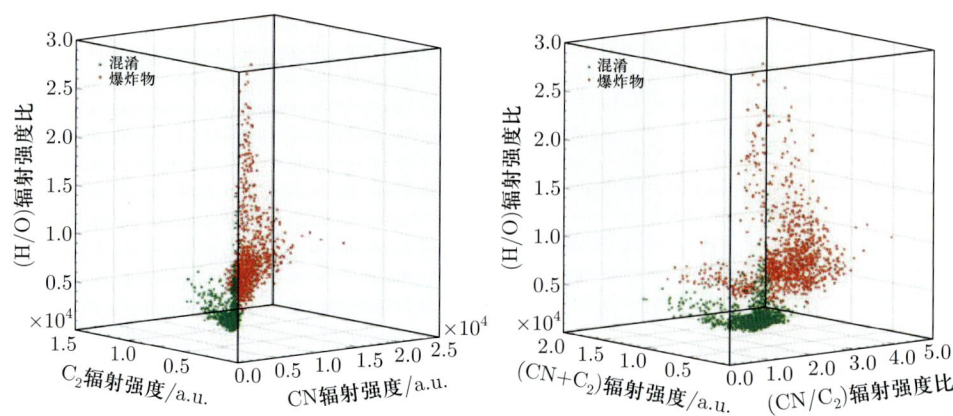

图 13.10 Laserna 等采用特征谱线强度比对爆炸物和塑料基底的分类识别结果

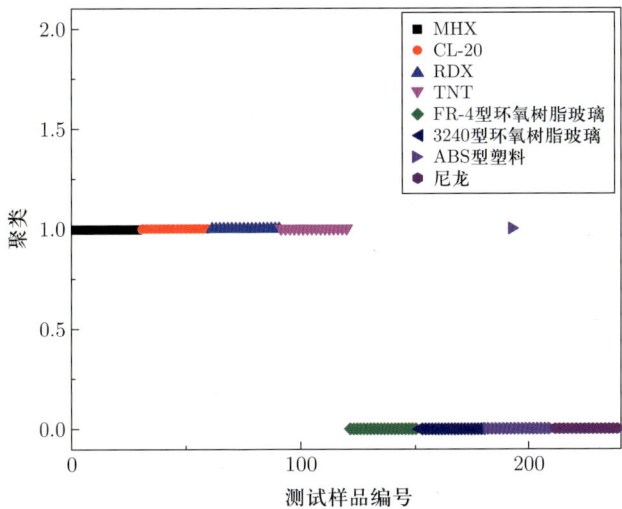

图 13.13 王茜蒨等采用半监督学习方法对 4 种爆炸物和 4 种塑料的分类识别结果

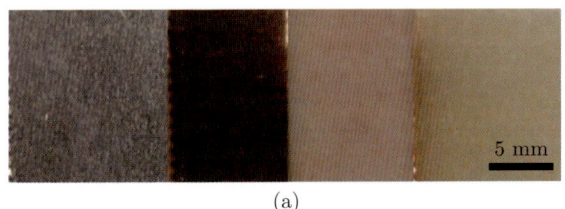

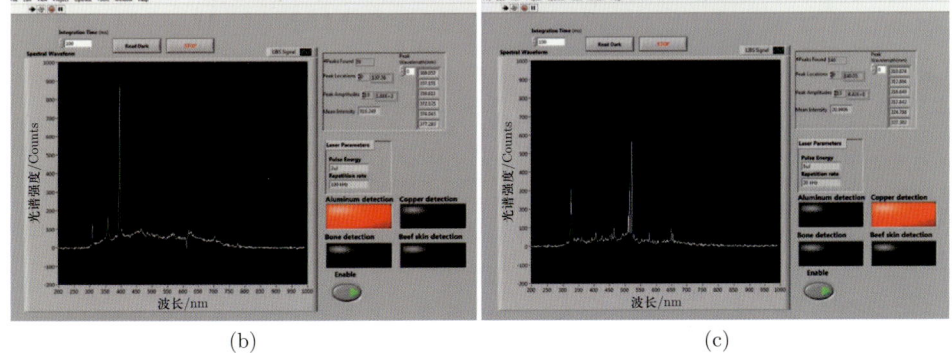

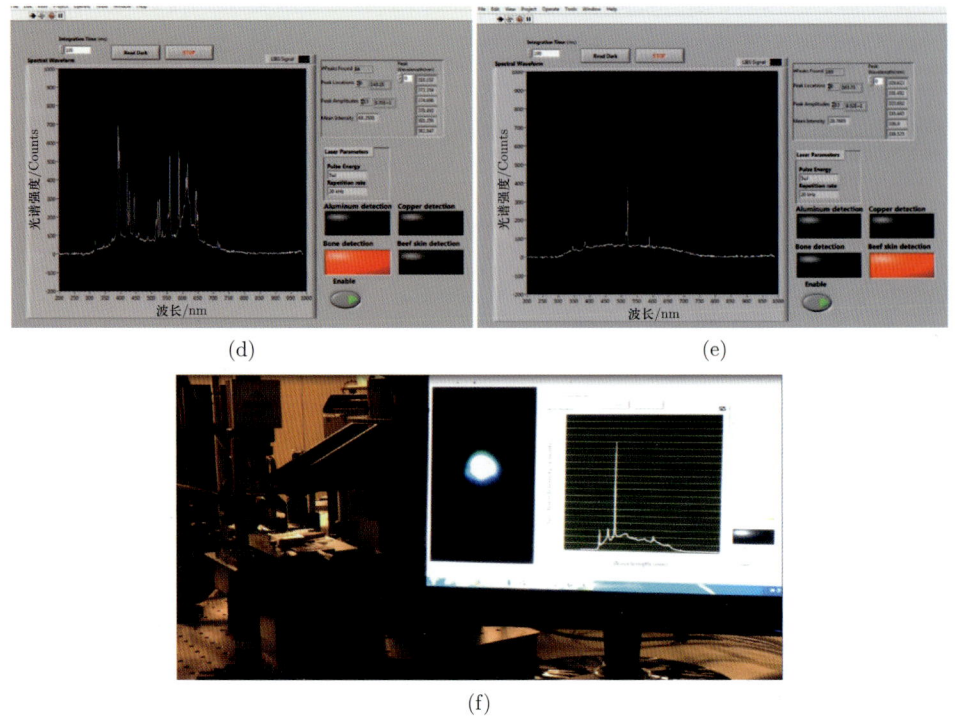

图 14.17 使用扫描电镜对铝、铜、牛骨及牛皮等样本切割和钻孔的深度和口径的检测试验：(a) 实验所用样本；(b) ~ (e) 检测不同样本时对应的显示界面，红色指示器显示了光谱的变化；(f) 实验装置和等离子体图像[73]

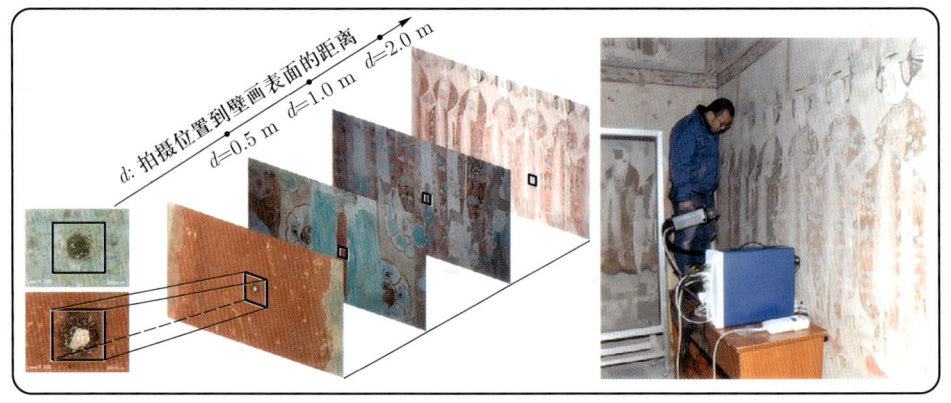

图 15.2 敦煌莫高窟第 98 窟壁画 LIBS 测量后烧蚀坑在不同视距下的效果

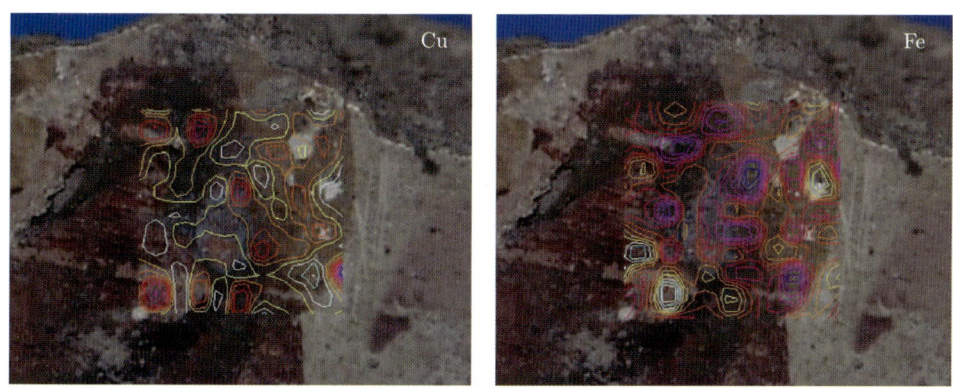

图 15.3 古罗马壁画上 Cu 和 Fe 元素分布，红色为高浓度，蓝色为低浓度

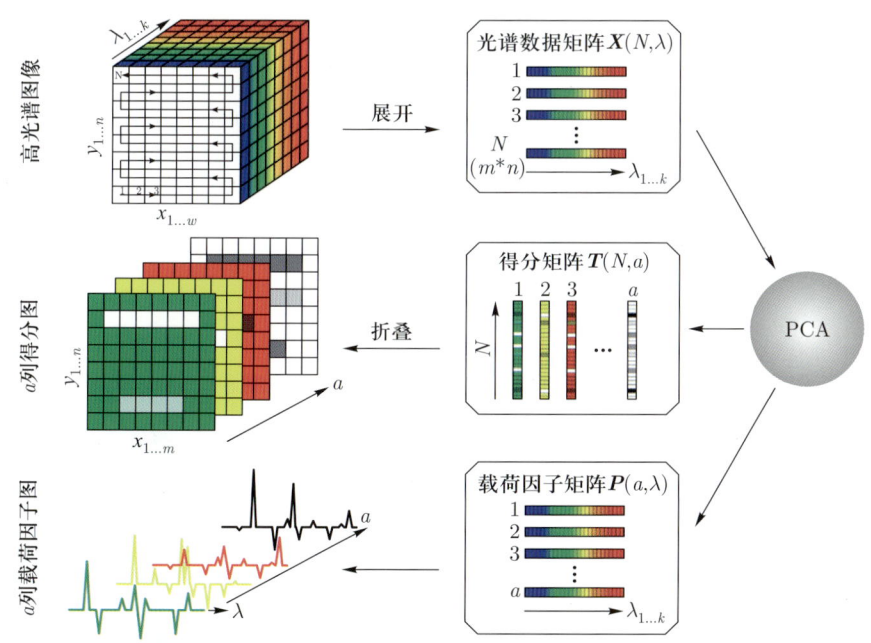

图 18.19 PCA 方法分析 LIBS 高光谱图像流程图[64]

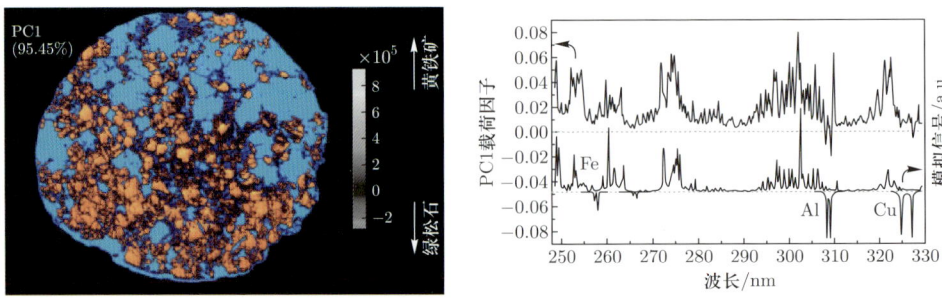

图 18.20 绿松石样品得分图与载荷因子图[64]

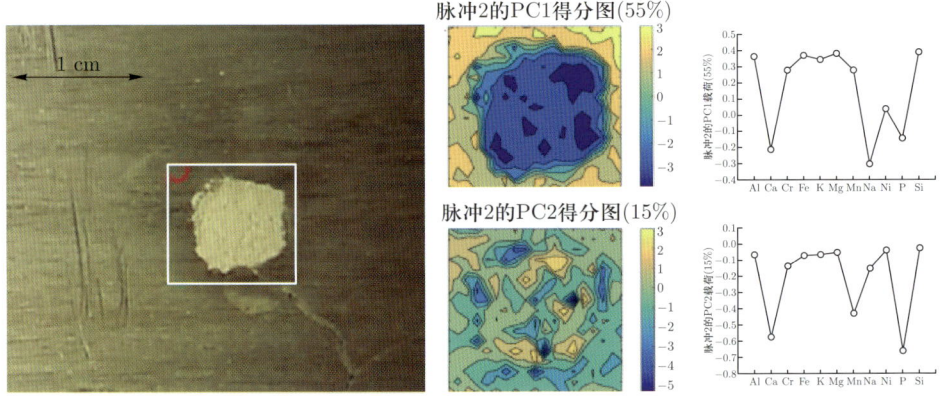

图 18.21 粪化石-岩石样品得分图与载荷因子图[65]

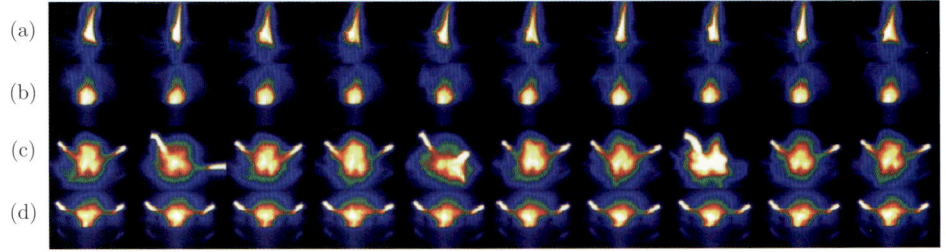

图 18.28 不同构型的等离子体图像：(a) 常规 LIBS；(b) LIBS 结合腔体约束；(c) LIBS 结合放电增强；(d) LIBS 结合腔体增强和放电。激光能量 =65 mJ，延迟时间 =1 μs，门宽 =1 ms[77]